UTB **8318**

Eine Arbeitsgemeinschaft der Verlage

Beltz Verlag Weinheim · Basel
Böhlau Verlag Köln · Weimar · Wien
Verlag Barbara Budrich Opladen · Farminton Hills
Facultas.wuv Wien
Wilhelm Fink München
A. Francke Verlag Tübingen und Basel
Haupt Verlag Bern · Stuttgart · Wien
Julius Klinkhardt Verlagsbuchhandlung Bad Heilbrunn
Lucius & Lucius Verlagsgesellschaft Stuttgart
Mohr Siebeck Tübingen
C. F. Müller Verlag Heidelberg
Orell Füssli Verlag Zürich
Verlag Recht und Wirtschaft Frankfurt am Main
Ernst Reinhardt Verlag München und Basel
Ferdinand Schöningh Verlag Paderborn · München · Wien · Zürich
Eugen Ulmer Verlag Stuttgart
UVK Verlagsgesellschaft Konstanz
Vandenhoeck & Ruprecht Göttingen
vdf Hochschulverlag AG an der ETH Zürich

Ulrich Kutschera

Evolutionsbiologie

3., aktualisierte und erweiterte Auflage

202 Abbildungen
19 Tabellen

Verlag Eugen Ulmer Stuttgart

Prof. Dr. Ulrich Kutschera (geb. 1955) studierte Biologie und Chemie an der Universität Freiburg und arbeitete dort von 1980 bis 1985 auf dem Gebiet der zoologischen Systematik/Evolutionsforschung (u.a. zwei Artbeschreibungen). Nach der Promotion im Fach Pflanzenphysiologie war er von 1985 bis 1988 als Stipendiat der Alexander von Humboldt-Stiftung zu einem Forschungsaufenthalt in den USA (Carnegie Institution/Stanford University; MSU-DOE Plant Research Laboratory/Michigan State University). Habilitation für das Fach Botanik an der Universität Bonn (1990), danach erfolgte die Ernennung zum Hochschuldozenten. Er ist Inhaber des Lehrstuhls für Pflanzenphysiologie und Evolutionsbiologie an der Universität Kassel (Berufung 1992) und Visiting Professor an der Stanford University (USA).
Der Autor ist Vorsitzender der Arbeitsgemeinschaft Evolutionsbiologie im Verband Biologie, Biowissenschaften und Biomedizin in Deutschland (VBIO) (Internet: www.evolutionsbiologen.de).

Titelbild
Das Ende der Dinosaurier vor 65 Millionen Jahren (Grafik aus dem Archiv des Autors).

Bibliografische Information der deutschen Nationalbibliothek
Die Deutsche Nationalbibliothek verzeichnet diese Publikation in der Deutschen Nationalbibliografie; detaillierte bibliografische Daten sind im Internet über http://dnb.d-nb.de abrufbar.

ISBN 978-3-8252-8318-6 (UTB)
ISBN 978-3-8001-2851-8 (Ulmer)

Wollgrasweg 41, 70599 Stuttgart (Hohenheim)
E-Mail: info@ulmer.de
Internet: www.ulmer.de
Lektorat: Antje Springorum
Herstellung: Otmar Schwerdt, Jürgen Sprenzel
Umschlagentwurf: Atelier Reichert, Stuttgart
Satz: Typomedia GmbH, Ostfildern
Druck und Bindung: Pustet, Regensburg
Printed in Germany

ISBN 978-3-8252-8318-6 (UTB-Bestellnummer)

Inhaltsverzeichnis

Vorwort zur 2. Auflage

Vor achtzig Jahren fand in Dayton (Tennessee, USA) ein mehrtägiger öffentlicher Gerichtsprozess statt (10. bis 25. Juli 1925). Am Ende der Anhörungen wurde der Lehrer John Scopes (1900–1970) zu einer Geldstrafe von 100 US-Dollar verurteilt, weil er im Unterricht vermittelt hatte, dass sich „der Mensch aus niederen Tieren entwickelt hat" (Urteil *John Scopes v. The State of Tennessee*). Erst im Jahr 1967 wurde in diesem US-Bundesstaat das sogenannte „Anti-Evolutionsgesetz" aufgehoben. Im amerikanischen Wissenschaftsmagazin *Science* (8. Juli 2005) hat der Herausgeber in einem *Editorial* an den „Affenprozess" (*Scopes Trial*) erinnert und in diesem Zusammenhang bedauert, dass acht Jahrzehnte später die US-Anti-Evolutionsbewegung eine neue Blütezeit erlebt. Unter der Tarnkappe der sogenannten „Intelligent-Design (ID)-Theorie", die den Ursprung der großen Organismengruppen einer übernatürlichen Macht zuschreibt, wird versucht, das evolutionistische (atheistische) Weltbild der Naturwissenschaften durch eine theistische (biblische) Alternative zu ersetzen. In den USA bemühen sich derzeit christlich-konservative Interessengruppen (Kreationisten), das Thema *Evolution* im Schulunterricht als „kontroverse Theorie" behandeln zu lassen, wobei der Glaube an einen „Intelligenten Designer" (d. h. der Gott in der Bibel) als Alternativkonzept in die Biologie-Lehrpläne aufgenommen werden soll. Im August 2005 hat sich auch der amtierende Präsident der USA für dieses Vorhaben ausgesprochen.

Ist die US-Kreationistenbewegung inzwischen auch in Europa etabliert? Zwei Ereignisse, die sich zum 80-jährigen Scopes-Jubiläum ereignet haben, deuten darauf hin. Am 7. Juli 2005 publizierte der Wiener Kardinal Ch. Schönborn nach Absprache mit prominenten US ID-Kreationisten der USA einen Aufsatz in der *New York Times*, in dem er die Ansicht des verstorbenen Papstes Johannes Paul II. (1920–2005), Evolution sei in Anbetracht der zahlreichen miteinander übereinstimmenden Forschungsergebnisse „mehr als eine Hypothese", revidierte. Der Wiener Kardinal sprach vom „Neo-Darwinschen Dogma", führte aus, Evolution im „Neo-Darwinschen Sinne" sei „nicht wahr" und zog die Schlussfolgerung, dass „jedes Gedankensystem, welches die überwältigenden Beweise für Design in der Biologie leugnet oder wegzuerklären versucht, Ideologie und keine Wissenschaft ist". In einem Bericht im Magazin *Der Spiegel* (18. Juli 2005) bestätigte der Kardinal, dass es „ohne Zweifel viele Berührungspunkte zwischen dieser Konzeption (d. h. der ID-Theorie) und der Lehre der Katholischen Kirche" gibt. Weiterhin sei erwähnt, dass im Juli 2005 ein lange geplantes Projekt der deutschen Kreationisten, die mit einem „Evolutionskritischen Lehrbuch" präsent sind, verwirklicht werden konnte: Das angekündigte „Creatio-Schul- und Arbeitsbuch zur Biblischen Schöpfungslehre" ist im Buchhandel erschienen. Fazit: Die ID-Bewegung hat auch in unserem Land eine breite Basis, die insbesondere im Jahr 2005 ausgebaut werden konnte.

In Anbetracht dieser aktuellen Entwicklungen kommt der vorliegenden Buchveröffentlichung eine besondere Bedeutung zu. Der Text ist aus meiner *Allgemeinen Einführung in die Evolutionsbiologie*, die 2001 im Parey-Buchverlag (Berlin) erschienen ist, hervorgegangen. In der vorliegenden Neuauflage habe ich sämtliche Kapitel vollständig überarbeitet, aktualisiert und zum Teil beträchtlich erweitert. So ist z. B. die Zahl der Abbildungen von 124 auf 198 und die Zahl der Tabellen von zwei auf 18 angestiegen. Drei Themenbereiche, die in der Erstauflage nur beiläufig dargestellt sind, wurden speziell herausgearbeitet: Beschreibungen der wichtigsten fossil erhaltenen (und rezenten) *Zwischenformen*, der Methoden zur *molekularen Phylogenetik* und der evolutionären Großübergänge (*Makroevolution* auf dem Niveau von Einzellern und mehrzelligen Organismen). Weiterhin wurde das Kapitel zur *Synthetischen Theorie der biologischen Evolution* nach nochmaligem Studium der Bücher von T. Dobzhansky, E. Mayr und der anderen Nachfolger Darwins auf das Doppelte erweitert. Neu etablierte Teilgebiete der modernen Evolutionsbiologie wurden in einer Auswahl aufgenommen und an Beispielen abgehandelt. Die auf der klassischen *Abstammungslehre* (Deszendenztheorie) von C. DARWIN und A.R. WALLACE (1858, 1859) aufbauende *Moderne Evolutionstheorie* konnte somit – als *Erweiterte Synthese* – in ihrer neuesten Version dargestellt werden. Das Thema „ID-Kreationismus" wurde aus aktuellem Anlass vertiefend behandelt, wobei im Detail die Unwissenschaftlichkeit der theistischen „Alternativ-Ursprungstheorie" herausgestellt ist.

Das Buch wurde in erster Linie für Studierende des Fachs Biologie verfasst. Da ich auch allgemeine Grundlagen und historische Zusammenhänge dargestellt habe, sollte der Text auch für naturwissenschaftlich vorgebildete Journalisten, Psychologen, Theologen und Mediziner sowie für Lehrende an Gymnasien nützlich sein. Mein Dank gilt Frau O. Brand, die meine aktualisierten Vorlesungsaufzeichnungen in Manuskriptform gebracht hat. Dem Lektorat des Verlags Eugen Ulmer danke ich für die gute Zusammenarbeit.

Kassel, im Dezember 2005 U. KUTSCHERA

Vorwort zur 3. Auflage

Wir leben in einer Zeit, in der fundiertes Fachwissen einerseits zum Verständnis der modernen Welt unabdingbar notwendig ist, andererseits aber immer weniger respektiert wird. Entscheidungsträger aus Politik und Wirtschaft kokettieren in öffentlichen Medien immer wieder mit der Bemerkung, sie hätten „von Chemie (und somit den Naturwissenschaften) keine Ahnung". In einem Buch-Bestseller wird hervorgehoben, naturwissenschaftliche Kenntnisse würden nicht zur Bildung zählen. Dies ist eine der Ursachen dafür, dass heute viele naturwissenschaftliche Laien mit erstaunlichem Selbstbewusstsein ihre Thesen im Internet verbreiten. Zum Thema „Evolution" liefert das *world wide web* daher mehr unseriöse als solide Sachinformationen: Die Vertreter eines wörtlich verstandenen biblischen Schöpfungsglaubens (Kreationisten bzw. „Intelligent Design-Theoretiker") sind in diesem populären Medium seit Jahren an exponierten Stellen vertreten.

Autor und Verlag waren daher überrascht und erfreut, dass die 2. Auflage dieses Lehrbuchs innerhalb von zwei Jahren ausverkauft war. Bei der Neubearbeitung wurde der Text aktualisiert und durch zusätzliche Abbildungen ergänzt. Diese Arbeit wäre ohne die Nutzung der umfassenden Bibliothek der Stanford University nicht möglich gewesen. Als konzeptionelle Neuerung wurde die in Kapitel 3 dargestellte *Erweiterte Synthetische Theorie der biologischen Evolution* mit der modernen *Evolutionsbiologie* gleichgesetzt. Diese Generaldisziplin der *Life Sciences* kann als System von Theorien aus den Bio- und Geowissenschaften verstanden werden, das aus den Hypothesen von C. Darwin, A. R. Wallace, A. Weismann u.a. großer Naturforscher des 19. Jahrhunderts hervorgegangen ist. Unser heutiges, sich gegenseitig stützendes „Theoriensystem Evolutionsbiologie" ist allerdings so weit über die Postulate der Urväter hinausgewachsen, dass diese Pioniere ihre Enkel wohl kaum mehr wieder erkennen würden.

In den erweiterten Text wurden u.a. neue *Connecting Links* aufgenommen, so dass das „Buch der Zwischenformen" diesem Werbetitel des Verlags noch mehr als bisher gerecht wird. Die 3. Auflage wird von einer Internetseite begleitet (www.evolutionslehrbuch.com), auf der Sachinformationen zu diesem Buch (Rezensionen usw.), Forschungsarbeiten des Autors sowie Beiträge zur aktuellen Kreationismusdebatte nachlesbar sind.

In einem *Anhang* habe ich im Detail die *Geologische Zeitskala 2004* beschrieben, die neben der molekularen Phylogenetik einen der zentralen Stützpfeiler der Wissenschaftsdisziplin Evolutionsbiologie darstellt.

Stanford, im Oktober 2007 U. KUTSCHERA

1 Einleitung und allgemeine Grundlagen

Ein deutscher Komiker hat einmal gesagt: „Das Leben beginnt mit einer Zelle; manchmal endet es auch in einer Zelle.“ Dieser humorvolle Ausspruch enthält im Kern eine der wichtigsten Erkenntnisse der modernen Biologie: Alle Lebewesen (Organismen), vom Bakterium über die Pilze, Pflanzen und Tiere bis zum Menschen, sind einmal aus einer Einzelzelle hervorgegangen. Diese erste Zelle hat sich entweder zu einem einzelligen Organismus (z. B. Bakterium) oder einem vielzelligen, höher organisierten Lebewesen entwickelt. Zellen sind die Bausteine der Organismen. Die Naturwissenschaft Biologie erforscht die an Zellen gebundenen Lebensprozesse. Sie untersucht weiterhin die Verwandtschaftsbeziehungen der heute existierenden (rezenten) und der ausgestorbenen (fossil erhaltenen) Organismen der Erde. Eigenständiges Leben außerhalb des „Elementarorganismus Zelle“ gibt es nicht, d. h., Lebensprozesse sind immer an zelluläre Strukturen gekoppelt. Die als Krankheitserreger bekannten Viren sind zur Vermehrung auf lebende Zellen angewiesen. Sie sind nicht zu selbständigem Leben fähig und daher auch keine Organismen. Die Biologie befasst sich mit den aus Zellen zusammengesetzten gesunden und kranken Lebewesen, die den belebten Teil der Erde, d. h. die *Biosphäre*, bilden (Abb. 1.1). Der Begriff „Zelle“ steht für die Worte „Käfig, Kasten oder Kammer“; er leitet sich vom englischen Wort *cell* ab. Der Naturforscher ROBERT HOOKE (1635–1702) untersuchte mit Hilfe eines einfachen Lichtmikroskops Scheiben von Flaschenkork und entdeckte bienenwabenförmige Kammern; er beschrieb diese als *cells*. Wir wissen heute, dass diese namengebenden Kammern die toten Ausscheidungsprodukte (Wände) der ehemals lebendigen Zell-Leibe (Protoplasten) der pflanzlichen Korkzellen sind: Der biologische Schlüsselbegriff „Zelle“ bedeutet eigentlich „Kammer“, d. h. toter, von stabilen Wänden umschlossener Raum.

In diesem einleitenden Kapitel werden wir die theoretischen Grundlagen der biologischen Forschung kennen lernen, die gemeinsamen Merkmale und Eigenschaften der Lebewesen rekapitulieren und das Prinzip der historischen Rekonstruktion darlegen.

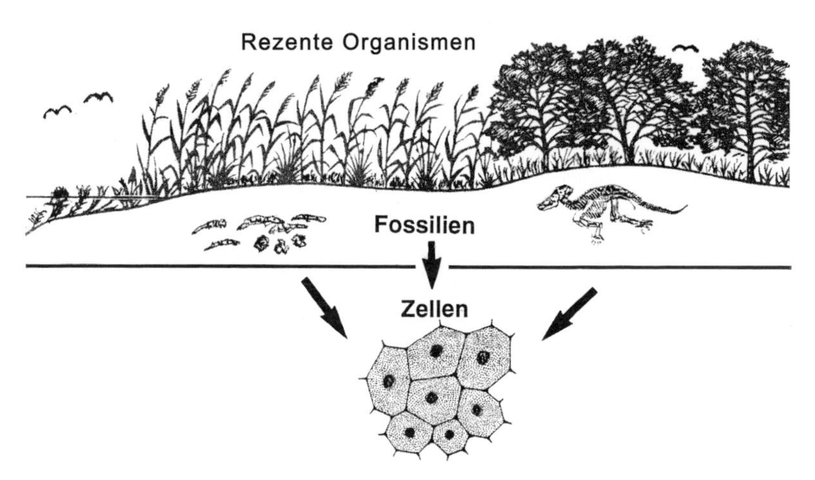

Abb. 1.1 Schematische Darstellung der von Lebewesen besiedelten Bereiche eines Ausschnittes der Erde (Biosphäre). Alle gegenwärtig lebenden (rezenten) Organismen und die Fossilien (d.h. in Gesteinen erhaltene Reste ausgestorbener Lebewesen) bestehen (bzw. bestanden) aus Zellen. Der abgebildete Zellverband (Gewebe) ist aus Eucyten zusammengesetzt. Diese für alle höher organisierten Lebewesen typischen Zellen sind durch einen abgegrenzten Kern (Nucleus) gekennzeichnet (schwarze Punkte).

1.1 Theorienbildung und methodischer Naturalismus

Die moderne, aus der romantischen Naturphilosophie des 19. Jahrhunderts hervorgegangene Biologie ist eine vielseitige Naturwissenschaft. Ihr *Ursprung* liegt in der Beobachtung der von Lebewesen besiedelten freien Natur. Daher bildet das Betrachten und das daraus abgeleitete gezielte Anschauen (d. h. Beobachten) von Pflanzen und Tieren in ihrer natürlichen Umwelt die Basis der Wissenschaft von den Lebewesen. Wie bereits oben dargelegt wurde, erforscht der Biologe auch die fossil erhaltenen (ausgestorbenen) Organismen der Erde; wir bezeichnen diese Teilgebiete als Paläozoologie bzw. -botanik. Die im Freiland beobachteten Lebewesen werden in der Regel zur näheren Analyse aufgesammelt und in einem speziell ausgestatteten Raum (Labor) genauer untersucht. Zwei verschiedene Methoden der Forschung nutzt der Biologe, die in Abbildung 1.2 gegenübergestellt sind. Einerseits können Organismen durch Beschreibung und Vergleich (1.) klassifiziert, benannt und katalogisiert werden. Da die Arbeit in der freien Natur hier von wesentlicher Bedeutung ist, sprechen wir auch von der klassischen, deskriptiven Freilandbiologie. Organismen können zum anderen aber auch der Natur entnommen und unter künstlichen Bedingungen (z. B. in Petrischalen, Aquarien, Klimaschränken, Anzuchtkammern) kultiviert werden. Die so erhaltenen Versuchstiere oder -pflanzen wachsen unter definierten Bedingungen heran und sind somit geeignete Organismen zur experimentellen Analyse der Lebensprozesse. Das Experiment mit anschließender Datenanalyse (2.) ist die bevorzugte Methode der modernen, analytischen Laborbiologie.

Beide Methoden liefern Tatsachen (Fakten) über die untersuchten Lebewesen, die nun gedeutet (interpretiert) werden müssen. Eine vorläufige Interpretation der erarbeiteten Tatsachen wird als *Hypothese* bezeichnet. Wissenschaftliche Hypothesen, die durch immer neue Fakten unterstützt werden, gelten aufgrund der „Tatsachenlast" irgendwann als gesichert und werden dann zu einer *Theorie* zusammengefasst (gesichertes Hypothesensystem).

Im Gegensatz zum allgemeinen Sprachgebrauch, wo das Wort Theorie eine negative Bedeutung hat (z. B. in Wendungen wie „nur theoretisch"; „er ist leider nur ein Theoretiker") und als Alternative zum positiven Ausdruck *Praxis* gesehen wird, ist in den Naturwissenschaften die Situation genau umgekehrt. Das Ziel der Forschung besteht in der Formulierung möglichst umfassender Theorien, die auch als *Naturgesetze* bezeichnet werden können. Wissenschaftliche Theorien sind somit die nach derzeitigem Erkenntnisstand als wahr (real) angesehenen, aus Fakten abgeleiteten Bausteine unseres naturwissenschaftlichen Weltbildes. Sie sind nicht vage, offen, auslegbar und durch Spekulationen zu ergänzen; es sind gesicherte, auf dem Boden der Realität (d. h. auf empirischen Tatsachen) aufgebaute Erkenntnisse über die reale Welt. Wenn sich Wissenschaftler über bestimmte, konkurrierende Theorien uneinig sind, dann interpretieren und gewichten sie die Fakten unterschiedlich. Die Last der Tatsachen (Gewichtigkeit der empirischen Fakten) bestimmt letztlich darüber, welche Theorie von der Mehrheit der Fachwissenschaftler akzeptiert wird.

Realwissenschaftler (Biologen, Chemiker, Physiker u. a.) beschäftigen sich ausschließlich mit materiellen Dingen: der *Materialismus* ist das solide philosophische Fundament, auf dem auch die Evolutionsbiologie ruht. Übernatürliche (supranaturalistische) Größen wie z. B. Geister, Götter, Ideen usw. sind nicht Bestandteil der naturwissen-

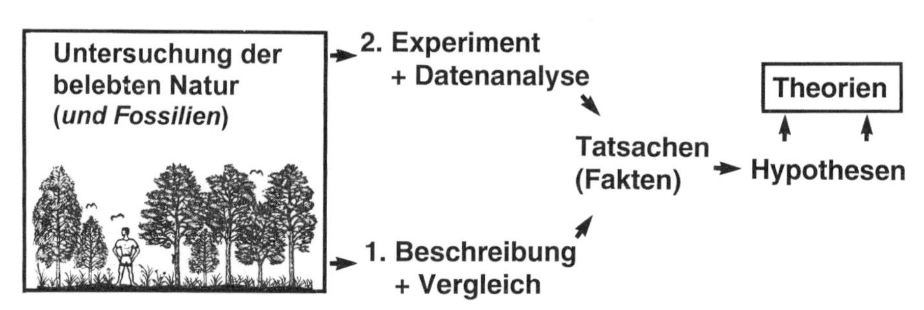

Abb. 1.2 Erkenntnisgewinn in der Biologie. Freilandbeobachtungen an rezenten bzw. fossil erhaltenen Lebewesen stehen am Anfang und führen zu den Prinzipien (1.) und (2.). Die aus wiederholten (gesicherten) Beschreibungen und Experimenten abgeleiteten objektiven Tatsachen führen zu Hypothesen, aus denen dann Theorien (Naturgesetze) entstehen können. Das hier dargestellte Verfahren wird als Induktion bezeichnet (Ableitung allgemeiner Gesetze aus Einzeltatsachen).

schaftlichen Terminologie, da diese Begriffe auf Glaubenssätzen beruhen und nicht der erforschbaren (empirischen) Realität entstammen. Der *methodische Naturalismus* bildet somit die Grundlage aller naturwissenschaftlicher Forschungen. Man klammert bei diesem Verfahren zur Erkenntnisgewinnung alle jene Faktoren aus, die nicht durch Dokumente oder Experimente belegbar sind. Die Natur wird gemäß dieser methodischen Beschränkung „aus sich selbst heraus", d. h. auf Grundlage belegter Fakten und der Naturgesetze, erklärt. Daher ist naturwissenschaftliche Forschung vom Prinzip her immer „atheistisch": Nicht empirisch zugängliche immaterielle Abstrakta wie „Götter, Geister, Offenbarungen, Wunder" usw. existieren in der nüchtern-objektiven Gedankenwelt der modernen Biowissenschaften nicht. Diese subjektiven Glaubensinhalte sind der Privatsphäre des Sinn-suchenden Menschen vorbehalten. Einige große Biologen (darunter auch bedeutende Evolutionsforscher) waren gläubige Christen. Als Wissenschaftler haben sie jedoch niemals ihre privaten religiösen Ansichten mit empirischen Fakten vermengt, sondern Wissen und Glauben auseinander gehalten (s. Kap. 12).

1.2 Beschreibende und experimentelle Biologie

Theorien sollten durch möglichst viele unabhängige Fakten (bzw. gesicherte Hypothesen) unterstützt werden, d. h. auf mehreren „Beinen" stehen. Dieses Prinzip der *unabhängigen Evidenz* kennen wir alle aus dem Alltag. Wenn wir eine Reihe von Zahlen addieren müssen, um aus der errechneten Summe irgendwelche wichtigen Schlussfolgerungen zu ziehen, dann überprüfen wir das erstmals erhaltene Resultat ein- bis zweimal: Wir wiederholen die Addition der Zahlen, um sicher zu sein, dass wir uns nicht verrechnet haben. Kommt dreimal dasselbe Ergebnis heraus, dann haben wir Vertrauen in die Korrektheit der Rechnung, d. h., wir „glauben" an das Ergebnis. Aus demselben Grund werden nur jene Experimente als wissenschaftlich wertvoll akzeptiert, die reproduzierbar sind. Nur Ergebnisse, die sich immer wieder (im Rahmen einer gewissen biologischen Variabilität) bewahrheiten, werden in der Naturwissenschaft als real angesehen. Wer einmal etwas beobachtet oder experimentell nachweist, hat die Pflicht, die Reproduzierbarkeit seiner Daten zu dokumentieren, bevor er seine neue Erkenntnis der Fachwelt mitteilt. Nur diese objektiven, vom Experimentator unabhängigen Fakten werden in der Naturwissenschaft anerkannt und als Bausteine von Theorien verwendet.

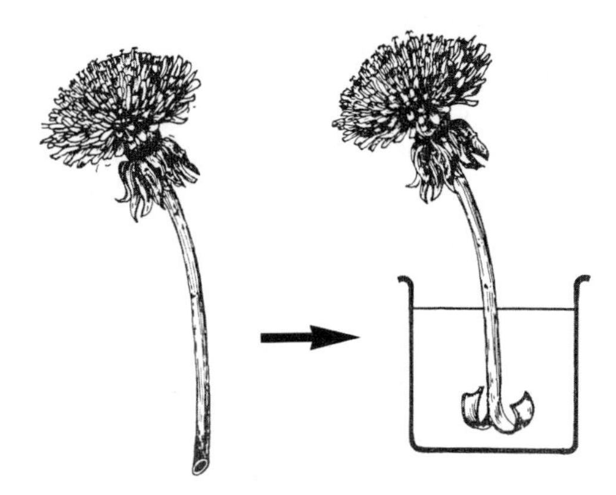

Abb. 1.3 Experiment zum Nachweis der Gewebespannung im Blütenstiel des Löwenzahns *(Taraxacum officinale)*. Der hohle Stängel wird längs eingeschnitten und in Wasser gestellt. Reaktion: Krümmung der Spalthälften.

Betrachten wir zur Erläuterung des oben Gesagten ein einfaches Beispiel. Ein in der Natur gepflückter Löwenzahn (*Taraxacum officinale*) kann im Prinzip mit den in Abbildung 1.2 dargestellten Methoden untersucht werden. Durch Beschreibung und Vergleich können wir den Organismus exakt charakterisieren (z. B. Stängel hohl mit Milchsaft; Zungenblüten in einem Körbchen usw.) und klassifizieren (z. B. Familie Korbblütengewächse, Compositae). Weiterhin sind aus solchen Fakten, die auch als *Dokumente* bezeichnet werden können, Rückschlüsse zur Verwandtschaft und Stammesgeschichte der Pflanze möglich. Ein einfaches Löwenzahn-*Experiment* ist in Abbildung 1.3 dargestellt. Wir schneiden den hohlen Stängel in Längsrichtung ein und stellen ihn in Wasser. Resultat: Die Spalthälften krümmen sich konkav nach außen. Dieses reproduzierbare Experiment zeigt, dass die Wände der äußeren Zellschichten des Hohlstängels im intakten Organ unter Spannung stehen. Unser Experiment kann quantifiziert werden, indem der Krümmungswinkel ermittelt wird. Diese als Gewebespannung bezeichnete mechanische Eigenschaft des Löwenzahnstängels wurde auch in wachsenden Organen anderer Pflanzen experimentell nachgewiesen.

Die Aufspaltung der Biologie in eine beschreibende und eine experimentelle Naturwissenschaft vollzog sich gegen Ende des 19. Jahrhunderts. Wir wollen diesen wichtigen Sachverhalt an zwei konkreten Beispielen erläutern. Aufgrund regelmäßig wiederkehrender Mückenplagen wurde seit Mitte der 1850er-Jahre der Lebenszyklus der Gemeinen Stechmücke (*Culex annulatus*) im Detail untersucht; es konnten alle Entwicklungsstadien durch Beschreibung und Vergleich aufgeklärt werden. Der rekonstruierte Entwicklungszyklus dieser für den Menschen unangenehmen Insekten ist eine *nicht-experimentell* erarbeitete biologische Tatsache von großem praktischem Nutzen: Eine gezielte Bekämpfung von Mücken-Massenvermehrungen war auf der Basis dieser Erkenntnisse möglich.

Etwa zur selben Zeit entwickelte sich die experimentelle Physiologie, deren Ziel es ist, die Lebensprozesse der Organismen aufzuklären und auf physikalisch-chemische Prozesse zurückzuführen. Unter Verwendung einer einfachen Apparatur konnte man um 1860 erstmals quantitativ nachweisen, dass Lebensprozesse mit einer Wärmeabgabe verbunden sind. Keimende Erbsen (*Pisum sativum*) erwärmen die sie umgebende Luft um bis zu 2 °C, während tote Erbsen (Kontrolle) keinen derartigen Effekt verursachen (Temperaturkonstanz). Diese *experimentell* erarbeitete Tatsache war der Ursprung eines noch heute nicht abgeschlossenen Forschungsgebietes, das unter dem Titel „Energetik des Zellstoffwechsels“ bekannt ist.

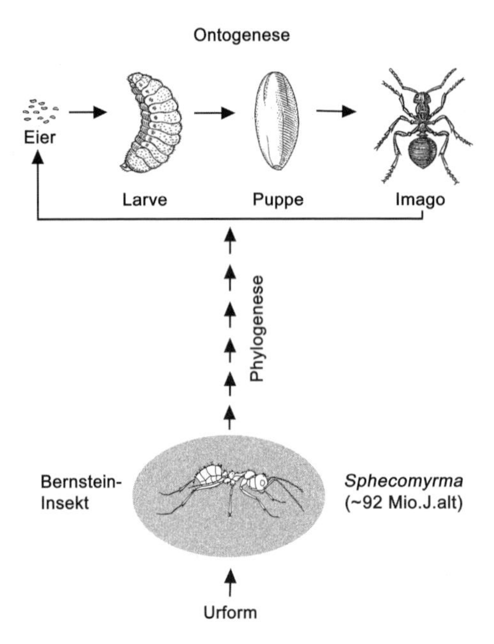

Abb. 1.4 Veranschaulichung der beiden zentralen Grundfragen der Biologie am Beispiel der Waldameise (*Formica rufa*). Die Ontogenese (Individualentwicklung) wird im Rahmen der Entwicklungsbiologie analysiert. Fragen nach der Phylogenese (Stammesentwicklung) sind Gegenstand der Evolutionsforschung. Die Phylogenese ist aus zahlreichen Ontogenesen zusammengesetzt (vertikale Pfeilsequenz: Generationenabfolge, ausgehend von einer Urform). Die Zwischenform *Sphecomyrma* aus der Kreidezeit ist als Bernstein-Fossil erhalten (primitive Ur-Ameise mit an Wespen erinnernden Körpermerkmalen).

1.3 Grundfragen der Biologie: Ontogenese und Phylogenese

Nachdem die Prinzipien der Forschung kurz besprochen wurden, wollen wir nun die zwei wesentlichen Fragestellungen der Biologie kennen lernen. Zu Beginn des 19. Jahrhunderts wurde allgemein akzeptiert, dass auch die Pflanzen vollwertige Lebewesen sind. Weiterhin war neben Pflanzen, Pilzen und Tieren eine wachsende Zahl mikroskopisch kleiner einzelliger Organismen (Aufgusstierchen oder Protozoa) bekannt. Es ergaben sich aus diesen Fakten zwei zentrale Fragen:

1. Nach welchen physikalisch-chemischen Gesetzen und Prinzipien entwickeln sich die heute auf der Erde lebenden (rezenten) Organismen, d. h., wie entsteht aus einer Eizelle ein ausgewachsenes Lebewesen?
2. Woher stammen die unzähligen Tier- und Pflanzenarten, die heute nahezu alle Lebensräume unseres Planeten besiedeln?

Die Antwort auf Frage 1 versucht eine Laborwissenschaft zu geben, die wir als *Physiologie* bezeichnen. Frage 2 ist Gegenstand der *Evolutionsforschung*, die in den nächsten Absätzen und Kapiteln besprochen werden soll. Die beiden Grundfragen können etwas allgemeiner auf die Problematik der *Ontogenese* (Individualentwicklung) und der *Phylogenese* (Stammesentwicklung) der Organismen erweitert werden (Abb. 1.4). Wir wollen zur Verdeutlichung ein konkretes Beispiel betrachten: Wie entsteht aus einem Ei über verschiedene Entwicklungsstadien eine ausgewachsene, geschlechtsreife Ameise? Welche Prozesse führen nach Ende der Fortpflanzungsperiode zum Tod des Individuums? Die so formulierte Frage 1 ist Gegenstand der *Entwicklungsbiologie*, die, historisch betrachtet, aus der vergleichenden Anatomie und der Physiologie hervorgegangen ist. Das Ziel dieser Laborwissenschaft ist es, die der Ontogenese zugrundeliegenden Mechanismen zu entschlüsseln. Die Ontogenese typischer höher organisierter Organismen (Tiere, Pflanzen) gliedert sich in folgende Phasen: Entwicklung der befruchteten Eizelle (Zygote) zum Embryo; Embryonalentwicklung; Wachstum und Differenzierung; Fortpflanzung (Reproduktion); Altern und Absterben (Tod) des Individuums. Die Wissenschaft vom

Studium der vorgeburtlichen Embryonalentwicklung der Tiere wird auch als *Embryologie* bezeichnet.

Die Frage nach der Phylogenese der Lebewesen ist Gegenstand der *Evolutionsbiologie*. Die Phylogenese erstreckte sich über Jahrmillionen (Abb. 1.4) und setzt sich aus Hunderttausenden von nacheinander abgelaufenen Ontogenesen zusammen (Generationenabfolge), d.h., die „Uhr der Evolution" tickt in der biologischen Einheit „Generationen" (Evolutionszeit). Die Individualentwicklung dauert je nach Lebewesen Stunden (z.B. Bakterien), Tage, Monate, Jahre, Jahrzehnte oder Jahrhunderte (z.B. langlebige Bäume).

Entwicklungsvorgänge werden heute an ausgewählten Modellorganismen analysiert, die durch eine relativ kurze Lebensdauer charakterisiert sind (z.B. Hefe *Saccharomyces*; Fadenwurm *Caenorhabditis*; Plattegel *Helobdella*; Taufliege *Drosophila*; Krallenfrosch *Xenopus*; Maus *Mus musculus*; Acker-Schmalwand *Arabidopsis*). Diese relativ kleinen Organismen können leicht unter künstlichen Laborbedingungen gehalten, ernährt und zur Fortpflanzung gebracht werden. Im ersten Schritt werden die gewünschten Ontogenese-Stadien (z.B. Embryonalentwicklung) unter Einsatz mikroskopischer Methoden beobachtet und beschrieben; dann erfolgt eine experimentelle Analyse. Die Entwicklungsbiologie basiert somit auf reproduzierbaren Beobachtungen und Experimenten.

Im Gegensatz dazu ist die *Evolutionsbiologie* in erster Linie eine historische Disziplin, da die Stammesentwicklung sehr langsam über unzählige nacheinander geschaltete Ontogenesen verlaufen ist. In der Evolutionsforschung sind die Dokumente (z.B. Fossilien) so wichtig wie in der Entwicklungsbiologie die Experimente. Dieser Sachverhalt soll durch zwei Beispiele verdeutlicht werden. In Abbildung 1.5 ist ein zu etwa 95% erhaltenes versteinertes Skelett eines Dinosauriers der frühen Kreidezeit dargestellt. Das Fossil hat ein Alter von etwa 135 Millionen Jahren und wurde in Afrika gefunden. Der Sauropode *Jobaria* ist in der entsprechenden Gesteinsformation das häufigste Landwirbeltier. Die Riesen-Reptilien waren Pflanzenfresser und „grasten" in großen Herden die Vegetation ab. Durch Kombination derartiger Fossilfunde konnte der Verlauf der Phylogenese verschiedener Organismengruppen (z.B. der Landwirbeltiere) rekonstruiert werden. Ein zweites Beispiel zeigt Abbildung 1.4. Im Jahr 1966 wurden Bernsteine gefunden, die eine „Ur-Ameise" eingeschlossen hatten. Das ca. 92 Millionen Jahre alte Bernstein-Fossil *Sphecomyrma* repräsentiert eine Übergangsform (*connecting link*) zwischen einer Wespe und einer Ameise. Dieser Fossilfund belegt, dass die rezenten Ameisen von wespenartigen Vorfahren abstammen (solitäre Wespen sind die nächsten lebenden Verwandten der staatenbildenden Ameisen).

In der modernen Evolutionsbiologie sind neben den Dokumenten (Abb. 1.4, 1.5) aber auch experimentelle Methoden von großer Bedeutung. Durch Erforschung der Feinstruktur der Zellen und der Zusammensetzung (d.h. Sequenz) verschiedener Biomoleküle konnten tiefe Einblicke in die Verwandtschaftsverhältnisse und die Phylogenese der Organismen gewonnen werden. Ohne Grundlagenwissen zur Physiologie sowie zur Zell- und Molekularbiologie ist daher ein Ver-

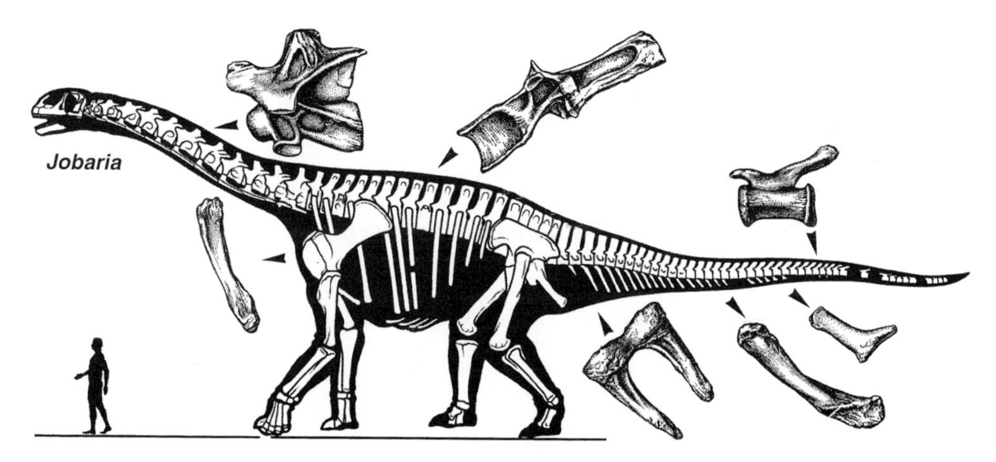

Abb. 1.5 Versteinertes Dinosaurierskelett als Dokument der Evolution der Landwirbeltiere. Der Sauropode *Jobaria* lebte vor etwa 135 Millionen Jahren während der Kreidezeit in Afrika. Die Strukturen einiger Skelettelemente sind vergrößert dargestellt. Zum Vergleich ist ein erwachsener Mensch abgebildet (nach Sereno, P.C. et al.: Science 286: 1342–1347, 1999).

ständnis der Ergebnisse der Evolutionsforschung nicht möglich. Die wichtigsten Erkenntnisse dieser Teilgebiete der Biologie sind im nächsten Abschnitt in Kurzform zusammengetragen.

Aus diesen Ausführungen folgt, dass die beiden eingangs formulierten Grundfragen der Biologie heute im Rahmen der Entwicklungs- und der Evolutionsbiologie analysiert werden. Man kann diese Disziplinen daher auch als die beiden Grundpfeiler der Biowissenschaften bezeichnen. Im nächsten Abschnitt wollen wir die aus der physiologischen Forschung hervorgegangenen allgemeinen Merkmale aller Lebewesen kennen lernen.

1.4 Physiologie und Molekularbiologie: einige Grundregeln

Die auf reproduzierbaren Experimenten basierende *Tier-* und *Pflanzenphysiologie* hat sich in der zweiten Hälfte des 19. Jahrhunderts aus der beschreibenden Naturkunde entwickelt. Als Mitbegründer der modernen Tierphysiologie gelten unter anderem die Zoologen JOHANNES MÜLLER (1801–1858) und CARL LUDWIG (1816–1895). Die experimentelle Pflanzenphysiologie wurde von den beiden Botanikern JULIUS SACHS (1832–1897) und WILHELM PFEFFER (1845–1920) begründet. Aus der Physiologie ist im 20. Jahrhundert die *Biochemie* hervorgegangen. Die *Molekularbiologie* gilt seit Mitte der 1950er-Jahre (Entdeckung der Erbsubstanz DNA, s.u.) als wichtigstes Teilgebiet der modernen Biochemie. Analysen zur chemischen Zusammensetzung sowie zur Struktur und Funktion von Mikroorganismen, Pilzen, Pflanzen und Tieren (einschließlich des Menschen) haben im Verlauf der vergangenen Jahrzehnte zu den nachfolgend aufgelisteten Grundprinzipien geführt (Gemeinsamkeiten aller Lebewesen):

1. Lebensprozesse sind an flüssiges Wasser (H_2O) gebunden. Alle Organismen bestehen zu einem erheblichen Teil aus H_2O. Sie sind aus Zellen zusammengesetzt, die von einer Biomembran umschlossen und gegen die Außenwelt abgegrenzt sind.
2. Wir kennen nur zwei verschiedene Zell-Grundtypen: die einfach gebauten, urtümlichen *Protocyten* (Bakterienzellen) und die für alle anderen Lebewesen (einschließlich des Menschen) typischen *Eucyten*. Die letzteren sind durch einen membranumgrenzten Kern (Nucleus) gekennzeichnet und enthalten im Cytoplasma zahlreiche *Organellen* (z. B. Mitochondrien: „Kraftwerke" der Zellen; Chloroplasten: Orte der Photosynthese in der Pflanzenzelle) (s. Abb. 1.1 und Kap. 6).
3. Die Zellen sind aus organischen Makromolekülen zusammengesetzt, die aus Kohlenstoff-Wasserstoff(C-H)-Gerüsten und einigen weiteren chemischen Elementen (Stickstoff [N], Phosphor [P], Schwefel [S], Sauerstoff [O] sowie verschiedenen Metallen) bestehen. Diese sogenannten *Biomoleküle* bilden die Substanzklassen der Kohlenhydrate, Lipide (Fette),

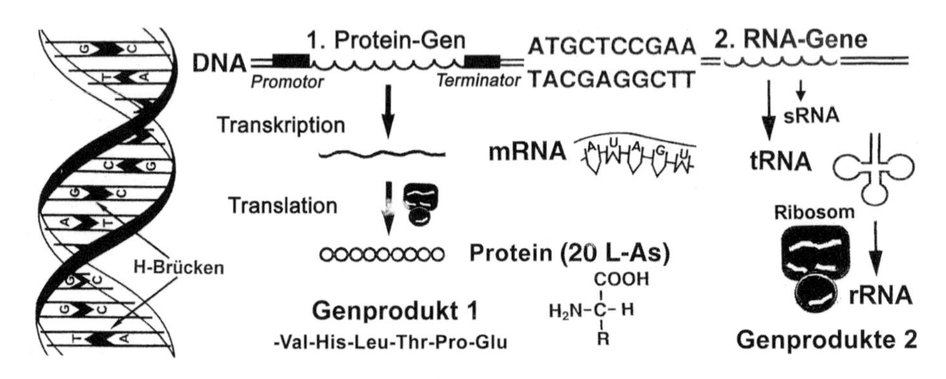

Abb. 1.6 Struktur der Desoxyribonucleinsäure (DNA) und Grundregel der Molekularbiologie. In der doppelsträngigen DNA ist die genetische Information der Zelle in der linearen Abfolge (Sequenz) der Basen A, T, G und C verschlüsselt (das Makromolekül besteht aus zwei Zucker-Phosphat-Ketten; A/T und G/C bilden über Wasserstoffbrücken Basenpaare, daher die DNA-Doppelhelix). Nach Kopie (Transkription) einer DNA-Sequenz (Protein-Gen) entsteht eine Boten-Ribonucleinsäure (mRNA). Diese wird nach Übersetzung (Translation) an Ribosomen im Cytoplasma der Zelle in ein Protein umgewandelt, das durch eine definierte Sequenz von linksdrehenden L-Aminosäuren (L-As) gekennzeichnet ist (Genprodukt 1). Proteine sind Bausteine der Zelle oder Katalysatoren des Stoffwechsels (Enzyme). RNA-Gene codieren für transfer (t)-, ribosomale (r)- und kleine regulatorische (s)-RNAs (Genprodukte 2). A = Adenin, C = Cytosin, G = Guanin, T = Thymin, U = Uracil (Nucleinsäurebasen); Glu = Glutaminsäure, His = Histidin, Leu = Leucin, Pro = Prolin, Thr = Threonin, Val = Valin (L-Aminosäuren). Struktur einer L-As: -NH_2 = Amino-/-COOH = Carbonsäuregruppe; R = variabler Rest.

Nucleinsäuren (Desoxyribonucleinsäuren [DNA] bzw. Ribonucleinsäuren [RNA]) und Proteine (Eiweißstoffe).

4. Erbinformation ist in Form unverzweigter Desoxyribonucleinsäure-Kettenmoleküle gespeichert. Die im Nucleus zu Chromosomen vereinigte DNA ist Träger der genetischen Information (Chromosomentheorie der Vererbung). Sie enthält den *Bauplan* des Individuums, der von den Eltern auf die Nachkommen vererbt wurde. Die DNA ist (wie die RNA) eine Nucleinsäure; die Einzelbausteine nennt man Nucleotide. Ein Nucleotid besteht aus einem Zuckermolekül (Desoxyribose in DNA, Ribose in RNA), einem Phosphatrest und einer von 4 Nucleo-Basen. Die Zucker-Phosphat-Kette bildet einen linearen Strang, der seitlich eine Sequenz von Basen trägt. Über Ausbildung von Wasserstoffbrücken entsteht ein schraubenförmiger Doppelstrang. Die Struktur der DNA-Doppelhelix zeigt Abbildung 1.6.
5. Die genetische Information ist in Form eines „Wörterbuchs", d. h. einer Nucleotid (= Basen)-Sequenz aus den 4 „Buchstaben" Adenin (A), Thymin (T), Guanin (G) und Cytosin (C) verschlüsselt. In den Ribonucleinsäuren (RNAs) ist T durch Uracil (U) ersetzt und der Zucker Desoxyribose durch Ribose. Die im Zellkern lokalisierte, in der DNA gespeicherte Erbinformation wird im Cytoplasma der Zelle in eine Aminosäuresequenz übersetzt (Abb. 1.6). Zunächst entsteht durch Abschrift (Transkription) eine Boten(messenger)-RNA (mRNA). Diese wird an den Ribosomen der Zelle (den Orten der Proteinsynthese) in eine Aminosäurekette übersetzt (Translation). Eine Abfolge von 3 Nucleotiden (Basen) auf der DNA kodiert eine Aminosäure im Genprodukt (= Aminosäurekette). Eine Dreierfolge wird als Triplett oder Codon bezeichnet.
6. Der genetische Code (Abb. 1.7) ist nahezu universell: Bei Mikroorganismen, Tieren und Pflanzen liegt für kernkodierte Gene dasselbe „Alphabet" vor. Bei einigen Einzellern (z. B. Hefe) konnten geringfügige Varianten des Standardcodes gefunden werden, die sich jedoch nur auf wenige Aminosäuren beziehen. Als Ausnahme sollte die Genexpression in den Mitochondrien der Eucyte erwähnt werden. In diesen Zellorganellen sind Abweichungen vom Universalschema gefunden worden. Neben der mRNA sind bei der Translation einer DNA-Sequenz noch zwei weitere RNA-Typen beteiligt (transfer[t]- und ribosomale [r] RNAs; die rRNA ist Bestandteil der Ribosomen, den Organellen der Proteinsynthese). Über die erst

Ala	Arg	Asp	Asn	Cys	Glu	Gln	Gly	His	Ile
	AGA								
	AGG								
GCA	CGA						GGA		
GCC	CGC						GGC		AUA
GCG	CGG	GAC	AAC	UGC	GAA	CAA	GGG	CAC	AUC
GCU	CGU	GAU	AAU	UGU	GAG	CAG	GGU	CAU	AUU

Leu	Lys	Met	Phe	Pro	Ser	Thr	Trp	Tyr	Val	Stop
UUA					AGC					
UUG					AGU					
CUA				CCA	UCA	ACA			GUA	
CUC				CCC	UCC	ACC			GUC	UAA
CUG	AAA		UUC	CCG	UCG	ACG		UAC	GUG	UAG
CUU	AAG	AUG	UUU	CCU	UCU	ACU	UGG	UAU	GUU	UGA

Abb. 1.7 Der genetische Code: Übersetzung einer Nucleotidsequenz der Boten-Ribonucleinsäure (mRNA) in eine Aminosäureabfolge. Jeweils 1 bis 6 Tripletts (Dreier-Nucleotidfolge) auf der RNA (oben) kodiert für eine der 20 Aminosäuren (unten) (Ala = Alanin bis Val = Valin). Da eine Abschrift der DNA vorliegt (mRNA), wurde die DNA-Base Thymin (T) durch die RNA-Base Uracil (U) ersetzt (s. Abb. 1.6). Start-Codon: AUG (= Met); Stop-Codons: Ende der Translation (Kettenende). Der Code gilt für die kernkodierten Gene nahezu aller Lebewesen, die bisher untersucht worden sind (nach Knight, R.D. et al.: Trends Biochem. Sci. 24: 241–247, 1999).

1998 entdeckten kurzkettigen (kleinen) regulatorischen RNA-Moleküle (sRNAs) können in Eucyten Gene abgeschaltet bzw. modifiziert werden (*gene silencing* und andere Mechanismen) (Abb. 1.6).

7. Kürzere Aminosäureketten werden als Polypeptide, längere (in der Regel gefaltete) Sequenzen als Proteine bezeichnet. Praktisch sämtliche Proteine und Polypeptide lebender Zellen bestehen aus denselben 20 „linkshändigen" L-Aminosäuren. Diese tragen am zentralen α-C-Atom eine Carbonsäure(–COOH)- und eine Amino(–NH_2)-Gruppe (R–$CHNH_2$–COOH). Der variable Rest(–R) bestimmt den Namen der L-Aminosäure (z.B. –R = H, Glycin; –R = CH_3, Alanin usw.). In Abbildung 1.6 ist die Struktur einer L-As dargestellt. Diese Einheiten bilden die 20 universellen „Buchstaben" innerhalb der Proteine, die durch eine spezifische Aminosäuresequenz gekennzeichnet sind und somit die „übersetzte" genetische Information tragen. In der Regel lagern sich mehrere Polypeptidketten zu einem nativen (funktionsfähigen) Protein zusammen. Die Gesamtheit der exprimierten Proteine einer Zelle wird als *Proteom* bezeichnet.
8. Zentrale Stoffwechselwege, wie z.B. der Kohlenhydratabbau (Glykolyse) und die Speicherung/Expression der im Zellkern untergebrachten Erbinformation (DNA), sind univer-

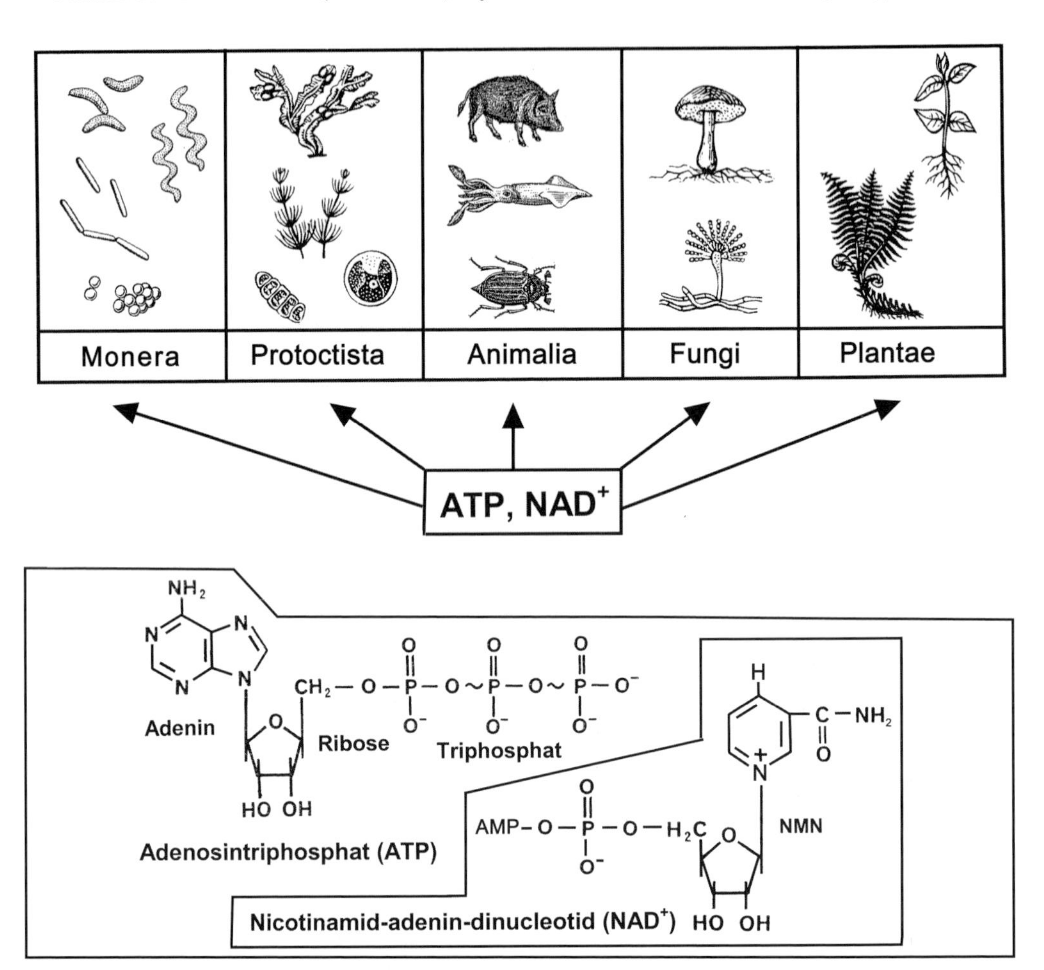

Abb. 1.8 Chemische Strukturen von zwei universellen Biomolekülen der Zellen, die im Energiehaushalt und Stoffwechsel wichtige Funktionen einnehmen. Das Adenosintriphosphat (ATP) erfüllt als Energieüberträger (Transfer von Phosphatresten) eine zentrale Rolle, während dem strukturell verwandten Cosubstrat Nicotinamid-adenin-dinucleotid (NAD^+) als Überträger von Wasserstoff-Atomen im Stoffwechsel eine übergeordnete Bedeutung zukommt. Beide Moleküle, die auch regulatorische Funktionen erfüllen, konnten in allen fünf Organismen-Reichen nachgewiesen werden (Monera, Protoctista, Animalia, Fungi, Plantae). AMP = Adenosinmonophosphat, NMN = Nicotinamid-Mononucleotid, ~ = energiereiche Phosphatbindung.

sell ausgebildet, d.h. in allen Organismen in nahezu identischer Form anzutreffen. Bei Eucyten ist genetische Information nicht nur im Kern, sondern auch in zwei Zellorganellen zu finden (Mitochondrien-DNA in allen Eucyten; bei Pflanzen zusätzlich die Chloroplasten-DNA).

9. Ein *Gen* ist ein Abschnitt auf der DNA, der für die Biosynthese eines funktionstüchtigen Proteins (Genprodukt) bzw. einer RNA verantwortlich ist (Protein- und RNA-Gene). Jedes Protein-Gen ist von regulatorischen Sequenzen umschlossen (Promotor, Terminator), über welche der Start und das Ende der Genexpression gesteuert wird. Die Gesamtheit aller Gene eines Lebewesens (u.a. DNA-Bereiche) wird als dessen *Genom* bezeichnet. Das auf 23 Chromosomenpaare verteilte Genom der Spezies Mensch *(Homo sapiens)* besteht aus etwa 3 Milliarden Basenpaaren, worin schätzungsweise etwa 30 000 für Proteine kodierende DNA-Sequenzen (Gene) enthalten sind. Jede einzelne Körperzelle verfügt über dasselbe Erbgut. Nur ein Teil der DNA (bei Säugetieren weniger als 5%) trägt für Proteine kodierende Nucleotidsequenzen (Gene). Die Masse des Genoms besteht aus nicht kodierendem, vermutlich funktionslosem „DNA-Schrott". Über die Bedeutung dieses genetischen Materials wird noch kontrovers diskutiert (Hypothese: DNA-Vorrat, der zur evolutiven Entstehung neuer Gene genutzt wird). Im Verlauf der Generationenabfolge werden bei zweigeschlechtlichen Organismen über die Keimzellen (Gameten, d.h. Eier und Spermien) die mütterlichen und väterlichen Gene auf die Nachkommen übertragen. Neben diesem „vertikalen Gentransfer" gibt es bei Mikroorganismen auch eine DNA-Übertragung von einem Individuum auf ein gleichzeitig lebendes zweites, ohne dass eine Verwandtschaft bestehen muss (horizontaler Gentransfer).

10. Lebensvorgänge sind im Prinzip physikalisch-chemisch erklärbar. Es gibt keine naturwissenschaftlich verifizierbaren Hinweise auf das Wirken spezieller „Lebenskräfte", einer „Lebensenergie" oder einer nicht-materiellen „Seele" im pflanzlichen, tierischen und menschlichen Organismus. Der im 19. Jahrhundert noch weit verbreitete *Vitalismus* konnte durch die Erkenntnisse der Physiologie und Biochemie widerlegt werden.

11. Die komplexen Strukturen der Zellen und Organe der Lebewesen können nur unter stetiger Zufuhr an freier Energie aufrechterhalten werden (Tiere: Aufnahme energiereicher Nahrung; grüne Pflanzen: Absorption von Sonnenlicht). Wir unterscheiden fünf Organismen-Reiche, die in Abbildung 1.8 dargestellt sind: 1. Bakterien = Monera; 2. Einzeller und deren Abkömmlinge = Protoctista; 3.Tiere = Animalia; 4. Pilze = Fungi; 5. Pflanzen = Plantae (s. Kap. 6). Der universelle Energieträger aller Zellen, die bisher untersucht wurden (Protocyten und Eucyten) ist das Adenosintriphosphat (ATP). Bakterien, Pilz-, Pflanzen- und Tierzellen nutzen dieselbe einheitliche „Energiewährung" ATP zur Aufrechterhaltung ihres Stoffwechsels. Weiterhin konnte das Nicotinamid-adenin-dinucleotid (NAD^+) und seine phosphorylierte Form ($NADP^+$) als universeller Wasserstoff-Überträger (Cosubstrat) des Zellstoffwechsels identifiziert worden. Neben den informationstragenden Nucleinsäuren (DNA, RNAs; Proteine) sind die Stoffwechselmetabolite ATP und $NAD(P)^+$ essentielle Komponenten aller Lebewesen (Abb. 1.8). Diese *Uniformität* zentraler Biomoleküle dokumentiert den gemeinsamen Ursprung der rezenten Organismen, die unsere Biosphäre bilden.

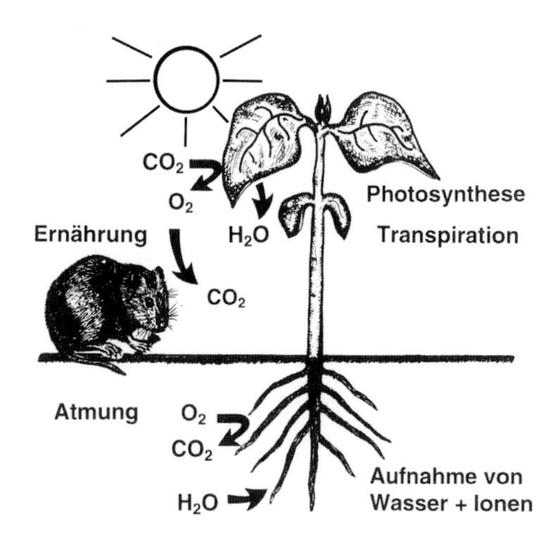

Abb. 1.9 Das Tier und die Pflanze als offenes System. Alle Organismen stehen im ständigen Stoff- und Energieaustausch mit der Umgebung (Boden, Luft). Photosynthese der Pflanze: lichtabhängige Aufnahme von Kohlendioxid (CO_2), Produktion energiereicher Zuckermoleküle und Abgabe von Sauerstoff (O_2). Ernährung des Tieres: Aufnahme energiereicher Substanzen (Kohlenydrate, Fette, Proteine). Atmung: lichtunabhängige Aufnahme von Sauerstoff (O_2) bei gleichzeitiger CO_2-Abgabe.

12. Lebewesen sind somit sich stetig selbst erneuernde, offene biochemische *Systeme*, die nach den Grundgesetzen der Physik und Chemie

funktionieren und über ein vererbbares genetisches Programm verfügen (Abb. 1.9). Mit dem Tod des Individuums zerfällt die komplexe Zellstruktur, d. h., der Organismus wird durch Abbau der Biomoleküle wieder zu anorganischer (lebloser) Materie, aus der er letztlich aufgebaut worden war. Organismen leben in ihren Nachkommen weiter, sofern sie sich fortgepflanzt haben: Über diese Reproduktion bleibt die in der DNA gespeicherte Erbinformation des Individuums entlang der Zeitachse erhalten, allerdings in abgewandelter (modifizierter) Form.

Aufgrund der äußerst hohen Komplexität der lebenserhaltenden Stoff- und Energiewechselprozesse sind jedoch viele Detailfragen zur Physiologie und Biochemie/Molekularbiologie der Organismen heute noch Gegenstand der Forschung. Wir können dennoch die oben aufgelisteten 12

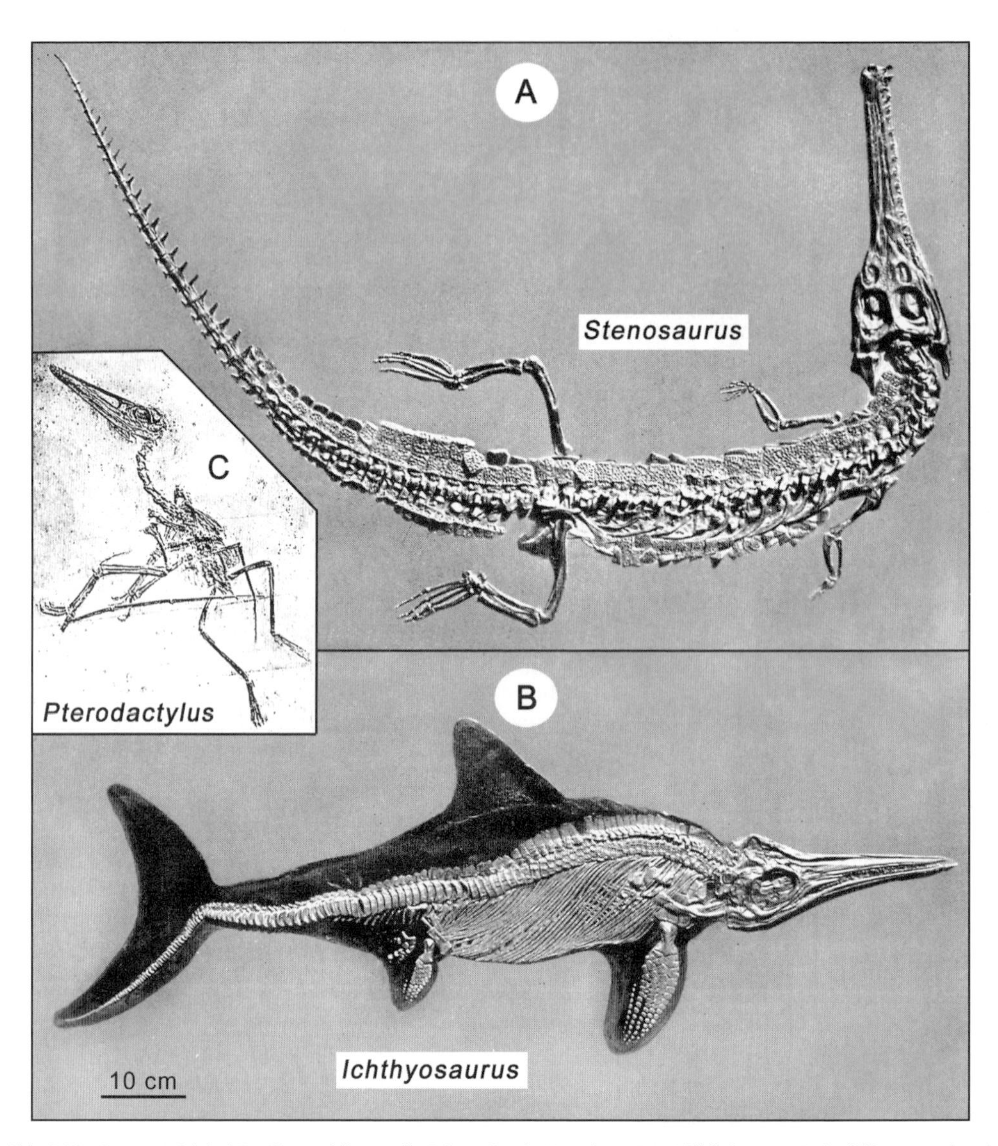

Abb. 1.10 Fotos von Original-Fossilien nach kunstvoller Präparation der Versteinerungen. Löffelschnauzen-Krokodil (*Stenosaurus*) und Fisch-Echse (*Ichthyosaurus*) wurden im Posidonienschiefer von Holzmaden gefunden (A, B). Die Kurzschwanz-Flugechse (*Pterodactylus*) entstammt dem Plattenkalk von Solnhofen (C). Die ausgestorbenen Wirbeltiere besiedelten vor etwa 170 Millionen Jahren die Flach- und Tiefwasserzonen (bzw. den Luftraum) des Süddeutschen Jura-Meeres.

Grundprinzipien auf alle heute bekannten Organismen und deren Vorfahren ausdehnen: Es sind die *universellen Lebensregeln.*

Die Evolutionsbiologie befasst sich mit der Frage nach der Herkunft, dem Ursprung und der stammesgeschichtlichen (phylogenetischen) Entwicklung der etwa 1,7 Millionen beschriebenen Spezies der Erde. Wie konnte diese enorme Vielfalt an Lebensformen (Biodiversität) entstehen? Woher stammen die ersten Lebewesen?

Abb. 1.11 Rekonstruktion einer mitteleuropäischen Juralandschaft auf Grundlage verschiedener Fossilfunde. Meereskrokodil (*Stenosaurus*, 1), Langschwanz- und Kurzschwanz-Flugechse (*Rhamphorhynchus*, 2; *Pterodactylus*, 3), Urvogel (*Archaeopteryx*, 4), Dinosaurier (*Brontosaurus*, 5, 6) und Fisch-Echse (*Ichthyosaurus*, 7) (nach Bommeli, R.: Riesen und Drachen der Vorzeit, Stuttgart 1913).

1.5 Evolutionsforschung als historische Wissenschaft

Es wurde bereits dargelegt, dass in der Biologie neben der experimentellen auch die beschreibend-vergleichende Methode von großer Bedeutung ist (s. versteinerte Skelettreste, Abb. 1.1). Das hierbei kurz angesprochene Prinzip der *historischen Rekonstruktion* soll im Folgenden etwas ausführlicher erläutert werden. Aus Fossilfunden (in Sedimente eingebettete Überreste ausgestorbener Organismen) können zunächst die Hartteile wie Skelette und Panzer wieder hergestellt werden. Im nächsten Schritt wird eine dreidimensionale Rekonstruktion des vollständigen Fossils vorgenommen. Da Spuren von Weichteilen wie der Haut, innerer Organe usw. fast immer fehlen, folgt dann eine hypothetische Wiederherstellung des intakten (ausgestorbenen) Organismus. Der moderne *Paläobiologe* stützt sich bei dieser historischen Wiederherstellung erloschener Lebensformen auf Erkenntnisse, die an rezenten Organismen gewonnen wurden. So wird z.B. ein kräftiger, mit scharfen, zurückgebogenen Reißzähnen versehener Wirbeltierschädel einem Raubtier zugeschrieben, da alle heute lebenden Räuber (z.B. Krokodile, Wölfe, Tiger) eine derartige Mundbewaffnung aufweisen, die zur Tötung und dem Fressen der Beute dient. Versteinerte, weniger stabil gebaute Schädel ohne entsprechende Mundbewaffnung (z.B. mit Mahlzähnen) belegen, dass das betreffende Tier ein Pflanzenfresser war, da rezente Weidetiere (z.B. Zebras, Giraffen) mit ihren speziell gebauten Mundwerkzeugen Blätter abzupfen und fressen.

Fossile Pflanzenreste (z.B. Stängel, Blätter), die Spaltöffnungen (Stomata) aufweisen, werden Landpflanzen zuge-

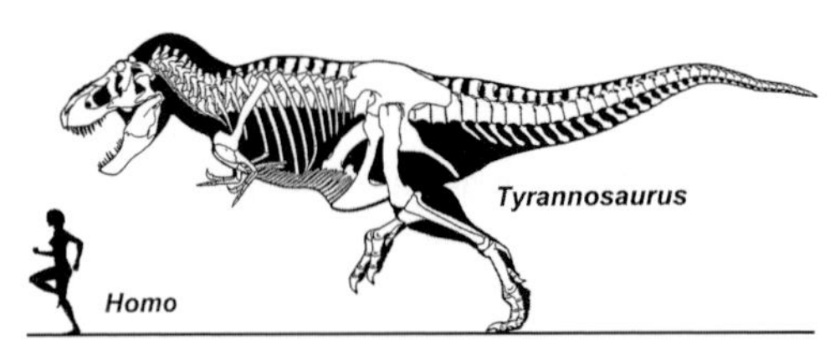

Abb. 1.12 Rekonstruiertes Skelett des Raubsauriers *Tyrannosaurus rex* in Laufposition und rezenter Mensch (*Homo sapiens*). Das Riesen-Reptil *T. rex* ist am Ende der Kreidezeit infolge einer globalen Umweltkatastrophe ausgestorben (nach Zeichnungen von G. PAUL).

schrieben, da alle rezenten Vertreter der Embryophyten (Moose, Farn- und Samenpflanzen) derartige Gasaustauschporen besitzen. Bei Unterwasserpflanzen fehlen Stomata; der Gasaustausch erfolgt über die Oberfläche dieser Gewächse.

Aus einzelnen wiederhergestellten Organismen (Tiere, Pflanzen), die einer bestimmten Erdepoche zugeordnet werden konnten, rekonstruiert der Evolutionsforscher (Paläobiologe) die Lebensgemeinschaften (Biozönosen) der Vorzeit. Diese „Lebensbilder der Urzeit" können chronologisch angeordnet werden und ergeben dann ein grobes Bild vom Ablauf der Stammesentwicklung (Evolution) der Organismen im Verlauf der Jahrmillionen (Phylogenien einzelner Organismengruppen, wie z. B. der Wirbeltiere).

Als Beispiele zu diesem Verfahren der historischen Rekonstruktion sollen einige klassische Fossilien aus der Jurazeit (Alter ca. 170 Millionen Jahre) vorgestellt werden. Im schwarzen Jura (Posidonien-Schiefer von Holzmaden in Baden-Württemberg) wurden mehrfach Fossilien eines Löffelschnauzen-Meereskrokodils (*Stenosaurus*) gefunden (Abb. 1.10 A). Diese Reptilien bewohnten gemeinsam mit großen Fisch-Echsen (*Ichthyosaurus*, auch Fischsaurier genannt) das schwäbische Jurameer. Ein ca. 2 m langes *Ichthyosaurus*-Exemplar ist 1910 mit vollständig erhaltenem Schattenriss der Haut gefunden worden. Nach sorgfältiger Präparation konnte die große senkrechte Schwanzflosse, in deren untere Hälfte die Wirbelsäule einmündet, sowie die Rückenflosse erkannt werden. Ichthyosaurier zählen zu den am besten erforschten ausgestorbenen Reptilien, da zahlreiche sehr gut erhaltene versteinerte Skelette dieser Tiergruppe gefunden wurden (Abb. 1.10 B). Ergänzend ist die Kurzschwanz-Flugechse (*Pterodactylus*, auch Flugsaurier genannt) aus dem Solnhofener Plattenkalk dargestellt (Abb. 1.10 C). Der lange Mittelhandknochen, an dem die Flughaut befestigt war, ist deutlich zu erkennen. Aus derartigen Fossilfunden (abgeplattete Versteinerungen) können dreidimensionale Skelette rekonstruiert werden. Beispiele sind in Kapitel 4 wiedergegeben.

Eine klassische Rekonstruktion der belebten Welt aus der Jurazeit zeigt Abbildung 1.11. Alle hier dargestellten Organismen (Meereskrokodil, Flugechsen, Dinosaurier, Urvogel) sind Jahrmillionen später wieder ausgestorben. Die rekonstruierte Pflanzenwelt (Riesen-Schachtelhalme, Farne, Cycas-Gewächse) hat sich im Verlauf der letzten 170 Millionen Jahre drastisch geändert: Wo ehemals blütenlose Gewächse dominierten, wachsen heute bevorzugt Blütenpflanzen (Angiospermen). Farne und Schachtelhalme sind heute in Mitteleuropa nur noch Reliktgruppen, die von den „modernen", an relativ trockene Habitate angepassten Angiospermen weitgehend verdrängt worden sind und daher in unseren Wäldern nur noch ein Schattendasein führen.

Die historische Rekonstruktion einer mitteleuropäischen Juralandschaft aus dem Jahr 1913 (Abb. 1.11) zeigt einige hypothetische Sachverhalte, welche im Lichte moderner paläobiologischer Forschung heute als widerlegt gelten. So waren zum Beispiel die als Sumpf- bzw. Wassertiere dargestellten Riesensaurier (Sauropoden) nach heutigem Kenntnisstand Landtiere, die wie in Abbildung 1.5 dargestellt, beim Gehen Kopf und Schwanz waagerecht hielten (s. auch Abb. 1.12). Die Fisch-Echse (*Ichthyosaurus*) war kein Wal-artiges Säugetier, wie es unser klassisches Bild nahe legt. Der Urvogel *Archaeopteryx* konnte nicht wie ein moderner Vertreter der Aves nahezu perfekt fliegen, sondern wegen seines noch unterentwickelten Kleinhirns nur über kurze Strecken hinweg gleiten. Diese Beispiele zeigen, dass mit jedem bedeutenden Fossilfund (beziehungsweise der Analyse von Versteinerungen) unser Bild vom Leben in der Urzeit verfeinert und konkretisiert wird. Die Erkenntnisse der modernen Paläobiologie sind in Kapitel 4 beschrieben.

An dieser Stelle soll hervorgehoben werden, dass sich die Lebensbedingungen auf der Erde im Verlauf der Jahrmillionen stetig verändert haben (Verschiebung der Kontinentalplatten, Gebirgs- und Seenbildung, Vulkanismus, Meteoriteneinschläge usw.). Von besonderer Bedeutung sind die Änderungen im Sauerstoffgehalt der Meere und der Luft (von etwa 13 bis 31 Vol.-% O_2; heutiger Wert ca. 21%). Wie aus Tabelle 1.1 hervorgeht, können diese Fluktuationen, deren Ursachen man nur teilweise kennt, mit evolutionären Prozessen in Zusammenhang gebracht werden (s. Kapitel 4).

Seit der Entdeckung der DNA und anderer informationstragender Biomoleküle (RNAs, Proteine) werden Basen- bzw. Aminosäure-Sequenzen zur Rekonstruktion der Evolutionsgeschichte (Phylogenie) einzelner Organismengruppen eingesetzt. Die Prinzipien der molekularen Phylogeneseforschung sowie zahlreiche Beispiele aus diesem modernen Zweig der Evolutionsbiologie sind in Kapitel 7 dargestellt.

Das *Fazit* dieses Abschnittes kann in dem folgenden Satz zusammengefasst werden: Der Evolutionsforscher rekonstruiert gleich einem Historiker (bzw. Kriminalisten) Ereignisse, die in der Vergangenheit stattgefunden haben. Als Grundlage dienen verschiedene Dokumente (bzw. Indizien), wobei insbesondere auch DNA-Analysen zur Aufklärung herangezogen werden. Aus diesen Daten wird ein möglichst exaktes Bild von Prozessen, die sich in der fernen Vergangenheit abgespielt haben, rekonstruiert. Ähnlich wie die Geologie oder Astrophysik ist die Evolutionsbiologie somit in weiten Teilen eine historische Wissenschaft.

Paläontologie (moderne Bezeichnung: *Paläobiologie*) und *Neontologie* (Analysen rezenter Organismen) ergänzen sich in der Evolutionsforschung gegenseitig, mit dem Ziel, ein möglichst exaktes Bild vom Wandel der Lebensformen im Verlauf der Jahrmillionen zu erarbeiten und die Antriebskäfte für den Artenwandel zu ergründen. Der in Abbildung 10.12 dargestellte, vor 65 Millionen Jahren ausgestorbene Riesen-Raubsaurier, einen modernen Menschen jagend, soll diesen Sachverhalt verdeutlichen.

Literatur:

Alberts et al. (1998), Berger et al. (2004), Berner et al. (2007), Bunge und Mahner (2004), Finnegan und Matzke (2003), Kerr (2006), Kutschera (2002, 2007a, b), Mahner und Bunge (1997), Mayr (1982, 1988, 2001, 2004), Stryer (1995), Volmer (1995), Wegener (1929)

Tab 1.1 Veränderungen im Sauerstoff (O_2)-Gehalt der Ozeane und Luft (Atmosphäre) im Verlauf der Erdgeschichte, u. a. ermittelt aus den geochemischen Zyklen der Elemente Kohlenstoff und Schwefel. Der O_2-Gehalt der Luft beträgt heute 21 Vol.-%. Dauer der geologischen Ären Archaikum (Urzeit), Proterozoikum (Frühzeit), Paläozoikum (Erdaltertum), Mesozoikum (Erdmittelalter) und Känozoikum (Erdneuzeit) in Jahrmillionen (Mio. J.) (nach Kerr, R.: Science 314, 1599, 2006 und Berner, R. A. et al.: Science 316, 557–558, 2007).

Archaikum (4600–2500)	Proterozoikum (2500–542)	Paläozoikum (542–251)	Mesozoikum/Känozoikum (251–65 / 65 bis heute)
bis vor ~2500 Mio. J. kein O_2 nachgewiesen; anaerobe Periode. vor ~2300 Mio. J. erster O_2-Anstieg im Ozean. Beginn der aeroben Periode (oxigene Photosynthese, S. 91)	vor ~580 Mio. J. zweiter O_2-Anstieg im Ozean. Luft-O_2-Konz. ca. 3 % (Kambrische Explosion, S. 94 und 180)	vor ~500 Mio. J. Luft-O_2-Konz. ca. 20 % vor ~410 Mio. J. ca. 25 % (Landpflanzen, S. 98) vor ~300 Mio. J. ca. 31 % (Insekten-Gigantismus im Karbon, S. 102)	vor ~251 Mio. J. Luft-O_2-Konz. ca. 15 % vor ~200 Mio. J. ca. 13 % vor ~80 Mio. J. ca. 20 % vor ~65 Mio. J. ca. 17 % danach kontinuierlicher Anstieg auf 21 % (Massenaussterben, S. 103, 115)

2 Entdeckungsgeschichte des Abstammungsprinzips und klassische Evolutionsbeweise

Der Begriff *Evolution* wurde 1852 von dem Schriftsteller HERBERT SPENCER (1820–1903) als Synonym für „biologische Höherentwicklung" in die Literatur eingeführt. Das erst einige Jahre später von CHARLES DARWIN (1809–1882) und anderen Naturforschern in biologische Schriften aufgenommene Wort kommt aus dem Lateinischen (*evolutio*) und bedeutet in direkter Übersetzung „das Aufrollen, die Entwicklung". Da üblicherweise verborgene Dinge aufgerollt oder entwickelt werden, können wir aus dem Wortstamm *evolutio* eine ganz allgemeine Definition ableiten. Evolution bedeutet das Hervorgehen des Höheren aus dem Niederen, des Zusammengesetzten aus dem Einfachen, des Vollkommenen aus unvollkommenen Vorstufen. Anders formuliert: Evolution ist die stufenweise Entwicklung eines urtümlichen Vorläufers zu komplexeren Nachfahren. Diese Ausfüh-

Abb. 2.1 Die Erschaffung der Erde und der Lebewesen durch den biblischen Gott. Dieses „Schöpfungsmodell" vom Ursprung der Arten war um 1850 auch unter Naturwissenschaftlern anerkannt (nach einem christlichen Gemälde aus dem Jahr 1855).

rungen zeigen, dass Evolutionsprozesse niemals abgeschlossen sind, solange die betrachteten Systeme existieren; das evolvierte Komplexe (Vollkommene) kann durch weitere Schritte immer noch komplexer (vollkommener) werden. Beschreibungen der Endstufen von Evolutionsprozessen beziehen sich somit immer auf den Zeitpunkt der Betrachtung. Wir wissen nicht, welche Entwicklungsstufen unser System in Zukunft noch erreichen wird. Aufgrund dieser allgemeinen Bedeutung des Evolutionsbegriffs gibt es z. B. in der Physik Untersuchungen zur Evolution des Universums, der Galaxien und der Erdatmosphäre; Geologen erforschen die Evolution von Gebirgen und Vulkanen. Weiterhin wird – außerhalb der Naturwissenschaften – unter anderem die Evolution verschiedener Sprachen oder von Wirtschafts- und Sozialsystemen analysiert. Wir wollen im Folgenden ausschließlich die Evolution der Biosphäre betrachten und unser Themengebiet wie folgt definieren.

Die *Evolutionsbiologie* untersucht die Frage nach dem Ursprung und der Entwicklung der Lebewesen auf unserer Erde. Dieser Wissenschaftszweig wurde früher auch *Abstammungs-*, *Deszendenz-*, *Entwicklungs-* oder *Transformationslehre* genannt und umfasst neben der Theorie der *biologischen Evolution* der Organismen auch das Problem der Entstehung der ersten Urlebewesen aus unbelebter (toter) Materie. Diese als *chemische Evolution* bezeichnete Thematik stellt heute ein Teilgebiet der Evolutionsbiologie dar, die somit eine interdisziplinäre Naturwissenschaft ist.

In diesem Kapitel sind die historischen Wurzeln und Grundlagen der klassischen Deszendenztheorie zusammengefasst.

2.1 Die drei Theorien zum Ursprung der Arten

Woher stammen die unzähligen Tier- und Pflanzenarten der Erde? Drei Theorien wurden zur Beantwortung dieser Frage formuliert; sie sollen im Folgenden kurz dargestellt werden.

Übernatürliche Erschaffung. Bis zur Mitte des 19. Jahrhunderts war der Glaube an die sogenannte „Schöpfungstheorie“ allgemein verbreitet. Dieses Postulat besagt, dass alle heutigen Organismen von einem übernatürlichen Wesen (allmächtigen Schöpfer) gleichzeitig als perfekt organisierte Systeme erschaffen worden sind. Heute sind über hundert verschiedene Mythen über die Entstehung der Welt und der Lebewesen bekannt. Ein populärer Mythos ist im Buch *Genesis* der Bibel niedergeschrieben (Abb. 2.1). Die Mehrheit der Biologen des 18. und 19. Jahrhunderts akzeptierte die „Schöpfungstheorie“, da sie mit der Alltagserfahrung übereinstimmt: Die Nachkommen der Tiere und Pflanzen gleichen mehr oder weniger ihren Eltern. Die Arten erscheinen bei oberflächlicher Betrachtung der Natur somit als konstant oder *un*wandelbar; Übergänge von einer Art zur anderen sind in der Regel nicht zu beobachten. Die Tiere und Pflanzen der Erde wurden daher früher auch als *organische Geschöpfe* bezeichnet. Wir wollen die allgemeine Akzeptanz der „Schöpfungstheorie“ im frühen 19. Jahrhundert durch zwei Beispiele erläutern.

Der Zoologe JOHANNES MÜLLER (1801–1858) schrieb in seinem 1833 erschienenen *Handbuch der Physiologie* zum Thema der Artenentstehung folgendes: „Keine Tatsache berechtigt uns zu Vermutungen über den ersten oder späteren Ursprung der Geschöpfe, keine zeigt uns die Möglichkeit, alle diese Verschiedenheiten durch Umwandlungen zu erklären, da alle Geschöpfe die ihnen gegebene Form unabänderlich erhalten“. In seinem berühmten „Artenbuch“ (*On the Origin of Species*, 1859) diskutierte CHARLES DARWIN die „theory of creation“ ausführlich und stellte diesen christlichen Mythos seiner naturalistischen Abstammungslehre gegenüber. Darwins Schlussfolgerungen sind in den Abschnitten 2.3 und 2.4 zusammengefasst. Da die „Schöpfungshypothese“ auf biblischen Wundern und Offenbarungen basiert, für die es keine empirischen Belege gibt, ist sie ein Glaubenssatz, jedoch keine wissenschaftliche Theorie.

Mikroben aus dem Weltraum. Der Chemiker SVANTE ARRHENIUS (1859–1927) formulierte im Jahr 1908 die sogenannte *Importtheorie*. Gemäß dieser Vorstellung, die auch unter der Bezeichnung *Panspermie-Hypothese* bekannt ist, entstanden die Lebewesen vor langer Zeit irgendwo im Weltraum. Sie wurden in Form von eingekapselten Mikroorganismen auf Steinbrocken sitzend zur Erde gebracht (importiert) und haben sich hier ausgebreitet und weiterentwickelt. In analoger Weise wurde postuliert, dass auch höher entwickelte Lebewesen aus dem Weltraum zur Erde gelangten und hier nach und nach alle Lebensräume besiedelt haben („kleine grüne Männchen-Theorie“). Diese Vorstellung wird derzeit weder durch Fakten unterstützt (wie z. B. Marsmikroben), noch kann sie experimentell überprüft werden. Wir müssen sie daher in den Bereich unbewiesener Spekulationen verweisen.

Deszendenztheorie. Die Vorstellung, dass die Lebewesen der Erde nicht durch einen übernatürlichen Schöpfungsprozess entstanden sind, sondern dass sie sich im Verlauf sehr langer Zeiträume aus einfach aufgebauten Urformen entwickelt haben könnten, ist bereits in den Schriften der Vorsokratiker nachlesbar (z. B. bei EMPEDOKLES, 495–435 v. Chr.). In den Kleinen Schriften des Königsberger Philosophen IMMANUEL KANT (1724–1804) finden wir Vermutungen zur Verwandtschaft aller Lebewesen und zur Entstehung neuer Tierarten aus Vorläuferformen. In seinem wenig bekannten Aufsatz *Von den verschiedenen Rassen der Menschen* (1775) formulierte KANT seine Deszendenzhypothese wie folgt: „Diese Vorsorge der Natur ... ist bewundernswürdig und bringt bei der Wanderung und Verpflanzung der Tiere und Gewächse, dem Scheine nach, neue Arten hervor, welche nichts anderes als Abartungen und Rassen von derselben Gattung sind, deren Keime sich nur gelegentlich in langen Zeitläufen auf verschiedene Weise entwickelt haben“. Aufgrund des rein spekulativen Charakters dieser Aussagen hatten diese Gedanken keinen Einfluss auf die Biologie.

Die ersten, auf Beobachtung der belebten Natur basierenden Vorstellungen zum *Mechanismus des Artenwandels* sind erst im 19. Jahrhundert zu finden. Im Folgenden wollen wir die beiden wichtigsten Deszendenzmodelle dieser Epoche kennen lernen.

2.2 Die Abstammungslehre Lamarcks

Der Zoologe JEAN-BAPTISTE DE LAMARCK (1744–1829) war einer der ersten naturwissenschaftlich denkenden Gegner der „Schöpfungstheorie“ und somit der eigentliche Begründer (Urvater) der Evolutionsforschung (Abb. 2.2). Dieser große Naturwissenschaftler postulierte, dass auf der noch jungen Erde zunächst primitive Organismen aus unbelebter Materie durch „Urzeugung“ entstanden seien (s. Kap. 5). Aus diesen hypothetischen Urlebewesen hätten sich im Verlauf sehr langer Zeiträume die heute lebenden Pflanzen und Tiere entwickelt. Der Endpunkt dieser Entwicklungsreihe sei der Mensch. Lamarck ging von einer *Umwandelbarkeit (Transformation)* der Arten im Verlauf sehr großer Zeiträume aus. In seinem 1809 erschienenen Werk *Philosophie Zoologique* ist eine „Tabelle der Abstammung verschiedener Tiere“ abgedruckt, in der die damals bekannten Klassen der Animalia in Form einer netzwerkartig aufsteigenden Abstammungslinie dargestellt sind. An der Basis stehen Infusorien, Polypen und Strahlentiere; es folgen die Ringelwürmer, Weichtiere und Rankenfüßer; über die Zwischenstufen Fisch und

Abb. 2.2 Der Naturforscher JEAN-BAPTISTE DE LAMARCK (1744–1829).

Reptil sollen nach Lamarck die Vögel und Säugetiere entstanden sein. Ergänzend zu dieser expliziten Formulierung des Abstammungsprinzips postulierte LAMARCK 1809 erstmals einen auf Beobachtungen basierenden *Mechanismus* des evolutiven Artenwandels, der noch heute unter dem Schlagwort „Vererbung erworbener Eigenschaften“ bekannt ist. LAMARCK (1809) formulierte diesbezüglich zwei Gesetze: „1. Bei jedem Tiere ... stärkt der häufigere und dauernde Gebrauch eines Organs dasselbe allmählich ...; der konstante Nichtgebrauch eines Organs macht dasselbe schwächer ... und lässt es schließlich verschwinden. 2. Alles, was die Individuen durch den Einfluss der Verhältnisse, denen ihre Rasse lange Zeit hindurch ausgesetzt ist, und folglich durch den Einfluss des vorherrschenden Gebrauchs oder konstanten Nichtgebrauchs eines Organs erwerben oder verlieren, wird durch die Fortpflanzung auf die Nachkommen vererbt“.

LAMARCK (1809) beschrieb zahlreiche Fallstudien aus dem Naturreich, die seine Thesen belegen sollten. Als klassisches Beispiel betrachten wir die Langhals-Giraffe (Abb. 2.3 A). Lamarck vermutete, dass diese Säugetierart aus einer kurzhalsigen Urform entstanden sein könnte. Weil sich die Vorfahren der heutigen Giraffen nach immer höheren beblätterten Ästen gestreckt hätten, sei im Verlauf langer Zeiträume der von Generation zu Generation durch kräftigere Muskeln und Knochen gestärkte, verlängerte Hals der Tiere auf die

Nachkommen übertragen worden. In analoger Weise sollen die verlängerten Vorderbeine entstanden sein. Weiterhin hätten sich z. B. die Augen der in Dunkelheit lebenden Tiere (Höhlenmolch, *Proteus*) mangels Gebrauch zu funktionslosen Strukturen zurückentwickelt. Durch Gebrauch bzw. Nichtgebrauch einzelner Organe und Vererbung dieser erworbenen Eigenschaften auf die Nachkommen sollen im Verlauf vieler Generationen aus Urformen neue (abgewandelte) Arten entstanden sein.

Wäre der als *Lamarckismus* bezeichnete Evolutionsmechanismus in der Natur verwirklicht, so würden z. B. die Kinder braungebrannter Menschen („Sonnenanbeter") dunkelhäutig zur Welt kommen; Narben und andere erworbene bzw. durch Selbstverstümmelung zugefügte Körperschäden wären ebenfalls erblich (z. B. Ohrlöcher; das künstlich eingefügte dritte Nasenloch; durch Zwangsmaßnahmen vergrößerte Lippen, s. Abb. 2.3 A, IV). Dies wurde jedoch niemals beobachtet, so dass die Theorie von der Vererbung erworbener Körpereigenschaften heute – insbesondere durch die Erkenntnisse der Molekularbiologie – widerlegt ist. Wir werden in Kapitel 3 ein klassisches Experiment zur Überprüfung der Lamarckschen Hypothese kennen lernen und auf die hier angesprochene Problematik zurückkommen.

2.3 Die Deszendenztheorie von Darwin und Wallace

Ein halbes Jahrhundert nach Erscheinen des Werkes von Lamarck wurde eine zweite Theorie zur Artenentstehung formuliert. Der Privatgelehrte Alfred Russell Wallace (1823–1913), der sich zeitweise seinen Lebensunterhalt als Lehrer, Uhrmacher und Tierhändler verdienen musste, und der vermögende Naturforscher Charles Darwin (1809–1882) (Abb. 2.4) postulierten im Jahr 1858 unabhängig voneinander einen neuen, auf Variation und Selektion basierenden Evolutionsmechanismus, der weiter unten im Detail dargestellt ist.

Charles Darwin. Da die Theorien Darwins von großer Tragweite waren und noch heute z. B. unter dem populären Schlagwort „Sozialdarwinis-

Abb. 2.3 Postulierte Mechanismen zur Evolution der Körperform bei der Langhals-Giraffe (*Giraffa camelopardalis*). Die in kräuterlosen afrikanischen Savannen lebenden Großsäuger ernähren sich bevorzugt vom Laub der Bäume. Nach dem Modell vom J.-B. de Lamarck (A) sollen Vorderbeine und Hals durch Gebrauch (Strecken) dieser Organe und Vererbung der Gewohnheit auf die Nachkommen entstanden sein (I–III). Erworbene Körpereigenschaften wie z.B. künstlich vergrößerte Lippen, werden jedoch nicht vererbt (IV). C. Darwin und A. R. Wallace postulierten einen alternativen Mechanismus (B): In variablen Populationen kurzbeiniger Ur-Giraffen haben bei Nahrungsmangel (Trockenheit) bevorzugt immer wieder jene Individuen überlebt und sich fortgepflanzt, die über entsprechend längere Organe verfügten (I–III). Wahrscheinlich hat hierbei auch die sexuelle Selektion eine Rolle gespielt.

Abb. 2.4 Charles Darwin (1809–1882) und Alfred Russel Wallace (1823–1913).

mus" weiterwirken, wollen wir uns in diesem Abschnitt mit Leben und Werk dieses bedeutenden Mannes befassen. Charles Darwin wurde als Sohn wohlhabender Eltern in Shrewsbury geboren. Nach Beendigung seiner Studien an den Universitäten Edinburgh (Medizin, abgebrochen) und Cambridge (Theologie, mit Abschlussexamen) schloss sich der zum Geistlichen ausgebildete Privatgelehrte als unbezahlter Naturforscher einer Weltumsegelung an. Das englische Kriegsschiff „Beagle" hatte in den Jahren 1831 bis 1836 auf verschiedenen Kontinenten der Erde Vermessungsaufgaben zu erfüllen, wobei auch geologische und biologische Fragestellungen zu bearbeiten waren.

Als Darwin die eigentümliche Tier- und Pflanzenwelt verschiedener Inseln (insbesondere des Galapagos-Archipels) studierte, kam ihm der erste Gedanke zu seiner epochemachenden Theorie.

Etwa 1000 km vor der Westküste Equadors liegen mehrere aus Vulkanen hervorgegangene Inseln, die niemals in Kontakt mit dem durch den Ozean abgetrennten Festland standen. Alle Lebewesen, die heute die Galapagosinseln bewohnen, wurden vom südamerikanischen Festland her importiert (z. B. Verdriftung durch den Wind). Da dies nur relativ selten eintritt, ist die Inselfauna entsprechend artenarm. Die verdrifteten Tiere und Pflanzen fanden auf den Inseln zahlreiche, nicht durch Konkurrenten besiedelte Lebensräume vor. Es kam infolgedessen zu einer Besetzung verschiedener freier ökologischer Nischen durch die wenigen eingewanderten Stammformen. Wir bezeichnen diesen Prozess als *adaptive Radiation* (Aufspaltung einer relativ homogenen Organismengruppe in zahlreiche abgeleitete Arten durch Besiedelung unbesetzter Lebensräume). Darwin war bei seinem Besuch der Galapagosinseln insbesondere von der Vielfalt einer Vogelgruppe überrascht, die ihm zu Ehren später als Darwin-Finken bezeichnet wurde (Abb. 2.5) (Details s. Kap. 9). Umfangreiche Beobachtungen verschiedener Galapagosfinken, die alle von einer importierten Ursprungspopulation abstammen, überzeugten ihn später davon, dass Arten nicht konstant, sondern wandelbar seien. Die erst viele Jahre später von Darwin ausgearbeitete *Deszendenztheorie* hatte hier ihren Ursprung.

Weitere Produkte seiner fünfjährigen Weltreise waren Untersuchungen zur Struktur der Korallenriffe sowie eine umfassende Monographie der Rankenfußkrebse (Cirripedia). Nach seiner Rückkehr nach England lebte Darwin bis zu seinem Tod (1882) zurückgezogen als finanziell unabhängiger Privatgelehrter auf seinem Gut Down in der Grafschaft Kent. Er arbeitete zum einen seine Grundgedanken zur Deszendenztheorie aus, zum anderen befasste er sich mit der Blütenökologie, den Bewegungsvorgängen bei höheren Pflanzen und dem Verhalten von Regenwürmern; Darwin veröffentlichte insgesamt 16 Fachbücher über diese und verwandte Themen. Aufgrund seiner Originalität und Vielseitigkeit zählt der zum Theologen ausgebildeten Privatforscher Charles Darwin zu den größten Biologen des 19. Jahrhunderts.

Wir wollen im Folgenden kurz den Weg skizzieren, der von der „Inspiration" auf den Galapagosinseln zur endgültigen Formulierung der Deszendenztheorie geführt hat. Nach seiner Rückkehr im Herbst 1836 begann Darwin mit der Arbeit an seinem Werk über die Entstehung der Arten. Wie aus seiner Autobiographie hervorgeht, las er im Oktober 1838 ein Buch des Wirtschaftswissenschaftlers THOMAS MALTHUS (1766–1834) über das Prinzip des menschlichen Bevölkerungswachstums (*An Essay on the Principle of Population*, 1798). Dort ist folgende These formuliert: „Die Vermehrungsfähigkeit der Menschheit ist viel größer als das Vermögen der Erde, Nahrung zu produzieren. Das ungehinderte Bevölkerungswachstum schreitet geometrisch fort, während die Nahrungsmittelproduktion nur arithmetrisch verläuft". Malthus zog daraus die Schlussfolgerung, dass ohne eine Eindämmung des Bevölkerungswachstums große Teile der menschlichen Gesellschaft dem Hungertod ausgeliefert sein werden. Diese These von der Massenvermehrung der Spezies *Homo sapiens* bei gleichzeitiger Nahrungsknappheit beeindruckte Darwin nachhaltig. Schon vorher war ihm, nach langjährigen Beobachtungen des Verhaltens und der geographischen Verbreitung der Tiere, die Idee vom *Daseinswettbewerb (struggle for existence)* gekommen. Erst die Gedanken von Malthus führten Darwin jedoch zur definitiven Formulierung seiner Grundthese: Der Wettbewerb (Konkurrenzkampf) zwischen den Individuen innerhalb der variablen Tier- und Pflanzenpopulationen führt zum Überleben der besser an die Umwelt angepassten (tüchtigsten oder tauglichsten) Varianten, während die weniger geeigneten Individuen zugrunde gehen und somit auf Nachkommenschaft verzichten. Im Verlauf vieler Generationen führt dieser Prozess zur Entstehung neuer Arten.

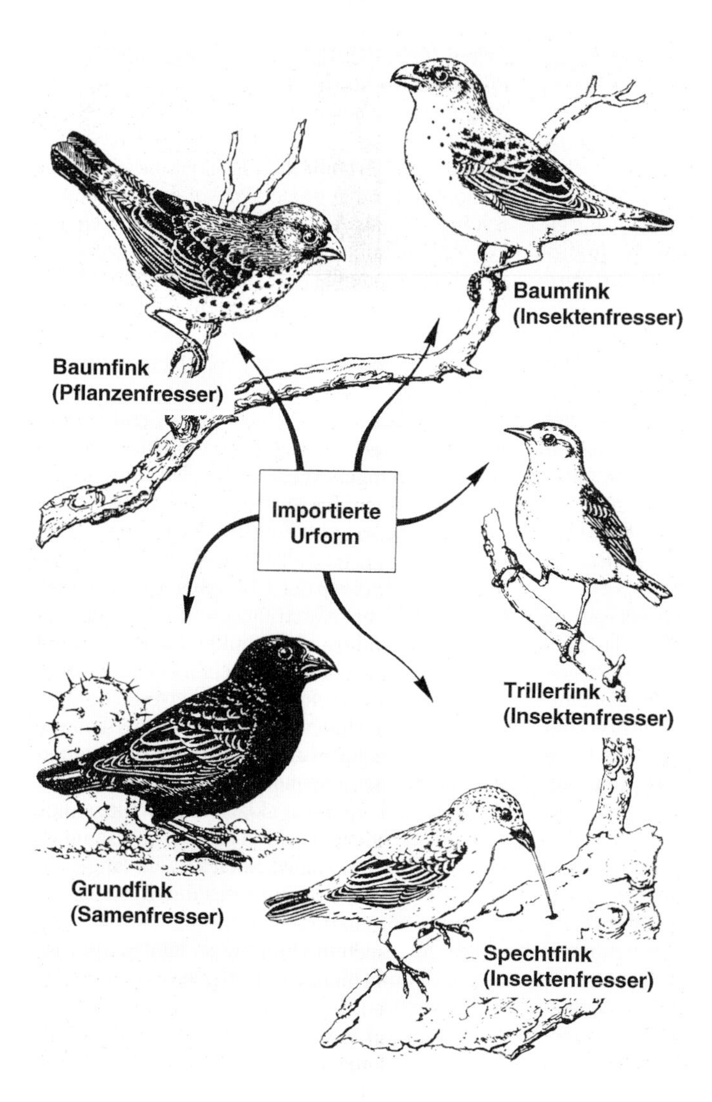

Abb. 2.5 Einige Vertreter der Darwin-Finken (Geospizinae) der Galapagosinseln. Die abgebildeten Spezies stammen alle von einer Ursprungsart (Stammform) ab, die als kleiner Schwarm vor 2–3 Millionen Jahren auf die Inseln verdriftet wurde. Der Spechtfink nutzt Kakteenstacheln als Werkzeug, um Insekten aus Baumlöchern zu ziehen. Auf den Inseln fehlen die Spechte (nach LACK, D.: Darwins Finches. Oxford, 1944).

Zwischen 1838 und 1857 arbeitete Darwin seine Deszendenztheorie aus, mit dem Ziel, durch Einarbeitung immer neuer Fakten irgendwann einmal eine überzeugende, schlag-

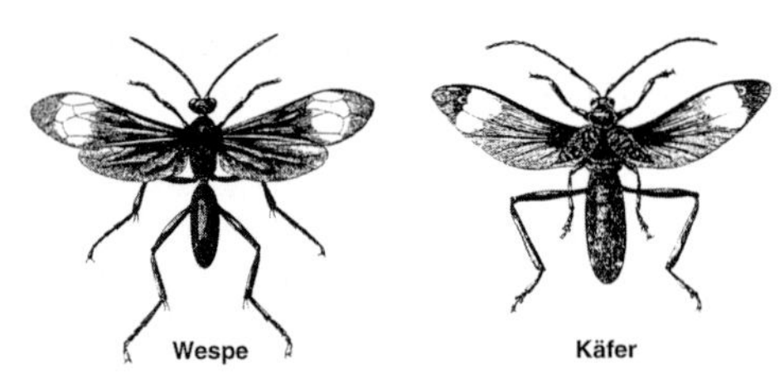

Abb. 2.6 Nachahmung (Mimikry) bei Insekten als Beleg für den Daseinswettbewerb in der Natur. Eine auf der Insel Borneo lebende Wespe *(Mygnimia aviculus)* wird von einem Käfer *(Coloborhombus fasciatipennis)* imitiert (nach WALLACE, A.R.: Der Darwinismus. Braunschweig, 1891).

kräftige Formulierung seiner neuen Ansicht von der Artenentstehung durch Variation und natürliche Auslese (Selektion) zu finden. Im Juni 1858 übersandte ihm der Naturforscher ALFRED R. WALLACE ein Manuskript, das im Prinzip seine eigene, „Darwinsche" Theorie beinhaltete. In dieser Schrift stand der Satz: „Das Leben wilder Tiere ist ein Wettbewerb (Kampf) ums Dasein" (der englische Begriff *struggle* bedeutet eigentlich „Wettbewerb"; er wird jedoch oft vereinfacht mit dem Wort „Kampf" übersetzt).

Alfred Russel Wallace. Auf der Insel Borneo hatte dieser bedeutende Naturforscher die Tier- und Pflanzenwelt untersucht. Wallace studierte unter anderem das Phänomen der Nachahmung (*Mimikry*). Eine auf Borneo lebende große Wespe hat einen weißen Fleck in der Nähe der Flügelspitze. Dieses mit Stachel ausgerüstete Insekt wird von einem Käfer nachgeahmt, der auf ganz untypische Weise seine Hinterflügel ausgebreitet hält, während die Deckflügel zu Schuppen degeneriert sind (Abb. 2.6). Diese und andere Beobachtungen führten Wallace zur Formulierung des Prinzips vom „Kampf ums Dasein und des Überlebens des Tüchtigsten". Darwin entschloss sich nach dem Studium dieser konkurrierenden Schrift dazu, im Jahre 1858 gemeinsam mit Wallace eine Doppelveröffentlichung der Grundgedanken zur Deszendenztheorie in der Zeitschrift der *Linnean Society of London* zu veranlassen. Hiermit war die Prioritätenfrage geklärt; wir sprechen daher heute von der Selektionstheorie von Darwin und Wallace. Allerdings gibt es gewisse Unterschiede zwischen den Konzepten der beiden Naturforscher. So betrachtete Darwin die Tier- und Pflanzenzucht als Modellsysteme zum Studium der Wirkung der Selektion in der Natur, während Wallace diese Analogiebetrachtung ablehnte; nach Darwin ist die Konkurrenz innerhalb einer Art am intensivsten, während Wallace artfremde Organismen, wie beispielsweise Räuber, als wesentliche Selektionsfaktoren annahm; Darwin blieb zeitlebens ein Anhänger von Lamarck, während Wallace die Vererbung erworbener Körpereigenschaften ablehnte (s. Kap. 3).

Im November 1859 publizierte Darwin sein Hauptwerk, das in der Erstauflage unter dem Titel *On the Origin of Species by Means of Natural Selection, or the Preservation of Favoured Races in the Struggle for Life* erschienen ist. In späteren Auflagen wurde der Titel abgekürzt: *The Origin of Species* (6. und letzte Aufl. 1872). Das Buch erschien bereits 1860 in einer deutschen Übersetzung (Titel: *Über die Entstehung der Arten im Tier- und Pflanzenreiche durch natürliche Züchtung, oder Erhaltung der vervollkommneten Rassen im Kampfe ums Dasein*).

Darwins drei Artenbücher. In der Einleitung zum Hauptwerk bezeichnete Darwin dieses umfangreiche Buch als Auszug (Abstract) seiner Gedanken zur Abstammungslehre, den er aufgrund der ihm vorliegenden Schrift von Wallace habe verfassen müssen. Er bezog eindeutig Stellung zur „Schöpfungstheorie", indem er schrieb: „Ich bin davon überzeugt, dass die Vorstellung einer Erschaffung der Arten falsch ist". Das von Darwin als „Artenbuch" bezeichnete Werk enthält eine Fülle von Beobachtungen und Gedanken, die der Naturforscher im Verlauf von zwei Jahrzehnten gesammelt hatte. Es wurden folgende Themen behandelt: Variation im Zustand der Domestikation und in der Natur; der Wettbewerb ums Dasein; natürliche Selektion oder Überleben des Tüchtigsten; Gesetze der Variation; Einwände gegen die natürliche Zuchtwahl; Instinkte; Bastardbildung; Lückenhaftigkeit der biologischen Urkunden; über die geologische Abfolge der Lebewesen; geographische Verbreitung; Verwandtschaft der Lebewesen: Morphologie, Embryologie und rudimentäre Organe. In einer *Zusammenfassung* zieht der Autor dann die bereits oben skizzierten Schlussfolgerungen, die in Tabelle 2.1 in Kurzform zusammengefasst sind. Das ganze Buch ist „ein langes Argument" zur Untermauerung der Deszendenztheorie.

Die in Darwins Hauptwerk niedergeschriebenen Grundgedanken wurden in seinem 1868 erschienenen, wenig bekannten Buch *The Variation of Animals and Plants under Domestication* fortgeführt. Den krönenden Abschluss der Reihe bildete das dritte Buch, die 1871 erschienene zweibändige Abhandlung *The Descent of Man, and Selection in Relation to Sex* (deutsche Übersetzungen: *Das Variieren der Tiere und Pflanzen im Zustande der Domestikation,* 1868; *die Abstammung des Menschen und die geschlechtliche Zuchtwahl,* 1871).

Tab 2.1 Die fünf wichtigsten Publikationen von C. Darwin und A. R. Wallace zur Abstammungslehre (bzw. Selektionstheorie) mit Auflistung der Hauptaussagen (Übersetzungen aus dem englischen Original).

1. Darwin, C., Wallace, A.R. (1858). *On the Tendency of Species to form Varieties; and on the Perpetuation of Varieties and Species by Natural Means of Selection. Proceedings of the Linnean Society London (Zoology)* 3, 45–62.
Hypothese: Durch Überproduktion an Nachkommen kommt es in der Natur bei begrenzten Ressourcen zu einem Daseinswettbewerb (*struggle for existence* or *life*). Über die natürliche Selektion bleiben jene Varietäten erhalten, die am besten an die Umwelt angepasst sind. Im Verlauf der Zeit entstehen hierbei neue Arten.

2. Darwin, C. (1859). *On the Origin of Species by Means of Natural Selection, or the Preservation of Favoured Races in the Struggle for Life. London* (6th ed. 1872).
Theorien-System: Übernatürliche Schöpfungsakte des biblischen Gottes stehen im Widerspruch zu Naturbeobachtungen: Die Arten haben sich aus Urformen entwickelt (Abstammung mit Abänderungen). Die Theorie der natürlichen Selektion erklärt die Anpassung (Adaptation) und die Arten-Transformation. Alle Organismen der Erde stammen von gemeinsamen einzelligen Urlebewesen ab. Der Artenwandel vollzieht sich in kleinen Schritten (graduell), höher organisierte Lebewesen entstehen nach denselben Mechanismen, wie neue Varietäten (Arten) aus Vorläuferformen gebildet werden. Im Verlaufe der Stammesentwicklung verzweigt sich der Baum des Lebens, d. h. die Artenvielfalt (Biodiversität) nimmt zu.

3. Darwin, C. (1868). *The Variation of Animals and Plants under Domestication. London* (2th ed. 1875).
Hauptaussagen: Rassen und Varietäten von Hunden, Katzen, Pferden, Schweinen, Rindern, Schafen, Ziegen, Kaninchen, Tauben, Hühnern, Enten, Seidenschmetterlingen und Kulturpflanzen (Getreide, Kohl, Erbsen, Kartoffeln usw.) sind durch künstliche Zuchtwahl entstanden. Diese Zuchterfolge des Menschen bestätigen die Theorie der Abstammung mit Modifikationen durch natürliche Zuchtwahl (Analogiebetrachtung). Die Vererbung erworbener Körpereigenschaften erfolgt durch Weitergabe modifizierter „Keimchen" (gemmules), die von allen Zellen des Organismus gebildet werden. Für diese Darwinsche Pangenesis-Hypothese der Vererbung gibt es keine Belege (unbewiesene Spekulation).

4. Darwin, C. (1871). *The Descent of Man, and Selection in Relation to Sex. London* (2th ed. 1874).
Hauptaussagen: Beweise für die Abstammung des Menschen von niederen Tierformen werden zusammengefasst (rudimentäre Organe, Atavismen usw.). Mensch und Affe sind nur dem Grad nach verschieden; die geographischen Varietäten (Rassen) des Menschen zeigen sowohl gemeinsame als auch unterschiedliche Merkmale. Die geschlechtliche Zuchtwahl (sexuelle Selektion) wird als eine Triebkraft für den Artenwandel im Tierreich beschrieben. Die Vererbung erworbener Eigenschaften ist durch Beobachtungen abgesichert. Der Mensch und die übrigen Säugetiere stammen von gemeinsamen Vorfahren ab; Urahn des Menschen war ein baumbewohnendes, geschwänztes affenähnliches Tier.

5. Wallace, A.R. (1889). *Darwinism. An Exposition of the Theory of Natural Selection with some of its Applications. London* (3th ed. 1912).
Hauptaussagen: Arten kann man präzise definieren. Warnfärbung und Nachahmung (Mimikry) sind Dokumente für den Daseinswettbewerb. Erworbene Körpereigenschaften werden *nicht* vererbt. Die Hypothesen des Zoologen A. Weismann können mit der Selektionstheorie verknüpft werden: das Keimplasma produziert Gameten, Körperzellen sind dazu nicht in der Lage. Die Variabilität in Populationen wird durch zweigeschlechtliche (sexuelle) Fortpflanzung verursacht. Begründung des Neodarwinismus (mit A. Weismann).

Im nächsten Abschnitt wollen wir den von Darwin und Wallace postulierten Mechanismus des Artenwandels im Detail kennen lernen.

2.4 Das Selektionsprinzip und die fünf Darwinschen Theorien

Die oben bereits angesprochene klassische Theorie der Artenentstehung durch Variation und natürliche Auslese (Selektion) basierte auf Naturbeobachtungen, die als Sequenz von Aussagen und Schlussfolgerungen zusammengefasst werden können. In der nachfolgenden Ableitung des Selektionsprinzips wurden die Originaltexte von Darwin und Wallace zugrunde gelegt (s. Tab. 2.1).

Die klassische Selektionstheorie.

1. Alle genauer untersuchten Tier- und Pflanzenpopulationen (Fortpflanzungsgemeinschaften) zeigen das Phänomen der *Überproduktion*: Tausende von Nachkommen werden von den Eltern produziert, nur wenige überleben. Dies wird besonders leicht einsichtig, wenn wir die Fortpflanzung unserer Froschlurche beobachten (Abb. 2.7). Ein einziger weiblicher Grasfrosch produziert im Frühjahr über 10 000 Eier. Wenn alle befruchtet würden und am Leben blieben, so wäre bei einem Geschlechterverhältnis von 1:1 bereits nach einem Jahr das Laichgewässer mit einer meterhohen Frosch-Schicht zugedeckt. In analoger Weise wäre beim Überleben aller produzierten Pflanzen-

samen eine stetige Zunahme der Vegetationsdichte auf unseren Wald- und Wiesenflächen zu verzeichnen. Dies wurde jedoch bisher niemals beobachtet: Die Bestandsdichten (Populationsgrößen) bleiben unter natürlichen Umweltbedingungen über Generationen hinweg in etwa konstant.

2. Betrachtet man eine Tier- oder Pflanzenpopulation im Detail, so fällt auf, dass kein Individuum exakt dem nächsten gleicht: Jedes Mitglied der Fortpflanzungsgemeinschaft ist ein Unikat, d. h., die Populationen zeigen das Phänomen der Variation (biologische *Variabilität*). In Abbildung 2.8 ist ein klassisches Beispiel zur Variationsbreite einer Schneckenpopulation dargestellt.
3. Die *Ressourcen* der Umwelt (Nahrungsquellen, Nistplätze usw.) sind begrenzt. Es kommt daher zu einem unterschiedlichen Fortpflanzungserfolg: Die besser an die Umwelt angepassten *(fittesten)* Individuen hinterlassen *mehr Nachkommen* als die weniger gut adaptierten Konkurrenten: „Das Leben wilder Tiere ist ein Wettbewerb (Kampf) ums Dasein, bei dem die Schwächsten und am wenigsten perfekt organisierten unterlegen sind" (Wallace); "... die Tauglichsten überleben im Daseins-Wettbewerb" (Darwin). In seinem Hauptwerk wies Darwin (1859) bereits darauf hin, dass es beim „Kampf ums Dasein" in erster Linie um das Hinterlassen von Nachkommen geht, d. h. der Begriff *struggle for existence* ist im metaphorischen Sinne gemeint (Pflanzen, auf die Darwin im Detail eingeht, konkurrieren miteinander, ohne zu kämpfen). Bedingt durch die biologische Variation (individuelle Unterschiede der einzelnen Mitglieder der Tier- bzw. Pflanzenpopulationen) und natürliche Auslese entstehen im Verlauf vieler Generationen neue (d. h. andere oder abgeleitete) Arten, weil die weniger gut angepassten Individuen immer weniger oder keine Nachkommen hinterlassen (d. h. mit der Zeit aussterben), während die besser adaptierten die jeweiligen Nachfolgegenerationen bilden (Arten-Transformation entlang der Zeitachse).

Im Jahr 1870 übernahm Darwin den von HERBERT SPENCER geprägten Begriff „survival of the fittest" als Synonym für den Term „struggle for existence" (in der 1859 publizierten Erstauflage von Darwins Hauptwerk fehlt das Wort *fitness*). Diese Umschreibung des Selektionsprinzips hat sich bis heute erhalten: In der modernen Evolutionsbiologie bedeutet der Begriff *fitness* in grober Näherung relativer *Lebenszeit-Fortpflanzungserfolg*, bezogen auf die Konkurrenten in derselben Population (s. Kap. 3).

Die Theorie der natürlichen Zuchtwahl wird insbesondere durch die von Darwin (1859/1872 und 1868) vorgelegte ausführliche Beschreibung der künstlichen Selektion unterstützt. Der Mensch hat durch gezielte Auslese und Zucht z. B. Tauben- und Hunderassen hervorgebracht, die sich bezüglich Körpergröße, Pigmentierung usw. von den Urformen grundlegend unterscheiden. Wir würden z. B. die in Abbildung 2.12 A dargestellten Taubenrassen, wenn wir sie in der Natur vorfänden,

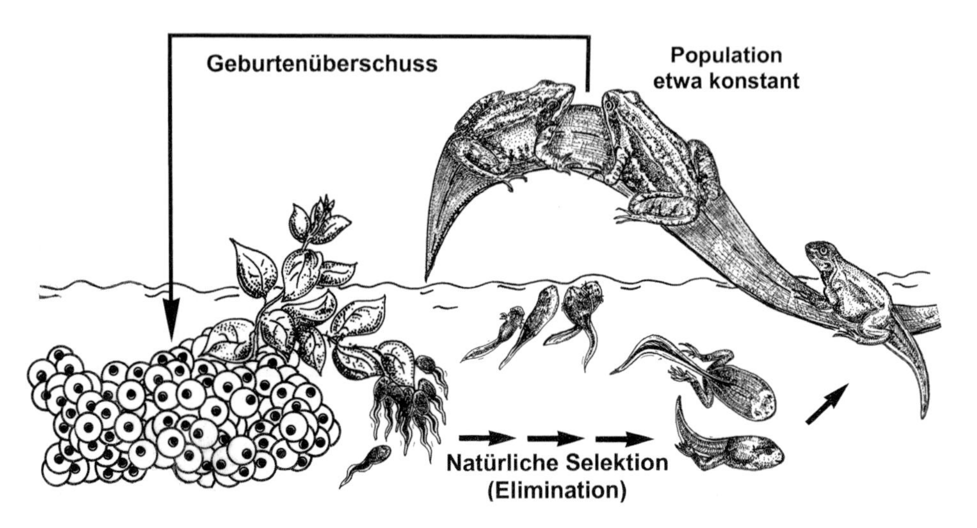

Abb. 2.7 Veranschaulichung des Prinzips der natürlichen Auslese (Selektion) in der freien Natur am Beispiel des Fortpflanzungszyklus des Wasserfrosches *(Rana esculenta)*. Über 99 % der von einem Paar hervorgebrachten Nachkommen sterben; nur die am besten an die Umwelt angepassten überleben im „Wettbewerb (Kampf) ums Dasein" (Elimination des Geburtenüberschusses).

Abb. 2.8 Biologische Variabilität bei der Purpurschnecke *(Purpura lapillus)*. Die 19 abgebildeten ausgewachsenen Individuen derselben Art wurden in verschiedenen Regionen einer Meeresküste aufgesammelt. Kein Gehäuse gleicht dem anderen, d.h., es liegt eine variable Schneckenpopulation vor.

als separate Arten beschreiben. In analoger Weise wirkt in der freien Wildbahn die Selektion: Die zahlreichen Tier- und Pflanzenarten sind nach Darwin erfolgreiche „Züchtungsversuche der Natur".

Sexuelle Selektion. In seinem Buch zur Abstammung des Menschen (1871) ging Darwin im Detail auf das Phänomen der geschlechtlichen Zuchtwahl (sexuelle Selektion) ein. Diese Form der natürlichen Auslese finden wir insbesondere bei Tieren, die eine Balz durchführen, bei der mehrere Männchen um ein Weibchen konkurrieren (z.B. bei zahlreichen Vögeln und Fischen). Die „Damenwahl im Tierreich", bei der die schlicht gefärbten, getarnten Weibchen den buntesten und am luxuriösest ausgestatteten Männchen den Vorzug geben, hat zur Entwicklung exzessiver männlicher „Prachtkleider" geführt (Abb. 2.9). Darwin hat diese Vorgänge akribisch studiert und diskutiert. Er konnte jedoch ein Problem nicht lösen: Warum bevorzugen die Weibchen mancher Arten Männchen mit extrem entwickelten sekundären Geschlechtsmerkmalen (z.B. große bunte Federn), die dem Paarungspartner einen Überlebens*nachteil* einbringen (bunte Vogelmännchen mit langen Federn werden von potentiellen Räubern erkannt und können nicht so rasch flie-

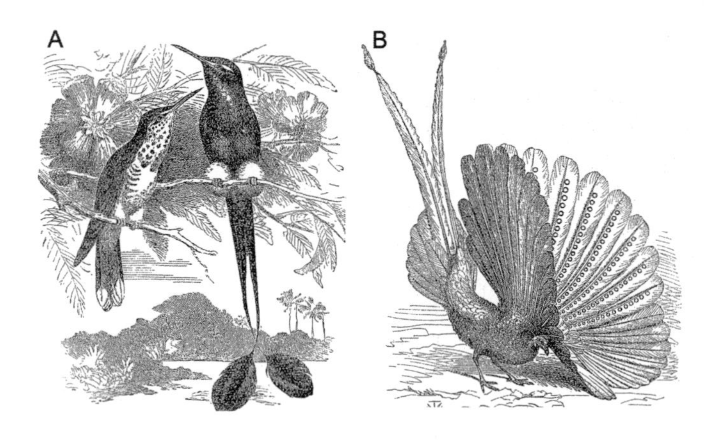

Abb. 2.9 Illustration des Konzepts der geschlechtlichen Zuchtwahl (sexuelle Selektion). Weibchen und Männchen einer tropischen Kolibriart (*Spatura underwoodi*) (A). Man beachte den ausgeprägten Sexualdimorphismus (Weibchen unscheinbar und somit getarnt; Männchen im gefiederten Prachtkleid). Seitenansicht eines männlichen Arguspfaus (*Argusianus argus*) (B), einem Weibchen durch Aufstellen der bunten Federn imponierend (Nach DARWIN, C.: The Descent of Man. London, 1871).

hen)? Darwin postulierte einen weiblichen „Schönheitssinn", der jedoch bis heute reine Spekulation geblieben ist. Erst die moderne Evolutionsforschung konnte dieses Rätsel lösen (s. Kap. 3).

Die fünf Darwinschen Theorien. Betrachtungen zur Biologie einzelliger Lebewesen im Tier-Pflanze-Übergangsbereich (Protozoen) führten Darwin zu einer weiteren wichtigen Erkenntnis: Auf Grundlage der postulierten Verwandtschaft aller Lebewesen der Erde formulierte er 1859 die Theorie vom ersten gemeinsamen Vorfahren. Alle heutigen Organismen stammen von einer (oder wenigen) Urform(en) des Lebens ab, die vor langer Zeit aus unbelebter Materie hervorgegangen ist (bzw. sind).

Am Ende des letzten Kapitels seines „Artenbuchs" erwähnt Darwin, dass „der Schöpfer einigen urtümlichen Organismen das Leben eingehaucht hätte". Dieses Zugeständnis an die Vertreter des biblischen Schöpfungsglaubens seiner Zeit war reine Taktik, um die Kreationisten nicht allzu sehr zu provozieren: In privater Korrespondenz entschuldigte sich Darwin bei seinen Fachkollegen für diesen Satz und beschrieb sein naturalistisches Modell zur Lebensentstehung, auf das wir in Kapitel 5 zurückkommen werden.

Darwin zeichnete einen spekulativen Stammbaum abstrakter Organismen, wobei durch einen stetigen (graduellen) Artenwandel eine Vervielfachung der Spezieszahlen hervorgebracht worden sein soll (Abb. 2.10). In diesem Schema erläutert der Naturforscher auch sein Prinzip der Variation mit nachgeschalteter natürlicher Selektion.

Die Kernaussagen von Darwins Abstammungslehre können auf Grundlage des oben Gesagten in fünf separate theoretische Konzepte (Thesen oder Postulate) untergliedert werden:

1. Evolution ist ein realhistorischer Prozess. Die Arten sind wandelbar, haben sich in langen Zeiträumen (Jahrmillionen) aus Urformen entwickelt und wurden nicht gleichzeitig durch übernatürliche „Schöpfungsakte" erschaffen.
2. Selektionstheorie, d.h. Prinzip der Variation mit nachgeschalteter Auslese der am besten angepassten Formen. Die natürliche Selektion wurde von Darwin und Wallace als die wichtigste „Triebkraft" für den Artenwandel erkannt (Naturzüchtung als Motor der Evolution).
3. Postulat von der gemeinsamen Abstammung der Organismen aus einfachen Urformen. Alle Lebewesen der Erde stehen in einem historischen Verwandtschaftverhältnis zueinander und sind somit letztendlich abstammungsverwandt. Diese Hypothese kann in einem aus *einer* Wurzel hervortretenden universellen „Stammbaum des Lebens" veranschaulicht werden.
4. Gradualismus und Konzept der Population. Die Phylogenese verläuft allmählich, und nicht in Sprüngen, innerhalb von Fortpflanzungsgemeinschaften (Populationen) ab. Jene Prozesse, die neue Arten hervorbringen, führen im Laufe großer Zeiträume zur Entstehung neuer Gattungen, Familien und Ordnungen (d.h. komplexere Organisationstypen).
5. Vervielfachung von Arten. Vorläuferformen spalten sich während der Jahrmillionen andauernden Phylogeneseprozesse in zahlreiche Tochterspezies auf und führen daher zu Verzweigungen und Nebenästen im Abstammungsschema (Zunahme der Biodiversität).

Alle fünf Darwinschen Theorien sind im Prinzip aus dem abstrakten Stammbaumschema (Abb. 2.10) ableitbar, welches der Autor zur Illustration seiner Kernthesen dem Hauptwerk als einzige Graphik beigefügt hatte.

Zur Evolution des Menschen schrieb DARWIN in seinem „Artenbuch" nur einen kurzen Satz: „Viel Licht wird auf die Entstehung des Menschen und seine Geschichte geworfen". Erst in seinem Buch *The Descent of Man* (1871) finden wir das folgende Zitat: „Der Mensch ist, wie ich nachzuweisen versuchte, der Nachkomme eines affenähnlichen Geschöpfes". In Abschnitt 2.5 wird dieser Gedanke weiter ausgeführt.

Darwin und die Evolution der Giraffe. Abschließend soll die phylogenetische Entwicklung der Körperform der afrikanischen Langhals-Giraffen gemäß dem Darwin/Wallace-Prinzip der natürlichen Selektion diskutiert werden (Abb. 2.3 B). Ausgehend von Kurzhals-Giraffen, die heute fossil nachgewiesen sind (z.B. an rezente Okapis erinnernde Formen wie *Palaeotragus*, ca. 20 Millionen Jahre alt) postulierte Darwin (und Wallace) das folgende Szenario: Die kurzhalsigen Urformen bildeten große variable Populationen. Unter dem Selektionsdruck „Trockenheit/Blatt-Nahrungs-Knappheit" haben bevorzugt jene Varianten überlebt und Nachkommen hinterlassen, die etwas längere Hälse und Vorderbeine hatten. Im Verlauf der Generationenabfolgen sind dann diese an ihren speziellen Lebensraum angepassten Großsäuger entstanden (DARWIN 1859/1872 und 1871). Neuere Untersuchungen haben gezeigt, dass hierbei auch die sexuelle Selektion eine Rolle gespielt hat: Giraffenmännchen mit besonders langen Hälsen sind dominant und begatten mehr brünstige Weibchen als ihre kürzer geratenen Konkurrenten. Über tausende von Generationen

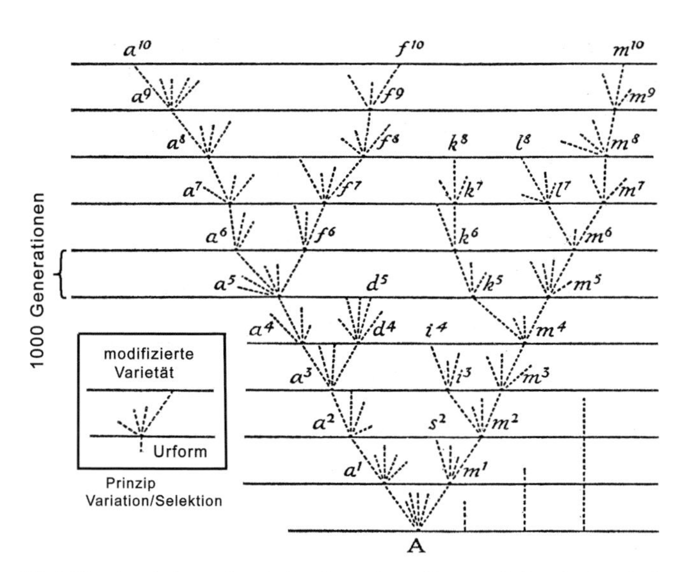

Abb. 2.10 Ausschnitt aus dem einzigen Stammbaum-Diagramm in Darwins Artenbuch und Erläuterung des Selektionsprinzips (Kasten). Die Intervalle zwischen den horizontalen Linien repräsentieren jeweils tausend (oder mehr) Generationen. Aus einer variablen Ursprungsform (A) entstehen durch Abstammung mit Abänderung neue Varietäten und Arten. Die blind endenden gestrichelten Linien repräsentieren Varianten, die über natürliche Selektion ausgelöscht werden. Es überleben nur jene Varietäten (bzw. Spezies), die an ihre jeweilige Umwelt angepasst sind (a^1 bis a^{10} usw.) (Nach Darwin, C.: On the Origin of Species. 6. Ed., London 1872).

hinweg haben sich diesem naturalistischen Modell gemäß nach und nach die Langhals-Varietäten in den afrikanischen Giraffen-Populationen durchgesetzt (Cameron und Dutoit, 2007).

2.5 Stammbäume und Definitionen

Darwins einzige Stammbaum-Darstellung ist abstrakt und beeindruckte die Fachkollegen nur wenig (Abb. 2.10). Der erste *anschauliche* aus einer Wurzel entspringende (monophyletische) Stammbaum der Lebewesen wurde 1866 von dem deutschen Zoologen Ernst Haeckel (1834–1919) publiziert (Abb. 2.11). Diese oft reproduzierte „Jahrhundertgraphik“ soll zur Erörterung wichtiger Grundbegriffe herangezogen werden.

Evolution und Höherentwicklung. Die gemeinsame Wurzel (Radix communis) aller Organismen soll von hypothetischen Ur-Einzellern (Moneres) gebildet worden sein. Nach einer frühen Aufspaltung in drei Hauptäste sollen sich über kontinuierliche Evolutionsprozesse die Organismenreiche Plantae (Pflanzen), Protista (Einzeller, Schwämme) und Animalia (Gewebetiere) entwickelt haben.

Der Mensch wurde von Haeckel in die Gruppe der Säugetiere eingegliedert. Die in verschiedenen religiösen Quellen postulierte Sonderstellung des Menschen war hiermit in Frage gestellt, die Einordnung der Spezies *Homo sapiens* ins Tierreich eindeutig vollzogen (bereits Carl von Linné hatte 1758 den Menschen zu den Primaten gestellt, ohne jedoch das Abstammungsprinzip anzunehmen). Diese Haeckelschen Folgerungen aus der Deszendenztheorie erregten heftige Widerstände religiös-konservativ eingestellter Christen. Wir werden bei der Besprechung des Kreationismus (Kap. 10) die Reaktionen der Tagespresse auf die Schriften des britischen „Affentheoretikers“ Darwin und seines deutschen Kollegen Haeckel kennen lernen.

Im Gegensatz zu den meisten Zoologen, Medizinern und Anthropologen, die der Deszendenztheorie aus den oben genannten Gründen zunächst ablehnend gegenüberstanden, akzeptierten die Botaniker des 19. Jahrhunderts die Darwinsche Lehre bereitwillig. Der Pflanzenphysiologe Julius Sachs beschrieb im Jahre 1882 die Einstellung der „grünen Biologen“ zum Evolutionsgedanken wie folgt: „Es sollte hervorgehoben werden, dass sich aus der Betrachtung der Variation bei der Fortpflanzung, aus der Tatsache der Anhäufung neuer Eigenschaften in den Varietäten die Deszendenztheorie entwickelt hat. Diese Tatsachen in Verbindung mit der Wahrnehmung, dass von den einfachsten Pflanzenformen bis zu den höchstorganisierten hinauf kontinuierliche Übergangs- oder Mittelformen vorhanden sind, hat zu der ebenso kühnen wie fruchtbaren Hypothese geführt, dass die höchstentwickelten Organismen durch die fortgesetzte Varietätenbildung aus den allereinfachsten nach und nach hervorgegangen sind. Dies ist im Wesentlichen der Sinn der Deszendenztheorie, die seit 20 Jahren einen so großen Umschwung in den Anschauungen der Naturforscher hervorgerufen hat“ (Sachs, 1882).

An dieser Stelle soll hervorgehoben werden, dass die über Jahrmillionen hinweg verlaufene Stammesgeschichte in der Regel eine Komplexi-

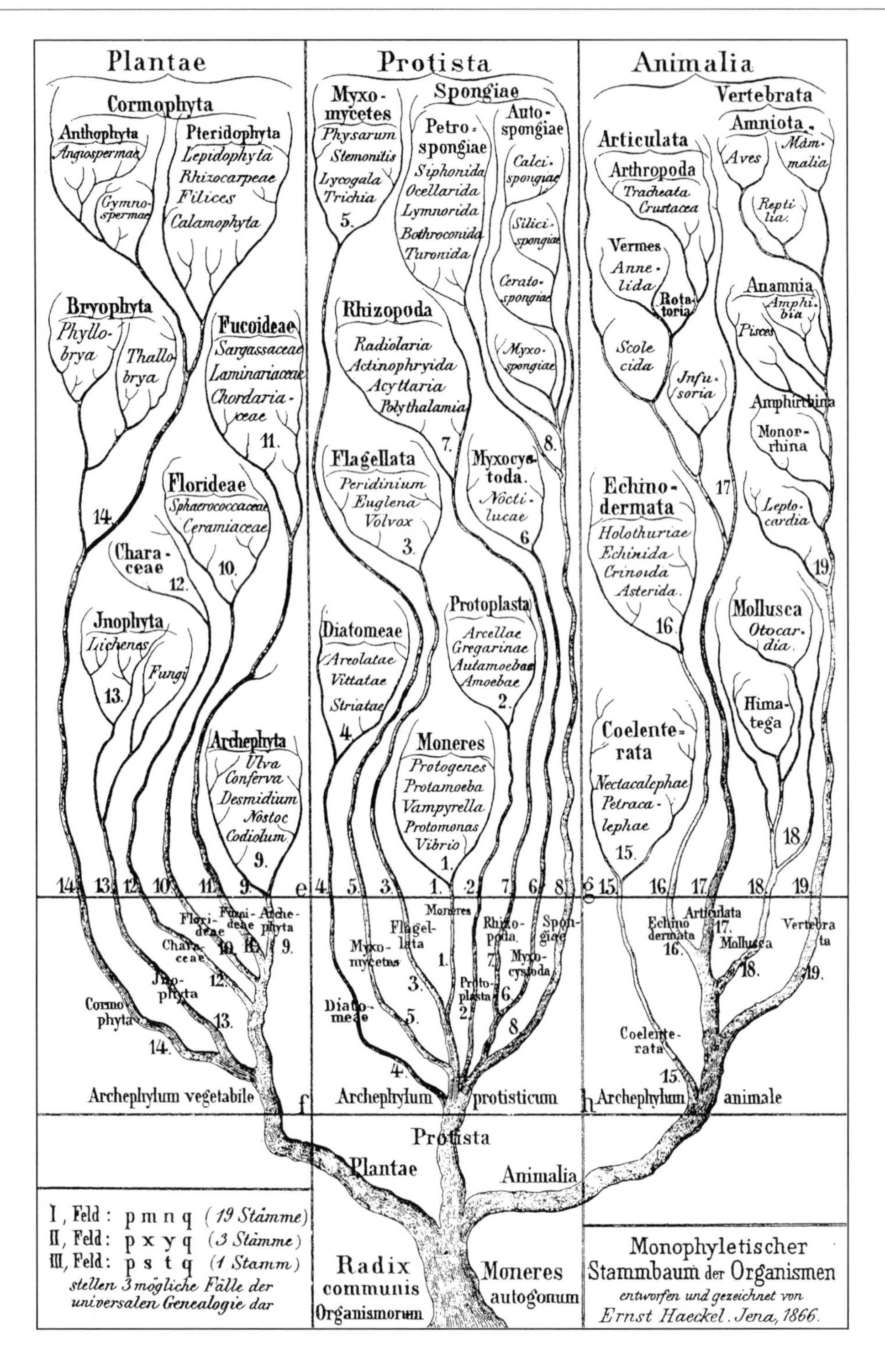

Abb. 2.11 Monophyletischer Stammbaum aller Lebewesen der Erde (Pflanzen, Einzeller, Tiere). Eine hypothetische Gruppe einzelliger Ursprungsarten (Moneres) entwickelte sich im Verlauf der Zeit kontinuierlich zu zahlreichen abgeleiteten Arten weiter (nach HAECKEL, E.: Generelle Morphologie der Organismen, Bd. II, Berlin, 1866).

tätszunahme („Höherentwicklung“) *(Anagenese)* der betreffenden Urform mit sich gebracht hat (z. B. in der Reihe Fisch, Amphibium, Reptil, Säuger). Dies ist jedoch nicht immer der Fall. Die Anpassung der Organismen an wechselnde Umweltverhältnisse im Laufe der Generationenabfolgen kann auch ohne Anagenese, in manchen Fällen sogar „rückwärts“ verlaufen (z. B. Verlust der Augen und Pigmente bei Tieren, die in Höhlen wohnen und von Tageslicht-Formen abstammen; Degeneration der Chloroplasten bei parasitischen Blütenpflanzen). Eine derartige Stammesaufspaltung ohne Komplexitätszunahme wird als *Cladogenese* bezeichnet. Anagenesen („Höherentwicklungen“) und Cladogenesen (Aufspaltungen) sind im klassischen Stammbaum der Organismen von Haeckel anschaulich dargestellt (Abb. 2.11). Es ist jedoch offensichtlich, dass der Stammbaum aus dem Jahre 1866 nur eine sehr grobe, heute teilweise völlig überholte Klassifizierung der Organismen wiedergibt. Zur Veranschaulichung einiger Grundprinzipien und als historisches Dokument aus der Geschichte der Evolutionslehre ist er jedoch von bleibendem Wert.

Definition des Evolutionsbegriffs. In diesem Kapitel wurden mehrere Synonyme benutzt. Während in der Einleitung von der *Evolutionsbiologie* gesprochen wird, sind in den nachfolgenden Absätzen die Begriffe *Abstammungslehre* und *Deszendenztheorie* zu finden. In den Schriften von Darwin, Wallace und Haeckel wird das Wort *Evolution* nur selten gebraucht. In der Erstauflage von Darwins Artenbuch (1859) fehlt es völlig, mit Ausnahme des letzten Satzes, der wie folgt endet: “.... evolved“. In der 6. und letzten Auflage (1872) wird der Begriff „Evolution“ nur beiläufig benutzt. Die Naturforscher des 19. Jahrhunderts sprachen von der „Theorie der Deszendenz mit langsamen und geringen aufeinanderfolgenden Modifikationen“ (Darwin), vom „Prinzip der stufenweisen Veränderung der Organismen infolge des Kampfes ums Dasein“ (Wallace) bzw. von der „Entwicklungstheorie“ (Haeckel). Der deutsche Zoologe und Evolutionsforscher August Weismann (1834–1914) veröffentlichte eine klassische Definition von hoher Aussagekraft: „Die Deszendenz(lehre) ist eine Entwicklungstheorie, sie begnügt sich nicht damit, wie die frühere Wissenschaft, die vorhandenen Lebensformen als gegeben hinzunehmen und zu beschreiben, sondern sie fasst sie als gewordene, und zwar durch einen Entwicklungsprozess gewordene auf, sucht die Stufen dieser Entwicklung zu erforschen und die treibenden Kräfte zu entdecken, welche ihr zugrunde liegen. Sie ist, kurz gesagt, der Versuch einer wissenschaftlichen Erklärung der Entstehung und Mannigfaltigkeit der Lebewelt“ (Weismann, 1904).

Eine moderne Definition hat der Zoologe G. Osche (1972) formuliert: „Ausgehend von gemeinsamen Ahnen, muss es im Verlauf der Stammesgeschichte (Phylogenese) der Organismen zu einer Transformation von deren Gestalt, Funktion und Lebensweise, und das heißt zur Bildung neuer Arten und Organisationstypen, gekommen sein. Diesen Prozess, der im Hinblick auf die Eigenschaften dazu führt, dass im Laufe der Generationenfolge die Nachfahren einer Tierart ‚andersartig‘ werden im Vergleich zu ihren Vorfahren, nennen wir Evolution“.

Dieses genetisch verankerte Andersartigwerden der zu Populationen zusammengeschlossenen Organismen im Verlaufe der Jahrmillionen (Arten-Transformation entlang der Zeitachse) ist meist mit einer Zunahme der Formenvielfalt verbunden (Anstieg der Artenzahl durch Besiedelung unbesetzter bzw. neu geschaffener Lebensräume). Die biologische Evolution ist somit ein zeitlich-räumlicher Entwicklungsprozess, der stattgefunden hat, noch heute andauert und letztendlich die Vielfalt der Lebensformen auf der Erde (Biodiversität) hervorgebracht hat.

2.6 Die klassischen Evolutionsbeweise: Übersicht

In Darwins *Origin of Species* sind eine Fülle an Belegen zur empirischen Untermauerung der Deszendenztheorie zusammengetragen, die den Autor in der 6. Auflage seines Hauptwerkes zu der folgenden Zusammenfassung seiner Kernthese veranlasst haben: „Theory of descent with slow and slight sucessive modifications (principle of evolution): one species has given birth to other and distinct species (or varities)“ (Darwin, 1872). Dieses Konzept der „Abstammung mit langsamen und geringfügigen Modifikationen (Prinzip der Evolution), wobei eine Art die Urform nachfolgender andersartiger Spezies (oder Varietäten) darstellt“, ist die Leitidee der Darwinschen Theorie (Abb. 2.10). In allen drei Büchern, die Darwin zum „Artenproblem“ publizierte (*Origin of Species, Variation unter Domestication, Descent of Man*), hat der große Biologe immer neue „Evolutionsbeweise“ aufgelistet, wobei die wichtigsten Fakten bereits im „Artenbuch“ von 1859 niedergeschrieben sind.

Ausgehend von der 1858 gemeinsam mit A.R. Wallace publizierten *Hypothese* von der natürlichen Selektion als entscheidende Triebkraft für den Artenwandel im Tier- und Pflanzenreich kombinierte Darwin eine Fülle empirischer Fakten zu einem soliden Hypothesen-System: Die daraus entwickelte *Theorie* der Deszendenz mit Modifikation (Abstammung mit Abänderung) begründete eine neue Ära in der Biologiegeschichte des 19. Jahrhunderts. Alfred R. Wallace fasste 1889 eine in den USA gehaltene Vortragsreihe zu einem Buch mit dem Titel *Darwinism* zusammen, in dem er im Prinzip den Neodarwinismus mit begründete (s. Kap. 3). Die Hauptaussagen (Kern-Thesen) dieser Veröffentlichungen sind in Tabelle 2.1 zusammengefasst. In den folgenden Abschnitten sind die wichtigsten klassischen (d. h. nicht mit biochemisch/molekularbiologischen Methoden erarbeiteten) Belege für die Evolution dargestellt. Die Mehrzahl dieser Dokumente für die von Darwin postulierte Stammesentwicklung sind in den fünf Gründungsschriften enthalten (Tab. 2.1). Weiterführende Untersuchungen und Belege wurden u. a. von Ernst Haeckel (1866, 1874, 1909), August Weismann (1882, 1904), Richard Hesse (1936) und anderen Biologen veröffentlicht.

Aus diesem Fundus (und anderen Quellen) sind die in den Abschnitten 2.7 bis 2.12 referierten Dokumente zur Abstammungslehre zusammengetragen, wobei die nachfolgende Gliederung vorgenommen wurde: 1. Tier- und Pflanzenzucht, 2. Homologe Organe, 3. Rudimentäre Organe und Atavismen, 4. Zeugnisse aus der Embryologie, 5. Geographische Verbreitung (Biogeographie) und 6. Ergebnisse aus der Paläontologie, die im Zusammenhang mit der Anpassung der Organismen an die Umwelt angesprochen werden (Details s. Kap. 4).

Die unter Nr. 1–5 zusammengetragenen Evolutionsbeweise sind Resultate neontologischer Forschungen (d. h. Untersuchungen an rezenten Organismen, die Rückschlüsse auf historische Vorgänge zulassen), während die aus paläontologischen Studien hervorgegangenen Dokumente (präparierte Fossilien und deren Interpretation) unter Punkt 6 erörtert sind.

2.7 Tier- und Pflanzenzucht

In Darwins Hauptwerk (1859, 1872) geht es primär um die Frage, ob die Arten konstant und gleichzeitig erschaffen oder wandelbar sind (und sich aus Urformen im Laufe der Jahrmillionen entwickelt haben). Dieses theoretische Konzept (Evolution bzw. Arten-Transformation an sich) wird auf eindrucksvolle Weise durch die Ergebnisse der Tier- und Pflanzenzucht untermauert, die von Darwin (1868) in seinem zweibändigen Werk über das *Variieren der Tiere und Pflanzen im Zustande der Domestikation* ausführlich beschrieben sind.

Der Züchter wählt bei diesem Verfahren aus *variablen* Wild- oder Stamm-Populationen jene Individuen aus, die über gewünschte mutmaßliche erbliche Merkmale verfügen (z. B. einzelne Vögel mit besonders kräftiger Flugmuskulatur; Pflanzen mit überdurchschnittlich verdicktem Spross) und kreuzt diese mit entsprechenden Artgenossen. Über viele Generationen hinweg können auf diese Art und Weise Varietäten (Rassen oder Subspezies) gezüchtet werden, die den Wunschvorstellungen des Menschen entsprechen. Zwei Beispiele aus der Zuchtpraxis, die bereits von Darwin (1868) beschrieben wurden, sollen diesen Sachverhalt verdeutlichen.

Wir wissen seit langem, dass alle Rassen der Haustauben von Populationen der im Mittelmeergebiet wild vorkommenden Felsentaube (*Columba livia*) abstammen. Durch künstliche Zuchtwahl (Selektion) hat der Mensch im Verlauf der letzten vierhundert Jahre Haustauben-Rassen „geschaffen", die sich in morphologischen und anatomischen Merkmalen so deutlich voneinander unterscheiden, dass man sie im Freiland als getrennte Arten ansprechen würde (Abb. 2.12 A). So ist z. B. bei der Pfauentaube die Zahl der Steuerfedern (normalerweise 12–14) auf 30–42 erhöht und die Größenverhältnisse Schnabel/Füße variieren enorm. Auch im anatomischen Bau (Skelett) gibt es Unterschiede: Die Gesamtzahl der Wirbel liegt z. B. zwischen 38 (Botentaube) und 43 (Kropftaube). Die verschiedenen Taubenrassen sind unter künstlichen Bedingungen kreuzbar, d. h. es handelt sich um vom Menschen „hergestellte" Unterarten (Subspezies) der wilden Felsentaube.

Noch drastischere Modifikationen im Körperbau konnten durch Auslese aus natürlicher erblicher Variation und Kreuzung bei Kulturpflanzen erzielt werden. Als wichtige Gemüseart soll hier der Kohl (*Brassica oleracea*) vorgestellt werden (Abb. 2.12 B). Die Stammform aller heutiger Gemüsekohl-Rassen ist der wilde Kohl (*B. oleracea* var. *oleracea*). Diese Wildpflanze finden wir noch heute an steinigen Küsten des Mittelmeergebietes in verschiedenen Rassen, wobei in diesen Freiland-Populationen eine hohe morphologische Variationsbreite vorliegt. In Deutschland wächst diese Spezies nur noch auf der Insel Helgoland als salzverträgliche Küstenpflanze. Durch künstliche Selektion/Kreuzung konnten im Verlaufe der vergangenen Jahrhunderte u. a. die folgenden Kulturformen (Varietäten oder Rassen) mit den auf-

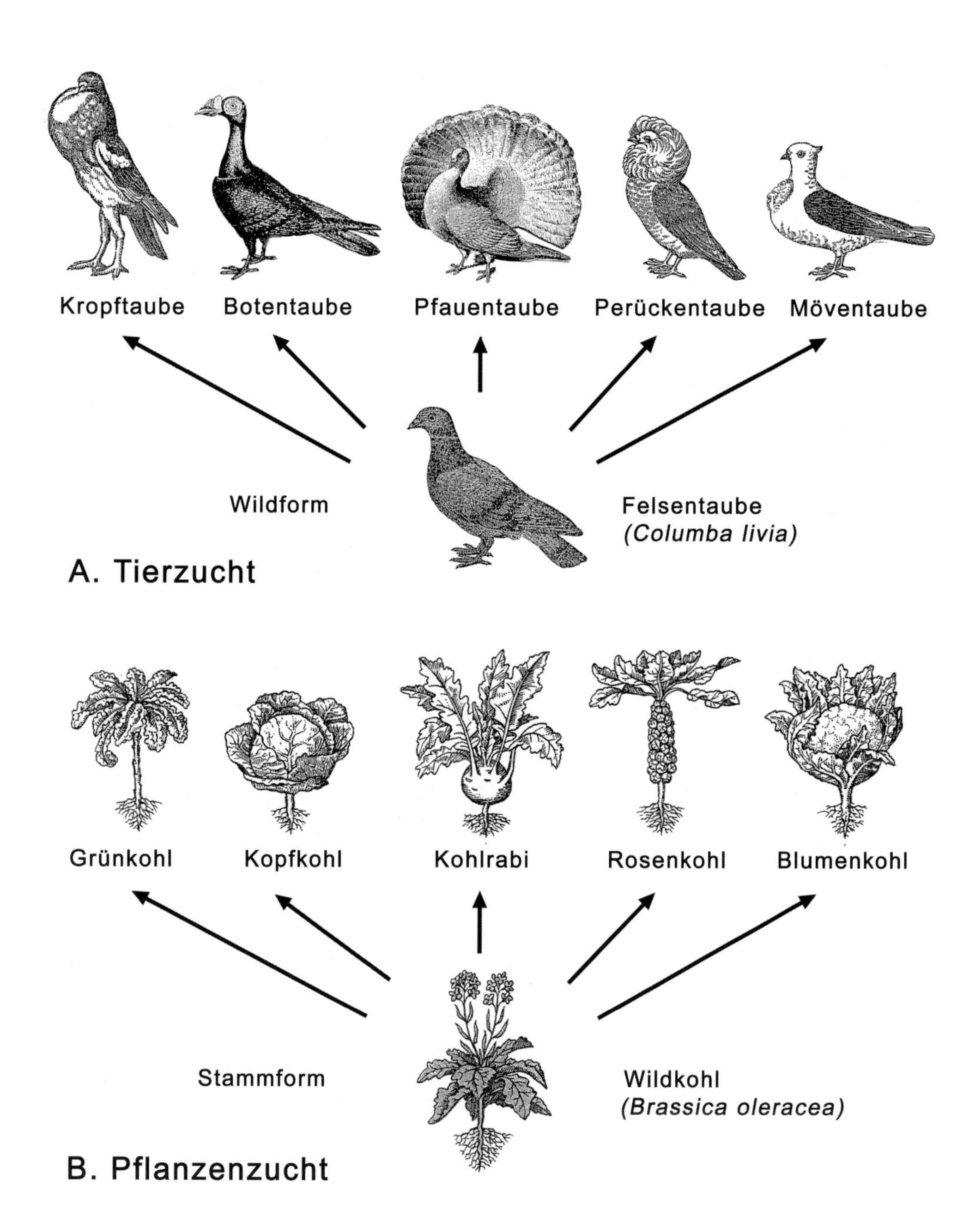

Abb. 2.12 Tier- und Pflanzenzucht als Beleg für die Umwandelbarkeit der Arten. In der Obhut des Menschen wurden aus Wildformen über viele Generationen hinweg Haustiere und Kulturpflanzen gezüchtet. So wurden aus der freilebenden Felsentaube (*Columba livia*) zahlreiche Rassen herangezüchtet (A). In analoger Weise konnte aus dem Wildkohl (*Brassica oleracea*) Grün-, Kopf-, Rosen- und Blumenkohl sowie Kohlrabi gezüchtet werden (B).

gelisteten Organ-Umbildungen herausgezüchtet werden: Grünkohl (Blätter, Haupttrieb); Kopfkohl (Blätter, Haupttrieb); Kohlrabi (Haupttrieb); Rosenkohl (Seitentriebe) und Blumenkohl (Blütenstand). Diese Zuchtformen sind an bestimmte Umweltbedingungen angepasst und gedeihen somit unter genau bekannten klimatischen Verhältnissen. Als „botanische Monster" hätten sie jedoch in der freien Natur kaum eine Überlebenschance. Unter der planenden Hand und der pflegerischen Obhut des Menschen lassen sich diese modifizierten Kohl-Varietäten jedoch am Leben erhalten und als Nahrungsquelle nutzen. Bei diesen Produkten der künstlichen Zuchtwahl handelt es sich um Organismen, die „in den Hausstand überführt" (d. h. domestiziert) wurden. In aller Regel können sich diese „Kunstprodukte des Lebens" (d. h. domestizierte Tiere und Nutzpflanzen) in der freien Wildbahn nicht behaupten. Der Mensch übernimmt bei der Pflege und Kultur dieser Organismen in gewisser Weise eine Schutzfunktion (Behausung, Bewahrung vor Parasitenbefall usw.) und ermöglicht somit, diese „ausgebeuteten Lebewesen" zu vermehren und ökonomisch zu nutzen.

Zusammenfassend zeigen die Resultate der Zuchtpraxis, dass die Tier- und Pflanzenarten unter einem starken künstlichen Selektionsdruck (willkürliche Auswahl bestimmter Individuen aus variablen Populationen/Kreuzung) relativ rasch bezüglich Körperform und Funktion abgewandelt werden können. Fazit: Die Arten sind umwandel (transformier)-bar und keine statischen, invariablen Systeme. DARWIN (1872) zog aus diesen Befunden den Analogieschluss, dass im Freiland die natürliche Selektion im Verlauf vieler Generationen „andersartige" Lebensformen hervorbringen kann (Prinzip der Naturzüchtung).

2.8 Homologe Organe und Funktionswechsel

Beobachtet man das Verhalten von Pinguinen, so fällt auf, dass diese flugunfähigen Vögel der kalten Meere um den Südpol beim Tauchen ihre Stummelflügel als Flossen benutzen (Abb. 2.13). Diese mit Vogelschnabel und Federn ausgestatteten Tauchkünstler sind vollständig an ein Leben im Wasser angepasst, wo sie sich von Fischen ernähren. Pinguine verlassen das Meer nur einmal im Jahr, um zu brüten. Anatomische Untersuchungen haben gezeigt, dass in der Pinguinflosse Knochen zu finden sind, die bezüglich ihrer Zahl und Anordnung im Organ völlig jenen entsprechen, die im Skelett typischer flugfähiger Vögel den Vorderflügel bilden: Ein Ober- und zwei Unterarmknochen, ein Paar Handwurzelknochen, drei miteinander verwachsene Mittelhandknochen und drei Finger. Derartige im Bau und in der Lage im Gefügesystem einander entsprechende Strukturen bezeichnet man als *homolog*. Dieser Begriff wurde ursprünglich von dem britischen Naturfor-

Abb. 2.13 Königspinguine (*Aptenodytes patagonica*) und Möwen im Freiland. Anatomische Untersuchungen haben gezeigt, dass der Vorderflügel der Möwe und die Flosse der Pinguine homologe Organe sind. Die Knochen im Flügel sind rund, jene in der Flosse abgeplattet (stromlinienförmiger Bau).

scher RICHARD OWEN (1804–1892) geprägt. In einem Aufsatz aus dem Jahr 1843 finden wir die folgenden klassischen Definitionen:

homolog = dasselbe Organ in unterschiedlichen Tieren in verschiedener Form und Funktion;
analog = ein Organ in einem Tier, welches in einem anderen Organismus dieselbe Funktion erfüllt.

Heute wissen wir, dass homologe (einander entsprechende oder gleichartige) Strukturen auf gemeinsame Vorfahren zurückgehen und somit abstammungsverwandt sind; analoge Organe (bzw. Strukturen) erfüllen in verschiedenen Organismen dieselbe (oder eine entsprechende) Funktion, ohne homolog zu sein. So sind z. B. die Vorderflügel der in Abbildung 2.13 dargestellten Möwen und die Pinguinruder homologe Organe. Die flugunfähigen Pinguine nutzen ihre stammesgeschichtlich aus Flügeln hervorgegangenen Vorderextremitäten zum Rudern unter Wasser, d. h. es hat im Verlauf der Phylogenese dieser aquatischen Vögel ein *Funktionswechsel* des vorderen Extremitätenpaares stattgefunden. Evolutionäre Neuheiten, wie z. B. die Entwicklung von Flossen, können sich somit durch Abänderung eines bereits vorhandenen Organs im Laufe der Generationenabfolgen entwickeln.

Homologe Strukturen rezenter (bzw. fossiler) Organismen werden nach festgelegten Kriterien als solche definiert (1. Lage in einem vergleichbaren Gefügesystem, 2. Übereinstimmung in zahlreichen Sondermerkmalen, 3. Nachweis von Zwischenformen) und, wenn immer möglich, durch fossile Vorläuferarten abgesichert. So lassen sich z. B. die Vordergliedmaßen der Wirbeltiere (Vertebraten) eindeutig homologisieren (Abb. 2.14). Wir können z. B. den Arm des Menschen mit den Strukturen Oberarmknochen (Humerus), Speiche und Elle (Radius, Ulna), Handwurzelknochen (Carpus), Mittelhandknochen (Metacarpus) und Fingerknochen (Phalanges) in der Vorderextremität eines Bärs, der Walflosse, im Fledermausflügel und im Flügel eines ausgestorbenen Reptils in modifizierter Form wiederfinden. In Anpassung an neue Funktionen unter Beibehaltung der Lage im Gefügesystem sind die einander entsprechenden (homologen) Strukturen nach objektiven Kriterien identifizierbar. Da in den versteinerten Skeletten ausgestorbener vierbeiniger Ur-Amphibien (Tetrapoda, z. B. *Ichthyostega* aus dem Devon, s. Kap. 4) die wesentlichen Elemente des zum Kriechen dienenden Vorderarms nachweisbar sind, besteht kein Zweifel an der Abstammungsverwandtschaft dieser Strukturen (Abb. 2.14).

Ein zweites Beispiel aus der Ordnung der Kerbtiere (Insecta oder Hexapoda) soll das oben Ausgeführte ergänzen. Nahezu alle rezenten Insekten besitzen als erwachsenes geschlechtsreifes Tier (Adultstadium) sechs Beine, die bevorzugt zum Laufen dienen (z. B. Fliegen, Schaben). Das unspezialisierte Laufbein einer Stubenfliege ist aus den folgenden fünf Bauelementen zusammenge-

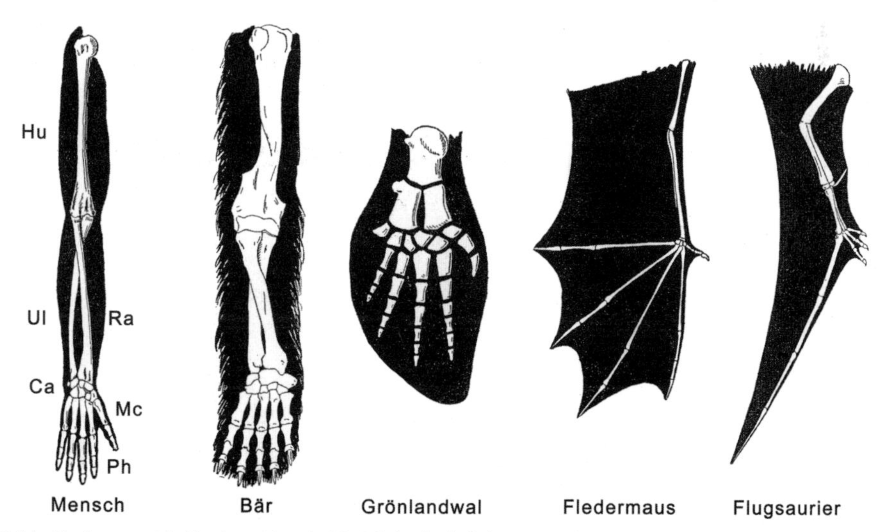

Abb. 2.14 Vorderextremität (Arm) von Mensch, Bär, Grönlandwal, Fledermaus und einem Flugsaurier (*Pterodactylus*, s. Abb. 1.10). Die gleiche Anordnung der Skelett-Teile im Gefügesystem belegt, dass es sich hierbei um homologe Strukturen handelt, die jedoch unterschiedliche Funktionen erfüllen (greifen, gehen, rudern, fliegen, gleiten). Hu = Humerus, Ul = Ulna, Ra = Radius, Ca = Carpalen, Mc = Metacarpalen, Ph = Phalangen.

setzt (Abb. 2.15): Hüfte (Coxa), Schenkelring (Trochanter), Schenkel (Femur), Schiene (Tibia) und Fuß (Tarsus, mit zwei Klauen). Dieser urtümliche Grundbauplan des Insektenbeins findet sich in abgewandelter Form u. a. bei Honigbienen (Sammelbein), Heuschrecken (Springbein), Fangschrecken (Gottesanbeterin mit Fangbein), Maulwurfsgrillen (Grabbein) und den Wasserwanzen (Schwimmbeinen). Diese in Bau und Lage einander entsprechenden (homologen) Strukturen dokumentieren den gemeinsamen Ursprung aller Kerbtiere. Die ältesten fossil erhaltenen flügellosen Insekten aus dem Devon (z. B. Ur-Springschwanz *Rhyniella*) hatten bereits sechs gegliederte unspezialisierte Beinchen, die der Fortbewegung dienten. Aus diesen primitiven Urformen sind im Verlaufe der Jahrmillionen die an ihren jeweiligen Lebensraum angepassten unzähligen Insektenarten hervorgegangen (die exakte Artenzahl rezenter Kerbtiere ist noch immer unbekannt).

Unter der Wirkung eines gleichen (oder ähnlichen) Selektionsdruckes können Anpassungen an identische Funktionen entstehen, die nicht homolog, sondern *analog* sind. Derartige Anpassungsähnlichkeiten (Analogien) sind z. B. die Grabschaufeln der Maulwurfsgrille (Abb. 2.15) und die zum Graben im Erdreich umgeformten Vorderextremitäten eines Kleinsäugers, des Maulwurfs (s. Abb. 2.28). Als weiteres gut dokumentiertes Beispiel für eine Analogie im Tierreich können die Linsenaugen der Wirbeltiere (z. B. Säuger) und der Tintenfische (wirbellose Weichtiere) angeführt werden. Homolog (abstammungsver-

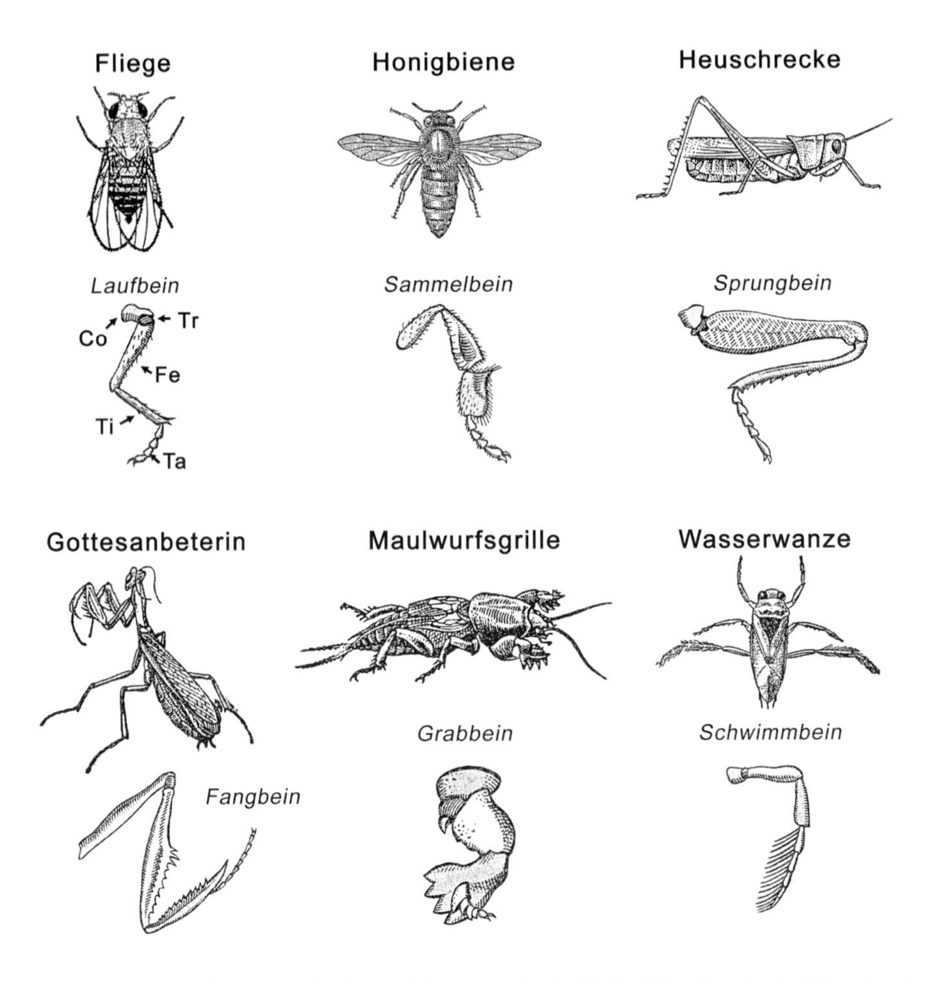

Abb. 2.15 Unspezialisiertes Laufbein einer Stubenfliege und dessen Homologa bei der Honigbiene, Heuschrecke, Gottesanbeterin, Maulwurfsgrille und Wasserwanze. Co = Coxa, Tr = Trochanter, Fe = Femur, Ti = Tibia, Ta = Tarsus mit Klauen.

wandt) sind somit nur jene Strukturen und Organe, die über *direkte* gemeinsame stammesgeschichtliche Urahnen verbunden sind, während Analogien (Anpassungsähnlichkeiten) bei nicht unmittelbar verwandten Organismen ausgebildet sein können (z. B. grabendes Insekt bzw. Säugetier, d. h. Maulwurfsgrille/Maulwurf). Es sollte allerdings betont werden, dass gemäß dem heute bestätigten Darwinschen Postulat Nr. 3 alle rezenten Organismen der Biosphäre von archaischen einzelligen Urformen abstammen (Abb. 2.11). Die Grund-Baupläne der Mehrzeller (z. B. Wirbeltiere, Insekten usw.) sind erst Jahrmillionen später (im Kambrium) in den Fossilreihen dokumentiert (s. Kap. 4).

Auch im Pflanzenreich sind zahlreiche Homologien entdeckt und beschrieben worden. So sind z. B. die Staubblätter vieler Blüten als modifizierte Blütenblätter erkannt worden. Bei der weißen Seerose (*Nymphaea alba*) kann der Übergang vom Blüten- zum Staubblatt durch Zwischenformen beobachtet werden (s. Abb. 2.29). Es folgt daraus, dass die der Fortpflanzung dienenden Staubblätter (Produktion von Pollenkörnern) aus undifferenzierten Blüten-Hüllblättern hervorgegangen sind. Weitere Beispiele für abstammungsverwandte Organe im Pflanzenreich sind die Laubblätter und deren Homologa (z. B. Blütenblätter, Blattdornen, Blattranken, d. h. Blattmetamorphosen).

2.9 Rudimentäre Organe und Atavismen

Auf trockenen, locker bewachsenen Böden der Balkanhalbinsel kann man die bis 1,4 m lange Panzerschleiche (*Ophisaurus apodus*) beobachten (Abb. 2.16). Diese zu den Echten Schleichen (Anguidae) zählenden Räuber können – wie die verwandte einheimische Blindschleiche – ihre Augenlider schließen und wie Eidechsen bei Angriffen als „Lebensrettungsaktion“ den Schwanz abwerfen (dieser wächst als Stummel wieder nach). Schleichen sind somit nahe Verwandte der vierfüßigen Eidechsen (Lacertidae) – sie werden daher auch als „beinlose Echsen“ bezeichnet. Die Abstammung der Panzerschleiche (populärer Name: Scheltopusik) von vierbeinigen Urahnen lässt sich an den beiden nur noch als zwei Millimeter lange Stummel ausgebildeten Hinterbeinchen dokumentieren. Derartige weitgehend funktionslos gewordene Strukturen werden als *rudimentäre Organe* bezeichnet. Innerhalb der Familie der Anguidae kann an rezenten Arten die stufenweise Rückbildung der Vorder- und Hinterextremitäten erkannt werden. Es gibt urtümliche, in Nordamerika beheimatete

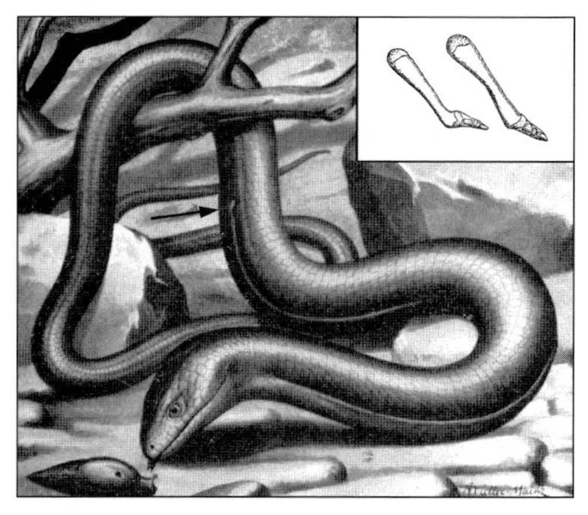

Abb. 2.16 Rudimentäre (funktionslose) Stummelbeinchen bei der Panzerschleiche (*Ophisaurus apodus*). Diese über 1 m lange Echse ernährt sich von Nacktschnecken, Insekten und Mäusen. Die beiden äußerlich sichtbaren Hinterextremitäten-Reste (Pfeil) bestehen aus mehreren stark reduzierten winzigen Knochenrudimenten (Skizzen rechts oben).

Schleichen mit vier ausgebildeten (funktionstüchtigen) Extremitäten (z. B. Krokodilschleichen der Gattung *Gerrhonotus*), die jedoch ihren walzenförmigen Körper durch schlängelnde Bewegungen vorwärts befördern. Lebende Zwischenformen wie die Panzerschleiche (*Ophisaurus*, Abb. 2.16) besitzen noch zwei winzige Hinterbeinstummel rechts und links von der Kloakenspalte. Bei der Blindschleiche (*Anguis fragilis*) sind keinerlei Extremitätenreste äußerlich sichtbar, jedoch im Körperinneren Knochenrudimente von Schulter- und Beckengürtel nachgewiesen. Die beinlosen Schleichen können sich nicht wie Schlangen zusammenrollen – sie kriechen in großen Wellenlinien und sind über diese Fortbewegungsweise optimal an ihren Lebensraum angepasst.

Im Gegensatz zu den Schleichen (mehr oder weniger beinlose Echsen) sind die Schlangen (Serpentes) durch zahlreiche anatomische Merkmale eindeutig als eigenständige Reptiliengruppe abgegrenzt (u. a. beinloser langgestreckter Körper, ein rückgebildeter Lungenflügel, Kieferapparat als loses Spangenwerk ausgebildet, um Beutetiere ganz zu verschlingen).

Bei der Königs- oder Abgottschlange (*Boa constrictor*), die Vögel und Kleinsäuger greift, mit ihrem muskulösem Körper erdrückt (tötet) und dann verschlingt (Abb. 2.17 A) sind Knochenrudimente von Hintergliedmaßen nachgewiesen. Diese Reste sind im Körper verborgen, jedoch durch ein Paar Krallen äußerlich sichtbar (Afterklauen, die zwischen den Schuppen hervortreten) (Abb. 2.17 B). Rezente Schlangen stammen somit von vierbeinigen Ur-Echsen ab, die heutigen Waranen ähnelten.

Wale (Cetacea) sind optimal an ein Leben im Meerwasser angepasste Säugetiere. Bei diesen unbehaarten Meeressäugern können im Körperinneren winzige Knochenrudimente gefunden werden. Diese verborgenen Becken- und Oberschenkelknochen belegen, dass die Urahnen rezenter Wale (und Delphine) einmal Beine zum Laufen hatten, welche in Anpassung an das Leben im Wasser zu weitgehend funktionslosen Resten zurückgebildet worden sind (Grönland- und Blauwal, Abb. 2.18, 2.34 A). Die Abstammung der Schlangen und der Wale von Ur-Echsen bzw. -Landsäugern wird insbesondere auch durch erst kürzlich entdeckte fossile *Zwischenformen* belegt, die in Kapitel 4 tabellarisch aufgelistet sind (s. S. 106).

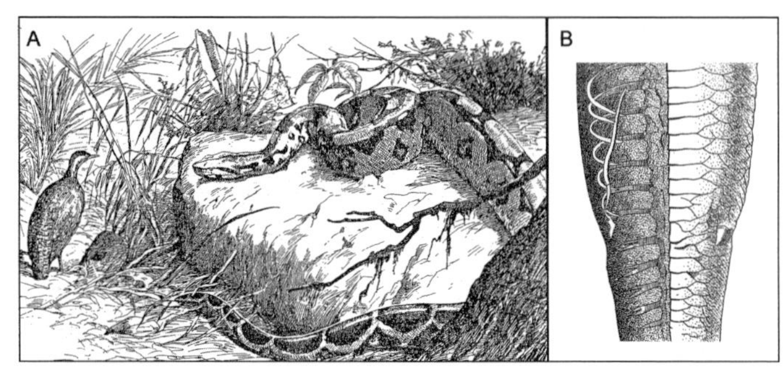

Abb. 2.17 Ausgewachsene Riesenschlange (*Boa constrictor*) auf Beutejagd (A). Im Körper der Boa sind Rudimente von Hintergliedmaßen zu erkennen (B), die als Afterklauen (Krallen) an der Körperoberfläche sichtbar sind (linke Hälfte: Abbild des Skeletts mit Knochenrudimenten; rechte Hälfte: Hinterkörper-Aufsicht mit einer hervortretenden Klaue).

Rudimentäre Organe finden wir auch bei flugunfähigen Vögeln (z. B. Kiwi, ein australischer Laufvogel mit Flügelresten, s. Abb. 2.27 B), blinden Höhlenfischen mit rückgebildeten Rest-Augen, Insekten (z. B. weitgehend flügellose Schmetterlinge, s. Abb. 2.30 B; Laufkäfer mit Rudimenten häutiger Hinterflügel), Nacktschnecken mit rudimentärem Schalenrest und bei vielen Blütenpflanzen (z. B. rückgebildete Staubblätter ohne Pollenproduktion beim Löwenmäulchen).

Die nur recht selten bei einzelnen Individuen auftretenden *Atavismen* (Rückschläge in Ahnenstadien) sind seit Beginn der Evolutionsforschung immer wieder dokumentiert worden. Diese Missbildungen basieren auf spontanen Erbgutänderungen (Mutationen), Entwicklungsstörungen oder anderen (noch unbekannten) Ursachen und werden als klassische Evolutionsbelege interpretiert. So werden z. B. immer wieder Pferde geboren, die anstelle eines einhufigen Beins eine vollständig entwickelte zweite Zehe aufweisen – ein Beleg für die Abstammung der Pferde von mehrzehigen Urahnen (Abb. 2.19 A). Bei Pflanzen mit gespornten (komplex geformten) Blüten findet man sehr selten einzelne Stände mit runden (radiärsymmetrischen) Fortpflanzungsorganen (z. B. Leinkraut). Da die Ur-Angiospermen, Verwandte der heutigen Magnoliengewächse, radiärsymmetrische Blüten hatten, ist diese als *Pelorienbildung* bezeichnete Erscheinung ein unabhängiges Dokument dafür, dass die länglichen gespornten Blüten von einfach gebauten runden Urformen abstammen (Pelorie = regelmäßige Blüte) (Abb. 2.19 B).

Auch am Körper des *Menschen* sind Rudimente und Atavismen beschrieben worden, die bereits zum Ende des 19. Jahrhunderts als eindeutige Hinweise für unsere Abstammung aus dem Tierreich interpretiert wurden. So ist z. B. der von Charles Darwin (1871) entdeckte, bei manchen Menschen besonders ausgeprägte Ohrhöcker ein entwicklungsgeschichtliches Rudiment – der Rest einer umgebildeten Spitze des Säugetierohres (Abb. 2.20 E). In ähnlicher Weise ist der Wurmfortsatz des Blinddarms (*Appendix vermiformis*) zu interpretieren. Bei manchen Tieren (z. B. Nagern) ist er als langer Schlauch ausgebildet und dient der Verdauung der pflanzlichen Nahrung; beim Menschen ist der bleistiftdicke *Appendix* nur etwa 8 cm lang und kann ohne Schaden für das Individuum operativ entfernt werden. Eine obligatorische physiologische Funktion dieses rudimentären Organs

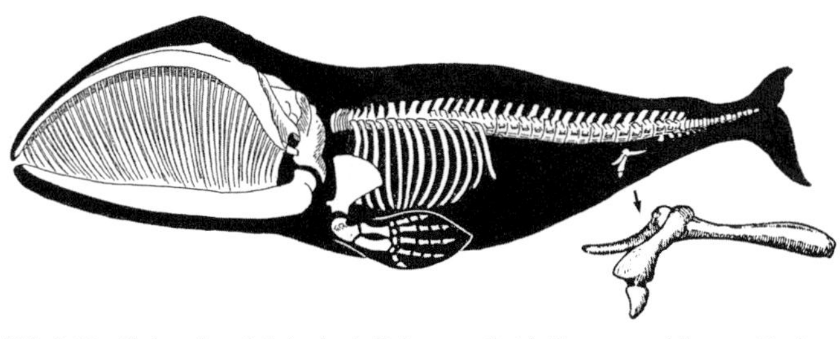

Abb. 2.18 Skelett eines Grönlandwals (*Balaena mysticeta*). Hinterextremitäten und Becken sind als winzige Rudimente (weitgehend funktionslose Organreste) im Körperinnern erhalten (Pfeil). Diese verborgenen Knochen sind Dokumente für den ehemaligen Vierfüßer-Bauplan.

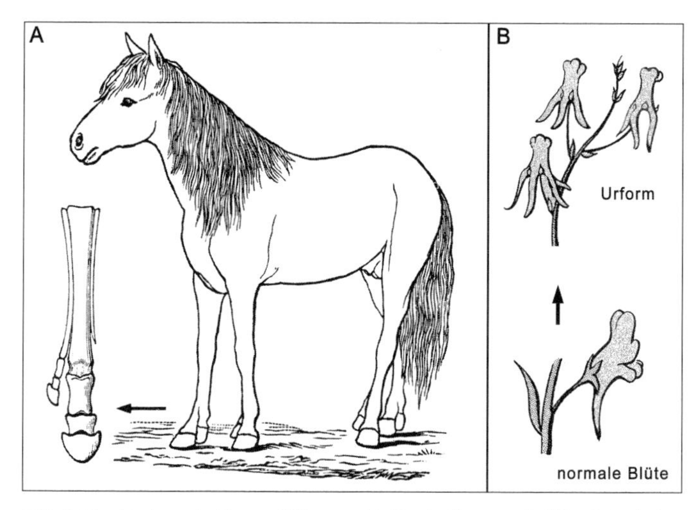

Abb. 2.19 Atavismen im Tier- und Pflanzenreich. Das berühmte „achtfüßige kubanische Pferd" aus dem Jahr 1878. Dieses auf Ausstellungen präsentierte Hauspferd (*Equus domesticus*) hatte an jedem Fuß zwei Hufe. Anatomische Untersuchungen ergaben, dass ein Zehenrudiment nahezu vollständig zum zweiten Huf entwickelt war (A). Pelorienbildung beim Leinkraut (*Linaria vulgaris*). Normale gespornte Blüten sind länglich (zygomorph) geformt. Die selten zu beobachtenden runden (radialsymmetrischen) Blüten repräsentieren Rückschläge in ein Ahnenstadium (B).

konnte bis heute nicht eindeutig nachgewiesen werden.

Zu den Atavismen zählen die folgenden seltenen Missbildungen: eine Halsfistel (nach außen offene dritte Kiemenspalte, Abb. 2.20 A), ein kurzer Schwanzfortsatz (Abb. 2.20 B), bei Frauen selten zu beobachtende überzählige Brustwarzen entlang der „tierischen" Milchleisten (Abb. 2.20 C), Erhalt des embryonalen Lanugo-Haarkleides, welches normalerweise vor der Geburt abgestoßen wird (Abb. 2.20 D) und vereinzelt bei erwachsenen Menschen als Ganzkörper-Behaarung beibehalten wird (Wolfsmensch, Abb. 2.20 F). Des Weiteren sei darauf verwiesen, dass immer wieder Kinder (und Tiere) mit sechs und mehr Fingern geboren werden (Polydactylie). Da die Ur-Amphibien mehr als fünf Finger hatten und die seit Jahrmillionen konstante Pentadactylie (5 Finger bzw. Zehen pro Extremität) fossil erst in späteren Vierfüßern (Ur-Amphibien) nachgewiesen ist, müssen auch diese vereinzelt auftretenden Missbildungen als Atavismen interpretiert werden (s. S. 100).

Zusammenfassend zeigen diese Dokumente, dass die rezenten Organismen nur als historisch gewordene derzeitige Endstufen eines Jahrmillionen langen Entwicklungsprozesses verstanden werden können: Die Evolution hat in den heutigen Lebewesen „Spuren" hinterlassen, die als Zeugnisse aus der Urzeit zu bewerten sind.

2.10 Ergebnisse aus der Embryologie

In Kapitel 1 hatten wir die Fragen nach der Individualentwicklung (Ontogenese) und der Stammesgeschichte (Phylogenese) als zentrale Probleme der Biologie beschrieben (s. Abb. 1.4, S. 14). Die Ontogenese ist Forschungsgegenstand der Entwicklungsbiologie (Embryologie), während der Evolutionsbiologe die Phylogenese der Organismen zu ergründen versucht. Welche Beziehung besteht zwischen Ontogenese und Phylogenese? Der berühmteste Embryologe des 19. Jahrhunderts, KARL ERNST VON BAER (1792–1876), beobachtete, dass die Embryonen verschiedener Wirbeltiere (z. B. Echsen, Vögel, Säuger) in frühen Entwicklungsstadien so ähnlich sind, dass man sie kaum voneinander unterscheiden kann. Weiterhin beschrieb er erstmals den Befund, dass die Embryonen von Landwirbeltieren während ihrer Entwicklung Kiemenbögen und Kiemenfurchen ausbilden. In seinem Hauptwerk zur Entstehung der Arten (1859) listete DARWIN diese Tatsache als ein Hauptargument zugunsten der Deszendenztheorie auf. Einige Jahre später (1866) formulierte ERNST HAECKEL das *biogenetische Grundgesetz*: „Die Ontogenese ist die kurze und schnelle Rekapitulation der Phylogenese". Dieses Gesetz impliziert das Postulat, dass jedes Lebewesen während seiner Embryonalentwicklung gewissermaßen „seinen Stammbaum emporklettert", d. h. Ahnenstadien durchläuft, überwindet und endlich (d. h. vor der Geburt) seinen derzeitigen Grundbauplan erreicht. In seinen populärwissenschaftlichen Büchern und bei öffentlichen Vorträgen veranschaulichte Haeckel das Rekapitulationsgesetz mit seinen selbst gezeichneten Wirbeltier-Embryonentafeln, die in Abbildung 2.21 in schematisierter Form dargestellt sind. Jeweils drei nacheinander ablaufende Entwicklungsstadien wurden untereinander gezeichnet: 1. ein frühes Stadium ohne Extremitätenanlagen mit Kiemenfurchen, 2. ein Zwischenstadium mit Extremitätenanlagen und Kiemenfurchen und 3. ein spätes Embryonalstadium nach Rückbildung der Kiemenfurchen und deutlich ausgebildeten Kopf-Körper-Relationen.

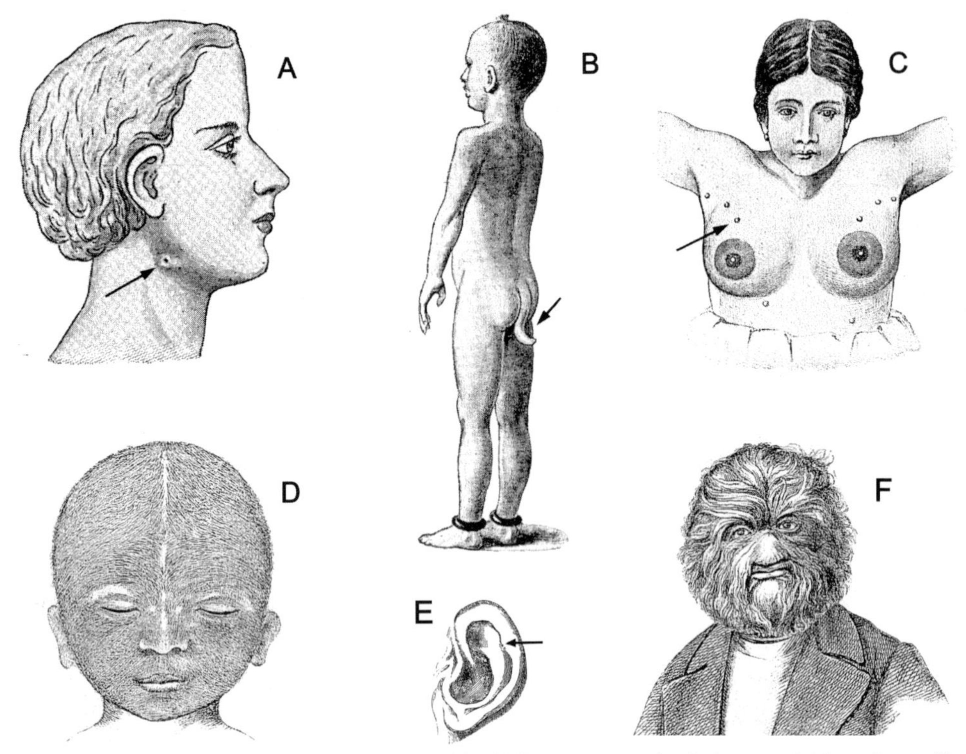

Abb. 2.20 Atavismen beim Menschen. Junger Mann mit Halsfistel (offene 3. Kiemenspalte, A), ein Junge mit Schwanzfortsatz (B), Frau mit überzähligen funktionslosen Brustwarzen (C), Embryo mit Lanugo-Haarkleid, (D), das beim Wolfsmensch im behaarten Gesicht erhalten geblieben ist (F). Der Darwinsche Ohrhöcker ist eine rudimentäre Struktur (E).

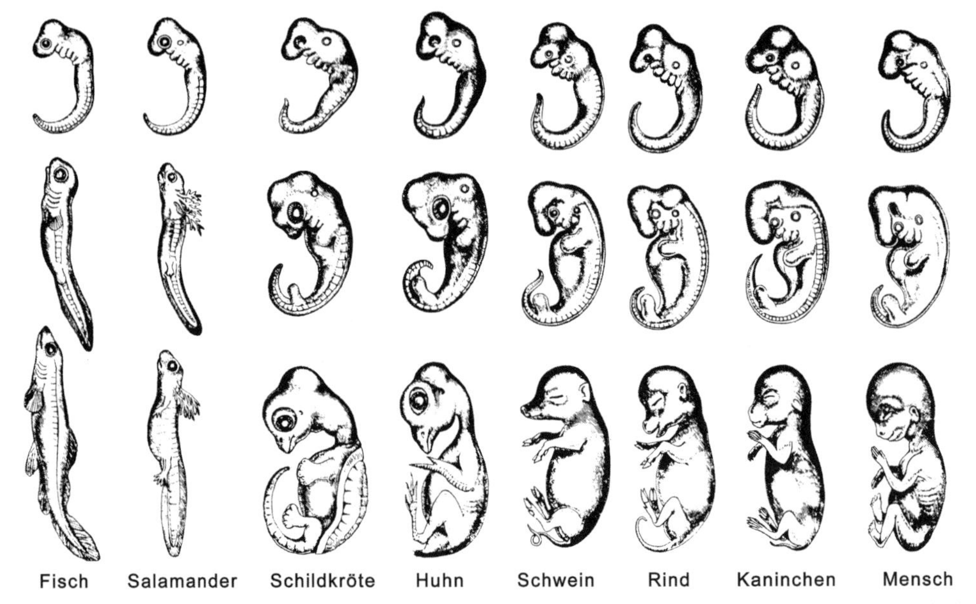

Abb. 2.21 Schematische Darstellung der Embryonentafeln IV und V nach idealisierten Zeichnungen von Ernst Haeckel. Je drei verschiedene Entwicklungsstadien eines Fisches, eines Amphibiums, eines Reptils, eines Vogels und verschiedener Säugetiere wurden gegenübergestellt, um das biogenetische Grundgesetz zu erläutern (nach HAECKEL, E.: Anthropogenie oder Entwicklungsgeschichte des Menschen. Leipzig, 1874).

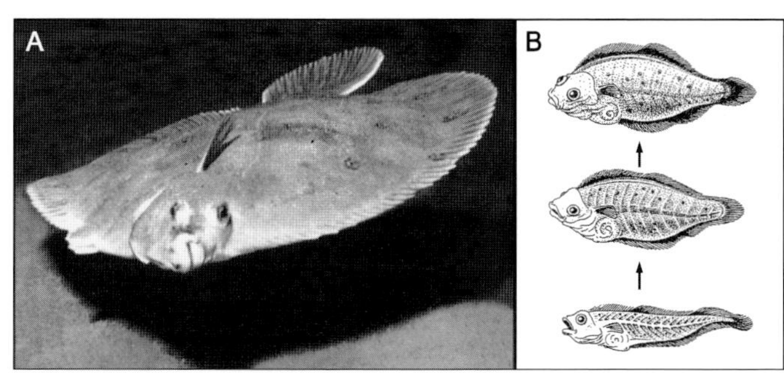

Abb. 2.22 Die Flunder (*Platichthys flesus*), ein asymmetrisch gebauter Bodenfisch der Nord- und Ostsee (A). Beide Augen liegen beim ausgewachsenen Tier auf der rechten (oberen) Körperseite. Die Entwicklung (B) beginnt mit einer symmetrischen Larve (Augen rechts und links am Kopf sitzend), die sich während der Ontogenese in das asymmetrische Adulttier umwandelt.

Um den Embryo nicht zu verdecken, wurden extraembryonale Organe (Placenten, Dottersäcke) weggelassen. Es wird deutlich, dass die vorgeburtlichen Frühstadien verschiedener Wirbeltiere (Fische, Amphibien, Reptilien, Vögel, Mensch) außerordentlich ähnlich sind – eine Erkenntnis, die durch zahlreiche weiterführende Studien bestätigt werden konnte. Die aktuellen Diskussionen bezüglich der Gültigkeit der Haeckelschen Regel sowie die „Fälschungsvorwürfe" von Seiten der Evolutionsgegner sind in Kapitel 10 zusammengefasst.

Um die Bedeutung der Entwicklungsbiologie für die Phylogeneseforschung zu erläutern, sind im Folgenden weitere klassische Beispiele aus der vergleichenden Embryologie zusammengestellt.

Plattfische (Pleuronectiformes), wie z. B. die Flunder, sind Grundbewohner, die nur gelegentlich zum Beutefang auf Schwimmtour gehen (Abb. 2.22 A). Diese abgeflachten Sandbewohner liegen mit einer Körperseite dem Grund auf, so dass der eine Kiemendeckel gegen den Boden und der andere nach oben gerichtet ist. Mund, Augen und Nase sind auf die Oberseite des Körpers verlagert, d. h. Plattfische sind asymmetrisch gebaut. Die aus den Eiern schlüpfenden Larven sind jedoch noch bilateralsymmetrische Organismen: Sie sehen aus wie normale Fischlarven (rechte Seite entspricht der linken). Erst im Verlauf der Entwicklung, die etwa vier Wochen dauert, werden die Augen, der Mund und die Nase nach oben verlagert, so dass am Ende der typische Plattfisch-Bauplan entsteht (Abb. 2.22 B). Diese Befunde zeigen, dass die Pleuronectiformes (Flunder, Scholle, Steinbutt, Seezunge usw.) von „normal" gebauten Ur-Fischen abstammen.

Fledermäuse (Chiroptera) (Abb. 2.23) sind die einzigen echten Flugtiere unter den Säugern (Mammalia). Als nachtaktive, mit Ultraschall-Orientierung ausgestattete Jäger besetzen sie eine Nische im Ökosystem, die ihnen von nur wenigen Konkurrenten streitig gemacht wird (z. B. Eulen). Der häutige Fledermaus-Flügel ist ähnlich gebaut wie jener vorzeitlicher Flugsaurier (z. B. des „Flugfingers" *Pterodactylus*, s. Abb. 2.14). Während bei dem ausgestorbenen Gleit-Reptil nur ein Finger in das Stütz- und Spannsystem der Flughaut integriert ist, wird bei den Chiroptera die ganze, übergroß entwickelte Vorderextremität mit Ausnahme des Daumens einbezogen. Insbesondere der Unterarm (Speiche) und die Finger 2 bis 5 spannen die Flughaut, während Finger 1 (Daumen) eine Kralle trägt, die dem Klein-

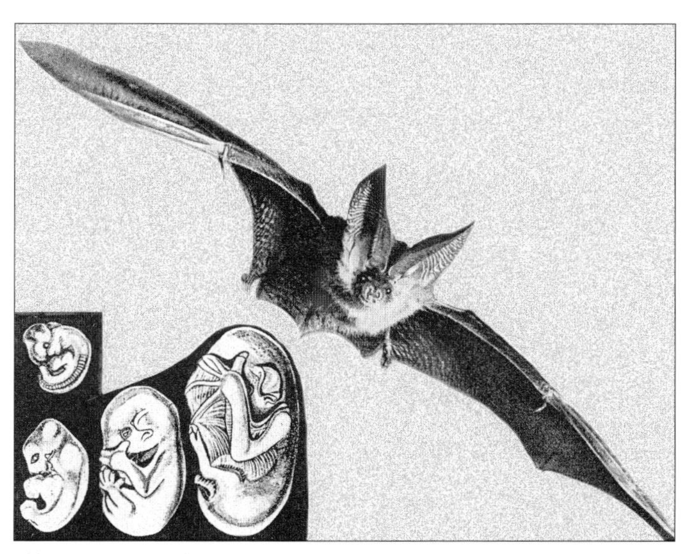

Abb. 2.23 Ausgewachsene Langohr-Fledermaus (*Plecotus auritus*) im Flug. Die abgebildeten vorgeburtlichen Embryonalstadien zeigen, dass das Längenwachstum und die Ausbildung der Flughaut erst spät einsetzen: Der Embryo rekapituliert die Entwicklung konventionell gebauter Vierfüßer.

säuger das Kriechen und Klettern ermöglicht (s. Abb. 2.14). Wie die abgebildeten Embryonalstadien zeigen, ähnelt der junge Fledermaus-Embryo dem anderer, nicht mit Flughaut ausgestatteter „normaler“ Säugetiere (Abb. 2.23, im Vergleich mit Abb. 2.21). Später werden Hautfalten an den Körperseiten ausgebildet, während das Wachstum der Fingerknochen erst vor der Geburt einsetzt. Fledermäuse rekapitulieren somit die Entwicklung weniger spezialisierter vierbeiniger Säugetiere, von denen sie abstammen.

Als Beispiel aus dem Reich der wirbellosen Tiere sollen die sogenannten „Entenmuscheln“ vorgestellt werden (Abb. 2.24 C). An Meeres-Treibholz sitzend kann man diese im 19. Jahrhundert noch als „Muscheltiere“ klassifizierten Organismen häufig im Seewasser finden. Embryologische Studien haben gezeigt, dass aus den Eiern festsitzender „Entenmuscheln“ kleine, frei umherschwimmende Larven schlüpfen, wie sie von urtümlichen Krebstieren (Crustacea) bekannt sind. Diese Naupliuslarven wachsen heran, entwickeln Augen und eine Schale; in diesem Stadium erinnern sie an einen freilebenden Krebs. Die Zwischenform (Cypris-Larve) setzt sich dann mit Haftfühlern am Substrat fest und entwickelt sich unter Rückbildung der Augen zu einer „Entenmuschel“ (Abb. 2.24). Die Schwimmbeine werden zu Rankenfüßen, mit welchen der festgewachsene Krebs Nahrungstierchen einfängt. „Entenmuscheln“ sind somit sessile, abgewandelte Crustaceen (Rankenfußkrebse, Cirripedia), die aus ehemals frei lebenden Urformen entstanden sind. Charles Darwin hat eine umfassende Monographie zur Systematik der Cirripedia verfasst, die noch heute in der Fachliteratur zitiert wird: Der britische Naturforscher war einer der führenden Rankenfußkrebs-Spezialisten seiner Zeit.

2.11 Geographische Verbreitung der Tiere

Es wurde bereits dargelegt, dass Darwin auf seiner fünfjährigen Forschungsreise Beobachtungen festhielt, die ihn von der Umwandelbarkeit der Arten überzeugten. So notierte er z. B. in seinen Reiseerinnerungen, dass die Riesenschildkröten des Galapagos-Archipels (*Geochelone nigra*) problemlos voneinander zu unterscheiden sind. Auf der größten Galapagos-Insel Isabela existieren kurzhalsige *G. nigra*-Unterarten (Subspezies), die in feuchten Regionen leben und den Bodenbewuchs abgrasen, während auf den Inseln Duncan und Pinto langhalsige Riesenschildkröten leben. Diese Unterarten bewohnen weitgehend vegetationslose Trockengebiete und ernähren sich, analog einer Giraffe, von höher gelegenem Pflanzenmaterial (z. B. Kaktusgewächsen). Die Galapagos-Riesenschildkröten überzeugten Darwin davon, dass sich die Tiere an ihre jeweilige Umwelt angepasst haben und, als Resultat dieser Adaptation, neue Varietäten entstanden sind (Abb. 2.25). Leider hat der Mensch seit Darwins Zeit das Aussterben dieser Großreptilien enorm vorangetrieben, d. h. die Populationsgrößen schrumpfen seit Jahrzehnten. So war 2004 auf der Insel Pinta nur noch ein männliches Schildkröten-Exemplar am Leben: Man ver-

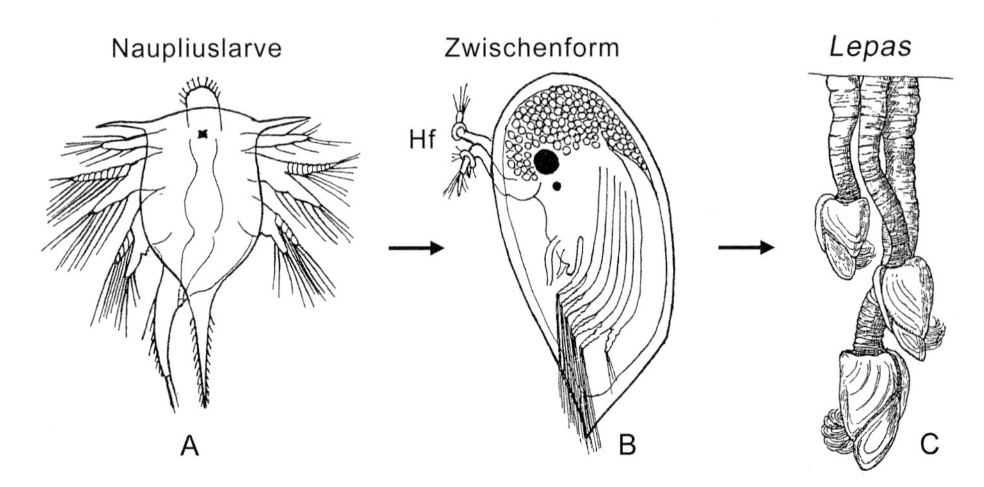

Abb. 2.24 Entwicklung der festsitzenden Meeres-Entenmuschel (*Lepas*) aus einer frei lebenden, für niedere Krebse typischen Naupliuslarve (A). Über eine mit Haftfühlern (Hf) ausgestattete Zwischenform, die Cypris-Larve (B), setzt sich das frei umherschwimmende Krebstier am Substrat fest und entwickelt sich zur sessilen Adultform, dem Rankenfußkrebs (C).

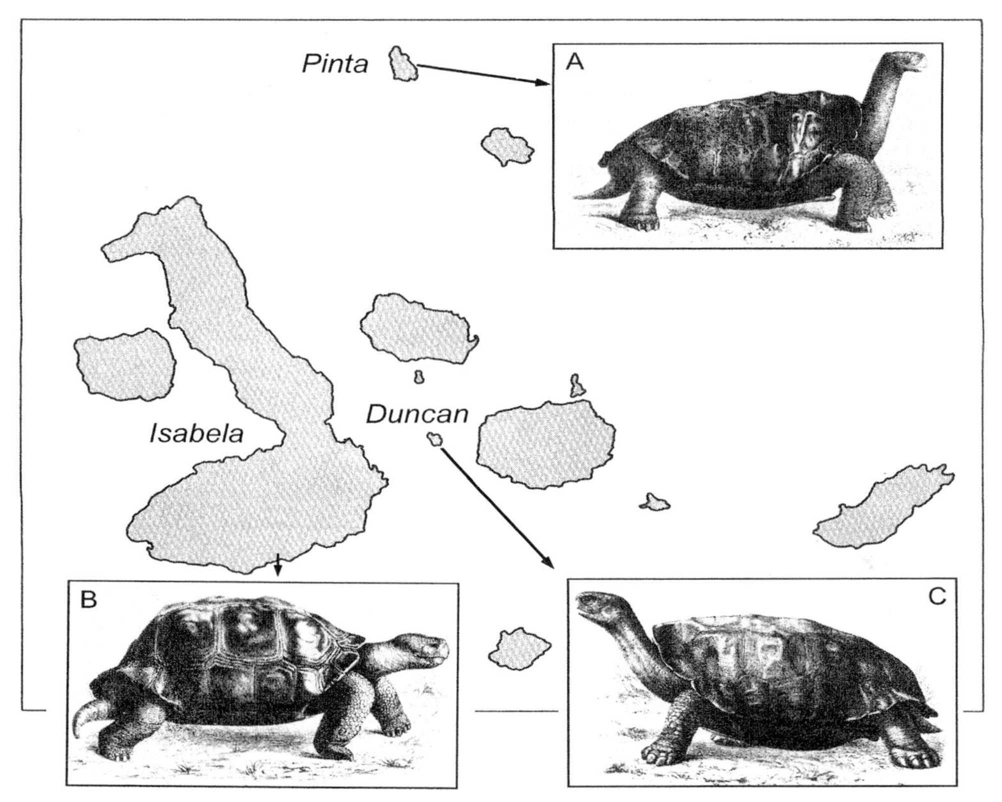

Abb. 2.25 Geographische Verbreitung von Riesenschildkröten (*Geochelone nigra*) auf drei Inseln des Galapagos-Archipels. Eine kurzhalsige Unterart lebt auf Isabela und ernährt sich dort von Bodenbewuchs, während die langhalsigen Subspezies auf Duncan und Pinta verbreitet sind (Trockengebiete; Nahrungsquelle: Blattwerk von Kakteen).

sucht derzeit, „Lonesome George", den letzten Überlebenden seiner Unterart, durch Kreuzung mit einer nahe verwandten anderen Subspezies zur Fortpflanzung zu bringen.

Bei seiner Weltreise beeindruckten Darwin insbesondere die eigenartigen Tiere von Südamerika. Dem Naturforscher fiel auf, dass z. B. die für diesen Erdteil typischen, bevorzugt dort vorkommenden Faul- und Gürteltiere (Säugerordnung Zahnarme, Xenartha) mit fossilen Riesen-Urformen in Beziehung gesetzt werden können. So findet man in Südamerika z. B. das etwa 0,5 m lange Dreifinger-Faultier (*Bradypus*), ein baumbewohnender Urwald-Säuger, der durch neun Halswirbel gekennzeichnet ist (andere Säuger haben konstant sieben). Dieses seltene Tier kann zum Beutefang den Kopf vollständig nach hinten drehen (Abb. 2.26 A). Fossil erhaltene Riesen-Faultiere, wie z. B. das ausgestorbene 6 m lange *Megatherium*, konnten in Südamerika, jedoch auf keinem anderen Kontinent gefunden werden. Auch die Gürteltiere (Dasypodidae), urtümliche Bodenbewohner, die durch einen Hautpanzer geschützt sind und sich durch Einrollen feindlichen Angriffen entziehen können, findet man fast ausschließlich in Südamerika (z. B. *Dasypus*). Fossile Urformen, die vor Jahrtausenden ausgestorben sind, wie z. B. das bis 12 m lange Riesen-Gürteltier (*Glyptodon*), konnten nur dort gefunden werden, wo heute die rezenten Nachfahren leben (Abb. 2.26 B). Diese Befunde sind klassische Belege für Darwins Prinzip der Abstammung mit Abänderung.

In seinem zweibändigen Werk *The Geographical Distribution of Animals* teilte Alfred R. Wallace (1876) die Säugetier-Landfauna der Erde in Regionen ein. Diese Untergliederung, die auf Studien des Ornithologen P.L. Sclater aufbaute, gilt im Prinzip noch heute. Nach Wallace (1876) unterscheiden wir sechs zoogeographische Gebiete (Abb. 2.27 A):

1. Paläarktische, 2. Äthiopische (heute Afrika-

nische), 3. Orientalische, 4. Australische, 5. Neotropische und 6. Nearktische Region.

Für die geographische Verbreitung der Blütenpflanzen (Angiospermen) gilt eine andere Regionen-Einteilung, auf die hier nicht eingegangen werden kann. Die von Wallace etablierte grobe Untergliederung ist durch faunistische Übergangs- oder Mischzonen gekennzeichnet, d. h. die Grenzen sind fließend. So wird heute z. B. das orientalisch-australische Zwischengebiet als *Wallacea* bezeichnet. Dem Naturforscher A.R. Wallace gebührt somit der Verdienst, Begründer der Biogeographie zu sein (Lehre von der geographischen Verbreitung der Tier- und Pflanzenarten auf der Erde) (Pielou 1979).

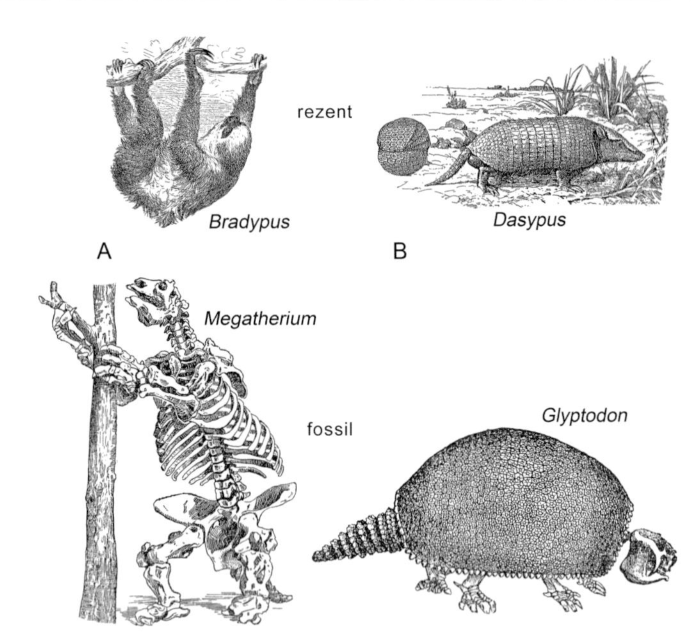

Abb. 2.26 Rezente und fossil erhaltene Vertreter der Säugetierordnung Zahnarme (Xenartha), die nur in Südamerika vorkommen. Dreifinger-Faultier (*Bradypus*) und Gürteltier (*Dasypus*; links eingerollt, rechts laufend) (A, B). Ausgestorbene fossile Urformen sind als Rekonstruktionen dargestellt (Riesen-Faultier *Megatherium* und -Gürteltier *Glyptodon*).

Manche Organismen sind nahezu weltweit (d. h. auf fast allen Kontinenten) verbreitet. So finden wir z. B. den zweiäugigen Plattegel (*Helobdella stagnalis*, s. Kap. 7 und 8) in Süßgewässern aller Kontinente, mit Ausnahme von Australien, wo die Art fehlt. Der Breit-Wegerich (*Plantago major*) ist eine „Allerwelts-Pflanze", die nur in antarktischen Regionen an ihre Verbreitungsgrenze stößt. Neben diesen *Cosmopoliten* gibt es viele Arten, die auf bestimmte geographische Gebiete beschränkt sind. Diese *Endemiten* können in zwei Gruppen unterteilt werden: Entstehungsendemiten sind endemische Arten, die auch fossil nur aus ihrem heutigen Verbreitungsgebiet bekannt sind (z. B. Faul- und Gürteltiere, Abb. 2.26). Reliktendemiten sind Organismen, die fossil weltweit dokumentiert sind, jedoch heute nur noch regional vorkommen (z. B. die sogenannten „lebenden Fossilien" wie der Ginkgo-Baum oder die Brückenechse). Endemische Arten fehlen somit in manchen Gebieten der Erde, obwohl dort für sie günstige Umweltverhältnisse herrschen. Dieses Vorkommen (bzw. Fehlen) bestimmter Lebewesen in manchen Regionen dokumentiert, dass die betreffenden Organismen dort stammesgeschichtlich entstanden sind und durch Ausbreitungsschranken (z. B. Wüsten, Meere, Gebirge) an der Besiedelung neuer Lebensräume gehindert waren. Im Folgenden soll diese allgemeine Regel anhand von drei Beispielen erläutert werden.

Wie bereits erwähnt, kennen wir aus Südamerika (neotropische Region) eine Reihe von Entstehungsendemiten, die nur dort fossil und rezent nachgewiesen sind. Neben den Gürtel- und Faultieren (Abb. 2.26) sollen stellvertretend drei weitere Großsäuger-Gattungen genannt werden: Kapuzineraffen (*Cebus*), Ameisenbären (*Myrmecophaga*) und riesengroße Wasser-Nagetiere („Wasserschweine", *Hydrochoerus*) (Abb. 2.27 B). Während der letzten 60 Millionen Jahre war Südamerika ein weitgehend isolierter Inselkontinent ohne stabile Landbrücken. Die endemische Säugerfauna konnte sich daher dort unabhängig von jener anderer Erdteile entwickeln, womit die eigenartige Tierwelt dieser Region erklärt wird.

Auf der Insel Madagaskar (äthiopische bzw. afrikanische Region) finden wir rezente Endemiten, deren Vorfahren vor Jahrmillionen vom afrikanischen Festland durch Verdriften eingewandert sind und hier eine weltweit einmalige Fauna entwickelt haben (Abb. 2.27 B). Altertümliche Insektenfresser wie die Borstenigel (*Tenrec*) oder die Frettkatzen (*Fossa*) sind auf Madagaskar beschränkt. Die madagassischen Halbaffen (Fingertier, Lemuren, Indriartige) sind die bekanntesten Endemiten: Im Verlauf der Jahrmillionen haben sich auf der Insel sowohl sehr kleine Arten (Mausmakis, *Microcebus*) als auch bis zu 1 m lange Indris

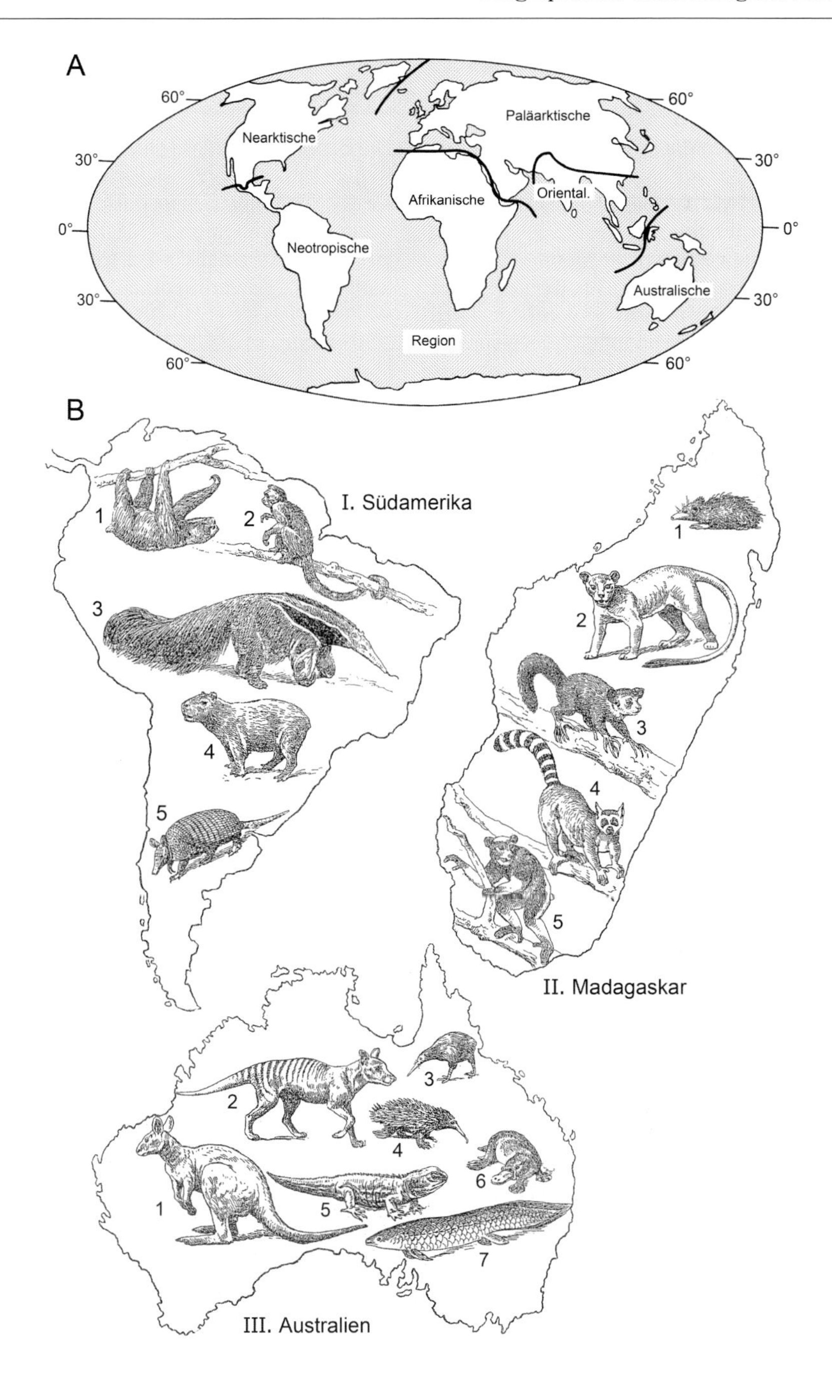

Abb. 2.27 Zoogeographische Regionen der Erde, nach der klassischen Einteilung von A.R. Wallace (A). Rezente endemische Wirbeltiere aus drei biogeographischen Regionen der Erde (B).
Südamerika: 1. Faultier (*Bradypus*) , 2. Kapuzineraffe (*Cebus*), 3. großer Ameisenbär (*Myrmecophaga*), 4. Wasser-Nager (*Hydrochoerus*), 5. Gürteltier (*Dasypus*) (I.).
Madagaskar: 1. Borstenigel (*Tenrec*), 2. Frettkatze (*Fossa*), 3. Fingertier, das den verlängerten Mittelfinger als Werkzeug benutzt (*Daubentonia*), 4. Katta (*Lemur*), 5. Indri (*Indri*), drei Halbaffenarten (II.).
Australien (mit Neuseeland): 1. Känguru (*Macropus*), 2. Beutelwolf (*Thylacinus*), 3. Kiwi (*Apteryx*), 4. Schnabeligel (*Tachyglossus*), 5. Brückenechse (*Sphenodon*), 6. Schnabeltier (*Ornithorhynchus*), Lungenfisch (*Neoceratodus*) (III.).

(*Indri*) entwickelt. Bemerkenswert ist das seltene Fingertier (*Daubentonia*). Dieser Halbaffe besetzt auf Madagaskar die ökologische Nische der Spechte (diese fehlen dort). Das mit Nagezähnen ausgestattete Fingertier klopft mit seinem langen Mittelfinger das Holz ab und detektiert Insektenlarven, die dann mit diesem „Werkzeug" aus dem Holz gezogen und gefressen werden.

In Australien kommen mit Ausnahme einiger Nagetiere, Fledermäuse und dem vom Menschen eingeschleppten Dingohund (plus einigen von Besiedlern mitgebrachten Haustieren) hauptsächlich Beuteltiere (Marsupialia) vor. Wie Fossilfunde zeigen, waren diese urtümlichen Landsäuger vor Jahrmillionen noch weit verbreitet; sie wurden außerhalb Australiens mit wenigen Ausnahmen (z.B. Beutelratte *Didelphis*) durch höher organisierte Säugetiere (Placentalia) verdrängt und bilden auf diesem isolierten Kontinent heute eine urtümliche Gruppe, die auch typische Reliktendemiten beinhaltet (Abb. 2.27 B). Neben den Kängurus und dem seit 1934 von Menschen ausgerotteten Beutelwolf wurden zahlreiche australische Marsupialia wie z.B. Ameisenbeutler, Beutelbär, verschiedene Kletterbeutler usw. beschrieben.

Als evolutionäre Relikte aus der Urzeit sind weiterhin die drei australischen Kloakentier-Arten (Monotremata) zu nennen (Schnabeltier, zwei Schnabeligel). Insbesondere das Wasserschnabeltier (*Ornithorhynchus*) hat die Evolutionsforscher als eierlegendes, mit einem Entenschnabel versehenes reptilienähnliches Ur-Säugetier schon immer interessiert (s. Abb. 11.7, S. 256). Als weitere australisch-neuseeländische Endemiten soll an dieser Stelle noch auf die Brückenechse (*Sphenodon*) und den Lungenfisch (*Neoceratodus*) hingewiesen werden.

Diese Resultate zeigen, dass auf alten Inseln (bzw. Inselkontinenten), die ihre Landbrücken seit Jahrmillionen verloren haben oder niemals eine Verbindung zum Festland hatten (z.B. Galapagos-Archipel) verwandtschaftlich isolierte, oft urtümliche Tierarten leben, die anderswo nicht gefunden werden können. Auf Grundlage dieser Dokumente aus der Biogeographie haben Darwin, Wallace und andere Forscher die Schlussfolgerung gezogen, dass die Arten sich im Laufe der Jahrmillionen aus Urformen entwickelt haben (Evolutionsbeweis).

2.12 Natürliche Selektion, Adaptation und Darwins Dilemma

Die Beobachtung, dass die Organismen an ihre jeweilige Umwelt angepasst (adaptiert) sind, so dass sie überleben und sich fortpflanzen können, wurde wiederholt von meist christlich-religiös motivierten Denkern der Vor-Darwinschen Periode dokumentiert. So veröffentlichte z.B. der Theologe William Paley (1745–1805) eine umfangreiche Abhandlung, in der er – aus Naturbeobachtungen abgeleitet – das „Design-Konzept" vorschlug. Gemäß dieser Vorstellung wird die Anpassung der Lebewesen dem Wirken einer übernatürlichen intelligenten Macht (dem Gott in der Bibel) zugeschrieben, nach dem bekannten Motto „design must have a designer". Charles Darwin war als Theologiestudent von den Thesen des einflussreichen Lehrers W. Paley nachhaltig beeindruckt. Erst mit der 1858 von Darwin und Wallace formulierten Theorie der natürlichen Selektion wurde ein naturalistischer (wissenschaftlich überprüfbarer) Mechanismus zur Erklärung der Adaptation der Organismen an die Umwelt präsentiert und darüber hinaus die Arten-Transformation plausibel gemacht. Jene Individuen in variablen Populationen, die am besten angepasst sind, überleben und hinterlassen die meisten Nachkommen: *to fit* = passen, *fitness* = Anpassungsgrad, der zu einem entsprechend hohen Lebenszeit-Fortpflanzungserfolg führt.

Adaptationen und Bauplan-Zwischenformen. Das von der sogenannten „Natur-Theologie" geprägte Vor-Darwinsche Denken basierte auf der unbewiesenen Annahme, es gäbe im Freiland „geschaffene Organismen-Typen", die nach starren Bauplänen konzipiert sind. Dieses typologische „Baukasten-Denken" schließt dogmatisch die Existenz von *Zwischenformen* oder Bauplan-Mischtypen aus, die

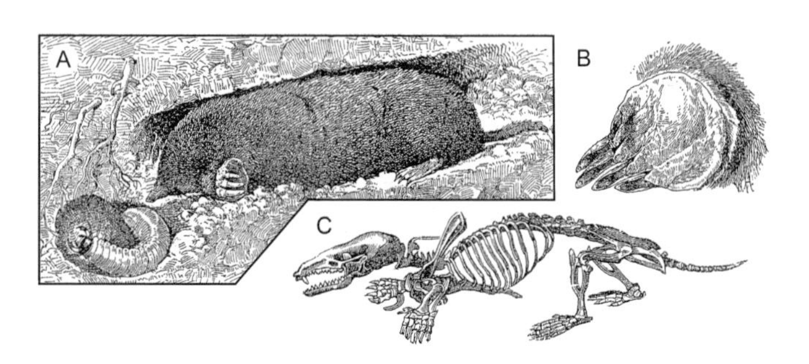

Abb. 2.28 Der europäische Maulwurf (*Talpa europaea*), ein zu den Insektenfressern (Insectivora) gehörender, im Erdreich wohnender Kleinsäuger mit speziellen Adaptationen. Grabendes Tier, das auf eine Beute trifft (A), zur Grabschaufel umgestaltete Vorderextremität (B) und Skelett (C).

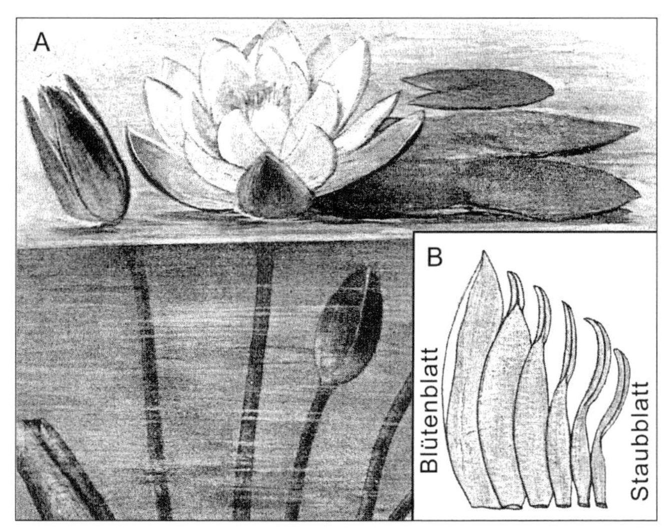

Abb. 2.29 Die weiße Seerose (*Nymphaea alba*), eine Unterwasserpflanze mit Schwimmblättern, die ein spezielles Ventilationssystem ausgebildet hat, um die aquatischen Wurzeln und den Wurzelstock zu belüften. Die Blütenblätter gehen über Zwischenformen in Staubblätter über.

jedoch gemäß dem Darwin-Wallaceschen Variations-/Selektionsprinzip zu erwarten sind. Ein Blick in die einheimische Natur zeigt, dass man Paradebeispiele für derartige stammesgeschichtlich entstandene (phylogenetische) Adaptationen beobachten kann. Zwei Beispiele sollen näher dargestellt werden.

Der Maulwurf (*Talpa europaea*) ist ein zu den Insektenfressern (Insectivora) zählendes unterirdisch lebendes Säugetier, das eine Reihe spezieller Anpassungen zeigt (Abb. 2.28). Der mit einem spitzen Rüssel ausgestattete kegelförmige Kopf dient als „Schneisen-Bahner" und wird außerdem als Wurfschaufel benutzt (so entstehen die Maulwurfshügel). Ohrmuscheln fehlen; die Gehörgänge sind durch Hautfalten verschlossen und die kleinen Augen im Pelz versteckt. Der walzenförmige Körper weist vorne zwei zu Grabschaufeln umgestaltete kräftige Gliedmaßen auf, die lange, scharfe Nägel tragen, während die Hinterextremitäten als normale, recht schwache Geh-Beine ausgebildet sind. Der Maulwurf ist somit ein „Wühl-Lauftier" (Bauplan-Mischtyp) mit speziellen Adaptationen, die diesem Kleinsäuger ein Leben im Erdreich ermöglichen.

Die weiße Teichrose (*Nymphaea alba*) (Abb. 2.29) ist ein urtümliches Seerosengewächs, das spezielle Anpassungen an ein Leben unter Sauerstoffmangel zeigt (große Teile der Pflanze sind von stehendem Wasser überflutet). Der dicke, kriechende Wurzelstock wächst in der Schlammschicht stehender Tümpel und wird über spezielle Luft-Leitungsbahnen, die in den Blattstielen ausgebildet sind (Lacunen zwischen den Zellen) mit Sauerstoff versorgt. Die Stiele der photosynthetisch aktiven Laubblätter erfüllen somit zwei verschiedene Funktionen: Sie verbinden die assimilierenden Blattorgane mit dem Wurzelstock (Zucker-Abtransport) und dienen als „Luftröhren" dem Sauerstoff (O_2)-An- und Kohlendioxid (CO_2)-Abtransport. Der Bauplan derartiger Blattstiele ist somit auf zwei ganz unterschiedliche Funktionen hin optimiert: Durch die untergetauchten Organe der Seerose „weht stetig ein Wind". Die weißen Blütenblätter gehen über Zwischenformen allmählich in Staubblätter über, womit die Homologie dieser Blütenorgane dokumentiert ist.

Umweltfaktoren und Adaptation. Man unterscheidet zwischen unbelebten und belebten Faktoren der Umwelt, über die letztendlich durch natürliche Ausleseprozesse, die in Populationen konkurrierender Organismen ablaufen, phylogenetische Adaptationen hervorgebracht wurden. Drei klassische Beispiele sollen dies verdeutlichen.

Der Umweltfaktor *Temperatur* hat bei gleichwarmen (homoiothermen) Wirbeltierarten zur geographischen Untergliederung von Populationen geführt, die ein sehr großes Areal besiedeln. Für Säugetiere und viele Vogelarten gilt die *Bergmannsche Größenregel*: Die Bewohner der kälteren Klimaregionen sind im Schnitt größer als jene Individuen, die wärmere Bereiche des Areals besiedeln, da bei geometrisch ähnlichen Körpern der mit dem größeren Volumen die relativ kleinere Oberfläche hat und somit eine geringere Wärmeabgabe aufweist. Es ist heute gut dokumentiert, dass z. B. Bären, Wildschweine, Kolkraben und Pinguine nach Norden hin an Größe zunehmen. Die *Allensche Proportionsregel* besagt, dass Körperanhänge wie z. B. Ohren, Schwänze, Extremitäten usw. bei Arten (bzw. Spezies-Gruppen) in wärmeren Gebieten relativ größer sind als in kalten Klimazonen. So sind z. B. beim Wüstenfuchs die Ohren länger als beim Polarfuchs, da bei der letztgenannten Art durch extreme Witterungsbedingungen ein Abfrieren eintreten kann: Nur Varietäten mit

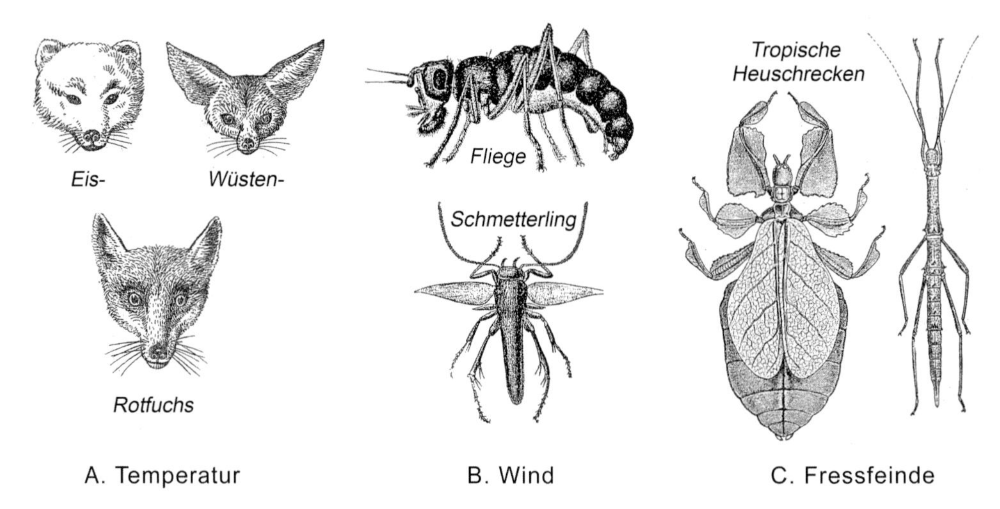

Abb. 2.30 Adaptationen einiger Tiere an die Umweltfaktoren Temperatur (A), Windgeschwindigkeit (B) und Raubfeinde (C). Eis-, Wüsten- und Rotfuchs (*Alopex lagopus*, *Vulpes rüppelli* und *Vulpes vulpes*) bewohnen die arktische, subtropische bzw. gemäßigte Zone Europas. Auf sturmumwehten Inseln leben flügellose Fliegen (*Calycopteryx*) und Schmetterlinge (*Embryonopais*), die vor einem Verdriften geschützt sind. Tropische Heuschrecken (*Phyllium, Acanthoderus*) sehen aus wie Laubblätter und werden daher meist von Fressfeinden übersehen (Tarnfärbung).

relativ kleinen Körperextremitäten haben bei der Besiedelung eisiger Klimazonen im Laufe der Generationenabfolgen überlebt (Abb. 2.30 A).

In Anpassung an den Umweltfaktor *Windgeschwindigkeit* haben sich auf sturmumwehten Inseln flügellose Insekten durchgesetzt, die unter Normalbedingungen keine Überlebenschance hätten. So konnten z.B. auf den Kerguelen, wo sich regelmäßig schwere Stürme und Orkane entwickeln, flügellose Fliegen und Schmetterlingsarten mit winzigen Flügel-Rudimenten entdeckt werden (Abb. 2.30 B). Diese flugunfähigen Insekten haben unter diesen speziellen Umweltbedingungen einen Überlebensvorteil, da sie bei Stürmen nicht auf das Meer verdriftet werden und in windgeschützten Regionen der Insel ihren Fortpflanzungszyklus durchlaufen können.

Farbanpassungen, die dem Schutz vor *Fressfeinden* dienen, sind im Tierreich weit verbrei-

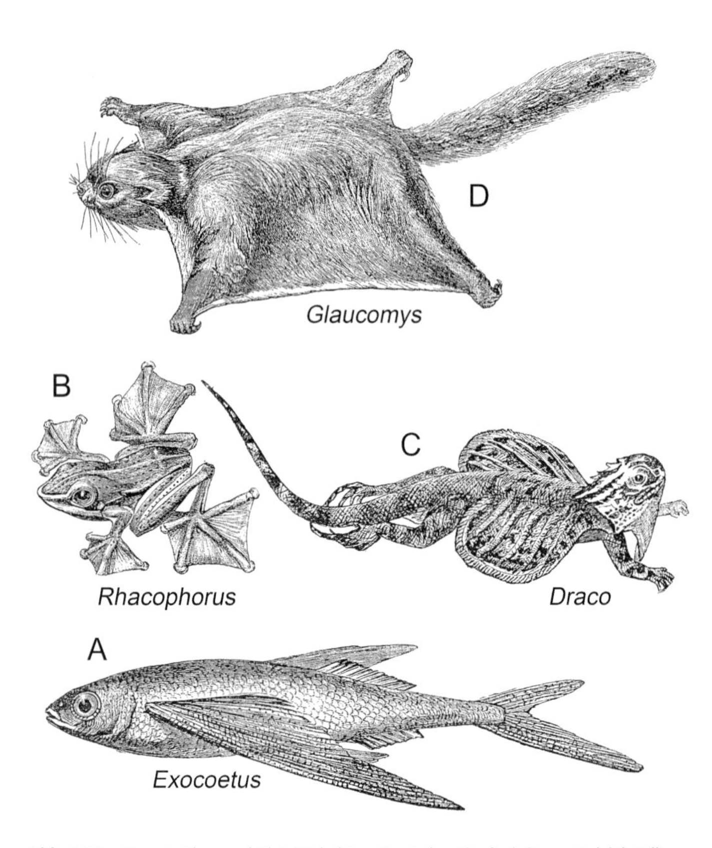

Abb. 2.31 Rezente Flug- und Gleit-Wirbeltiere. Tropischer Flugfisch (*Exocoetus*) (A), Fallschirmfrosch (*Rhacophorus*) (B), Flugdrache (*Draco*) (C) und nordamerikanisches Flughörnchen (*Glaucomys*) (D). Die Luftsprünge und Gleitflüge dienen u.a. dazu, Fressfeinden zu entkommen.

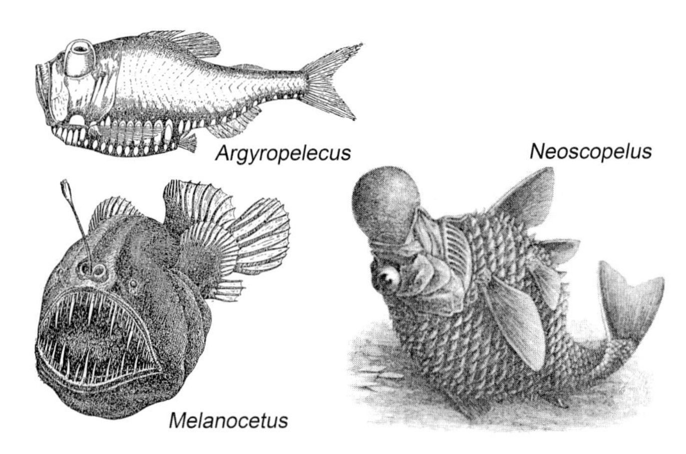

Abb. 2.32 Tiefseefische, die etwa 1000 m unterhalb des Meeresspiegels gefangen wurden. Diese Spezialisten sind an einen lebensfeindlichen Extrembereich der Ozeane angepasst. Silberpfeil (*Argryopelecus*) mit großen Augen und 50 Leuchtorganen auf jeder Körperflanke, Anglerfisch (*Melanocetus*) mit gestieltem Leuchtorgan, großschuppiger Laternenfisch (*Neoscopelus*), der an die Wasseroberfläche gebracht wurde.

tet. So ist z. B. der Eisfuchs im Schnee weitgehend unsichtbar, während der gelb-braune Wüstenfuchs in der sandigen Trockensteppe gut getarnt ist (Abb. 2.30 A). Optimale Tarnungen werden erreicht, wenn durch Form und Farbe der Untergrund nachgeahmt wird (*Mimese*). So sind z.B. tropische Heuschrecken wie das „Wandelnde Blatt“ (*Phyllium*) oder die an trockene Aststücke erinnernden Stabschrecken (*Acanthoderus*) so gut an ihre Umwelt adaptiert, dass sie von Fressfeinden (u.a. Vögeln) kaum erkannt werden (Abb. 2.30 C). Unter einem derartigen Selektionsdruck (Räuber) haben nur die am besten adaptierten Individuen im Laufe der Generationen überlebt; diese bilden die heute lebenden Tier-Populationen.

Vögel sind neben den nachtaktiven Fledermäusen die einzigen rezenten Wirbeltiere, die erfolgreich den Luftraum erobert haben. Dennoch gibt es einzelne Fisch-, Frosch-, Reptil- und Säugerarten, die zu kurzen Gleitflügen fähig sind (Abb. 2.31). Zumindest bei den Flugfischen können wir davon ausgehen, dass die bis zu 100 m weiten Flüge durch Raubfisch-Attacken ausgelöst werden und somit ein Fluchtverhalten darstellen (s. Kap. 8). Es ist wahrscheinlich, dass auch der Fallschirmfrosch, der Flugdrache und das Flughörnchen ihre speziellen phylogenetischen Adaptationen (Strukturen zum Gleiten bzw. Fliegen) unter stetigem Raub-Feinddruck entwickelt haben, d. h. das Vermögen zum Gleitflug dient vermutlich primär dem Ausweichen vor Fressfeinden.

Im Jahr 1898/99 wurden erstmals Tiefseefische gefangen und wissenschaftlich untersucht. Unterhalb einer Meerestiefe von 800 m dringt kein Sonnenlicht mehr durch, so dass dort Pflanzen fehlen. In der dunklen ozeanischen Unterwelt herrscht ein enorm hoher Wasserdruck, Kälte (2–4 °C) und Nahrungsmangel: Die dort lebenden Organismen fressen das, was von oben herunter sinkt und jagen sich gegenseitig. Dennoch existieren in dieser lebensfeindlichen Einöde zahlreiche urtümliche Tiere, darunter Tiefseefische mit speziellen Adaptationen wie z. B. Leuchtorganen (Abb. 2.32). Die Erforschung dieser fremdartigen Tiefseeorganismen ist noch lange nicht abgeschlossen.

Konvergenzen im Tierreich. Die Anpassung an gleiche Funktionen ursprünglich verschieden gestalteter Organe und Strukturen kann im Verlauf der Phylogenese zu einem Ähnlichwerden nicht näher verwandter Organismen führen. Diese *Konvergenz* oder Parallelentwicklung ist z.B. bei der torpedoförmigen Gestalt der Haie, der ausgestorbenen Fischechsen (*Ichthyosaurus*, s. Abb. 1.10), den Pinguinen (Abb. 2.13), den Walen (Abb. 2.18, 2.34 C) und somit bei Knorpelfischen, Reptilien, Vögeln und Säugetieren ausgebildet. Die rezenten Beuteltiere Australiens sind parallel entwickelte, formähnliche „Ur-Säuger“, wenn man sie mit den höher entwickelten (plazentalen) Säugetieren der übrigen Welt vergleicht (z.B. Beutelwolf/europäischer Wolf, Abb. 2.27 B). Auch die Flug-Tiere (Abb. 2.31) (z.B. das Reptil *Draco* und der Säuger *Glaucomys*) haben unabhängig voneinander (parallel) ähnlich gestaltete Körperformen entwickelt.

Ein bisher unbeschriebenes Beispiel für Konvergenz zwischen einem Wirbeltier und einem Regenwurm-Verwandten (Egel) zeigt Abbildung 2.33. Das zu den Rundmäulern (Cyclostomata) zählende Flussneunauge (*Lampetra fluviatilis*) ist ein 30 cm langer kieferloser Fisch, der sich von Blut und Fleischfetzen der Knochenfische ernährt. Das Neunauge saugt hierbei sein Beutetier an und produziert Drüsensekrete zur Hemmung der Blutgerinnung (Abb. 2.33 A). Die nur ca. 2 cm langen Fischegel (*Piscicola geometra*) befallen dieselben Beuteorganismen wie das Neunauge. Hierbei setzen die Ringelwürmer ihre Haftscheiben an den Wirt und saugen mit einem Rüssel unter Ausscheidung entsprechender Sekrete Fischblut (Abb. 2.33 B).

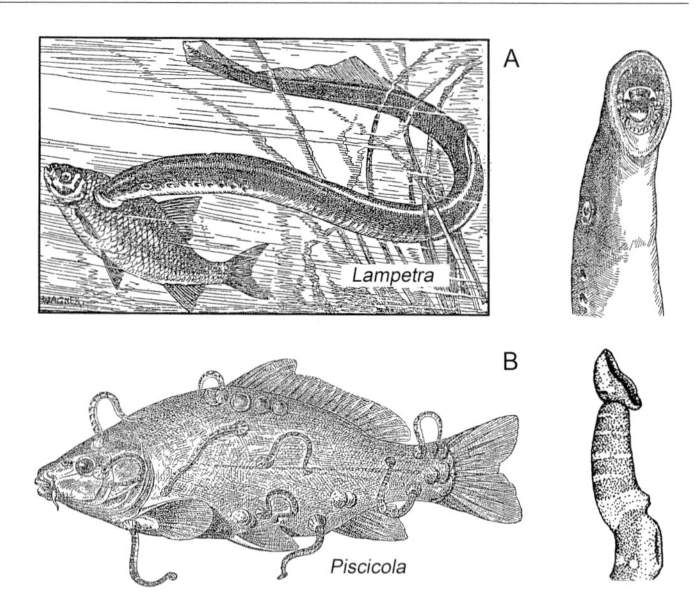

Abb. 2.33 Konvergenz, d.h. Formähnlichkeit infolge einer phylogenetischen Adaptation an ähnliche Funktionen bei einem Wirbeltier und einem Ringelwurm. Flussneunauge (*Lampetra fluviatilis*), einen Weißfisch ansaugend (A) und Fischegel (*Piscicola geometra*), die einen Karpfen besetzen und Blut saugen (B). Die Saugnäpfe von Neunauge und Fischegel sind vergrößert dargestellt (Kopfregion).

Gemeinsame Abstammung der Säugetiere. Auch auf dem Niveau der Zellen und Gewebe konnten zahlreiche phylogenetische Adaptationen nachgewiesen werden. So schrieb z. B. der Zoologe Ernst Haeckel (1909) bezüglich der Stammesentwicklung der Säuger das Folgende: „Das Blut der Säugetiere zeichnet sich von demjenigen aller anderen Wirbeltiere dadurch aus, dass aus ihren roten Blutzellen der Kern verschwunden ist". Säugetiere (Mammalia) sind die am höchsten organisierten Vertreter der Vertebrata. Sie ernähren ihre Jungen mit ausgeschiedener Muttermilch, besitzen ein Haarkleid (das z. B. beim Menschen, den Elefanten oder Walen post-embryonal abgestoßen wird) und sind gleichwarme (homoiotherme) Organismen (hohe Stoffwechselaktivität, Wärmepelz). Bis auf wenige Ausnahmen (z. B. Dreifinger-Faultier, Abb. 2.26 A) haben alle Säugetiere sieben Halswirbel, die kurz oder lang sein können (z. B. Mensch/Giraffe). Die scheibenförmigen roten Blutkörperchen (Erythrocyten) aller bisher untersuchten Säuger sind kernlos, obwohl sie von kernhaltigen Stammzellen gebildet werden (Ausnahme: Kameltiere). Während der Zellentstehung im Knochenmark wird der Nucleus entfernt, so dass mechanisch flexible, optimal zum Gastransport (O_2/CO_2) fähige, großflächige Erythrocyten gebildet werden. Diese Adaptation an die hohe Stoffwechselaktivität der Zellen im Säugetierkörper ist – neben den sieben Halswirbeln – ein klassisches Dokument für die gemeinsame Abstammung aller rezenten Mammalia der Erde (Abb. 2.34 A–C). Die Erythrocyten der Fische, Amphibien, Reptilien und Vögel tragen einen zentral gelegenen Kern (Abb. 2.34 D). Dieses urtümliche, weniger effiziente Blutzell-Stadium wird bei der Erythrocytenbildung im Säugetierkörper rekapituliert: Die „kernlosen Spezialisten für den Gastransport" entstehen während der Ontogenese aus kernhaltigen Vorläuferzellen.

Die hier zusammen getragenen Fakten und andere Dokumente haben in der Periode zwischen 1860 bis ca. 1900 zu der Erkenntnis geführt, dass die von Darwin postulierte Evolution der Organismen eine Tatsache ist. Dennoch konnten die Pioniere der Abstammungslehre (Darwin, Wallace, Haeckel u. a.) eine Reihe offener Fragen nicht beantworten, die abschließend zusammengestellt sind.

Paläontologie und Darwins Dilemma. In seinem Hauptwerk *On the Origin of Species* (1872) beschrieb Darwin die damals bekannten Resultate der Fossilienkunde (Paläontologie) und zog u. a. die Schlussfolgerung, dass diese Zeugnisse aus der Urzeit im Prinzip die Abstammungslehre untermauern, obwohl die versteinerten Urkunden in aufeinander folgenden Schichten noch sehr lückenhaft sind („imperfection of the geological record"). Wie der Paläobiologe J.W. Schopf (1999) ausgeführt hat, betonte Darwin mehrfach, dass das Fehlen von Fossilien in den ältesten Gesteinsschichten (vor dem Kambrium) große Probleme bereitet: Sollten niemals prä-kambrische Fossilien gefunden werden, so wäre Darwins Theorie hinfällig. Diese Aussage wurde als „Darwins Dilemma" bezeichnet. Wir wollen im Folgenden sechs ungelöste Fragenkomplexe formulieren, die der letzten Auflage von Darwins Hauptwerk in freier Übersetzung entnommen sind:

1. Wo sind die versteinerten Zwischenformen? Obwohl zahlreiche fossil erhaltene Spezies als Vorläuferarten heutiger Lebewesen angesehen

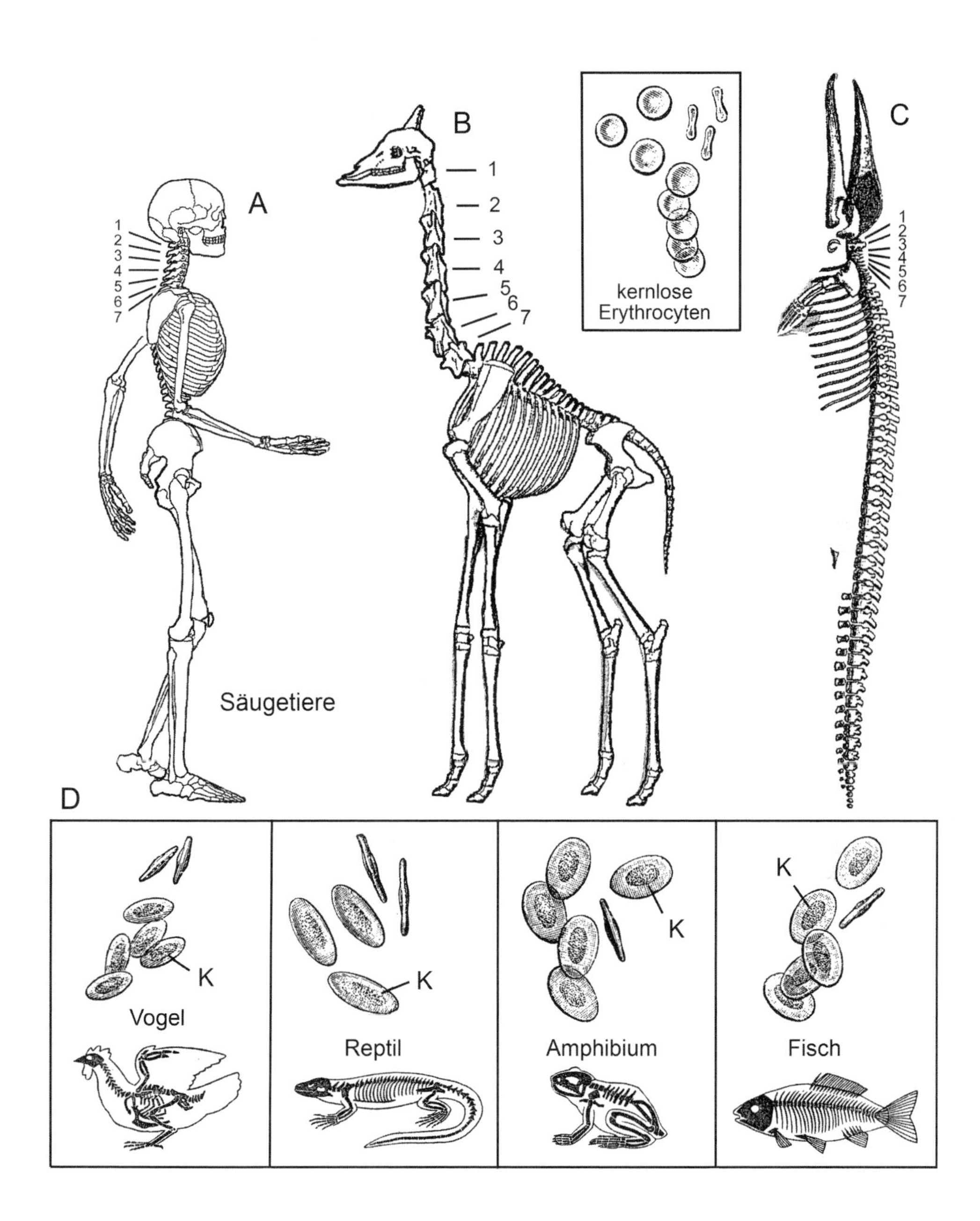

Abb. 2.34 Dokumentation der gemeinsamen Abstammung der Säugetiere (Mammalia) und cytologisch/physiologische Anpassung an den hohen Zellstoffwechsel dieser gleichwarmen Wirbeltiere. Kurze und lange Halswirbel (Nr. 1–7) beim Menschen (A), der Giraffe (B) und dem Blauwal (C). Die scheibenförmigen roten Blutkörperchen (Erythrocyten) sind kernlos (Vorteile: effizienter Gasaustausch und reibungsloser Transport durch feine Blutgefäße). Bei Fischen, Amphibien, Reptilien und Vögeln (D) enthalten reife Erythrocyten einen zentral gelegenen Zellkern (K).

werden können, finden wir nur wenige fossile Übergangsformen, die als „connecting links" die graduelle Artentransformation belegen würden (seit 1861 war der Urvogel *Archaeopteryx* bekannt, der später als „Darwins Kronzeuge" bezeichnet wurde und in der letzten Auflage des Artenbuchs diskutiert ist).
2. Warum treten im Kambrium, der ältesten durch Versteinerungen charakterisierten geologischen Formation, z.B. bestimmte Gliederfüßer (fossile Trilobiten) auf? Warum fehlen diese in älteren Schichten? Wo sind die prä-kambrischen Ur-Organismen?
3. Durch welche Faktoren wird die erbliche Variabilität (das Verschiedensein der Individuen in Populationen) verursacht? Wie werden Körpereigenschaften auf die Nachkommen vererbt?
4. Was sind Arten? Können diese von Varietäten unterschieden werden? Sind Arten nur Kunstprodukte des denkenden Menschen oder existieren sie als reale Einheiten in der Natur?
5. Wie erfolgt die Vervielfachung von Arten, d.h. die Aufspaltung einzelner Vorläufer-Populationen in abgeleitete Tochterspezies? Warum sind manche Organismengruppen wieder ausgestorben?
6. Wie können komplexe Organe (z.B. das Auge) durch zahlreiche, einander zeitlich folgende Modifikationen (graduell) aus Vorläuferstrukturen gebildet werden?

Diese unbeantworteten Fragen haben direkten Bezug zu den fünf Darwinschen Theorien (s. oben). Sie wurden nach und nach von den Evolutionsforschern des 20. Jahrhunderts bearbeitet und weitgehend gelöst. Aus diesen Erkenntnissen wurde die *moderne Evolutionstheorie* abgeleitet, die im nächsten Kapitel dargestellt ist.

Literatur:

Beierkuhnlein (2007), Brömer et al. (1999), Cameron und Dutoit (2007), Darwin (1859, 1868, 1871, 1872), Desmond und Moore (1991), Haeckel (1866, 1877, 1909), Grimaldi und Engel (2005), Heberer (1980), Hesse (1936), Hossfeld und Olsson (2005), Jahn (1998), Junker und Hossfeld (2001), Lamarck (1809), Mayr (1988, 1991, 2001, 2004), Osche (1972), Pielou (1979), Schopf (1999), Storch et al. (2001), Thenius (1972), Wallace (1876, 1889), Weismann (1889, 1904), Wiedersheim (1908), Wuketits (1989, 2005), Stebbins (1971).

3 Die Synthetische Theorie der biologischen Evolution

Im letzten Kapitel haben wir die Grundgedanken der Abstammungslehre, die Mitte der 1850er-Jahre von den Naturforschern Charles Darwin und Alfred R. Wallace unabhängig voneinander entwickelt wurde, kennen gelernt. Dieses im Wesentlichen auf der Selektionstheorie basierende Gedankengebäude entstand in einer Zeit, als die Vererbungsgesetze noch unbekannt waren. Die Physiologie, aus der später die Biochemie hervorgegangen ist, war noch nicht als eigenständige experimentelle Naturwissenschaft etabliert. Während dieser Ära verbreitete sich der Begriff *Darwinismus* als Kurzform für das Selektionsprinzip bzw. als Synonym für den Inhalt von Darwins Artenbuch. In populären Schriften war vom „Kampf ums Dasein" bzw. vom „Überleben des Stärkeren" zu lesen. Diese Trivialdarstellung der Deszendenztheorie hat sich bis heute erhalten; sie ist jedoch nicht korrekt. Die besser an die Umwelt angepassten Individuen einer Gruppe von Tieren oder Pflanzen hinterlassen gemäß dem Selektionsprinzip mehr Nachkommen als die weniger gut adaptierten. Darwin übernahm in späteren Auflagen seines Hauptwerks von H. Spencer die Kurzformel „survival of the fittest", wobei *fitness* nicht „Stärke", sondern „Anpassungsgrad" bzw. „Lebenszeit-Fortpflanzungserfolg" bedeutet. Der Stärkere muss nicht notwendigerweise die größte *fitness* besitzen; schwächere, gut getarnte Individuen hinterlassen bei besserer Anpassung an die Umgebung unter Umständen mehr Nachkommen als ihre muskulöseren Konkurrenten (Abb. 3.1 A). Weiterhin war zu Darwins Zeiten bereits bekannt, dass selbstloses (altruistisches) Verhalten nicht grundsätzlich im Widerspruch zur Selektionstheorie steht (Abb. 3.1 B).

Ein großer Verdienst Darwins war die Einführung des Begriffs der *Population* in die damals

Abb. 3.1 Daseinswettbewerb in der Natur (*struggle for existence* or *survival of the fittest*). Ein Raubvogel (Turmfalke, *Falco tinnunculus*) stößt auf eine Feldmaus (*Microtus arvalis*). Der metaphorische „Kampf ums Dasein" läuft zwischen den Mäusen ab (Population unterschiedlich gut adaptierter Beutetiere), nicht jedoch zwischen Räuber und Beute (A). Jungenfütterung beim Hühnerhabicht (*Accipiter gentilis*). Der Raubvogel maximiert durch selbstloses (altruistisches) Eltern-Verhalten seinen Fortpflanzungserfolg (B).

noch junge Biologie. Wir verstehen darunter eine Gruppe potentiell kreuzbarer Organismen, die einen bestimmten geographischen Raum besiedelt. Diese Fortpflanzungsgemeinschaften oder *Biospezies* sind die abstrakten „Einheiten" des modernen Evolutionsbiologen. Trotz dieser bemerkenswerten Ansätze war Darwin ein Anhänger der Theorie Lamarcks, d. h., der Hauptbegründer der Abstammungslehre war von der Existenz einer Vererbung erworbener Körpereigenschaften überzeugt. Der Darwinismus im ursprünglichen Sinne basiert somit teilweise auf einer Hypothese, die in späteren Jahren experimentell widerlegt werden konnte (Abb. 3.2). In diesem Kapitel ist die moderne Synthetische Evolutionstheorie dargestellt, die weit über das Thesengebäude von Darwin und Wallace hinausgeht.

3.1 Neodarwinismus

Grundlage des von Darwin und Wallace postulierten Evolutionsmechanismus ist das Selektionsprinzip: Die Individuen einer Population zeigen bezüglich der meisten Merkmale eine hohe Variabilität. Im Wettbewerb um begrenzte Ressourcen wie Nahrungsquellen oder Brutplätze überleben die am besten angepassten Individuen, während die weniger gut adaptierten Varianten zugrunde gehen (d. h. eliminiert werden). Im Verlauf zahlreicher Generationen entstehen allmählich (graduell) neue Varietäten und Arten.

Darwins Pangenesis-Hypothese. Ein für Darwin unlösbares Problem war die Frage nach der Ursache der biologischen Variabilität. In seinem Hauptwerk (1859, 1872) deutet er mehrfach an, dass durch Gebrauch bzw. Nichtgebrauch bestimmter Organe eine vererbbare Modifikation erzeugt werden könne, durch welche sich möglicherweise die Variationsbreite in Tier- und Pflanzenpopulationen erklären lässt: „Aus diesen Tatsachen geht hervor, dass der Gebrauch gewisse Teile kräftigt und vergrößert, während der Nichtgebrauch sie schwächt; und es geht ferner daraus hervor, dass solche Modifikationen erblich sind" (Darwin, 1872). Diese Hypothese baute er in seinen beiden folgenden Büchern zur Deszendenztheorie systematisch aus und übertrug das Prinzip der Vererbung erworbener Eigenschaften auch auf den Menschen. Darwin sammelte zahlreiche Beobachtungen, die seiner Ansicht nach zeigten, dass ein durch Übung gestärkter Muskel auf die Nachkommen übertragen wird. So war er z. B. davon überzeugt, dass die Kinder von Handwerkern (z. B. Schmieden) mit kräftigen Muskeln zur Welt kämen, während die Nachkommen der Aristokratie erworbene intellektuelle Eigenschaften ihrer Eltern geerbt hätten. Der wohlhabende Naturforscher war ein Mitglied der Oberschicht der damaligen englischen Ständegesellschaft. Wurde im 19. Jahrhundert ein Kind aus der Oberschicht Handwerker, so sagte man, es sei „aus der Art geschlagen". Dieser „Artbegriff" war Darwin offensichtlich derart geläufig, dass er in diesem Punkt völlig an der empirischen Realität vorbei argumentierte. Zur Erklärung der angeblichen Vererbung erworbener Merkmale publizierte Darwin (1868) seine sogenannte *Pangenesis-Hypothese:*

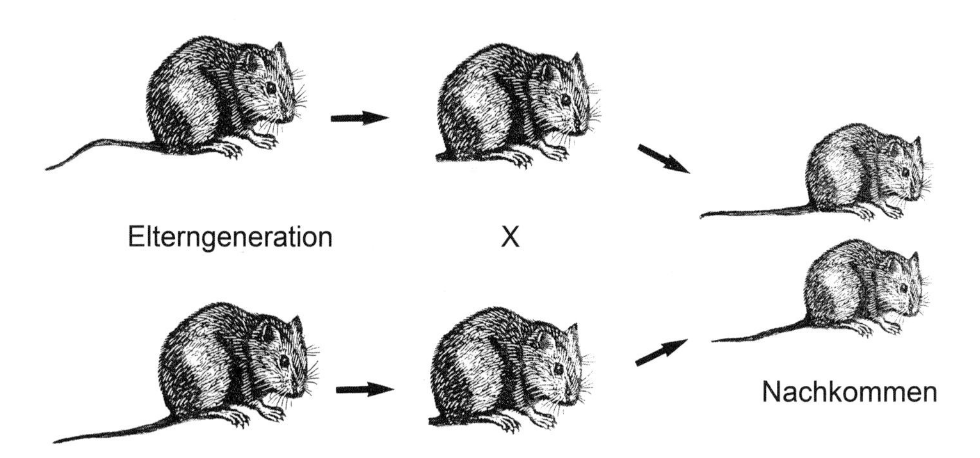

Abb. 3.2 Das klassische Experiment von August Weismann zur Widerlegung von Lamarcks Hypothese von der Vererbung erworbener Körpereigenschaften. Ausgewachsenen, geschlechtsreifen Versuchstieren wurde der Schwanz abgeschnitten. Die amputierten Mäuse paarten sich (x) und erzeugten Nachkommen mit Schwänzen: Organverstümmelungen werden somit nicht vererbt.

Alle Körperzellen sollen hypothetische „Keimchen" (gemmules) abgeben, die umweltabhängig modifiziert werden können, sich fortpflanzen und über die zweigeschlechtliche Reproduktion an die Nachkommen weitergegeben werden.

Diese Spekulation erwies sich jedoch bald als Irrlehre. Darwin glaubte somit an eine Vererbung erworbener Eigenschaften und war in dieser Beziehung zeitlebens ein Befürworter der Hypothese von Jean Baptiste de Lamarck.

Neodarwinismus und Naturzüchtung. Der deutsche Zoologe August Weismann (1834–1914) (Abb. 3.3) entwickelte die Theorie der natürlichen Selektion durch Einbeziehung der damals vorliegenden Erkenntnisse der Zellforschung (Cytologie) und Vererbungslehre (Genetik) zum sogenannten *Neodarwinismus* weiter. Dieser noch heute geläufige Begriff wurde 1894 von George John Romanes (1848–1895), einem mit Darwin bekannten Physiologen, geprägt. Der von A. Weismann begründete Neodarwinismus kann als „Selektionstheorie ohne Annahme einer Vererbung erworbener Eigenschaften" definiert werden und wurde von einigen Biologiehistorikern mit dem Schlagwort „Allmacht der Naturzüchtung" in Verbindung gebracht. Der deutsche Zoologe widerlegte die Lamarcksche Hypothese von der Vererbung erworbener Körpereigenschaften durch zahlreiche Experimente. Im Rahmen einer dieser Versuchsreihen schnitt er geschlechtsreifen Mäusen die Schwänze ab; die neugeborenen Mäuschen der amputierten Eltern kamen jedoch niemals schwanzlos zur Welt (Abb. 3.2). Weismann (1892) fasste seine Ergebnisse wie folgt zusammen: „Ich habe meine Versuche jetzt bis in die neunzehnte Generation fortgeführt – stets mit demselben negativen Resultat: Das Abschneiden der Schwänze blieb ohne jeden Einfluss auf die Schwänze der Nachkommen". Aus diesen reproduzierbaren Experimenten folgt, dass erworbene Merkmale, wie z. B. eine Organverstümmelung, nicht erblich sind (die meist über einen Sonnenbrand verlaufende Bräunung der Haut des weißen Mitteleuropäers ist eine nicht vererbbare vorübergehende Verstümmelung des größten Organs des menschlichen Körpers).

Keimbahn und Soma. Als eine Ursache für die Variation innerhalb von Tierpopulationen erkannte Weismann die im Zuge der zweigeschlechtlichen Fortpflanzung auftretende *Rekombination* (Durch-

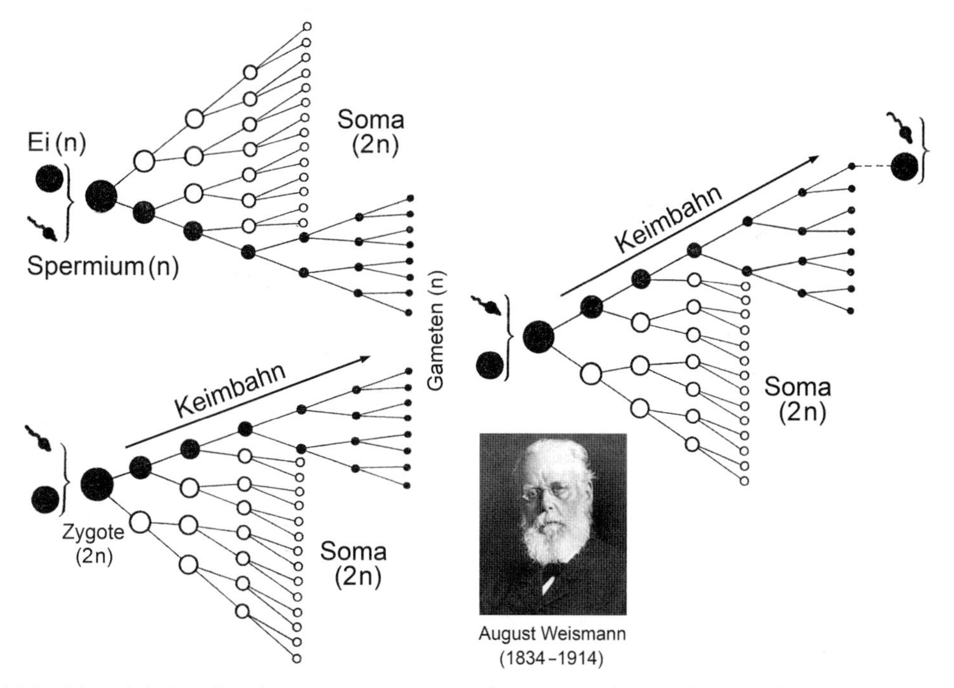

Abb. 3.3 Schematische Darstellung des von August Weismann postulierten Konzepts der Keimbahn-Soma-Differenzierung bei Tieren, einschließlich des Menschen. Links oben: männlicher, unten: weiblicher Organismus; rechts: weiblicher Nachkomme (Ei-Produzent). Das Soma (Körperzellen) stirbt mit dem Individuum, nur die Gameten (Spermien, Eizellen) leben nach Verschmelzung (Zyotenbildung) in den Nachkommen weiter. Körperzellen können keine Gameten bilden. Weismanns Hypothese konnte durch zahlreiche weiterführende Untersuchungen bestätigt werden. 1 n = einfacher, 2 n = doppelter Chromosomensatz (haploide bzw. diploide Zellen). Beim Menschen gilt: n = 23 und 2 n = 46.

mischung väterlicher und mütterlicher Erbanlagen). Die sexuelle Reproduktion mehrzelliger Tiere hat „die Bedeutung einer Variationsquelle; sie liefert eine unerschöpfliche Fülle immer neuer Kombinationen individueller Variationen, wie sie für die Selektionsprozesse unerlässlich ist" (WEISMANN, 1892). Weiterhin stellte Weismann aufgrund mikroskopischer Beobachtungen an Ein- und Mehrzellern einige Grundprinzipien der Vererbung zusammen. Er postulierte, dass bei vielzelligen Tieren (Metazoa) die Fortpflanzung an *Keimzellen* gebunden ist, die er den *somatischen Körperzellen* gegenüberstellte: „Die Spaltung der Keimsubstanz des Eies in eine somatische Hälfte, die die Entwicklung des Individuums leitet und eine propagative, welche in die Keimzellen gelangt und dort inaktiv verharrt, um später der folgenden Generation den Ursprung zu geben, macht die Lehre von der Kontinuität des Keimplasmas aus" (WEISMANN, 1904). Der Zoologe wies u. a. nach, dass das Herausschneiden der Keimdrüsen bei allen Tieren, die solche besitzen, zur Sterilität führt. Körperzellen (das Soma) können keine Keimzellen bilden, d. h. kastrierte Tiere (und Menschen) sind unfruchtbar (BURT, 2000).

Weismanns Hypothesen haben sich später als korrekt erwiesen. Heute wissen wir, dass sich während der frühen Ontogenese bestimmte Zellen von der wachsenden Körpermasse absondern, die im Adultstadium die Gameten (Eier beziehungsweise Spermien) hervorbringen (Keimbahn-Soma-Differenzierung, Abb. 3.3). Diese Keimzellen bilden, über Befruchtung und Zygotenbildung, die nächste Generation. Da bei den in Abbildung 3.2 dargestellten Mäusen nur die Körperzellen (das Soma) durch Außeneinflüsse modifiziert wurden, liegt diese erworbene Eigenschaft außerhalb der Keimbahn. Darüber hinaus wissen wir, dass die Information der Körperproteine (Aminosäuresequenz) nicht auf die DNA übertragen werden kann. Der Lamarckismus konnte somit eindeutig widerlegt werden.

Da der Naturforscher A.R. Wallace zeitlebens eine Vererbung erworbener Körpereigenschaften abgelehnt hat und in seinem Werk *Darwinism* (1889) die Hypothesen von Weismann in vollem Umfang würdigte, müssen wir ihn als Mitbegründer des Neodarwinismus anerkennen. In diesem Zusammenhang soll hervorgehoben werden, dass es bei Pflanzen keine Keimbahn gibt. Bei den „grünen Organismen" werden die Keimzellen (Gameten) aus umdifferenziertem Soma gebildet. Eine Vererbung erworbener Eigenschaften konnte jedoch auch bei Pflanzen niemals nachgewiesen werden.

Epigenetik. Seit Mitte der 1990er-Jahre ist bekannt, dass bei manchen Organismen gewisse Umweltfaktoren, wie z. B. Temperaturänderungen, eine Methylierung bestimmter Regionen der Kern-DNA auslösen können (Anlagerung von Methylresten an bestimmte Nucleinsäurebasen). Diese *epigenetischen Modifikationen* der Erbsubstanz ohne Änderung der Basensequenz können teilweise auf die Nachkommen übertragen werden. Trotz dieser experimentellen Befunde, die einen Einfluss der Umwelt auf die Muster der Genexpression dokumentieren, ist die Grundregel von Lamarck bis heute eine unbewiesene Hypothese geblieben: Es konnte weder bei Tieren noch bei Pflanzen eine Vererbung erworbener Körpereigenschaften nachgewiesen werden.

3.2 Evolutionäre Synthese

Die durch August Weismann (und A.R. Wallace) erweiterte Evolutionslehre *(Neodarwinismus)* wurde zwischen 1930 und 1950 durch Aufnahme der damals aktuellen Forschungsergebnisse aus der Genetik, der Systematik und der Paläontologie zur *Synthetischen Evolutionstheorie* ausgebaut. Deren maßgebliche Begründer waren der russisch-amerikanische Insektenforscher/Genetiker THEODOSIUS DOBZHANSKY (1900–1975), der deutsch-amerikanische Zoologe/Systematiker ERNST MAYR (1904–2005), der britische Zoologe JULIAN HUXLEY (1887–1975), der amerikanische Paläontologe GEORGE G. SIMPSON (1902–1984), der deutsche Zoologe BERNHARD RENSCH (1900–1990) und der amerikanische Botaniker G. LEDYARD STEBBINS (1906–2000). Diese „Architekten" der Synthetischen Theorie (Abb. 3.4) hatten die folgenden Bücher publiziert, die heute als Gründungsschriften der modernen Evolutionsbiologie gelten: T. DOBZHANSKY (1937) *Genetics and the Origin of Species*, E. MAYR (1942) *Systematics and the Origin of Species*, J. HUXLEY (1942) *Evolution: The Modern Synthesis*, G.G. SIMPSON (1944) *Tempo and Mode in Evolution*, B. RENSCH (1947) *Neue Probleme der Abstammungslehre* und G.L. STEBBINS (1950) *Variation and Evolution in Plants*. Die sich teilweise überschneidenden Hauptaussagen dieser sechs Bücher sind in Tabelle 3.1 zusammengefasst. Eine wichtige Schlussfolgerung des zuletzt genannten Autors soll im Folgenden näher erläutert werden.

Umfangreiche Untersuchungen an wildwachsenden Pflanzenpopulationen hatten zu dem eindeutigen Resultat geführt, dass der metaphorische Begriff „Kampf ums Dasein" auch uneingeschränkt für die Vegetation gilt. Auf einer Wiese oder einem Acker konkurrieren die Pflanzen um die Faktoren Licht, Wasser und Mineralsalze (Abb. 3.5). Es

Tab. 3.1 Die sechs wichtigsten Gründungsschriften (Bücher), auf deren Grundlage die synthetische Theorie der biologischen Evolution abgeleitet wurde mit Auflistung der Hauptaussagen (Übersetzungen aus dem englischen Original).

1. Dobzhansky, T. (1937). *Genetics and The Origin of Species. New York (3th ed. 1951).*
Hauptaussagen: Ursache der erblichen Variabilität in natürlichen Populationen sind Gen-Mutationen und Chromosomenänderungen (Rekombinationen); ideale Population, Selektion und Hardy-Weinberg-Gesetz; Populationsgröße und Artenwandel; Evolution mit und ohne natürliche Selektion; Genotyp-Phänotyp, Arten als reproduktiv isolierte Einheiten.

2. Mayr, E. (1942). *Systematics and the Origin of Species. Cambridge (2th ed. 1999).*
Hauptaussagen: Unterscheidung zwischen nicht genetischer (phänotypischer) und erblicher (genotypischer) Variabilität; geographische Variation in Populationen; Biospezies-Konzept: Arten als reproduktiv isolierte Fortpflanzungsgemeinschaften; allopatrische und sympatrische Artbildung im Vergleich, Isolationsmechanismen; Makroevolution ist ein gradueller Prozess.

3. Huxley, J. (1942). *Evolution: The Modern Synthesis. New York & London.*
Hauptaussagen: Evolutionsbiologie ist eine interdisziplinäre Naturwissenschaft von zentraler Bedeutung. Eine Synthese verschiedener biologischer Teildisziplinen (Genetik, Entwicklungsphysiologie, Ökologie, Systematik, Paläontologie, Cytologie, mathematische Analysen) ist notwendig, um die Mechanismen der Evolution zu verstehen. Einführung und Definition des Begriffs Evolutionsbiologie (*Evolutionary Biology*).

4. Simpson, G.G. (1944). *Tempo and Mode in Evolution. New York (2th ed. 1984).*
Hauptaussagen: Eine Synthese aus Paläontologie und Genetik wird angestrebt. Entstehung neuer Organisationstypen und Baupläne (Makroevolution) durch Fossilreihen dokumentiert: der graduelle Wandel der Organisationstypen erfolgt in kleinen Mikroevolutions-Schritten, ohne Typensprünge. Evolutionsraten und lebende Fossilien: Vergleich relativ rascher und extrem langsamer Arten-Transformationen.

5. Rensch, B. (1947). *Neuere Probleme der Abstammungslehre. Die transspezifische Evolution, Stuttgart (3. Aufl. 1972).*
Hauptaussagen: Geographische Varietäten (Rassen) im Tierreich häufig, Vorstufen bzw. Übergangsformen zur Art in vielen Fällen dokumentiert. Rassen- und Artbildungsprozesse führen über zum Teil gut dokumentierte Zwischenformen graduell zu neuen Bauplänen (transspezifische Evolution oder Makroevolution). Sprunghafte Evolutionsschritte über „Großmutationen" sind nicht belegt und als unbewiesene Spekulation anzusehen.

6. Stebbins, G.L. (1950). *Variation and Evolution in Plants. New York & London.*
Hauptaussagen: Evolution wird von den Biologen heute als Faktum und nicht als Theorie angesehen. Natürliche Selektion ist bei Pflanzen so wichtig wie im Tierreich; Isolationsmechanismen, Hybridisierung und Vervielfachung der Chromosomenzahl (Polyploidisierung) als Faktoren der Artbildung; Makroevolution erfolgt im Pflanzenreich graduell und ist auf die Prozesse erbliche Mutation, Rekombination, natürliche Selektion und geographische Isolation rückführbar.

kommt hierbei zu einem differentiellen Fortpflanzungserfolg: Die am besten adaptierten Individuen hinterlassen die meisten Nachkommen, während die weniger geeigneten mit der Zeit verdrängt werden. Das Selektionsprinzip gilt somit für alle Organismen der Erde, einschließlich der festgewachsenen (sessilen) Pflanzen (Stebbins, 1950).

Begriffserklärung. Bevor wir die Inhalte und Aussagen der Synthetischen Theorie der biologischen Evolution darlegen, soll kurz auf die Terminologie eingegangen werden. Julian Huxley publizierte 1942 das oben erwähnte Buch mit dem Titel *Evolution – The Modern Synthesis.* Dieses Werk wird von manchen Biologiehistorikern als eine der wichtigsten Gründungsschriften der Synthetischen Theorie angesehen. Die Begriffe *Evolution* (anstelle der von Darwin bevorzugt benutzten Umschreibung „Deszendenz mit Modifikation") und *Synthese* (Zusammenfügen einzelner Bausteine zu einem Ganzen) wurden hier erstmals kombiniert. An entscheidender Stelle lesen wir: „Evolution sollte als eines der zentralsten und wichtigsten Probleme der Biologie betrachtet werden. Zur Erforschung derselben benötigen wir Fakten und Methoden aus allen Teilbereichen der Naturwissenschaften: Ökologie, Genetik, Paläontologie, Biogeographie, Embryologie, Systematik, vergleichende Anatomie sowie aus anderen Fachgebieten wie Geologie, Geographie und Mathematik" (Huxley, 1942).

Synthese und Evolutionsbiologie. Die Bedeutung der evolutionären Synthese (Kombination zahlreicher biologischer Fakten zu einem großen theoretischen Gedankengebäude), deren Resultat die Synthetische Theorie war, kann nur historisch verstanden werden. Beim Studium verschiedener Schriften zur Abstammungslehre, die zwischen 1900 und 1940 publiziert wurden, fällt die große

Abb. 3.4 Theodosius Dobzhansky (1900–1975) und Ernst Mayr (1904–2005), zwei der sechs Hauptbegründer der Synthetischen Theorie der biologischen Evolution.

Heterogenität der damals aktuellen Hypothesen und Theorien auf. In verschiedenen Monographien und Lehrbüchern aus dieser Zeit werden unter anderem folgende Ansichten vertreten: 1. das Selektionsprinzip sei widerlegt; 2. der Neolamarckismus (Vererbung erworbener Eigenschaften) sei zumindest teilweise experimentell verifiziert; 3. das alte Dogma von einer Orthogenese (Glaube an ein den Organismen innewohnendes Vervollkommnungsprinzip) sei noch immer diskutabel; 4. das Prinzip der sprunghaften Evolution (Saltationismus) durch spontane „Großmutationen", die auf einen Schlag neue Arten hervorbringen sollen, sei durch ausgewählte Experimente bestätigt und von großer Bedeutung („Hopeful-Monster-Theorie": In einer Population sollen einzelne Evolutionsschübe auftreten, so dass über ganz neue individuelle „Typen" ein Artensprung eintritt).

Alle hier aufgelisteten Hypothesen wurden von den „Architekten" der Synthetischen Theorie durch Experimente oder theoretische Argumente widerlegt. Die evolutionäre Synthese resultierte in einer Vereinheitlichung der zuvor in viele Teildisziplinen zersplitterten Biologie. Sie führte 1942 zur Etablierung einer neuen, interdisziplinären Naturwissenschaft, die noch heute unter dem Begriff *Evolutionsbiologie* bekannt ist.

Nach D.J. Futuyma (1998) können die beiden Hauptfragen der Evolutionsbiologie wie folgt formuliert werden:

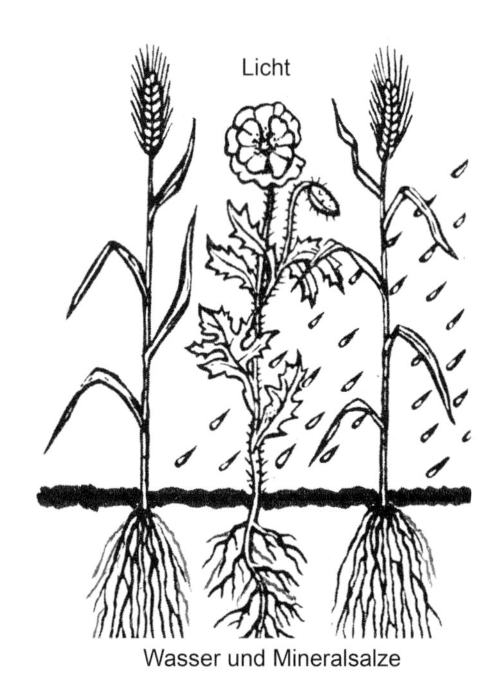

Abb. 3.5 Konkurrenz bei festgewachsenen höheren Pflanzen im Freiland. Die Umweltfaktoren Licht, Wasserversorgung und Mineralsalze sind limitierend für Wachstum, Reproduktion und Ausbreitung der Arten.

1. Über welche Zwischenstufen verlief die Stammesgeschichte der Organismen auf der Erde? 2. Welche Mechanismen liegen der Entstehung der ersten Urlebewesen sowie der Evolution der Organismen zugrunde (Artentransformation, Aufspaltung in Tochterspezies)? Der Frage 1 geht die deskriptive Evolutionsforschung nach, die Ursprung, Vervielfachung und Auslöschung der zahlreichen Spezies rekonstruiert, die im Verlauf vieler Jahrmillionen unseren Planeten besiedelt haben und zum Großteil (über 95%) wieder ausgestorben sind. Frage 2 beschäftigt die kausale Evolutionsforschung, die nach den Ursachen für die Entstehung, Vervielfachung und dem Aussterben von Arten sucht. Evolutionsforscher, die der Frage 1 nachgehen, haben sich zum Ziel gesetzt, historische Vorgänge möglichst exakt zu rekonstruieren, während diejenigen, die Frage 2 analysieren, die Antriebskräfte für den evolutionären Artenwandel zu ergründen versuchen. *Paläontologen* untersuchen/interpretieren die Reste ausgestorbener Lebewesen (Fossilien), während *Neontologen* Populationen rezenter Organismen analysieren und aus diesen Befunden Rückschlüsse auf die Phylogenese bestimmter Organismengruppen ziehen. Diese beiden Methoden der Evolutionsforschung ergänzen sich gegenseitig.

3.3 Die Synthetische Theorie: Grundlagen und Aussagen

In diesem Abschnitt sind die wichtigsten Inhalte der Synthetischen Evolutionstheorie zusammengestellt. Diese basieren teilweise auf den in Kapitel 1 dargelegten Fakten, auf die an dieser Stelle verwiesen wird. Die Hauptaussagen der Synthetischen Theorie sind in Kurzform in Tabelle 3.2 zusammengefasst, wobei auch die in den Abschnitten 3.4–3.6 dargelegten Sachverhalte einbezogen sind.

Vererbungslehre und Genotyp. Die Erkenntnisse der von GREGOR MENDEL (1822–1884) begründeten Vererbungslehre (Genetik) führten, kombiniert mit der Chromosomentheorie der Vererbung, zur Etablierung von zwei Begriffen, die noch heute von Bedeutung sind. Das äußere Erscheinungsbild eines Organismus wird als dessen *Phänotyp*, die Gesamtheit der erblichen Eigenschaften als *Genotyp* bezeichnet. Das Genom (Gesamtheit der im Chromosomensatz vorhandener Gene und anderer Nucleotidsequenzen, gespeichert in der DNA der Zellen) ist Träger der vererbbaren Eigenschaften des Lebewesens und somit die materielle Basis des Genotyps. Körperproteine und andere Sekundärprodukte der Genexpression repräsentieren den Phänotyp des Organismus.

Hardy-Weinberg-Gesetz und Darwinsche fitness. Grundlage dieser der *Populationsgenetik* entstammenden Erkenntnisse bilden die Mendelschen Regeln. Zur Illustration soll eine Population von Pflanzen betrachtet werden, wobei der Fortpflanzungserfolg des Individuums durch die Blütenfarbe bestimmt wird. Die Färbung soll von nur einem Erbfaktor (ab dem Jahr 1910 als „Gen" bezeichnet) determiniert sein (Abb. 3.6). Dieses Blütenfarben-Gen kommt in zwei Varianten (*Allelen*) vor: A, welches dominant ist und rote Blüten erzeugt und a, ein rezessives Allel, das eine weiße Blütenfarbe bewirkt. In Populationen, die aus zweigeschlechtlichen (männlichen und weiblichen) Individuen bestehen, enthält jedes Lebewesen zwei Kopien eines Gens (Allels): die Organismen sind *diploid* (doppelter Chromosomensatz, 2 n), wobei nur drei Genkombinationen (Genotypen) möglich sind. Diese führen zu den folgenden zwei Erscheinungsformen (Phänotypen):

AA, Aa (rote Blüten, da A dominant ist) und aa (weiße Blüten, da a rezessiv ist).

Die Genotypen AA und aa werden als homozygote und Aa als heterozygote Form bezeichnet.

Der englische Mathematiker G.H. HARDY (1877–1947) und der deutsche Biologe W.R. WEINBERG (1862–1937) kamen 1908 unabhängig voneinander zu dem Schluss, dass in *idealen Populationen* (kein Selektionsdruck, gleicher Fortpflanzungserfolg für alle Individuen) die prozentuale Häufigkeit der Allele im *Genpool* (Genbestand der gesamten Population) im Verlauf der Generationenabfolge gleich bleibt. Die Häufigkeiten der AA- und aa-Individuen in der Population werden mit p und q bezeichnet (Allelfrequenzen in %, $p + q = 100\%$ oder gleich 1). Unter bestimmten idealen Bedingungen treten die Genotypen AA, Aa und aa (Phänotypen: rot, rot, weiß) in der nächsten Generation mit den folgenden Häufigkeiten auf:

p^2 (AA) + 2 pq (Aa) + q^2 (aa) = 100%

Ein Rechenbeispiel ist in Abbildung 3.6 vorgestellt. Ausgehend von einer idealen Modellpopulation, die aus 700 Pflanzen besteht (343 AA-, 294 Aa- und 63 aa-Genotypen) können die Allelfrequenzen der drei Genotypen berechnet werden: AA = 343/700 = 0,49, Aa = 294/700 = 0,42 und aa = 63/700 = 0,09. Man kann nun auf dieser Grundlage ausrechnen, dass die Allele A und a mit den Häufigkeiten von 70% (0,7) und 30% (0,3) in der Population vorkommen. Bei sexueller Fortpflanzung wird von beiden Elternpflanzen jeweils nur ein Allel übertragen (haploide Gameten, 1 n mit A oder a). Aus diesen Berechnungen folgt, dass in unserer idealen Po-

Tab. 3.2 Hauptaussagen der Synthetischen Theorie der biologischen Evolution unter Berücksichtigung von Tieren, Pflanzen und Bakterien.

1. Einheiten der Evolution. Nicht einzelne Individuen (Typen) evolvieren, sondern Populationen von Lebewesen ändern sich im Verlauf der Generationenabfolgen (Deszendenz mit Modifikation, verbunden mit einer Diversifizierung). Das biologische Artkonzept wurde auf Grundlage dieses abstrakten Populationsdenkens abgeleitet. Bei Organismen, die sich sexuell fortpflanzen, wie z. B. Tiere und Pflanzen, sind Spezies definiert als reproduktiv isolierte Fortpflanzungsgemeinschaften. Bakterien, die sich asexuell durch Zweiteilung vermehren, bilden keine Biospezies, sondern Ökotypen.

2. Rekombination/Mutationen als Variationengenerator. Die genotypische und phänotypische Variabilität in Tier- und Pflanzenpopulationen wird durch genetische Rekombination (Umgruppierung väterlicher und mütterlicher Chromosomenabschnitte vor der Gametenbildung) und erbliche Mutationen (Gen-Veränderungen) hervorgebracht. Bei den morphologisch einförmigen Bakterien wird die genotypische Variabilität durch Mutationen und Austausch von DNA-Segmenten verursacht (horizontaler Gentransfer).

3. Natürliche Selektion als Triebkraft. Das Darwin-Wallace-Prinzip der Naturzüchtung konnte durch zahlreiche Freilandstudien bestätigt werden. Bei sich ändernden Umweltbedingungen spielt die gerichtete (dynamische) Selektion die entscheidende Rolle, da es hierbei zur Verschiebung der Merkmalsausprägung in der Population kommt: es entstehen im Laufe der Generationen besser an die neue Umwelt adaptierte Phänotypen. Die Zielscheibe der natürlichen (und sexuellen) Selektion ist der Phänotyp. In kleinen Populationen spielt die zufallsbedingte genetische Drift (Veränderungen im Genpool) eine gewisse Rolle.

4. Mechanismen der Artbildung. Die von Darwin und Wallace postulierte Arten-Transformation entlang der Zeitachse ist heute durch Fossilien belegt. Im Tierreich spielt die geographische Trennung von Populationen als Modus der Speziation eine zentrale Rolle (allopatrische Artbildung durch Entstehung unüberwindbarer Fortpflanzungsbarrieren, so dass sich die Teilpopulationen unterschiedlich weiter entwickeln). Durch Verdriften kleiner Gründerpopulationen auf Inseln können neue Varietäten und Arten entstehen. Artbildungsprozesse ohne geographische Separation in derselben Population sind insbesondere bei Pflanzen gut belegt (sympatrische Speziation durch Bastardbildung und Polyploidisierung).

5. Gradueller Artenwandel. Die in Populationen verlaufenden evolutionären Spezies-Übergänge erfolgen in der Regel in kleinen, sukzessiven Schritten (graduell), d. h. neue Arten entwickeln sich stufenweise im Verlauf langer Zeiträume aus Vorläufervarietäten. Jede Übergangsform (in der Regel handelt es sich um Unterarten) behält hierbei ihre Adaptation an die entsprechende Umwelt bei. Große Typensprünge konnten bis heute weder fossil noch rezent eindeutig nachgewiesen werden. Bei Blütenpflanzen können durch Polyploidisierung relativ rasch sympatrisch neue Arten entstehen.

6. Evolution oberhalb des Artniveaus. Jene Prozesse, die schrittweise zur Herausbildung neuer Varietäten, Subspezies und reproduktiv isolierten Arten geführt haben (Mikroevolution) waren über die Jahrmillionen hinweg die Ursache für die Entstehung neuer Baupläne des Lebens (Gattungen, Ordnungen und Klassen von Organismen). Die Makroevolution ist in der Regel auf mikroevolutive Transformationen zurückführbar, die teilweise durch fossile Zwischenformen belegt sind (Konzept der additiven Typogenese).

pulation über die Generationen hinweg alle drei Genotypen (AA, Aa, aa) mit konstanter Häufigkeit erhalten bleiben: Die Variabilität sinkt nicht etwa ab, sondern bleibt, bedingt durch die sexuelle Reproduktion, konstant.

Das Hardy-Weinberg-Gesetz gilt, wie bereits gesagt, für eine ideale Population, in der es keine erblichen Mutationen, eine gleiche Kreuzungswahrscheinlichkeit aller Individuen (*Panmixie*) und keine Selektion gibt. In *realen Populationen* sind diese Voraussetzungen nicht erfüllt, d. h. Mutationsereignisse treten ein und die natürliche Selektion führt stetig zu einer „Bewertung" der unterschiedlichen Genotypen AA, Aa und aa. So wird z. B. bei unseren Modellpflanzen (Abb. 3.6) der Fortpflanzungserfolg (Bestäubungswahrscheinlichkeit) roter Blüten mit den Phänotypen AA und Aa größer sein als jener der homozygoten weißen Variante (aa). In der Realität kommt es somit mit der Zeit zu einer Verschiebung der Genotypen (und Phänotypen)-Häufigkeiten, d. h. es findet Evolution statt.

Als relatives Maß für den Beitrag eines Individuums zum Genbestand der nächsten Generation wurde der Begriff *Darwinsche fitness* eingeführt (Synonyme: Selektions- oder Anpassungswert). Die relative Darwinsche fitness roter (pigmentierter) Blüten ist wegen der größeren Bestäubungswahrscheinlichkeit (Anlockung von Insekten) höher als jene der weißen Variante. Über eine gesteigerte Produktion fertiler Nachkommen (keimfähige Samen) werden sich dann die Pflanzen mit roten Blüten mit der Zeit in der Population durchsetzen, mit der Folge, dass es zu einer Verschiebung der Genotyp- (bzw. Phänotyp)-Frequenzen kommt. Aus diesen Betrachtungen ergibt sich, dass der Phänotyp die „Zielscheibe der Selektion" ist und nicht etwa einzelne Gene in Fortpflanzungsgemeinschaften „herausgelesen werden". Daher sprechen wir heute auch von der *phänotypischen Evolution* (Änderungen im Erscheinungsbild der zu Populationen zusammengeschlossenen Organismen), die im Zentrum des Interesses des modernen Phylogeneseforschers steht.

Fazit: Die Darwinsche fitness eines Individuums wird über den relativen Lebenszeit-Fortpflanzungserfolg im Vergleich zu den gleichzeitig Nachkommen erzeugenden Konkurrenten derselben Population definiert. Ein Beispiel soll dies verdeutlichen. Charles Darwin hatte zehn Kinder; zwei seiner Nachkommen sind früh verstorben. Darwins relative fitness war nahezu dreimal höher als jene seines deutschen Kollegen Ernst Haeckel, der von einem Sohn und zwei Töchtern überlebt wurde (Darwin/Haeckel = 8/3 ~ 2,7).

Abschließend soll auf zwei Sachverhalte hingewiesen werden: 1. Der von H. Spencer eingeführte und von Darwin übernommene Begriff „survival of the fittest" hat einen Bedeutungswandel erfahren. Absolute fitness-Werte gibt es nicht, nur relative Größen sind quantifizierbar. 2. In Freiland-Populationen lässt sich die fitness bestimmter Individuen nur sehr schwer bestimmen, da die Reproduktionsrate von verschiedenen Faktoren (fitness-Komponenten) abhängt, wie die Überlebensfähigkeit, Anpassung an den Lebensraum und die Fertilität des betreffenden Organismus.

Ursachen der Variabilität. Die biologische *Variabilität* der Individuen einer Tier- oder Pflanzenpopulation kann entweder durch unterschiedliche Umweltbedingungen (Besiedelung verschiedener Lebensräume) hervorgerufen werden oder genetisch bedingt sein. Die umweltbedingte Variabilität wird auch als „Modifikation des Phänotyps" bezeichnet. Diese sogenannte *phänotypische Plastizität* ist insbesondere bei den fest gewachsenen Pflanzen von großer Bedeutung (z.B. Keimlingsentwicklung und Überleben in Dunkelheit bzw. im Licht). Das Phänomen wird im Zusammenhang mit der erweiterten Synthetischen Theorie nochmals angesprochen (s.u.).

Für das Evolutionsgeschehen ist ausschließlich die genetische (erbliche) Variabilität von Bedeutung. Als deren Ursachen wurden zum einen die spontan auftretenden vererbbaren (Keimbahn)-Mutationen und zum anderen die mit der sexuel-

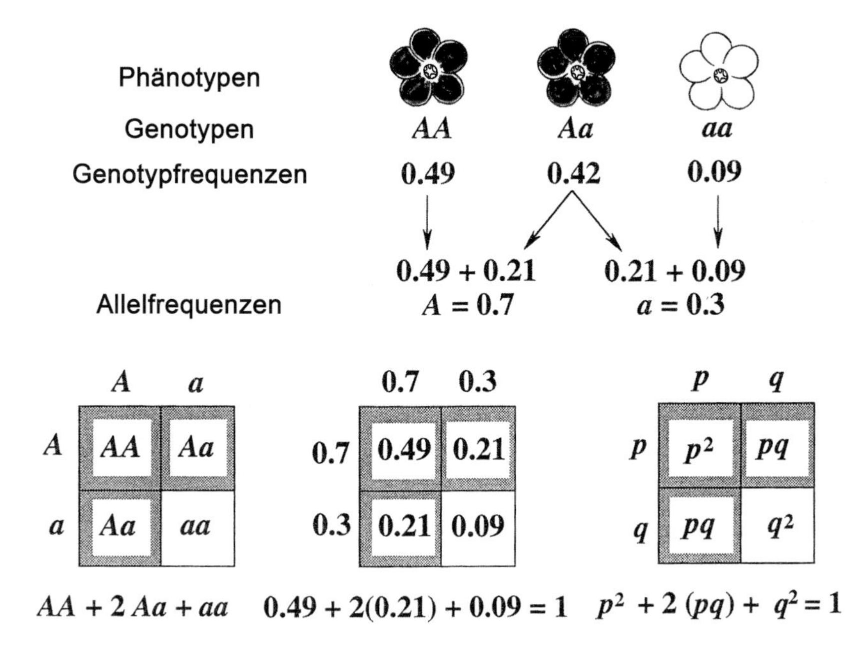

Abb. 3.6 Illustration der Begriffe Phäno- und Genotyp am Beispiel roter und weißer Blüten einer Modellpflanze und Ableitung des Hardy-Weinberg-Gesetzes. Die Blütenfarbe wird durch ein Gen, das in zwei Allelen vorkommt, determiniert (A und a). Drei Genotypen sind möglich (AA, Aa, aa), die zwei Phänotypen (Blütenfarben) hervorbringen: AA und Aa: rot, aa: weiß. Die Allelfrequenzen (A = 70 %, a = 30 %, d.h. 0,7 bzw. 0,3) der ersten Generation bleiben in einer idealen Population infolge der sexuellen Reproduktion konstant. Die Zahlenwerte sind im Text erläutert (nach Niklas, K.J.: The Evolutionary Biology of Plants. Chicago 1997).

len Fortpflanzung einhergehende Rekombination erkannt. Diese Prozesse sind in den folgenden Abschnitten dargestellt.

Gene und Mutationen. Als *Mutation* bezeichnen wir ganz allgemein eine Veränderung in der Erbsubstanz eines Lebewesens. Mutationen können in Körper- und Keimzellen desselben Organismus auftreten (nicht vererbbare somatische Mutationen, die u. a. zu Krebsgeschwüren führen können und erbliche Mutationen, die auf die Nachkommen übertragen werden). *Mutanten* sind jene Individuen einer Population, die im Vergleich zum Wildtyp eine als Mutation bezeichnete genetische Veränderung tragen. Mutationen sind biochemische Prozesse, Mutanten sind Organismen. Man unterscheidet zwischen Genom-, Chromosomen- und Gen-Mutationen.

Diese drei Klassen von Mutationen sollen kurz charakterisiert werden (Abb. 3.7 A–C).

Genom-Mutationen sind Vorgänge, die zu einer Änderung der Chromosomenzahl des Organismus führen. Wir hatten bereits in Kapitel 1 erörtert, dass bei höher organisierten Lebewesen (Eukaryoten) der Großteil der Erbinformation im Zellkern lokalisiert und auf mehrere Chromosomen verteilt ist (Chromosomen bestehen aus dem Informationsträger DNA und verschiedenen Proteinen). In den Körperzellen (Soma) der zweigeschlechtlichen Tiere, des Menschen und der höheren Pflanzen liegen die Chromosomen im Normalfall paarweise vor; wir bezeichnen diese Lebewesen als *diploide* Organismen (2 n); der Buchstabe n gibt die Chromosomenzahl an (beim Menschen ist n = 23). Das doppelte Genom (2 n) wird von den Eltern geerbt (Mutter, 1 n; Vater, 1 n; beim Menschen: 2 n = 46) (Abb. 3.3 und 3.8). Von jedem Chromosom sind zwei sich entsprechende Homologa vorhanden, d. h., jedes Gen ist zweimal vertreten und wird im Normalfall doppelt exprimiert. Die entsprechenden Gene werden als *Allele* bezeichnet (s. o.). Die Keimzellen (Gameten, d. h. Eier und Spermien) weisen aufgrund einer vorhergegangenen Reduktionsteilung (Meiose) einen einfachen Chromosomensatz auf (haploide Keimzellen, 1 n). Bei der Befruchtung und Zygotenbildung entsteht wieder ein diploider Organismus:

Eizelle (n) + Spermium (n) → Zygote (2 n)
→ Tier bzw. höhere Pflanze (2 n)

Der hier beschriebene Sachverhalt ist in den Abbildungen 3.3 und 3.8 im Zusammenhang mit der Keimbahn-Soma-Differenzierung bzw. der Meiose/Rekombination veranschaulicht.

Eine der wichtigsten *Genom-Mutationen* besteht in der Erhöhung der Chromosomenzahl *(Polyploidie)*, wobei die *Auto-Polyploidie* – eine Vervielfachung des gleichen Genoms – als einfachste Variante gilt (z. B. diploide Art, 2 n → tetraploide Art 4 n; bzw. 14 n → 28 n, Abb. 3.7 A). Bei der *Allo-Polyploidie* erfolgt zunächst eine Vermischung zweier verschiedener Genome (Bildung steriler Art- oder Gattungsbastarde) und anschließend eine Vervielfachung der Anzahl der Chromosomen. Genom-Mutationen führen somit zu Änderungen in der Größe des Genoms der Zelle.

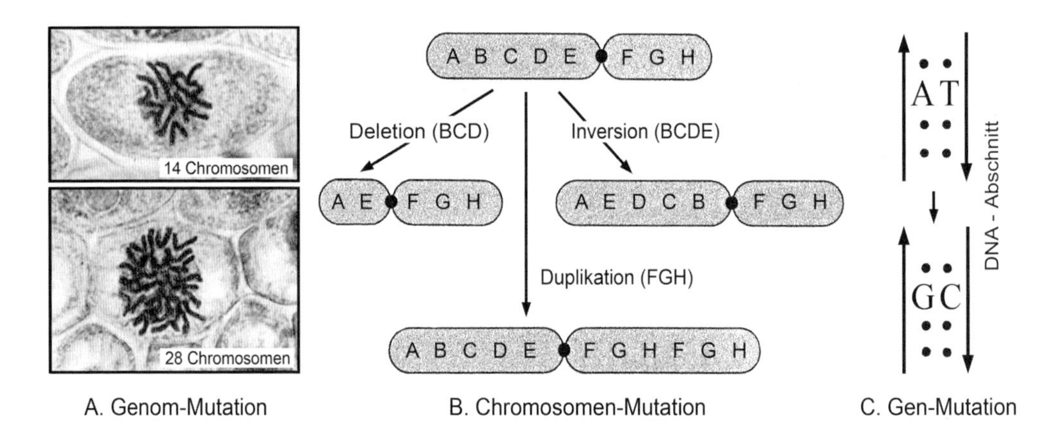

Abb. 3.7 Schematische Darstellung von Genom-, Chromosomen- und Gen-Mutationen. Zellen von Weizenpflanzen mit 14 bzw. 28 Chromosomen (*Triticum monococcum*, diploid, 2 n = 14; *T. turgidum*, tetraploid, 2 n = 28) (A). Chromosomenabschnitte (*A* bis *H*), die über Gen-Grenzen hinweggehen, können u. a. die folgenden Mutationen (Aberrationen) erfahren: Deletion, Inversion und Duplikation (Verdoppelung ganzer Chromosomenbereiche) (B). Als Beispiel für eine Gen (d. h. Punkt)-Mutation ist ein Nucleotidaustausch (Transition auf einem DNA-Abschnitt) dargestellt. • = Centromer, A = Adenin, T = Thymin, G = Guanin, C = Cytosin (Nucleinsäurebasen) (C).

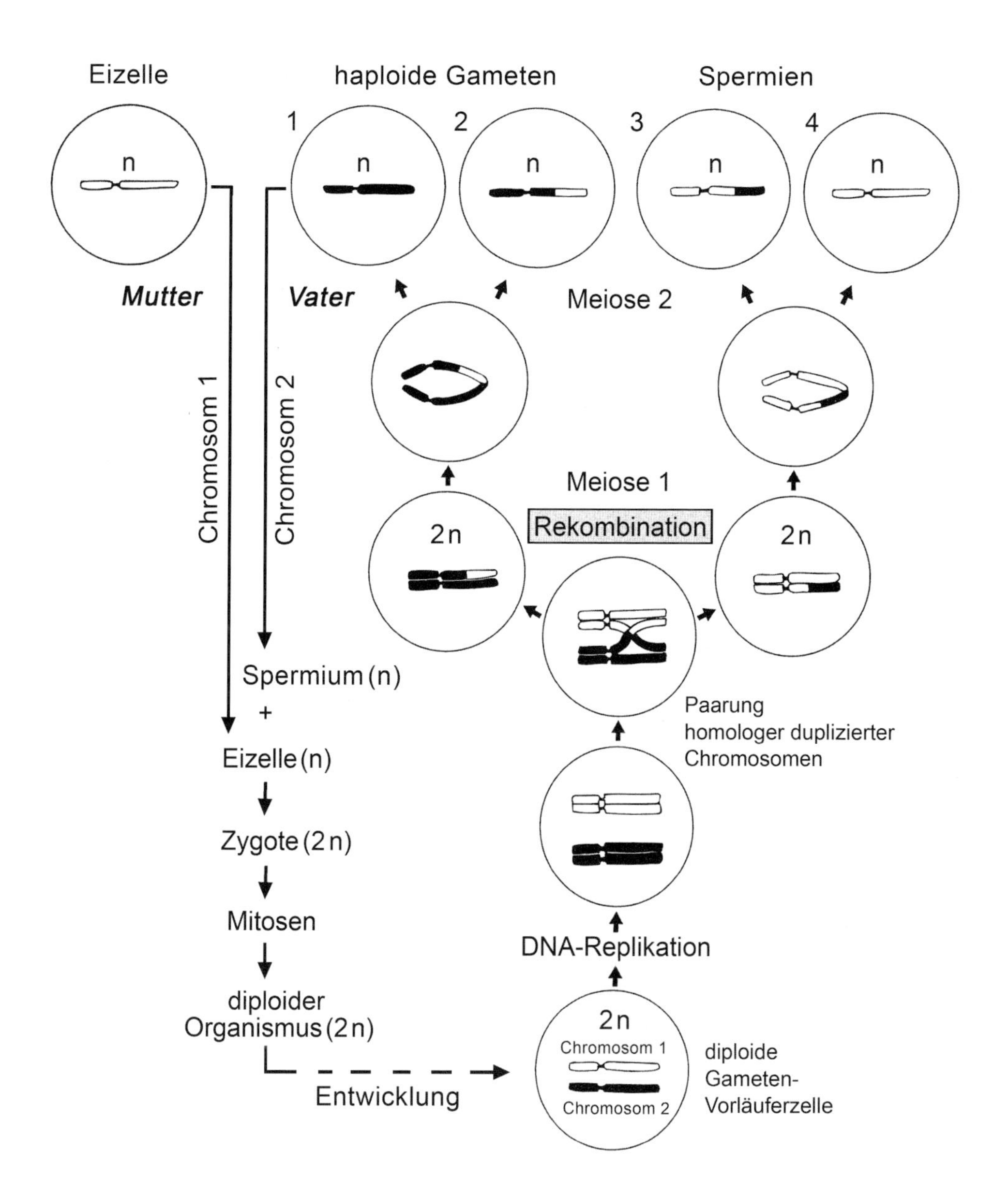

Abb. 3.8 Meiose (Reifeteilung) und Rekombination (Austausch homologer Chromosomenabschnitte) bei diploiden, sich sexuell fortpflanzenden Organismen (Tiere, Menschen, Pflanzen). Der Entwicklungszyklus beginnt mit der befruchteten Eizelle (Zygote, 2 n). Über Zellteilungen (Mitosen) entsteht ein mehrzelliger, diploider Organismus, wobei jede Tochterzelle zwei komplette Chromosomensätze erhält. Die haploiden Gameten (Spermien/Eier im männlichen/weiblichen Organismus, 1 n) entstehen durch Meiosen aus diploiden Vorläuferzellen. Im Schema ist nur ein Paar homologer Chromosomen dargestellt (1 von der Mutter, 2 vom Vater). Nach Verdoppelung (Replikation) der DNA werden zwei Zellteilungen benötigt, um die vier haploiden Gameten (1 n) hervorzubringen (Meiosen 1 und 2). Bei der Chromosomenpaarung kommt es zur Rekombination (Stückaustausch in den väterlichen und mütterlichen Homologa). Zwei der vier Gameten (Spermien), Nr. 2 und 3, enthalten rekombinierte Chromosomenabschnitte.

Bei den *Chromosomen*-Mutationen (Aberrationen) werden einzelne Bereiche innerhalb der Chromosomen in ihrer Struktur verändert. Folgende Typen sind bekannt: Verlust (Deletion), Verdrehung (Inversion), Verdoppelung (Duplikation) und Verlagerung (Translokation) von Chromosomenregionen. Genom- und Chromosomen-Mutationen können nach Anfärbung des Kernmaterials im Mikroskop identifiziert werden (Abb. 3.7 A, B).

Gen-Mutationen sind z. B. Änderungen einzelner oder mehrerer Basenpaare der DNA innerhalb eines Chromosoms bzw. Gens (Austausch des Nucleotidpaares A - T durch C - G; dieser Prozess wird auch als Punktmutation bezeichnet). In der diploiden Zelle entstehen hierdurch Allele ehemals gleicher Vorläufergene (Abb. 3.7 C). Wir unterscheiden zwischen neutralen und Protein- (bzw. RNA)-verändernden Punktmutationen. So hat z. B. eine Änderung des Nucleinsäurebasen-Triplets TTT → TTC keine Auswirkung auf das synthetisierte Protein, da TTT und TTC für die Aminosäure Phenylalanin stehen. Eine Mutation des Triplets GGT → GTT führt jedoch zum Austausch der Aminosäure Glycin (Wildform) in Valin (Mutante), d. h. es wird im mutierten Organismus ein anderes Genprodukt (Protein) gebildet.

Der Begriff „Gen" wurde ursprünglich (d. h. 1910) als Synonym für einen „Mendelschen Erbfaktor" geprägt. In Kapitel 1 wurde der moderne Gen-Begriff eingeführt. Da wir dort als „Gen" einen Abschnitt auf der DNA definiert hatten, der für die Synthese eines spezifischen Proteins (bzw. einer RNA) verantwortlich ist, beruhen Gen-Mutationen letztlich auf einer Modifikation der Basensequenz der DNA innerhalb der Kerne (und Mitochondrien bzw. Plastiden) der Körper- und Keimzellen des Organismus, wobei es zu qualitativen Änderungen im Genom (und Proteom) bzw. der RNA kommt. Es sind zahlreiche molekulare Mechanismen spontan (d. h. ohne Einwirkung von außen) auftretender Gen-Mutationen bekannt, die hier nicht näher beschrieben werden können.

Die *Mutationshäufigkeit* innerhalb einer Population von Individuen ist variabel und kann durch Umweltfaktoren (z. B. UV-Strahlung) erhöht werden. Nicht alle Genotyp-modifizierenden Mutationen führen zu einer Änderung im Phänotyp (Erscheinungsbild) des Lebewesens: es gibt auch neutrale Modifikationen der Erbsubstanz, die keine Auswirkungen auf die fitness des Organismus haben (s. Beispiel oben). Spontane Mutationen sind ein universelles, relativ häufig auftretendes Phänomen, das bei allen lebenden Organismen beobachtet wurde. Die Erbsubstanz (DNA) der Körper- und Keimzellen ist nicht statisch, sondern unterliegt ständig unvorhersehbaren (spontanen) Abänderungen (d. h. Mutationen), die ganz „natürlich" sind und als Grundeigenschaft des Lebens bezeichnet werden können. Viele gut untersuchte Mutationen führen zum Funktionsausfall bestimmter Gene, wodurch Krankheiten oder gar der Tod verursacht werden. Neben diesen Erbgutänderungen mit negativem Effekt gibt es jedoch auch stetig erbliche Mutationen, die dem betreffenden Organismus einen umweltabhängigen Selektionsvorteil bringen und die Evolution vorantreiben.

Rekombination. Für die ständige Schaffung genetischer Variabilität wurde die bei allen zweigeschlechtlichen Lebewesen im Zuge der sexuellen Fortpflanzung auftretende *genetische Rekombination* erkannt. Bei der Bildung der weiblichen und männlichen Keimzellen (Eier bzw. Spermien, 1 n) aus diploiden Gameten-Vorläuferzellen (2 n) kommt es zur Durchmischung der mütterlichen und väterlichen Erbanlagen. Dieser Austausch bestimmter Bereiche innerhalb sich entsprechender (homologer) Chromosomen wird als Rekombination bezeichnet (Abb. 3.8). Sie führt dazu, dass 1. sich die Gameten (1 n) genetisch voneinander unterscheiden und 2. die befruchteten Eizellen (Zygoten, 2 n) innerhalb der Population, aus der die nächste Generation emporwächst, in hohem Maße variabel sind. Die Nachkommen sind aufgrund der zufälligen Kreuzungen der Individuen und der Rekombination eine *heterogene Gruppe* unterschiedlicher Geno- und Phänotypen. Kurz formuliert: Bei sexueller Fortpflanzung gleicht kein Nachkomme exakt dem anderen (Ausnahme: eineiige Zwillinge, die jedoch aufgrund der phänotypischen Plastizität gewisse umweltbedingte Unterschiede zeigen).

Das Ausmaß an genetischer Variabilität in sich zweigeschlechtlich (sexuell) vermehrenden Populationen ist unvorstellbar groß. Die folgende Modellrechnung soll dies verdeutlichen. Ein Elternteil (Männchen oder Weibchen) mit N Genen und zwei Allelen kann 2^N genetisch unterschiedliche Spermien oder Eizellen produzieren. Da die sexuelle Reproduktion über zwei Elternteile verläuft, kann jedes Paar einen Nachkommen mit einem von 4^N verschiedenen Genotypen hervorbringen. Nehmen wir einmal an, jeder elterliche Genotyp habe nur 150 Gene mit jeweils 2 Allelen, so kann jedes Elternpaar 10^{45} genetisch unterschiedliche Spermien bzw. Eizellen produzieren. Daraus folgt, dass ein einziges Paar in der Lage ist, 10^{90} genetisch verschiedene Nachkommen zu erzeugen. Da typische Vielzeller (Fliegen, Menschen, Pflanzen) über etwa 15 000 bis 30 000 Gene verfügen, führt die zweigeschlechtliche Fortpflan-

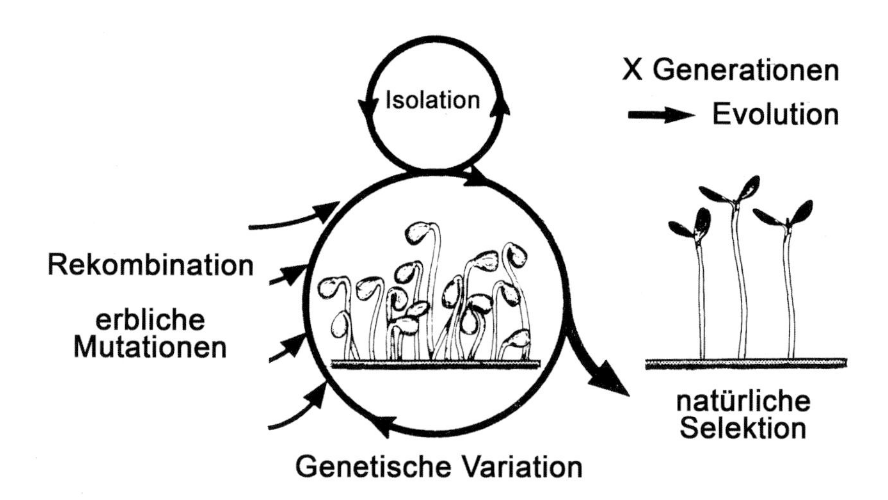

Abb. 3.9 Schematische Darstellung der zentralen Aussagen der Synthetischen Evolutionstheorie. Zufällige genetische Rekombinationen und erbliche Mutationen liefern das Rohmaterial (variable Population von Phänotypen, z.B. wildwachsende Sonnenblumenkeimlinge), während die natürliche Selektion die Richtung der Populationsentwicklung vorgibt. Weiterhin spielt die geographische Isolation kleiner Gruppen von Individuen eine Rolle. Im Verlauf zahlreicher (x) Generationen kommt es zur Aufspaltung bzw. dem Wandel der Arten (Evolution).

zung zu einer unermesslich hohen genetischen Variabilität innerhalb der Population (Abb. 3.8).

Grundmodell zu den Antriebskräften der Evolution. Die wesentliche Inhalte der Synthetischen Theorie der biologischen (d. h. organismischen) Evolution sind in Abbildung 3.9 veranschaulicht und können wie folgt zusammengefasst werden. Als wesentliche Ursachen der Variabilität innerhalb der Tier- und Pflanzenpopulationen wurden, wie oben im Detail dargelegt, die genetische Rekombination (Neugruppierung der väterlichen und mütterlichen Erbanlagen vor der Bildung der Keimzellen für die nächste Generation) sowie erbliche Mutationen (Änderungen in der Erbinformation) erkannt (bei Tieren erfolgt der Transfer über die Keimbahn, bei Pflanzen über die durch Soma-Differenzierung und Meiose erzeugten Gameten).

Dieses „Rohmaterial" der Evolution, d. h. die genetisch heterogene Mischpopulation zahlreicher fortpflanzungsfähiger Individuen, unterliegt nun zum einen der *Selektion* und zum anderen potentiell einer geographischen *Isolation*. Während die Erzeugung genetischer Vielfalt ungerichtet oder chaotisch erfolgt, ist die natürliche Selektion (bzw. die räumliche Isolation einiger Individuen) die richtungsweisende „treibende Kraft" der Evolution. Als *Selektionsfaktoren* wirken im Wesentlichen die Lebensbedingungen der Organismen, wie z. B. Nahrungsangebote, verfügbare Brutplätze, Parasiten und pathogene Mikroben, Konkurrenz durch Artgenossen bzw. artfremde Lebewesen (Raubfeind-Druck, Abb. 3.1 A), Umwelteinflüsse wie Windgeschwindigkeit oder die Temperatur, Klimaänderungen, Naturkatastrophen wie Vulkanausbrüche, Orkane oder Meteoriteneinschläge (Klingsolver und Pfennig, 2007).

Ein aktuelles Schema, dass die Rolle der natürlichen Selektion in Freiland-Populationen veranschaulicht, ist in Abbildung 3.10 A dargestellt. Wir unterscheiden zwei grundlegende Typen der Selektion: stabilisierende und gerichtete (dynamische) Selektion, die unter konstanten bzw. sich ändernden Umweltbedingungen wirksam sind. Nur die zuletzt genannte dynamische Selektion ist für die phänotypische Evolution von Bedeutung (Abb. 3.10 B), da es hierbei zu einer Adaptation der Population an neue Umweltverhältnisse kommt (Verschiebung der Merkmalsausbildung von Phänotyp 1 zu Phänotyp 2). Als dritte Variante sei die disruptive Selektion genannt, die zu einer Untergliederung von Fortpflanzungsgemeinschaften in phänotypisch unterschiedliche Sub-Populationen führen kann. Dieses Phänomen soll hier nicht näher diskutiert werden.

Durch geographische Isolation einiger hundert Individuen von der Ausgangspopulation (z. B. Verdriften von Samen oder Insekten auf abgelegene Inseln) können andere Umwelt- und somit Selektionsbedingungen geschaffen werden. Die geographisch separierten Individuen entwickeln sich somit im Verlauf vieler Generationen möglicherweise auf andere Art und Weise weiter als die Ursprungspopulation, von der sie abstammen. Wie Abbildung 3.9 veranschaulicht, führen die Prozesse 1 und 2 im Verlauf sehr langer Zeiträume (x Generationen) zu einer Evolution.

Von manchen Populationsgenetikern wird neben der dynamischen natürlichen Selektion als weiterer richtunggebender Faktor im Evolutionsgeschehen eine zufällige Anhäufung (bzw. der Verlust) von Mutationen (bzw. Allelen) innerhalb der Population angenommen. Die Bedeutung dieser zufallsbedingten *genetischen Drift* innerhalb natürlicher (meist sehr kleiner) Fortpflanzungsgemeinschaften wird derzeit noch kontrovers diskutiert und soll daher nicht weiter erörtert werden.

3.4 Mikro- und Makroevolution

In den Schriften der Urväter der Deszendenztheorie (Darwin, Wallace, Haeckel und Weismann) wird in erster Linie die Entstehung neuer Varietäten und Arten aus Vorläuferformen diskutiert. Diese Vorgänge werden heute als *Mikroevolution* bezeichnet. Über welche Mechanismen verlief die Evolution oberhalb der Artgrenze? Dieses Problem, d.h. die Frage nach der Entstehung neuer Organisationstypen (*Makroevolution*), wurde erst im Zuge der evolutionären Synthese in vollem Umfang erkannt und bearbeitet.

Die Synthetische Evolutionstheorie beinhaltet die Teilaussage, dass sowohl die Mikro- als auch die Makroevolution, d.h. die Entstehung neuer Arten und das Zustandekommen neuer „Baupläne des Lebens", auf denselben hier beschriebenen Mechanismus zurückführbar sind (Abb. 3.11, Tab. 3.1, 3.2). Dieser wichtige Grundsatz soll anhand von zwei Beispielen erläutert werden (Evolution der Wirbeltiere und der Landpflanzen).

Die Aufspaltung einer Fischspezies in zwei abgeleitete Arten ist ein Prozess, den wir als Mikroevolution bezeichnen (Abb. 3.11). Die verschiedenen Fischarten (z.B. Buntbarsche, Cichliden) sind im Prinzip durch denselben Bauplan gekennzeichnet und besiedeln alle das Wasser. Allerdings unterscheiden sich die Spezies durch zahlreiche morphologische Details, wie z.B. Größe und An-

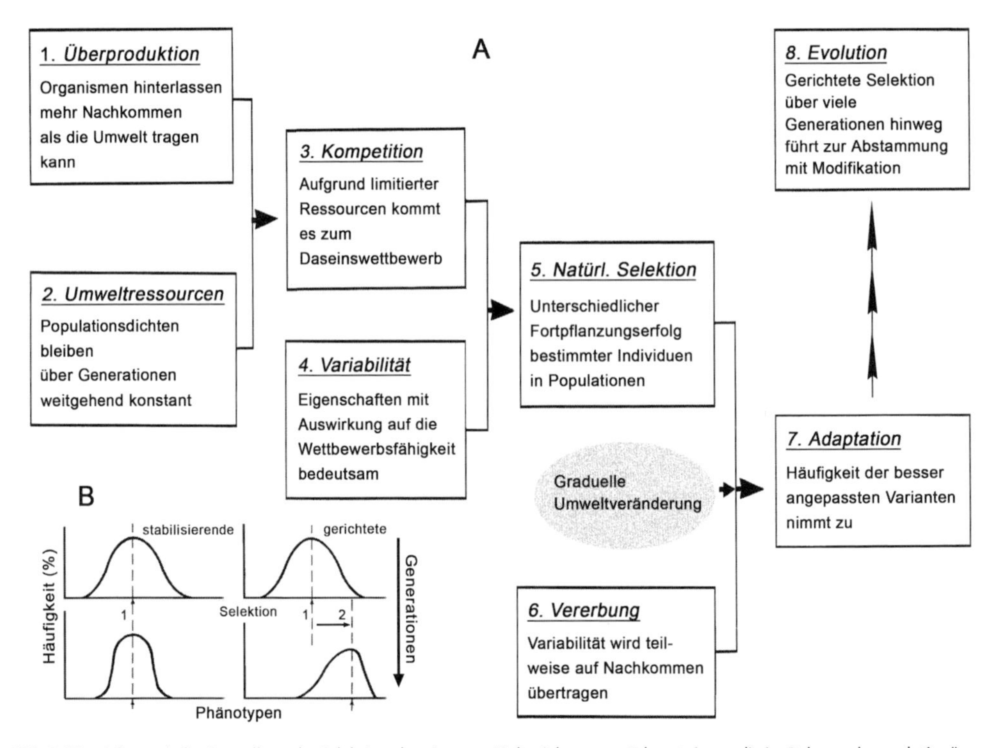

Abb. 3.10 Schematische Darstellung der Selektionstheorie unter Einbeziehung von Erkenntnissen, die im Rahmen der evolutionären Synthese erarbeitet wurden (Flussdiagram) (A). Veranschaulichung natürlicher Ausleseprozesse: Die stabilisierende Selektion (konstante Umwelt) bewirkt eine Elimination extremer Varianten, während die gerichtete (dynamische) Selektion zu neuen Phänotypen führen kann (Ursache: langsame Umweltänderungen) (B) (nach Kutschera, U.: Theory Biosci. 122, 343–359, 2003).

ordnung der Flossen, Pigmentierung der Schuppen usw. Sie ernähren sich auf unterschiedliche Art und Weise (sind z.B. Raub- oder Friedfische) und besetzen im Gewässer verschiedene Lebensräume (ökologische Nischen).

Der Übergang vom wasserbewohnenden Fisch zum landbewohnenden (feuchtigkeitsabhängigen) Amphibium, die Weiterentwicklung einiger Amphibien zu austrocknungsresistenten Reptilien und deren phylogenetische Umwandlung in Vögel bzw. Säugetiere sind Beispiele für die Makroevolution. Es entstehen nicht nur ähnlich gebaute neue Arten, sondern darüber hinaus neue Gattungen, Familien und Klassen von Wirbeltieren. Diese Stammesentwicklung oberhalb des Artniveaus *(transspezifische Evolution)* führte somit letztlich zu ganz neuen Bauplänen von Organismen: Aus Flossen wurden Beine, aus Vorderextremitäten entstanden Flügel, aus Wärmeisolatoren (Hautauswüchsen) wurden Federn.

Als zweites Beispiel zur Veranschaulichung der Mikro- und Makroevolution wollen wir die Besiedelung des Landes durch Pflanzen ansprechen (s. Abb. 1.1, S. 11). Als Vorläufer der heutigen Landpflanzen konnten wasserbewohnende Grünalgen identifiziert werden. Die Entstehung verschiedener, ähnlich gebauter Grünalgenspezies aus einfachen Stammformen ist ein als Mikroevolution bezeichneter Vorgang (Ausnahmen s. Kap. 6). Aus aquatischen Grünalgen sind im Laufe der Evolution feuchtigkeitsabhängige Moose hervorgegangen, die wiederum die Vorläufer der Farnpflanzen waren. Als derzeitige Endstufe dieser Reihe gelten die Samenpflanzen, die aufgrund effizienter Wasserleitsysteme, austrocknungsresistenter Sporen und Samen und anderer Merkmale optimal an das Leben fern vom Wasser angepasst sind. Solche Übergänge waren mit der Entwicklung ganz neuer Pflanzenbaupläne verbunden und werden daher als Makroevolution bezeichnet.

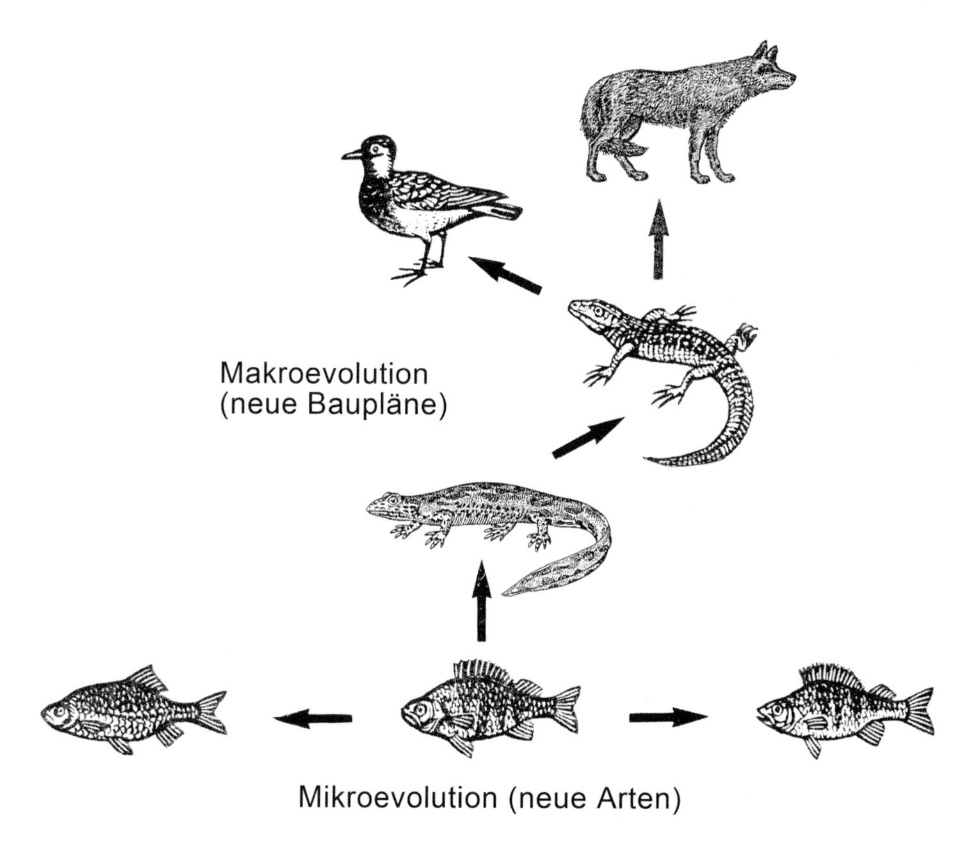

Abb. 3.11 Veranschaulichung der Prozesse Mikro- und Makroevolution am Beispiel der Wirbeltiere (Fische, Amphibien, Reptilien, Vögel, Säuger). Die aufsteigende Linie (neue Baupläne) verlief über ausgestorbene Zwischenformen, die den abgebildeten rezenten Arten ähnlich waren.

Zahlreiche Fakten belegen, dass Makroevolution in der Regel durch hintereinandergeschaltete Mikroevolutionsprozesse zustande kommt. Infolge einer *additiven Typogenese* entstanden über zahlreiche mikroevolutive Schritte aus weniger komplex gebauten Ur-Lebewesen die heutigen, in „Bauplantypen" einteilbaren Organismen. Der auf erblichen Mutationen, Rekombination und natürlicher Selektion basierende Evolutionsmechanismus (Abb. 3.7 bis 3.10) erklärt nicht nur die Entstehung neuer Arten, sondern auch die Entwicklung neuer Organisationsstufen des Lebens. Dies ist eine zentrale Aussage der Synthetischen Theorie, welche u. a. durch dokumentierte Bauplan-Zwischenformen unterstützt wird (SIMONS, 2002). Wir werden in den Kapiteln 4, 6, 8 und 9 auf das Thema Makroevolution zurückkommen.

3.5 Artdefinitionen: Morphospezies, Biospezies und Ökotypen

Das Ziel der hier diskutierten kausalen Evolutionsforschung ist es, die der Artenentstehung zugrundeliegenden Mechanismen zu entschlüsseln, Stammbäume zu entwerfen und letztlich den (bzw. die) ersten gemeinsamen Vorfahren aller Lebewesen der Erde möglichst exakt zu rekonstruieren. Der Begriff *Art (= Spezies)* steht in der Evolutionsbiologie seit den klassischen Büchern Darwins im Zentrum des Interesses (Titel: *Origin of Species*). Nach einer im Jahr 1995 erschienenen Studie (*Global Biodiversity Assessment*) wurden bisher weltweit etwa 1,75 Millionen rezente Arten beschrieben (darunter 4000 Bakterien-, 72000 Pilz-, 40000 Algen-, 270000 Gefäßpflanzen-, 45000 Wirbeltier- und 950000 Insekten-Arten). Man schätzt, dass noch 10–12 Millionen Arten unentdeckt und somit nicht beschrieben sind; dies gilt insbesondere für die Gruppen der kleinen, „niederen" Lebewesen wie Bakterien, Algen und Insekten. Wie ist in der Biologie die „Art" definiert?

Morphospezies. Der große Naturforscher CARL VON LINNÉ (1707–1778) gilt als der Begründer der binären Nomenklatur und somit der modernen Systematik (Taxonomie). In Analogie zum Familien- und Vornamen des Europäers kennzeichnete er jede Spezies durch einen Gattungs- und einen Artnamen (z. B. Mensch: *Homo sapiens* Linnaeus 1758). Der Artbegriff war aus der landwirtschaftlichen Praxis des 18. Jahrhunderts entlehnt: Arten sind Gruppen von Tieren oder Pflanzen, die ähnlich sind und sich von anderen Gruppen durch morphologische Merkmale unterscheiden. So sind z. B. auf einer Wiese die Gruppen der Löwenzahn (*Taraxacum officinale*)- und Gänseblümchen (*Bellis perennis*)-Pflanzen eindeutig als separate Arten auseinanderzuhalten. Eine exakte Artdefinition ist in Linnés Schriften nicht zu finden. Sein Ausspruch: „Es gibt so viele Arten, wie das unendliche Sein am Anfang geschaffen hat" enthält keine befriedigende Begriffsbestimmung. Allerdings hat der Begründer der binären Nomenklatur bereits den Arten die Varietäten untergeordnet, die er als „Lebewesen, die durch äußere Einflüsse wie Sonne, Wärme oder Klima abgeändert sind" bezeichnete. Aus diesen Beschreibungen der Tier- und Pflanzenwelt leitete sich der im 19. Jahrhundert gebräuchliche *morphologische Artbegriff* ab: „Arten sind Gruppen von Organismen, die sich bezüglich morphologischer Merkmale eindeutig von anderen Gruppen unterscheiden lassen". So sind z. B. die in Abbildung 3.11 dargestellten drei Fische gemäß dieser Definition separate Arten, die von einem Wirbeltiersystematiker mit drei verschiedenen Artnamen versehen wurden (*Morphospezies*).

Biospezies. In Darwins Schriften zur Deszendenzlehre ist keine exakte Artdefinition zu finden. Spezies werden willkürlich als „Gruppen von Individuen, die einander ähnlich sind und fließend in den Bereich der Varietäten übergehen" bezeichnet (DARWIN, 1859, 1872). Einer der Mitbegründer der Synthetischen Evolutionstheorie, der Zoologe ERNST MAYR (Abb. 3.4), formulierte 1942 in Anlehnung an das Vorläufer-Konzept von T. DOBZHANSKY (1937) eine neue Artdefinition, die den Erkenntnissen der Biologie des 20. Jahrhunderts gerecht wurde. Er begründete das biologische Artkonzept, indem er Fortpflanzungsgemeinschaften (Populationen von Individuen) in der freien Natur beobachtete und seiner Terminologie zugrunde legte. Nach MAYR (1942, 1988) ist der *biologische Artbegriff* wie folgt definiert: „Arten sind Gruppen von Individuen (Populationen), die fähig sind, fortpflanzungsfähige Nachkommen zu erzeugen und die von anderen Fortpflanzungsgemeinschaften reproduktiv isoliert sind". Im Gegensatz zu den so definierten *Biospezies* sind geographische Varietäten (Rassen bzw. Unterarten) einer Tier- oder Pflanzenart kreuzbar; es kommt zu klar erkennbaren Bastardierungszonen (Rasse 1/Rasse 2), wobei die Nachkommen wieder fortpflanzungsfähig sind.

Die biologische Artdefinition unterscheidet sich von der morphologischen in entscheidenden Punkten. Man betrachtet nicht einzelne Individuen, sondern Populationen lebender Organismen. Totes, präpariertes Tier- oder Pflanzenmaterial ist für eine derartige Klassifizierung unbrauchbar, d. h., morphologische Unterschiede sind bei der Abgrenzung der biologischen Arten von untergeordneter Relevanz. Für den Paläobiologen, der sich mit Fossilien beschäftigt, ist der biologische Artbegriff ohne Bedeutung, da Kreuzungsexperimente nicht möglich sind.

Betrachten wir nochmals die in Abbildung 3.11 dargestellten Fische. Gemäß der biologischen Artdefinition liegen dann separate Biospezies vor, wenn Mischpopulationen der drei Fischgruppen untereinander fertile, zwischeneinander jedoch keine oder nur sterile Nachkommen erzeugen. Nur bei *reproduktiver Isolation* spricht der Evolutionsbiologe von „echten" Arten. Die Mitglieder einer Biospezies bilden somit eine dynamische Fortpflanzungsgemeinschaft, innerhalb derer es aufgrund der sexuellen Reproduktion ständig zum Genaustausch kommt. Man bezeichnet derartige Populationen als die „Einheiten der Evolution" (Tab. 3.2). So konnte z. B. erst 2004 gezeigt werden, dass die in Abbildung 3.12 A dargestellten Blutegel-Varietäten, die sich morphologisch voneinander unterscheiden, echte Arten (Biospezies) sind. In Aquarienkulturen konnte keine Kreuzung zwischen *Hirudo medicinalis* Linnaeus 1758 und der Jahrzehnte später beschriebenen Schwesterart *Hirudo verbana* Carena 1820 beobachtet werden. Es handelt sich somit um reproduktiv isolierte, morphologisch unterscheidbare Populationen (Arten), die in Mitteleuropa verschiedene Regionen besiedeln (saubere, an Amphibien reiche Gewässer; beide Spezies sind vom Aussterben bedroht) (KUTSCHERA, 2006a, 2007c).

Wir haben zwei verschiedene Definitionen des Artbegriffs kennen gelernt, die sich in ihrer Bedeutung grundlegend unterscheiden. Ein Paläobiologe, der ausgestorbene Organismen studiert, wird seine fossil erhaltenen Urlebewesen nach dem morphologischen Artbegriff klassifizieren; ein experimentell arbeitender Evolutionsforscher (bzw. Populationsbiologe) wird seine lebenden Studienobjekte gemäß dem biologischen Artkonzept definieren. In der Praxis wird allerdings ein *Morpho-Biospezies-Konzept* angewandt, d. h. die meisten neu beschriebenen rezenten Arten werden morphologisch und biologisch gekennzeichnet. Da die Evolution stetig voranschreitet, weil auch heute noch in der Natur stetig neue Arten entstehen, studiert der Evolutionsbiologe keine starren Organismengruppen, sondern dynamische, sich entwickelnde Systeme. Neben den hier vorgestellten beiden Artdefinitionen wurden noch weitere geprägt, die nicht diskutiert werden sollen.

Da sich die morphologisch ähnlichen Bakterien in der Regel durch Zweiteilung (vegetativ) fortpflanzen, kann die Biospezies-Definition auf diese Mikroorganismen nicht angewandt werden. Man spricht daher von bakteriellen *Ökotypen* (= mikrobielle Arten), die über ihre ökologische Nische und molekulare Daten (bestimmte DNA-Sequenzen) definiert werden (Abb. 3.12 B).

3.6 Artbildung (Speziation)

Über welche Separationsprozesse entstehen aus einer Ursprungsart neue Spezies? Diese wichtige Frage nach den Mechanismen der *Speziation (Artbildung)* ist teilweise noch Gegenstand der Forschung und wurde von DARWIN (1859, 1872) nur

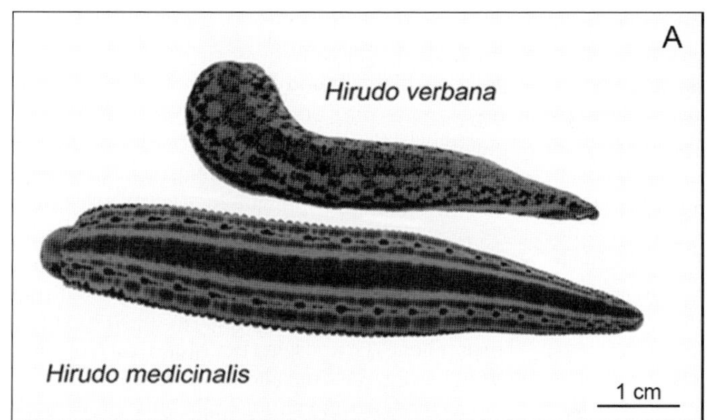

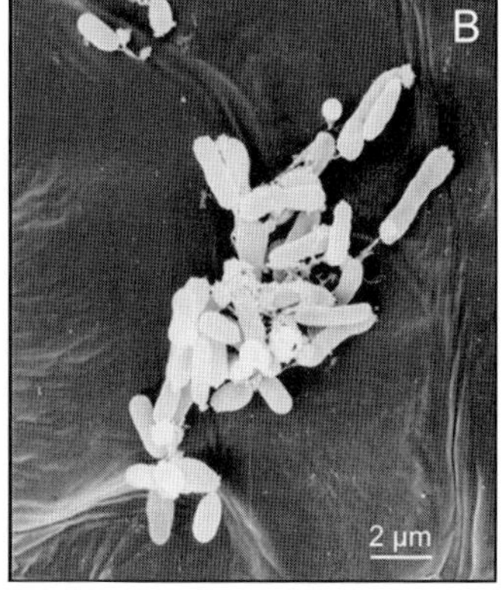

Abb. 3.12 Artkonzepte in der Biologie am Beispiel zweier Blutegel und epiphytischer Bakterien. Die Egelarten *Hirudo medicinalis* und *Hirudo verbana* unterscheiden sich aufgrund äußerer Merkmale voneinander (Morphospezies) und bilden reproduktiv isolierte Populationen (Biospezies) (A). Bei Bakterien (*Methylobacterium mesophilicum*), die in diesem Bild eine Blattfläche besiedeln, sprechen wir von Ökotypen, da sich diese morphologisch uniformen Mikroben durch Zweiteilung (ungeschlechtlich) fortpflanzen (nach KUTSCHERA, U.: Lauterbornia 52, 171–175, 2004).

unzureichend geklärt. Voraussetzung für die Entstehung neuer Arten ist die reproduktive Isolierung von der Vorläuferform, d. h. die Ausbildung einer *Fortpflanzungsbarriere*. Diese Schranken können entweder vor oder nach der Zygotenbildung aufgebaut werden (prä- bzw. postzygotische Isolation). Im Prinzip können wir neben der Darwinschen *Arten-Transformation* drei Typen der Speziation unterscheiden: Isolation von Gründerpopulationen (1), allopatrische Speziation (2) und sympatrische Artbildung (3).

Durch *geographische Isolation* (1) einer kleinen Gruppe von Individuen (Gründerpopulation), z. B. das Verdriften von Vögeln auf eine abgelegene Insel, können im Verlauf der Zeit neue Arten entstehen. Als gut untersuchtes Beispiel gelten die Darwin-Finken der Galapagos-Inseln (s. Abb. 2.5, S. 29). Diese adaptive Radiation wurde über Jahrzehnte hinweg untersucht mit dem Resultat, dass wir in diesem Fall von einer ökologischen Speziation ausgehen. In Anpassung an unterschiedliche unbesetzte Lebensräume (ökologische Nischen) haben diese von einer importierten Ur-Population abstammenden Finkenvögel unterschiedliche Schnabelformen und Körpergestalten entwickelt. Im Verlauf der Generationen sind auf den Inseln aus Varietäten (Sub-Spezies) reproduktiv isolierte „echte" Vogelarten entstanden.

Entsteht innerhalb einer Population (Biospezies) eine geographische Kreuzungsbarriere (z. B. Gebirge, Fluss; Zerteilung eines Sees), so dass die beiden Sub-Populationen dann keine gemeinsamen Nachkommen mehr erzeugen können und sich unterschiedlich weiterentwickeln, sprechen wir von einer *allopatrischen Speziation* (2). Diese von ERNST MAYR (1942) erstmals im Detail beschriebene Form der Artbildung durch geographische Separation scheint im Tierreich der häufigste Modus der Artenentstehung zu sein. So konnte MAYR (1942) z. B. auf den Salomon-Inseln verschiedene Sub-Spezies des goldenen Fliegenschnäppers (*Pachycephala pectoralis*) nachweisen, die von einer Urform abstammen und sich nach geographischer Isolation, die verschiedene Umweltbedingungen mit sich brachte, unterschiedlich entwickelt haben. Da die Entstehung morphologisch differierender Unterarten als erster Schritt hin zur Artbildung (Speziation) gilt, zeigen diese klassischen Untersuchungen modellhaft, wie allopatrische Speziation in der Natur eingeleitet werden kann (Abb. 3.13 A).

Neben diesen beiden räumlichen Isolations- bzw. Separationsmechanismen wird seit vielen Jahren das Konzept der *sympatrischen Speziation* (3) diskutiert. Diese Form der Artbildung ohne geographische Isolation der gebildeten *nova species* wurde bereits von DARWIN (1859) postuliert. Untersuchungen tropischer Gewässer, in denen zahlreiche nahe verwandte Fischspezies koexistieren (z. B. Buntbarsche, Cichliden), haben den Beweis erbracht, dass unter natürlichen Umweltbedingungen sympatrische Artbildungsprozesse auftreten können. Im selben Lebensraum „zerfällt" eine Tierspezies (Fortpflanzungsgemeinschaft) in reproduktiv isolierte neue Arten.

Die Frage nach den zugrundeliegenden Isolationsmechanismen (Entstehung von Fortpflanzungsbarrieren) konnte bisher nicht eindeutig geklärt werden. Bei Blütenpflanzen können durch Hybridisierung (Art-Kreuzung) und nachgeschalteter Polyploidisierung sympatrisch (d. h. auf derselben Rasenfläche) neue Arten entstehen (Abb. 3.13 B) (s. Kap. 9).

3.7 Erweiterung der Synthetischen Theorie: Evolution als Merkmal des Lebens

Die hier vorgestellte Synthetische Theorie der biologischen Evolution (Tab. 3.1 und 3.2) wurde in einer Zeit formuliert, als der Nachweis, dass die DNA Träger der Erbinformation ist, noch nicht erbracht war. Nachdem JAMES D. WATSON (geb. 1928) und FRANCIS H. CRICK (1916–2004) im Jahr 1953 die Struktur der Desoxyribonucleinsäure (DNA) aufgeklärt hatten, setzte eine ganz neue Ära der Biowissenschaften ein, die von manchen Autoren als das „Zeitalter der Molekularbiologie" bezeichnet wird. Sind die Erkenntnisse, die aus der evolutionären Synthese hervorgegangen sind, mit den Grundsätzen der Molekularbiologie vereinbar, oder gibt es Widersprüche?

Molekularbiologie und Evolution. Es ist heute erwiesen, dass die vor 1950 in ihren Grundsätzen formulierte Synthetische Theorie durch die Erkenntnisse der Molekularbiologie nicht nur bestätigt, sondern darüber hinaus auch erweitert wurde. Die gelegentlich geäußerte Ansicht, das Selektionsprinzip von Darwin und Wallace sei durch die Resultate der modernen Genetik widerlegt, ist nicht korrekt. Betrachten wir z. B. die in Kapitel 1 besprochene „Grundregel der Molekularbiologie". Diese besagt, dass bei allen Lebewesen der „Bauplan des Individuums" in der DNA, die im Wesentlichen in den Zellkernen gespeichert wird, verschlüsselt ist. Diese genetische Information (das Erbgut) kann nur in einer Richtung auf die Proteine ins Cytoplasma übertragen werden, wobei die RNA als Überträger fungiert:

DNA (Informationsspeicher) → RNA → Protein (Cytoplasma)

Ein Informationstransfer vom Körper(Zell)-Protein zurück zur DNA ist nicht möglich. Die Synthetische Theorie postuliert einen „Variationengenerator", der durch Rekombination und erbliche Mutationen das „Rohmaterial" für die Evolution liefert: eine heterogene Population von Organismen. Die natürliche (dynamische) Selektion ist der zweite, richtunggebende Prozess der Stammesentwicklung, insbesondere bei Änderung der Umweltverhältnisse im Verlauf langer Zeiträume (Abb. 3.9, 3.10). Dieses Evolutionsmodell wird durch die Grundregel der Molekularbiologie untermauert (DNA → RNA → Protein). Änderungen in der Struktur der Körper-Proteine (Soma) haben keinen Effekt auf das Erbgut der Keimbahn (DNA-Sequenzen), d. h., eine Vererbung erworbener Körper-Eigenschaften (Protein → RNA → DNA) wurde niemals nachgewiesen. Die DNA ist die Struktur, welche über Rekombinationsvorgänge und Mutationen stetig modifiziert wird und somit über variable Genotypen die heterogene Population (Gruppe verschiedener Phänotypen) hervorbringt, die der Selektion unterliegen. Weiterhin wird das Prinzip der gemeinsamen Abstammung und der hiermit verbundenen Verwandtschaft aller Lebewesen der Erde durch die Erkenntnisse der Biochemie und Molekularbiologie unterstützt. Die in Kapitel 1 zusammengestellten „universellen Lebensgesetze" sind die Grundlage der durch die Erkenntnisse der Molekularbiologie erweiterten Synthetischen Theorie.

In Kapitel 1 wurde die Zelle als „Baustein des Lebens" bzw. als der „Elementarorganismus" beschrieben. Jeder mehrzellige Organismus, auch der Körper des Menschen, ist einmal aus einer einzigen Zelle (Zygote) hervorgegangen (Abb. 3.8). Andererseits erfüllen alle einzelligen Organismen sämtliche Grundlebensfunktionen, wie wir sie auch bei höherentwickelten Vielzellern antreffen.

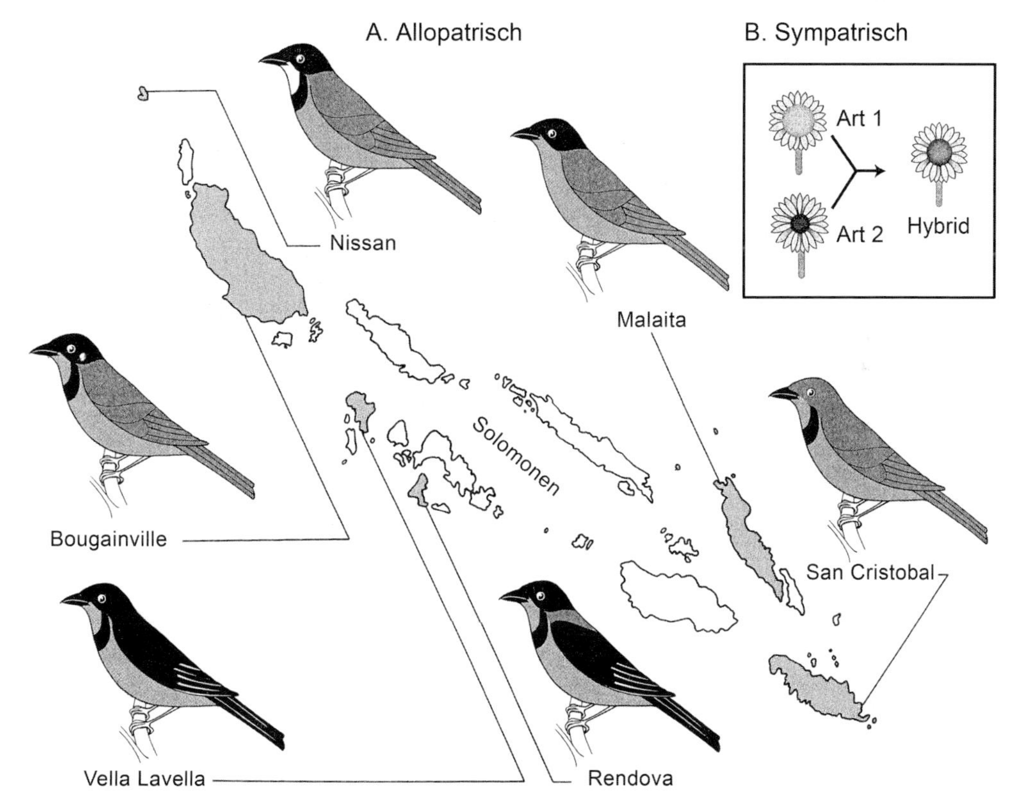

Abb. 3.13 Prinzip der allopatrischen und sympatrischen Artbildung am Beispiel von Vögeln auf den Salomoninseln (Fliegenschnäpper, *Pachycephala pectoralis*) (A) und der Hybridisierung (Bastard-Bildung) bei Korbblütengewächsen (Bocksbart, *Tragopogon*) (B). Die auf verschiedenen Inseln lebenden Vogelpopulationen unterscheiden sich morphologisch voneinander (Färbung des Gefieders), sind jedoch noch miteinander kreuzbar (Unterarten). Aus derartigen Subspezies können im Laufe der Zeit reproduktiv isolierte Biospezies entstehen (A). Durch Art-Kreuzung (Hybridisierung) und anschließender Polyploidisierung kann in einer Population eine neue Pflanzenart gebildet werden (B).

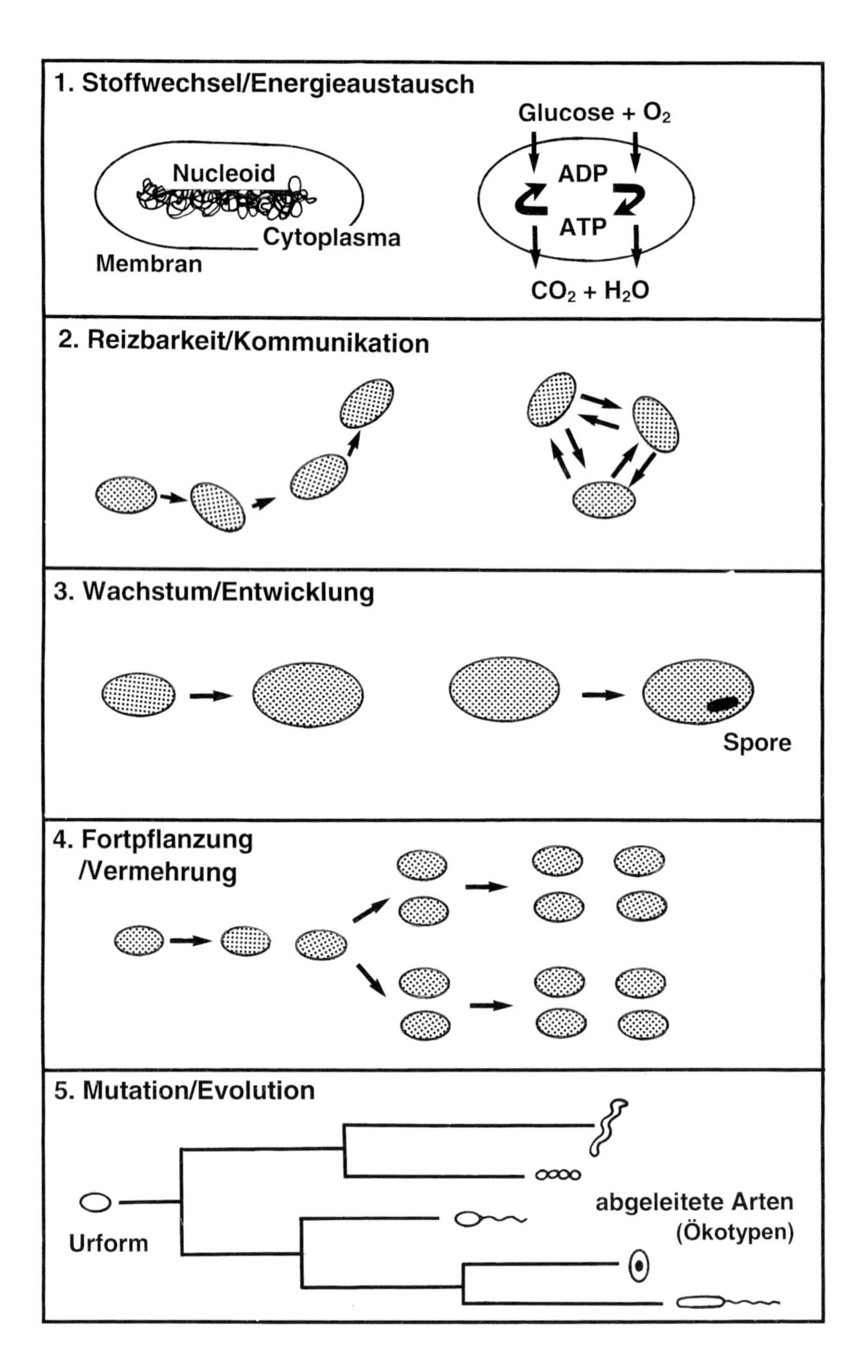

Abb. 3.14 Die fünf Merkmale der Lebewesen (1.–5.), verdeutlicht am Beispiel einer Bakterienzelle (*Escherichia coli*, s. Abb. 11.9 A, S. 261). Die auf Mutationen, Rekombination (DNA-Austausch) und Selektion basierende Evolution zeichnet alle Organismen aus. ADP = Adenosindiphosphat, ATP = Adenosintriphosphat (universeller Energieüberträger der Zelle). Bei Bakterien unterscheidet man anstelle von Arten sogenannte Ökotypen (Populationen, die eine spezifische ökologische Nische besiedeln und über DNA-Sequenzdaten identifiziert werden können). In diesem Schema sind morphologisch unterscheidbare Bakteriengruppen eingezeichnet (Spirillen, Kugeln, Stäbchen).

Evolution als Merkmal des Lebens. Wir wollen im Folgenden die fünf Merkmale der Lebewesen am Beispiel einer Bakterienzelle (z. B. *Escherichia coli*) diskutieren (Abb. 3.14). Wie die Teilabbildung 1 zeigt, ist diese typische Protocyte durch ein Chromosom oder Nucleoid (d. h. einen verdrehten DNA-Strang ohne Umhüllung), das Cytoplasma mit Ribosomen und eine Plasmamembran mit aufgelagerter Wand gekennzeichnet. Das Bakterium ist ein *haploider* Organismus (*Haplont*), d. h., jedes Gen ist auf dem ringförmigen Chromosom (Nucleoid) nur einmal vorhanden. Die Zelle nimmt als offenes System stetig energiereiche Moleküle (z. B. Glucose) auf und wandelt diese unter Sauerstoffverbrauch in die energiearmen „Abfallprodukte" CO_2 und H_2O um. Im Zuge dieser Zellatmung wird zur Aufrechterhaltung der Lebensfunktionen Energie in Form von Adenosintriphosphat (ATP) gewonnen (1). Wie alle Lebewesen ist auch die Bakterienzelle zumindest während bestimmter Entwicklungsphasen reizbar: Sie kommuniziert mit anderen Individuen derselben „Art" (Informationsaustausch innerhalb der Population des jeweiligen bakteriellen Ökotyps) (2). Die Zellen wachsen infolge der stetigen Nahrungsaufnahme heran, wobei auch eine Differenzierung beobachtet werden kann (3). Innerhalb der Population erfolgt bei ausreichendem Nährstoffangebot eine kontinuierliche Fortpflanzung bei drastischer Zunahme der Individuenzahlen (Vermehrung) (4). Als fünftes Merkmal des Lebens ist die im Wesentlichen auf Mutationen (und nachgeschaltete Selektion) zurückführbare Evolution der Bakterienzellen aufgelistet (5). Die im Nucleoid gespeicherten, für Proteine und RNA kodierenden DNA-Sequenzen (d. h. die Gene innerhalb des Genoms) sind nicht stabil, sondern unterliegen einer stetigen Modifikation; die *Mutabilität* ist ein Merkmal aller lebenden Zellen. Infolge spontaner Mutationen innerhalb der Bakterien-Populationen sowie der drastischen Vermehrung kommt es unter der Wirkung verschiedener Selektionsfaktoren (z. B. Glucose-Armut) im Verlauf vieler Generationen zu einem „Artenwandel" (Evolution). Aus Urformen entstehen abgeleitete Varianten (Ökotypen), die an die jeweiligen Umweltverhältnisse angepasst sind und sich von ihren Stammformen in zahlreichen Merkmalen unterscheiden (z. B. effizientere Glucoseaufnahme, s. Kap. 9).

Evolution der Abstammungslehre. Die durch die Ergebnisse der Molekularbiologie erweiterte Synthetische Theorie wurde nach 1950 auch durch andere naturwissenschaftliche Disziplinen modifiziert und ergänzt (Zusammenfassung s. Abb. 3.15). Einige Beispiele sollen dies verdeutlichen.

Die *Geologie* bzw. *Paläobiologie* lieferten reproduzierbare Altersbestimmungsmethoden für Gesteinsproben (Geochronologie). Mit diesen Verfahren konnte das Fossilienmuster datiert und unter Berücksichtigung geologischer und klimatologischer Ereignisse entsprechend interpretiert werden. Insbesondere das Phänomen des Massenaussterbens und die Evolutionsraten konnten erforscht und ergründet werden (s. Kap. 4).

Die *Ethologie* (vergleichende Verhaltensforschung) lieferte u. a. Einblicke in die Phylogenese der Brutpflege von Ringelwürmern oder die Evolution der Flugfische (s. Kap. 8). Das in Kapitel 2 beschriebene, für Darwin noch rätselhafte Phänomen der geschlechtlichen Zuchtwahl konnte erst in den letzten Jahren aufgehellt werden. Wir wissen heute, dass z. B. bei Vögeln die Überlebensfähigkeit (Vitalität) der Jungen, die von „prächtigen", immunstarken Männchen gezeugt wurden, höher ist als jene der unscheinbareren Konkurrenten. Diese „Gute-Gene-Hypothese" der sexuellen Selektion wird derzeit weltweit intensiv erforscht. Die *Soziobiologie* (Analyse der evolutionären Wurzeln des Sozialverhaltens) führte zu der Erkenntnis, dass das Konzept des individuellen Fortpflanzungserfolgs des Einzelorganismus (Darwinsche fitness) bei Staaten bildenden Organismen (z. B. Ameisen) unzureichend ist und erweitert werden muss. Der Evolutionstheoretiker William D. Hamilton (1936–2000) konnte zeigen, dass über eine vom Verwandtschaftsgrad abhängige *kin selection* (Verwandtenauslese) die Gesamtfitness eines Organismus erhöht wird, so dass z. B. Ameisen-Arbeiterinnen über ihre Hilfstätigkeit indirekt ihre Gene in die nächste Generation weitergeben. Derartige Studien haben zu dem Resultat geführt, dass das Individuum in sozial organisierten Tierpopulationen, wie z. B. Ameisenstaaten, nicht ein rein „egoistisches" Interesse vertritt, sondern in ein komplexes Netzwerk von Eltern/Verwandten eingebunden ist. Diese Befunde erklären u. a. das altruistische Verhalten in sozialen Insektengemeinschaften, eine Thematik, die Gegenstand der *Verhaltensökologie* ist (s. Kap. 8).

Die aus der klassischen Cytologie hervorgegangene *Zellbiologie* lieferte neue Einblicke in die Mechanismen der Zell-Evolution (Endosymbiose, s. Kap. 6). Die moderne *Entwicklungsbiologie* führte zu dem Resultat, dass bestimmte Gene, welche die Körperform festlegen, im Tierreich universell verbreitet sind (s. Kap. 10). Aus der modernen *Pflanzen- und Tierphysiologie* konnte die Erkenntnis abgeleitet werden, dass der Phänotyp während der Ontogenese umweltabhängig modifiziert werden kann. Die Bedeutung dieser phänotypischen Plastizität für die Stammesentwicklung bestimmter Organismengruppen (z. B. der höheren Pflanzen) ist noch Gegenstand der Forschung.

Durch Sequenzierung ausgewählter Abschnitte der Genome von über 10 000 verschiedenen Organismen konnten molekulare Stammbäume erstellt werden. Diese der *Molekularbiologie* entstammende DNA-Phylogenetik hat die klassische Stammbaumforschung revolutioniert: Das Postulat von der Verwandtschaft aller Lebewesen (Prinzip der gemeinsamen Abstammung) wurde bestätigt und gilt heute als gesicherte Erkenntnis (s. Kap. 7). Weiterhin hat die Molekularbiologie zu einem neuen Gebiet, der bereits angesprochenen Epigenetik, geführt. Die zentrale Frage nach dem Ursprung neuer Gene ist derzeit Gegenstand weltweiter Forschungsaktivitäten. Wir wissen heute, dass durch Verdoppelung (Duplikation) einzelner Gene bzw. ganzer Chromosomenabschnitte und anschließendem Funktionswechsel der DNA-Sequenzen neue genetische Information entstehen kann (s. Abb. 3.8). Weiterhin ist bekannt, dass erb-

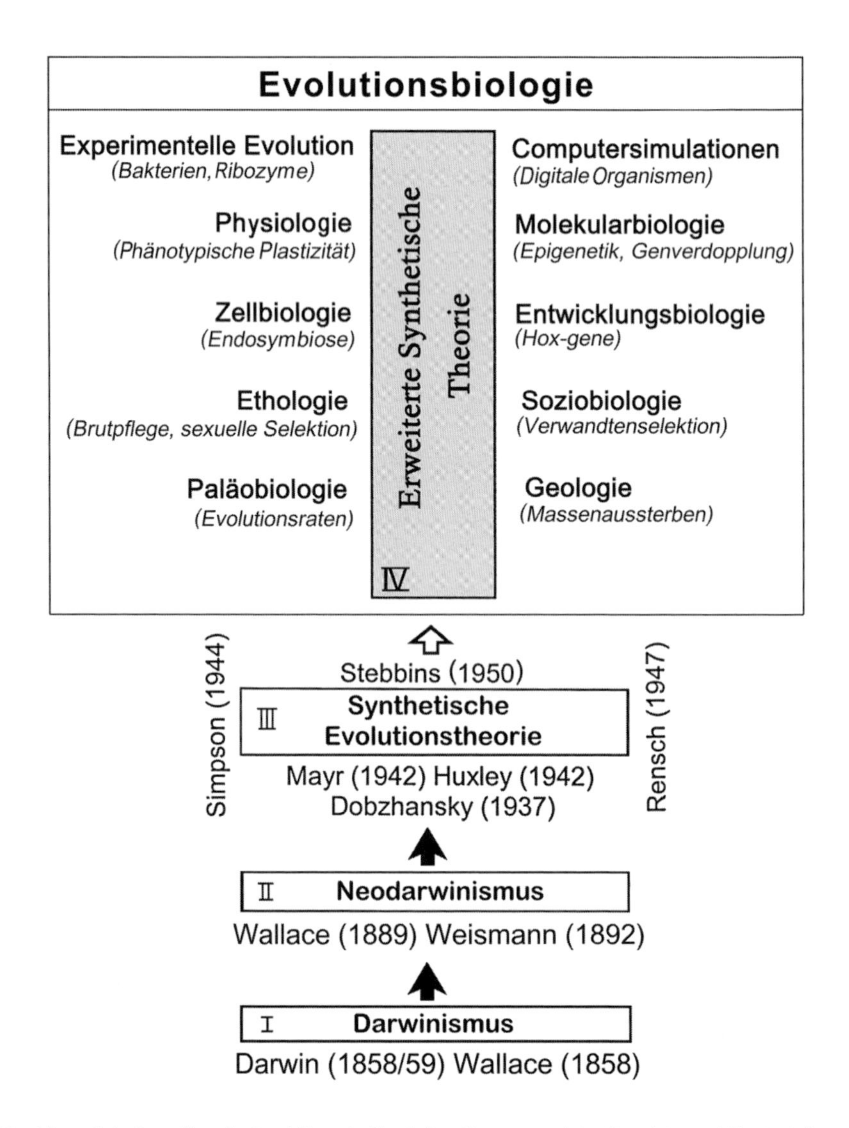

Abb. 3.15 Schematische Darstellung der Entwicklung der klassischen Abstammungslehre (Darwinismus, I) über Zwischenstufen (II, III) zur Erweiterten Synthetischen Theorie der biologischen Evolution (IV). Durch Integration von zehn Unterdisziplinen konnten nahezu alle Teilgebiete der Biowissenschaften und verwandter Fachgebiete in die moderne Evolutionstheorie (Synonym: Evolutionsbiologie) aufgenommen werden. Die Liste ist nicht vollständig.

liche Mutationen in den nicht für Proteine codierenden regulatorischen Gen-Sequenzen (z.B. Promotor-Region) von großer Bedeutung für die Evolution der Körpergestalt sind. Diese Befunde werden im Rahmen der *Molekularen Evolutionsforschung* behandelt, ein Thema, das von der Molekulargenetik abgedeckt wird. Darüber hinaus konnte eine neue Disziplin, die *Experimentelle Evolutionsforschung*, etabliert und durch *Computersimulationen* die Phylogenese bestimmter Organismengruppen und Organe nachgezeichnet und erklärt werden (s. Kap. 9).

Weismanns Vorhersage. In Kapitel 2 wurde der Zoologe A. Weismann (1904) mit dem folgenden Satz zitiert: „Die Deszendenztheorie ist der Versuch einer wissenschaftlichen Erklärung der Entstehung und Manigfaltigkeit der Lebewelt". Heute wissen wir, dass diese Aussage korrekt war. Evolution führt zur Adaptation der Organismen an sich ändernde Umweltverhältnisse im Verlauf der Generationenabfolgen, wobei es hierbei zu einem genetisch verankerten Andersartigwerden der Individuen innerhalb der Populationen und zur Diversifizierung kommt: sie ist ein Schlüsselmerkmal des Lebens. Kein sachkundiger Biologe zweifelt heute noch daran, dass die heute lebenden (rezenten) Organismen die derzeitigen Endglieder eines Jahrmillionen langen historischen Entwicklungsprozesses sind. Evolution ist eine Tatsache, keine vage „Theorie" im umgangssprachlichen Sinne. Die Erweiterte Synthetische Theorie beschreibt die heute weitgehend akzeptierten *Mechanismen* des Artenwandels innerhalb der Biosphäre. Sie durchdringt alle Teilgebiete der Biowissenschaften und bildet die Grundlage der gesamten modernen *life sciences*.

3.8 Vom Darwinismus zur Erweiterten Synthetischen Theorie

Bereits wenige Jahre nach der Veröffentlichung des Werkes *Origin of Species* (1859) konnte man in der Fachliteratur wie auch in der populären Presse den Begriff *Darwinismus* lesen. Diese Wort hat sich bis heute erhalten. Es gab viele andere große Naturwissenschaftler, die unser Weltbild verändert haben, etwa Isaac Newton (1643–1727) oder Albert Einstein (1879–1955). Die Begriffe „Newtonismus" oder „Einsteinismus" haben sich jedoch nicht etabliert. Warum konnte der Term Darwinismus so rasch Eingang in die Fach- und Umgangssprache finden? Einige Wissenschaftshistoriker argumentieren, der Begriff sei bereits vor 1859 für die Anschauungen des Großvaters von Charles Darwin, des Arztes und Dichters Erasmus Darwin (1731–1802), geprägt worden. Nach Veröffentlichung der *Entstehung der Arten* wurde das Wort dann als Synonym für die Inhalte dieses Werkes übernommen, erst von C. Darwin selbst und später auch von A.R. Wallace (1889). Welche Bedeutung hat der Begriff im 21. Jahrhundert? Ist es sinnvoll, nach der Formulierung der Erweiterten Synthetischen Theorie noch von Darwinismus zu sprechen?

Darwinismus heute. Zur Beantwortung dieser Fragen wollen wir nochmals kurz die wesentlichen Grundgedanken Darwins rekapitulieren. Der Evolutionsbiologe Ernst Mayr hat 1988 hervorgehoben, dass es nicht korrekt ist, von „Darwins Deszendenzlehre" zu sprechen, da es sich nicht um eine einheitliche Theorie handelt, sondern um mehrere Teilaspekte zum Thema der organismischen Evolution. Im Zentrum von Darwins Schriften steht zweifellos das Selektionsprinzip. Der von Darwin und Wallace unabhängig voneinander geprägte Ausdruck *struggle for existence* (or *life*) (Daseinswettbewerb oder Kampf ums Dasein) wurde von den Autoren explizit als metaphorischer Terminus verstanden: Es geht hierbei nicht in erster Linie um Rivalitätskämpfe, sondern um den differentiellen Fortpflanzungserfolg der Individuen innerhalb der Tier- und Pflanzenpopulationen (s. Abb. 3.1 A, B). Aus dem Selektionsgedanken wurde die erste, politische Bedeutung des Begriffes Darwinismus abgeleitet. Im „Klassenkampf" der verschiedenen sozialen Schichten kommt es zum Überleben der Tüchtigsten, d.h., das Wirtschaftssystem, das wir als *Kapitalismus* bezeichnen, wurde von manchen Autoren in Beziehung zur Selektionstheorie gesetzt. Da Darwin in seinem Werk *Descent of Man* (1871) ein ausführliches Kapitel „Über die Menschenrassen" verfasste, in dem er Beobachtungen und Schlussfolgerungen mitteilte, die in der heutigen Zeit in Deutschland tabuisiert sind, wird der Begriff *Darwinismus* von naturwissenschaftlichen Laien gelegentlich auch als Synonym für *Rassismus* verwendet. In der *Entstehung der Arten* (1859) weist Darwin wiederholt darauf hin, dass seine Deszendenztheorie den christlichen Schöpfungsglauben (Kreationismus) als Irrlehre entlarvt habe. Weiterhin wurde der Mensch von Darwin (1871) in das Tierreich gestellt, d.h., die in der christlichen Dogmatik verankerte Sonderstellung der Spezies *Homo sapiens* wurde angezweifelt. Der Begriff *Darwinismus* wird daher gelegentlich mit dem *Atheismus* gleichgesetzt, da er die „Gottesleugnung" implizieren soll.

Von besonderer Bedeutung war zweifellos Darwins Theorie der gemeinsamen Abstammung der Organismen: „Alle Lebewesen, die je auf dieser Erde gelebt haben, stammen von einigen primitiven Urformen ab". Dieser Gedanke konnte insbesondere durch die moderne Molekularbiologie in vollem Umfang bestätigt werden; er führte zu der Erkenntnis, dass alle Lebewesen miteinander verwandt sind. Zu unseren *zellulären Urahnen* zählen die in Kapitel 4 vorgestellten Mikroorganismen, die vor etwa 3,5 Milliarden Jahren die Urozeane der jungen Erde besiedelt haben. Diese sind als Produkte einer chemischen Evolution aus unbelebter Materie hervorgegangen. Die biologische Evolution führte über Prozesse, die eine unvorstellbar lange Zeitspanne von 3500 Millionen Jahren umfasste über Endosymbiose-Prozesse (s. Kap. 6) zur Arten-Vielfalt (Biodiversität), wie wir sie heute auf der Erde vorfinden. Die beiden rezenten Spezies Mensch *(Homo sapiens)* und Mais *(Zea mays)* gehören aufgrund der Komplexität der Großhirnrinde bzw. der Effizienz des Photosyntheseapparates zu den derzeitigen „Kronen der Stammesentwicklung" (Abb. 3.16).

Diese Betrachtungen zeigen, dass die Terminologie des 19. Jahrhunderts heute nicht mehr angebracht ist. Das Wort *Darwinismus* hat eine vielfältige, teilweise widersprüchliche Bedeutung und sollte aus der Evolutionsbiologie gestrichen oder zumindest in den Begriff „Synthetischer Darwinismus" integriert werden (ein von T. JUNKER, 2004 eingeführtes Synonym für „Synthetische Theorie"). In den Naturwissenschaften geht es um das Auffinden der objektiven Wahrheit, nicht um die Verbreitung subjektiver Weltanschauungen (Ideologien), die meist politischer oder religiöser Natur sind. Begriffe mit der Endung *-ismus* sollten daher möglichst vermieden werden.

Von Darwin zur DNA. Nach diesen Ausführungen soll zum Abschluss dieses Kapitels die in vier Stufen unterteilbare „Evolution" der Abstammungslehre zusammengefasst werden (s. Abb. 3.15):

I. *Darwinismus* oder *Deszendenztheorie* (ca. 1858–1890). Begründer: C. Darwin und A.R. Wallace (Variation durch Vererbung erworbener Eigenschaften / natürliche Selektion resultiert in Adaptation und Arten-Transformation).
II. *Neodarwinismus* (ca. 1890–1910). Begründer: A. Weismann und A.R. Wallace (Variation durch Rekombination ohne Vererbung erworbener Eigenschaften / natürliche Selektion bzw. Naturzüchtung führt zur Entstehung neuer adaptierter Arten).
III. *Synthetische Evolutionstheorie* (ca. 1930–1950). Begründer: T. Dobzhansky, E. Mayr, J. Huxley, G.G. Simpson, G.L. Stebbins, B. Rensch und andere Biologen (erbliche Mutationen und Rekombination führen zur genetischen Variation / dynamische natürliche Selektion als Triebkraft der Evolution; Biospezies-Konzept; allopatrische und sympatrische Artbildung; Geno- und Phänotyp, Mikro- und Makroevolution basieren auf demselben Mechanismus).

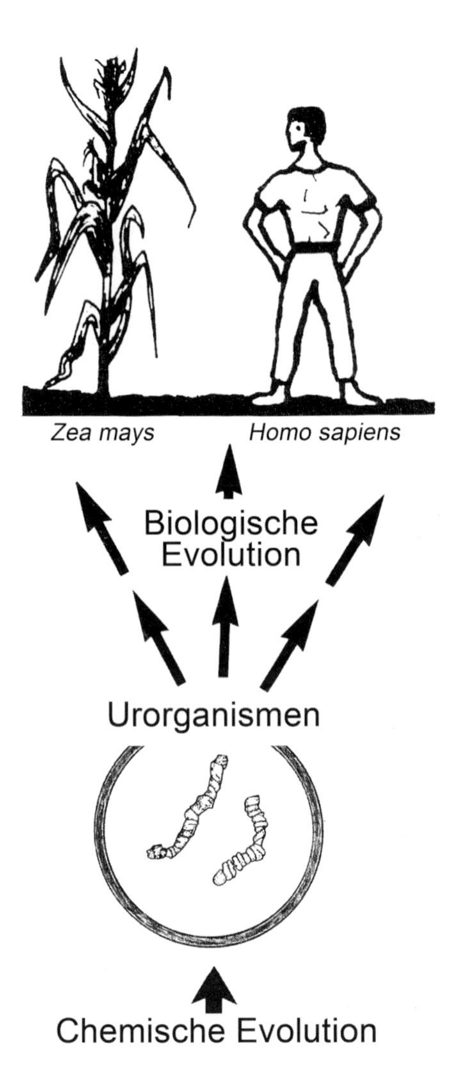

Abb. 3.16 Chemische und biologische (organismische) Evolution: Veranschaulichung des Prinzips der gemeinsamen Abstammung. Mikroskopisch kleine Ur-Mikroorganismen waren die zellulären Vorfahren aller späteren Lebewesen. Der Mensch *(Homo sapiens)* und die Maispflanze *(Zea mays)* repräsentieren zwei der am höchsten entwickelten (komplexesten) Organismen unserer Biosphäre.

IV. *Erweiterte Synthetische Theorie* (ca. 1950–2008). Begründer: zahlreiche Naturwissenschaftler (Bestätigung der unter III. dargelegten Fakten durch die Erkenntnisse der Molekularbiologie, insbesondere der DNA-Sequenzanalytik; geologische Ereignisse im Verlaufe der Erdgeschichte als determinierende Faktoren der biologischen Evolution; Endosymbiose als Schlüsselereignis der Zell-Evolution; molekulare Protein-, RNA- und DNA-Sequenzstammbäume; experimentelle Evolutionsforschung, Computersimulationen usw.).

Die Synthetische Evolutionstheorie ist weder ein Dogma, noch eine Ideologie; dieses naturwissenschaftliche Konzept ist ein *offenes System*, welches ständig durch neue Forschungsergebnisse modifiziert, ergänzt und erweitert wird. Da es keine plausible naturalistische Alternative gibt, liefert die *Erweiterte Synthetische Theorie* derzeit die einzige allgemein akzeptierte, durch zahlreiche Fakten untermauerte kausale Erklärung für den evolutionären Artenwandel auf der Erde. Dieser Sachverhalt kann auch wie folgt formuliert werden: Evolution ist ein realhistorischer Prozess, der stattgefunden hat, andauert und durch die Synthetische Theorie (d. h. ein System von Aussagen) beschrieben und erklärt wird.

Wie Abbildung 3.15 zeigt, kann das Theorien-System IV „Erweiterte Synthetische Theorie" im Prinzip mit der Disziplin *Evolutionsbiologie* gleichgesetzt werden. Dieses Generalthema der Biowissenschaften umfasst neben den aufgelisteten Teilgebieten, die sich im Wesentlichen mit dem Verlauf und den Antriebskräften der organismischen Evolution beschäftigen, auch das Themenfeld der Biogenese (chemische Evolution und Ursprung der ersten Zellen, s. Kapitel 5).

Es soll abschließend ausdrücklich hervorgehoben werden, dass viele Fragen zu den molekularen Mechanismen der biologischen Evolution noch offen sind. Diese zentrale Problematik wird jedoch weltweit mit großem Aufwand erforscht und schrittweise einer Lösung nähergebracht.

Literatur:

Bell (1997), Brock et al. (1994), Burt (2000), Dobzhansky (1937), Dobzhansky et al. (1977), Endler (1986), Engels (1995), Feder (2007), Futuyma (1998), Grimaldi und Engel (2005), Huxley (1942), Junker (2004), Junker und Engels (1999), Junker und Hossfeld (2001), Klingsolver und Pfennig (2007), Kutschera (2003, 2004b, 2006a, b, 2007a, b, c), Kutschera und Niklas (2004), Li (1997), Mayr (1942, 1982, 1988, 1991, 2001), Maynard Smith (1998), Mayr und Provine (1980), Niklas (1997), Pigliucci (2001), Priest et al. (2007), Rensch (1947), Richards (2006), Ridley (2004), Riedl (1990), Romanes (1895), Simons (2002), Simpson (1944), Stebbins (1950, 1971), Voland (2000), Wieser (1994), Wilson (1975), Wright (1982), Zhang (2003)

4 Paläobiologie: Rekonstruktion der Lebewesen der Vergangenheit

Seit Jahrhunderten sind Reste vorzeitlicher Tiere und Pflanzen bekannt, die von dem Naturforscher GEORG BAUER (1494–1555), der unter dem Namen „Agricola" in die Geschichte der Mineralogie eingegangen ist, erstmals als *Fossilien* bezeichnet wurden. Ursprünglich verstand man unter einem Fossil (Versteinerung) alles, was aus dem Erdreich und aus Felsbrocken gegraben bzw. gehämmert wurde (Reste von Lebewesen, Mineralien, alte Werkzeuge wie z.B. Steinbeile). Heute wird der Begriff etwas enger gefasst und wie folgt definiert: Fossilien sind Überreste vorzeitlicher Organismen einschließlich ihrer Lebensspuren (Abdrücke, Fraßspuren, Sekrete, Stoffwechselprodukte), die in Gesteinen enthalten sind. Daraus ergibt sich, dass man zwischen Körper- und Spurenfossilien unterscheidet. Der Begriff „vorzeitlich" umfasst alle geologischen Epochen, die der Gegenwart (dem Holozän, d.h. den letzten 10000 Jahren) vorausgegangen sind. Die Wissenschaft vom Leben

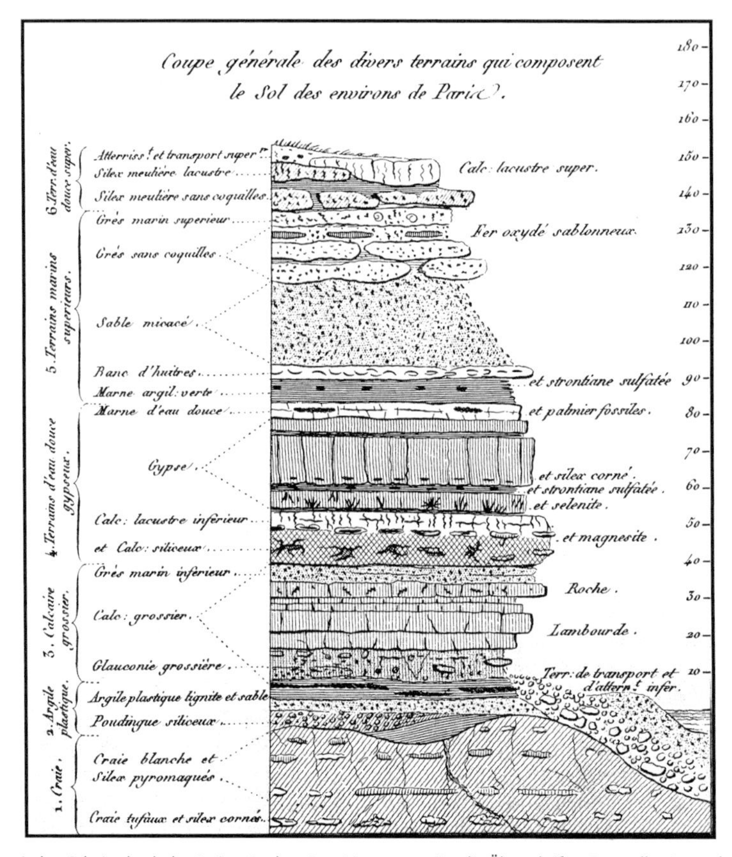

Abb. 4.1 Schematischer Schnitt durch das Pariser Becken. Das Diagramm trägt die Überschrift: „Genereller Querschnitt durch die verschiedenen Erdschichten, aus denen sich der Erdboden der Umgebung um Paris zusammensetzt". Einige Sedimentschichten enthalten charakteristische Fossilien (nach einer Zeichnung von G. CUVIER und A. BROUGNIART aus dem Jahr 1822).

der Vorzeit wird als *Paläontologie* (übersetzt: die Lehre vom alten Seienden) oder *Fossilienkunde* bezeichnet. Sie war früher einmal ein Teilgebiet der Geologie.

Der erste bedeutende Paläontologe war GEORGES CUVIER (1769–1832). Dieser Naturforscher wies nach, dass die zu seiner Zeit bekannten Fossilien Überreste ausgestorbener Tiere und Pflanzen aus früheren Erdepochen repräsentieren (Abb. 4.1). Bis heute wurden mehr als 250 000 fossile Arten (Morphospezies) beschrieben. Die Paläontologie wird in die Fachrichtungen Paläobotanik, Paläozoologie und Mikropaläontologie unterteilt, d. h., die wichtigsten fossil erhaltenen Organismen sind Pflanzen, Tiere und Mikroorganismen. Da die mit Hartteilen (Schalen, Panzern, Skeletten) versehenen Tiere bedeutend mehr Fossilien hinterlassen haben als die Pflanzen, wird das umfangreiche Fachgebiet Paläozoologie in die Bereiche Wirbellose Tiere (Invertebraten) und Wirbeltiere (Vertebraten) untergliedert.

Im internationalen Sprachraum hat sich als Synonym für den klassischen Term Paläontologie der Begriff *Paläobiologie* durchgesetzt. Diese Wissenschaftsdisziplin wurde von OTHENIO ABEL (1875–1946) begründet, der die Paläobiologie als „Erforschung der Anpassungen der fossilen Organismen und die Ermittlung ihrer Lebensweise" definiert hat (ABEL, 1911). Biowissenschaftler, die sich mit den Fossilien früherer Erdzeitalter befassen, werden manchmal etwas abfällig als „Knochensammler" bezeichnet. Diese Bewertung der Fossilienkunde ist jedoch unzutreffend. Die moderne Paläobiologie ist eine vergleichend-beschreibende Naturwissenschaft, die uns die entscheidenden Dokumente zur Rekonstruktion der Stammesgeschichte der Organismen geliefert hat (KUTSCHERA 2007a, b).

In diesem Kapitel wollen wir nach Darlegung einiger theoretischer Grundlagen eine „Zeitreise" durch die verschiedenen Perioden der Erdgeschichte unternehmen. Wichtige geologische und extraterrestrische Ereignisse, die zum Teil katastrophale Auswirkungen auf die gesamte Biosphäre hatten, sind ausführlich beschrieben, wobei die in Tabelle 1.1 (S. 23) zusammengestellten Änderungen im Sauerstoffgehalt der Meere und der Atmosphäre berücksichtigt wurden. Diese Fakten liefern ein anschauliches Bild vom Verlauf der biologischen Evolution, die durch Perioden des Aufstiegs (Zunahme der Artenvielfalt) und des Niedergangs (Aussterben ganzer Organismengruppen) gekennzeichnet ist.

4.1 Fossilisation und Geochronologie

In der freien Natur gibt es keine „Altenwohnheime": Fast alle Organismen gehen vor Ablauf ihrer potentiell erreichbaren Lebenszeit zugrunde. Als häufigste natürliche Todesursache gelten Gefressenwerden, Krankheiten, Verhungern, Verdursten, Parasitenbefall oder größere Verletzungen. Der Alterstod ist eine seltene Ausnahmeerscheinung. Fossilien resultieren aus einer Lücke im Stoffkreislauf der Natur; normalerweise wird der tote Pflanzen- oder Tierkörper (bzw. die Reste desselben) mit der Zeit vollständig zu anorganischer Materie abgebaut. Diese Stoffe (im Wesentlichen verschiedene Ionen und Kohlendioxid) werden dann wieder von den Pflanzen aufgenommen.

Ursprung der Fossilien. Die *Fossilisation* ist der Übertritt des toten Organismus oder Teile desselben von der Bio- in die Lithosphäre (Gesteinsschicht) der Erdkruste. Hierbei kommt es zu einer Einbettung der Hartteile der Leiche in ein Sediment. Aus dieser Anreicherung bestimmter Mineralkörner wird im Verlauf der Zeit durch druckabhängige Verfestigung ein Gestein. Als Resultat dieser Fossilisation, die oft auch mit einer Einkieselung einhergeht, findet man in bestimmten Schichten von Sedimentgesteinen die Überreste oder Lebensspuren von Organismen. Die Entstehung von Sedimenten ist in Abbildung 4.2 schematisch dargestellt. Die betreffenden Lebewesen haben vor sehr langer Zeit an der entsprechenden Stelle existiert und waren somit Bestandteil der damaligen Biosphäre. Eine Sonderform stellen die sogenannten „Bernstein-Insekten" dar. Diese fossil erhaltenen eingeschlossenen Organismen wurden vor Jahrmillionen durch herabtropfendes Baumharz getötet, das sich dann zu einem transparenten Stein verfestigt hat (s. Kap. 1, Ur-Ameise, *Sphecomyrma*). Aus dem oben Gesagten folgt, dass Fossilien grundsätzlich selten sind, da in der Regel ein geschlossener Stoffkreislauf vorliegt. Mehr als 99,9 % der Organismen hinterlassen keinerlei Spuren; ihre Körper zerfallen nach dem Tod zu anorganischer Materie (Ausnahmen: Korallen, Kieselalgen).

Das Lagerungsgesetz. Die mit den wenigen Lebensspuren durchsetzten Sedimentgesteine bilden im Laufe langer Zeiträume tafelförmige Einheiten, die als Schichten oder Lagen bezeichnet werden. Da diese geologischen Prozesse nach den bekannten Gesetzen der Physik und Chemie ablaufen, gilt das *Lagerungsgesetz*. Es besagt, dass in einer natürlichen Schichtenabfolge die ältesten Lagen unten liegen und die darüberfolgenden oberen La-

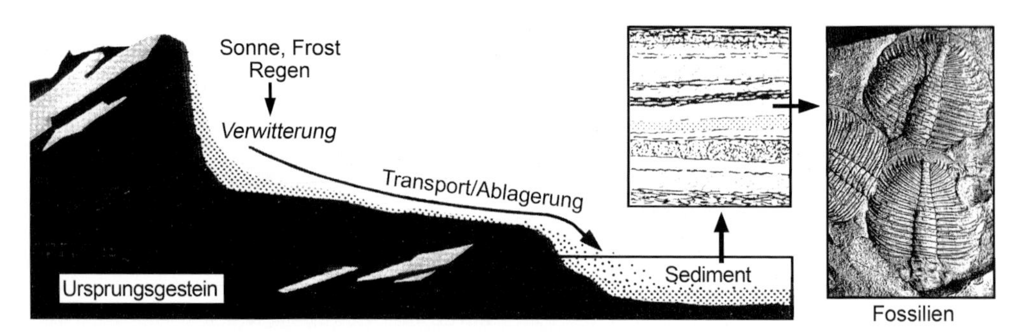

Abb. 4.2 Entstehung von Sedimentgesteinen, sekundäre Bildungen in der Lithosphäre, die durch Verwitterungsprozesse verursacht werden (Sonneneinstrahlung, Regen, Frost, Säuren, Einwirkung verschiedener Lebewesen usw.). Das Ursprungsgestein wird durch physikalische, chemische und organismische Prozesse zerkleinert. Durch Transport der Gesteinstrümmer (Steinchen), Ablagerung (meist im Wasser) und druckabhängige Verfestigung entsteht im Verlauf sehr großer Zeiträume ein Schichtgestein (Sediment), welches eingelagerte Fossilien enthalten kann (z.B. Trilobiten).

gen die jüngeren sind. In einer ungestörten Schichtenabfolge sind die weiter oben liegenden Gesteinsschichten somit immer jünger als die darunterliegenden Einheiten (Abb. 4.1). In unserer Schemazeichnung zur Sedimentbildung ist ein Schichtgestein dargestellt (Abb. 4.2).

Leitfossilien. Bereits im 19. Jahrhundert haben die Geologen beobachtet, dass Fossilien nicht zufällig über die Sedimentgesteine verteilt sind, sondern dass sie in ganz bestimmten Abfolgen auftreten. Anhand dieser für bestimmte Schichten charakteristischen *Leitfossilien* wurde bereits damals eine Systematik der Gesteinsfolgen begründet; die Systeme wurden mit den Namen Kambrium, Ordovizium, Silur, Devon usw. versehen, die sich bis heute erhalten haben. So sind z. B. in marinen Sedimenten die Trilobiten (Dreilapper, Abb. 4.2) die typischen Leitfossilien des Kambriums. Im Laufe der Zeit wurden relative Skalen der Gesteinsfolgen erarbeitet; damit wurde deutlich, dass das Kambrium vor dem Ordovizium einzureihen ist und somit das ältere der beiden Systeme darstellt (*Bio-Stratigraphie*, s. S. 289). Diese Erkenntnis kann in dem folgenden populären Satz zusammengefasst werden: *Ex libro lapidum historia mundi* – die Geschichte der Erde ist im Buch der Gesteine niedergeschrieben.

Eine absolute Datierung, d. h. die Bestimmung der Zeitdauer der geologischen Epochen in Jahren, war erst nach der Entdeckung der Radioaktivität möglich. Wir wollen im Folgenden die drei wichtigsten *radiometrischen Altersbestimmungsmethoden* kennen lernen, die es erlauben, Gesteins- bzw. Fossilienproben exakt zu datieren (Geochronologie).

4.2 Radiometrische Datierung und geologische Zeitskala

Alle chemischen Elemente bestehen aus Atomen, die wiederum aus subatomaren Teilchen (Protonen, Neutronen, Elektronen) aufgebaut sind. Die positiv geladenen Protonen bilden mit den ungeladenen Neutronen den sehr kleinen Atomkern, der die Hauptmasse des Atoms ausmacht. Die negativ geladenen massearmen Elektronen umgeben den Atomkern und sind im Wesentlichen für das Volumen des Atoms verantwortlich. *Isotope* sind Atome mit gleicher Anzahl an Protonen im Kern (Ordnungszahl), die sich durch die Zahl der Neutronen voneinander unterscheiden. Die chemischen Eigenschaften der Isotope eines Elements sind im Wesentlichen identisch, deren Massen (Protonen und Neutronen) jedoch verschieden. Aufgrund einer relativ instabilen Kombination der Protonen und Neutronen innerhalb der Kerne mancher Isotope kommt es zu einem spontanen Zerfall, wobei die instabilen Kerne (*Radionuklide*) unter Abgabe von Strahlung in stabilere Atome anderer Elemente umgewandelt werden. Diese natürlich vorkommenden Atomkernumwandlungen werden als *Radioaktivität* bezeichnet; sie sind mit einer messbaren Strahlung verbunden. Wir unterscheiden zwischen Alpha-, Beta- und Gamma-Strahlen; diese können heute mit großer Präzision quantifiziert werden.

Der Zerfall eines Radionuklids in ein anderes Element unter Freisetzung radioaktiver Strahlung erfolgt mit einer konstanten, temperaturunabhängigen Geschwindigkeit, die üblicherweise als *Halbwertzeit* angegeben wird (T ½). Sie ist definiert als jene Zeit, die seit Entstehung des Radionuklids abgelaufen ist, bis exakt die Hälfte der Probe zerfallen ist.

Uran-Blei-Methode. Zur Datierung sehr alter Gesteinsproben eignet sich insbesondere die *Uran-Blei-Methode*. Dieses Verfahren wird seit Anfang der 1950er-Jahre in der Geophysik eingesetzt und wurde im Laufe der Zeit immer wieder verbessert. In Vulkan-, Granit- und daraus hervorgegangenen Sedimentgesteinen sind Zirkonkristalle (Zirkoniumsilikat, Zr $[SiO_4]$) eingeschlossen. Bei deren Entstehung wurden aufgrund der ähnlichen Atomradien von Zr und Uran (U) die Kristalle mit U-Atomen durchsetzt. Das Element U liegt in Form von zwei Isotopen vor. Die beiden radioaktiven Uranisotope 238 und 235 zerfallen nach Einbau in die Zirkonkristalle wie folgt:

$^{238}U \rightarrow {}^{206}Pb$ + Strahlung
(T ½ ≈ 4468 Millionen Jahre)
$^{235}U \rightarrow {}^{207}Pb$ + Strahlung
(T ½ ≈ 710 Millionen Jahre)

Nach Extraktion der beiden Isotope aus Zirkonkristallen von Gesteinsproben und Ermittlung der Uran-/Blei-Häufigkeitsverhältnisse kann man unter Berücksichtigung der spezifischen Halbwertzeiten das absolute Alter der Gesteine seit dem Zeitpunkt ihrer Entstehung ermitteln. Mit dieser Methode wurde 1953 erstmals das Alter der Erde bestimmt. Der klassische Wert von 4550 Millionen Jahren wurde von anderen, unabhängigen Geophysikern wiederholt bestätigt. Die genaueste Abschätzung der Zeitspanne seit Beginn der Entstehung der Erde bis heute beträgt 4527 ± 0,01 Millionen Jahre. Dieser Wert zählt somit zu den gesicherten Erkenntnissen der modernen Naturwissenschaften (Kleine et al., 2005).

Nachdem die Ur-Erde aus kosmischem Staub und Meteoritenmaterial entstanden war, wuchs der junge Planet infolge von Meteoriteneinschlägen deutlich heran. Vor 4400 Millionen Jahren sind der Erdkern, der äußere und innere Mantel sowie die H_2O-haltige Atmosphäre gebildet worden. Die ältesten Gesteine der Erdkruste (Lithosphäre) sind zwischen 4100 und 4300 Millionen Jahre alt. Das absolute Alter des Mondes wurde durch Analysen von Gesteinsproben wiederholt ermittelt. Die Werte liegen bei 4500 Millionen Jahren.

Kalium-Argon-Methode. Ein zweites wichtiges Verfahren zur absoluten Datierung ist die *Kalium-Argon-Methode*. Diese Technik eignet sich insbesondere zur Altersbestimmung kaliumhaltiger Gesteinsproben, die maximal 500 Millionen Jahre alt sind. Das seltene Isotop Kalium (K) 40 zerfällt in die schwere Version des Edelgases Argon (Ar) wie folgt:

$^{40}K \rightarrow {}^{40}Ar$ + Strahlung
(T ½ ≈ 1330 Millionen Jahre)

Durch Bestimmung der Menge an akkumuliertem Argon 40 in kaliumhaltigen Gesteinen kann das absolute Alter der Probe ermittelt werden: Die „K-Ar-Uhr" misst den Erstarrungszeitpunkt des Gesteins. Das Messprinzip beruht auf einer Freisetzung des Edelgases durch Laserbestrahlung der Probe und anschließender massenspektrometrischer Quantifizierung der beiden Argon-Isotope ($^{39}Ar/^{40}Ar$). Die Uran-Blei- und die Kalium-Argon-Methode wurden wiederholt zur Altersbestimmung derselben Gesteine eingesetzt. Die Werte waren im Rahmen eines Messfehlers von ± < 3% reproduzierbar.

Tab. 4.1 Radiometrische Datierung des Perm/Trias-Übergangs unter Einsatz dreier verschiedener physikalisch-chemischer Methoden (nach Mundil, R.: Science 305, 1760–1763, 2004).

Datierungsmethode	Alter (Mio. J.)
Uran / Blei (1.)	251,3 ± 0,2
Uran / Blei (2.)	252,6 ± 0,2
Kalium / Argon	250,0 ± 0,3
Rubidium / Strontium	250,1 ± 6,0

Diese wichtige Tatsache soll anhand eines Beispiels belegt werden. Das Ende des Erdaltertums (Paläozoikum, Übergang Perm/Trias) war von einem Massenaussterben, das etwa 85% der damaligen Lebewesen erfasst hatte, begleitet. Geochronologen haben diesen Zeitpunkt wiederholt datiert. Die 1998 bzw. 2004 publizierten Werte für entsprechende Gesteinsanalysen unter Einsatz der Uran-Blei- bzw. Kalium-Argon-Methode betrugen 251,3 bzw. 250 Millionen Jahre. Eine weitere radiometrische Datierungsmethode (Rubidium-Strontium-Analyse) ergab ein Perm-/Trias-Alter von etwa 250 Millionen Jahren (Tab. 4.1). Diese Daten zeigen, dass die moderne Geochronologie eine in hohem Maße reproduzierbare Altersbestimmung von Gesteinsproben ermöglicht.

Radiokarbon-Methode. Als drittes Datierungsverfahren wollen wir abschließend die *Radiokarbon-Methode* besprechen. Infolge der kosmischen Strahlung entsteht in der Erdatmosphäre ständig aus Stickstoff (N) 14 das Isotop Kohlenstoff (C) 14, das unter Reaktion mit Sauerstoff zu Kohlendioxid 14 umgewandelt wird. Dieses in Spuren vorhandene radioaktive $^{14}CO_2$ wird gemeinsam mit dem „normalen" $^{12}CO_2$ über die Photosynthese in pflanzliche und über die Nahrungskette dann in tierische Gewebe eingebaut. In lebenden Organismen ist der Anteil an ^{14}C aufgrund der Stoffwechselvorgänge (CO_2-Austausch) ähnlich wie in der Atmosphäre. Mit dem Tod des Organismus kommt die stetige $^{14}CO_2$-Aufnahme aus der Luft zum Stillstand; der Gehalt an Kohlenstoff 14 nimmt stetig ab, d.h., die „C14-Uhr" beginnt zu ticken:

$^{14}C \rightarrow {}^{14}N$ + Strahlung (T ½ ≈ 5730 Jahre)

Durch Bestimmung der ^{14}C-Anteile in lebenden und toten Proben kann unter Berücksichtigung der Halbwertzeit des Isotops das Alter des abgestorbenen Lebewesens ermittelt werden. Aufgrund der Tatsachen, dass nur lebende Proben Bestandteil des Kohlenstoffkreislaufs sind und der T-½-Wert nur 5730 Jahre beträgt, eignet sich die Radiokarbon-Methode nur für organische Materialien, die nicht älter als etwa 70 000 Jahre sind (z. B. Holz, Knochen von Menschenaffen und Hominiden). Da der Kohlenstoff-14-Gehalt der Erdatmosphäre im Laufe der vergangenen Jahrhunderte nicht exakt konstant war, sind diese Datierungswerte im Rahmen eines Fehlers von bis zu ±10% zu interpretieren. Dennoch leistet die Radiokarbon-Methode insbesondere in der Anthropologie (Analyse der Evolution des Menschen) und der Archäologie (Altertumskunde) wertvolle Dienste.

Geologische Zeitskala. Unter Einsatz dieser drei Methoden (und anderer, hier nicht diskutierter Datierungsverfahren) konnte die in Abbildung 4.3 dargestellte *geologische Zeitskala* erarbeitet werden (*A Geologic Time Scale*, nach F. M. Gradstein et al., 2004; Details s. S. 289). Wir unterscheiden heute 5 geologische Ären: das *Archaikum* (Urzeit, vor 4600–2500 Millionen Jahren), das *Proterozoikum* oder *Eozoikum* (Frühzeit, vor 2500–542 Millionen Jahren), das *Paläozoikum* (Erdaltertum, vor 542–251 Millionen Jahren), das *Mesozoikum* (Erdmittelalter, vor 251–65 Millionen Jahren) und das *Känozoikum* (Erdneuzeit, vor 65 Millionen Jahren bis heute). Archaikum und Proterozoikum werden auch als Präkambrium zusammengefasst. Paläo-, Meso- und Känozoikum bilden das *Phanerozoikum*. Dieser „Zeitraum mit klar erkennbaren Lebensspuren" wird in Perioden (bzw. Epochen) unterteilt, die in den nächsten Abschnitten im Detail dargestellt sind. Mit Ausnahme des Archaikums enden alle Ären mit dem Begriff „-zoikum". Sie wurden auf der Grundlage zoologischer Objekte (Leitfossilien) benannt, obwohl auch versteinerte Pflanzen, wenn auch in weitaus geringerer Zahl, diesen geologischen Perioden zugeordnet werden konnten.

4.3 Archaikum: die ersten Spuren des Lebens

Die Geologen des 19. Jahrhunderts entdeckten in Gesteinen, die dem Kambrium angehören, die ersten (ältesten) klar erkennbaren Fossilien. Die Ära vor dieser Periode wird daher als *Präkambrium* bezeichnet. In diesen sogenannten präkambrischen Gesteinen konnten noch bis vor wenigen Jahren keinerlei Lebensspuren nachgewiesen werden. Das angebliche Fehlen präkambrischer Fossilien wurde von dem Paläobiologen W.J. Schopf (1999) als „Darwins Dilemma" bezeichnet. In diesem Abschnitt wird dargelegt, dass seit 1990 eine Vielzahl versteinerter Mikroorganismen in präkambrischen Sedimenten entdeckt und beschrieben wurden, so dass dieses „Dilemma" heute nicht mehr besteht.

Kosmisches Urgestein und Meteoriten. Wir unterteilen das Präkambrium in die beiden Ären Archaikum (Urzeit) und Proterozoikum (Frühzeit). Aufgrund der radiometrischen Datierungen wissen wir, dass das Präkambrium nahezu 90% der Erdgeschichte umfasst: Es erstreckt sich vom Zeitpunkt der Entstehung unseres Planeten (vor etwa 4600 Millionen Jahren) bis zum Beginn des Kambriums (vor 542 Millionen Jahren) (Abb. 4.3). Das *Archaikum* umfasst etwa die erste Hälfte des Präkambriums; es endete vor 2500 Millionen Jahren. Weltweit durchgeführte radiometrische Altersbestimmungen an Steinmeteoriten haben gezeigt, dass die Urmaterie, aus der unser Sonnensystem hervorgegangen ist, nahezu 4600 Millionen Jahre alt ist. Dieses geologische Alter entspricht etwa dem der ältesten Gesteine des Mondes. Die Erde, der Mond und die anderen Planeten unseres Sonnensystems (Merkur, Venus, Mars, Jupiter, Saturn, Uranus, Neptun, Pluto) entstanden etwa zur gleichen Zeit aus einer rotierenden Staubwolke durch Kondensationsprozesse von Materie. Als kosmische Überreste der Urmaterie kreisen noch heute Hunderttausende verschieden große Steinbrocken (Asteroide) zwischen den Planeten Mars und Jupiter. Dieser „Asteroiden-Gürtel" bildet eine diffuse Scheibe aus kosmischem Urgestein, das bei der Planetenbildung übriggeblieben ist.

Der Schalenbau der Erde mit der Einteilung in Kruste, Mantel und Kern entstand vermutlich aufgrund unterschiedlicher Dichten des Urmaterials während der frühen Phase der Erdgeschichte. Die Materie des Erdkerns ist rund 4400, die ältesten Gesteine der aus beweglichen Kontinentalplatten bestehenden Erdkruste sind etwa 4200 Millionen Jahre alt. Während dieser frühen Periode des Archaikums gingen auf die junge Erde zahlreiche

ÄRA Periode/*Epoche*	Beginn vor (Mio.J.)	Wichtigste geologische und biologische Ereignisse (Mio.J.)
KÄNOZOIKUM		
Quartär/*Holozän*	0,01	Aussterben der Großsäuger, *Homo sapiens*
Pleistozän	1,8	Kontinente in heutiger Position, Eiszeiten
Tertiär/*Pliozän*	5,3	Höhere Primaten, frühe Menschenaffen
Miozän	23	Abkühlung, Grasflächen, Großsäuger, erste Primaten
Oligozän	34	Sämtliche Säugetiergruppen nachgewiesen
Eozän	56	Säugetiere nehmen an Artenvielfalt zu
Paläozän	65	Angiospermen, zahlreiche Kleinsäuger, Urpferde, Vögel
MESOZOIKUM		Massenaussterben (Saurier, Ammoniten)
Kreide		Gymnospermen gehen zurück, zahlreiche Angiospermen
		Saurier beherrschen das Land, das Meer und den Luftraum
		Urvögel entwickeln das Flugvermögen
		Erste Angiospermen, verschiedene Kleinsäuger
	145	Kontinente getrennt, Wärmeperiode, hoher Meeresspiegel
Jura		Flug- und Meeres-Saurier, erste Kleinsäuger
		Ammoniten, zahlreiche Dinosaurier, Urvögel
	200	Kontinente trennen sich, Gymnospermen dominant
Trias		Zahlreiche Reptilien, Massenaussterben
		Trockenperiode, Gymnospermen, erste Dinosaurier
	251	Erwärmung , Kontinente zu Pangaea vereinigt
PALÄOZOIKUM		Naturkatastrophe: Massenaussterben (Meeres- u. Landtiere)
Perm		Amphibien nehmen ab, Reptilien nehmen zu
		Wärmeperiode, Gymnospermen, zahlreiche Insekten
	299	Kontinente vereinigen sich zu Pangaea
Karbon		Amphibien, erste Reptilien, geflügelte Insekten
		Stürme, Sümpfe, Ursprung der Kohle
		Farnwälder, Bärlappe, Schachtelhalme
	359	Gondwanaland und nördliche Kontinente
Devon		Erste Landwirbeltiere: Amphibien, Massenaussterben
		Panzerfische, terrestrische Arthropoden
	416	Moose, Farne, Schachtelhalme, Insekten
Silur		Algen, erste Landpflanzen mit Generationswechsel
	444	Insekten, Fische mit Kieferapparat, aquatische Arthropoden
Ordovizium		Massenaussterben vieler Meerestiere
	488	Algen, kieferlose Knochenfische, Nautiloide, Trilobiten
Kambrium		Algen, wirbellose Tiere, Trilobiten, kieferlose Fische
	542	Kambrische Explosion: zahlreiche hartschalige Fossilien
PROTEROZOIKUM		Mehrzeller: Algen, Schwämme, wirbellose Ur-Tiere (570)
		Fadenförmige Algen (1200), Ediacara-Fauna (580)
		Leben nur im Meer, erste Eucyten (2000)
	2500	Anstieg des Sauerstoffgehalts der Atmosphäre (2500)
ARCHAIKUM		Urlebewesen (Protocyten/Mikrofossilien) (3500)
		Urmeere, Blitze, Vulkane, chemische Evolution (4000)
		Meteoriteneinschläge, älteste Gesteine (4200)
	4600	Entstehung der Erde (4600) und des Mondes (4500)

Abb. 4.3 Geologische Zeitskala mit einer Auflistung der wichtigsten Ereignisse im Verlauf der Erdgeschichte. Die geochronologischen Daten (Einheit: Millionen Jahre) sind jeweils mit einem Fehler von bis zu ± 1 % behaftet. Dieser Skala liegen die gerundeten Werte der Autoren F. M. Gradstein et al. zugrunde (A Geologic Time Scale 2004; s. S. 289) (nach Whitefield, J.: Nature 429, 124–125, 2004).

Meteoriten nieder, die jedoch wegen der dynamischen Kruste der Erde heute keine Spuren mehr hinterlassen haben (Meteoriten sind aus dem Weltall stammende Asteroide, die als feste Materiebrocken auftreffen). Während derselben Zeit entstanden infolge zahlreicher Meteoriteneinschläge die meisten Krater des Mondes, die noch heute sichtbar sind. Die frühe Erdatmosphäre war frei von Sauerstoff (anaerob); es gab heftige Gewitter mit Blitzeinschlägen, begleitet von zahlreichen Vulkanausbrüchen (s. Kap. 5). Die Urmeere bildeten sich infolge der langsamen Abkühlung des Planeten (Kondensation des teilweise aus Meteoritengestein stammenden Wasserdampfes an den erkaltenden Gesteinsbrocken). Die hier beschriebenen geologischen Ereignisse sind in Abbildung 4.41 (S. 126) veranschaulicht.

In den warmen, flachen Meeren der jungen Erde entstanden vor etwa 4000 Millionen Jahren aus unbelebter Materie die ersten einzelligen Urlebewesen. Dieser Prozess wird als *chemische Evolution* bezeichnet und ist in Kapitel 5 ausführlich dargestellt.

Präkambrische Mikrofossilien. Der Nachweis, dass bereits vor etwa 3800 Millionen Jahren primitive marine Urorganismen die warmen Gewässer bewohnten, wurde erstmals 1996 erbracht. Bei der Analyse von Kohlenstoffeinschlüssen in 3850 Millionen Jahre alten Apatitkristallen aus Westgrönland haben Geochemiker Verhältnisse stabiler Isotope gefunden, wie sie nur bei Kohlenstoff auftreten, der aus Lebewesen stammt. Die untersuchten Kristalle bestanden aus Karbonathydroxyfluorapatit; dieses Material wird beim mikrobiellen Abbau von Biomasse produziert. Solche Kristalle enthalten häufig auch Einschlüsse von organischen Substanzen. Die grünen Pflanzen assimilieren bei der Photosynthese bevorzugt Kohlendioxid, welches das leichte Kohlenstoffisotop ^{12}C enthält; schwereres ^{13}C-haltiges CO_2 wird in geringerer Rate aufgenommen. Biomassen (Assimilate) und deren Abbauprodukte enthalten daher um 20–30 Promille (‰) weniger ^{13}C als Kohlenstoffverbindungen, die anorganischen Ursprungs sind (z. B. Hydrogenkarbonat im Meer). Die untersuchten organischen Einschlüsse in den Apatitkristallen enthielten nur sehr geringe Kohlenstoffmengen. Unter Einsatz der Ion-Mikroprobenmessung konnten die ^{12}C-/^{13}C-Verhältnisse (‰) im Innern der Kristalle jedoch sehr genau gemessen werden. Die Werte entsprachen jenen, welche in lebenden, photosynthetisch aktiven Blaualgen (Cyanobakterien) gemessen werden. Atmosphärisches CO_2, Hydrogenkarbonat aus Meerwasser oder Kalksteine, die zur Kontrolle analysiert wurden, enthielten signifikant geringere ^{12}C-/^{13}C-Verhältnisse. Aus diesen Untersuchungen folgt, dass bereits vor etwa 3800 Millionen Jahren die warmen Urmeere von photosynthetisch aktiven Mikroorganismen besiedelt waren, deren Fossilien jedoch nicht erhalten sind (Knoll, 2003; Eiler, 2007).

Die ältesten, relativ gut erhaltenen Mikrofossilien des Archaikums wurden in Westaustralien entdeckt. Mitarbeiter der amerikanischen *Precambrian Paleobiology Research Group* analysierten Basaltschichten von Gesteinen, die mit Hilfe der Uran-Blei-Methode auf 3000–3600 Millionen Jahre datiert wurden. In Schichten, die 3460 ± 2 Millionen Jahre alt sind, fanden die Mikropaläontologen Anfang der 1990er-Jahre fadenförmige Abdrucke mehrzelliger Urorganismen, die an noch heute lebende Cyanobakterien erinnern. Aufgrund der Größe der Einzelzellen (Länge und Breite < 10 µm) ist es sehr wahrscheinlich, dass hier fossile Protocyten vorliegen. Die Zellen höherer Organismen (Eucyten) sind in der Regel deutlich größer. Es wurden mehrere fossile Gattungen mit zahlreichen Arten (Morphospezies) beschrieben (Abb. 4.4 A). Zum Vergleich ist das Foto eines Cyanobakteriums der Gattung *Anabaena* beigefügt. Es wird deutlich, dass die fadenförmigen, rund 3500 Millionen Jahre alten Urorganismen den rezenten Cyanobakterien (Protocyten) sehr ähnlich sind. Analysen der ^{12}C-/^{13}C-Verhältnisse in kohlenstoffhaltigen Schichten derselben Gesteine ergaben Isotopenrelationen (‰), wie sie in lebenden, photosynthetisch aktiven Organismen anzutreffen sind (Schopf, 1999; Levin, 2003).

Aus diesen Beobachtungen und Laboranalysen folgt, dass die Urmeere des Archaikums bereits vor rund 3500 Millionen Jahren mit einfachen, fadenförmigen, cyanobakterienartigen Mikroorganismen besiedelt waren, die möglicherweise anoxigene Photosynthese betrieben haben. In archaischen Sedimentschichten (Buck Reef Chert) von Südafrika, die auf ein Alter von 3416 Millionen Jahren datiert wurden, konnten amerikanische Paläobiologen versteinerte Mikrobenmatten nachweisen, die aus fadenförmigen Bakterien zusammengesetzt waren (Tice und Lowe, 2004). Chemische Analysen dieser mikroskopisch kleinen Versteinerungen führten zum Resultat, dass diese massenhaft in Flachwasserzonen der Urmeere nachgewiesenen Bakterien zu einer anoxigenen Photosynthese fähig waren (lichtgetriebene Assimilation von Kohlendioxid ohne Sauerstoffproduktion).

Seit den 1980er-Jahren kennen wir sogenannte „versteinerte Mikrobenmatten“ (Stromatolithen), die aus fossilen, fadenförmigen Ur-Mikroorganismen (vermutlich Cyanobakterien) und zwischengelagerte dünne Steinschichten aufgebaut sind. Diese an vielen Orten der Welt entdeckten Stromatolithen (Abb. 4.4 B) wurden auf ein Alter von ca. 3500 bis 2000 Millionen Jahren vor heute datiert. Die vermutlich zur oxigenen (d.h. Sauerstoff-produzierenden) Photosynthese fähigen Lebensgemeinschaften fadenförmiger Mikroben dominierten die Urozeane über Jahrmillionen hinweg (Awramik, 2006; Thamdrup, 2007).

4.4 Proterozoikum: die Entstehung komplexer Zellen

Die zweite Hälfte des Präkambriums, die als Proterozoikum bezeichnet wird (Zeitraum vor 2500–542 Millionen Jahren), ist durch eine Reihe entscheidender biologischer Ereignisse gekennzeichnet. Zunächst wollen wir die Zusammensetzung der Erdatmosphäre diskutieren.

Oxigene Photosynthese. Geochemische Untersuchungen zur Stabilität archaisch-proterozoischer Mineralproben (Eisen- und Uranoxide) ergaben, dass der Sauerstoff(O_2)-Gehalt während des Archaikums gering und die Kohlendioxid(CO_2)-Konzentration relativ hoch war. Die frühe Erdatmosphäre war somit *anaerob*; wir gehen davon aus, dass sich die aquatischen Urlebewesen in der „Ursuppe" über Gärungsprozesse ernährt haben. Vor etwa 2300 Millionen Jahren erfolgte ein relativ rascher Anstieg des O_2-Gehalts der Ozeane; infolgedessen erreichte der Sauerstoffgehalt vor etwa 580 Millionen Jahren den Wert von 3 Vol.-% O_2 (s. Tab. 1.1, S. 23). Die in Abbildung 4.4 dargestellten Mikroorganismen (bzw. Stromatolithen) waren (bzw. enthielten) möglicherweise die photosynthetisch aktiven Vorläufer unserer heutigen Cyanobakterien. Durch oxigene Photosynthese (Photolyse des Wassers: $2\,H_2O + \text{Licht} \rightarrow O_2 + 4\,H$; Synthese von Kohlenhydraten) waren sie vermutlich in der Lage, die zur Reduktion des atmosphärischen CO_2 notwendigen Wasserstoff(H)-Atome zu gewinnen. Der hierbei freigesetzte Sauerstoff wurde zunächst über die Bildung von Eisenoxiden in den Urmeeren gebunden. Nachdem diese „Puffer" erschöpft waren, gelangte der photosynthetisch erzeugte Sauerstoff in die Atmosphäre, reicherte sich dort an und leitete somit die *aerobe* Ära der Evolution ein. Einige der heterotrophen aquatischen Lebewesen waren nun in der Lage, sich über Zellatmungsprozesse zu ernähren. Da der Sauerstoff für anaerobe Gärungsmikroorganismen ein tödliches Gas ist, nehmen wir an, dass es infolge eines Anstiegs des O_2-Gehalts zu einem ersten *Massenaussterben* vieler Urlebewesen kam. Als Resultat der steigenden atmosphärischen O_2-Konzentration bildete sich eine *Ozonschicht* aus, welche die für Lebewesen schädliche ultraviolette Sonnenstrahlung absorbierte und einen „Schutzschirm" bildete. Die für Silur und Devon durch das Fossilienmuster dokumentierte Besiedelung des Festlandes mit Pflanzen und Amphibien war nur infolge der hier diskutierten Stoffwechselprozesse möglich.

Ursprung der Eucyte. Ein weiteres entscheidendes biologisches Ereignis in den Urmeeren des Proterozoikums war die Entstehung komplexer, mit echtem Kern (Nucleus) versehener Zellen (Eucyten). Bis zu einer Zeit vor etwa 2000 Millionen

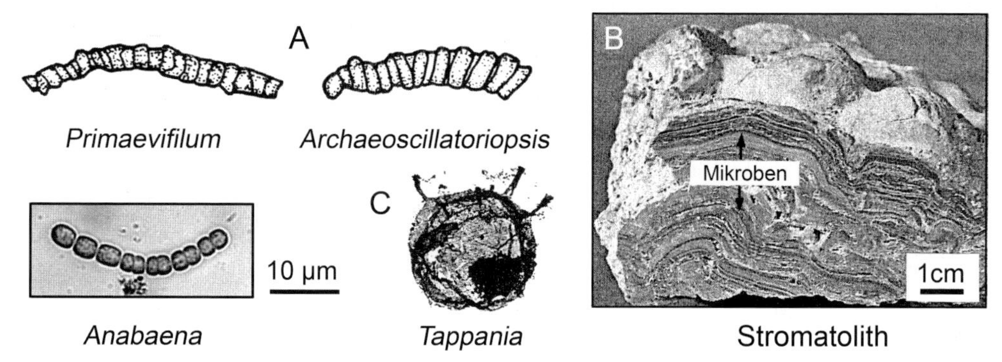

Abb. 4.4 Präkambrische Fossilien aus dem Archaikum. Kohlenstoffhaltige Mikroben eines etwa 3500 Millionen Jahre alten Sedimentgesteins aus Westaustralien (Archaikum). Die Zellabdrücke der fadenförmigen Urorganismen *(Primaevifilum, Archaeoscillatoriopsis)* waren aus Protocyten zusammengesetzt. Zum Vergleich ist das Photo eines rezenten Cyanobakteriums *(Anabaena)* beigefügt (A). Querschnitt durch eine versteinerte Mikrobenmatte (Stromatolith), etwa 3500 Millionen Jahre alt; an Cyanobakterien erinnernde Mikrobenschichten sind mit Pfeilen markiert (B). Älteste eukaryotische fossil erhaltene Algenzelle (*Tappania*), etwa 1500 Millionen Jahre alt (C) (nach Knoll, A.H.: Life on a Young Planet. Princeton, 2003).

Jahren ist durch Mikrofossilfunde die Existenz zahlreicher Cyanobakterien dokumentiert. Diese bestehen aus einfach gebauten, relativ kleinen Protocyten, die – wie heutige Bakterienzellen – keinen membranumgrenzten Kern aufweisen (s. Abb. 4.4 A). Die ersten fossilen Spuren eukaryotischer Zellen wurden in etwa 2000 Millionen Jahren alten Gesteinen entdeckt (z. B. die fadenförmige Alge *Grypania*). Die Interpretation dieser einzelligen Lebensspuren ist jedoch nicht einfach und daher noch Gegenstand der Diskussion. Als gesichert gilt heute die auf ca. 1500 Millionen Jahre datierte Ur-Eucyte *Tappania* (Abb. 4.4 C), die auch als „Acritarch" bezeichnet wird (von einer Hülle umschlossene kernhaltige Algenzelle). Wir werden in Kapitel 6 die Problematik der Evolution der Eucyte im Detail diskutieren.

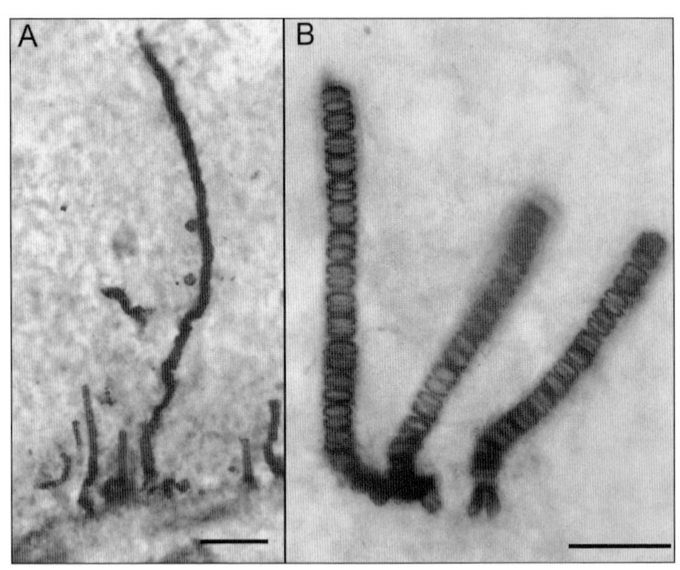

Abb. 4.5 Präkambrische eukaryotische Fossilien (Rotalgen) aus der kanadischen Huntington Formation (Alter ca. 1200 Millionen Jahre). Populationen vertikal orientierter Algen (*Bangiomorpha*), die ein festes Substrat besiedeln (A) und drei aus Einzelzellen zusammengesetzte Filamente mit einem basalen Befestigungskörper (B). Balken: 100 bzw. 50 µm (nach: Kutschera, U. & Niklas, K.J.: Naturwissenschaften 91, 255–276, 2004).

Mehrzellige Algen. Die eukaryotischen Einzeller der Urmeere lagerten sich zu größeren Aggregaten zusammen. Der Zeitpunkt der Entstehung dieser ersten aquatischen Mehrzeller ist unbekannt. Fossilfunde aus dem Jahr 1990 haben gezeigt, dass in 1250 bis 750 Millionen Jahre alten Sedimentgesteinen die Reste mehrzelliger Algen eingeschlossen sind. Diese ältesten aus fadenförmigen Zellreihen aufgebauten (fossilen) Eukaryoten sind den rezenten Rotalgen der Gattung *Bangia* sehr ähnlich und wurden daher mit dem Namen *Bangiomorpha* versehen (Abb. 4.5). Diese Fossilfunde haben zu der Erkenntnis geführt, dass sich *Bangiomorpha*-Individuen aus Einzelzellen entwickelt haben. Die moderne Paläobiologie kann somit Ontogenesen rekonstruieren, die vor 1200 Millionen Jahren stattgefunden haben und in Sedimentgesteinen „fixiert" wurden (Abb. 4.6). Aus diesen Fossilfunden folgt, dass die Urmeere im Proterozoikum von mehrzelligen Algen besiedelt waren.

Ediacara-Wesen. Gegen Ende des Proterozoikums tauchen im Fossilienmuster vielzellige Lebewesen auf, die zuerst nur in den Gesteinen der Ediacara-Berge von Südaustralien gefunden wurden. Seit der 1947 erfolgten Erstbeschreibung dieser sogenannten *Ediacara-Fauna*, die vor etwa 580 ± 10 Millionen Jahren die präkambrischen Flachgewässer besiedelte, wurden immer neue Arten entdeckt. Heute sind mehrere hundert verschiedene Morphospezies bekannt, die als weiche, skelettlose Gestalten in Form von Abdrücken in grobkörnigen

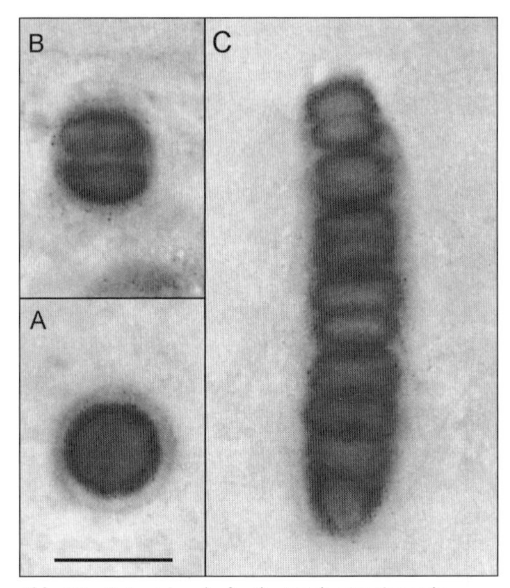

Abb. 4.6 Ontogenese der fossilen Rotalge *Bangiomorpha*, rekonstruiert aus Dünnschnitten ca. 1200 Millionen Jahre alter Sedimentgesteine. Einzelzelle (A), nach erfolgter Zellteilung (B) und wachsender mehrzelliger Algenfaden (C). Balken: 10 µm (nach Butterfield, N.J. Paleobiology 26, 386–404, 2000).

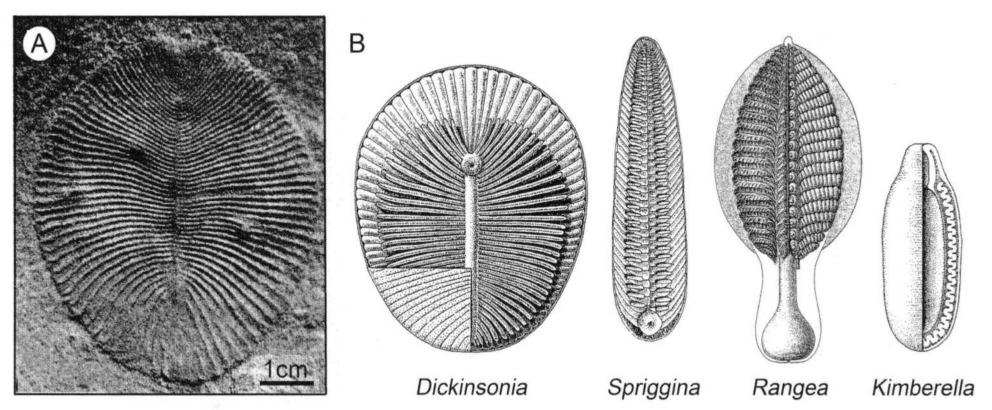

Abb. 4.7 Ediacara-Wesen aus dem späten Proterozoikum (ca. 570 Millionen Jahre alt). Original-Versteinerung (*Dickinsonia*) (A) und schematische Darstellung (bzw. Rekonstruktion) der folgenden Gattungen: *Dickinsonia*, *Spriggina*, *Rangea* und *Kimberella* (B) (nach Dzik, J.: Integr. Comp. Biol. 43, 114–126, 2003).

Sedimentschichten erhalten sind (Abb. 4.7 A, B). Eine Rekonstruktion der Ediacara-Fauna der präkambrischen Meere ist in Abbildung 4.8 wiedergegeben. Wir finden eigenartige festgewachsene Seefedern (z. B. *Phyllozoon*), segmentierte, frei bewegliche wurmartige Tiere *(Dickinsonia, Spriggina)*, an heutige Quallen erinnernde Organismen *(Ernietta)* und Tiere, die mit heutigen Seeigeln verwandt sein könnten *(Tribrachidium)*. Diese skelettlosen Organismen waren zwischen 2 und 80 cm lang. Einige Paläobiologen vertreten die Ansicht, die Ediacara-Wesen seien weder Tiere noch Pflanzen gewesen; sie seien als „mit Schleim gefüllte abgesteppte Luftmatratzen" zu interpretieren und daher als eigene Organismengruppe (Vendobionta) zu bezeichnen (Narbonne, 2005).

Die Frage, ob die wirbellosen „Weichlinge" der Ediacara-Fauna mit Beginn des Kambriums ausgestorben sind oder ob sie die Vorläufer verschiedener Tierformen der nächsten geologischen Ära repräsentieren, wird unter Paläontologen noch kontrovers diskutiert. Einige Fachleute vertreten

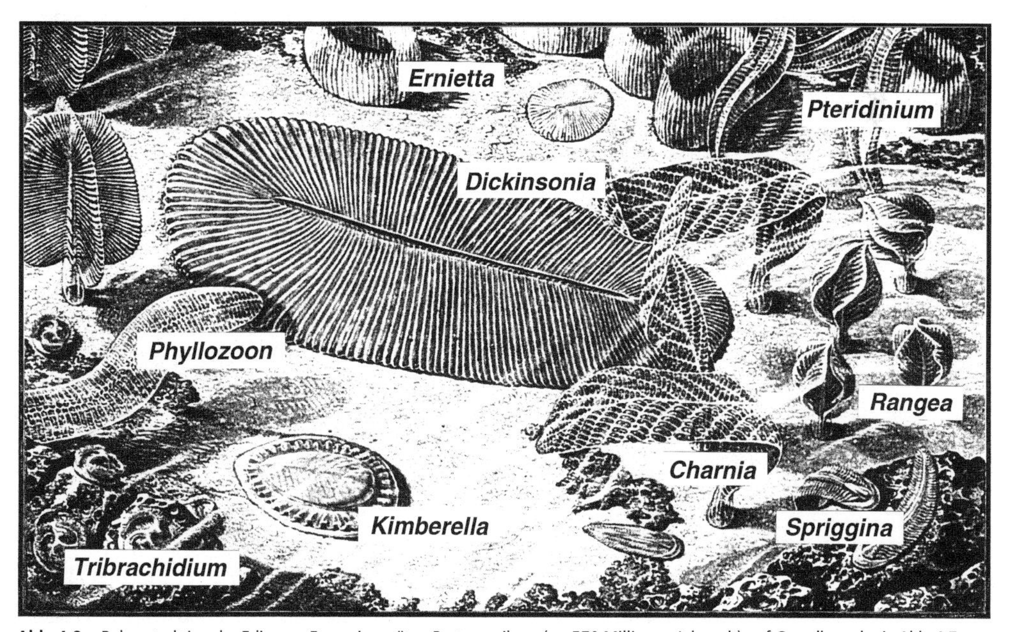

Abb. 4.8 Rekonstruktion der Ediacara-Fauna im späten Proterozoikum (ca. 570 Millionen Jahre alt) auf Grundlage der in Abb. 4.7 dargestellten Fossilien. Wir wissen nicht, ob die abgebildeten Organismen Tiere oder Pflanzen waren (verändert nach einer Grafik der National Geographic Society, 1998).

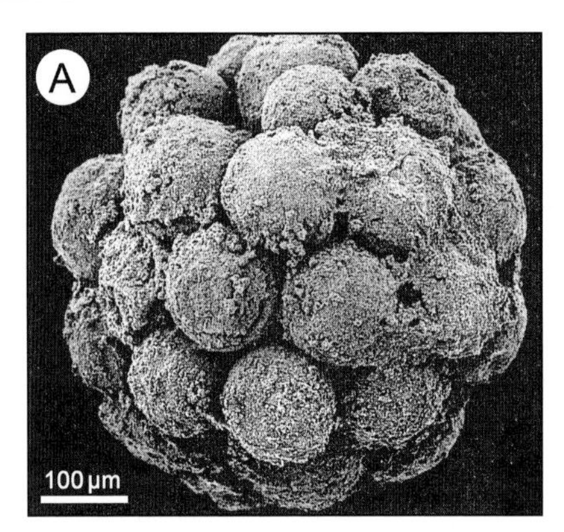

Abb. 4.9 Versteinerte Tier-Embryonen aus der Doushantuo-Formation (Südchina) des späten Proterozoikums (ca. 570 Millionen Jahre alt). Das kugelförmige Mikrofossil *Parapandorina* hat einen Durchmesser von 500–1000 µm und wird als kugelförmige Embryo-Vorstufe interpretiert. Manche Mikrofossilien sind von einer Hülle umgeben (links), andere versteinerte Zellhaufen sind nackt (nach XIAO, S. & KNOLL, A.H.: J. Paleontol. 74, 767–788, 2000).

die Ansicht, Formen wie z.B. *Spriggina* (Abb. 4.7 B, 4.8) seien die Vorfahren der heutigen Ringelwürmer (Anneliden). Die Ediacara-Fauna zeigt indes, dass bereits vor Beginn des Kambriums zahlreiche Vielzeller (Metazoa) nachweisbar sind, die vor etwa 580 Millionen Jahren die Meere besiedelt haben. Da die Ediacara-Wesen skelettlose Weichtiere waren, wurden sie von den hartschaligen Krebsen des Kambriums verdrängt (möglicherweise zum Großteil aufgefressen).

Versteinerte Embryonen. Im Jahr 1998 wurden weitere präkambrische Fossilfunde beschrieben. In 570 ± 20 Millionen Jahre alten Gesteinen der Doushantuo-Formation (Südchina) entdeckten Paläobiologen versteinerte vielzellige Algen und Schwämme sowie die Embryo-Vorstufen (Blastulae) von Tieren. Diese Fossilien sind so gut erhalten, dass selbst zelluläre Strukturen deutlich erkennbar sind (Abb. 4.9). Die Fossilfunde beweisen, dass bereits vor Beginn des Paläozoikums in präkambrischen Schichten mehrzellige Organismen (Algen, Metazoa) anzutreffen waren (Abb. 4.5 bis 4.9) (YIN et al., 2007). Die im nächsten Abschnitt dargestellte „kambrische Explosion", d.h. das „plötzliche" Auftreten zahlreicher hartschaliger, höher entwickelter Lebensformen, hatte somit bereits im späten Proterozoikum ihren Ursprung.

Nach einer von J.W. SCHOPF (1999) formulierten „Hypobrachytely-Hypothese" verlief die Evolution in den Urmeeren des Präkambriums (Archaikum, Proterozoikum) so extrem langsam, weil sich die prokaryotischen Mikroorganismen nur vegetativ (asexuell) vermehrten. Mit der „Erfindung" der zweigeschlechtlichen (sexuellen) Reproduktion im frühen Paläozoikum soll ein „Schub" in der Evolutionsrate erfolgt sein. Möglicherweise war jedoch das Überschreiten einer kritischen Sauerstoffkonzentration in der Luft (und im Wasser) der entscheidende Auslöser im Fortschreiten der Stammensentwicklung der Organismen (s. Tab. 1.1, S. 23 und Kap. 7).

Klimaänderungen. Welche klimatischen Verhältnisse herrschten gegen Ende des Proterozoikums? Untersuchungen zur Feinstruktur präkambrischer Gesteinsschichten führten zu der Hypothese, dass unser Planet vor etwa 700 bis 600 Millionen Jahren nahezu völlig zugefroren war, weil sich die Kontinentalplatten am Äquator angeordnet hatten. Gemäß dieser „Schneeball-Erde-Theorie" waren die Meere im späten Proterozoikum weitgehend mit Eis bedeckt, wobei nur die zahlreichen Untermeeresvulkane lokal lebensfreundliche Unterwassertemperaturen gewährleisteten. In diesen ökologischen Nischen sollen die urtümlichen Lebewesen des Präkambriums (Abb. 4.4 bis 4.9) diese lange Kälteperiode überdauert haben. Mit Beginn des Kambriums tauten die Eisplatten infolge weltweiter Vulkanaktivitäten wieder auf: Eine Wärmeperiode mit rascher Entfaltung neuer aquatischer Lebensformen setzte ein (Kambrische Explosion, Dauer ca. 10–15 Mio. J., MARSHALL, 2006).

4.5 Paläozoikum: Zeitalter der ältesten hartschaligen Lebewesen

Die auf das Proterozoikum folgende geologische Ära wird als Paläozoikum (Erdaltertum) bezeichnet. Dieser Zeitabschnitt lässt sich als die „Zeitspanne des uralten Tierlebens" übersetzen. Wie Abbildung 4.3 zeigt, umfasste das Paläozoikum (vor 542–251 Millionen Jahren) die Perioden Kambrium, Ordovizium, Silur, Devon, Karbon und Perm. Diese Ära ist durch einen „raschen" (d.h. in 10–15 Mio. J. abgelaufenen) Anstieg in der Anzahl fossil auffindbarer Tiere mit Hartteilen gekennzeichnet. Entscheidende Ereignisse, wie die Eroberung des Festlandes durch Pflanzen, Insekten und Wirbeltiere, sind im Fossilienmuster der verschiedenen Perioden des Paläozoikums dokumentiert. Wir wollen diese Stufen in der Phylogenese der Organismen im Detail kennen lernen.

Kambrium. Das „Zeitalter der Trilobiten" (vor 542–488 Millionen Jahren) war eine Periode, die durch eine „explosionsartige" Zunahme der Artenvielfalt im Fossilienmuster gekennzeichnet ist (Abb. 4.10). Das Leben war auf die Meere beschränkt, während das Festland noch aus kahlen Stein- und Sandwüsten bestand. Wir finden in kambrischen Gesteinsschichten die Spuren von Algen und einer Vielzahl wirbelloser Tiere, die – im Gegensatz zu den Vertretern der Ediacara-Fauna – über Hartteile wie Panzer oder Gehäuse verfügten. Die bei weitem häufigsten Invertebraten dieser Periode waren die Trilobiten oder „Dreilapper" (Originalfossilien s. Abb. 4.2). Dies sind Gliederfüßer (Arthropoden) mit zahlreichen paarigen Spaltfüßen und segmentiertem Körper. Der umfangreiche Tierstamm der Arthropoden umfasst neben den ausgestorbenen Trilobiten (Trilobitomorpha) die Spinnentiere (Chelicerata), die Krebse (Crustacea) und die Tracheentiere (Tracheata, d.h. Tausendfüßer, Chilopoda, und Kerbtiere, Insecta). Trilobiten sind nicht mit den Krebsen verwandt; sie bilden, wie bereits gesagt, eine eigene Arthropodengruppe und gelten als Leitfossilien des Kambriums. Abbildung 4.11 A zeigt eine Steinplatte mit zahlreichen Fossilien und die Rekonstruktion eines Trilobiten *(Holmia)*. Das verkalkte Außenskelett diente zum Schutz des Weichkörpers, der zahlreiche Laufbeine sowie Mundwerkzeuge zum Zerkleinern von Nahrungspartikeln aufweist. Bis heute wurden über tausend fossile Trilobitomorpha-Arten beschrieben (Morphospezies). Die Mehrzahl der 2 bis 40 cm großen Hartschaler lebte auf dem Meeresboden. Am Ende des Paläozoikums (vor 251 Millionen Jahren) starben die letzten Trilobiten aus: Diese Arthropoden lebten als

Abb. 4.10 Tier- und Pflanzenwelt im Erdaltertum (Paläozoikum). Die Urmeere des Kambriums und Ordoviziums waren von asselähnlichen Trilobiten (1), muschelähnlichen Brachiopoden (2) und gestielten Seelilien (Crinoiden) besiedelt (3). Mehrzellige Algen bildeten die Unterwasservegetation (4). Die abgebildeten Organismen lebten vor etwa 500 Millionen Jahren.

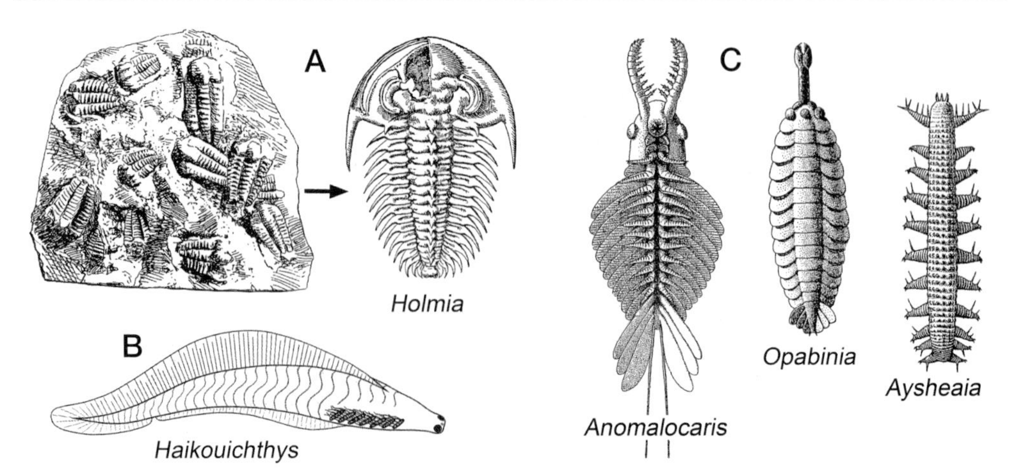

Abb. 4.11 Fossile Tiere aus dem Kambrium (Paläozoikum). Rückenpanzer auf einer etwa 500 Millionen Jahre alten Steinplatte und Dorsalansicht des Trilobiten *Holmia* (A). Rekonstruktion des nur wenige Zentimeter langen, 530 Millionen Jahre alten Ur-Chordatiers *Haikouichthys* (B) (nach Zhang, X-G. & Hou, X-G.: J. Evol. Biol. 17, 1162–1166, 2004). Schematische Darstellung repräsentativer kambrischer Ur-Organismen aus dem kanadischen Burgess-Schiefer: *Anomalocaris, Opabinia, Aysheaia*; Alter ca. 530 Millionen Jahre (C) (nach Dzik, J. Palaeontology 46, 93–112, 2003).

Tiergruppe etwa 300 Millionen Jahre lang. Keine andere Organismengruppe überdauerte einen derart großen Zeitraum.

Weitere wichtige Vertreter der Invertebraten-Fauna des Kambriums waren die an Muscheln erinnernden Armfüßer (Brachiopoden). Diese Meeresbewohner hatten ihre Blütezeit im Erdaltertum und wurden später weitgehend durch Muscheln und Schnecken verdrängt. In Abbildung 4.13 A ist ein fossiler Brachiopode *(Orthida)* dargestellt. Schwämme, Korallen, kleine Weichtiere und die ersten Vorläufer kieferloser Fische bildeten die Begleitfauna. Vor einigen Jahren wurden in kambrischen Gesteinsschichten kleine, nur wenige Zen-

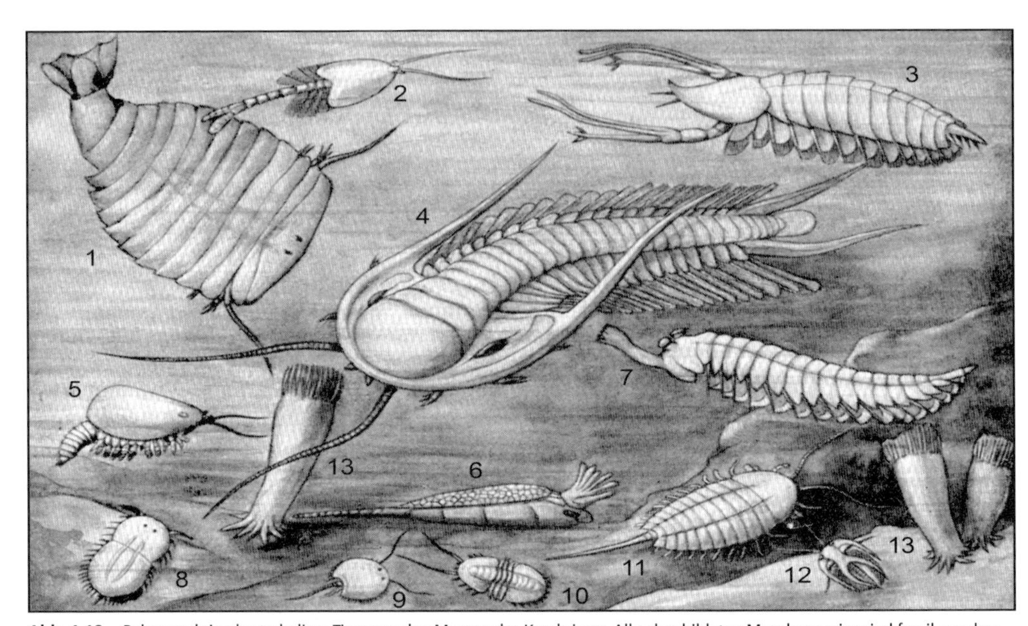

Abb. 4.12 Rekonstruktion hartschaliger Tiere aus den Meeren des Kambriums. Alle abgebildeten Morphospezies sind fossil aus dem Mittelkambrium bekannt. Verschiedene Krebstiere (1 *Sidneya*, 2 *Waptia* , 3 *Leanchoilia*, 5 *Hymenocaris*, 7 *Opabinia*, 9 *Burgessia*, 12 *Marrella*), Spinnentiere und Schwertschwänze (8 *Naraoia*, 11 *Emeraldella*), Trilobiten (4 *Paradoxides*, 10 *Eodiscus*), Stachelhäuter (6 *Pyrocystis*) und Riff-bildende Bechertiere (13 *Archaeocyatha*) dominierten die Invertebratenfauna. Die Tiere lebten vor etwa 510 Millionen Jahren.

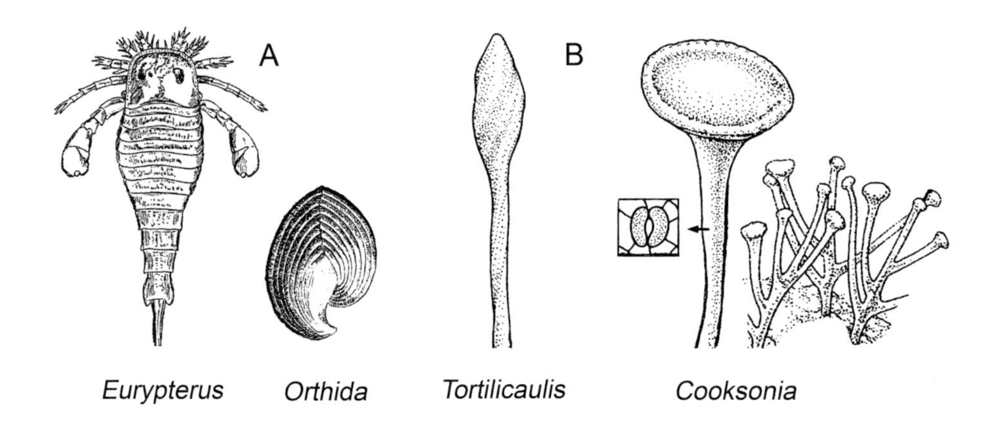

Abb. 4.13 Fossilien aus dem Silur (Paläozoikum). Der Riesen-Seeskorpion (*Eurypterus*) bewohnte die Brack- und Süßwasserregion, der Brachiopode *Orthida* lebte im Meer (A). Sporophyten der ältesten fossil erhaltenen Landpflanzen (Silur/Devon, Paläozoikum) (B). Die etwa 400 Millionen Jahre alten Fossilien (*Tortilicaulis, Cooksonia*) weisen Spaltöffnungen (Stomata) auf. *Cooksonia* bildete dichte Bestände (nach Kendrick, P., Crane, P.R.: Nature 389, 33–39, 1997).

timeter lange Fossilien gefunden, die an primitive Urfische erinnern. Abbildung 4.11 B zeigt das gut erhaltene, etwa 530 Millionen Jahre alte Fossil *Haikouichthys*. Dieses urtümliche, mit einer Rückensaite (Chorda dorsalis) versehene Tier steht an der Basis der Vertebrata: Wir haben in diesem außergewöhnlichen Fossilfund den ersten gemeinsamen Urahnen aller Wirbeltiere vor uns. Es sei erwähnt, dass *Haikouichthys* dem rezenten Ur-Chordatier *Branchiostoma* (Lanzettfischchen) morphologisch ähnlich ist.

Zahlreiche Tiergruppen, die wir seit dem Kambrium kennen, haben bis heute in ihren Nachkommen überlebt. Diese Meeresorganismen repräsentieren die Vorfahren (d. h. die Urtypen) der elf wichtigsten rezenten Tierstämme: Schwämme (Porifera), Moostierchen (Bryozoa), Nesseltiere und Korallen (Cnidaria), Plattwürmer (Plathelminthes), Fadenwürmer (Nematoda), Armfüßer (Brachiopoda), Weichtiere (Mollusca), Ringelwürmer (Annelida), Gliederfüßer (Arthropoda; Krebse, Spinnen- und Tracheentiere wie die Insekten), Stachelhäuter (Echinodermata) und Chorda-Tiere (Chordata; die wichtigsten Vertreter dieser Gruppe sind die Wirbeltiere, Vertebrata). Ein Blick in die Tierwelt der kambrischen Meere zeigt Abbildung 4.12. Die abgebildeten Organismen wurden nach Fossilfunden rekonstruiert, wobei in unserer Graphik nur Wirbellose berücksichtigt sind.

Neben diesen elf Bauplan-Grundtypen, die bis heute erhalten sind und in modifizierten (evolvierten) Formen die wesentlichen Elemente unserer rezenten Fauna bilden, entstanden im Kambrium auch Tiergruppen, die später wieder ausgestorben sind. Eine einzigartige Fossil-Lagerstätte, der Burgess-Schiefer in Kanada, enthält die Versteinerungen wurmförmiger Lebewesen, die vermutlich Tierstämme repräsentieren, die seit Jahrmillionen erloschen sind (z. B. Vertreter der Gattungen *Aysheaia, Opabinia, Anomalocaris*). In Abbildung 4.11 C sind drei Vertreter dieser kanadischen Burgess-Fossilien dargestellt; das Krebstier *Opabinia*, dreidimensional rekonstruiert, schwimmt im phantasievoll wiederhergestellten mittelkambrischen Meer unserer Abbildung 4.12. Die als *Bechertiere* bezeichneten Archaeocyathida bildeten große Riffe. Im Mittelkambrium starben diese Ur-Organismen wieder aus und wurden später durch Korallen und Schwämme ersetzt. Die Frage, warum sich manche aquatischen Tierstämme im Kambrium besser behauptet haben als andere kann noch nicht schlüssig beantwortet werden.

Ordovizium. Vor 488–444 Millionen Jahren war das Leben noch immer auf die mit Algen bewachsenen Meere begrenzt. Die Trilobiten (Abb. 4.10, 4.11 A) entwickelten sich weiter: Neue Arten entstanden, die durch große Komplexaugen gekennzeichnet sind. Die Weichtiere (Mollusken) brachten Formen hervor, die als Nautiloide bezeichnet werden. Einige dieser tintenfischähnlichen Meeresbewohner hatten Gehäuse, die an Eistüten erinnern (s. Abb. 4.14). Die späteren, aus diesen Urformen hervorgegangenen Arten hatten eingerollte Schalen. Eine noch heute lebende Gattung, das „Perlboot"

(Nautilus), ist ein lebendes Fossil aus dem Paläozoikum (s. Abb. 4.42). Dieser rezente Nautiloid hat ein eingerolltes Gehäuse, das an jenes der fossilen Gattung *Trocholithes* aus dem Ordovizium erinnert. Weiterhin bewohnten gestielte Seelilien (Crinoiden), die zu Kolonien vereinigten Moostierchen (Bryozoen), verschiedene Stachelhäuter (Seesterne und Seeigel) und andere Invertebraten die algenreichen Meere. Als Leitfossilien des Ordovizium (und Silur) gelten die *Graptolithen.* Diese Kolonien bildenden marinen Strudler mit röhrenförmigen Außenskelett (Abb. 4.14), welche festsitzende und frei schwimmende Formen hervorgebracht haben, sind im Karbon wieder ausgestorben. Am Ende des Ordoviziums kam es zu einem ersten Massenaussterben zahlreicher Meeresbewohner, über dessen Ursachen keine gesicherten Erkenntnisse vorliegen (weltweite Vulkanausbrüche werden diskutiert).

Silur. Vor 444–416 Millionen Jahren waren die mit Algen bewachsenen Meere von zahlreichen Wirbellosen besiedelt (Trilobiten, Brachiopoden, Mollusken, Bryozoen, Seelilien, Graptolithen usw.). Im Fossilienmuster treten erstmals ganz neuartige Arthropoden auf, die als Riesen-Seeskorpione (Eurypteriden) bezeichnet werden und gewaltige, über 1 m lange Raubtiere waren. Die Eurypteriden (Abb. 4.13 A) starben im Perm wieder aus. Diese Flachwasserbewohner waren die größten Spinnentiere (Chelicerata) der Erdgeschichte. Es bildeten sich große Korallenriffe aus, wobei die Paläobiologen verschiedene Gattungen fossiler Stock- und Hornkorallen beschrieben haben. Ein Blick in die marine Tierwelt des Silur zeigt Abb. 4.14, wobei insbesondere auf den Graptolithen *Glossograptus* hingewiesen werden soll.

Ein Schlüsselereignis gegen Ende des Silurs war das Auftreten erster primitiver Landpflanzen, die aus Grünalgen entstanden sind, die infolge heftiger Stürme immer wieder an Land gespült worden waren. Im Fossilienmuster von Sedimentgesteinen, die älter als 400 Millionen Jahre sind, wurden verschiedene Meeresalgen identifiziert (s. Abb. 4.10). In Gesteinen aus dem Silur, die in ehemaligen Sumpfgebieten verschiedener Erdteile gefunden wurden, entdeckte man Fossilien sehr einfach gebauter Landpflanzen, die an heutige Moose erinnern. In Abbildung 4.13 B sind Vertreter der Gattungen *Tortilicaulis* und *Cooksonia* gegenübergestellt. Es handelt sich um kleine, bis 10 cm hohe Sporophyten, die weder echte Blätter noch Blüten hatten und mit einfachen Wurzeln im Erdreich verankert waren. Die verzweigten Stängel trugen Sporangien; sie bildeten vermutlich große Rasenflächen in der Uferregion der Meere (*Cooksonia*-Bestände, Abb. 4.13 B). Die Fossilfunde zeigen, dass die Sporophyten der Urlandpflanzen Spaltöffnungen (Stomata) hatten. Eine Regulation des Gas-

Abb. 4.14 Rekonstruktion der Tierwelt der Meere des Silur. Zu den Stachelhäutern zählende Seelilien (1 *Cyathocrinus*), frei schwimmende Graptolithen (2 *Glossograptus*), Panzerfische (3 *Poraspis*), Nautiloide (4 *Cyrtoceras*, 6 *Orthoceras*), Riesen-Seeskorpione und kleine Verwandte (5 *Eurypterus*, 12 *Palaeophonus*), Korallen (7 *Syringopora*, 13 *Kethophyllum*), Schnecken (8 *Gyronema*, 9 *Lophospira*), Brachiopoden (10 *Pentamerus*) und Trilobiten (11 *Cryptolithus*, 14 *Asaphus*) besiedelten die Ozeane. Die Tiere lebten etwa vor 430 Millionen Jahren.

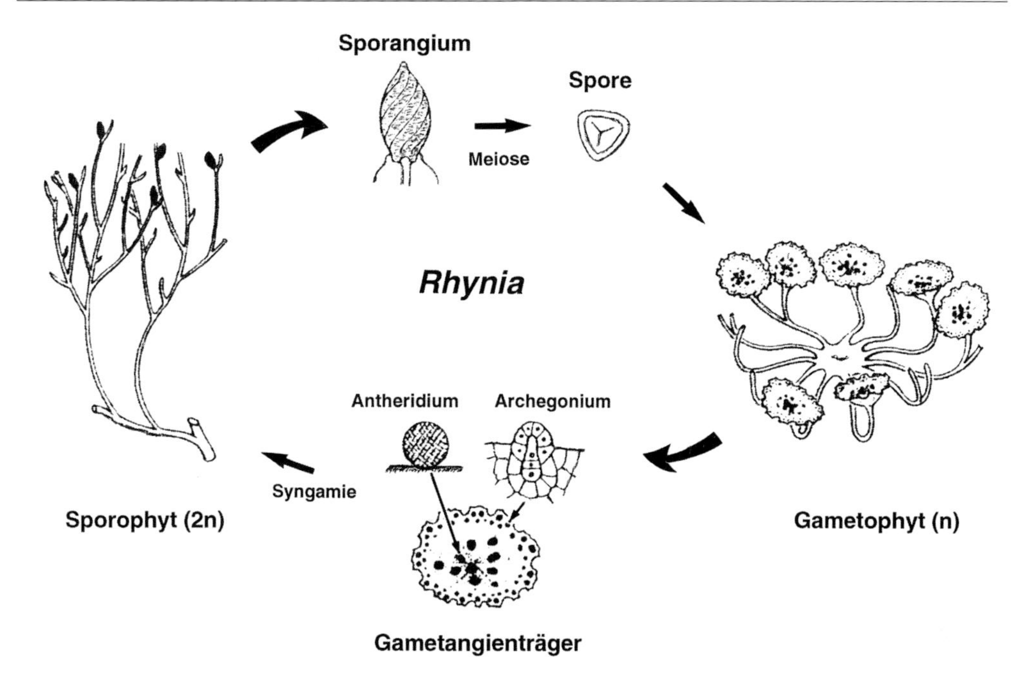

Abb. 4.15 Rekonstruktion des Generationswechsels einer 400 Millionen Jahre alten Urlandpflanze (*Rhynia*) (Devon, Paläozoikum). Der Sporophyt (diploid, 2 n) trägt Sporangien. Die nach Reduktionsteilung (Meiose) gebildeten Sporen bringen nach Ausbreitung und Keimung die Gametophyten hervor (haploid, n). Auf gestielten Gametangienträgern sitzende Sexualorgane (männliche Antheridien und weibliche Archegonien) erzeugen die Gameten (Keimzellen). Nach Verschmelzung derselben (Syngamie) werden die Sporophyten der nächsten Generation hervorgebracht (nach Kendrick, P., Crane, P.R.: Nature 389, 33–39, 1997).

und Wasseraustauschs mit der Atmosphäre war hierdurch gewährleistet.

Sprosshöhen von 1–2 m erreichten die 400 Millionen Jahre alten Urfarngewächse der Gattung *Rhynia* (s. Abb. 4.17). Da neben den Sporophyten auch fossile Gametophyten gefunden wurden, kann der hypothetische *Generationswechsel* der Urlandpflanzen rekonstruiert werden (Abb. 4.15). Die vermutlich mit einem doppelten Chromosomensatz (diploid, 2 n) ausgestatteten vegetativen Sporophyten (sporenbildende Generationen) lebten an Land, während die haploiden (1 n) Gametophyten (gametenbildende Generationen) die Flachwasserzonen besiedelten. Die beiden sich abwechselnden Generationen der Urlandpflanzen besetzten somit zwei verschiedene ökologische Nischen. Bei den höheren Gefäßpflanzen (Farne, Samenpflanzen) ist der Gametophyt drastisch reduziert, so dass nur noch der Sporophyt das makroskopisch sichtbare Gewächs repräsentiert. In Kapitel 7 werden wir die Phylogenese der Landpflanzen im Detail kennen lernen.

Devon. Im „Fischzeitalter" (vor 416–359 Millionen Jahren) stieg die Temperatur der Erdatmosphäre langsam an. In diesem feuchtwarmen Klima entwickelten sich die primitiven Urlandpflanzen rasch weiter; es entstanden Moose, Schachtelhalme, Farne sowie urtümliche Samenpflanzen. Die ersten Arthropoden (Tausendfüßer, Milben, Spinnen) sowie flügellose Insekten (an heutige Springschwänze erinnernde Kerbtiere, wie z. B. das Fossil *Rhyniella*) besiedelten das mit Pflanzen bewachsene Festland.

Die bereits im Kambrium nachweisbaren fischähnlichen Ur-Chordatiere der warmen Meere breiteten sich aus. Kieferlose Fische mit urtümlichem Kopfschild, deren Körper mit Knochenschuppen bedeckt waren (Ostracodermi), kiefertragende Panzerfische (Placodermi) und primitive Knochenfische (Osteichthyes) bildeten die dominierenden Meereswirbeltiere (Abb. 4.16 A). Die ersten Knorpelfische (Chondrichthyes), deren rezente Vertreter die auf das Meer begrenzten, räuberischen Haie sind, hatten im Devon ihren Ursprung. Wir kennen einige fossile Knorpelfische, die aufgrund ihrer Anatomie als Urhaie beschrieben worden sind (z. B. *Cladoselache*).

Das wichtigste Ereignis im Devon war die Eroberung des Festlandes durch aquatische Urwirbeltiere (Meeresfische). Aus welchem Grund haben vor Jahrmillionen einige Wirbeltiere den Lebensraum Wasser verlassen? Es ist wahrscheinlich, dass das reichhaltige Nahrungsangebot in der Uferregion (Pflanzen, Insekten) der entscheidende Faktor war. Als Selektionsdruck für diesen Evolutionsschritt vermuten wir daher Nahrungsknappheit im dicht mit Fischen besiedelten Ozean. Noch heute gibt es Fischgruppen, deren Vertreter stundenweise an Land leben und somit diesen entscheidenden Schritt in der Stammesentwicklung der Wirbeltiere exemplarisch „vorleben" (z.B. Schlammspringer der Gattung *Periophthalmus*, die in tropischen Mangrovenwäldern leben, s. S. 256).

Fossilfunde belegen, dass die ersten Amphibien (Wirbeltiere, die sowohl im Wasser als auch an Land leben) gegen Ende des Devons, d.h. vor etwa 350 Millionen Jahren, entstanden sind. Das älteste fossil erhaltene Landwirbeltier, der etwa 1 m lange Urlurch *Ichthyostega* aus dem späten Devon, ist in Abbildung 4.16 C dargestellt. Das erwachsene Amphibium hatte vier an Fischflossen erinnernde Füße mit jeweils sieben Zehen (die Fünfzehigkeit hat sich erst Jahrmillionen später durchgesetzt). Andererseits zeigte *Ichthyostega* noch zahlreiche Fischmerkmale: Reste der Kiemendeckel sowie der zweiten Rückenflosse, ein Seitenliniensystem und einen typischen Fisch-Schwanz. Der Urlurch vereinigte also Fisch- und Amphibienmerkmale und ist daher als fossile *Zwischenform* zu interpretieren. Wir kennen ein „lebendes Fossil", das mit den primitiven Uramphibien verwandt ist. Dieser sogenannte Quastenflosser (*Latimeria*) wird in Kapitel 11 besprochen.

Der Übergang vom wasserbewohnenden Fisch zum vierfüßigen (tetrapoden) landbewohnenden Amphibium war zweifellos ein entscheidender Schritt in der Evolution der Wirbeltiere. Wir wissen heute, dass dieser Prozess, der mit einer Umwandlung von Flossen in Füße einherging, relativ „rasch" erfolgte: Ein Zeitraum von 9–14 Millionen Jahren wird durch verschiedene Fossilfunde belegt. Der Makroevolutionsschritt Fisch/Amphibium ist nach R.L. CARROLL (1997) und M. J. BENTON (2005) durch folgende datierte Fossilienreihe dokumentiert (Abb. 4.16 B, C).

Eustenopteron (Fisch mit verlängerten Flossen, die Armknochen enthalten, aus dem frühen Devon), *Panderichthys* (eine repräsentative Zwischenform Fisch/Amphibium aus dem mittleren Devon) und *Acanthostega* (Amphibium aus dem späten Devon, das dem in Abbildung 4.16 C dargestellten *Ichthyostega* ähnlich war) (s. Tab. 4.2).

Diese Fossilfunde zeigen somit, dass der hier diskutierte Makroevolutionsschritt („Erfindung" des Bauplans der Landwirbeltiere) durch Akkumulation zahlreicher Mikroevolutionsprozesse zu-

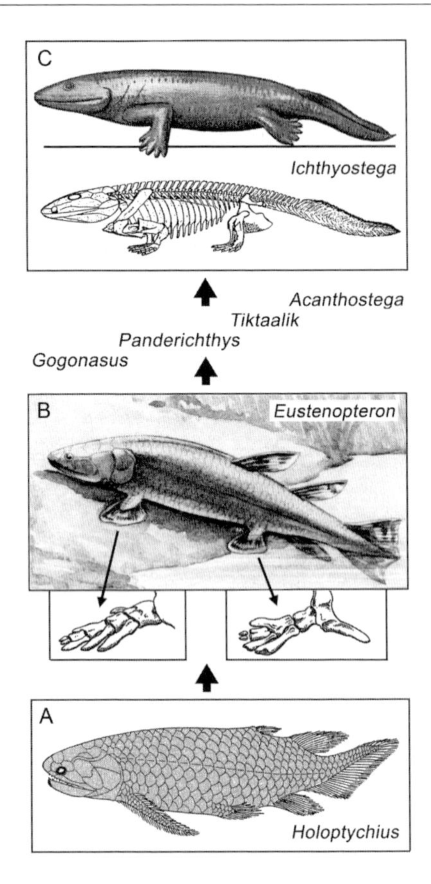

Abb. 4.16 Eroberung des Landes durch Ur-Amphibien im Devon vor etwa 380 bis 350 Millionen Jahren. Der Fisch/Tetrapoden-Übergang vollzog sich in kleinen Schritten, die durch drei gut erhaltene Fossilien veranschaulicht sind. Aquatischer Knochenfisch (*Holoptychius*) (A). Der Tetrapoden-ähnliche Fisch mit verlängerten Flossen (*Eustenopteron*) (B) hatte bereits kurze Arm- und Beinknochen, wie sie in abgewandelter Form in den Extremitäten seiner Nachkommen nachgewiesen sind. Dieser Paddelfisch konnte unter Wasser waten und vermutlich zeitweise an Land kriechen. Der Fisch-ähnliche Ur-Lurch (*Ichthyostega*) (C) ist als Skelett und rekonstruiertes Tier dargestellt. Die Lücke zwischen (B) und (C) wird durch die nicht abgebildeten Zwischenformen *Gogonasus*, *Panderichthys*, *Tiktaalik* und *Acanthostega* geschlossen (nach LONG, J.A. et al.: Nature 444, 199–202, 2007).

stande kam (LONG et al., 2007). Ein Blick in die Tier- und Pflanzenwelt des Devon zeigt Abbildung 4.17. Der urtümliche Baumfarn *Archaeopteris* ist in dieser historischen Rekonstruktion auf dem kargen Festland zu erkennen; der zum Kriechen fähige „Arm-Fisch" *Eustenopteron* (Abb. 4.16 B) verlässt in unserer Graphik vorübergehend das Wasser. Am Ende des Devon verschwanden viele Tier- und Pflanzenarten aus Gründen, die noch nicht im Detail bekannt sind, für immer aus dem

Fossilienmuster (zweites Massenaussterben in der Erdgeschichte, mögliche Ursache: Vulkanismus).

Karbon. Während dieser Periode („Steinkohlezeit", vor 359–299 Millionen Jahren) wurden die Landflächen teilweise überflutet. Der Riesenkontinent Gondwanaland, der aus dem heutigen Südamerika, der Antarktis und Australien bestand, bildete sich im Verlauf der Jahrmillionen im Süden der Erde; im Norden gab es vier kleinere Kontinente (Abb. 4.20). Das teilweise überflutete Festland war mit Sträuchern und Bäumen bewachsen, die heute nahezu alle wieder ausgestorben sind: „Niedere" Gefäßpflanzen wie Farne (z. B. *Pecopteris*), Schachtelhalme (z. B. *Calamites*) und Bärlappgewächse (z. B. *Sigillaria*) bildeten die Vegetation der feuchten Sumpfwälder. Neben dem baumförmigen Bärlapp *Lepidodendron* bildeten insbesondere Baumfarne (*Archaeopteris*, Abb. 4.17) große, dichte Wälder. Aus den zahlreichen gut erhaltenen fossilen Pflanzen und Tieren des Karbon (Abb. 4.18 A) können wir die Flora und Fauna dieser geologischen Periode recht genau rekonstruieren (Abb. 4.18 B): Es gab weite, dicht bewachsene Sümpfe, die infolge heftiger Stürme bzw. Orkane zeitweise vom Meer überflutet wurden. Die abgebrochenen Pflanzenteile wurden rasch von Schlammlawinen begraben, so dass sie nicht verrotten konnten. Die nicht zersetzten Pflanzenreste wurden über Jahrmillionen hinweg durch darüberliegende Gesteine zusammengedrückt; auf diese Weise entstand die energiereiche *Kohle*, die wir noch heute als Heizmaterial verwenden. Dieser geologische Prozess wird als *Inkohlung* bezeichnet und ist in Abbildung 4.19 A veranschaulicht.

Die „Steinkohlewälder" des Karbon (Abb. 4.18 B) waren von großen geflügelten Insekten, wie z. B. Riesen-Urlibellen (*Meganeura* mit 70 cm Flügelspannweite), zahlreichen Landarthropoden (Asseln, Spinnen, Tausendfüßer) und verschiedenen Amphibien bewohnt. Hervorgehoben werden soll der Riesen-Gliederfüßer *Arthropleura*. Dieser bis 2 Meter lange wurmförmige „Tausendfüßer" war schätzungsweise 10–12 kg schwer (Abb. 4.18 A) und somit das größte wirbellose Land-Tier in der dokumentierten Erdgeschichte.

Gegen Ende dieser Periode entstanden aus bestimmten Lurchen die ersten, noch primitiven

Abb. 4.17 Rekonstruktion der Pflanzen- und Tierwelt im Devon. Der älteste Baumfarn aus der Spätzeit dieser Periode (1 *Archaeopteris*), verschiedene blattlose Urfarne (Nacktgewächse, 2 *Duisbergia*, 3 *Rhynia*, 4 *Asteroxylon*, 8 *Sciadophyton*, 9 *Zosterophyllum*), Vorläufer von Schuppenbäumen und Schachtelhalmen (5 *Protolepidodendron*, 6 *Cladoxylon*, 7 *Hyenia*) aus dem frühen Devon. Der Tetrapoden-ähnliche Ur-Fisch (10 *Eustenopteron*) ist an Land kriechend dargestellt; Panzerfische (11 *Pteraspis*, 12 *Pterichthys*) und Lungenfische (13 *Dipterus*) waren auf das Wasser begrenzt. Kopffüßer (14 *Gyroceras*), Asselspinnen (15 *Palaeopantopus*), Muscheln und Brachiopoden (16 *Megalodon*, 17 *Stringocephalus*, 18 *Spirifer*), Trilobiten (19 *Phacops*), Stachelhäuter (20 *Urasterella*) und Korallen (21 *Calceola*) bildeten die Invertebraten-Fauna. Die Organismen lebten vor etwa 350 (1) bzw. 400 Millionen Jahren (2 bis 21).

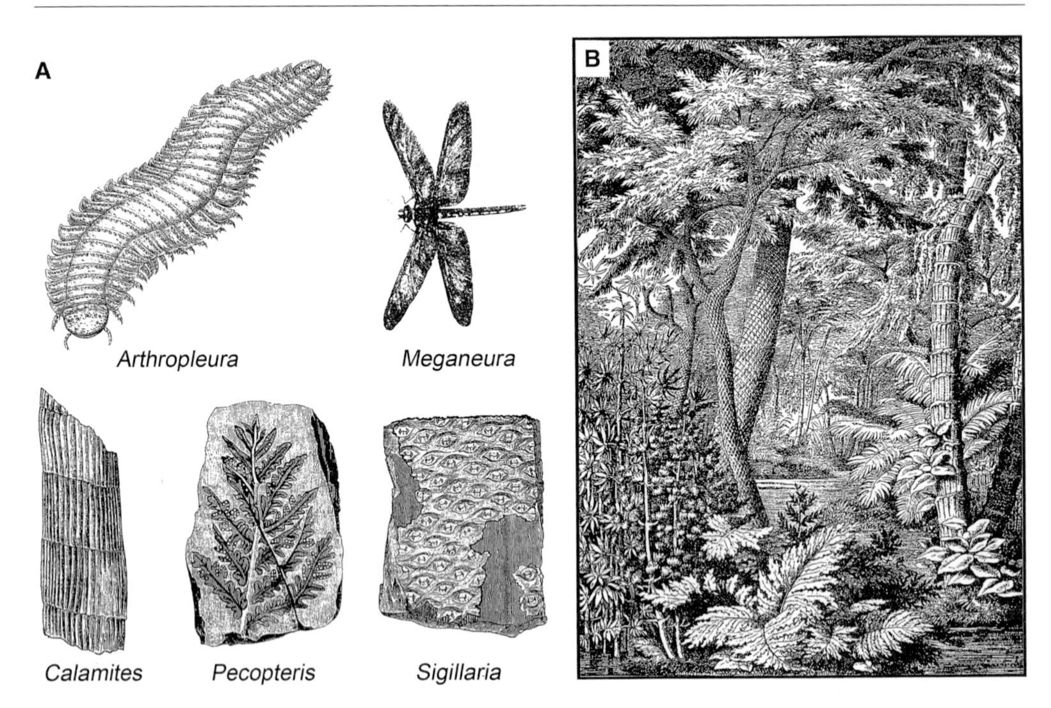

Abb. 4.18 Fossilien aus den Steinkohlewäldern des Karbon (Paläozoikum). Gigantischer, bis 2 m langer Gliederfüßer (*Arthropleura*), Riesen-Urlibelle (*Meganeura*), Stamm eines baumartigen Schachtelhalms (*Calamites*), Farnblatt (*Pecopteris*), versteinerte Rinde eines Bärlappbaumes (*Sigillaria*) (A). Rekonstruktion eines Steinkohlewaldes mit Farnen, Bärlapp- und Schachtelhalmgewächsen (B). Die Pflanzen und Tiere lebten vor etwa 290 Millionen Jahren (nach Kraus, O.: Naturwiss. Rundschau 57, 489–494, 2004).

eierlegenden Kriechtiere. Diese zu den höheren Vertebrata zählenden Organismen brachten später die Gruppe der Amniota (Nabeltiere) hervor (Reptilien, Vögel, Säuger). Die Entwicklung der terrestrischen Fortpflanzung dieser Urkriechtiere war für die Evolution der Vertebraten ein Ereignis von zentraler Bedeutung; eine Besiedelung des Festlandes fern vom Wasser, ohne Larvenstadien, war hierdurch ermöglicht. Die ältesten Ur-Reptilien des Karbon waren eidechsengroß (*Hylonomus, Paleothyris*). Eine lurchartige Zwischenform aus dem frühen Perm (*Seymouria*) belegt den Übergang vom Amphibium zum Reptil (Abb. 4.19 B). Die Meere waren von Algen, Fischen und Wirbellosen (Korallen, Brachiopoden, Muscheln, u. a.) besiedelt.

Im Karbon erreichte der Sauerstoffgehalt der Erdatmosphäre infolge der flächendeckenden Ausbreitung der Landpflanzen vorübergehend einen Spitzenwert von etwa 31 Vol.-% O_2; er sank im Erdmittelalter wieder auf den Normalwert von etwa 21 Vol.-% ab. Dieser Jahrmillionen lange „O_2-Puls" im Karbon wird für den Arthropoden- und Insekten-Gigantismus und die rasche Ausbreitung der Landwirbeltiere während dieser Periode verantwortlich gemacht (bei wirbellosen Gliedertieren erfolgt die Sauerstoffaufnahme per Diffusion über Tracheen; der hohe O_2-Gehalt der Luft ermöglichte das schrittweise Größerwerden dieser Urtiere, s. Tab. 1.1, S. 23).

Perm. Vor 299–251 Millionen Jahren trieben die größeren Landmassen aufeinander zu und schlossen sich gegen Ende des Paläozoikums zu einem Superkontinent zusammen, der als *Pangaea* („die ganze Erde") bezeichnet wird. Es gab nur einen einzigen großen, zusammenhängenden Urozean (*Panthalassa*). Die riesige, zu einer Einheit verschmolzene Landmasse lag zum größten Teil in der Region des Äquators, so dass auf dem Festland trocken-heißes Klima herrschte. Landwirbeltiere (z. B. *Lystrosaurus*) konnten ohne Meeresschranken alle Lebensräume des Superkontinents Pangaea besiedeln. Die Lage der Kontinente während dieser Periode zeigt Abbildung 4.20 A. Das flache, algenreiche Meer war von Korallen, Moostierchen, den letzten Trilobiten, Schnecken, Muscheln, Armfüßern, gestielten Echinodermen (Crinoiden) und Tintenfischen (gewundene Nautiloide) besiedelt. Weiterhin zeigt das Fossilienmuster verschiedene Knochenfische und zahlreiche Haie. An Land traten neben den Farn-, Bärlapp- und Schachtelhalmgewächsen die Ur-Samenpflanzen auf (Nadelgewächse, d. h. Gymnospermen wie z. B. *Pseudovoltzia*). Bei den Insekten entstanden neue Lebensformen (erste Käfer). Unter den Landwirbeltieren dominierten die an trockene Standorte angepassten eierlegenden Reptilien, während die Amphibien an Artenvielfalt abnahmen. Die Kriechtierfauna im Perm war artenreich und vielfältig. Eine große Reptiliengruppe bildeten die Pelicosaurier. Am bekanntesten sind die mit einer hohen Rückenflosse versehenen Räuber (z. B. *Dimetrodon*) und Pflanzenfresser (z. B. *Edaphosaurus*). Von besonderem Interesse für die Phylogenese der höherentwickelten Säugetiere ist die Gruppe der Therapsiden, zu denen die Gorgonopsiden (*Lycaenops*, s. Abb. 4.21 A) und die säugerartigen Reptilien (Cynodontia) gehören. Vertreter bekannter Gattungen, wie z. B. *Procynosuchus*, *Robertia* oder *Emydops*, hatten Reißzähne wie heutige Hunde. Einige Gruppen überlebten das nachfolgend beschriebene Massenaussterben (z. B. *Lystrosaurus*, Abb. 4.20 A). Diese robusten Landwirbeltiere entwickelten sich weiter und brachten während der Triasperiode zahlreiche, an Säugetiere erinnernde Reptiliengattungen hervor.

4.6 Vulkanismus und weltweite Massenextinktion

Am Ende des Perm (und somit des Paläozoikums), d. h. vor 251 Millionen Jahren, ereignete sich das *größte Massenaussterben aller Zeiten*. Fossilfunde belegen, dass innerhalb von weniger als einer halben Million Jahren nahezu 90 % aller Meerestierarten (darunter die letzten Trilobiten), 70 % aller Landwirbeltierarten sowie viele Insekten- (darunter die Riesen-Arthropoden und Urlibellen)- und viele Pflanzenarten ausgestorben sind. Dieses Ereignis zeigt bis heute Nachwirkungen. Festgewachsene (sessile) Wirbellose wie die Brachiopoden, Bryozoen und gestielte Seelilien (Crinoiden) dominierten – neben den Trilobiten – die Meeresfauna im Paläozoikum (s. Abb. 4.10). Heute spielen diese Tiergruppen in den Weltmeeren nur noch eine untergeordnete Rolle, d. h., sie wurden durch herumwandernde (mobile) Spezies ersetzt (z. B. Schnecken und Krebse).

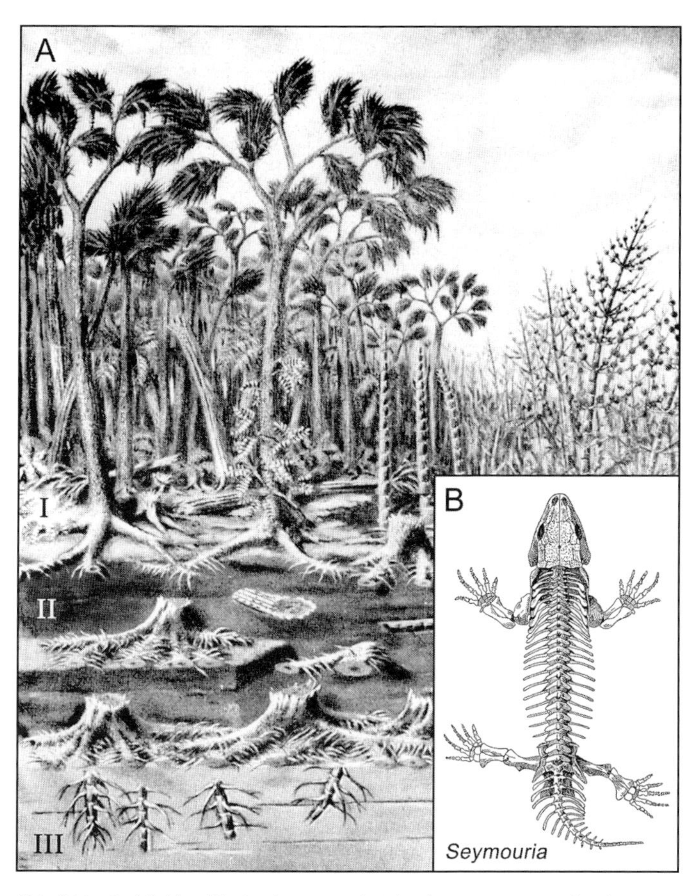

Abb. 4.19 Steinkohlewald mit Schuppen- und Bärlappbäumen, Farnen und anderen Gewächsen (A). Entstehung der Steinkohle (I–III): Aus abgesunkenen Resten der Vegetation hat sich ein Waldtorf gebildet, in dem noch Pflanzenreste sichtbar sind. Nach weiterem Absinken des Torfmaterials und Überdeckung mit Sedimenten wird aus dem Torf zunächst Braunkohle und später Steinkohle (Inkohlung). Amphibienähnliches Ur-Reptil (*Seymouria*) aus dem frühen Perm, Länge ca. 0,5 m (B).

Diese Fakten zeigen, dass beim Übergang vom Perm zur Trias die größte Naturkatastrophe stattfand, die seit Entstehung der Erde im Fossilienmuster dokumentiert ist. Sie übertraf das Ausmaß des bekannten „Dinosauriersterbens“ vor 65 Millionen Jahren bei weitem, da die Aussterberate wesentlich höher war als zum Ende des Mesozoikums. Welche klimatischen oder geologischen Prozesse führten zu diesem gigantischen Massensterben, das weniger als 20 % der damals weltweit verbreiteten Spezies (Tiere, Land-Pflanzen) überlebt haben?

Vulkanismus. Geochronologische Analysen nach der Kalium-Argon-Methode ergaben, dass sich das Artensterben vor 250,0 ± 0,2 Millionen Jahren ereignete. Etwa zur selben Zeit fanden in der Region, die wir heute als Sibirien bezeichnen, über einen Zeitraum von etwa einer Million Jahre hinweg massive Vulkanausbrüche statt, deren Überreste in der Fachliteratur als *Siberian Traps* bezeichnet werden. Zwei bis drei Millionen Kubikkilometer von geschmolzenem Gesteinsmaterial (Magma) quollen explosionsartig aus der Erde hervor, wobei sich Lavaströme von unvorstellbaren Ausmaßen über das Festland und ins Meer ergossen. Kalium-Argon-Datierungen der magmatischen Basaltgesteine, die über den Perm- und unter den Triasschichten lagern, ergaben ein Alter von 250,0 ± 0,3 Millionen Jahre. Voneinander unabhängige Datierungen derselben Gesteinsproben mit der Uran-Blei-Methode lieferten Werte von 251,4 ± 0,3 für das Massenaussterben bzw. 251 bis 252 Millionen Jahre für den Vulkanismus (s. Tab. 4.1). Aufgrund dieser zeitlichen Übereinstimmung der beiden Ereignisse gilt es heute als gesichert, dass die langandauernden Vulkanausbrüche am Ende des Erdaltertums das größte Artenaussterben aller Zeiten verursacht haben. Neben dem heißen Magma wurden aus dem Erdinneren unter hohem Druck glühende Gesteinsbrocken, große Mengen an Ruß- und Schwefelpartikel, verschiedene Giftgase (SO_2), und das Treibhausgas CO_2 ausgestoßen (s. Abb. 4.41, S. 126).

Klimakatastrophe. Diese Vulkan-Exudate reicherten sich in

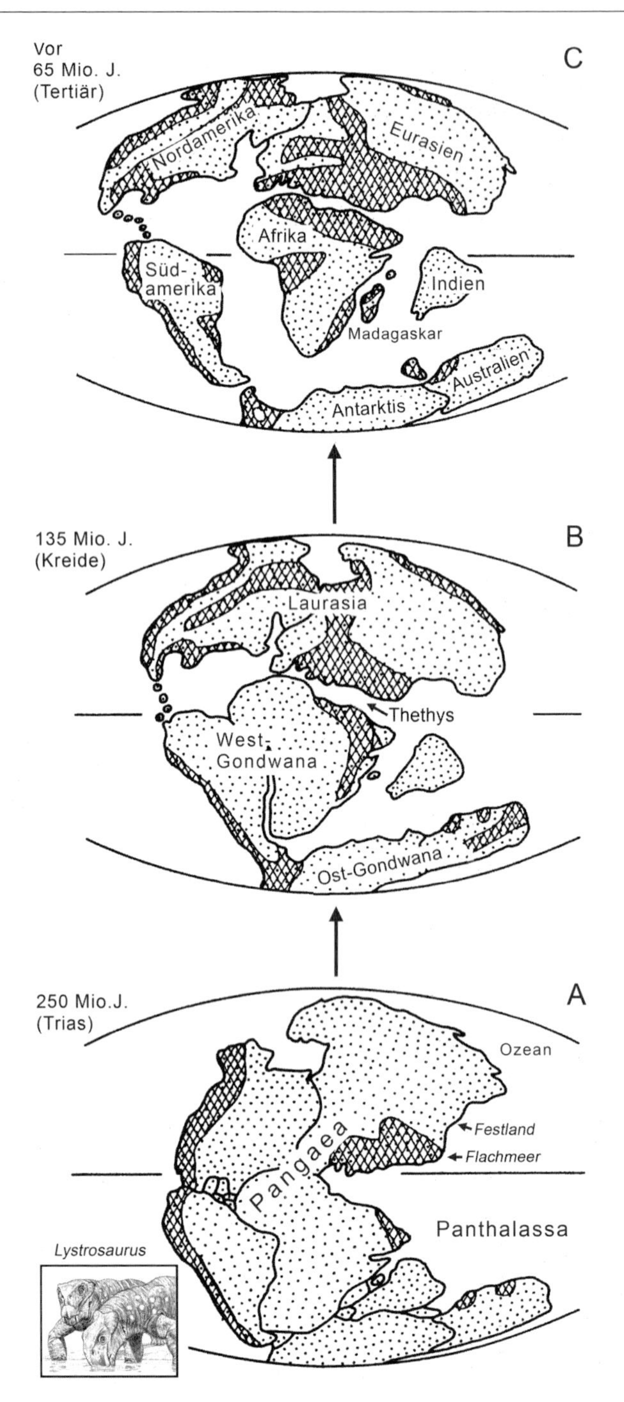

Abb. 4.20 Lage der Kontinente im Mesozoikum. Riesenkontinent Pangaea und Urmeer Panthalassa während der Trias (A). *Lystrosaurus*-Herden dominierten die Landfauna. Auseinanderdriften der Kontinentalplatten unter Bildung von Laurasia und West- bzw. Ost Gondwanaland während der mittleren Kreidezeit (B), Lage der Kontinente beim Übergang Kreide/Tertiär (C). Die Kontinentaldrift hat die Evolution der Organismen beeinflusst und zur geographischen Verbreitung der heutigen Lebewesen beigetragen (nach verschiedenen Autoren).

der Atmosphäre an und verursachten eine globale Klimakatastrophe: vorübergehende Verdunkelung der Sonne (vulkanischer Winter), jahrtausendelange saure Regen, gefolgt von Perioden der Erwärmung der Lufthülle (Gewächshauseffekt) sowie ein drastischer Rückgang des Sauerstoffgehalts der Luft (s. S. 23). Diese sekundären Wirkungen des Vulkanismus auf das Klima und die Atmosphäre der Erde waren, neben den Lavaströmen, vermutlich die Ursache für das fast vollständige Aussterben vieler Meeresorganismen und der Mehrheit aller Landtiere am Ende des Perm, einschließlich nahezu 85% aller Landpflanzen. Ein vergleichsweise harmloser Vulkanausbruch, die Eruption des Vesuvs im Jahr 1822, ist in Kap. 12 dargestellt (s. S. 269). Dieses Bild kann zur Illustration des hier Gesagten herangezogen werden.

Warum ereignete sich dieser massive Vulkanismus am Ende des Paläozoikums und nicht Jahrmillionen früher oder später? Wie bereits dargelegt wurde, waren vor 250 Millionen Jahren die Kontinente zur Landmasse Pangaea vereinigt und somit ungleich über die Oberfläche des Planeten verteilt (Abb. 4.20 A). Die Hitze aus dem Erdkern staute sich unterhalb der Kontinentalplatten an und kam dann explosionsartig zum Ausbruch (Fraiser und Bottjer, 2007).

Von manchen Paläobiologen wurde für das große Artensterben am Ende des Paläozoikums eine extraterrestrische Ursache in die Diskussion gebracht. Überzeugende Dokumente, die ein derartiges Ereignis (z. B. Meteoriteneinschlag) wahrscheinlich machen würden, liegen jedoch bis heute nicht vor (Retallack et al., 2007).

4.7 Mesozoikum: Zeitalter der Saurier

Nachdem die verschiedenen Lebensräume der Erde infolge des großen Massenaussterbens zum Ende des Paläozoikums drastisch an Organismen verarmt waren, setzte mit dem Mesozoikum (Erdmittelalter) eine neue Ära der biologischen Evolution ein, die den Zeitraum vor 251–65 Millionen Jahren umfasste und in die Perioden Trias, Jura und Kreide eingeteilt wird. Aus Untersuchungen fossiler Sporen und Pollenkörner geht hervor, dass es Jahrmillionen gedauert hat, bis das Land wieder mit Pflanzen besiedelt war. Die Mehrzahl der paläozoischen Reptilienarten war ausgestorben. Jene Kriechtiere, die überlebt hatten, eroberten nun bald nahezu alle Lebensräume der Erde: Das Zeitalter der Saurier hatte begonnen (Abb. 4.22).

Trias. Vor 251–200 Millionen Jahren waren alle Erdteile noch zum Riesenkontinent Pangaea zusammengeschlossen (Abb. 4.20 A). Nach Rückgang der vulkanischen Winter kam es zu einer stetigen Erwärmung der Land- und Wassermassen, so dass bald auf dem ganzen weiten Festland hohe Temperaturen und große Trockenheit herrschten. In den algenreichen Meeren brachten die Überlebenden des Massensterbens neue Arten hervor: Muscheln, Schnecken, Seelilien, Krebse (wie Garnelen und Hummer) und Korallen dominierten die Invertebratenfauna (die Trilobiten waren ausgestorben). Knochenfische, Rochen und Haie schwammen durch die Ozeane. In der unteren Trias traten die ersten Meeresreptilien (Ichthyosaurier) auf, die an unsere heutigen Delphine erinnern. Fossile Zwischenformen belegen, dass die Fischsaurier von Land-Reptilien abstammen. Die Übergangsform *Utatsusaurus* ist in Tabelle 4.2 beschrieben.

Das öde Festland war während der frühen Trias von Pilzen besiedelt (Verrottung des herumliegenden toten Pflanzenmaterials). Kleine Farne, Schachtelhalme, palmenartige Cycadeen und charakteristische Samenfarne (Pteridospermae) bildeten die Primärvegetation; die blütenlosen Pteridospermae sind im Erdmittelalter wieder ausgestorben. Während der mittleren Trias entwickelten sich verschiedene, an wasserarme Standorte angepasste Nadelbaumarten (Gymnospermae, darunter die *Ginkgo*-Gewächse); diese Landpflanzen dominierten die Vegetation der fern vom Wasser liegenden wüstenartigen Trockenregionen des Superkontinents Pangaea. Die küstennahen Feuchtgebiete waren mit Amphibien besiedelt, wobei neben den Schwanzlurchen die ersten Frösche auftraten. Dominierende Landwirbeltiere der Trias waren die an trockene Standorte angepassten Reptilien. Die wenigen Arten, die das Massenaussterben überlebt hatten, breiteten sich über alle terrestrischen Lebensräume aus. So bildeten z. B. säugetierähnliche Reptilien der Gattung *Lystrosaurus* umfangreiche Herden, die als Pflanzenfresser die Fauna des Festlandes dominierten (Abb. 4.20 A). Reptilien der Unterklasse der Archosauria waren relativ kleine Raubtiere, die sich von Lurchen und Kriechtieren, die sie erbeuten konnten, ernährten (*Proterosuchus, Euparkeria*). Sie bildeten die Stammgruppe, aus der später die Dinosaurier hervorgegangen sind.

In der Mitte der Trias finden wir pflanzenfressende Schnabelreptilien (Rhynchosaurier), die – wie viele Vertreter der Archosaurier – gegen Ende der Periode wieder ausgestorben sind (z. B. *Scaphonyx*). Weiterhin gab es auf dem trockenen Festland hundeartige Reptilien (*Cynognathus*), die als Vorläufer der Säugetiere klassifiziert werden. In

Tab. 4.2 Fossile Zwischenformen (connecting links) bei Wirbeltieren. Die aufgelisteten Taxa (Gattungen) sind im Detail in der Fachliteratur beschrieben und hier kurz charakterisiert (nach Kutschera, U. & Niklas, K.J.: Naturwissenschaften 91, 255–276, 2004).

Evolutionärer Übergang (Taxon)	Alter (Mio. J.)	Beschreibung
1. Fisch/Amphibium (*Panderichthys*)	370	Zwischenform Fisch/Urlurch in der Serie *Eustenopteron* (Fisch mit verlängerten Flossen ~ 380 Mio. J.) – *Panderichthys* – *Acanthostega* (urtümliches Amphibium ~ 363 Mio. J.).
2. Amphibium/ Landwirbeltier (*Pederpes*)	350	Übergangsform primär aquatischer oberdevonischer Amphibien und früher Vierbeiner (Tetrapoda).
3. Reptil/Säuger (*Cynognathus*, *Thrinaxodon*)	230	Säugerähnliche vierbeinige Reptilien, die eine Mischung aus Reptil- und Säugetiermerkmalen aufweisen.
4. Landreptil/ Fischsaurier (*Utatsusaurus*)	240	Ausgestorbene Meeresreptilien, die Körpermerkmale urtümlicher echsenartiger Landtiere und mariner Ichthyosaurier zeigen.
5. Ursaurier/ Schildkröte (*Nanoparia*)	260	Pareiasaurier mit schildkrötenähnlichem festen Körper. Der gesamte Rücken wird von panzerähnlichen Knochenspangen umschlossen.
6. Dinosaurier/Vogel (*Microraptor*)	126	Vogelähnlicher vierflügeliger Dromaeosaurier, der gleiten konnte und eine Zwischenform flugunfähiger Theropode/zum Fliegen befähigter Urvogel (*Archaeopteryx*) darstellt.
7. Echse/Schlange (*Pachyrhachis*)	95	Primitive Ur-Schlange mit Becken und Hinterextremitäten, Übergangsform Echse / echte Schlange mit flexiblem Kiefergelenk.
8. Landsäuger/ Seekuh (*Pezosiren*)	50	Urtümliche Seekuh, die sich an Land und im Wasser fortbewegen konnte und ein perfektes connecting link im Übergangsbereich zum aquatischen Leben darstellt.
9. Landsäugetiere/Wale (*Ambulocetus*, *Rodhocetus*)	48–47	Übergangsformen zwischen amphibisch lebenden Ur-Huftieren und aquatischen Walen; die connecting links konnten im Meerwasser durch Paddelbewegungen schwimmen und an Land umherkriechen.
10. Vorfahre von Schimpanse/Mensch (*Sahelanthropus*)	7	Schimpansenähnlicher afrikanischer Ur-Hominide, der ein Mosaik aus Affen- und Menschen-Merkmalen aufweist und als ältester gemeinsamer Urahn beider Arten interpretiert wird.

Abbildung 4.21 A ist der Übergang vom Reptil (*Lycaenops*) über die Zwischenform *Cynognathus* zum urtümlichen Säugetier (Beutelratte, *Didelphis*) dargestellt. Nicht nur die Skelette, sondern insbesondere auch die Backenzähne und die Knochenelemente im Kiefer / Mittelohr lassen sich in einer Abstammungsreihe homologisieren und belegen den graduellen Übergang vom Reptil zum Säugetier (Luo et al., 2007).

Gemäß der von den Anatomen K.B. Reichert (1811–1883) und E. Gaupp (1865–1916) formulierten Theorie können die Gehörknöchelchen der Säugetiere aus Scharnierknochen des primären Kiefergelenks ihrer reptilienähnlichen Vorfahren abgeleitet werden. Säugetiere verfügen über ein sekundäres Kiefergelenk, so dass dieser Funktionswechsel (Gelenk- zu Gehörknochen) schrittweise möglich war. Das primäre Kiefergelenk der Reptilsäuger, bestehend aus den Knochen Articulare / Quadratum, wurde zu den viel kleineren Gehörknöchelchen Hammer /Amboss, die mit dem Steigbügel eine effiziente Schall-Leitung im sensiblen Säuger-Innenohr ermöglichten. Dieses in Abbildung 4.21 A, B veranschaulichte Konzept wird heute durch eine Vielzahl von Fossilfunden sowie durch embryologische Studien belegt. Nach T.S. Kemp (2005, 2007) zählt der evolutionäre Übergang Reptil / Säuger zu den am besten fossil dokumentierten Entwicklungsreihen in der Erdgeschichte.

Die ersten „Schreckensreptilien“ (Dinosaurier) sind in Gesteinsschichten der mittleren Trias (vor 225 Millionen Jahren) nachweisbar. Wie können wir die Reptilienklasse Dinosauria definieren? Nach M.J. BENTON (2005) bildeten die landlebenden Dinosaurier eine monophyletische Gruppe primär bipeder Reptilien, deren Beine – wie beim Menschen – gerade nach unten vom Körper abstanden. Im Gegensatz zu den eidechsenartigen Kriechtieren hatten die auf den Hinterbeinen laufenden Dinosaurier ihre Vorderextremitäten zum Greifen der Beute frei. Dinosaurier waren somit keine Kriech-, sondern Lauftiere. Erst während der Jura- und der Kreidezeit sind sekundär auf vier Extremitäten laufende (herbivore) Saurier entstanden, die jedoch zum Fressen auf den Hinterbeinen stehen konnten. Zu den ältesten Dinosauriern zählen der erstmals 1837 in Deutschland und Frankreich gefundene mittelgroße Pflanzenfresser *Plateosaurus* sowie relativ kleine Raubsaurier der Gattungen *Eoraptor, Herrerasaurus* und *Coelophysis* (Abb. 4.23).

Neben den Dinosauriern entwickelten sich während der Trias die ersten Urkrokodile; einige dieser Archosaurier existieren noch heute in nur wenig veränderter Form als lebende Fossilien (s. Abb. 4.42). Weiterhin entstanden die ersten primitiven Flugechsen (Pterosaurier). Diese Reptiliengruppen brachten während der beiden folgenden geologischen Perioden zahlreiche neue Arten hervor (Land- und Meereskrokodile; große Flugsaurier). Gegen Ende der Trias ereignete sich ein viertes Massenaussterben, das vermutlich durch gewaltige, weltweite Vulkanausbrüche verursacht

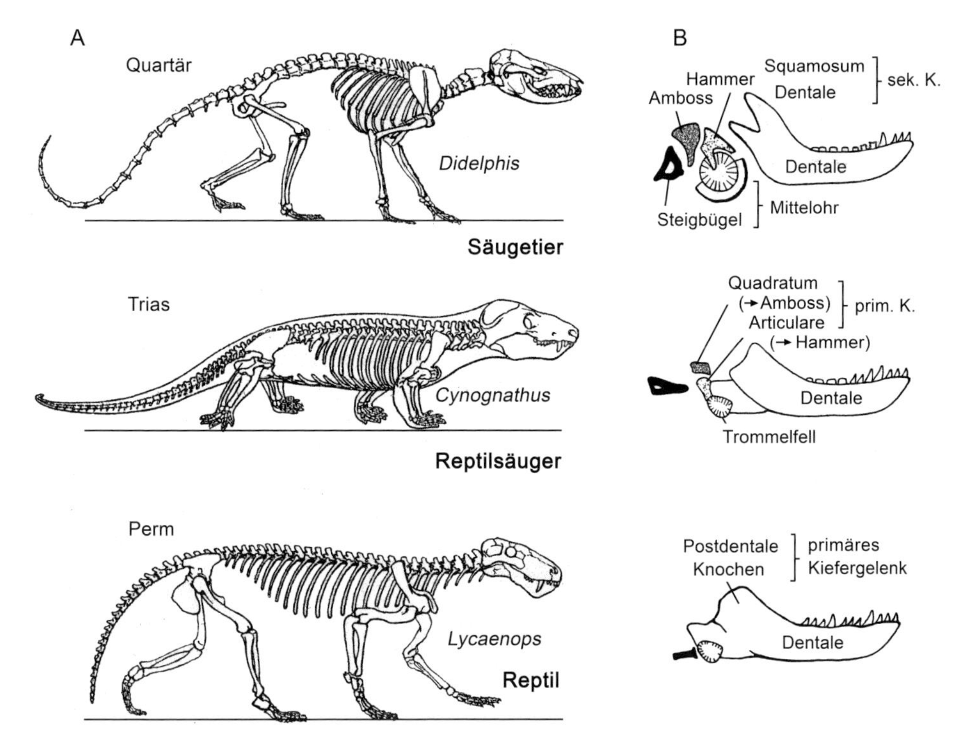

Abb. 4.21 Evolutionärer Übergang vom Reptil zum Säugetier, Perm bis Quartär. Raubzähner (*Lycaenops*), Zwischenform Hundezähner (*Cynognathus*) und rezenter urtümlicher Säuger (Beutelratte, *Didelphis*) (A). Reptiliengebisse sind durch gleichförmige Reißzähne ausgezeichnet, während die Säuger über eine differenzierte Zahnbewaffnung verfügen (Schneide- und Mahlzähne). Die Ableitung der Gehörknöchelchen der mit sekundärem Kiefergelenk versehenen Säuger (*Didelphis*, Habitus s. Abb. 4.32 B) aus ihren Reptilien-artigen Vorfahren, die über ein primäres Kiefergelenk verfügten, basiert auf folgenden Homologien (B). Bei urtümlichen Reptilien besteht der mächtige Unterkiefer aus dem Zahnbein (Dentale) und verwachsenen post-dentalen Knochen. Über den Steigbügel wird der Schall in das Gehörorgan übertragen. Reptil-Säuger (*Cynognathus, Thrinaxodon*) verfügen über ein aus den Knochen Articulare und Quadratum zusammengesetztes primäres Kiefergelenk, welches die vom Trommelfell aufgenommenen Schallwellen über den Steigbügel in das Hörorgan (Innenohr) leitet. Bei Säugetieren ist ein neues Kieferscharnier zwischen Dentale und Schädel (Squamosum) ausgebildet. Dieses sekundäre Kiefergelenk erlaubt es, den Schall über Trommelfell, Hammer (Articulare), Amboss (Quadratum) und Steigbügel in das Innenohr zu übertragen (nach verschiedenen Autoren).

wurde. Die urtümlichen, noch relativ kleinen zweibeinigen Dinosaurier überlebten diese Katastrophe, während die Mehrzahl der vierbeinigen Landreptilien und viele Meeressaurier ausstarben.

Jura. Mit Beginn der Jura-Zeit (vor 200 bis 145 Millionen Jahren) setzte eine allmähliche Trennung der zur riesigen Landmasse Pangaea zusammengeschlossenen Kontinente ein (Abb. 4.20 B). Das Klima war feuchtwarm, die Gewässer von Farnen, Bärlapp- und Schachtelhalmgewächsen umwuchert. Umfassende Urwälder wurden von verschiedenen Nadelbäumen (Gymnospermen) gebildet, die neben den Farn- und Bärlappbäumen die Landvegetation darstellten. Im Jura entfalteten sich die Saurier und dominierten bald alle Lebensräume: den Luftraum, das Meer und das Festland (Abb. 4.24). Eine Rekonstruktion der mitteleuropäischen Jura-Lebewelt ist in Abbildung 1.11 dargestellt (s. S. 21). Große Flugsaurier, wie z. B. *Pteranodon* (Abb. 4.22) hatten Flügelspannweiten von bis zu 8 m. Die Meere waren von Sauriern besiedelt, die alle von landlebenden Arten abstammten: delphinförmige Ichthyosaurier, mit langen „Schwanenhälsen" ausgestattete Plesiosaurier (*Cryptoclidus*) und kurzhalsige Pliosaurier. Diese zuletzt genannte Sauriergruppe umfasste gewaltige „Seeungeheuer": So war z. B. der Pliosaurier *Liopleurodon* bis zu 25 m lang, wobei rund $\frac{1}{5}$ des Körpers auf das mit Zähnen bewaffnete Riesenmaul entfiel. *Liopleurodon* war vermutlich das größte Raubtier aller Zeiten. An Land herrschten die Dinosaurier: Über einen Zeitraum von 160 Millionen Jahren (von Mitte Trias bis Ende Kreide, d. h. vor 225 bis 65 Millionen Jahren) waren nahezu alle mehr als 1 m langen terrestrischen Wirbeltiere Vertreter der Reptilienklasse Dinosauria (im Jahr 2001 wurden einzelne Säuger-Skelette entdeckt, die bis 2 m lang sind; die Zahl dieser Groß-Säuger im Mesozoikum ist jedoch gering). Es sollte hervorgehoben werden, dass im Verlauf des Mesozoikums im Schatten der Dinosaurier zahlreiche relativ kleine Landkriechtiere (Eidechsen, Schlangen und Schildkröten) aus paläozoischen Urformen hervorgegangen sind. Auf die mangels Fossilresten nur wenig bekannte Phylogenese dieser Reptiliengruppen soll hier nicht näher eingegangen werden. Eine fossile Schlange mit Hinterbeinen ist in Tabelle 4.2 beschrieben.

Bis heute wurden weltweit über 400 verschiedene fossile Dinosaurierspezies entdeckt und beschrieben. Die „Schreckensreptilien" des Mesozoikums werden aufgrund anatomischer Merkmale in zwei Unterklassen eingeteilt: Ornithischia (Dinosaurier mit vogelähnlichem Becken; Pflanzenfresser, die mit einem Schnabel ausgestattet waren) und Saurischia (Dinosaurier mit echsenähnlichem Becken; Pflanzen- und Fleischfresser). Die Saurischia lassen sich in zwei Unterklassen

Abb. 4.22 Tier- und Pflanzenwelt im Erdmittelalter (Mesozoikum). Während der Kreidezeit lebten im heutigen Nordamerika meterlange Dinosaurier (1 Plattenechse *Stegosaurus*, laufend; 2 Hornsaurier *Triceratops*, liegend). Am bewölkten Himmel ist ein Flugsaurier (3 *Pteranodon*) zu sehen. Bei tropischem Klima dominierten Farne, Cycas-Gewächse und Nadelbäume die Vegetation. Es gab vermutlich noch keine Gräser und nur einige wenige kleine Blütenpflanzen. Die Organismen lebten vor etwa 80 Millionen Jahren.

einteilen: Sauropodomorpha (große langhalsige Pflanzenfresser) und Theropoda (zweibeinige Räuber). Repräsentative Vertreter aller drei Dinosauriergruppen sind in Abbildung 4.25 dargestellt. Ein aktueller Stammbaum, der die Evolution aller heute bekannter Dinosaurier-Gruppen berücksichtigt, zeigt Abbildung 4.26 (S. 112).

Zu den pflanzenfressenden Ornithischia des Jura zählten unter anderem Vertreter der Gattungen *Stegosaurus* (Abb. 4.22, 4.24) und *Kentrosaurus*; die bis zu 6 m langen Riesenechsen durchstreiften in großen Herden die Sümpfe und Wälder. Sie fraßen Blätter, die mit dem Schnabel abgezupft und dann zermahlen wurden. Die größten „Schreckensechsen" aller Zeiten waren die zu den Saurischia zählenden Sauropodomorpha, die bis 30 m lange Riesenformen hervorbrachten. Als repräsentative Gattungen seien genannt: *Apatosaurus* (früher: *Brontosaurus*), *Brachiosaurus*, *Camarasaurus*, *Diplodocus* und *Jobaria* (s. Kap. 1). Diese pflanzenfressenden, mit giraffenartigen Schlangenhälsen versehenen „Elefantenfuß-Sauropoden" des Mesozoikums waren die größten und schwersten Landwirbeltiere aller Zeiten. Einzelne *Brachiosaurus*-Exemplare waren 13 m hoch und 23 m lang. Es gab im Jura jedoch noch größere Sauropoden. Fossile Skelettelemente (z. B. Schulterblätter) zeigen, dass ein Verwandter des *Diplodocus*, der mit dem Gattungsnamen *Supersaurus* versehen wurde, wahrscheinlich 17 m hoch und 40 m lang war. Diese schwerfälligen Giganten wanderten in großen Herden umher und ernährten sich von den Blättern der Baumwipfel (s. Abb. 4.25).

Die fleischfressenden Theropoda entwickelten im Jura zahlreiche, mit großen Reißzähnen und scharfen Klauen versehene Gattungen, unter welchen die auf den Hinterbeinen laufenden raschen Jäger besonders eindrucksvoll sind. Skelette einiger Vertreter dieser Raubsaurier wurden in großer Zahl gefunden (z. B. *Allosaurus*, *Ceratosaurus*). Diese aggressiven Räuber, die „Tiger des Mesozoikums", waren bis zu 10 m lang und bejagten in Rudeln die Herden der zum Teil mit Panzern und Stacheln versehenen Pflanzenfresser. Diese verteidigten sich durch Ausschläge ihrer kräftigen, meterlangen Schwänze. Aus den erhaltenen Dinosaurier-Skeletten kann abgelesen werden, dass es heftige Kämpfe zwischen den Jägern und

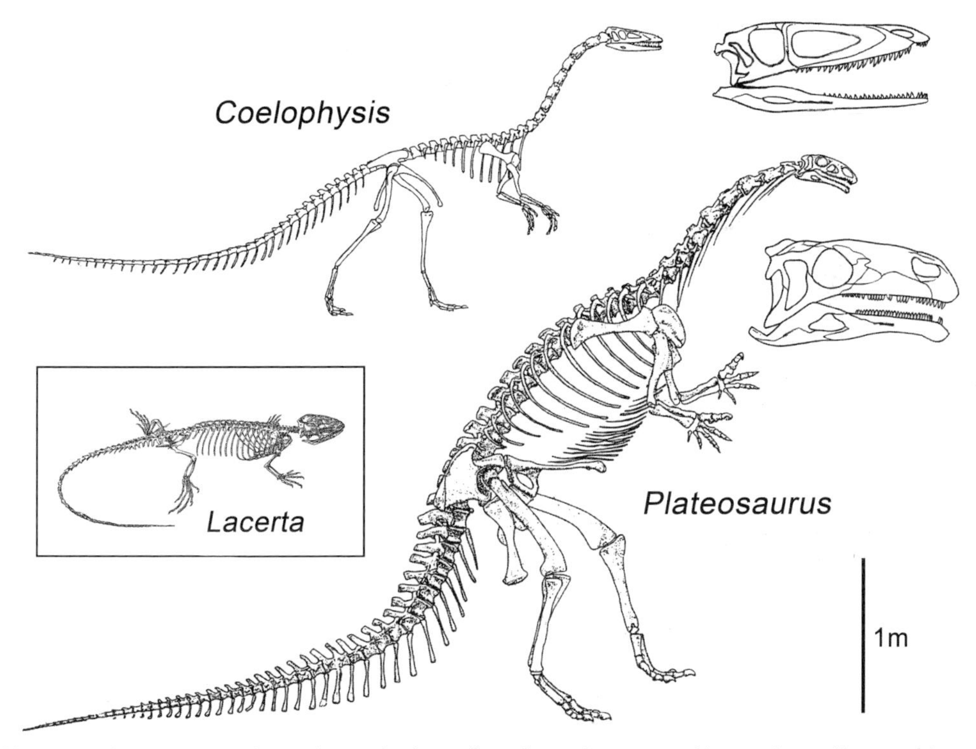

Abb. 4.23 Frühe Dinosaurier aus der Trias (Mesozoikum). Der Pflanzenfresser *Plateosaurus* war bis zu 7 m lang und konnte auf den Hinterbeinen laufen. Wesentlich kleiner war der bipede Fleischfresser *Coelophysis*, dessen messerscharfe Zähne zum Reißen der Beute nach hinten gebogen sind (s. Schädel). Zum Vergleich ist das Skelett einer rezenten Eidechse (*Lacerta*) abgebildet, die im Gegensatz zu den Ur-Dinosauriern auf vier Beinen kriecht. Die Dinosaurier lebten vor etwa 225 Millionen Jahren.

den Gejagten gab. Die Vielfalt der Dinosaurier veranschaulicht Abbildung 4.26.

Abstammung der Vögel. Im Jura vollzog sich in der Gruppe der Wirbeltiere ein weiterer bedeutender Makroevolutionsschritt: Aus bestimmten Dinosauriergruppen (Theropoda), die drei funktionale Zehen sowie hohle Knochen aufwiesen (Abb. 4.25), entwickelten sich die ersten Urvögel. Die heutigen Vögel (Aves) zeigen eine Reihe besonderer anatomischer Merkmale: Federn, hohle Knochen, einen zahnlosen Schnabel, Klammerfüße, zu einem Stumpf verwachsene letzte Schwanzwirbel. Der erste Hinweis auf eine Dinosaurier-Abstammung der modernen Vögel wurde im Jahr 1860 zu Tage gefördert. In den Kalkschieferbrüchen von Solnhofen (Bayern), die aus marinen Korallenriffen des späten Jura hervorgegangen sind und von Geochronologen auf ein Alter von etwa 150 Millionen Jahre datiert wurden, entdeckte man eine versteinerte Vogelfeder. Im folgenden Jahr fand man eine Kalkplatte mit einem kopflosen, gefederten Tier, das sowohl Dinosaurier- als auch Vogelmerkmale zeigte. Ein vollständig erhaltener Urvogel (*Archaeopteryx*) wurde 1876 in Form eines Abdruckes entdeckt. Die berühmte „Berliner Platte" (Abb. 4.27 A) zeigt ein taubengroßes Saurierskelett mit Vogelfedern. Eine historische Rekonstruktion dieses Reptilvogels ist in Abbildung 1.11 dargestellt (s. S. 21), wobei wir heute allerdings wissen, dass *Archaeopteryx* kein perfekter Flieger war. Der Vogelschnabel hatte Zähne, die gefiederten Vorderextremitäten freie Reptilienkrallen, der Echsenschwanz war wie ein Palmblatt mit Federn bestückt. In den 1990er-Jahren wurden in China, Madagaskar und Argentinien fossile Theropoden der Juraperiode entdeckt, die Vorstadien eines Federkleides zeigen: Der truthahngroße Dinosaurier *Sinosauropteryx* hatte einen Fransensaum am Rücken; der Theropode *Protarchaeopteryx* trug kurze Federn am Körper und lange Schwanzfedern. Der vogelartige, baumbewohnende kleine Raubsaurier *Microraptor* gilt neben dem *Archaeopterix* als perfektes *connecting link* in der Serie Theropode / flugfähiger Urvogel. Vogelfedern sind nicht aus Reptilschuppen hervorgegangen, sondern aus borstenartigen Wärmeisolatoren der „gefiederten Raubsaurier". Diese Fossilfunde erlauben es, den Übergang von den zweifüßigen Theropoden zu

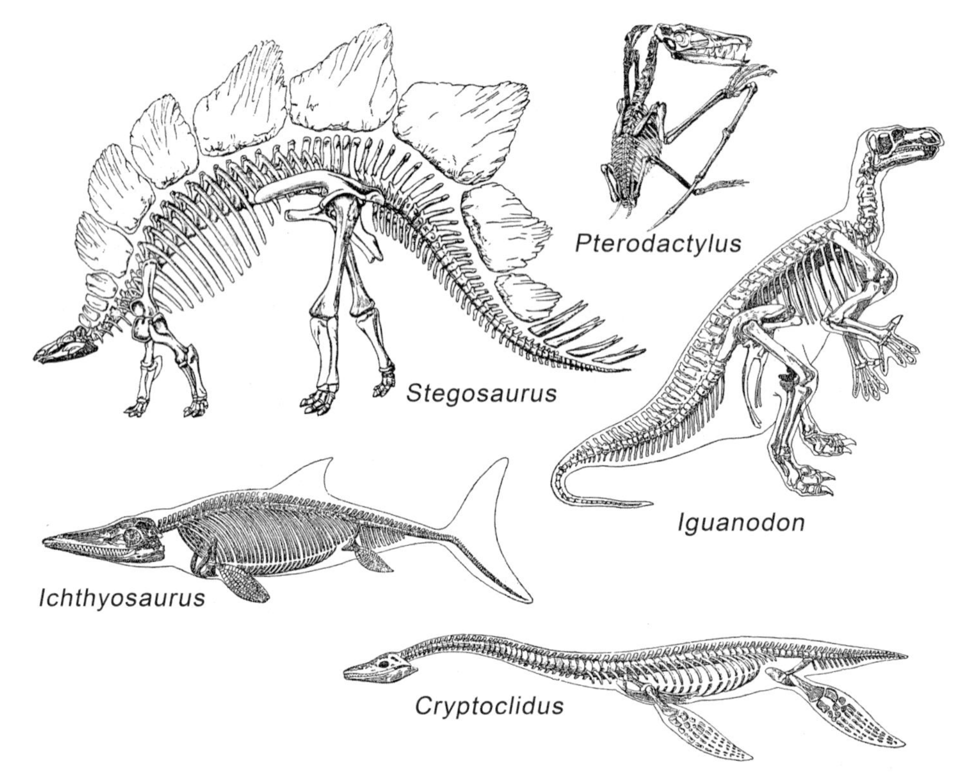

Abb. 4.24 Saurier aus der Jura- und Kreidezeit (Mesozoikum). Dinosaurier (*Stegosaurus*, *Iguanodon*) besiedelten das Festland, Flugsaurier (*Pterodactylus*) die Lufträume und Fischsaurier (*Ichthyosaurus*) bzw. Plesiosaurier (*Cryptoclidus*) die Meere. Die Tiere lebten vor etwa 150 Millionen Jahren.

den fliegenden Urvögeln in groben Zügen zu rekonstruieren (Abb. 4.27 C).

Auch das für Vögel typische Brutpflegeverhalten, d.h. das Bewachen und Bebrüten der abgelegten Eier, war bei jenen Dinosauriern, die als Vogelvorfahren gelten, bereits ausgebildet. Fossilienfunde aus dem Jahr 1993 zeigen, dass der Theropode *Oviraptor* (deutscher Name: Eierdieb), der vor etwa 100 Millionen Jahren lebte, seine Eier bebrütete. Skelettfunde (Abb. 4.27 B) beweisen, dass dieser vogelähnliche Raubdinosaurier – wie ein heutiger Strauß – seine krallentragenden Beine schützend um die abgelegten Eier legte. Diese (und andere) Fossilien belegen, dass Vögel die Nachkommen kleiner, laufender, boden- bzw. baumbewohnender Raubdinosaurier (Theropoda) des Mesozoikums sind (Tab. 4.2, Abb. 4.27 C).

Kreide. Während der Kreidezeit (vor 145 bis 65 Millionen Jahren) entfernten sich die bereits getrennten Landmassen weiter voneinander (Abb. 4.20 B). Der Meeresspiegel war infolge der geschmolzenen Eiskappen etwa 200 m höher als heute. Große Landmassen, wie z.B. das heutige Europa, waren vom damaligen Weltmeer, der Tethys, überflutet. Die Periode verdankt ihren Namen der weißen Schreibkreide; dieses aus weichen Kalkplättchen mikroskopisch kleiner Organismen bestehende Material bildete damals den Boden des Tethys-Meeres (Abb. 4.28 A).

Das warme, feuchte Klima der Kreidezeit begünstigte die Entwicklung einer üppigen Vegetation. Das Fossilienmuster zeigt Reste der ersten modernen Blütenpflanzen (Angiospermen); diese Pflanzengruppe dominiert heute die terrestrische Vegetation aller Kontinente. Als älteste versteinerte Angiosperme sei die etwa 125 Millionen Jahre alte Gattung *Archaefructus* genannt (Abb. 4.29 A). Das versteinerte Skelett des etwa gleich alten Ur-Säugetiers *Eomaja* (ein Placentatier, das mit Haar-Umrissen präpariert werden konnte) ist in Abbildung 4.29 B dargestellt. Nadelbäume (Gymnospermen) gingen auf dem Festland mehr und mehr zurück. Die mit Algen bewachsenen Meere waren von Wirbellosen (Schwämme, Schne-

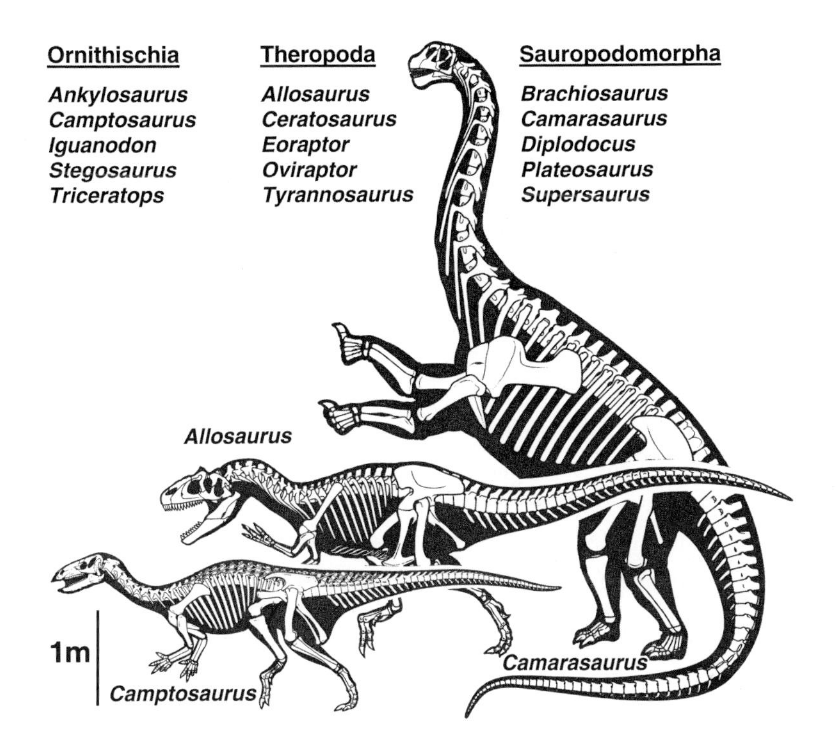

Abb. 4.25 Systematik der Dinosaurier mit repräsentativen Gattungen (Mesozoikum). Die Unterklassen Ornithischia und Saurischia (Theropoda und Sauropodomorpha) unterscheiden sich bezüglich anatomischer Merkmale und in der Art der Ernährung voneinander. Die Ornithischia und Sauropodomorpha waren zwei- bzw. vierbeinige Pflanzenfresser, während die Gruppe der Theropoda ausschließlich bipede Räuber und Aasfresser umfasste (nach Sereno, P.C.: Science 284, 2137–2147, 1999).

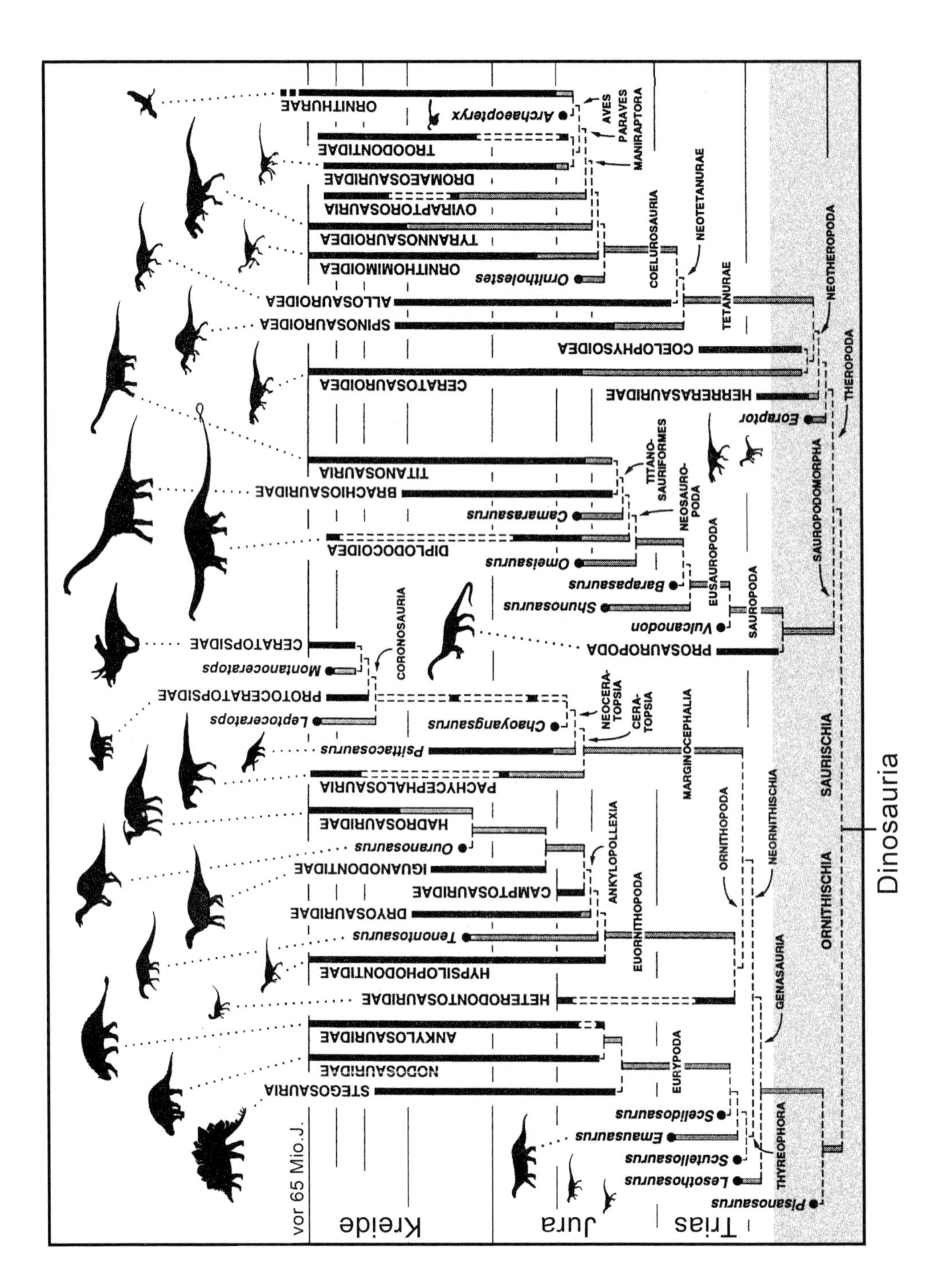

Abb. 4.26 Phylogenese der Dinosaurier einschließlich der Vögel (Aves). Lücken in den Fossilreihen sind grau und unvollständige Versteinerungserien als Strichlinien dargestellt. Die basale Grauzone markiert die Ära vor der Land-Dominanz der Schreckensreptilien (Trias-Periode) (nach Sereno, P.C.: Science 284, 2137–2147, 1999).

cken, Muscheln, verschiedenen Krebsen) besiedelt, wobei insbesondere die bereits im Jura nachweisbaren tintenfischähnlichen Belemniten (Donnerkeile) und Ammoniten (Ammonshörner) im Fossilienmuster der frühen Kreide in großer Zahl anzutreffen sind. In Abbildung 4.28 B ist eine Auswahl versteinerter Ammonitengehäuse aus dem Jura und der Kreide zusammengestellt. Es wurden weltweit über 5000 fossile Arten beschrieben, die meist ein gewundenes (schneckenförmiges) Gehäuse hatten, in dem der Hinterleib des Weichkörpers verborgen war. Der mit Fangarmen ausgestattete Kopf ragte aus der Schale heraus. Ammoniten waren vermutlich Raubtiere. Die Meere waren außerdem von verschiedenen schwimmenden Reptilien bewohnt: Ichthyosauriern, Plesiosauriern, Elasmosauriern, verschiedenen Schildkröten. Diese Räuber ernährten sich von Fischen und Krebsen.

Reptilien-Gigantismus. Auf dem Festland und in den Sumpfgebieten dominierten die Dinosaurier. Pflanzenfresser, wie z. B. die „Leguanzahn-Saurier" (*Iguanodon*) und verschiedene Entenschnabel- und Horndinosaurier (Hadrosauridae, Ceratopsidae, z. B. *Anatosaurus, Edmontosaurus, Parasaurolophus; Styracosaurus, Protoceratops, Triceratops*), bildeten große Herden, die die Savannen abgrasten. Einige „Schreckensreptilien", wie z. B. Vertreter der Gattungen *Ankylosaurus* und *Euoplocephalus*, waren – wie lebende Panzer – durch dornentragende Rückenschilde geschützt und hatten am Schwanzende zur Verteidigung eine Knochenkeule. Die pflanzenfressenden Dinosaurierherden wurden von großen, mit dolchförmigen Zähnen ausgestatteten Raubsauriern (z. B. *Albertosaurus*) angegriffen. Kleinere Theropoden, wie z. B. *Velociraptor* oder *Deinonychus*, jagten die mittelgroßen Pflanzenfresser. Diese Räuber töteten ihre Beutetiere mit Hilfe ihrer messerscharfen Krallen.

Der größte zweibeinige Raubdinosaurier war die Tyrannenechse *Tyrannosaurus rex*. Das Reptil war bis zu 12 m lang, 6 m hoch und hatte ein über 1 m langes Gebiss mit dolchartigen Zähnen. *T. rex* war damit das größte Landraubtier der Erdgeschichte. Dieses gigantische Reptil wurde in den 1920er-Jahren von einem Paläobiologen als „im Hinblick auf Schnelligkeit, Größe, Kraft und Wildheit wohl die am meisten destruktive Maschine, die jemals entwickelt worden ist", bezeichnet. Fossilienfunde aus den 1990er-Jahren zeigten jedoch, dass die Vorderextremitäten von *T. rex* so stark reduziert waren, dass ein Ergreifen der sich weh-

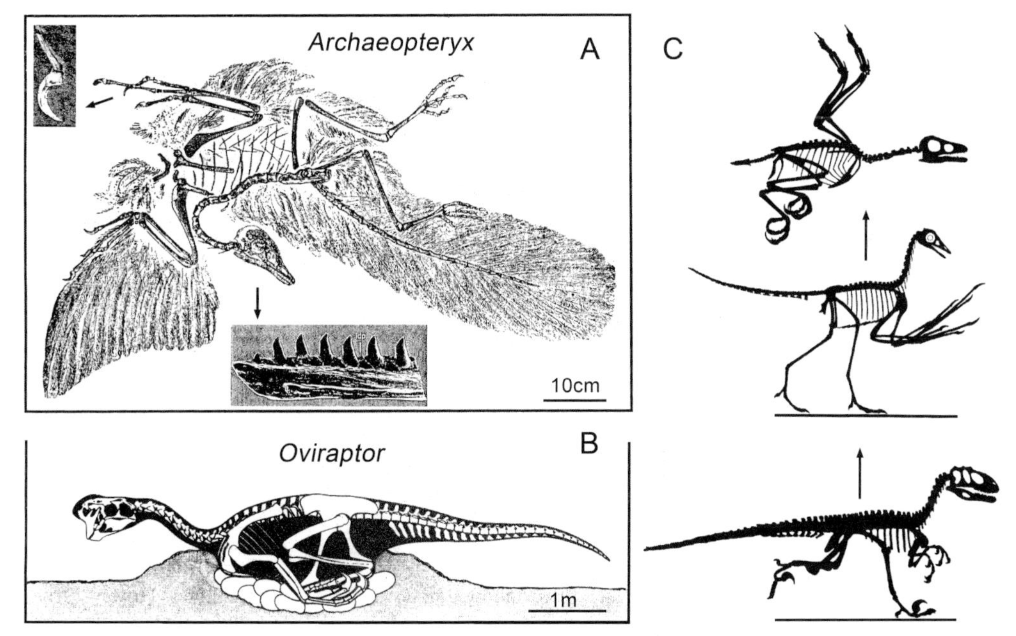

Abb. 4.27 Abdruck des Dinosauriervogels *Archaeopteryx* (Jura), Berliner Exemplar (A). Details zur Skelettmorphologie des Münchener Exemplars sind eingefügt (Pfeile). Unterkiefer mit sieben für Raubsaurier typischen Zähnen mit Interdentalplatten; Hornkralle am Vorderflügel (nach Wellnhofer, P.: AvH-Mitt. 75, 3–10, 2000). Rekonstruiertes Skelett des brütenden Raub-Dinosauriers *Oviraptor*, der auf seinem Eigelege starb (Kreide) (B) (nach Norell, M.A. et. al.: Nature 378, 774–776, 1995). Die Tiere lebten vor etwa 150 bzw. 100 Millionen Jahren. Veranschaulichung des durch Fossilreihen dokumentierten Übergangs vom Raub-Dinosaurier (Theropode) über Zwischenformen (*Microraptor, Archaeopteryx*) zum voll flugfähigen Vogel, schematisch (C).

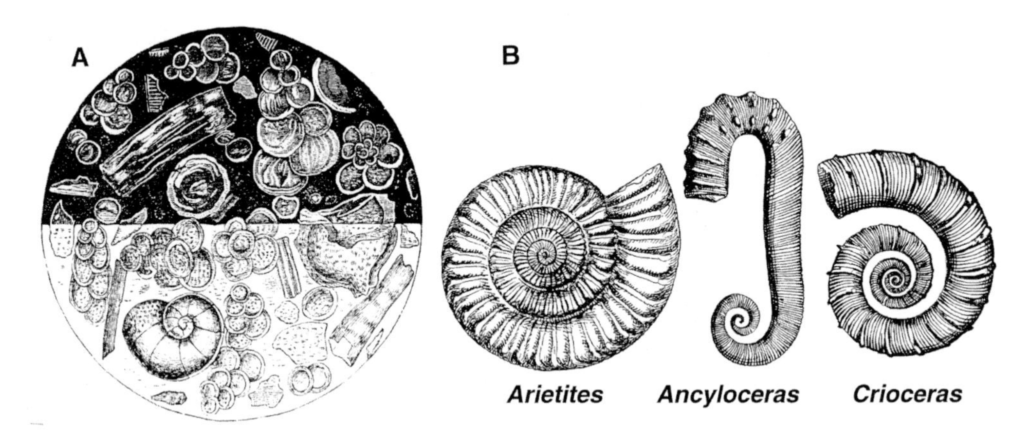

Abb. 4.28 Feinstruktur einer Kreidescheibe mit mikroskopisch kleinen Meeresorganismen (A). Einige fossile Ammoniten des Mesozoikums (*Arietites, Ancyloceras* und *Crioceras*) aus den Jura- und Kreidemeeren (B). Die Tiere lebten vor etwa 150 bzw. 100 Millionen Jahren.

renden Beute kaum möglich erscheint. Die Riesen-Schreckensechse war vermutlich in erster Linie ein Aasfresser, der die kleineren Raubsaurier verfolgte und sich von den Beuteresten (Kadavern) ernährte, die übriggeblieben waren. In Abbildung 4.30 sind die beiden bekanntesten Dinosaurier der späten Kreide, *Tyrannosaurus rex* und das „Dreihorngesicht" *Triceratops horridus,* zu sehen, wobei *T. rex* in der klassischen „Känguru-Position" dargestellt ist (eine moderne Rekonstruktion zeigt Abb. 1.12, S. 22). An fossilen Beckenknochen einzelner Hornsaurier der späten Kreidezeit konnten Bissspuren gefunden werden, die durch die 18 cm langen *Tyrannosaurus*-Zähne verursacht worden waren. Ob die Tyrannenechse lebende (möglicherweise auch verletzte) *Triceratops* angriff und tötete, oder ob sie ausschließlich Kadaver fraß, ist unbekannt (Räuber- bzw. Aasfresser-Hypothese). Zeitgleich mit den Riesendinosauriern gab es die ersten an Wespen erinnernden Ur-Ameisen (z. B. *Sphecomyrma*, s. Abb. 1.4, S. 14).

Der Luftraum war von Riesenflugechsen *(Pteranodon, Quetzalcoatlus)* und zahlreichen kleinen Vögeln besiedelt, die im Vergleich zum Urvogel *Archaeopteryx* bereits nahezu perfekte Flieger waren. Aus den säugetierartigen Reptilien (Therapsiden) der Trias entwickelten sich während der Perioden Jura und Kreide die ersten bodenbewohnenden Kleinsäuger (s. Abb. 4.29 B und 4.32 A).

Kriechtiere (Reptilia) sind eierlegende, wechselwarme Organismen, die aufgrund einer relativ geringen Stoffwechselaktivität und fehlender Wärmeisolation (Schuppen, Knochenplatten) ihre Kör-

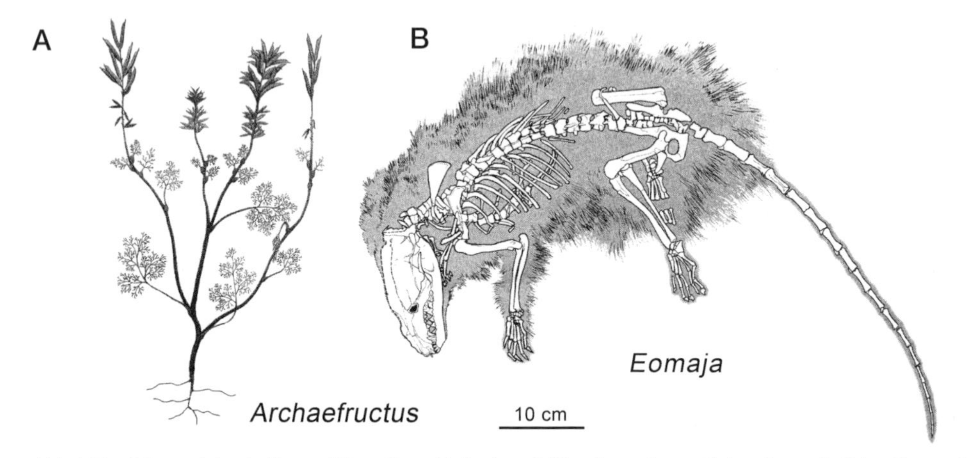

Abb. 4.29 Rekonstruktion der ältesten Blütenpflanze (*Archaefructus*) (A) und versteinertes Skelett eines urtümlichen Placenta-Säugetiers, mit Umriss des Haarkleids (*Eomaja*) (B). Beide Fossilien wurden in 125 Millionen Jahre alten Sedimenten entdeckt (nach Stokstad, E.: Science 296, 821, 2002 und Ji, Q. et al.: Nature 416, 816–822, 2002).

pertemperatur nicht konstant halten können. Säugetiere (Mammalia) haben in der Regel höhere Stoffwechselraten und kernlose Erythrocyten (s. Abb. 2. 34, S. 57); sie sind zum Zwecke der Wärmeisolation behaart und daher in der Lage, ihre Körpertemperatur auch bei Außenkälte (Nacht, Winter) nahezu konstant zu halten. Säuger sind in der Regel lebendgebärend und ernähren ihre Jungen über Milchdrüsen. Die ersten rattengroßen, urtümlichen Kleinsäuger der Kreide hatten gegenüber den gleichzeitig lebenden Riesenreptilien somit entscheidende Vorteile: Nachtaktivität, Agilität, effizientere Fortpflanzungsstrategie (hochentwickelte Brutpflege) und das Vermögen, sich in kleinen Erdhöhlen und unter Baumstümpfen zu verstecken.

Warum wurden die Dinosaurier im Verlauf ihrer 160 Millionen Jahre andauernden Evolution (s. Abb. 4.26) immer größer? Die Ursache dieses Reptilien-Gigantismus während der Kreidezeit wird der mächtigen tropischen Urwald-Vegetation zugeschrieben. Einmalig in der Erdgeschichte, hatten die Landwirbeltiere nahezu unermesslich große Urwälder zum Abgrasen zur Verfügung. Diese üppige Treibhaus-Vegetation ermöglichte die evolutive Entwicklung von Riesen-Pflanzenfressern und entsprechend großer Raubsaurier, welche die Vegetarier jagten und erbeuteten (s. Abb. 4.25).

4.8 Das Aussterben der Riesenreptilien: Ursachen und Folgen

Mit dem Ende des Mesozoikums, das durch den Übergang von der geologischen Kreide- zur Tertiärperiode definiert ist (Abb. 4.3), ereignete sich das fünfte große Massenaussterben in der Erdgeschichte: Nahezu 70% aller Tier- und Pflanzen-Arten verschwanden innerhalb einer Zeitspanne von weniger als 3 Millionen Jahren für immer aus dem Fossilienmuster. Die Saurier (Abb. 4.24–4.26) sowie die aquatischen Ammoniten (Abb. 4.28) wurden vor 65 Millionen Jahren vollständig ausgelöscht. Amphibien, kleinere Reptilien (Eidechsen, Schlangen, Schildkröten), Krokodile, Fische und andere Meeresbewohner wurden teilweise drastisch dezimiert, aber nicht vollständig eliminiert. Ihre Nachfolgespezies leben noch heute. Für die heutigen Menschen, die die Nachfahren der überlebenden Kleinsäuger der Kreidezeit sind, ist die Ursache des Dinosaurier- (und Ammoniten-)Aussterbens von großem Interesse. Drei Hypothesen wurden formuliert, die im Folgenden kurz diskutiert werden sollen: Man postuliert biologische (endogene) (1.), extraterrestrische (2.) und geologische Ursachen (3.).

Biologische Degeneration. Seit den 1920er-Jahren kursieren Hypothesen, die von einer *biologisch bedingten* Extinktion der Dinosaurier ausgehen. Es

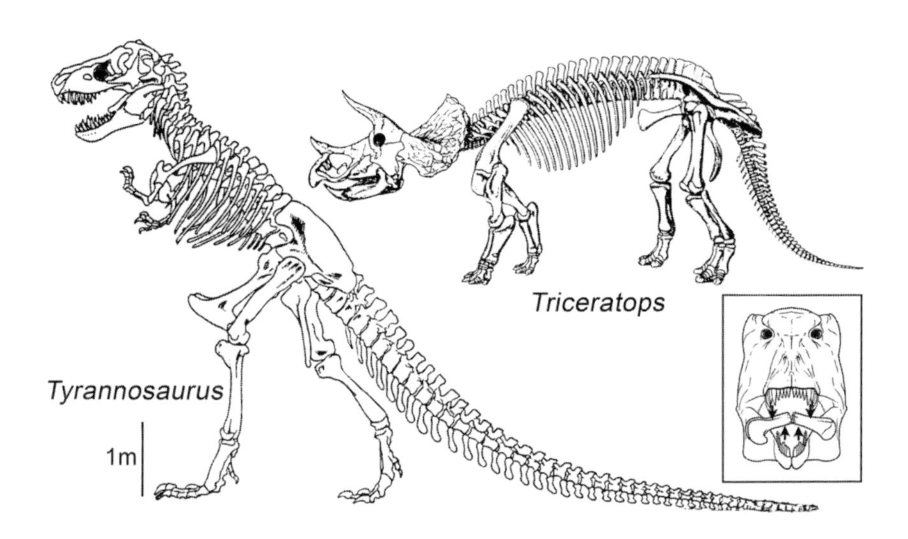

Abb. 4.30 Fossile Dinosaurier aus der späten Kreidezeit (Mesozoikum). Der zu den Theropoda zählende *Tyrannosaurus* war Fleischfresser und konnte Knochen zerbeißen (Aas, tote Beutetiere). Das bis zu 6 m hohe Reptil hatte ein gewaltiges Gebiss mit bis zu 18 cm langen Zähnen. Der Hornsaurier *Triceratops* (Ornithischia) ist durch einen schnabelförmigen Kopffortsatz gekennzeichnet und war Pflanzenfresser. Die Tiere lebten bis vor 65 Millionen Jahren und starben infolge einer globalen Naturkatastrophe am Ende des Erdmittelalters aus (s. Abb. 12.6, S. 271. Dieses Bild zeigt beide Arten in historischen Rekonstruktionen in der Natur).

wurden unter anderem folgende Spekulationen geäußert: Hirnschwund mit daraus resultierender Abnahme der Intelligenz; Übergröße und daraus folgende Bandscheibenschäden; Konkurrenz mit Kleinsäugern, die während der Nächte die Saurier eier fraßen. Diese Hypothesen sind durch keine nachprüfbaren Fakten dokumentiert; wir wollen sie daher nicht weiter ausführen.

Alvarez-Hypothese. Im Jahr 1980 wurde eine *extraterrestrische* Ursache für das fünfte große Artensterben der Erdgeschichte in die Diskussion gebracht. Ein gewaltiger, mindestens 10 km breiter steinerner Himmelskörper (Asteroid oder Komet) soll vor 65 Millionen Jahren mit großer Geschwindigkeit in die Erdatmosphäre eingeflogen und als Meteorit (solider Materiebrocken) eingeschlagen sein (s. Abb. 12.6, S. 271). Aufgrund der enormen Masse des Meteoriten (schätzungsweise etwa 4 Millionen Tonnen) wurde mit dem Einschlag dieser „kosmischen Bombe" eine Explosion erzeugt, die nach W. ALVAREZ (1997) einer „Detonation von 100 Millionen Wasserstoffbomben entsprach". Es folgte eine weltweite *Klimakatastrophe*: starke Erhitzung der Atmosphäre durch den Eintritt des Himmelskörpers in die Lufthülle und eine gewaltige Druckwelle; Verdunkelung der Sonne durch eine große aufgewirbelte Staubwolke infolge des Einschlags mit resultierendem Zusammenbruch der pflanzlichen Photosynthese; Freisetzung giftiger Gase (z.B. Cyanide) aus dem extraterrestrischen Steinbrocken; Waldbrände, die ganze Kontinente erfassten; durch Sonnenfinsternis herbeigeführte Kälteperioden; Orkane und gewaltige Flutwellen (Tsunamis). Diese Naturkatastrophe (*Alvarez extinction event*) soll über den Zusammenbruch der Nahrungskette zum Verhungern bzw. zur Vergiftung von mehr als der Hälfte der damals lebenden Tiere geführt haben. Die Saurier (bzw. Ammoniten) standen während dieser Phase in Konkurrenz zu den Kleinsäugern und Vögeln (bzw. den anderen Meerestieren); sie waren im Daseinswettbewerb unterlegen und starben innerhalb von weniger als einer Million Jahren aus.

Diese zweite Hypothese wird durch einen bemerkenswerten geochemischen Befund unterstützt: Es konnte weltweit an verschiedenen Stellen der Erde in Sedimentschichten der Kreide-/Tertiär-Grenze eine sogenannte *Iridium-Anomalie* nachgewiesen werden. Das schwere chemische Element Iridium ist auf der Erdoberfläche sehr

Abb. 4.31 Tier- und Pflanzenwelt in der Erdneuzeit (Känozoikum). Im Quartär (Pleistozän) gab es Wälder und große Savannen (freie Grasflächen). Die Gebirge waren zeitweise bis in die Täler vereist. Säugetiere, wie wollhaarige Mammuts (*Mammuthus*) und Wildpferde (*Equus*) besiedelten die Freilandflächen Europas. Die Organismen lebten vor etwa 1 Million Jahren. Die Dinosaurier waren lange ausgestorben und hatten die Lebensräume den rattenähnlichen Ursäugern überlassen (s. Abb. 4.32). Das Bild zeigt spezialisierte Großsäuger der Eiszeit.

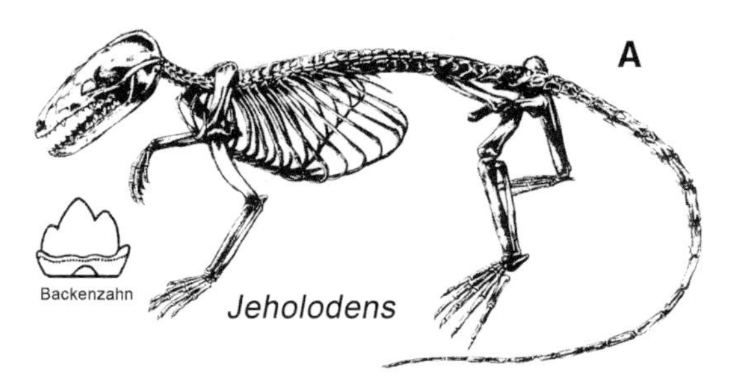

Abb. 4.32 Rekonstruiertes Ursäugetier *Jeholodens* auf Grundlage von Fossilfunden (Jura/Kreide, Mesozoikum). Ein Backenzahn ist vergrößert dargestellt. Der etwa 70 cm lange Bodenbewohner lebte vor etwa 150 Millionen Jahren. Die Ähnlichkeit mit einer rezenten Beutelratte (*Didelphis*) wird deutlich (B) (nach JI, Q. et al.: Nature 398, 326–330, 1999).

selten (Konzentrationsbereich: etwa 0,1 Teil pro Milliarde [0,1ppb]), weil es bei der Entstehung des Planeten in Richtung Erdkern abgesunken ist. Iridium in der Erdkruste stammt praktisch ausschließlich aus extraterrestrischem Material (Asteroide, Kometen), d.h., es wird aus dem Weltall importiert. In 65 Millionen Jahre alten Lehmschichten (Grenze Kreide/Tertiär) fand man Iridiumkonzentrationen von bis zu 10 ppb. Dieser Befund ist ein starkes Indiz für einen gewaltigen Meteoriteneinschlag zum Ende des Mesozoikums. Man hat lange nach einem entsprechenden Krater gesucht. Einige Geologen vertreten seit 1990 die Ansicht, Reste des etwa 180 bis 280 km breiten Chixulub-Kraters auf der Halbinsel Yucatan (Mexiko) seien die letzten Spuren des todbringenden Meteoriten aus dem Erdmittelalter. Im Jahre 1992 wurden Gesteinsproben des von hohen Sedimentschichten überlagerten Chixulub-Kraters (der größte Einschlagsort der Erde) analy-

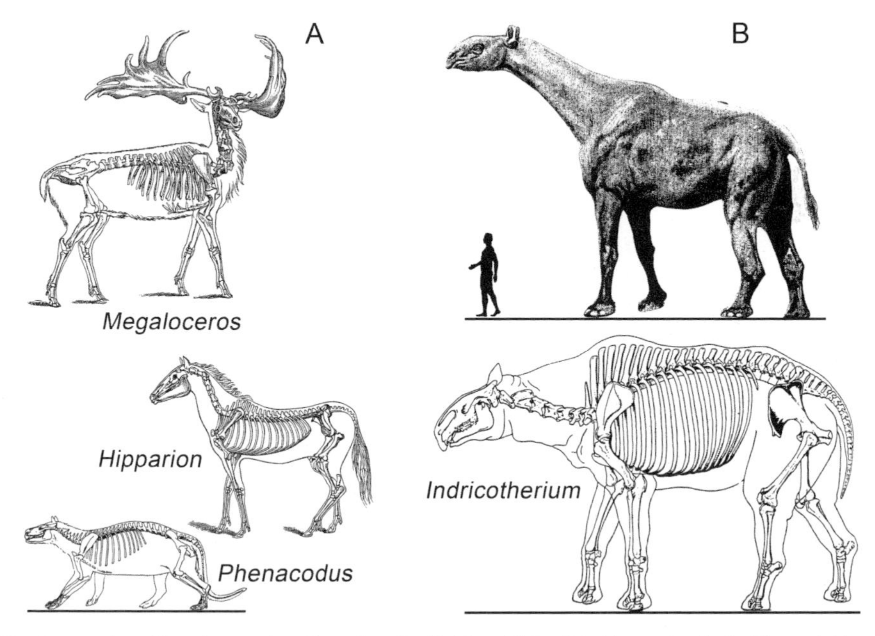

Abb. 4.33 Ausgestorbene Säugetiere aus dem Känozoikum (Tertiär / Quartär). Das Urhuftier aus dem Eozän (*Phenacodus*) hatte die Größe eines Hundes. Das Urpferd (*Hipparion*) besiedelte im Miozän die asiatischen Graslandschaften. Gegen Ende des Pleistozäns sind viele Riesensäuger, wie der Irische Elch (*Megaloceros*), ausgestorben (A). Die Tiere lebten vor etwa 40 und 10 Millionen bzw. 20 000 Jahren. Das vor etwa 15 Mio. J. ausgestorbene asiatische Riesen-Rhinoceros *Indricotherium* (B) war bis zu 7 m hoch. Skelett (unten) und Rekonstruktion des Giganten der Säugetiere mit einem heutigen Menschen als Größenvergleich (oben).

siert. Unter Einsatz der Kalium-Argon-Methode konnte ein Alter von 65 ± 0,1 Millionen Jahre ermittelt werden. Weiterhin fand man im Bereich der Kreide-/Tertiär-Grenzschicht sogenannte Glassphärulen (bzw. geschockte Quarzkörner). Diese Steinrelikte sind als Überreste eines gewaltigen Meteoriteneinschlags zu interpretieren. Da im Jahre 1998 in marinen Kreide-/Tertiär-Sedimenten ein Bruchstück des postulierten Meteoriten gefunden wurde, gilt es heute als gesichert, dass vor 65 Millionen Jahren eine gewaltige „kosmische Bombe" in die Erde eingeschlagen ist.

Vulkanismus-Hypothese. Ein französischer Geophysiker formulierte Mitte der 1980er-Jahre eine dritte Hypothese, die bereits im Zusammenhang mit dem Massenaussterben vor 251 Millionen Jahren dargestellt wurde. Er postuliert eine *geologische* Ursache für den Tod der Saurier. Gewaltige Vulkanausbrüche sollen über Aschewolken (Verdunkelung der Sonne), Schwefelausstöße (saure Regen) und Treibhausgase (Kohlendioxid) eine Klimakatastrophe bewirkt und somit die Massenextinktion ausgelöst haben. Als Beleg für dieses spekulative Naturschauspiel werden gewaltige historische Lavaflüsse, die im heutigen Indien nachweisbar sind, angeführt. Geschichtete, erstarrte Flüsse von basaltreicher Lava sind in Form der indischen *Deccan Traps* seit langem bekannt. Einzelne Lavaberge sind über 10 000 Quadratkilometer groß und 10 bis 150 m hoch. Geochronologische Datierungen ergaben für den Kreide-/Tertiär-Übergang (Zeitpunkt des Massensterbens) ein Alter von 65 ± 1 Million Jahre; die indischen Lavaberge sind 68–64 Millionen Jahre alt. Diese quantitativen Daten unterstützen die Vulkanismushypothese des Sauriersterbens: gewaltige Vulkanausbrüche vergifteten gegen Ende der Kreidezeit die Atmosphäre (Kring, 2007).

Aus den hier zusammengetragenen Fakten folgt, dass die Ursachen des Massensterbens vor 65 Millionen Jahren weitgehend aufgeklärt sind. Es gilt heute als gesichert, dass eine Naturkatastrophe, die zu Klimaänderungen geführt hat, für den „Massenmord an den Sauriern und Ammoniten" verantwortlich war. Vermutlich trugen gewaltige Vulkanausbrüche und der gut dokumentierte Meteoriteneinschlag gemeinsam zum spektakulärsten Artensterben der Erdgeschichte bei (s. Abb. 4.41 und Abb. 12.6., S. 271).

4.9 Känozoikum: Zeitalter der Säugetiere

Das Ende des Mesozoikums markierte wieder einen Wendepunkt in der Evolution der Organismen. Fossilienfunde belegen, dass die großen Saurier der Luft, der Meere und des Festlandes nach Abschluss dieser geologischen Ära ausgestorben waren, während etwa ein Drittel aller Pflanzen-, Reptilien-, Vogel- und Kleinsäugerarten sowie na-

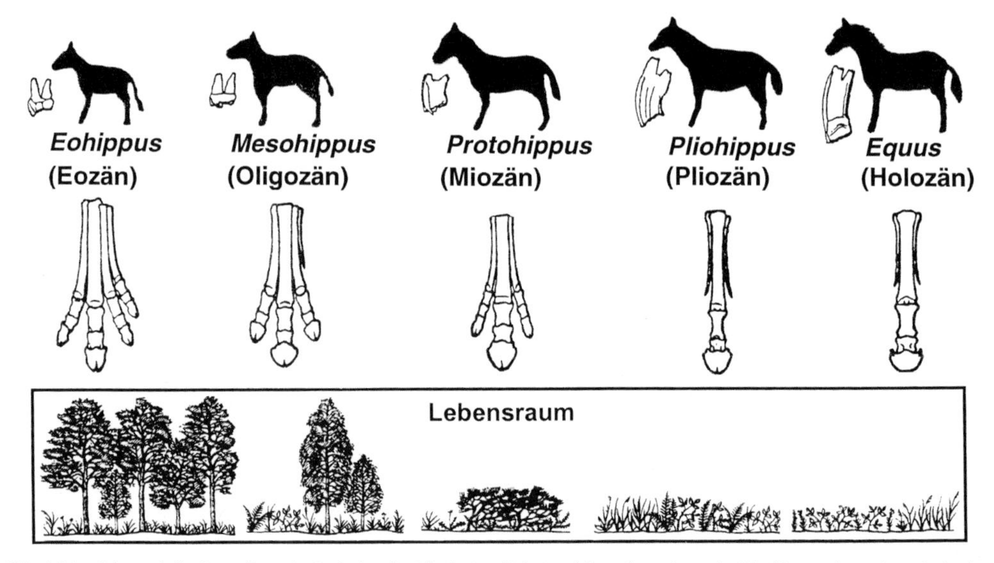

Abb. 4.34 Schematische Darstellung der Evolution der Pferde. Das kleine, waldbewohnende Urpferd (*Eohippus* oder *Hydracotherium*) lebte vor 50 Millionen Jahren und ernährte sich von weichem Laub. Nachdem im Miozän eine Klimaänderung eintrat (Rückgang der Wälder, Grasflächen), entwickelten sich vor etwa 20 Millionen Jahren die modernen, grasfressenden Pferde (*Equus*). Backenzähne und Vorderzehe sind schematisch dargestellt (nach MacFadden, B.J.: Fossil Horses. Cambridge, 1992).

hezu alle Amphibien- und Insektenarten der Kreidezeit die gewaltige Naturkatastrophe überlebt hatten (die Behauptung einiger „Kryptozoologen", es gäbe auf entlegenen Inseln und in tiefen Seen der Erde noch Riesensaurier, konnte bis heute nicht bestätigt werden). Das Känozoikum (Erdneuzeit oder Zeitalter der Säuger) (Abb. 4.31, S. 116) wird in die beiden Perioden Tertiär (vor 65–1,8 Millionen Jahren) und Quartär (vor 1,8 Millionen Jahren bis heute) unterteilt, die nun separat dargestellt werden sollen.

Tertiär. Mit der Epoche des Paläozäns (vor 65–56 Millionen Jahren) begann die Erdneuzeit. Die Pflanzen- und Tierwelt der Meere zeigte nach Aussterben der Ammoniten quantitative, jedoch keine großen qualitativen Änderungen. An Land breiteten sich die Angiospermen (Blütenpflanzen) aus; die ersten Gräser besiedelten die Feuchtgebiete der von zahlreichen Insekten bewohnten Urwälder. Aus diesen unseren heutigen Riedgräsern ähnlichen Gewächsen entwickelten sich die „modernen" Gräser (Gramineae), die in späteren Epochen große, offene Landflächen besiedelten. Aufgrund der speziellen Anatomie der Gramineae können diese höheren Blütenpflanzen nach weitgehendem Verlust der oberirdischen Organe (z. B. durch Abfressen) rasch wieder nachwachsen. Nach Rückgang der Urwälder (im Miozän) entstanden riesige Rasenflächen, die den pflanzenfressenden Säugetieren eine unerschöpfliche, rasch nachwachsende Nahrungsquelle boten und von großen Herden abgeweidet wurden.

Im Paläozän bis zum Ende des Eozäns (Zeitraum vor 65–56 Millionen Jahren) eroberten die Ursäugetiere (Mammalia) fast alle „unbesetzten" (d. h. nach Aussterben der Dinosaurier freigewordenen) Lebensräume der Erde. Innerhalb einer Zeitspanne von weniger als 20 Millionen Jahren entwickelten sich aus den katzengroßen, unspezialisierten Land- Kleinsäugern der Kreide zahlreiche, an spezielle Biotope angepasste Säugetiergruppen, die den systematischen Rang von Ordnungen einnehmen. Die Mammalia eroberten das Festland, die Meere und den Luftraum. Wegen der Konkurrenz durch Fische bzw. Vögel war das Vordringen in die beiden letztgenannten bereits besetzten Lebensräume nur von begrenztem Erfolg: Walartige (Delphine, Wale) und Fledermäuse sind relativ formenarme Mammalia-Ordnungen (die meisten Fledermäuse sind nachtaktiv und vermeiden somit die Konkurrenz durch Vögel). Die Säuger hatten insbesondere auf dem Land große Entwicklungsmöglichkeiten, da die letzten Dinosaurier ausgestorben waren. Wir bezeichnen eine derartige, relativ rasch verlaufende Evolution als *adaptive Radiation*: Wenig spezialisierte Vorfahren besiedeln freie Lebensräume, wobei zahlreiche neue Arten (bzw. Gattungen und Ordnungen) entstehen können. Weitere Beispiele für adaptive Radiationen sind der „Aufstieg" der Dinosaurier im

Abb. 4.35 Das heutige Pferd (*Equus*) und seine phylogenetischen Vorfahren in einer historischen Rekonstruktion (*Pliohippus, Protohippus, Mesohippus, Eohippus*). Das Urpferd *Eohippus* (*Hydracotherium*) lebte vor 50 Millionen Jahren und war ein Waldbewohner.

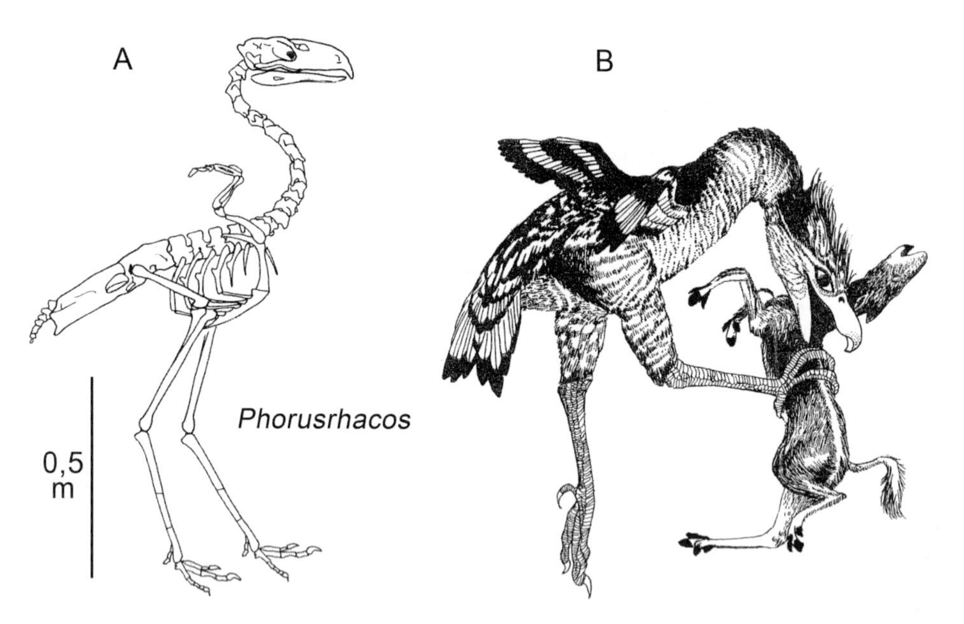

Abb. 4.36 Fleischfressender Riesen-Terrorlaufvogel aus dem Eozän (*Phorusrhacos*) (A). Nach dem Aussterben der Dinosaurier gab es noch keine Raubsäuger (z.B. Katzen, Hunde). Große räuberische Laufvögel erfüllten diese Funktion in verschiedenen terrestrischen Ökosystemen der Erde. Es ist wahrscheinlich, dass diese Riesenvögel Urpferdchen, wie z.B. *Eohippus*, angegriffen und gefressen haben (B) (nach Benton, M.J.: Vertebrate Palaeontology, 3. Ed., Blackwell, Oxford, 2005).

Mesozoikum (s.o.) und die in Kapiteln 2 und 9 besprochene rasche Speziation der Darwin-Finken auf den Galapagosinseln (s. S. 29, 221).

Mit dem Übergang vom Eozän zum Oligozän (d. h. vor etwa 34 Millionen Jahren) sind im Fossilienmuster die Vorfahren der wichtigsten heutigen Säugetierordnungen nachweisbar: Kloakentiere (Monotremata), Beuteltiere (Marsupialia), Fledermäuse (Chiroptera), Walartige (Cetacea), Seekühe (Sirenia), Schuppentiere (Pholidota), Insektenfresser (Insectivora), Raubtiere (Carnivora), Nagetiere (Rodentia), Hasenartige (Lagomorpha), Rüsseltiere (Proboscidea), Paarhufer (Artiodactyla), Unpaarhufer (Perissodactyla) und die Herrentiere (Primates). Zahlreiche Säugetierordnungen, -familien und -gattungen sind im Verlauf des Känozoikums wieder ausgestorben. In Abbildung 4.33 A sind drei Beispiele dargestellt. Als größtes Landsäugetier gilt das hornlose asiatische Rhinoceros *Indricotherium* (Synonym: *Baluchitherium*) aus dem Oligozän. Dieser ausgestorbene Riesen-Blätterfresser wurde bis zu 7 m hoch und graste vermutlich die höheren Regionen der Bäume ab (Abb. 4.33 B).

Rezente Mammalia sind von Reptilien leicht zu unterscheiden: Sie sind durch ein Haarkleid thermisch isoliert (hohe Stoffwechselrate, kernlose Erythrocyten, daher warmblütig), haben relativ große Gehirne und ernähren ihre Jungtiere über die Muttermilch (daher der Name „Säugetiere").

Aus welchen Vorläuferformen haben sich die Säuger des Tertiärs entwickelt? In Abbildung 4.21 A ist das relativ kleine säugerartige Reptil *Cynognathus* dargestellt; das Skelett repräsentiert einen evolutionären Übergang zu den Ursäugern. Diese zu den Cynodontia gehörenden Reptilien haben während der Mitte der Trias, d. h. vor etwa 225 Millionen Jahren, gelebt. Cynodontia, wie z. B. *Cynognathus* oder *Thrinaxodon*, sind fossile Übergangsformen (Mischtypen) zwischen Reptilien und Ursäugetieren (s. Tab. 4.2). Man hat jahrzehntelang nach dem ursprünglichsten Protosäuger, d. h. dem ersten gemeinsamen Vorfahren der monophyletischen Gruppe der Mammalia, gesucht. Vor einigen Jahren entdeckte man in 150 Millionen Jahre alten Sedimentgesteinen, die im Übergangsbereich vom Jura zur Kreide liegen, Fossilien von Kleinsäugern, die in der Nähe der „Wurzel" des Mammalia-Stammbaums einzuordnen sind. In Abbildung 4.32 A ist der etwa 70 cm lange, an heutige Beutelratten (*Didelphis*) erinnernde Ursäuger *Jeholodens* dargestellt. Dieser Fossilfund beweist, dass die ersten Säugetiere „im Schatten der Dinosaurier" entstanden sind und Bodenbewohner waren. Das etwa 125 Millionen Jahre alte Ur-Placentatier *Eomaja* war mit einem dichten

Haarkleid versehen (Abb. 4.29 B) und besiedelte möglicherweise denselben Lebensraum wie der ältere *Jeholodens*. Die behaarten Ursäuger waren relativ kleine, mit Mahlzähnen ausgestattete Tiere; sie konnten daher die Naturkatastrophe vor 65 Millionen Jahren in Erdhöhlen versteckt überleben (Wible et al., 2007).

Wir wollen uns bei der nachfolgenden Besprechung der wichtigsten Ereignisse während des Känozoikums im Wesentlichen auf drei Säugetiergruppen beschränken: die Unpaarhufer, die Wale und die Primaten.

Evolution der Pferde. Die Abstammung eines Zweiges der Säuger-Ordnung Perissodactyla (Familie Equidae) ist auf Grundlage zahlreicher Fossilfunde seit Mitte des 19. Jahrhunderts gut belegt. Dieses klassische Beispiel für Makroevolution soll im Folgenden rekapituliert werden.

Aus den unspezialisierten, an Ratten und Katzen erinnernden Kleinsäugern des Mesozoikums (bzw. Paläozäns) (Abb. 4.32 A) entwickelten sich im Eozän kurzbeinige Pflanzenfresser. Zu diesen Urhuftieren gehörte z.B. der dicht behaarte, die Größe eines Wolfes erreichende *Phenacodus*. Fossilien belegen, dass dieser urtümliche Pflanzenfresser an jedem Fuß fünf Zehen hatte und vermutlich die dichten Urwälder besiedelte (Abb. 4.33 A). Diese Urhuftiere waren die Vorfahren der „modernen" Unpaarhufer, zu denen die Pferde (Equidae) gehören. Verwandte Arten des *Phenacodus* waren die Pflanzenfresser *Ectoconus* und *Uintatherium*. Alle hier genannten Urhuftiere sind im Tertiär wieder ausgestorben.

Ein vereinfachtes (lineares) Schema zur Evolution der Pferde zeigt Abbildung 4.34; die fossilen Zwischenformen sowie ein rezentes Pferd sind in Abbildung 4.35 in einer historischen Rekonstruktion dargestellt. In Sedimentgesteinen aus dem Eozän hat man die Fossilien des Urpferdes *Eohippus* (Synonym: *Hydracotherium*) gefunden. Dieser Blätterfresser war nur so groß wie ein Hund und ein Verwandter des *Phenacodus*. Das Urpferd hatte vier Zehen und kurze Zähne. Im Verlauf der folgenden 50 Millionen Jahre wurden die Pferde deutlich größer. Die Zahl der Zehen verminderte sich von vier auf eine; die Mittelzehen verstärkten sich und entwickelten sich zu den Hufen. Weiterhin zeigen die erhaltenen fossilen Schädel, dass die Zähne kräftiger wurden und lange Wurzeln entwickelten. Im Miozän (vor 23–5,3 Millionen Jahren) änderte sich der Lebensraum der Pferde. Die als Versteck dienenden Wälder gingen infolge einer Klimaänderung (Abkühlung) zurück und wurden durch weite, offene Grasflächen (Savannen) ersetzt. Dort konnten nur größere Pferde-Populationen überleben, die fähig waren, vor Räubern zu fliehen. Da das Gras härter ist als Blattnahrung, entwickelten die Pferde im Lauf der Jahrmillionen stabilere Zähne. Ein mit *Pliohippus* verwandtes, ausgestorbenes Pferd (*Hipparion*) ist in Abbildung 4.33 A dargestellt. Die modernen, noch heute durch die Gattung *Equus* vertretenen Wildpferde sind erstmals im Pliozän nachweisbar (vor etwa 3 Millionen Jahren). Diese optimal an das Leben im relativ kühlen Grasland angepassten Säugetiere überlebten die großen Eiszeiten des Quartärs

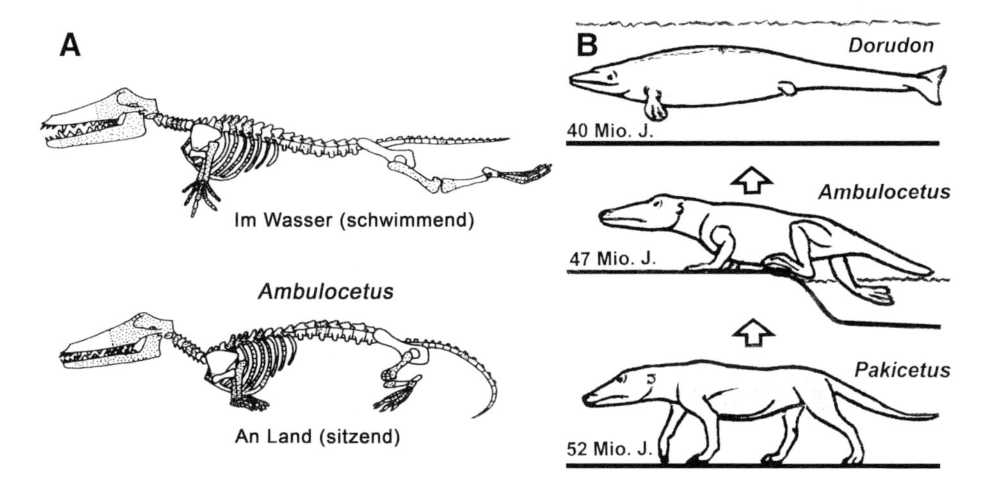

Abb. 4.37 Rekonstruiertes Skelett des Laufwals *Ambulocetus*, eine fossil erhaltene Land-Wasser-Übergangsform (A). Evolution der Wale unter Berücksichtigung gut dokumentierter Fossilien (B). Vor 52 Millionen Jahren lebten urtümliche terrestrisch/amphibische Huftiere (*Pakicetus*), die sich über Zwischenformen (*Ambulocetus*, *Rodhocetus*) zu Meeres-Säugern entwickelt haben (*Dorudon*) (nach Thewissen, J. et al.: Science 263, 210–212, 1994 und Muizon, C.: Nature 413, 259–260, 2001).

(Pleistozän). Heute sind die wenigen *Equus*-Arten (Wildpferde, Esel, Zebras) durch die Aktivitäten des Menschen in der freien Natur nahezu ausgerottet (MACFADDEN, 1992).

Im Eozän lebten gemeinsam mit den Urpferdchen bis zu zwei Meter hohe flugunfähige Riesen-Raubvögel, die später wieder ausgestorben sind und durch Raubsäuger (Katzen, Wölfe) ersetzt wurden. Fossilfunde legen nahe, dass die Urpferdchen von diesen „Riesen-Terrorvögeln" gejagt und gefressen wurden (Abb. 4.36 B).

Evolution der Wale. Die Abstammung der Walartigen (Meeres-Säuger, d. h. Delphine und Wale) konnte seit 1990 auf Grundlage morphologischer, embryologischer, molekularbiologischer und paläontologischer Befunde im Detail rekonstruiert werden. Unter den rezenten Landsäugern sind die Paarhufer (Artiodactyla; d. h. Schweine, Flusspferde, Rinderartige usw.) die nächsten lebenden Verwandten der Wale. Als fossile Urahnen der Wale wurden etwa 52 Millionen Jahre alte urtümliche Huftiere identifiziert (*Pakicetus*), die über versteinerte Zwischenformen (*connecting links*), wie z. B. die „Laufwale" *Ambulocetus* und *Rodhocetus* – zum Paddeln im Wasser befähigte Land/Meer-Säuger – zu den echten Walen überleiten (*Dorudon*). Diese Unterwasser-Ur-Wale hatten noch kurze Hinterextremitäten, die aus dem Körper herausragten. Das Skelett des vierbeinigen „Laufwals" *Ambulocetus* ist in Abbildung 4.37 A dargestellt, die Abstammungsreihe *Pakicetus* (Land-Huftier), *Ambulocetus* (Zwischenform) und *Dorudon* (Ur-Wal) zeigen die Abbildungen 4.37 B und 4.38. Der Makroevolutions-Schritt vom Land ins Wasser vollzog sich somit im Eozän (vor etwa 52–40 Mio. Jahre). Bei heutigen Walen sind im Körperinneren rudimentäre Organe (Reste weitgehend funktionsloser Hinterextremitäten) nachgewiesen, die in Kapitel 2 beschrieben sind (s. S. 44, 57).

Quartär. Die zweite Periode des Känozoikums, das Quartär, wird in die Epochen Pleistozän und Holozän unterteilt und umfasst die vergangenen 1,8 Millionen Jahre. Die bereits im Miozän vor etwa 10 Millionen Jahren begonnene Klimaabkühlung setzte sich im Pliozän fort, so dass beim Übergang vom Tertiär zum Quartär weltweit Temperaturen herrschten, wie wir sie heute kennen. Im *Pleistozän* (Eiszeitalter), das vor etwa 1,8 Millionen Jahren begann und vor 10 000 Jahren endete, hatten die Kontinente ihre heutige Position erreicht. Die Klimaabkühlung setzte sich fort und führte zu fünf großen „Eiszeiten" (Glazialen), die durch wärmere Perioden (Zwischeneiszeiten oder Interglaziale) unterbrochen waren. Die vier wichtigsten Eiszeiten des Pleistozäns wurden mit Namen versehen (für die Alpenvereisung: Günz, Mindel, Riß und Würm) und dauerten unterschiedlich lange (65 000 bis 200 000 Jahre). Die gigantischen Eisschilde, die vorübergehend alle Mittelgebirge Europas und Nordamerikas bedeckten, verwandel-

Abb. 4.38 Der an Land gestrandete Ur-Wal (*Dorudon*) und seine phylogenetischen Vorfahren in einer historischen Rekonstruktion. Wal-ähnliches Huftier (*Pakicetus*) und amphibische Laufwale (*Ambulocetus*, *Rodhocetus*) (nach THEWISSEN, J. & WILLIAMS, E.M.: Annu. Rev. Ecol. Syst, 33, 73–90, 2002).

ten die höher liegenden Landflächen in lebensfeindliche Kältewüsten. Große Gletscher (d. h. sich bewegende Eismassen) überfluteten die Gebirge der Kontinente, so dass die Laubwälder zum Großteil abstarben, während verschiedene Nadelbäume überlebten. Die nicht mit Eis bedeckten, gefrorenen Böden (Tundren) waren mit Gräsern, Weiden und Kiefern bewachsen. Die letzte Alpeneiszeit (Würm) endete vor etwa 11 000 Jahren; wir leben derzeit in einer Zwischeneiszeit, die wahrscheinlich in eine neue Kälteperiode übergehen wird. Die Ursachen für die periodisch wiederkehrenden Eiszeiten auf der Erde konnten noch nicht eindeutig geklärt werden. Möglicherweise waren Veränderungen in der Laufbahn unseres Planeten um die Sonne für diese zyklischen Klimawechsel verantwortlich.

Säugetiere im Pleistozän. Welche Auswirkungen hatten die Eiszeiten auf das Leben der Landsäuger? Allgemein gesagt, hatten die Tiere (und Pflan-

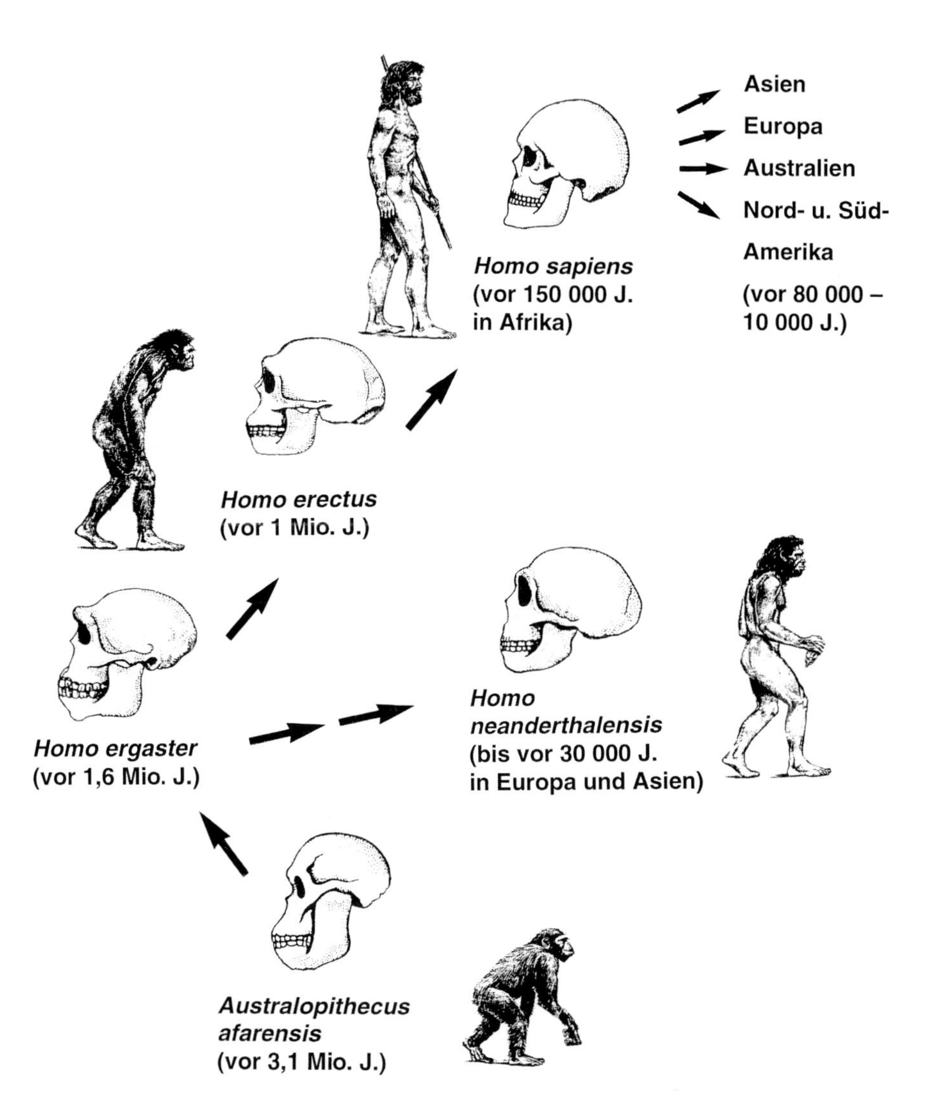

Abb. 4.39 Schema der Evolution der Hominiden (bipede Primaten). Die abgebildeten fossilen Schädel sind idealisierte Darstellungen. Alle heutigen (rezenten) Menschen stammen gemäß dem „Out-of-Africa"-Modell von einer afrikanischen *Homo sapiens*-Population ab; diese Menschen haben nach und nach durch Einwanderungen alle Erdteile bevölkert und dort lebende archaische *Homo*-Arten verdrängt (nach TATTERSALL, I.: Sci. Amer. 272 (4), 60–67, 1997).

zen) während des langsamen, Jahrtausende dauernden Vorrückens der Eismassen die Möglichkeit, sich nach Süden hin auszubreiten, um nach Zurückweichen der Gletscher (während der Interglaziale) wieder die alten Areale zu besiedeln. Das Fossilienmuster des Pleistozäns zeigt jedoch auch eine Reihe großer Säugetiere, die an das Eiszeitklima angepasst waren. Als bekanntestes Beispiel gelten die Mammuts (*Mammuthus*) (s. Abb. 4.31). Diese Pflanzenfresser hatten dicke Felle; sie zogen im Sommer durch die kalte Tundra und wanderten im Winter in Richtung Süden. Während der wärmeren Interglaziale herrschten Witterungsbedingungen, wie wir sie heute vorfinden. Die damalige Pflanzenwelt ist mit der rezenten Vegetation vergleichbar: große Buchen- und Eichenwälder, Nadelbäume und freie Graslandschaften (Savannen) bildeten die Landflora. Die kälteempfindlichen Tiere kehrten aus dem Süden zurück. In Europa lebten während der eisfreien Perioden des Pleistozäns zahlreiche Großsäuger: Elefantenarten, Braunbären, Bisons, Flusspferde, Säbelzahntiger und Riesenhirsche. Der über 3 m hohe „Irische Elch“ (*Megaloceros*) hatte so große Geweihe, dass er (vermutlich) aufgrund dieser gewaltigen Schaufeln einen Selektionsnachteil hatte (Abb. 4.33 A). Wie zahlreiche andere Großsäuger (z.B. die Mammuts) starb er im *Holozän* (vor 10 000 Jahren) wieder aus. Als Gründe für das Aussterben der meisten Großsäuger zu Beginn des Holozäns werden drei Faktoren verantwortlich gemacht: Übergröße der Tiere, Klimaänderungen und die Bejagung durch die Menschen.

Evolution der Primaten. Bereits im 19. Jahrhundert hatten die Evolutionsforscher C. Darwin und E. Haeckel den Menschen in die Ordnung der Säugetiere (Mammalia) eingereiht. Aber erst die berühmten Fossilienfunde aus dem Jahr 1894, als ein dänischer Chirurg den „Java-Affenmann“ (*Homo erectus*) beschrieb, leiteten die moderne Anthropologie ein. Das Ziel dieses Teilgebiets der Biologie ist es, die Stammesentwicklung (Phylogenese) des modernen Menschen zu entschlüsseln und in Form von Stammbäumen zu rekonstruieren.

Die Ordnung Primates umfasst die Halbaffen, die Affen und die Menschen. Die beiden Erstgenannten sind primär an das Leben auf Bäumen angepasste Säugetiere, die nur warme (tropische) Regionen der Erde bewohnen. Fossilienfunde zeigen, dass bereits im Miozän (vor 20 Millionen Jahren) die ersten Urprimaten die Wälder besiedelten. Höhere, an heute lebende Affen erinnernde Herrentiere sind im Pliozän nachweisbar. Diese etwa 7 Millionen Jahre alten Primaten waren die gemeinsamen Vorfahren von Mensch und Schimpanse: *Sahelanthropus*, ein im Jahr 2001 entdeckter schimpansenähnlicher afrikanischer Ur-Hominidenschädel gilt als ältestes *connecting link* im „Affe-Mensch-Übergangsfeld“ (s. Abb. 4.40, Wood, 2002). Die Familie der Hominidae (Menschen) umfasst die beiden Gattungen *Australopithecus* und *Homo*; diese sind definiert als Primaten, die aufrecht gehen (bipede Fortbewegung, d.h. Laufen auf den Hinterextremitäten, wobei die Hände zum Greifen frei sind). Die Halbaffen und Affen benutzen im Gegensatz zu den Hominiden Vorder- und Hinterextremitäten zur Fortbewegung: Sie laufen „auf allen Vieren“.

Die an rezente Schimpansen erinnernden behaarten Vorfahren des Menschen lebten in den Urwäldern Afrikas. Fossilfunde aus dem Pliozän erbrachten den Beweis, dass vor 4–2 Millionen Jahren in den afrikanischen Urwäldern die ersten „echten“ Hominiden der Gattung *Australopithecus* lebten (Abb. 4.39). Einer der Vertreter des fossil gut dokumentierten „Affe-Mensch-Übergangsbereichs“ ist die Art *Australopithecus afarensis*, repräsentiert durch das hervorragend erhaltene, 4–3 Millionen Jahre alte Skelett „Lucy“ aus Ostafrika. Die Vertreter dieser Spezies waren nur etwa 1,2 m groß und hatten ein Hirnvolumen von etwa 450 ml, das etwas umfangreicher ist als jenes der Schimpansen (etwa 400 ml; das Hirn eines modernen *Homo sapiens* umfasst etwa 1200 ml). Wie das breite Becken und die Anatomie der Kniegelenke beweisen, liefen die Urhominiden auf zwei Beinen; die Längenverhältnisse der Gliedmaßen und der Bau der Hände belegen, dass sie außerdem hervorragende Baumkletterer waren. „Lucy“ und Verwandte werden daher auch als ausgestorbene „bipede Schimpansen mit Menschenähnlichkeit“ bezeichnet. Die ersten von Urhominiden hergestellten Steinwerkzeuge sind etwa 2,5 Millionen Jahre alt (Beginn der archäologischen Zeitrechnung). Fossilien „moderner“ Hominiden wurden 1984 in Afrika (Nordkenia) entdeckt. Ursprünglich wurden die 1,6 Millionen Jahre alten Skelettreste der Art *Homo erectus* zugeschrieben; seit einigen Jahren führt der älteste Hominide den Artnamen *Homo ergaster*. Diese behaarten *Homo*-Arten bewohnten nicht mehr ausschließlich die Wälder, sondern auch das offene Grasland. Die mit *Homo ergaster* nahe verwandte Spezies *Homo erectus* lebte vor 1,9–0,4 Millionen Jahren in Afrika und starb dann bis auf Restpopulationen aus. Aus Überlebenden dieser Art ging vor etwa 150 000 Jahren die einzige rezente Menschen-Spezies (*Homo sapiens*) hervor. Der Ursprung des heutigen Menschen liegt somit in Afrika. Vor etwa 80 000 Jahren wanderten einzelne *Homo sapiens*-Populationen aus

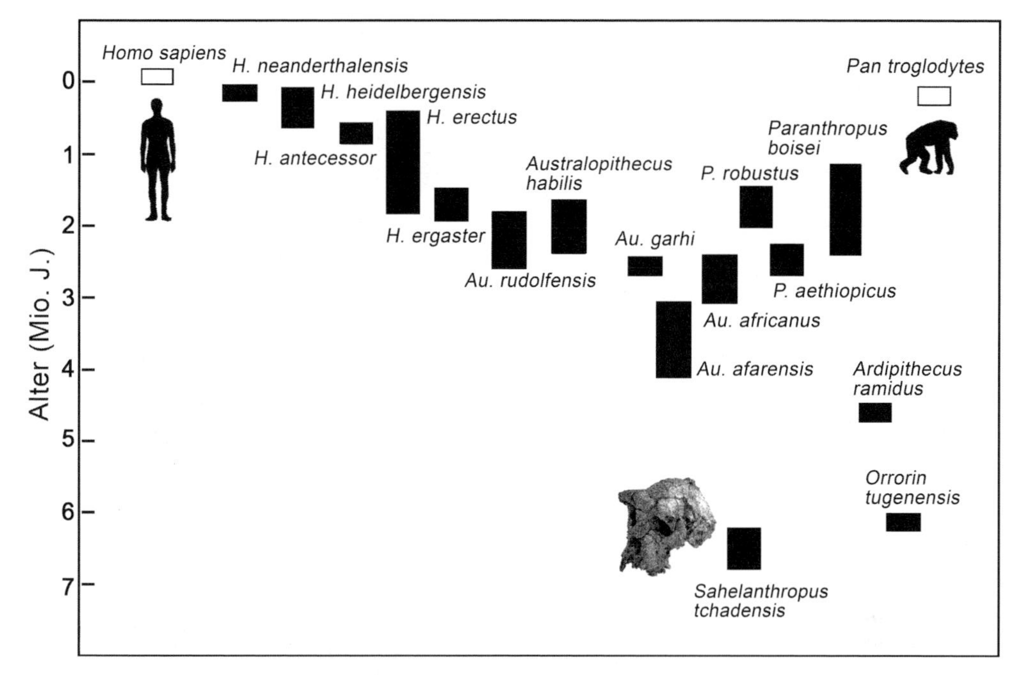

Abb. 4.40 Darstellung der wichtigsten fossil erhaltenen Hominiden, beginnend mit der etwa 7 Millionen Jahre alten Affe-Mensch-Zwischenform *Sahelanthropus tchadensis* (Schädel). Die Entwicklungslinien führten stufenweise zu den rezenten Spezies Mensch (*Homo sapiens*) und Schimpanse (*Pan troglodytes*) (nach Wood, B.: Nature 418, 133–135, 2002).

Afrika aus und erreichten Asien und Europa. Dort lebte seit langem die dicht behaarte, muskulöse, an die Eiszeiten angepasste (ebenfalls aus Afrika stammende) Art *H. neanderthalensis*, die vor 200 000–30 000 Jahren eine weite Entfaltung erlebte. Die Neandertaler wurden von den geistig offensichtlich überlegenen einwandernden *H. sapiens*-Populationen vor etwa 30 000 Jahren auf unbekannte Art und Weise ausgerottet. Im späten Pleistozän waren die Kontinente Afrika, Asien, Europa, Australien und Amerika bereits von den mobilen modernen Menschen erobert. Das „Puzzle Menschwerdung", ausgehend von der etwa 7 Mio. J. alten Affe-Mensch-Zwischenform *Sahelanthropus tchadensis*, ist in Abbildung 4.40 dargestellt. In diesem Schema sind auch Hominiden-Gattungen aufgelistet, die im Text nicht angesprochen sind. Die Fossilfunde sind noch immer recht lückenhaft und ergeben nur ein grobes Bild von unserer Abstammungsgeschichte.

Vor etwa 25 000 Jahren bauten die als Jäger und Sammler umherziehenden Menschenhorden die ersten Häuser. Nach dem Ende der letzten Eiszeit, d. h. vor etwa 10 000 Jahren, wurden unsere Vorfahren sesshaft; es begann die Ära der Agrikultur („neolithische Revolution": Anbau von Kulturpflanzen, Tierhaltung, Entstehung von Dörfern). Die modernen *H. sapiens*-Populationen überlebten aufgrund dieser technischen Fortschritte die Eiszeiten und dominieren heute alle Lebensräume der Erde: Manche Evolutionsforscher bezeichnen die Ära seit dem Jahr 1900 als das *Anthropozän*, d. h. das vom Menschen dominierte und geprägte Zeitalter der biologischen Evolution.

Ein vereinfachtes Schema zur Phylogenese der Spezies *H. sapiens* zeigt Abbildung 4.39. Die Hypothese vom Ursprung des heutigen Menschen in Afrika wird nicht nur durch Fossilfunde, sondern insbesondere auch durch molekulargenetische Daten unterstützt. Die Hauptaussage kann wie folgt formuliert werden: „Wir sind die Nachkommen einer ausgewanderten afrikanischen Ur-*H.-sapiens*-Population, die nach Einwanderungen in neue Gebiete dort lebende archaische Menschen verdrängt hat". Wir werden in Kapitel 7 auf dieses „Out-of-Africa"-Modell zurückkommen.

4.10 Tempo und Fortschritt in der Evolution

Bei einer Betrachtung der geologischen Zeitskala (Abb. 4.3), die auf der Basis vergleichender Gesteinsanalysen, der über 250 000 beschriebenen fossilen Organismen und der radiometrischen Altersdatierung erarbeitet wurde, können nun einige allgemeine Schlussfolgerungen gezogen werden.

Zunächst ist es offensichtlich, dass die geochronologisch datierten Gesteine, die verschiedene Lebensspuren (Fossilien) enthalten, ein zeitliches Muster wachsender organismischer Komplexität zeigen (Abb. 4.41). Von den archaischen, 3500 Millionen Jahre alten Urorganismen (Protocyten) über eukaryotische Ein- und Mehrzeller (Schwämme; an Tier-Embryonen erinnernde Lebewesen), die einförmig gebauten, etwa 580 Millionen Jahre alten Ediacara-Wesen des späten Proterozoikums bis zur „kambrischen Explosion" im frühen Paläozoikum ist ein klarer „Vektor fortschreitender Differenzierung" zu erkennen. Im Pflanzenreich zeigt sich eine stufenweise Komplexitätszunahme von den aquatischen Algen (Eucyten) über Urlandpflanzen, Farne, Nadelgewächse bis zu den modernen Blütenpflanzen (Angiospermen). Die Wirbeltierreihe lässt sich in analoger Weise rekonstruieren: Fische, Amphibien, Reptilien und Ursäugetiere bis zu den hochentwickelten Primaten (Schimpanse, Mensch) bilden eine aufsteigende Linie (Anagenese). Das Fossilienmuster weist auf die von C. DARWIN (1859) postulierten gemeinsamen Vorfahren aller rezenten Lebewesen hin: Die in Abbildung 4.4 A dargestellten versteinerten Mikroben aus Westaustralien gehören zu den ältesten Spuren zellulären Lebens auf der Erde. Wir können diese 3500 Millionen Jahre alten Mikroorganismen (u. a. fossile Bakterien) somit als unsere *zellulären Urahnen* aus dem Archaikum bezeichnen (Abb. 4.41) (THAMDRUP, 2007).

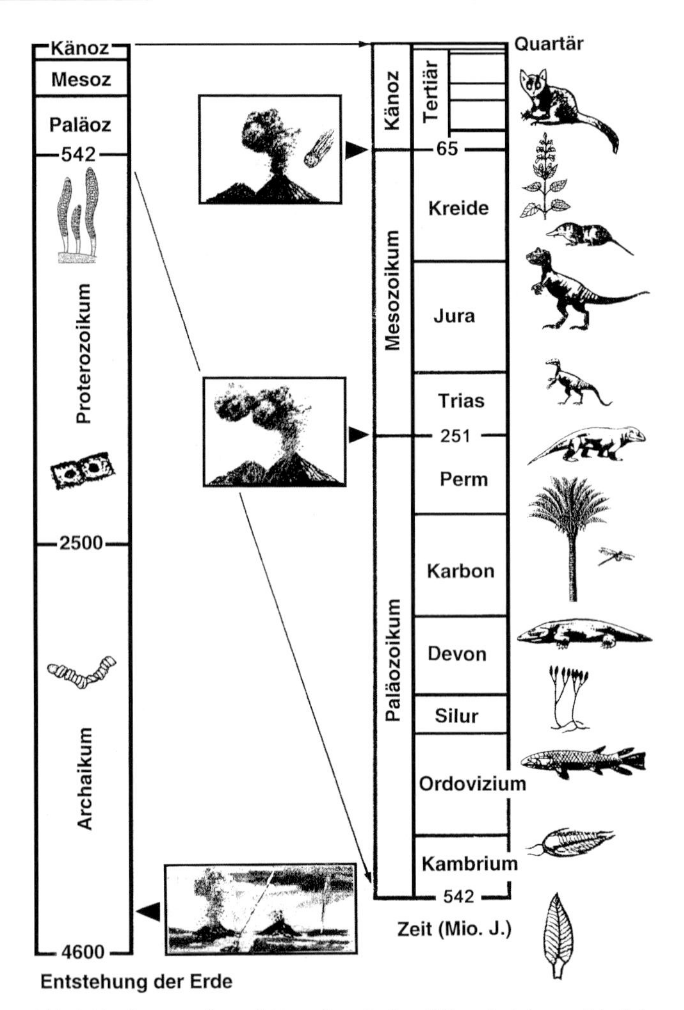

Abb. 4.41 Zusammenfassende Darstellung der Entwicklung des Lebens auf der Erde. Die Zeitskala (Einheit: Millionen Jahre) wurde durch Darstellung wichtiger geologischer Ereignisse (eingerahmte Bilder, Pfeile) und typischer Organismen illustriert. Das Phanerozoikum (Paläozoikum, Mesozoikum und Känozoikum) repräsentiert nur etwa 12 % der Zeitspanne seit Entstehung der Erde und wurde daher vergrößert dargestellt.

Bedeutet der Begriff *Evolution* notwendigerweise auch „Fortschritt bzw. Höherentwicklung"? In den Schriften von Darwin, Haeckel und Weismann wird dies meist so dargestellt. Heute wissen wir allerdings, dass diese Interpretation unzutreffend ist. So war z. B. das etwa 50 Millionen Jahre alte Urpferd *Eohippus* (*Hydracotherium*) optimal an die dichten Urwälder im Eozän angepasst und konnte dort über Jahrmillionen hinweg immer wieder Nachkommen erzeugen und somit seine Gene an die nächste Generation weiterleiten. Mit dem Rückgang der Wälder passten sich Urpferdchen-Populationen an die weitgehend waldlosen Savannen an und brachten größere, mit kräftigeren Mahlzähnen ausgestattete Formen hervor. Die heutigen, wildlebenden Pferdeartigen (z. B. Zebras) sind genauso gut an ihren Lebensraum (offene Grasflächen) angepasst wie ihre waldbewohnenden Urahnen (Abb. 4.33–4.35). Ähnliches gilt für die ausgestorbenen Trilobiten des Paläozoikums (s. Abb. 4.2, 4.11, 4.12), aquatische Arthropoden, die über 300 Millionen Jahre hinweg die Urmeere besiedelten. Aus diesen Betrachtungen folgt, dass Evolution im Wesentlichen in einer Adaptation, verbunden mit der Aufspaltung von Populationen in Tochterspezies, besteht: Eine „Höherentwicklung" (d. h. Komplexitätszunahme) kann, muss aber nicht notwendigerweise mit den dokumentierten Abstammungsreihen verbunden sein (s. Kap. 2).

4.11 Lebende Fossilien, Gradualismus und Punktualismus

Neben der innerhalb geologischer Zeiträume in der Regel zu beobachtenden fortschreitenden Zunahme der Diversifizierung dokumentiert das Fossilienmuster auch einzelne Lebewesen, deren Stammesentwicklung offensichtlich vor Jahrmillionen weitgehend zum Stillstand gekommen ist. Diese Organismen werden nachfolgend vorgestellt und im Zusammenhang mit dem Verlauf der Evolution diskutiert.

Dauergattungen. Cyanobakterien (Abb. 4.4 A), Schwämme, der Quastenflosser *Latimeria* (s. Kap. 11), der Pfeilschwanzkrebs *Limulus*, das tintenfischähnliche Perlboot *Nautilus*, der Brachiopode *Lingula*, die Krokodile und der chinesische Urnadelbaum *Gingko* haben sich seit vielen Jahrmillionen morphologisch nur geringfügig verändert (Abb. 4.42). Diese rezenten Spezies ähneln ihren versteinerten Vorfahren und werden daher als *lebende Fossilien* oder besser als *Dauergattungen* bezeichnet. Als Extrem-Beispiel sollen die sogenannten „Urzeitkrebse" der Gattung *Triops* besprochen werden (Abb. 4.43). Fossile Triopsiden sind aus etwa 210 Mio. J. alten Trias-Sedimentgesteinen von Süddeutschland bekannt (Abb. 4.43 A). Diese Morphospezies wurde als *Triops cancriformis minor* beschrieben, weil sie der rezenten Art *T. cancriformis* sehr ähnlich ist (Abb. 4.43 B). Die fossile Art ist allerdings etwa um 50–70% kleiner als ihre heute lebenden Verwandten. Wie erklärt man sich die weitgehende morphologische Konstanz dieser seltenen Krebse? Die *Triops*-Individuen überdauern in extrem widerstandsfähigen, austrocknungsresistenten, hartschaligen Eiern über Jahrhunderte hinweg. Nach starken Regenfällen entwickeln sich die aus Eiern geschlüpften, rasch heranwachsenden Krebschen in überschwemmten, nur vorübergehend bestehenden (ephemeren) Pfützen innerhalb von nur 3 bis 4 Wochen und pflanzen sich explosionsartig fort. In diesen speziellen aquatischen Lebensräumen existieren weder Konkurrenten noch Fressfeinde: die über lange Zeiträume im Ei-Stadium verharrenden *Triops*-Krebschen konnten in derartigen Extrem-Biotopen die Jahrmillionen weitgehend unverändert überdauern.

Die Frage, warum die Evolution dieser *Dauergattungen* (Abb. 4.42, 4.43) so extrem langsam verlaufen ist, kann ganz allgemein wie folgt beantwortet werden. Offensichtlich waren diese Lebewesen bereits vor Jahrmillionen optimal an ihre damalige Umwelt angepasst. Sie haben diese spezifischen, konstanten Lebensräume (Biotope) niemals verlassen und standen nicht in Konkurrenz zu überlegenen Organismen. Bei fehlendem Selektionsdruck kommt es jedoch in der Regel zu

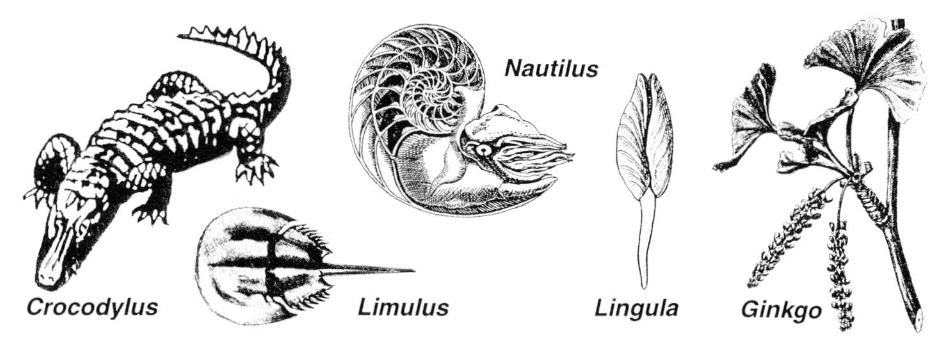

Abb. 4.42 Lebende Fossilien (Auswahl). Nilkrokodil (*Crocodylus*); Verwandte dieser Archosauria lebten bereits in der Trias (vor 220 Millionen Jahren). Pfeilschwanzkrebs (*Limulus*); ähnliche Spezies sind fossil aus der Jura-Zeit bekannt (vor 180 Millionen Jahren). Perlboot (*Nautilus*), bewohnt tropische Meere; der Weichkörper sitzt in der vordersten Kammer (der hintere Teil der Schale ist aufgeschnitten gezeichnet); das Tier ist mit den Nautiloiden verwandt. Armfüßer (Brachiopode) *Lingula*; diese marine Tiergruppe existiert, wie die Nautiloide seit dem Silur (vor 430 Millionen Jahren). Zweig eines Ginkgobaumes (*Ginkgo*); der Urnadelbaum wird in China kultiviert und ist in Europa eine beliebte Gartenpflanze; seine Verwandten waren vor etwa 150 Millionen Jahren weltweit verbreitet und sind bis auf eine rezente Art ausgestorben.

keinem Artenwandel (Evolution). Unsere heutigen lebenden Fossilien sind die Überreste (Relikte) ehemals umfassender Organismengruppen, die ihre artenreichste „Blütezeit“ vor Jahrmillionen durchlaufen haben. Nur wenige haben überlebt und werden, wie z. B. die Krokodile, möglicherweise bald ganz ausgestorben sein. Unter den etwa 1,7 Millionen derzeit beschriebenen Spezies sind die lebenden Fossilien seltene Ausnahmen. Für nahezu alle rezenten Arten können im Fossilienmuster Vorläuferformen (phylogenetische Urtypen) identifiziert werden, d. h., sie sind die derzeit lebenden Endglieder eines Jahrmillionen langen dynamischen Evolutionsprozesses.

Gradualismus und Punktualismus. Nach der von C. DARWIN (1859, 1872) formulierten *Deszendenztheorie* soll der evolutionäre Artenwandel allmählich (graduell) und nicht in „Sprüngen“ erfolgt sein. Dieser *Gradualismus* kam insbesondere in den Stammbaumzeichnungen Haeckels zum Ausdruck: Wie z. B. Abbildung 2.11 (s. S. 36) zeigt, soll der Evolutionsprozess analog einem stetig wachsenden, sich verzweigenden Busch verlaufen sein. Die Hypothese von einer stetigen (graduellen) Phylogenese der Organismen steht teilweise im Widerspruch zum heute bekannten Muster der Fossilienabfolgen (Abb. 4.41), das punktuell eher eine zeitweilig „rasche“ Evolution, unterbrochen von relativen „Stillstandsperioden“, zum Ausdruck bringt. Als Alternative zum DARWINschen Gradualismus wurde daher 1977 von zwei amerikanischen Paläobiologen die Theorie des *Punktualismus* formuliert; dieses Konzept wurde vom Hauptautor, STEVEN J. GOULD (1944–2003), in einer umfassenden Monographie ausführlich dargelegt (GOULD, 2002). Nach dieser Vorstellung soll die Phylogenese über lange geologische Zeiträume hinweg in einem „Gleichgewicht“ verharrt und in größeren Abständen durch relativ rasch verlaufene punktuelle „Evolutionsschübe“ unterbrochen worden sein (*punctuated equilibrium*). Vertreter des Gradualismus wenden dagegen ein, die fossilen Überlieferungen seien stellenweise zu lückenhaft; dort, wo eine geschlossene Fossilienreihe gefunden werden konnte, wie z. B. bei den Pferden oder Walen (Abb. 4.34–4.38), sei eine graduelle Evolution nachgewiesen. Im Zusammenhang mit der Abstammung des Menschen und den Vögeln sprechen wir heute von einer *Hominisation* bzw. der *Avinisation*: „Mensch- bzw. Vogel-Werdung“ sind fossil dokumentierte Evolutionsprozesse, die eindeutig graduell und nicht in Sprüngen verlaufen sind.

Die Frage, ob die Evolution der Organismen eher graduell oder in einzelnen „Schüben“ erfolgt ist, gilt heute als weitgehend geklärt. Unter der Voraussetzung, die bisherigen Fossilfunde würden den Evolutionsverlauf näherungsweise korrekt dokumentieren, sind graduelle Spezies-Transformationen wie auch punktuelle „Evolutionsschübe“ belegt. Die „kambrische Explosion“ der hartschaligen Tiere vor 542 Millionen Jahren oder die adaptive Radiation der Säugetiere vor etwa 50 Millionen Jahren zeigen definitiv, dass innerhalb relativ „kurzer“ geologischer Zeiträume (10–20 Millionen Jahre) die Evolution „schubweise“ vorangeschritten ist. Unter bestimmten Umweltbedingungen (drastische Änderungen in der Temperatur, dem Sauerstoffgehalt der Luft usw.) kann die Rate der Arten-Transformation und -Diversifikation vorübergehend ansteigen und eine Vielzahl neuer Lebensformen hervorbringen.

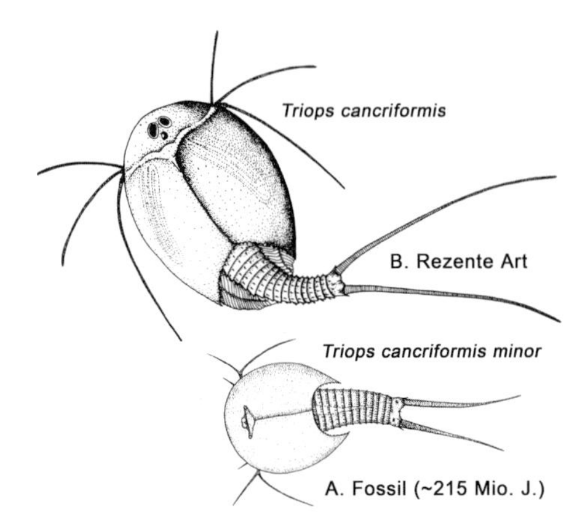

Abb. 4.43 Schematische Darstellung der Morphologie des fossil erhaltenen Urzeitkrebses *Triops cancriformis minor* (A) und der etwa 6 cm langen rezenten Art *T. cancriformis*. Diese urtümlichen, räuberischen Krebstiere können in resistenten Eiern sehr lange überdauern und pflanzen sich unter günstigen Bedingungen in ephemeren Pfützen rasch fort. Bis auf die Panzergröße hat sich die Körper-Grundstruktur über Jahrmillionen hinweg erhalten (Dauergattung).

4.12 Massenaussterben und die Katastrophen-Theorie

Bei der Darstellung der geologischen Zeitskala wurden insbesondere die durch das Fossilienmuster nachgewiesenen Perioden der fünf großen *Massenextinktionen* hervorgehoben. Der Paläontologe spricht immer dann von einem Massenaussterben, wenn eine große Zahl systematischer Gruppen pflanzlicher oder tierischer Organismen innerhalb relativ kurzer geologischer Zeiträume aus dem Fossilienmuster verschwinden. Wie Abbildung 4.3

zeigt, ereignete sich gegen Ende des Ordoviziums und des Devons jeweils eine Massenextinktion vieler Meerestiere. Über deren Ursachen liegen keine gesicherten Erkenntnisse vor, obwohl heftige Vulkanausbrüche als wahrscheinliche Szenarien diskutiert werden. Das Aussterben zum Ende der Trias wird geologischen Prozessen (Vulkanismus) zugeschrieben. Die beiden großen Naturkatastrophen vor 251 Millionen Jahren (Ende Paläozoikum) und vor 65 Millionen Jahren (Ende Mesozoikum) führten zur Auslöschung von nahezu 85% bzw. 70% aller damaligen Tier- und Pflanzenarten. Die Ursachen dieser Massenextinktionen konnten weitgehend rekonstruiert werden (Abb. 4.41). Diese Fakten zeigen, dass Ereignisse, wie z. B. Meteoriteneinschläge oder Vulkanausbrüche, über nachfolgende Klimaänderungen den Verlauf der Evolution entscheidend beeinflusst haben. Zahlreiche Lebensräume wurden „vakant" und konnten durch adaptive Radiationen weniger Urtypen von neuen, abgeleiteten Arten besiedelt werden. Die Evolution erfuhr einen „Schub", und das Tempo der Phylogenese stieg vorübergehend an. Diese Fakten sind erst seit etwa 1980 bekannt und daher der Post-Synthese-Phase in der Entwicklung der modernen Evolutionstheorie zuzuordnen: Weder Charles Darwin, noch Wallace, Haeckel oder Weismann haben diese Evolutionsfaktoren gekannt, die auch den „Architekten" der Synthetischen Theorie noch weitgehend unerschlossen waren.

Das große Massensterben vor 251 Millionen Jahren zeigt noch heute Nachwirkungen, die in unserem alltäglichen Leben bemerkbar sind: Wären die archaischen Trilobiten nicht ausgestorben und durch modernere Meereskrebse ersetzt worden, so würden wir heute als „Meeresfrüchte" möglicherweise nicht nur Garnelen und Hummer, sondern auch „Dreilapper-Gerichte" zu uns nehmen. Ohne das vollständige Aussterben der Dinosaurier vor 65 Millionen Jahren hätten die Säuger wohl kaum ihre enorme Verbreitung auf dem Festland vollziehen können, und es gäbe auch heute keine höheren Primaten, wie z. B. Halbaffen und Menschen. Die große Naturkatastrophe zum Ende des Mesozoikums brachte vorübergehende Verschlechterungen der Lebensbedingungen mit sich, die nur von den besser angepassten (kleineren) Landwirbeltieren überdauert werden konnten. Dieses Beispiel zeigt, dass unter bestimmten Umweltbedingungen nicht die *Stärkeren* (Dinosaurier), sondern die *Tauglichsten*, d. h. besser *Adaptierten* (Ursäuger) überleben. Die kräftigen, kaltblütigen Riesensaurier hatten kaum eine Chance, dem Vulkan- und Meteoriteninferno zu entkommen, während die behaarten, mit Mahlzähnen versehenen gleichwarmen Kleinsäuger (sowie die relativ kleinen anderen Reptilien und Vögel) Unterschlupf finden konnten und teilweise als Spezies überlebten (Kring, 2007).

Alfred R. Wallace untersuchte im 19. Jahrhundert (1876) ausgestorbene und rezente Säugetiere und kam am Ende dieser Studien zu folgender Schlussfolgerung: „Wir leben in einer zoologisch verarmten Welt, aus der alle großen, grausamen und kräftigen Formen verschwunden sind". Heute gilt es als wahrscheinlich, dass das Aussterben der Großsäuger (z. B. der Mammuts) vor 10 000 Jahren durch die modernen jagenden Menschen verursacht worden ist. Die Ausbreitung der Spezies *Homo sapiens* hatte somit – gleich einer Naturkatastrophe – verheerende Folgen für die Fauna im Quartär. Zusammenfassend zeigen die fünf großen Aussterbeperioden, dass geologische bzw. extraterrestrische Ereignisse wichtige Evolutionsfaktoren sind. Dies ist eine zentrale Aussage der Erweiterten Synthetischen Theorie der biologischen Evolution (s. Kap. 3).

Katastrophentheorie. Abschließend soll erwähnt werden, dass die klassische, von G. Cuvier postulierte *Katastrophentheorie* des frühen 19. Jahrhunderts seit langem widerlegt ist. Der Begründer der wissenschaftlichen Wirbeltier-Paläontologie untersuchte die Sedimentschichten und Fossilien des Pariser Beckens (Abb. 4.1). Er stellte hierbei fest, dass die Schichten (bzw. die dort eingeschlossenen fossilen Wirbeltierreste) ohne erkennbare Übergangsformen abgelagert wurden. Die hieraus abgeleitete Vorstellung, dass die Evolution durch wiederholte weltweite Katastrophen, ein nachfolgendes vollständiges Artensterben und anschließender „übernatürlicher Neuschöpfung" aller Lebewesen vorangeschritten sei, gehört heute in der Bereich der Mythologie (s. Kap. 11). Über 95% aller Arten, die jemals auf der Erde gelebt haben, sind wieder ausgestorben. Die heutige Biodiversität ist somit als Differenz zwischen der Artbildungs- und Extinktionsrate im Verlauf der Erdgeschichte zu interpretieren.

4.13 Fossile Zwischenformen, Evolutionsraten und Darwins Dilemma

In seinem „Artenbuch" widmete Darwin ein ganzes Kapitel der Frage, warum die Fossilreihen so lückenhaft sind: Der Urvater der Abstammungslehre betrachtete das Fehlen zahlreicher intermediärer Varietäten (*connecting links*) in den Versteinerungs-Reihen als einen Haupteinwand gegen seine Theorie der Deszendenz mit Modifikation (Darwin, 1859, 1872). Weiterhin beklagte Darwin das Fehlen prä-kambrischer Fossilien. Diese ungelösten Fragen werden unter dem Schlagwort „Darwins Dilemma“ zusammengefasst (s. Kap. 2).

Heute kennen wir eine Vielzahl fossiler Zwischenformen. So wurde in Kapitel 1 z. B. die 92 Millionen Jahre alte Ur-Ameise *Sphecomyrma* vorgestellt (s. Abb. 1.4, S. 14). In Tabelle 4.2 sind zehn *connecting links* aufgelistet, die folgende evolutionäre Großübergänge in den Wirbeltier-Reihen der vergangenen 370 Mio. J. dokumentieren: Langflossen-Fisch / Ur-Lurch (*Panderichthys*), Lurch / frühes Landwirbeltier (*Pederpes*), Reptil / Säuger (*Cynognathus*), Landreptil / Fischsaurier (*Utatsusaurus*), Ur-Saurier / Schildkröte (*Nanoparia*), Dinosaurier / Vogel (*Microraptor*), Echse / Schlange (*Pachyrhachis*), Land-Säuger / Seekuh (*Pezosiren*), Land-Säugetiere / Wale (*Ambulocetus*) und Affe / Ur-Mensch (*Sahelanthropus*). Einige dieser fossilen Übergangsformen und deren Verwandte sind in diesem Kapitel näher beschrieben und abgebildet. Obwohl die Zahl dieser Dokumente noch immer recht überschaubar ist, belegen diese Funde eindeutig den von Darwin und den „Architekten der Synthetischen Theorie“ postulierten graduellen Bauplanwandel der Organismen im Verlauf der Jahrmillionen.

Die Frage, in welchem Tempo der Artenwandel erfolgt, konnte erst seit den 1970er-Jahren nach und nach beantwortet werden. In Tabelle 4.3 sind aus Fossilreihen abgeleitete Morphospezies-„Lebensdauerwerte“ (in Mio. J.) zusammengestellt, die das Folgende dokumentieren: Tier- und Pflanzenarten, die einmal eine spezifische ökologische Nische erobert haben, bestehen über 1–3 Mio. Jahre hinweg ohne große morphologische Änderungen (z. B. Fische, Säugetiere, manche Insekten, Kräuter). Kieselalgen, Moose und Büsche zeigen Spezies-Werte von 20–30 Mio. Jahre und „lebende Fossilien“, wie z. B. Cycas-Gewächse, haben sich im Verlauf der vergangenen 54 Mio. Jahre nur geringfügig verändert. Als Extremfall sollen nochmals die „Urzeitkrebse“ (*Triops*) erwähnt werden, deren Bauplan sich im Verlauf der letzten 210 Mio. Jahre nur geringfügig verändert hat (Abb. 4.43). Es sei an dieser Stelle daran erinnert, dass der anatomisch moderne Mensch vor etwa 150 000 Jahren in Afrika aufgetreten ist: Unser Skelettaufbau ist in diesem unvorstellbar großen Zeitraum im Wesentlichen gleich geblieben.

Tab. 4.3 Geschätzte durchschnittliche Morphospezies-Dauer verschiedener fossil erhaltener Organismen (nach Kutschera, U. & Niklas, K.J.: Naturwissenschaften 91, 255–276, 2004).

Taxon	Spezies-Dauer (Mio. J.)
Meeres-Muscheln und -Schnecken	10–14
Aquatische Foraminiferen	20–30
Marine Kieselalgen	25
Trilobiten (ausgestorben)	>1
Ammoniten (ausgestorben)	~5
Käfer	>2
Süßwasserfische	3
Schlangen	>2
Säugetiere	1–2
Moose	>20
Höhere Pflanzen: Kräuter	3–4
Büsche	27–34
Nadelhölzer, Cycas	54

Im Normalfall läuft der graduelle Artenwandel somit innerhalb hunderttausender von Generationen (d. h. in Jahrmillionen) ab. Wir kennen jedoch auch relativ „rasche“ Artbildungsprozesse: Bei (polyploiden) Blütenpflanzen oder Buntbarschen können in nur einigen hundert (oder tausend) Generationen über reproduktive Isolation (sympatrisch) neue Spezies entstehen. Beispiele für diese „Evolution im Eiltempo“ sind in Kapitel 9 dargestellt.

Zum Abschluss wollen wir die Frage nach der *Dynamik* der Makroevolution diskutieren und hierbei die gut dokumentierten Wirbeltiere (Vertebrata) als Beispiel behandeln. Da Evolutionsprozesse zeitlich-räumliche Vorgänge sind, die über Generationenabfolgen verlaufen, gibt es keine ideale Form der Veranschaulichung dieser abstrakten Ereignisse. In Abb. 4.44 ist ein „Spindeldiagramm“ der Wirbeltier-Evolution dargestellt, wobei die Diversität (geschätzte Zahl der Familien) der jeweiligen Gruppe und zwei der fünf großen Massenaussterbeereignisse berücksichtigt wurden. Es wird deutlich, dass aus kambrischen Ur-Chordatieren (*Haikouichthys*) eine Vielzahl primär aquatischer Vertebraten hervorgegangen sind (Knorpel- und Knochenfische). Die in diesem Kapitel beschriebenen Übergänge Fisch /Amphibium, Amphibium / Reptil, Dinosaurier /

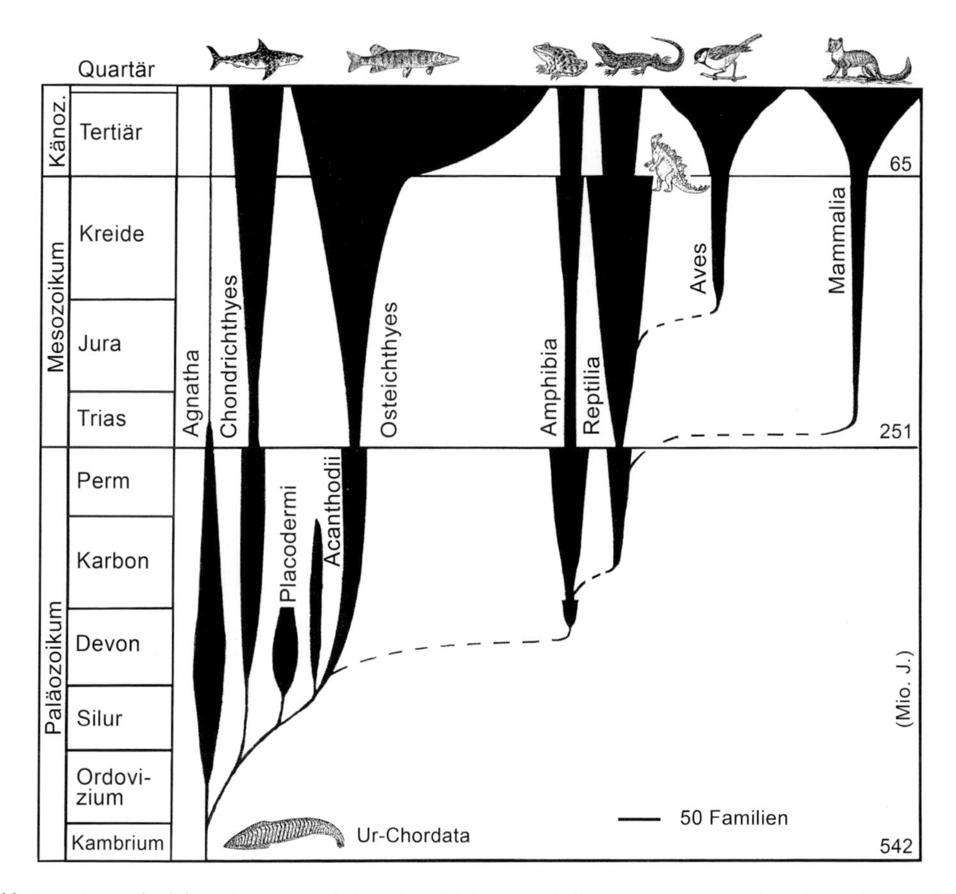

Abb. 4.44 Veranschaulichung der Evolution der Wirbeltiere (Vertebrata) unter Berücksichtigung sämtlicher dokumentierter Fossilfunde. Ausgehend von kambrischen Ur-Chordatieren haben sich die folgenden Wirbeltierklassen entwickelt: Kieferlose Fische (Agnatha), Knorpelfische (Chondrichthyes), Knochenfische (Osteichthyes), Lurche (Amphibia), Kriechtiere (Reptilia), Vögel (Aves) und Säugetiere (Mammalia). Die beiden großen Massen-Aussterbeereignisse vor 251 bzw. 65 Millionen Jahren sind als Querstriche eingezeichnet. Ausgestorbene Wirbeltiergruppen sind in Auswahl genannt bzw. abgebildet (Panzerfische, Placodermi; Acanthodii; Schreckensreptilien, Dinosauria) (nach Benton, M.J.: Vertebrate Palaeontology, 3. Ed., Blackwell, Oxford, 2005).

Vogel und Reptil /Säugetier (Tab. 4.2) sind als dünne gestrichelte Linien eingezeichnet. Heute sind die Knochenfische (Osteichthyes), Vögel (Aves) und Säugetiere (Mammalia) die artenreichsten Vertebraten unserer Biosphäre, während z.B. kieferlose Fische (Agnatha) oder die Lurche und Kriechtiere (Amphibia, Reptilia) ihre Blütezeit seit Jahrmillionen hinter sich haben und Reliktgruppen darstellen.

Zusammenfassend zeigt diese kompakte Abhandlung der Paläobiologie, dass viele Fragen, die zu Darwins Zeit noch offen waren, geklärt werden konnten: Wir kennen zahlreiche prä-kambrische Fossilien sowie eine Reihe versteinerter Zwischenformen und sind über den Verlauf der Phylogenese einzelner Organismengruppen (z.B. der Wirbeltiere) recht gut informiert. Dennoch sind noch viele Wissenslücken zu verzeichnen, die nur durch Entdeckung und Beschreibung neuer Fossilien geschlossen werden können.

Literatur:

Abel (1911), Alvarez (1997), Benton (2005), Benton und Harper (1997), Carroll (1997), Cowen (2000), Darwin (1859, 1872), Frankel (1999), Gerhart und Kirschner (1997), Gould (1977, 1989, 2002), Gradstein et al. (2004), Kemp (1999, 2005), Knoll (2003), Lehmann und Hillmer (1997), Levin (2003), MacFadden (1992), Majerus et al. (1996), Mayr et al. (2005), Müller (1994), Niklas (1997), Romer (1976), Schopf (1999), Sereno (1999), Stanley (1994), Storch und Welsch (2004), Thewissen und Williams (2002), Tice und Lowe (2004), Vaas (1995), Webster et al. (1992), Weishampel et al. (2004), Wellnhofer (2002), Willis und McElwain (2002), Ziegler (1972), Zimmer (1998)

5 Chemische Evolution und Ursprung der Zelle

Werden Lebensmittel wie z.B. rohes Fleisch, Fruchtsäfte oder Milch an warmen Sommertagen der Zimmerluft ausgesetzt, so „verderben" sie; es laufen im organischen Substrat biochemische Vorgänge ab, die als Fäulnis oder Verwesung bezeichnet werden. Betrachtet man Proben der verdorbenen Speisen im Lichtmikroskop, so wird deutlich, dass im Verlauf des Fäulnisprozesses zahlreiche Mikroorganismen (Bakterien, Pilze) aufgetaucht sind, die in der unverwesten (frischen) Lebensmittelprobe fehlen. Aus diesen Beobachtungen zogen Generationen von Philosophen und Naturwissenschaftlern die naheliegende Schlussfolgerung, dass Mikroorganismen und andere „niedere" Lebewesen während des Fäulnisprozesses aus unbelebter Materie gebildet werden. Diese Hypothese von der Urzeugung (spontane Neubildung lebender Organismen bei Anwesenheit von Luftsauerstoff) konnte erst 1860 durch die berühmten Experimente des Chemikers Louis Pasteur (1822–1895) endgültig widerlegt werden. Wie Abbildung 5.1 zeigt, beginnen Fruchtsäfte, die zuvor durch Abkochen sterilisiert wurden, bei Lagerung in einem offenen Kolben zu gären (mikrobieller Verwesungsprozess). Wird der Hals des Kolbens über einer Flamme erhitzt und wellenförmig ausgezogen, so bleibt die gärungsfähige Flüssigkeit unbegrenzt steril. Sporen von Mikroorganismen und Schimmelpilzen sammeln sich im Kolbenhals an und gelangen somit nicht in die Flüssigkeit. Aus diesem Experiment folgt, dass unter den heutigen (aeroben) Bedingungen keine Urzeugung eintreten kann; alle Organismen stammen von ihren jeweiligen Vorfahren ab. Diese wichtige biologische Grundregel (*Omne vivum ex vivo*, alles Leben stammt von Lebendigem ab) führte zur Formulierung des bereits diskutierten Prinzips vom ersten gemeinsamen Vorfahren aller Organismen der Erde.

Woher stammen die einzelligen Urahnen der heutigen Lebewesen? Im Abschlusskapitel seines Werkes über die Entstehung der Arten (1859, 1872) schrieb Darwin, dass der „Schöpfer" einige primitive Lebensformen erschaffen habe, die sich anschließend im Zuge jahrmillionenlanger Evolutionsprozesse zu der heutigen Artenfülle entwickelt hätten. Wir wissen, dass dieses Zugeständnis an die „Schöpfungstheorie" ein Kompromiss war, den Darwin aus taktischen Gründen einging, um die Kreationisten des 19. Jahrhunderts nicht zu sehr zu provozieren. In Briefen äußerte er seine wirkliche Meinung zu diesem Problem: Das Le-

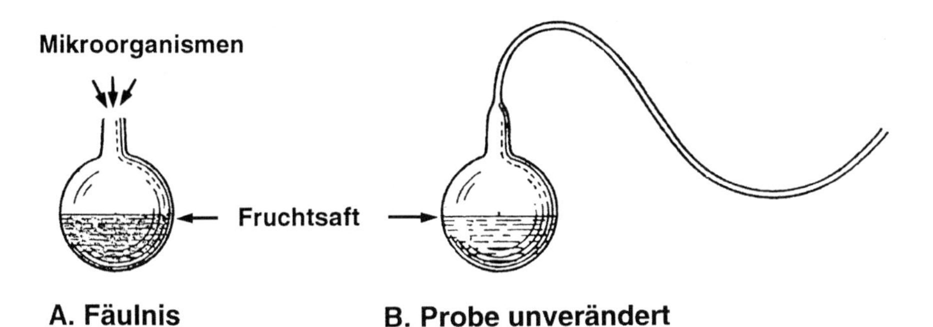

Abb. 5.1 Experimente von L. Pasteur, die zur Widerlegung der Hypothese von der Urzeugung geführt haben. Abgekochte (sterilisierte) Fruchtsäfte, die der Luft ausgesetzt sind, werden durch eindringende Mikroorganismen verdorben (Fäulnis) (A). Wird die gleiche Probe mit einem ausgezogenen „Schwanenhals" versehen, so bleibt die gärungsfähige Flüssigkeit steril, weil sich die Sporen der Fäulniserreger im Hals ansammeln (B) (nach Pasteur, L.: Oeuvres, Bd. II. Paris, 1861).

ben könnte auf chemischem Wege „in einem warmen Tümpel unter Reaktion von Ammonium- und Phosphorsalzen entstanden sein".

In diesem Kapitel wollen wir das Problem der chemischen Evolution diskutieren. Wie konnten die Bausteine der Biomoleküle auf der jungen Erde aus anorganischer Materie gebildet werden? Welche Prozesse führten zur Entstehung der ersten Vorläufer (Proto)-Zellen?

5.1 Ursuppen-Hypothese: Biogenese im Reaktionskolben

In Kapitel 4 wurden die Umweltverhältnisse auf der jungen Erde beschrieben. Vor etwa 4200 Millionen Jahren entstand die Erdkruste, die weitgehend von den warmen Urozeanen überschwemmt war. Die stickstoffhaltige Uratmosphäre war reich an Kohlendioxid (CO_2) und anderen Gasen (z. B. Wasserstoff, H_2), jedoch frei von O_2 (d. h. anaerob). Da wegen des Sauerstoff-Mangels eine Ozonschicht fehlte, drang energiereiche (kurzwellige) ultraviolette Sonnenstrahlung (UV-Licht) in die Urmeere ein. Heftige Gewitter und Vulkanausbrüche waren häufige Ereignisse. Ein stetiger Meteoriten-, Kometen- und Partikelhagel donnerte auf die sich bildenden Urozeane nieder (Abb. 5.2). Wahrscheinlich stammt ein Großteil des Wassers der Urmeere aus dem Weltraum: Kometen („schmutzige Schneebälle") bestehen zu 70% aus H_2O. Die natürliche Radioaktivität war infolge der kurzlebigen Nuklide etwa viermal höher als heute. Aufgrund dieser Naturphänomene waren die Urozeane einer stetigen Energie- bzw. Wärmezufuhr ausgesetzt. Die ersten (indirekten) Lebensspuren sind etwa 3800 Millionen Jahre alt; wie bereits dargelegt wurde, stammen die ältesten zellulären Mikrofossilien (cyanobakterienähnliche Urorganismen u. a. Mikroben) aus 3500 Millionen Jahre alten Gesteinsschichten. Diese Daten zeigen, dass die chemische Evolution auf einen Zeitraum von 4200–3800 Millionen Jahre vor heute eingegrenzt werden kann. Welche chemischen Prozesse führten in den Urmeeren im Verlauf dieser 400 Millionen Jahre zur Entstehung der ersten urtümlichen Protozellen?

Das Ursuppen-Konzept. Zwei Biochemiker, der Engländer J. B. HALDANE und der Russe A. I. OPARIN, postulierten in den 1920er-Jahren unabhängig voneinander, dass in den anaeroben Urmeeren unter der Wirkung der oben genannten Energieflüsse aus unbelebter Materie komplexe Biomoleküle entstanden sein könnten. Die archaischen Urozeane hätten „die Konsistenz einer heißen, verdünnten Suppe" gehabt, in der unter den damaligen Bedingungen die molekularen Bausteine der Protozellen entstanden seien. Diese (postulierten) aquatischen Biogeneseprozesse sind heute aufgrund des hohen Sauerstoffgehalts der Luft (21 Vol.-% O_2) nicht mehr möglich: Organische Moleküle werden entweder durch oxidative Prozesse rasch abgebaut oder von den rezenten Organismen aufgefressen. Die chemische Evolution in der Sauerstoff (O_2)-freien Ursuppe der frühen Erde (Abb. 5.2) und die von Pasteur widerlegte Hypothese von der Urzeugung unter heutigen (oxi-

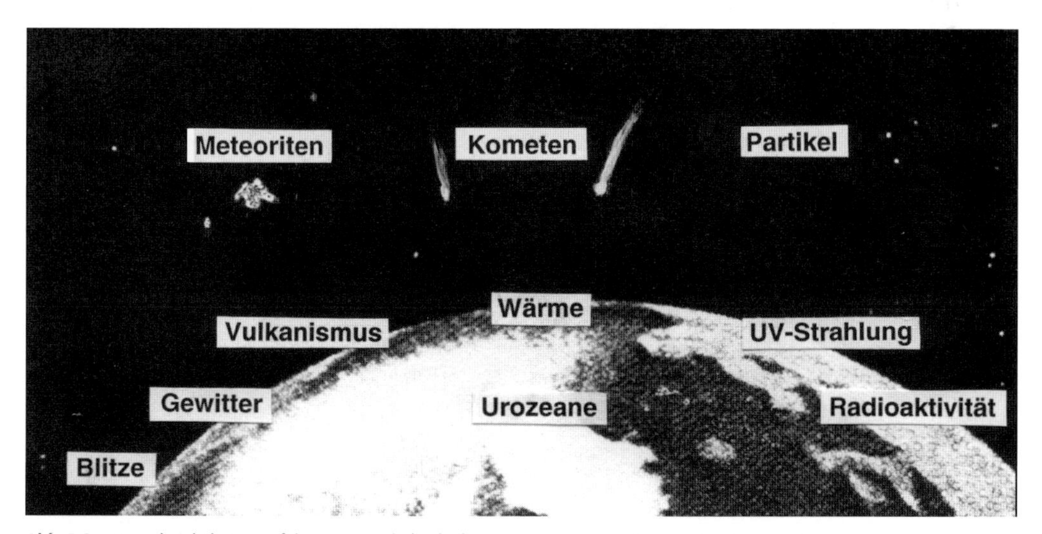

Abb. 5.2 Umweltverhältnisse auf der jungen Erde (Archaikum, vor etwa 4000 Millionen Jahren). Die wichtigsten Energiequellen zur Unterhaltung biochemischer Prozesse waren Blitzeinschläge, Vulkanausbrüche und Ultraviolett(UV)-Strahlung. Meteoriten, Kometen und interplanetare Partikel schlugen in großer Zahl in die Urozeane ein.

dierenden) Umweltbedingungen (Abb. 5.1) sind somit zwei verschiedene Dinge, die nicht miteinander verwechselt werden sollten.

Biogenese-Experimente. Die Ursuppen-Hypothese der chemischen Evolution blieb zunächst unbeachtet. Erst Anfang der 1950er-Jahre wurden die oben ausgeführten Grundgedanken experimentell überprüft. Die amerikanischen Chemiker S.L. MILLER und H.C. UREY stellten sich die Frage, ob die auf der jungen Erde vorhandenen Energiequellen ausreichend waren, um aus den Gasen der Uratmosphäre komplex gebaute Biomoleküle erzeugen zu können. In Abbildung 5.3 ist die entsprechende Originalapparatur dargestellt. Genau wie Pasteur (Abb. 5.1) benutzten die Biogeneseforscher ein Jahrhundert später wieder einen Rundkolben; in diesem Reaktionsgefäß wurde eine wässrige „Ursuppe" erhitzt. Durch einen Hahn konnten verschiedene Gasgemische eingeleitet werden. Der aufsteigende Wasserdampf führte zu einer Zirkulation des Gas-/Wasser-Gemischs. In einer großen Glaskugel wurde die simulierte „Uratmosphäre" elektrischen Entladungen, d.h. künstlichen Blitzen, ausgesetzt. Über einen Kühler kondensierte der Wasserdampf, so dass dort ein flüssiges Stoffgemisch entstand, das nach bestimmten Reaktionszeiten (Probenentnahme) analysiert werden konnte.

Das erste derartige „Origin-of-Life-Experiment" wurde 1955 von S.L. MILLER publiziert. Ein erhitztes Gemisch der Gase Methan (CH_4), Ammoniak (NH_3), Wasserdampf (H_2O) und Wasserstoff (H_2) wurde in Abwesenheit von molekularem Sauerstoff (d.h. unter anaeroben Bedingungen) einer elektrischen Entladung ausgesetzt. Unter diesen simulierten Bedingungen der jungen Erde (Hitze, Gewitter) bildeten sich innerhalb weniger Tage eine Reihe bekannter organischer Verbindungen, die wir heute als Bausteine (Monomere) der Biomoleküle vorfinden (z.B. verschiedene Aminosäuren, Harnstoff, organische Säuren).

Durch Variation der Versuchsbedingungen (andere Gasgemische, wie z.B. $CO/CO_2/N_2/H_2O$-Dampf; Zugabe katalytisch wirksamer Tonmineralien, alternative Energiequellen wie Ultraviolett- oder β-Strahlung) konnten mit Hilfe der Millerschen Apparatur auch verschiedene Zucker, Fettsäuren und die Nucleinsäurebase Adenin synthetisiert werden. Dieses Pentamer der Blausäure (5 x HCN → $C_5H_5N_5$) ist ein zentraler Baustein der Nucleinsäuren und des zellulären Energieüberträgers Adenosintriphosphat (ATP). Die „Ursuppen-Theorie der Lebensentstehung (Biogenese)" wird somit durch zahlreiche Experimente unterstützt.

Tab. 5.1 Geschätzte Produktionsraten an organischen Molekülen (Aminosäuren usw.) in den Urozeanen und Tümpeln der jungen Erde (vor etwa 4000 Mio. J.). Die Ursuppen-, Weltraum-Import- und Unterwasservulkan-Hypothese der Biogenese wurden separat betrachtet (nach TIAN, F. et al.: Science 308, 1014–1017, 2005).

Biogenese-Modell	Produktionsrate
1. Ursuppen-Hypothese	~ 10^{10} kg pro Jahr (bei einem atmosphärischen H_2-Gehalt von 30 Vol.%)
2. Weltraum-Eintrag	~ 10^8 kg pro Jahr (bei 10 % organischer Masse pro extraterrestrischem Partikel)
3. Vulkanschlot-Produktion	~ 10^8 pro Jahr (Syntheseprozesse an heißen unterozeanischen Pyrit-Oberflächen)

Eine Zusammenfassung der wesentlichen Resultate verschiedener „Miller-Versuche" zeigt Abbildung 5.4. Es wird deutlich, dass unter diesen simulierten präbiotischen Bedingungen die monomeren Bausteine der wichtigsten Biopolymere gebildet werden. Über die Stufen 1–3 entstehen verschiedene Zucker, Glycerin, organische Säuren, verschiedene Aminosäuren, Harnstoff und Adenin. Wie aus diesen Molekülen im nächsten Schritt (4) die langkettigen Kohlenhydrate, Proteine und Nucleinsäuren hervorgehen konnten, ist noch Gegenstand der Forschung (BADA und LAZCANO, 2003). Kritiker der „Ursuppen-Hypothese" wendeten 1990 ein, dass die Uratmosphäre vielleicht nicht völlig frei an Sauerstoff war; es lagen möglicherweise leicht oxidierende Gasgemische vor. Heute wissen wir, dass die Atmosphäre der jungen Erde kein O_2 enthalten hat. Unter der Annahme gewisser Randbedingungen kann die Produktionsrate an organischem Material berechnet werden (Tab. 5.1). Gemäß dem Ursuppen-Modell wurden etwa 10 000 000 000 kg an organischen Molekülen pro Jahr in den Gewässern der Urerde synthetisiert, so dass beachtliche lokale Konzentrationen organischer Filme, an Gesteinsoberflächen assoziiert, gebildet werden konnten.

5.2 Impact-Hypothese: organische Moleküle aus dem Weltall

In Kapitel 2 hatten wir die *Importtheorie* der Lebensentstehung diskutiert. Nach dieser Vorstellung sollen fertig entwickelte Urlebewesen aus dem Weltraum über Asteroide (bzw. Meteoriten) zur jungen Erde gelangt sein und sich hier weiterentwickelt haben. Diese Hypothese wird durch keine soliden Daten unterstützt und gehört nicht in den Bereich der nach naturwissenschaftlichen Prinzipien arbeitenden Evolutionsbiologie.

Bombardierungsphase. Astrophysiker haben durch Gesteinsanalysen und radiometrische Datierungen von Mondkraterproben nachgewiesen, dass die Erde und ihr Begleiter während der frühen Entstehungsphase (d. h. vor etwa 4600–3800 Millionen Jahren) einer stetigen „Bombardierung" durch interstellare Gesteinsbrocken ausgesetzt waren. Diese Materie war bei der Planetenentstehung „übriggeblieben", d. h., sie wurde nicht von den sich formenden Himmelskörpern Erde und Mond aufgenommen. Ein Hagel von Meteoriten, Kometen und interplanetaren Staubpartikeln (die Durchmesser von nur etwa 0,1 mm aufweisen) ging auf die Urmeere nieder. Vor etwa 3500 Millionen Jahren erreichten die extraterrestrischen Materieeinträge die niedrigen, aber immer noch nachweisbaren heutigen Werte (Abb. 5.2).

Extraterrestrischer Materieeintrag. Seit den chemischen Analysen des 1969 in Australien eingeschlagenen Murchison-Meteoriten ist bekannt, dass Gesteinsbrocken (bzw. -partikel) aus dem Inneren unseres Sonnensystems zahlreiche organische Kohlenstoffverbindungen enthalten (s. Abb. 5.8 A, B). So konnte man z. B. in Gesteinsproben des Murchison-Meteoriten nahezu dieselben Moleküle finden, wie sie in der Apparatur von Miller synthetisiert werden. Von besonderem Interesse sind hierbei Lipide, die nach Extraktion in wässriger Lösung kugelförmige „Urzellen-Gehäuse" bilden (Abb. 5.8 C). Bedeutungsvoll ist die Tatsache, dass die Gesteinsproben aus dem Weltraum einen Überschuss an L- (gegenüber den D-) Aminosäuren enthielten. Aus diesen Beobachtungen ging die *Impact-Hypothese* der chemischen Evolution hervor. Sie postuliert, dass die Bausteine der Biomoleküle unter dem Einfluss kosmischer Strahlung innerhalb von interplanetaren Staubwolken synthetisiert wurden und dann über Meteoriten, Kometen und kleine Partikel in die warmen Urmeere gelangten. Unter den Meteoriten (in die Erde eingeschlagene Gesteinsbrocken aus dem Inneren unseres Sonnensystems, s. Abb. 5.8) sind insbesondere die kohlenstoffhaltigen *Chondriten* interessant, da diese neben verschiedenen organischen Verbindungen auch Aminosäuren, Lipide und Nukleinsäurebasen enthalten. Kometen werden auch als „schmutzige Schneebälle" bezeichnet; es handelt sich hierbei um sehr große Eisbrocken, die zahlreiche Steine und Staubpartikel enthalten. Astronomische Analysen des Halleyschen (und anderer) Kometen ergaben, dass diese Himmelskörper zu etwa 14 % aus organischen Kohlenstoffverbindungen bestehen; die interstellaren Staubpartikel enthalten zu etwa 10 % organisches Material. Im interstellaren Raum sind insbesondere polyzyklische aromatische Kohlenwasserstoffe anzutreffen; diese reagieren in Wasser unter Wirkung von UV-Strahlung zu diversen biologisch relevanten Molekülen (z. B. Äther, Alkohole), die dann in Aminosäuren umgesetzt werden können.

Aus diesen (und anderen) Befunden folgt, dass die Urmeere über extraterrestrische Einträge mit einer Reihe wichtiger Vorstufen der heute bekannten Biomoleküle versehen wurden: Blausäure (HCN), Formaldehyd, Komponenten der Nucleinsäuren (z. B. Adenin), verschiedene L- (und D-) Aminosäuren, Lipide und diverse Kohlenwasserstoffe reicherten sich in der warmen „Ursuppe" an. Die Impact-Hypothese wird somit durch Beobachtungen und experimentelle Daten unterstützt. Sie kann in folgendem Satz zusammengefasst werden: Das Leben auf der Erde hatte seinen materiellen Ursprung im kosmischen Staub unseres jungen Sonnensystems (Bernstein, 2006).

5.3 Vulkanschlot-Hypothese: die Eisen-Schwefel-Welt

Gemäß dem oben dargestellten Ursuppen-Modell entstanden die Bausteine der ersten einzelligen Lebewesen in wässrigen Lösungen (Abb. 5.3, 5.4), wobei allerdings auf Gesteinsoberflächen auch konzentrierte organische Filme gebildet werden konnten. Die Urozeane wurden ständig mit extraterrestrischen Gesteinen bombardiert, die mit organischen Verbindungen beladen waren und somit kontinuierlich verschiedene biologisch relevante Moleküle aus dem Weltall nachlieferten.

Unterwasser-Vulkane. Eine Alternative zu dieser „Suppen/Impact-Hypothese" wurde 1988 von dem deutschen Chemiker G. Wächtershäuser formuliert. Dieser postulierte, dass die chemische Evolution nicht in einer Ursuppe, sondern auf heißen Eisen- und Nickel-Mineraloberflächen, die in der Nähe unter-ozeanischer Vulkanschlöte lagen, stattgefunden haben könnte. Dieses „Pizza-Biogenesemodell" wird unter anderem durch die Beobachtung unterstützt, dass viele Archaebakterien, die zu den primitivsten rezenten Organismen der Erde gehören, in heißen Quellen leben (s. Kap. 6). Vor etwa 4000 Millionen Jahren gab es auf der jungen Erde zahlreiche Vulkanausbrüche, die unterhalb der Wasseroberfläche der Urozeane stattfanden (Abb. 5.2). Vermutlich kam es entlang dieser heißen, submarinen „Vulkanschlote" zu Gasemissionen, wobei insbesondere Schwefelwasserstoff (H_2S) und Kohlenmonoxid (CO) aus dem Inneren der Erde abgesondert wurden. Der wesentliche energieliefernde Prozess soll die in heißem Wasser unter anaeroben Bedingungen ablaufende Reaktion von Schwefelwasserstoff (H_2S) mit Eisen(II)-Sulfid (FeS) zu Pyritkristallen (FeS_2) und Wasserstoff (H_2) gewesen sein. Hierbei sollen durch Fixierung von Kohlenmonoxid(CO)-Molekülen Aminosäuren und andere organische Verbindungen entstanden sein („Eisen-Schwefel-Welt"). Die Unterwasser-Vulkanschlot- oder „Pizza-Hypothese" impliziert somit einen primitiven Oberflächenstoffwechsel auf wachsenden Pyritkristallen.

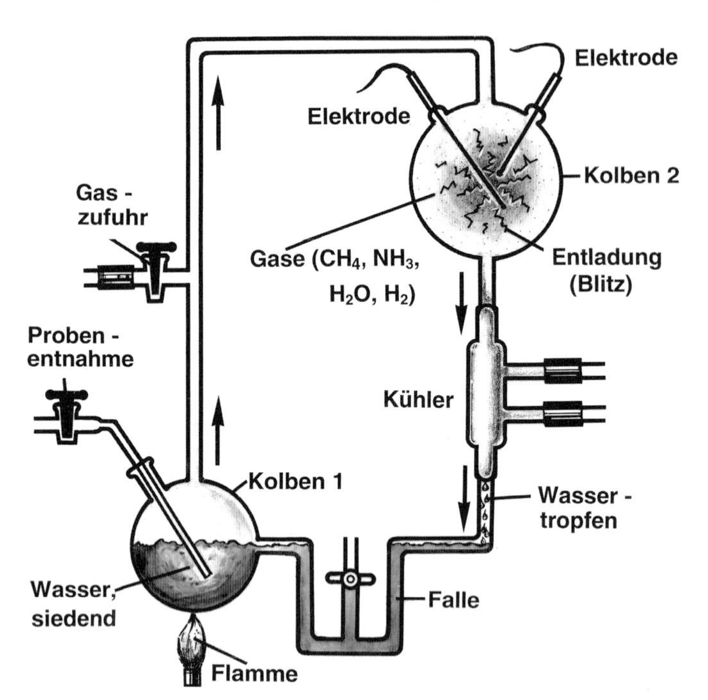

Abb. 5.3 Apparatur zur Simulation der Reaktionsbedingungen auf der jungen Erde („Origin-of-Life"-Experiment). In Glaskolben 1 kocht Wasser („heißer Urozean"). Die eingeleiteten Gase Methan, Ammoniak, Wasserstoff (CH_4, NH_3, H_2) zirkulieren im Wasserdampf (H_2O) und werden in Kolben 2 einer elektrischen Entladung („Gewitterblitze") ausgesetzt. Nach Kondensation des Dampfgemisches werden die Wassertropfen in einer Falle gesammelt und nach Probenentnahme analysiert. Es entstehen komplex gebaute organische Moleküle, d.h. die Urbausteine der Zellen (nach MILLER, S.L.: J. Amer. Chem. Soc. 77, 2351–2361, 1955).

Seit 1990 wurden zahlreiche experimentelle Daten erarbeitet, die mit diesem Biogenese-Modell in Einklang stehen. Zunächst konnte gezeigt werden, dass unter anaeroben Bedingungen bei großer Hitze ein Gemisch aus H_2S-Gas und amorphem Eisen(II)-Sulfid (FeS) die Produkte Pyrit (FeS_2) und Wasserstoff (H_2) liefert:

$$H_2S + FeS \rightarrow FeS_2 + H_2 + \text{Energie}$$

Die postulierte Reaktion läuft unter simulierten „Unterwasser-Vulkanschlot-Bedingungen" somit tatsächlich ab. Weiterhin konnte durch Mischung von Kohlenmonoxid (CO), Schwefelwasserstoff (H_2S) und Nickel-/Eisen-Sulfid (NiS, FeS) nach Erhitzen die Biosynthese von Thioessigsäure demonstriert werden (CH_3-CO-SH). Diese zentrale Verbindung ist in lebenden Zellen der Ausgangspunkt für die Biosynthese verschiedener Aminosäuren, die allerdings in diesem Experiment nicht gebildet wurden. Im Jahr 1998 gelang der Nachweis, dass unter den obengenannten Reaktionsbedingungen von außen hinzugegebene Aminosäuren (Phenylalanin, Tyrosin, Glycin) aktiviert werden und sich zu Di- und Tripeptiden zusammenlagern (Bausteine der Proteine). Diese experimentellen Befunde sprechen für eine energetisch von Vulkaneruptionen angetriebene chemische Evolution auf Pyritoberflächen.

Die Energie zur Biosynthese der ersten organischen Kohlenstoffverbindungen wurde gemäß der oben beschriebenen Hypothese durch die Bildung von Pyrit (FeS_2) aus FeS und H_2S bereitgestellt (WÄCHTERSHÄUSER, 2002, 2006).

Photoautotrophe Biogenese. Eine Variante dieser lichtgetriebenen Oberflächen-Biosynthese ist in Abbildung 5.5 dargestellt. Da Pyritkristalle aufgrund ihrer photochemischen Eigenschaften seit einigen Jahren als Material zur Herstellung von Photozellen erprobt werden, wurde auf Grundlage dieser Erkenntnis ein Modell der lichtgetriebenen Lebensentstehung postuliert. Durch Absorption von Sonnenlicht (Photonen) sollen auf der Pyritoberfläche Photoelektronen (e^-) erzeugt werden, die dann einzelne Liganden der Eisen-Schwefel(Fe-S)-Cluster, wie Nitrit (NO_2^-), Kohlenmonoxid (CO) und Kohlendioxid (CO_2) reduzieren. Dieses Biogenese-Modell postuliert somit eine archaische lichtgetriebene Stickstoff- und Kohlenstoff-Fixierung, d.h., die chemische Evolution war gemäß dieser Hypothese ein lichtgetriebener Prozess. Als Zwischenprodukte sollen Acetyleinheiten (CH_3-CO-) und Pyruvat (CH_3-CO-COOH) entstanden sein; diese ergeben über verschiedene hypothetische Zwischenstufen die Bausteine der Proteine (Aminosäuren), der Nucleinsäuren (Nucleotide) und der Lipide (Fettsäuren, Alkohole). Das in Abbildung 5.5 veranschaulichte Vulkanschlot- oder „Pizza"-Modell der lichtgetriebenen Biogenese basiert teilweise auf experimentellen Daten; es enthält jedoch auch noch spekulative Komponenten, die noch nicht durch Fakten untermauert sind.

Die Hypothese vom lichtgetriebenen, auf vulkanischen Küstengesteinen erfolgten Ursprung des zellulären Lebens ist mit dem Fossilienmuster kompatibel (s. Kap. 4). Die ersten als Abdrücke erhaltenen Urorganismen waren mikroskopisch kleine cyanobakterienartige (vermutlich photoautotrophe) Zellreihen. Es ist vorstellbar, dass vor 4200–3800 Millionen Jahren auf lichtexponierten Pyritgesteinen der warmen Urmeere die in Abbildung 5.5 dargestellten Prozesse abgelaufen sind. Dieser lichtabhängige Pyritoberflächen-Stoffwechsel könnte über Prozesse, die als Selbstorganisation der Moleküle bezeichnet werden, zu den ersten Protozellen geführt haben, deren Nachkommen die 3500 Millionen Jahre alten Mikrofossilien waren. Wir wollen diese chemischen Prozesse in den folgenden Abschnitten diskutieren.

Produktionsraten organischer Moleküle. In Tabelle 5.1 sind quantitative Daten zu den Produktionsraten biologisch relevanter Kohlenstoff (C)-haltiger Moleküle auf der noch heißen Urerde zusammengestellt. Obwohl es sich hierbei um grobe Näherungswerte handelt, die unter der Annahme gewisser Rahmenbedingungen ermittelt wurden, wird die Bedeutung des Millerschen Versuchs deutlich. Bei einem geschätzten Uratmosphären-H_2-Gehalt von 30% liefert das Ursuppen-Modell etwa 100-mal mehr organisches Material pro Zeiteinheit als die beiden alternativen Biogeneseprozesse. Diese Daten verdeutlichen, dass die

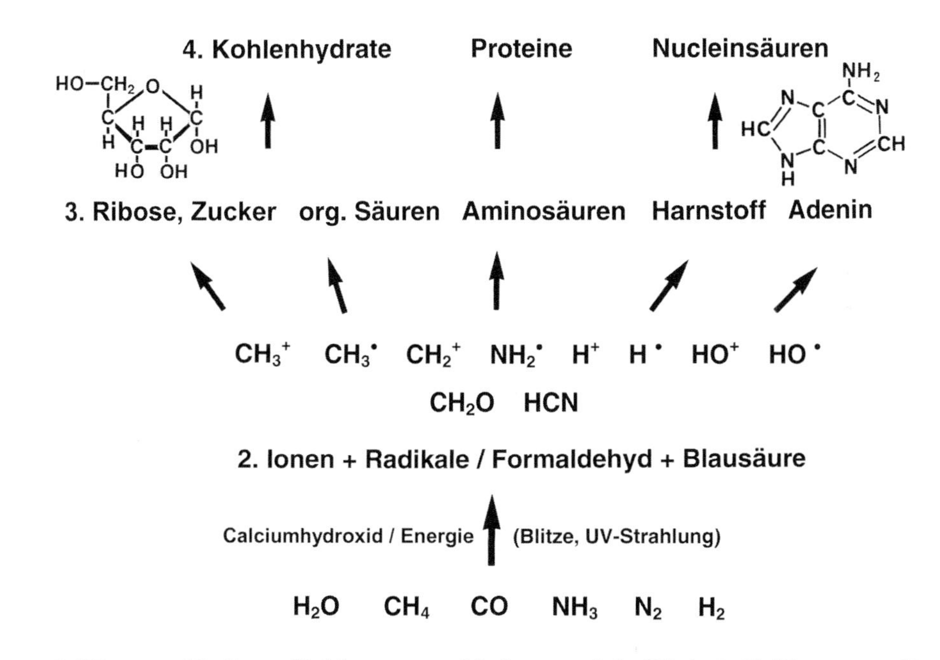

Abb. 5.4 Chemische Evolution im Reaktionskolben (Ursuppen-Hypothese). Unter simulierten präbiotischen (anaeroben) Bedingungen entstehen unter Energiezufuhr aus einfachen Molekülen (1.) über Zwischenstufen (2.) die organischen Bausteine der Biomoleküle (3.), darunter kleine Mengen an Ribose und Adenin. Die Schritte 1–3 sind im Modellversuch von S.L. Miller (1955) experimentell nachgewiesen worden (s. Abb. 5.3). Die Bildung der organischen Stoffklassen (Kohlenhydrate, Proteine, Nucleinsäuren) (4.) aus den Produkten (3.) konnte noch nicht eindeutig geklärt werden (in Anlehnung an Orgel, L.E.: Trends Biochem. Sci. 23, 491–495, 1998).

Gewässer der jungen Erde (Urozeane, Tümpel) offensichtlich mit erheblichen Mengen an C-Verbindungen angereichert waren (Bausteine der Protozellen). Es sei darauf hingewiesen, dass bei diesen Berechnungen u. a. davon ausgegangen wurde, dass die Atmosphäre der jungen Erde in grober Näherung die Zusammensetzung derjenigen unserer Nachbarplaneten Venus und Mars hatte (CO_2-reich, O_2-frei). Allerdings war der Wasserstoffgehalt der terrestrischen Uratmosphäre aufgrund vulkanischer Emissionen viel höher als er heute auf Venus und Mars nachgewiesen ist.

5.4 Selbstzusammenlagerung der Biomoleküle

Der Begriff „Selbstorganisation" löst bei naturwissenschaftlichen Laien nicht selten eine ablehnende Reaktion aus. Es wird in der Regel wie folgt argumentiert: Wir wissen, dass nach dem zweiten Hauptsatz der Thermodynamik das Universum einem Zustand maximaler Unordnung zustrebt (Entropiezunahme). Eine von selbst ablaufende Organisation von Molekülen bedeutet die spontane Zunahme an Ordnung (Entropieabnahme). Dies widerspricht dem obengenannten Grundsatz der Physik.

In wässrigen Lösungen laufen jedoch gut untersuchte Prozesse ab, bei denen die von H_2O-Teilchen umschlossenen Moleküle *spontan* und *von selbst* eine geordnetere Struktur bilden, die im Vergleich zur ursprünglichen Form neue physikalisch-chemische Eigenschaften zeigt. Wir wollen zur Veranschaulichung dieses für die Biogenese wichtigen Prinzips einige Beispiele diskutieren.

Doppelhelix. In Kapitel 1 wurde die Tatsache rekapituliert, dass die Desoxy- bzw. Ribonucleinsäuren (DNA, RNA) der Zelle zur Speicherung (und Expression) der Erbinformation die vier Nucleo-Basen Adenin (A), Cytosin (C), Guanin (G) und Thymin (T) (bzw. Uracil, U) enthalten (A, C, G, T in der DNA; A, C, G und U in den RNAs). Wie Abbildung 1.6 (S. 16) zeigt, bilden zwei komplementäre (zueinander passende) DNA-Einzelstränge über Wasserstoffbrücken spontan eine

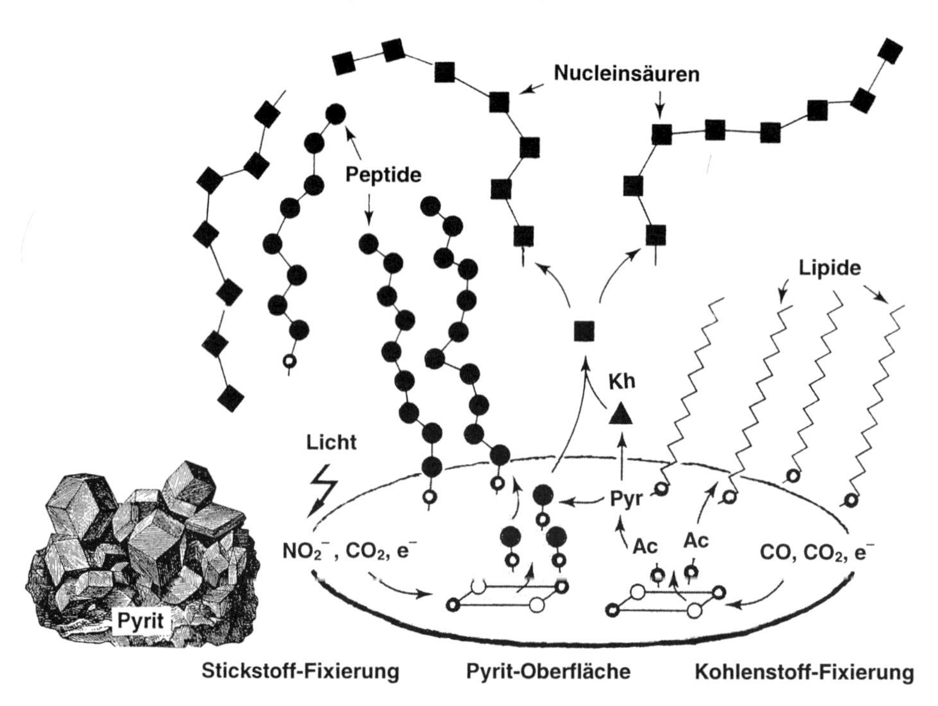

Abb. 5.5 Lichtgetriebene chemische Evolution auf Pyrit (FeS_2)-Oberflächen (Vulkanschlot- oder „Pizza"-Hypothese). Das Oval stellt eine lichtexponierte unterozeanische Pyritfläche dar. Es entstehen freie Photoelektronen (e^-), die an der Oberfläche liegende Eisen (Fe)-Schwefel (S)-Cluster reduzieren (Rechtecke; helle Punkte = S-, dunklere Punkte = Fe-Atome). Die reduzierten Cluster leiten die Elektronen an Nitrit (NO_2^-)-, Kohlendioxid (CO_2)- und Kohlenmonoxid (CO)-Moleküle weiter, so dass eine archaische Stickstoff- und Kohlenstoff-Fixierung ermöglicht wird. Die aus Aminosäuren (Kreise), Nucleotiden (Rechtecke) und Fettsäuren (Zickzackreihen) aufgebauten Biomoleküle (Peptide, Nucleinsäuren, Lipide) entstehen über die Zwischenstufen Acetat (Ac), Pyruvat (Pyr) bzw. Kohlenhydrate (Kh, Dreieck) (nach Edwards, M.R.: Trends Ecol. Evol. 13, 178–181, 1998).

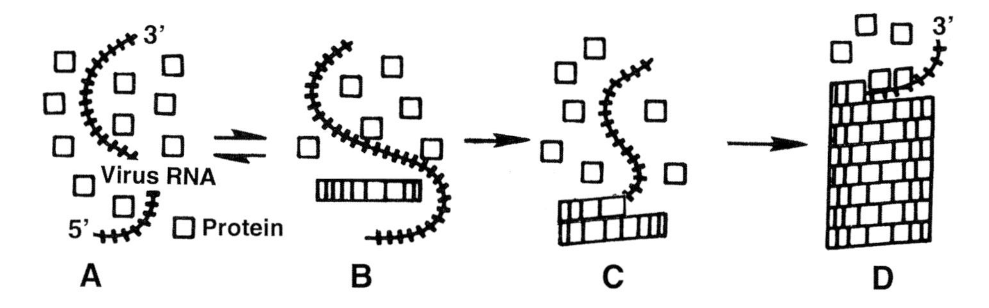

Abb. 5.6 Schematische Darstellung einer Selbstzusammenlagerung von Biomolekülen in wässrigem Medium am Beispiel des Tabakmosaik-Virus (TMV). Die isolierte Virus-RNA wird mit Proteinen (Monomeren) vermischt (A). Nach Bildung einer Proteinscheibe (B), die sich an die RNA lagert (C), wächst eine schraubenförmige Proteinhülle (Capsid) heran, die den RNA-Strang bis zu seinem Ende (3') umfasst (D). Unter Freisetzung von H_2O-Molekülen entsteht aus einem ungeordneten „Chaos" ein komplexes, geordnetes System (TMV-Virus) (nach Bouck, G. B. & Brown, D. L.: Annu. Rev. Plant Physiol. 27, 71–94, 1976).

Doppelhelix aus, wobei immer die Basenpaare A/T und C/G einander gegenüberliegen. Zwei ungeordnete Stränge bilden somit eine geordnete Schraube, d. h. eine komplexe Struktur mit höherer Ordnung.

Peptide und Proteine. Die in den kodierenden DNA-Bereichen (Gene) verschlüsselte Erbinformation wird in der Zelle in eine Aminosäure (As)-Sequenz übersetzt. Kürzere As-Ketten werden als Peptide bezeichnet. Eine mittelgroße Polypeptidkette (z. B. 70 As-Einheiten lang) bildet in wässriger Umgebung von selbst eine dreidimensionale Struktur, wobei sich innen die unpolaren und außen die polaren As-Reste befinden. Ungeordnete Aminosäurestränge gehen somit spontan in geordnete Gebilde über, die stabiler sind und in der Regel neue Eigenschaften zeigen. Mehrere Polypeptidketten können geordnete Proteinkomplexe bilden, die aus einzelnen, weniger geordneten Untereinheiten zusammengesetzt sind. So besteht z. B. der rote Blutfarbstoff Hämoglobin des Menschen, ein sauerstoffübertragendes Chromoprotein, aus vier Peptidketten.

Membranvesikel. Lipidmoleküle bestehen aus hydrophilen (wasserbindenden) Glycerin- und hydrophoben (wasserabstoßenden) Fettsäure-Resten. In H_2O bilden sie zweilagige „Teppiche", die als Lipid-Doppelschichten näherungsweise die Dicke natürlicher Biomembranen aufweisen. Weiterhin können kleine einlagige Kügelchen mit hydrophobem Inhalt (Micellen) und größere, doppelschichtige Bläschen mit wässrigem Inhalt (Membranvesikel) entstehen. Beispiele für die Selbstorganisation einer Lipidvesikel in wässriger Lösung zeigen Abbildungen 5.7 und 5.8 C. Ein flacher Film geht spontan in eine dreidimensionale Hohlkugel über.

Gentransfer. Biotechnologiefirmen bieten seit 1990 Reagenzien zum gezielten DNA-Transfer in bestimmte Zellen hinein an; diese wachsen in wässrigen Nährmedien (z. B. Krebszellkulturen). Hierbei wird die gewünschte (isolierte) DNA mit sogenannten „Enhancer-Molekülen" vermischt. Es bilden sich kondensierte DNA-/„Enhancer"-Kugeln. Nach Zugabe von Phospholipiden (einschichtigen Micellen) entstehen Membranvesikel, die jeweils eine mit „Enhancer-Molekülen" besetzte DNA-Kugel im Inneren tragen. Diese an primitive Proto-Zellen erinnernden DNA-Vesikel sind spontan entstandene *geordnete* Strukturen, mit deren Hilfe der ausgewählte DNA-Strang (z. B. ein Gen) in eine Zielzelle transferiert werden kann. Dieses Beispiel zeigt, dass das Prinzip der Selbstorganisation von Biomolekülen nicht nur ein kurioses Laborphänomen ist, sondern in der angewandten Biotechnologie eingesetzt wird (DNA-Transfer, d. h. Erzeugung transgener Zellen).

Viruspartikel. Als klassisches Beispiel für eine spontane Selbstorganisation von Biomolekülen in wässriger Lösung gelten die Viruspartikel (Virionen). Es wurde bereits erwähnt, dass Viren keine selbständigen Lebewesen sind, da sie keinen Stoffwechsel besitzen und als intrazelluläre Parasiten zur Vermehrung (Replikation) eine Wirtszelle benötigen.

Die einfachsten Viruspartikel bestehen aus zwei Komponenten: einer Nucleinsäure (meist RNA) und einer diese umschließende Proteinhülle (Capsid). Die Hülle ist aus zahlreichen Untereinheiten zusammengesetzt, die als Proteinmonomere bezeichnet werden. Im Folgenden wollen wir am Beispiel des stäbchenförmigen Tabakmosaik-Virus (TMV) die spontane Bildung einer geordneten Struktur diskutieren.

Werden in wässriger Lösung (H_2O) isolierte Virus-RNA-Stränge mit Proteinmonomeren zusammengebracht, so entstehen die Viruspartikel gemäß folgendem Schema:

Virus-RNA + Proteine ⇔ RNA-Proteinscheibe
+ Proteine ⇒ Viruspartikel (TMV)

Die in wässriger Lösung ablaufende Reaktion ist in Abbildung 5.6 dargestellt. Zunächst entsteht aus dem Nucleinsäurestrang und zahlreichen Proteinmonomeren das RNA-Proteinscheiben-Aggregat. Durch Anlagerung weiterer Proteinmonomere wächst eine helikale, stäbchenförmige „Proteinschraube" heran, die den RNA-Strang umschließt (Capsid). Das Wachstum der Proteinhülle ist beendet, wenn das 3'-Ende der Nucleinsäure erreicht ist (vollständige TMV-Partikel).

Hydrathüllen und Entropiesatz. Bei oberflächlicher Betrachtung der hier dargestellten fünf Beispiele für eine spontane Selbstorganisation (*self-assembly*) der Biomoleküle scheint ein Widerspruch zum zweiten Hauptsatz der Thermodynamik zu bestehen. Wie können weniger geordnete Moleküle „von sich aus" einen höheren Ordnungsgrad einnehmen? Zunächst sollte hervorgehoben werden, dass die Information zur Bildung der Molekülkomplexe in der Struktur der Bausteine selbst liegt (z. B. DNA-Einzelstrang mit Basen, die über H-Brücken Paare bilden können; Lipidmoleküle mit hydrophilem/hydrophobem Teil). Die Wechselwirkungen zwischen den einzelnen Molekülbereichen nach Bildung der geordneten Struktur führen zur Etablierung stabiler Aggregate. Betrachten wir aber das *Gesamtsystem* (Moleküle in wässrigem Medium), so wird deutlich, dass die Unordnung (Entropie) des Ganzen während der Bildung komplexer Strukturen nicht ab-, sondern *zunimmt*. Die einzelnen Moleküle sind in Lösung von H_2O-Teilchen umgeben. Zur Bildung dieser Wasserhülle sind zahlreiche H_2O-Moleküle notwendig, die in geordneter Reihung die Makromoleküle umschließen. Nach Bildung einer komplexeren Struktur werden aufgrund der Oberflächenverkleinerung zur Schaffung der Wasserhülle weniger H_2O-Moleküle benötigt. Die hierbei freigesetzten, ungeordnet umherdriftenden Wassermoleküle erhöhen die Entropie des Gesamtsystems (Makromoleküle + H_2O), obwohl die Ordnung der in Wasser gelösten Komponenten zunimmt (Entropieabnahme). Aufgrund dieser Verkleinerung der H_2O-Hülle nimmt der Gesamt-Unordnungsgrad unseres abgeschlossenen Systems somit zu, wie es der zweite Hauptsatz der Thermodynamik fordert.

Die hier zusammengestellten Beispiele zeigen, dass eine Selbstorganisation auf dem Niveau von wassergelösten Makromolekülen unter geeigneten physikalisch-chemischen Bedingungen experimentell nachgewiesen ist. Diese spontanen, aus der Molekularstruktur der Einzelkomponenten resultierenden Prozesse stehen nicht im Widerspruch zu den Grundgesetzen der Physik.

5.5 Die Protozelle: Versuch einer Rekonstruktion

Wir kommen in diesem Abschnitt zur Frage nach der Entstehung der ersten Vorläufer(Proto)-Zellen in den Urozeanen der jungen Erde. Dieses Problem der Biogenese konnte bisher noch nicht befriedigend gelöst werden. Die nachfolgenden Ausführungen sind teils hypothetischer Natur.

Mikroben-Vorläuferzellen. In Kapitel 3 hatten wir die „Systemeigenschaften" einer relativ urtümlichen rezenten Zelle (Bakterium *Escherichia coli*) kennen gelernt. Wie Abbildung 3.14 (S. 78) zeigt, ist die Bakterienzelle durch fünf Schlüsselmerkmale gekennzeichnet: Stoffwechsel/Energieaustausch; Reizbarkeit/Kommunikation; Wachstum/Entwicklung; Fortpflanzung/Vermehrung und Mutabilität, welche eine phylogenetische Entwicklung (Evolution) ermöglicht. Die vor etwa 4200–3800 Millionen Jahren entstandenen Protozellen waren sicher weit weniger komplex gebaut als eine heutige Bakterienzelle. Es handelte sich vermutlich um tröpfchenförmige, zur Selbstreplikation befähigte, vermehrungsbereite Urmikroorganismen, die als die Vorläufer der fossil erhaltenen, 3500 Millionen Jahre alten Urlebewesen (Mikroben) betrachtet werden müssen. Da diese fossilen Protocyten wahrscheinlich eine anoxigene Photosynthese betrieben haben, spricht vieles dafür, dass auch ihre Vorfahren photoautotrophe Mikroorganismen waren (Tice und Lowe, 2004).

Ursprung der Protozelle. Versetzen wir uns in Gedanken in die Zeit vor 4000 Millionen Jahren (Abb. 5.2). In den heißen bis warmen, anaeroben Urozeanen (bzw. den darüberliegenden Sauerstofffreien Luftschichten) liefen vermutlich die erstmals von S.L. Miller durchgeführten chemischen Reaktionen ab (Abb. 5.3). Unter der Wirkung von UV-Strahlung, elektrischen Entladungen (Blitzen), der natürlichen Radioaktivität und der Hitze der durch Vulkanismus erzeugten Lavaströme entstanden Aminosäuren, Fettsäuren, die Bausteine der Nucleinsäuren und viele andere biologisch relevante Moleküle. Diese reicherten sich in den Ozeanen an, die daher auch als „Ursuppe" bezeichnet werden. Die mit organischen Verbindungen versehene Salzlösung wurde ständig vom Weltall her durch Niedergang von Meteoriten, Kometen und interstellarem Staub mit weiteren Biomolekülen versorgt. Auf wachsenden Pyritoberflächen der „Ursuppe" liefen die von G. Wächtershäuser postulierten und teilweise experimentell verifizierten chemischen Reaktionen ab, die von Vulkanismus und Sonnenlicht (Flachwasserzone der Urozeane) angetrieben wurden (Abb. 5.5). Durch Selbstorganisation bildeten sich auf den warmen Pyritkristallen Lipid-Doppelschichten, weil die hydrophoben Bereiche der synthetisierten Lipidmoleküle durch das umgebende Wasser aneinandergedrückt wurden. Wie Abbildung 5.7 zeigt, schnürten sich von diesen stetig wachsenden Lipid-Doppelmembranen einzelne Vesikel (Liposomen) ab, die sich dann im weiten Urozean ausbreiteten. Da das Meerwasser mit Peptiden und Nucleinsäuren durchsetzt war, wurden mit jeder einzelnen Vesikelabschnürung individuelle Protozellen erzeugt, die im Inneren einen zufällig entstandenen Satz an Biomolekülen und Ionen (z.B. Kalium, Chlorid) trugen. Die große Mehrzahl der durch Vesikelbildung und „Einfangen" von Peptiden und Nucleinsäuren gebildeten Protozellen war weder zum Selbsterhalt noch zu einer Replikation (Verdoppelung) fähig; sie gingen nach der „Geburt" rasch zugrunde. Einzelne Protozellen enthielten durch Zufall einen geeigneten Satz kurzkettiger Nucleinsäuren und Peptide. Wir gehen weiterhin davon aus, dass das Adenosintriphosphat (ATP), der universelle Energieträger aller Zellen, bereits unter präbiotischen Bedingungen entstanden ist (der Versuch von S.L. Miller liefert signifikante Mengen der Base Adenin sowie verschiedene Zucker; Phosphat-Ionen waren im Urozean vorhanden). Es entstanden somit überlebensfähige, sich selbst replizierende Protozellen, die einen primitiven ATP-abhängigen Stoffwechsel hatten, über einfache Protoenzyme verfügten (Katalyse biochemischer Reaktionen) und mit einem kleinen Genom ausgestattet waren (Speicherung und Vermehrung des Bauplans der Urzelle).

Ribonucleinsäure-Welt. Die Frage nach der Struktur des Protogenoms wird noch kontrovers diskutiert. Nachdem 1982 entdeckt wurde, dass spezifische Ribonucleinsäure (RNA)-Moleküle – wie Enzyme – über katalytische Eigenschaften verfügen („Ribozyme"), wurde die Hypothese von der „RNA-Welt" formuliert. Diese besagt, dass der gesamte biochemisch-genetische Apparat der ersten Lebewesen aus RNA bestanden haben soll. Durch Selektion seien katalytisch aktive, sich selbst replizierende RNA-Stücke entstanden, die über die Funktion der DNA (Informationsspeicher) und der Enzyme (Katalyse biochemischer Reaktionen) verfügt hätten (s. Kap. 9). Erst später soll das heute

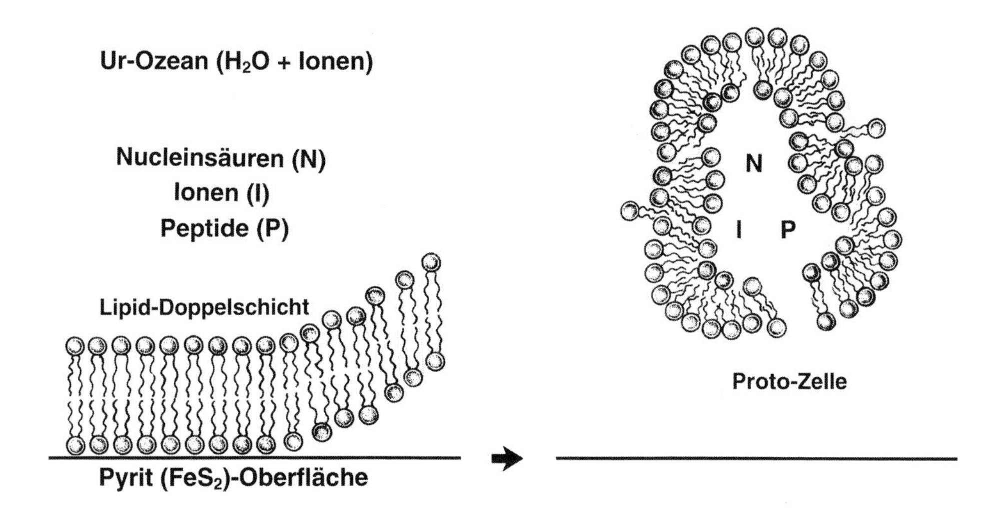

Abb. 5.7 Hypothetisches Modell zur Entstehung der Protozelle, das die Befunde der Biogeneseforscher S.L. Miller, G. Wächtershäuser und verschiedener Astrophysiker vereint. Auf Pyritoberflächen entstehen über Selbstorganisation der Moleküle Lipid-Doppelschichten (Lipid-Monomer: o≈). Diese erreichen eine kritische Größe und bilden dann tröpfchenförmige Vesikel, die eine Mischung verschiedener kurzkettiger Biomoleküle (und Ionen) enthalten. Die Mehrzahl dieser durch Selbstorganisation und Zufall entstandenen Protozellen war nicht lebensfähig und zerfiel wieder. Einige Protozellen waren jedoch zur Selbsterhaltung und Fortpflanzung (Vermehrung) fähig. Diese primitiven Vorläuferzellen waren die ersten aquatischen Organismen der Urozeane (in Anlehnung an Wächtershäuser, G.: Microbiol. Rev. 52, 452–484, 1988).

universell etablierte System DNA/RNA/Proteine aus der „RNA-Welt“ hervorgegangen sein. Da die Experimente von S.L. Miller und G. Wächtershäuser zeigen, dass unter simulierten präbiotischen Bedingungen Nucleotide (Bausteine der DNA und RNA), Aminosäuren bzw. Peptide (Bausteine der Proteine), Zucker und Lipide *gleichzeitig* entstehen können, ist es eher wahrscheinlich, dass die Protozelle über alle drei Molekültypen, d.h. relativ kurze DNA-, RNA- und Peptid-Sequenzen, verfügt hatte. Die über Ausleseprozesse zum Überleben in den Urozeanen fähigen Protozellen ernährten sich entweder durch Aufnahme und biologische Oxidation organischer Moleküle (heterotroph) oder über urtümliche Photosynthese-Prozesse (photoautotroph). Sie vermehrten sich durch Teilung oder Sprossung und brachten im Verlauf eines Jahrmillionen langen Evolutionsprozesses die in Kapitel 4 dargestellten, fossil erhaltenen, 3500 Millionen Jahre alten Ur-Mikroorganismen hervor.

Protozellen-Bildungsrate. Wie wahrscheinlich ist es, dass in der „Ursuppe“, die ständig über extraterrestrische Einträge mit organischen Molekülen „gewürzt“ wurde, auf der in Abbildung 5.5 dargestellten Pyrit-„Pizza“ überlebensfähige Protozellen entstehen konnten? Zur Beantwortung dieser Frage müssen wir einige quantitative Betrachtungen durchführen. Die Protozellen (Abb. 5.7) hatten – wie Membranvesikel in wässriger Lösung – einen Durchmesser von höchstens einigen Mikrometern (10^{-6} m). Auf einer Pyritfläche von einem Quadratmeter (1 m^2) dürften bei Sonnenschein (bzw. in der Nähe von Vulkanschloten) pro Stunde viele Millionen Protozellen mit unterschiedlichem Inhalt (Nucleinsäure-/Peptid-/Ionen-Gemisch) entstanden sein. Das „Zeitfenster“ der chemischen Evolution war sehr groß: Es betrug etwa 400–500 Millionen Jahre (Archaikum). Bedenken wir weiterhin, dass die ozeanischen Pyritoberflächen der jungen Erde mehrere Millionen Quadratkilometer umfassten, so wird deutlich, dass pro „Stunde im sonnigen Archaikum“ viele Milliarden verschiedener Protozellen gebildet wurden. Multiplizieren wir diese Zahl wieder mit der Gesamtdauer des „Zeitfensters“, so resultiert eine unermesslich hohe Zahl verschiedener, simultan und nacheinander gebildeter Protozellen, die der Selektion durch die variable Umwelt im Urozean ausgesetzt waren. Die Wahrscheinlichkeit, dass unter diesen unvorstellbar vielen Vesikeln einige Individuen aufgetreten sind, die über Stoffwechsel- (d.h. Selbsterhaltungs-) und Replikations- (d.h. Vermehrungs-) fähigkeit verfügten, war somit recht hoch: Im archaischen „Lotteriespiel des Lebens“ gab es nicht nur Verlierer, sondern auch einige Gewinner. Die Entstehung der Protozellen kann daher über die in den Abbildungen 5.4, 5.5 und 5.7 skizzierten physikalisch-chemischen Prozesse plausibel gemacht werden: Die Urozeane trugen die „Keime“ der ersten Zellen in sich, d.h., Leben war eine im System Erde vorprogrammierte Erscheinung.

5.6 Offene Fragen und Schlussfolgerungen

Es sollte ausdrücklich hervorgehoben werden, dass die in Abbildung 5.7 dargestellten Vorgänge noch nicht im Labor simuliert werden konnten. Die Herstellung einer sich selbst fortpflanzenden Protozelle im Reagenzglas aus chemisch synthetisierten Einzelkomponenten ist bisher noch keinem Wissenschaftler gelungen. Das umgekehrte Experiment, d.h. die Zerlegung einer lebenden Zelle in Einzelbausteine und die anschließende Rekonstruktion des intakten, sich vermehrenden Systems durch Zusammenfügen der Komponenten steht ebenfalls noch aus. Die Problematik der Lebensentstehung auf der frühen Erde wird jedoch intensiv erforscht. Seit 1970 gibt es eine Fachzeitschrift, die sich ausschließlich dieser Thematik widmet (*Origins of Life and Evolution of the Biosphere*). Im Rahmen der *International Society for the Study of the Origin of Life* finden regelmäßige entsprechende Fachtagungen statt, wobei eine neue Disziplin, die *Astrobiologie*, gegründet wurde (Erforschung des Ursprungs der Lebensformen unter Einbeziehung extraterrestrischer Planeten und deren Bruchstücke). Es werden alle relevanten Resultate zur „Prebiotic Evolution“ diskutiert und neue Forschungskonzepte erarbeitet. Wir können davon ausgehen, dass auch dieses Geheimnis der Evolutionsbiologie bald entschlüsselt sein wird („Synthetische Biologie“, s. Ball, 2007; Joyce, 2004, 2007).

Als *Fazit* unserer Ausführungen zum Ursprung der Zelle wollen wir einige allgemeine Schlussfolgerungen ziehen. Nach Ansicht des Zellbiologen C. de Duve (1995) ist „der Entwurf einer Urzelle“ bei allen „Rekonstruktionsversuchen für die Entstehung des Lebens“ von entscheidender Bedeutung. Die ersten Urbausteine der frühen Biosphäre (Protozellen) bestanden aus einer heterogenen Population sich selbst vermehrender Einheiten, die über einen primitiven Stoffwechsel sowie ein Protogenom verfügten. Über Mutationen und umweltbedingte Selektionsprozesse entstanden in den Urozeanen vor etwa 4000 Millionen Jahren die ersten „echten“, an Bakterien erinnernde Einzel-

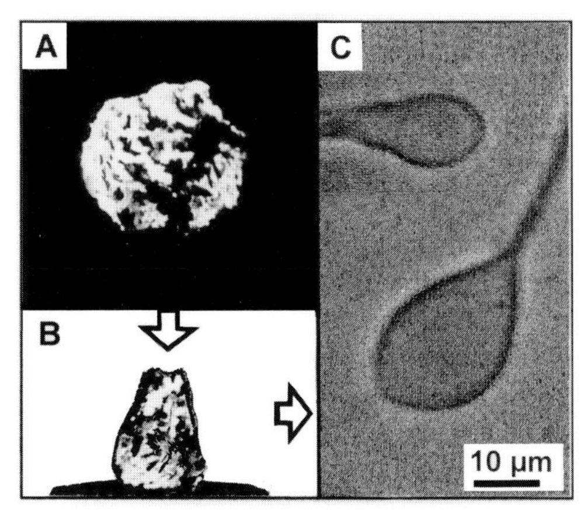

Abb. 5.8 Experimenteller Nachweis der Bildung von Lipidvesikeln aus kohlenstoffhaltigem Meteoritenmaterial. Asteroid im Weltraum (A), niedergegangener Meteorit (Asteroiden-Bruchstück) (B), schematisch. Aus Fragmenten des Murchison-Meteoriten konnten mikroskopisch kleine Lipidvesikel extrahiert werden, die aus einer Doppelmembran bestehen (C) (nach SEGRE, D. et al.: Origins Life Evol. Biosphere 31, 119–145, 2001).

zellen, deren fossile Spuren jedoch bis heute nicht gefunden werden konnten.

Die physikalisch-chemischen Prozesse, welche zur Entstehung der Protozelle geführt haben, sind, wie in diesem Kapitel dargelegt wurde, noch nicht im Detail bekannt. Die folgenden Fakten unterstützen dennoch das in Abbildung 5.7 dargestellte spekulative Biogenese-Modell:

1. Das zelluläre Leben ist vor mehr als 3800 Millionen Jahren in den warmen Urozeanen der jungen Erde entstanden. Als Umwelt kommt somit nur eine *wässrige Salzlösung* in Frage.
2. Typische Zellen (Bausteine der Organismen) bestehen zu einem Großteil aus Wasser (Bakterien- und Tierzellen: etwa 70 % H_2O; Pflanzenzellen bis zu 90 % H_2O, bezogen auf die Frischmasse). Das wässrige Milieu aus dem Archaikum wurde bis heute *intrazellulär* beibehalten, d. h., die meisten biochemischen Zellreaktionen verlaufen in verdünnten Salzlösungen ab. Lebensprozesse sind von der Existenz ausreichender Mengen an flüssigem H_2O als universellem Lösungsmittel zur Ermöglichung biochemischer Umsetzungen abhängig.
3. In wässrigen Lösungen können über *Selbstorganisationsprozesse* der mit Hydrathüllen umschlossenen Biomoleküle (Lipide, Proteine, Nucleinsäuren) komplexe Systeme gebildet werden. In Analogie zu der in Abbildung 5.6 dargestellten *In vitro*-Synthese des „Protolebewesens Virus" könnten auch die ersten Urzellen entstanden sein. Es wurden urtümliche Viren beschrieben, die außerhalb ihres Wirtsorganismus (Archaebakterien) eine morphologische Differenzierung durchlaufen und somit eine Übergangsform zur Protozelle darstellen (HÄRING et al., 2005). Noch primitiver sind die *Viroide*, „nackte", zur Selbst-Vermehrung fähige RNA-Moleküle, die pflanzliche Wirtszellen befallen und als lebende Fossilien aus der vor-zellulären „RNA-Welt" gelten (DIENER, 2001).
4. Aus den bereits erwähnten Murchison-Meteoriten konnten extraterrestrische Lipidvesikel gewonnen werden, die aus einer Doppelmembran bestehen und einen für Zellen typischen Durchmesser von bis zu 10 µm aufweisen (Abb. 5.8). Nach dieser *Lipid-world-hypothesis* bildeten diese von außerhalb der Erde stammenden Fettbläschen die ursprünglichen „Gehäuse" der Protozellen. Die archaischen Liposomen könnten über Einschluss informationstragender Biomoleküle (kurzkettige DNA-, RNA- und Protein-Einheiten) zur Bildung replikationsfähiger Protozellen geführt haben (BERNSTEIN, 2006).

Die bekannten Gesetze der Physik und Chemie, aktuelle Ergebnisse der Astrobiologie sowie die Systemeigenschaften der Biomoleküle (gelöst in H_2O) sind somit ausreichend, um *im Prinzip* die Entstehung der ersten Protozellen erklären zu können, obwohl noch viele *Detailfragen* zur chemischen Evolution offen sind (KOONIN und MARTIN, 2005).

Literatur:

BADA und LAZCANO (2003), BALL (2007), BERNSTEIN (2006), CHYBA (2005), COCKEL und BLAND (2005), COWEN (2000), DEAMER (1997), DE DUVE (1994, 1995), DIENER (2001), EDWARDS (1998), HÄRING et al. (2005), JOYCE (2004, 2007), KOONIN und MARTIN (2005), ORGEL (1998), SCHOPF (1999), SEGRE et al. (2001), TIAN et al. (2005), TICE und LOWE (2004), WÄCHTERSHÄUSER (2000, 2006)

6 Endosymbiose und Zell-Evolution: Makroevolution im Mikromaßstab

Die beiden Begründer der Deszendenztheorie, Charles Darwin und Alfred Russell Wallace, waren „organismisch" denkende Naturforscher. Im Mittelpunkt ihrer Studien standen Gruppen intakter Lebewesen, die in ihrer natürlichen Umwelt (bzw. im Zustand der Domestikation) beobachtet wurden. Durch Beschreibung und Vergleich von Individuen, Populationen und komplexen Lebensgemeinschaften gelangten die beiden Biologen Mitte des 19. Jahrhunderts unabhängig voneinander zu der Einsicht, dass im Laufe vieler Generationenabfolgen durch natürliche Auslese der jeweils am besten angepassten Individuen ein gradueller Artenwandel herbeigeführt wird. Die Formulierung dieser Selektionstheorie der Stammesentwicklung markierte einen Wendepunkt im biologischen Denken der damaligen Zeit.

Aus den Biographien der Naturforscher geht hervor, dass weder Darwin noch Wallace ein besonders ausgeprägtes Interesse an der Mikroskopie hatten. Beide Wissenschaftler waren ohne Zweifel über die wesentlichen Resultate ihrer am Lichtmikroskop arbeitenden Zeitgenossen informiert, ohne jedoch eigene Originalbeiträge zur Struktur der Gewebe und Zellen der Lebewesen geleistet zu haben. Im Schatten der „organismisch" ausgerichteten Abstammungslehre, die insbesondere durch Einbeziehung des Menschen große Popularität erlangt hatte, entwickelte sich in der zweiten Hälfte des 19. Jahrhunderts die nur wenig beachtete Zellforschung (Cytologie). Wie in Kapitel 1 ausgeführt wurde, sind alle zu eigenständigem Leben fähigen Organismen aus Zellen aufgebaut. Die Cytologie, deren Ziel es ist, Struktur und Funktion der „Bausteine der Lebewesen" zu ergründen, lieferte wichtige Beiträge zur Rekonstruktion des Verlaufs der Phylogenese der Organismen. Diese systematische Erarbeitung unabhängiger Beweise zugunsten der Deszendenztheorie hatte ihren Ursprung in lichtmikroskopischen Untersuchungen von Pflanzenzellen (Abb. 6.1). Mit der Einführung der Transmissions-Elektronenmikroskopie Anfang der 1950er-Jahre war erstmals die Erforschung des komplexen Feinbaus der Zellbestandteile ermöglicht. Die klassische, auf lichtmikroskopischen Studien basierende Cytologie wurde unter Einbeziehung biochemischer und immunologischer Methoden zur modernen *Zellbiologie* ausgebaut, die – gemeinsam mit der Molekulargenetik – entscheidende

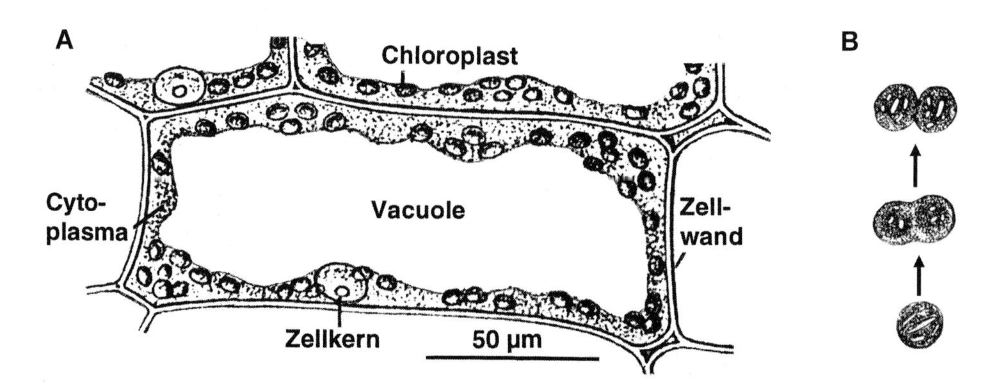

Abb. 6.1 Lichtmikroskopisches Bild einer typischen Pflanzenzelle (Blatt der tropischen Wasserpflanze *Vallisneria*) (A). Die große Vacuole ist mit einer wässrigen Lösung (Zellsaft) gefüllt. Im Cytoplasmaraum sind zahlreiche Chloroplasten zu erkennen (Photosynthese-Organellen der Eucyte), die sich durch Teilung vermehren (B) (nach Sachs, J.: Vorlesungen über Pflanzenphysiologie. Leipzig, 1882).

Daten zur Untermauerung der Evolutionstheorie geliefert hat. In diesem Kapitel wollen wir die wichtigsten Resultate aus der „subzellulären" Evolutionsforschung kennen lernen, wobei die phylogenetische Entwicklung neuer „Baupläne des einzelligen Lebens" (Makroevolution) im Detail dargestellt ist.

6.1 Symbiogenesis-Hypothese

Zum lichtmikroskopischen Studium der Struktur typischer Zellen sind die grünen Blätter höherer Pflanzen geeignete Objekte. Die von einer Wand umschlossenen und durch eine wassergefüllte Blase (Vacuole) charakterisierten Zellen sind relativ groß (~ 0,1 mm); Strukturen wie der Kern (Nucleus) und die grünen „Chlorophyllkörner" (Chloroplasten) sind im Cytoplasmaraum leicht zu erkennen (Abb. 6.1 A).

Photoautotrophe Organismen. Seit langem war bekannt, dass nur in grünen Pflanzenorganen (Blätter, Stängel), nicht jedoch in Wurzel-, Pilz- und Tierzellen, chlorophyllhaltige Chloroplasten zu beobachten sind. Der Pflanzenphysiologe Julius Sachs (1882) konnte durch lichtmikroskopische Untersuchungen und entsprechende Experimente erstmals nachweisen, dass die „Chlorophyllkörner die Assimilationsorgane" der Pflanze sind, in denen das aus der Luft aufgenommene Kohlendioxid (CO_2) unter Wirkung des Lichts in organische Substanzen (Kohlenhydrate) umgewandelt wird, wobei als Nebenprodukt Sauerstoff (O_2) entsteht. Erst Mitte der 1950er-Jahre gelang unter Verwendung isolierter Zellorganellen (Chloroplastensuspension im Reagenzglas) der definitive (positive) Beweis, dass die Chloroplasten die Orte der pflanzlichen Photosynthese sind. Die grünen Pflanzen sind somit *photoautotrophe* Organismen: Sie produzieren ihre Nahrung (organische Kohlenstoffverbindungen) unter Absorption von Sonnenlicht selbst, wobei sie nur Wasser, einige Mineralsalze und das Kohlendioxid der Luft (d. h. anorganische Stoffe) benötigen. Da hierbei molekularer Sauerstoff entsteht, wird dieser Prozess als *oxigene Photosynthese* bezeichnet.

Nahezu alle nicht-grünen (chloroplastenfreien) Lebewesen, z. B. Tiere und Pilze, sind *heterotroph*: Sie ernähren sich durch Aufnahme energiereicher organischer Substanzen, die letztlich von den photosynthetisch aktiven grünen Pflanzen produziert wurden (Ausnahme s. Abb. 6.13).

Symbiogenesis-Hypothese. Die Beobachtung, dass es freibewegliche, der „Nahrung hinterherlaufende" Tiere und festgewachsene, von Salzlösung, Licht und Luft lebende Pflanzen gibt, die alle aus ähnlich aufgebauten Zellen zusammengesetzt sind, führte zur Frage nach dem evolutiven Ursprung dieser so unterschiedlichen Lebewesen. Eine Antwort versuchte der russische Biologe Constantin Mereschkowsky (1855–1921) zu geben: Er formulierte im Jahre 1905 die *Symbiogenesis-Hypothese* der Zell-Evolution, welche im Folgenden kurz dargestellt werden soll.

Seit 1880 war neben der oben beschriebenen physiologischen Funktion der „Photosynthese-Organellen" bekannt, dass sich die Chloroplasten – wie eigenständige Organismen – im Cytoplasma der Pflanzenzelle teilen und vermehren. Diese Selbst-Replikation der „Chlorophyllkörner" wurde u. a. von Sachs (1882) schematisch dargestellt (Abb. 6.1 B). Alle Chloroplasten der Zelle höherer Pflanzen stammen von Vorläufern (Proplastiden) ab, die letztlich von den Elternpflanzen über die Eizelle (bzw. den Pollenschlauch) in die nächste Generation übertragen werden. Chloroplasten sind zur Selbst-Reproduktion fähige Zellorganellen. Da die Chloroplasten höherer Pflanzen bezüglich Größe und Struktur Ähnlichkeiten mit den freilebenden, photosynthetisch aktiven Cyanobakterien („Blaualgen") aufweisen, postulierte K. Mereschkowsky, dass die „Chlorophyllkörner" der Pflanzenzelle *fremde* Organismen sind, die vor langer Zeit einmal in das Cytoplasma eingedrungen waren und dort in Form von Symbionten weitergelebt haben. Dieser Gedankengang kann wie folgt formuliert werden:

Urtümliche Tierzellen (heterotroph) +
freilebende Cyanobakterien (photoautotroph)
→ Pflanzenzellen (photoautotroph)

Aus dieser Symbiogenesis-Hypothese zog der Autor eine Reihe allgemeiner Schlussfolgerungen bezüglich der Evolution der Organismen: 1. Die Pflanzen sind von tierischen Urlebewesen abzuleiten. 2. Die Urpflanzen waren aquatische, einzellige Amöben oder Geißeltierchen (Flagellaten), in die freilebende Cyanobakterien eingewandert sind. Diese Endosymbiose hat wiederholt stattgefunden. 3. Pflanzenzellen sind zusammengesetzte Systeme: Ein mit farblosem Cytoplasma versehener „Wirt" ist von zahlreichen grünen „Gästen" besiedelt. Diese Symbiose (Lebensgemeinschaft ungleicher Organismen mit beidseitigem Nutzen) erklärt die ernährungsphysiologischen Unterschiede zwischen Tieren und Pflanzen (heterotrophe bzw. photoautotrophe Lebensweise). 4. Pflanzenzellen sind im Gegensatz zu den Tierzellen von cellulosehaltigen Zellwänden umgeben. Dies ist auf die Photosyntheseaktivität der Endosymbionten (Chloroplasten) zurückzuführen: Durch

CO_2-Assimilation entsteht im Licht ein Überschuss an Kohlenhydraten, der zur Biosynthese der Zellwände eingesetzt wurde. Infolge dieser „Einkapselung" der Urpflanzenzellen konnte durch Bildung einer Vacuole ein hydrostatischer Innendruck (Turgor) aufgebaut werden, der den nicht verholzten (krautigen) Landpflanzen ihre Festigkeit verliehen hat. 5. Wegen der stabilen Zellwand sind die eingeschlossenen Pflanzenzellen (d.h. Protoplasten) nicht in der Lage, wie z.B. eine Amöbe, feste Nahrungspartikel aufzunehmen. Sie ernähren sich ausschließlich von gasförmigen bzw. in Wasser gelösten Stoffen (CO_2, verdünnte Salzlösungen).

Diese kurze Darstellung der Grundgedanken des Biologen C. MERESCHKOWSKY, die 1905 in einem Aufsatz im *Biologischen Centralblatt* (heute *Theory in Biosciences*) veröffentlicht wurden, zeigt, dass die Symbiogenese als zentrales Ereignis während der frühen Phase der Zell-Evolution erkannt war. Das Symbiogenesis-Konzept wurde 1923 von dem amerikanischen Anatomen IVAN WALLIN (1883–1969) erweitert. Dieser Forscher zog aus vergleichenden Untersuchungen die Schlussfolgerung, dass auch die Mitochondrien der Tier- und Pflanzenzellen, wie die Chloroplasten, aus eingewanderten, ehemals freilebenden Bakterien hervorgegangen sind (HÖXTERMANN, 1998).

Erst viele Jahre später wurde unter Einsatz elektronenmikroskopischer und molekularbiologischer Methoden nachgewiesen, dass die Spekulationen der beiden Evolutionsforscher korrekt waren. Wir werden im übernächsten Abschnitt auf die Grundgedanken des Symbiogenesis-Konzepts zurückkommen.

6.2 Protocyten und Eucyten

Die physikalisch bedingte untere Auflösungsgrenze des Lichtmikroskops erlaubt es nicht, die Feinstruktur der Zellen im Detail zu entschlüsseln. Wie aus Abbildung 6.1 A, B hervorgeht, sind im Cytoplasmaraum der Pflanzenzelle neben den relativ großen Chloroplasten zahlreiche „Körnchen" zu beobachten, die keine erkennbaren Strukturen zeigen. Erst die Erfindung und Einführung des Transmissions-Elektronenmikroskops ermöglichte eine Analyse der Ultrastruktur des Cytoplasmas und der Organellen (z.B. Zellkern, Proplastiden), da mit dieser Technik die Auflösungsgrenze um den Faktor 100 bis 1000 erhöht werden konnte (vgl. die Abb. 6.1 und 6.5).

Zell-Grundtypen. Die moderne Zellforschung erbrachte die für die Evolutionsbiologie wichtige Erkenntnis, dass es trotz unterschiedlichster spezi-

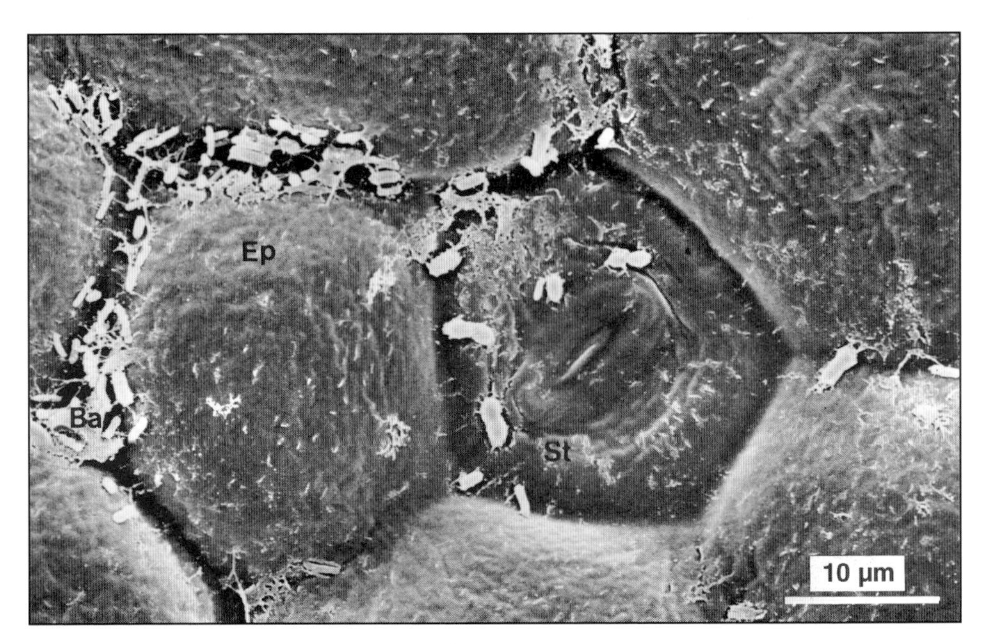

Abb. 6.2 Protocyten und Eucyten im Raster-Elektronenmikroskop. Detailaufnahme der Oberfläche eines Keimblattes der Sonnenblume. Die Epidermis (Ep)- bzw. Spaltöffnungszellen (St) sind von stäbchenförmigen Bakterien (Ba) besiedelt, die sich durch Zweiteilung vermehren. Das Bild zeigt typische Eucyten (Blattepidermis) und Protocyten (Bakterien). Vergrößerung: 2000x (nach KUTSCHERA, U.: J. Appl. Bot. 76, 96–98, 2002).

alisierter Zellvarianten nur zwei *Grundtypen von Zellen* gibt: die kleinen *Protocyten* und die größeren *Eucyten*. Die aus Protocyten aufgebauten Lebewesen werden als *Prokaryoten*, die aus Eucyten bestehenden als *Eukaryoten* bezeichnet. Prokaryoten sind einzellige bzw. aus Zellreihen bestehende Mikroorganismen (Bakterien, Cyanobakterien). Die Eukaryoten umfassen Einzeller – wie z. B. die Bäckerhefe oder Ciliaten – und Mehrzeller: Pilze, Tiere und Pflanzen.

Das gesamte Reich der Organismen, vom Bakterium über die Pflanzen bis zum Menschen, ist somit aus nur zwei verschiedenen Zelltypen aufgebaut: Übergangs- oder Zwischenformen gibt es nur bei gewissen Parasiten (s. Abschnitt 6.7).

Zur Veranschaulichung wollen wir ein Beispiel betrachten. In Abbildung 6.2 ist ein mikroskopisches Bild eines Ausschnittes der Oberfläche eines Keimblattes wiedergegeben. Die Epidermiszellen des Organs sind typische Eucyten; diese haben einen Durchmesser von 30–50 Mikrometer (µm). Auf der Zelloberfläche (Cuticula) sind zahlreiche Bakterien zu erkennen, die sich durch Teilung vermehren. Diese Protocyten sind nur 1–2 µm lang und etwa 0,5 µm breit.

Der Nucleus. Der namengebende Unterschied zwischen den beiden Zell-Grundtypen (Abb. 6.2) liegt im Vorhandensein eines abgegrenzten („echten") Zellkerns (Nucleus): Bei Protocyten liegt die ringförmige Desoxyribonucleinsäure (DNA, d. h. das haploide Genom) frei im Cytoplasma, während bei den meist diploiden Eucyten die auf mehrere Chromosomen verteilte Erbsubstanz von einer mit Poren versehenen Kernhülle umgeben ist. Wie die Abbildungen 6.2 und 6.3 zeigen, unterscheidet sich die Protocyte von der Eucyte durch ihre Größe: Die typische Bakterienzelle ist 0,5–5 µm lang, während ausgewachsene, kastenförmige Tierzellen Größen von 20–30 µm und vakuolisierte, röhrenförmige Pflanzenzellen Längen von 50–900 µm erreichen (Zelldurchmesser: ~ 20–50 µm). Das Volumen der Eucyte ist somit mindestens 1000-mal größer als das der Protocyte. Der Bau einer repräsentativen Bakterienzelle ist in Abbildung 3.14 dargestellt (s. S. 78).

Im Cytoplasma der Eucyten (Abb. 6.3) sind Membransysteme zu erkennen (Dictyosomen, mit Ribosomen besetztes „raues" endoplasmatisches Reticulum, verschiedene Vesikel; Vacuolen bei Pflanzenzellen), die bei der Protocyte fehlen. Die in der typischen Eucyte bevorzugt auf dem endoplasmatischen Reticulum sitzenden Ribosomen sind Partikel, die aus Proteinen und Ribonucleinsäuren (RNA) bestehen; sie sind die Orte der Protein-Biosynthese in der Zelle. Im Cytoplasma der Protocyten liegen freie Ribosomen, die deutlich kleiner sind als jene der Eucyten. Ribosomen sind relativ einheitlich gebaute kugelförmige Cytoplasmapartikel, die sowohl in Protocyten als auch in Eucyten in großer Zahl anzutreffen sind (10^4 bis 10^6 Ribosomen/Zelle; im elektronenmikroskopischen Bild als Körnchen erkennbar, s. Abb. 6.5). Die Struktur typischer Ribosomen ist in Abbildung 7.4 schematisch dargestellt (s. S. 169).

Wie bereits dargelegt wurde, unterscheiden sich Pflanzenzellen von tierischen Eucyten durch das Vorhandensein von Chloroplasten, einer Vacuole und der Zellwand (mit Plasmodesmata). Im Cytoplas-

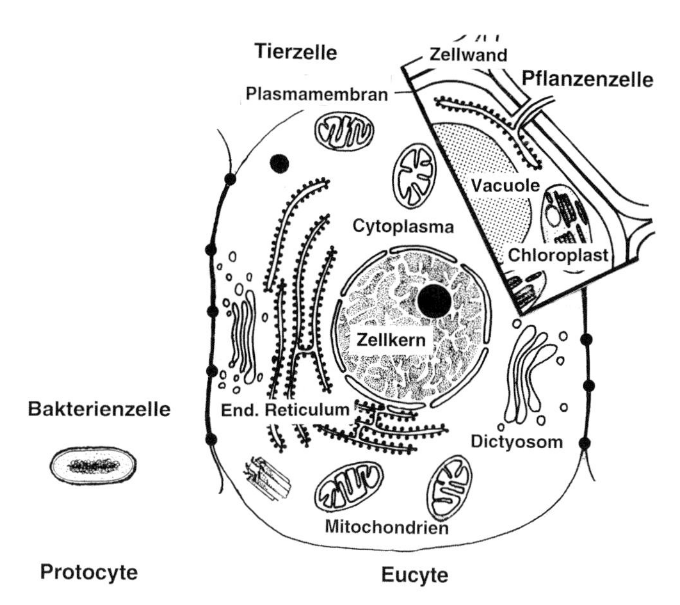

Abb. 6.3 Feinbau einer Protocyte (Bakterium) und der Eucyte (Tier- bzw. Pflanzenzelle), basierend auf elektronenmikroskopischen Untersuchungen der Zellen repräsentativer Organismen. Im Cytoplasma der Tierzelle ist neben den eingezeichneten (beschrifteten) Strukturen ein Lipidtropfen (Kugel oben links) sowie eine Centriole zu sehen (Walze unten links). Das raue endoplasmatische Reticulum ist mit Ribosomen besetzt (schwarze Punkte). Im Cytoplasma der Eucyte (und der Protocyte) sind zahlreiche freie Ribosomen eingelagert, die nicht eingezeichnet sind (s. Abb. 6.5). Die Pflanzenzelle unterscheidet sich von der Tierzelle durch das Vorhandensein der Zellwand (mit Cytoplasma-Kanälen, den Plasmodesmata), einer Vacuole sowie den Chloroplasten. Länge der Bakterienzelle: etwa 2 µm.

maraum der Protocyten fehlen Mitochondrien, die als „Kraftwerke der Eucyte" die Orte der Zellatmung und ATP-Produktion repräsentieren, und die Chloroplasten. Die ATP-Bildung erfolgt innerhalb der Bakterienzellen an Biomembranen-assoziierten Proteinkomplexen.

Ein Vergleich der beiden Zell-Grundtypen zeigt insbesondere, dass die freilebenden Protocyten bezüglich ihrer Größe näherungsweise den Mitochondrien der Eucyten entsprechen. Typische ausdifferenzierte Chloroplasten sind größer als Mitochondrien. Die Zellorganellen (Mitochondrien, Chloroplasten) erinnern im elektronenmikroskopischen Bild an Bakterien bzw. Cyanobakterien. Wir werden bei der Besprechung der Endosymbiontentheorie auf diesen Sachverhalt zurückkommen.

Riesen-Bakterien. Im Jahr 1998 wurden in Meeressedimenten in 110 m Tiefe vor der Küste Namibias (Afrika) Schwefelbakterien entdeckt, die etwa 100-mal größer sind als typische Protocyten. Diese bis zu 750 µm langen gelben Riesenbakterien („Schwefelperlen von Namibia") sind eindeutig Prokaryoten. Ihr ungewöhnlich großes Zellvolumen besteht zu 98% aus Speicherraum, der mit Nitratlösung und Schwefelpartikeln gefärbt ist. Diese Riesen-Meeresbakterien der Gattung *Thiomargarita* repräsentieren jedoch eine seltene Ausnahme von der in Abbildung 6.3 veranschaulichten allgemeinen Regel (Größenverhältnisse Protocyte/Eucyte).

6.3 Zelluläre Klassifizierung der Lebewesen

Ribosomen sind zweiteilige körnchenförmige Ribonucleinsäure-Protein (RNA)-Partikel, die in allen Zelltypen (Proto- und Eucyten) anzutreffen sind. Diese lebensnotwendigen Cytoplasmabestandteile der Zelle sind die Orte der Protein-Biosynthese; es handelt sich hierbei um in hohem Maße evolutionär konservierte Strukturen. Durch Analyse und Vergleich der Nucleotidsequenzen ribosomaler RNA-Moleküle verschiedener Organismen konnte der Verwandtschaftsgrad der betreffenden Lebewesen entschlüsselt werden. Mit Hilfe entsprechender Computerprogramme ist es möglich, molekulare Stammbäume zu entwerfen (ausführliche Darstellung s. Kap. 7).

Drei-Domänen-System. Ausgehend von RNA-Sequenzanalysen isolierter ribosomaler RNAs verschiedener Proto- und Eucyten wurde 1977 erkannt, dass sich die Gruppe der Prokaryoten (Bakterien) in zwei Unterabteilungen gliedert. Das Organismenreich (die Gesamtheit aller bekannten Lebewesen der Erde), das die Biosphäre unseres Planeten repräsentiert, wird daher heute in drei *Domänen* oder *Organismengruppen* untergliedert:

1. Bacteria (Eubakterien)
2. Archaea (Archaebakterien)
3. Eukarya (Eukaryoten).

Dieses Drei-Domänen-Schema zur Klassifizierung der Organismen wird durch eine Vielzahl unabhängiger Daten unterstützt und soll daher kurz vorgestellt werden. Die *Bacteria* und die *Archaea* (1. u. 2.) sind einzellige Prokaryoten, die sich durch eine Reihe biochemischer Merkmale voneinander unterscheiden. In die Gruppe der Archaea gehören thermophile Organismen, die bei Temperaturen zwischen 50 und 110 °C optimal wachsen, extrem halophile Bakterien, die bei hohen Salzkonzentrationen (> 3 mol/L NaCl) gedeihen, und methanogene Mikroorganismen, die unter sauerstofffreien (anaeroben) Bedingungen wachsen und das Gas Methan (CH_4) produzieren. Sie besiedeln in der Regel Lebensräume, die für andere Organismen „tödlich" sind und werden daher von manchen Autoren als „Extremophile" bezeichnet. Vertreter der Archaea zählen zu den urtümlichsten Organismen der Erde.

Zu den Bacteria (Syn.: Eubacteria) gehören u. a. wandlose Miniaturzellen (Mycoplasmen), alle Gruppen der aeroben und anaeroben Bakterien (z. B. das Darmbakterium *Escherichia coli* sowie zahlreiche bakterielle Parasiten und Krankheitserreger) und die photosynthetisch aktiven Cyanobakterien (veraltete Bezeichnung: „Blaualgen"). Die Gruppe der *Eukarya* (3.) umfasst alle anderen ein- und vielzelligen Lebewesen, d. h. Tiere (Animalia), Pilze (Fungi) und Pflanzen (Plantae, einschließlich Algen) sowie einige Spezialgruppen (z. B. Trichomonaden, Flagellaten, Ciliaten, Amoeben, Schleimpilze). Das Drei-Domänen-Modell

Tab. 6.1 Klassifizierung der Lebewesen nach dem Drei-Domänen-Schema mit repräsentativen Beispielen.

Zelltyp	Domäne	Beispiele
Protocyte (Prokaryoten)	Archaea Bacteria	thermo-, halo- und methanogene Mikroorganismen Bakterien, Cyanobakterien
Eucyte (Eukaryoten)	Eukarya	ein- und mehrzellige Tiere, Pflanzen mit Algen (Ein- und Vielzeller), Pilze

der Organismen ist in Tabelle 6.1 zusammengefasst.

Viren sind Aggregate aus Nucleinsäuren und Protein/Membran-Hüllen, die zur Fortpflanzung eine Wirtszelle benötigen. Da sie zu keiner Vermehrung außerhalb einer Zelle fähig sind, gelten sie nicht als eigenständige Lebewesen. Die Viren verbinden allerdings in gewisser Weise die „unbelebte Welt der Moleküle" mit der Biosphäre und werden daher von manchen Evolutionsforschern als „Proto-Organismen" bezeichnet (s. Kap. 5).

Fünf-Reiche-Klassifizierung. Neben diesem Drei-Domänen-Modell, das auf zellbiologischen und molekularen Analysen basiert, gibt es eine alternative Untergliederung der Lebewesen, die als die *Fünf-Reiche-Klassifizierung* bezeichnet wird. Auf der Grundlage zellbiologischer und morphologischer Untersuchungen wurden die Organismen in fünf separate *Kingdoms* unterteilt:

1. Monera (Syn.: Procaryotae oder Bacteria, d. h. alle Mikroorganismen)
2. Protoctista (Syn.: Protista, d. h. heterotrophe und photoautotrophe eukaryotische Einzeller und mehrzellige Algen, einschließlich der zu den Braunalgen zählenden Riesentange)
3. Fungi (niedere und höhere Pilze)
4. Plantae (vielzellige grüne Pflanzen, d. h. Moose, Farne, Samenpflanzen)
5. Animalia (Syn.: Metazoa, d. h. mehrzellige Gewebetiere)

Diese Klassifizierung enthält den von E. Haeckel in seiner klassischen Stammbaumdarstellung von 1866 verwendeten Begriff „Monera" (s. Abb. 2.11, S. 36), unter welchen nach der hier diskutierten Klassifizierung sämtliche Mikroorganismen fallen. Da die heterogene Gruppe der *Algen* sowohl grüne als auch braune, orangefarbene und rote photoautotrophe Organismen umfasst, wird sie gemeinsam mit den einzelligen Eukaryoten dem Reich der Protoctista zugeordnet und von den eigentlichen (ausschließlich grünen) mehrzelligen Pflanzen unterschieden. Die Fünf-Reiche-Klassifizierung kann nach L. Margulis (1993) in Kurzform zusammengefasst werden (Tab. 6.2).

Bezüglich ihrer Ernährung repräsentieren die Cyanobakterien, die Algen und fast alle mehrzelligen Pflanzen als photoautotrophe Organismen die wichtigsten *Produzenten* der Erde; alle anderen Organismen bilden die Gruppe der heterotrophen Konsumenten.

Beide Klassifizierungssysteme werden in der aktuellen Literatur zur Evolutionsbiologie nebeneinander verwendet, wobei das Drei-Domänen-Modell das umfassendere ist; es schließt alle fünf

Tab. 6.2 Die Fünf-Reiche-Klassifizierung der Lebewesen mit repräsentativen Beispielen.

Zelltyp (Organismen)	Reich (Synonym)	Beispiele
Protocyte (Prokaryoten)	Monera (Procaryotae)	Archaebakterien; Bakterien; Cyanobakterien
Eucyte (Eukaryoten)	Protoctista (Protista) Fungi	Protozoen; Ciliaten; mehrzellige Algen, Tange Hefen; Schlauch- und Ständerpilze
	Plantae	Moose, Farn- und Samenpflanzen
	Animalia (Metazoa)	Schwämme, Ringelwürmer, Insekten, Wirbeltiere

Organismenreiche ein. Andererseits ist es durchaus sinnvoll, die Begriffe Tier- bzw. Pflanzenreich (Animalia, Plantae) in bestimmten Zusammenhängen beizubehalten. Wir werden in Kapitel 7 auf die Klassifizierung der Organismen zurückkommen.

Im folgenden Abschnitt wollen wir der Frage nach dem Ursprung der ersten Eucyten nachgehen. Nur dieser komplexere Zelltyp war im Verlauf der Stammesgeschichte dazu befähigt, durch „Zusammenfügung von Einzelbausteinen" mehrzellige Organismen hervorzubringen, die durch Gewebe und Organe gekennzeichnet sind. Alle makroskopisch sichtbaren Lebewesen stammen letztlich von aquatischen Eucyten ab. Welche Vorgänge führten im Verlauf der Evolution zur Entstehung der ersten höher organisierten (kompartimentierten) Zellen?

6.4 Die Endosymbionten-Theorie

Im vorletzten Abschnitt wurde die von K. Mereschkowsky begründete und von I. Wallin erweiterte Symbiogenesis-Hypothese dargestellt. Die beiden Biologen postulierten, dass die Chloroplasten und Mitochondrien der rezenten Pflanzen- bzw. Tierzellen von außen eingewanderte Mikroorganismen (Cyanobakterien bzw. Bakterien) darstellen, die seit Jahrmillionen als Endosymbionten von Generation zu Generation weitervererbt werden. Diese Hypothese wurde seit ihrer Formulierung (1905) jahrzehntelang als Spekulation betrachtet und daher weitgehend ignoriert.

Serielle primäre Endosymbiose. Angeblich ohne Kenntnis der Arbeiten der oben genannten Zellforscher kam die russisch/amerikanische Genetikerin L. MARGULIS (1993) nach Studien zur cytoplasmatischen Vererbung in den 1960er-Jahren auf die Idee, kernhaltige Zellen (Eucyten) seien während der frühen Phase der Evolution durch bakterielle Endosymbiosen entstanden. Diese *Endocytobiose-Hypothese* oder *Theorie der seriellen primären Endosymbiose* wurde somit wahrscheinlich zweimal unabhängig voneinander formuliert. Sie kann wie folgt zusammengefasst werden: Eucyten sind Aggregate aus Protocyten und hypothetischen chloroplasten- und mitochondrienfreien Urzellen. Die ursprünglich freilebenden Protocyten (aerobe Alpha-Proteobakterien, Cyanobakterien) der Ozeane wurden vor Jahrmillionen von aquatischen Urzellen, die zur Phagocytose (Aufnahme fester Partikel) fähig waren, eingefangen. Nach „Domestizierung" dieser Endosymbionten entstanden die Chloroplasten und Mitochondrien der ersten einzelligen Eucyten. Der Begriff *seriell* soll anzeigen, dass die Endosymbionten nicht gleichzeitig, sondern nacheinander eingewandert sind (Mitochondrien sind ältere Organellen als Chloroplasten, s. Zeitskala in Abb. 6.15). Endosymbionten und Wirtszellen durchliefen eine gemeinsame *Coevolution*, deren derzeitige Endglieder die rezenten Eukaryoten sind (Pilze, Tiere und Pflanzen). Die Wirtszelle soll nach MARGULIS (1993) durch Symbiose spezieller Bakterien (Spirochäten) mit wandlosen Archaebakterien hervorgegangen sein. In Abbildung 6.4 sind beide Symbiosen schematisch zusammengefasst. Die als Symbiose 1 bezeichneten Prozesse sind hypothetischer Natur; wir wollen sie hier nicht weiter kommentieren. Symbiose 2 (Einwandern bzw. Aufnahme freilebender Alpha-Proteobakterien und nachfolgend Cyanobakterien, Umwandlung in Mitochondrien und Chloroplasten) wird durch eine Reihe von Fakten belegt, die in der folgenden Liste zusammengestellt sind:

Größenvergleich. Elektronenmikroskopische Untersuchungen haben gezeigt, dass Mitochondrien (Atmungsorganellen bzw. ATP-produzierende „Kraftwerke der Eucyte") und junge Chloroplasten (Photosyntheseorganellen der Pflanzenzelle) etwa die Größe und Form freilebender Bakterien (bzw. Cyanobakterien) aufweisen (Abb. 6.3).

Doppelmembran. Beide Organelltypen sind von einer doppelten Membranhülle umschlossen, die nur sehr enge Poren zum Transport kleinerer Moleküle aufweist. Die äußere Hüllmembran stellt die eingefaltete Zellmembran des Wirtes dar, während die innere die Endosymbionten-Membran repräsentiert. Das Cytoplasma (membranfreie Grundsubstanz) der Eucyte ist somit vollständig von der Grundsubstanz innerhalb der Mitochondrien und Chloroplasten getrennt (separiertes Mito- und Plastoplasma).

Zellskelett. Im Cytoplasma der Eucyte sind spezielle Proteinstrukturen ausgebildet, die als *Cytoskelett* bezeichnet werden (Mikrotubuli, Aktinfilamente). Mitochondrien und Chloroplasten enthalten wie freilebende Prokaryoten (Bakterien, Cyanobakterien) keine derartig ausdifferenzierten Cytoskelett-Proteine, d. h. ihr Cytoplasmaraum ist nicht hochgradig strukturiert.

Selbstverdoppelung. Mitochondrien und Chloroplasten sind zur Auto-Reproduktion fähig. Sie werden in der Regel über die Eizelle vom Mutterorganismus auf die Nachkommen vererbt und teilen und vermehren sich im Cytoplasma der Eucyte (eine Organellenneubildung aus Cytoplasmabestandteilen wurde bisher niemals beobachtet). In Abbildung 6.5 A sind Ausschnitte des Cytoplasmaraumes junger (meristematischer) Pflanzenzellen

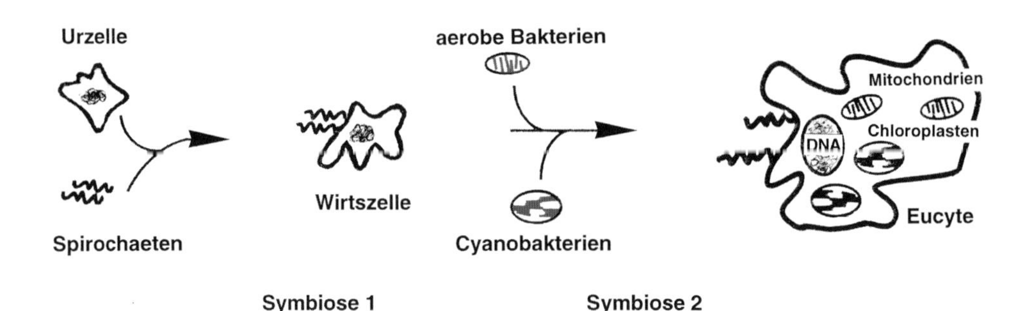

Abb. 6.4 Endosymbionten-Theorie der Zell-Evolution (Modell von L. Margulis). Primäre Symbiose 1: Eine wandlose Urzelle vereinigt sich mit Spirochäten (wurmförmige, bewegliche Bakterien) zu einer begeißelten Wirtszelle. Primäre Symbiose 2: Durch Aufnahme (Phagocytose) aerober Alpha-Proteobakterien und photosynthetisch aktiver Cyanobakterien entsteht eine Eucyte, deren DNA von einer Hülle umschlossen ist (Nucleus). Im Cytoplasma der Eucyte sind die Endosymbionten (Mitochondrien, Chloroplasten) enthalten. Diese Organellen sind aus ehemals freilebenden Prokaryoten hervorgegangen (nach LOPEZ-GARCIA P. & MOREIRA, D.: Trends Biochem. Sci. 24: 88–93, 1999).

dargestellt. Neben einem Mitochondrion ist eine junge Proplastide zu erkennen, die sich durch Zweiteilung verdoppelt. Proplastiden sind die Vorläufer der Chloroplasten in der vacuolisierten Pflanzenzelle (s. Abb. 6.1). Eine Mitochondrionteilung zeigt Abbildung 6.5 B. Die Zweiteilung einer Zelle (Eucyte bzw. Protocyte) wird als *Cytokinese* bezeichnet, eine Separation von Organellen entsprechend als *Organellokinese* (Mitochondrio- bzw. Plastidokinese).

Organellenteilung. Die Vermehrung (d.h. Zweiteilung) der Chloroplasten und Mitochondrien im Cytoplasma der Eucyte erfolgt auf ähnliche Art und Weise wie die Verdoppelung freilebender Bakterien (vgl. Abb. 6.5 und 6.2). Wir wissen seit Jahren, dass die Teilung der gut untersuchten Bakterienzelle *Escherichia coli* durch bestimmte Gene, deren Nucleotid-Abfolgen bekannt sind, kontrolliert wird. Nach Sequenzierung von Chloroplastengenomen bei Algen und höheren Pflanzen konnten bakterienhomologe Gene identifiziert werden, die mit großer Wahrscheinlichkeit für die Regulation der Plastidenteilung im Cytoplasmasaum dieser photoautotrophen Eucyten verantwortlich sind. Die Bakterien- und Plastidenzweiteilung wird somit von verwandten Genen gesteuert, die während der Phylogenese von einem gemeinsamen Vorfahren ererbt wurden.

Organellen-DNA. Mitochondrien und Plastiden verfügen, wie eigenständige Zellen, über eine separate Erbsubstanz (Organellen-Genom). Die meist in Form einer zirkulären Doppelhelix ausgebildete, vielfach vorhandene Mitochondrien(mt)-DNA oder Chloroplasten(ct)-DNA ist an eine Membran angeheftet. Die Gene zeigen eine für Prokaryoten typische Anordnung, wobei der Organellen-Genbestand im Vergleich zu dem freilebender Bakterien drastisch reduziert ist.

Ribosomen. Mitochondrien und Plastiden enthalten, wie freilebende Prokaryoten, im Mito- bzw. Plastoplasma eigene Ribosomen. Diese „Fabriken der Proteinbiosynthese" innerhalb der Organellen sind kleiner als jene Partikel im Cytoplasma der Eucyte. Die Zellorganellen enthalten die für Prokaryoten typischen „urtümlichen" 70S-Ribosomen. Im Cytoplasma der Eucyte finden wir ausschließlich sogenannte 80S-Ribosomen (S = Svedberg-Einheiten, d.h. Maß für die relative Masse der Partikel nach Sedimentationsanalyse).

Hemmstoffe. Antibiotika, wie z.B. die Substanz Chloramphenicol, hemmen die Proteinsynthese in Bakterienzellen, Plastiden und Mitochondrien, während die Biosynthese cytoplasmatischer Proteine in Eukaryoten nicht beeinträchtigt wird. Aufgrund dieser Spezifität kann Chloramphenicol gezielt zur Bekämpfung mancher Bakterieninfektionen eingesetzt werden, ohne den Organismus (z.B. Mensch oder Tier) zu töten. Andererseits gibt es Substanzen, wie z.B. das Cycloheximid, die ausschließlich die eukaryotische, nicht jedoch die prokaryotische Protein-Biosynthese blockieren. Diese Antibiotika-Spezifität liefert einen weiteren Beleg für die enge phylogenetische Verwandtschaft der freilebenden Bakterien mit den Zellorganellen (Chloroplasten, Mitochondrien).

Cardiolipin. In der inneren Hüllmembran der Mitochondrien ist das für Bakterien typische phosphorylierte Membranlipid *Cardiolipin* ein wesent-

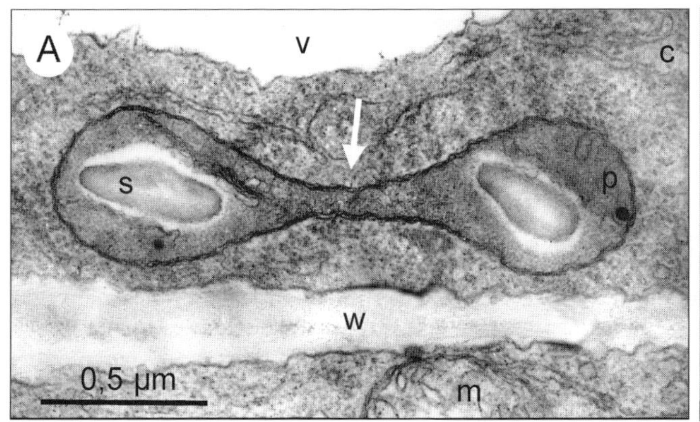

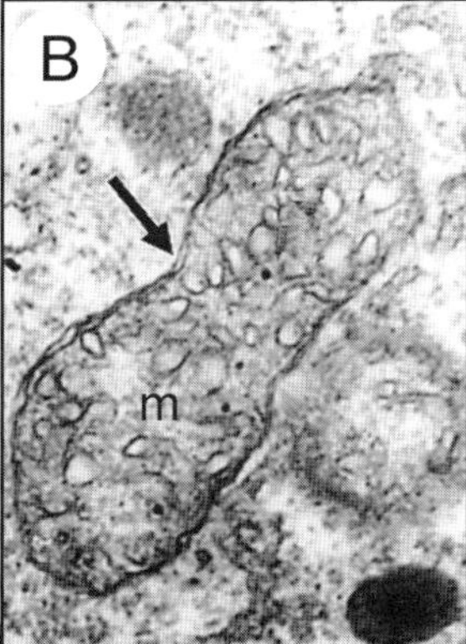

Abb. 6.5 Feinstruktur der Pflanzenzelle im Transmissions-Elektronenmikroskop. Das Bild (A) zeigt zwei benachbarte Zellen aus dem Meristem des Primärblattes eines Roggenkeimlings, die durch eine Zellwand (w) voneinander getrennt sind. Im Cytoplasmaraum (c) ist eine Proplastide (p) zu erkennen, die sich teilt. Diese Vorläufer der Chloroplasten enthalten Stärkekörner (s). Weiterhin sind ein Mitochondrion (m) und die Vacuole (v) zu sehen. Die dunklen Körnchen im Cytoplasma der Zelle sind freie bzw. an Membranen gebundene Ribosomen. In Aufnahme (B) ist eine Mitochondrienteilung dokumentiert (Pfeil). Vergrößerung: 63 000x (Originalaufnahmen).

licher Bestandteil. In den anderen Biomembranen der Eucyte, einschließlich der Mitochondrien-Außenmembran, liegt der Cardiolipin-Gehalt unterhalb der Nachweisgrenze. Das Vorkommen dieses ungewöhnlichen Phospholipids in der Mitochondrien-Innen- und Bakterien-Hüllmembran ist ein weiterer Beweis für den endosymbiontischen Ursprung dieser Zellorganellen.

Sequenzverwandtschaft. Vergleichende Analysen der Mitochondrien- und Chloroplasten-DNA- (bzw. rRNA)-Sequenzen haben gezeigt, dass das Genom dieser Organellen mit dem freilebender Bakterien (bzw. Cyanobakterien) eng verwandt ist. Eine derart auffällige Sequenzverwandtschaft ist jedoch nicht mit der DNA des Nucleus der Eucyte nachgewiesen. Mitochondrien und Chloroplasten stehen daher im universellen Stammbaum der Organismen den Prokaryoten sehr nahe, d. h. sie sind deren nächste „lebende" (d. h. stoffwechselaktive) Verwandte (s. Abb. 7.4, S. 169).

In den letzten Jahren wurden neben diesen „klassischen Argumenten" noch weitere Belege erarbeitet (Tab. 6.3). Es soll insbesondere auf die lebenden einzelligen Zwischenformen *Cyanophora* und *Reclinomonas* hingewiesen werden (Alge mit Cyanellen, d. h. Plastide/Cyanobakterium-Übergangsform bzw. Flagellat mit Ur-Mitochondrien, d. h. bakterienartigen Organellen) (s. Abb. 6.16, S. 164).

Die oben aufgelisteten und in der Tabelle 6.3 zusammengestellten Fakten lassen sich nur im Lichte einer früh (d. h. im Präkambrium) erfolgten Endocytobiose verstehen. Das Symbiogenesis-Konzept hat sich auf Grundlage dieser Erkenntnisse zur *Endosymbionten-Theorie* erhärtet, die heute als eine gesicherte Erkenntnis der Biologie gilt (Abb. 6.4, 6.15).

Eucyten als Mosaikzellen. Obwohl Mitochondrien und Chloroplasten über einen eigenen genetischen Apparat verfügen (DNA, RNAs, Ribosomen) und somit kernunabhängig Proteine synthetisieren können, sind sie nach Isolation in Nährmedium nicht überlebensfähig. Die separierten Organellen zeigen eine gewisse Zeit lang ihre typischen Stoffwechselfunktionen (Zellatmung, d. h. Sauerstoffaufnahme und ATP-Produktion bzw. lichtabhängige Photosyntheseprozesse, d. h. Sauerstoffabgabe und CO_2-Fixierung). Ein dauerhaftes Leben außerhalb des Wirtssystems (Cytoplasma der Eucyte) ist jedoch nicht möglich: Mitochondrien und Chloroplasten haben während der jahrmillionenlangen Coevolution als Endosymbionten ihre ehemalige Selbständigkeit (Autonomie) verloren. Sie sind somit semiautonome Organellen, die einen Großteil ihrer ursprünglichen Gene in den Kern der Wirtszelle übertragen haben (Tab. 6.3). Vergleichende Analysen der Kern-, Mitochondrien- und Chloroplasten-Genome (DNA-Sequenzen) haben den Beweis erbracht, dass ein horizontaler Gentransfer von den freilebenden Vorläufern der Organellen in den Kern hinein stattgefunden hat. Die fremde DNA wurde in das Kerngenom integriert und wird seit Generationen über vertikalen Gentransfer an die Nachkommen weitervererbt: Eucyten sind somit genetische Chimären oder „Mosaikzellen", die nach einer Art „Baukastenprinzip" zusammengesetzt sind. Zum Ursprung des Nucleus in der Eucyte (Kernhülle mit DNA, RNA und assoziierten Proteinen) gibt es eine Reihe von Hypothesen, die durch experimentelle Befunde (z. B. Sequenzdaten) unterstützt werden. Zusammenfassungen dieser Fakten und deren Interpretation wurden publiziert (Kutschera und Niklas, 2005; Geus und Höxtermann, 2007).

6.5 Primäre und sekundäre Endosymbiose

In diesem Abschnitt wollen wir die in den Abbildungen 6.6 und 6.7 schematisch dargestellten Prozesse der primären bzw. sekundären Endocytobiose im Detail kennen lernen.

Wasserstoffhypothese. Wie bereits dargelegt wurde, ist der Ursprung der Wirtszellen, die vor Jahrmillionen die Urozeane besiedelten, bevor sie über Endosymbiose-Ereignisse einen „evolutionären Sprung" zur Eucyte gemacht haben, unbekannt (hypothetischer primärer Symbioseprozess 1 in Abb. 6.4). DNA-Sequenzanalysen haben zu der Erkenntnis geführt, dass die Gene im Nucleus der Eukaryoten aus zwei Bereichen entstammen: aus den prokaryotischen Bacteria (Eubakterien) und den Archaea (Archaebakterien). Viele rezente Eubakterien sind in der Lage, aus ihrer Umwelt gelöste organische Substanzen (Kohlenstoffverbindungen) aufzunehmen und daraus Energie (ATP) und Zucker zu gewinnen, wobei als Ausscheidungsprodukte Wasserstoff, Kohlendioxid und Acetat abgegeben werden. Methanogene (CH_4-freisetzende) Archaebakterien können andererseits diese Produkte des fermentativen Substratabbaus als Energiequelle nutzen. Aus diesen (und anderen) Befunden wurde 1998 die *Wasserstoffhypothese der primären Endosymbiose* abgeleitet (Abb. 6.6). Dieses Modell der Entstehung der Eucyte postuliert, dass unter anaeroben Bedingungen (O_2-freie Umwelt) durch metabolische Assoziation ein fermentatives, wasserstoffproduzierendes Eubakterium von einem methanogenen Ar-

Tab. 6.3 Experimentelle Befunde aus der Zell- und Molekularbiologie, die den endosymbiontischen Ursprung der Plastiden (Chloroplasten) und Mitochondrien der Eucyte belegen (nach Kutschera, U. & Niklas, K.J.: Theory Biosci. 124, 1–24, 2005).

A. Chloroplasten als domestizierte Cyanobakterien

1. Lebende Zwischenformen. Einzellige Süßwasseralgen der Gattung *Cyanophora* (Glaucophyta) enthalten Cyanellen. Dies sind bakterienrtige Chloroplasten, die von einer für Prokaryoten typischen Peptidoglycanschicht umschlossen sind (Übergangsform Plastide/endosymbiontisches Cyanobakterium) (Abb. 6.16 A).

2. Molekulare Architektur der Photosysteme. Die räumlichen Anordnungen von Chlorophyll a in den Photosystemen (PS) II und I (Membran-Pigment-Proteinkomplexe) in Chloroplasten von Landpflanzen und in dem aquatischen Cyanobakterium *Synechococcus* sind weitgehend identisch.

3. Ultrastruktur eines membranintegrierten Redox-Systems. Kristallographische Analysen des Cytochrom b6f-Komplexes, der den lichtgetriebenen Elektronenfluss zwischen PS II und PS I vermittelt, ergaben, dass in Chloroplasten (aus Landpflanzen isoliert) und freilebenden Cyanobakterien nahezu dieselben molekularen Cyt b6f-Strukturen ausgebildet sind.

4. Zellwand-Biogenese. Cellulose-Synthesegene aus Cyanobakterien zeigen hohe Sequenzhomologien zu jenen aus eukaryotischen Algen und Landpflanzen und die membrangebundenen Synthaseproteine dieser Organismen sind sehr ähnlich. Die Gene zur Cellulosebiosynthese wurden über lateralen Transfer vom Endosymbiont (Chloroplast) in den Nucleus der Zelle verlagert.

5. Gentransfer Chloroplasten/Nucleus. In der Modellpflanze *Arabidopsis thaliana* stammen bis zu 18 % der Kern-Gene aus urtümlichen Cyanobakterien. Nucleus-codierte Gene für die Enzyme alkalische/neutrale Invertase und die lichtabhängige NADPH-Protochlorophyllid-Oxidoreduktase wurden aus bakteriellen Proto-Plastiden in den Kern transferiert.

B. Mitochondrien als domestizierte Alpha-Proteobakterien

1. Lebende Zwischenformen. Der heterotrophe Flagellat *Reclinomonas* enthält Ur-Mitochondrien mit bakterienähnlicher Gen (Operon)-Struktur und einem prokaryotischen (62 mt-Gene umfassenden) DNA-Ring (Übergangsform zwischen einem für Tierzellen typischen Mitochondrion mit nur ca. 13 Genen/endosymbiontischem Bakterium mit größerem Genom). Der Mechanismus der ATP-Bildung in symbiontischen Proteobakterien der Gattung *Rickettsia* ist identisch mit dem der Mitochondrien (Abb. 6.16 B).

2. Gentransfer Mitochondrien/Nucleus. Im Genom der Modellpflanze *Arabidopsis thaliana* konnte in Chromosom 2 eine Kopie des gesamten mitochondrialen Genoms (Größe: 367 000 Basen) identifiziert werden, das nahe dem Centromer eingebaut ist.

3. Membran-Bestandteil Cardiolipin. In Hefe-Mitochondrien und Bakterien werden die Redox-Proteinkomplexe bevorzugt in an Cardiolipin reichen Regionen eingelagert. Dieser lipidartige „Klebstoff der Atmungskette" ist auf Bakterienzellen und Mitochondrien-Innenmembranen begrenzt und erfüllt in diesen Systemen dieselbe biochemische Funktion.

4. Membran-Proteine. In der Mitochondrien (und Plastiden)-Außenmembran sowie der Zellmembran gram-negativer Bakterien sind beta-barrel Proteine (bbps) eingelagert. Die Integration dieser bbp-Proteine in die peripheren Biomembranen verläuft bei Organellen und Bakterien auf analoge Weise.

5. Phylogenese von Mitofusin. Das Protein Fzo1 (Mitofusin) ist für die Teilung (und Fusion) der Mitochondrien mit verantwortlich. Molekulargenetische Analysen haben gezeigt, dass Fzo1 von jenen urtümlichen Bakterien abstammt, die als nächste lebende Verwandte der Mitochondrien klassifiziert sind.

chaebakterium (Archaeon) aufgenommen wurde. Nach horizontalem Gentransfer (Eubakterium → Archaeon) entstand eine primitive heterotrophe Eucyte mit Kernhülle („DNA-Behälter") und zur aeroben ATP-Produktion fähige Mitochondrien (ehemalige Eubakterien). Im zweiten Schritt soll dieser heterotrophe Eukaryot (Tierzelle) durch Aufnahme freilebender Cyanobakterien zu einer chloroplastenhaltigen, photoautotrophen Eucyte (Pflanzenzelle) evolviert sein. Dieses teilweise spekulative Modell der primären Endosymbiose ist in Abbildung 6.6 im Detail dargestellt und erläutert. Alternative Hypothesen zum aeroben Ursprung der Mitochondrien (O_2-haltige Umwelt) wurden formuliert (Martin et al. 2001). Die Frage, ob die Urahnen der Mitochondrien (Verwandte rezenter

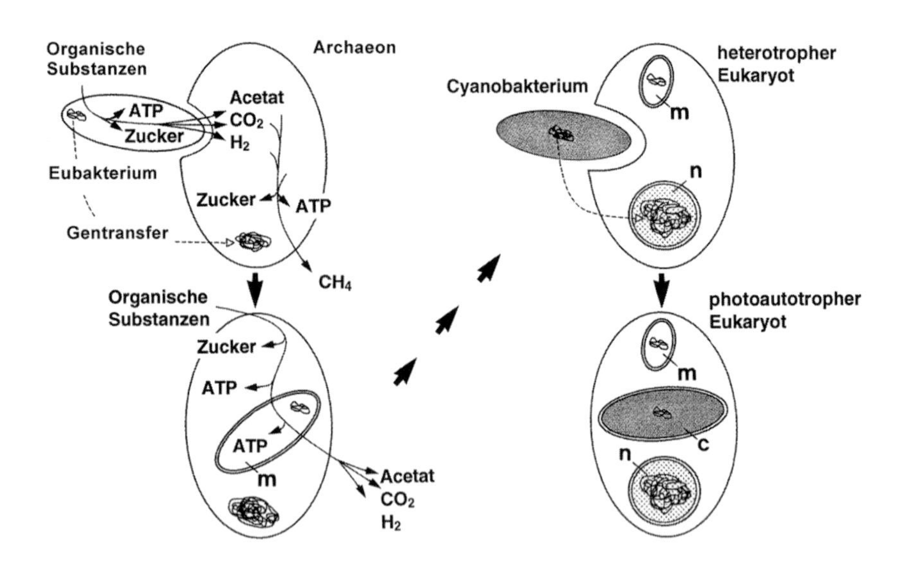

Abb. 6.6 Wasserstoffhypothese der primären Endosymbiose (Modell von W. Martin und M. Müller). Unter anaeroben Umweltbedingungen (Sauerstoff-freie Urozeane) wird ein Eubakterium von einem methanogenen Archaebakterium (Wirt) über eine Stoffwechselassoziation (Syntrophie) aufgenommen. Gleichzeitig findet ein horizontaler Gentransfer statt (links). Das Eubakterium entwickelt sich zum Mitochondrion. Es entsteht ein heterotropher Eukaryot (Tierzelle). Durch Aufnahme eines photosynthetisch aktiven Cyanobakteriums (rechts) wird ein photoautotropher Eukaryot gebildet (Pflanzenzelle). c = Chloroplast mit DNA, m = Mitochondrion mit DNA, n = Zellkern (Nucleus) (nach Kowallik, K.V.: Biologen heute 441(1): 1–5, 1999).

Alpha-Proteobakterien) anaerobe oder aerobe Mikroben waren, ist noch ungeklärt.

Sekundäre Endosymbiose. Wir wollen im Folgenden einen weiteren *direkten Beweis* für die Endosymbionten-Theorie diskutieren. Man kennt Algengruppen, die komplexe Plastiden mit vier Hüllmembranen aufweisen (die doppelte Hüllmembran der „normalen" Plastiden der Grünalgen und höheren Pflanzen geht auf die Plasmamembran der ursprünglichen Cyanobakterienzelle und die eingefaltete Zellmembran der Wirtszelle zurück).

In Abbildung 6.7 ist ein gut untersuchtes Beispiel dargestellt. Vertreter der marinen Chlorarachinophyta (Amöbenalgen oder grüne Mastigamöben) sind nur als Resultat einer sekundären Endosymbiose zu verstehen. Die komplexen Plastiden sind durch vier Membranen vom Cytoplasma abgetrennt. Zwischen den beiden Membranpaaren ist ein schmaler Cytoplasmasaum ausgebildet, der einen kleinen rudimentären Zellkern enthält (das Nucleomorph, ein „versklavter Kern" mit nur wenigen funktionstüchtigen Genen). Elektronenmikroskopische Untersuchungen und DNA-Sequenzanalysen haben gezeigt, dass diese nur wenige Mikrometer großen Amöbenalgen das Produkt einer sekundären Endosymbiose sind. Eine heterotrophe eukaryotische Wirtszelle nahm durch Phagocytose eine kleine photoautotrophe Eucyte auf, die wiederum das phylogenetische Produkt einer primären Endosymbiose ist (Abb. 6.8). Die einzelligen Vertreter der Chlorarachinophyta sind somit als „reduzierte (versklavte) Eucyte in einer vollständigen Eucyte" zu interpretieren (zweifache Endocytobiose, wobei eine Chloroplasten-Zwischenform mit Kern-Rudiment vorliegt). Weitere Beispiele für sekundäre (und tertiäre) Endosymbiosen sind im nächsten Abschnitt dargestellt.

6.6 Phylogenese einzelliger Algen: Makroevolution im Mikromaßstab

Wie aus Tabelle 6.2 hervorgeht, ist das Organismenreich der Protoctista (Syn.: Protista) als eine negativ definierte Sammelgruppe zu interpretieren: Sie umfasst alle jene Lebewesen, die nicht zu den Monera (Bakterien und deren Verwandte), Fungi, Animalia und Plantae zählen. Die sogenannten „Algen" sind eukaryotische, in der Regel photoautotrophe Mikroorganismen und deren mehrzellige Abkömmlinge, einschließlich großer Makrophyten. Wie bereits erwähnt, sind die „Blaualgen" prokaryotische Mikroorganismen (Cyanobakterien), die zu den Monera gezählt werden. Die Sammelgruppe der „Algen" umfasst somit sowohl eukaryotische Einzeller (z. B. Dinoflagellaten wie *Dinophysis*, Größenordnung ca. 10–20 µm) bis hin zu 50 m langen Riesen-Meerestangen (z. B. *Macrocystis*). Es handelt sich um eine polyphyletische (aus zahlreichen stammesgeschichtlichen Wurzeln hervorgegangene) Gruppe pigmentierter Organismen, deren Körper im Gegensatz zu dem der Pflanzen (Plantae) nicht in die Grundorgane Wurzel, Sprossachse und Blätter unterteilt ist. Je nach der vorliegenden Pigmentausstattung werden u. a.

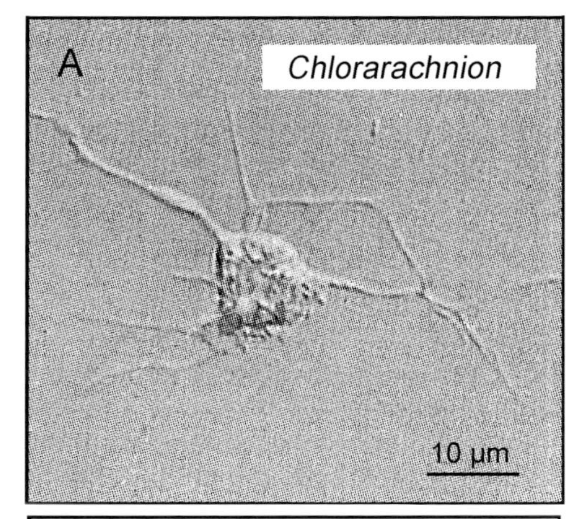

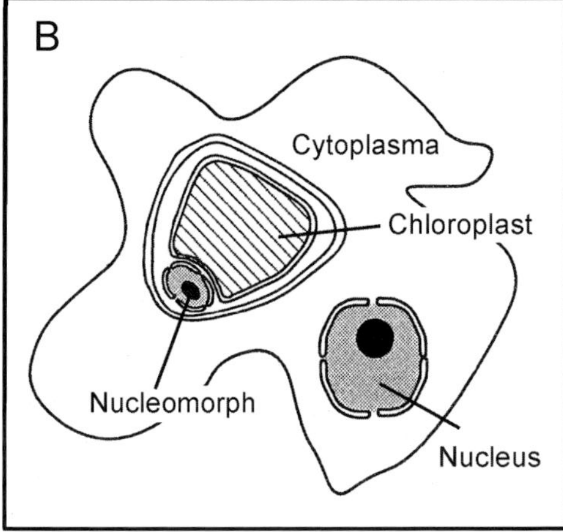

Abb. 6.7 Mikroskopisches Bild der grünen Amöbenalge *Chlorarachnion*, nackte Einzelzelle mit fadenförmigen Plasmafortsätzen (A). Schematische Darstellung der Feinstruktur der Zelle (B). Im Cytoplasmaraum ist neben dem Kern (Nucleus) ein Chloroplast zu erkennen, der von vier Membranen umschlossen ist und dem ein Kern-Rest (Nucleomorph) angelagert ist. Die vier Hüllmembranen sowie das Nucleomorph beweisen, dass der Chloroplast durch sekundäre Endosymbiose entstanden ist (nach McFadden, G. & Gilson, P.: Trends Ecol. Evol. 10, 12–17, 1995).

Grün-, Rot- und Braunalgen voneinander unterschieden (Chloro- und Rhodophyta; Phaeophyceae). In diesem Abschnitt wollen wir uns mit der Evolution einzelliger Algengruppen befassen, deren jeweiliger Bauplan das Ergebnis serieller Endosymbioseprozesse darstellt. Die hier schematisch veranschaulichten Fakten aus der Algenkunde (Phykologie) wurden unter Einsatz aufwändiger zell- und molekularbiologischer Methoden erarbeitet (elektronenmikroskopische Feinstrukturanalysen der Protoplasten; Zell-Fraktionierungsexperimente; DNA-Sequenzdaten usw.). Repräsentative Vertreter der diskutierten sechs Algengruppen sind in Abbildung 6.9 zusammengestellt; ein Schema zur Makroevolution dieser eukaryotischen Mikroorganismen zeigt Abb. 6.10.

Die primäre Endosymbiose (Einwanderung/Domestikation archaischer Cyanobakterien, phylogenetische Umwandlung in Chloroplasten) hat zur Entwicklung jener photosynthetisch aktiven Organismen geführt, die durch primäre Plastiden gekennzeichnet sind (Organellen mit doppelter Hüllmembran). Die primäre Endosymbiose brachte die folgenden Organismengruppen hervor: Chlorophyta (Grünalgen), Plantae (Pflanzen, d. h. Moose, Farngewächse, Samenpflanzen) und die Rhodophyta (Rotalgen). Die Chlorophyta sind primär Süßwasserbewohner, deren Chloroplasten die Photosynthese-Pigmente Chlorophyll a und b enthalten. Aus urtümlichen Grünalgen sind vor Jahrmillionen die Pflanzen hervorgegangen, deren Plastiden die selbe Pigmentausstattung aufweisen (nur Chlorophylle a und b). Die Rhodophyta sind eine umfassende, diverse Gruppe mikroskopisch kleiner (und einiger großer) Süßwasser- und Meeresalgen. Rotalgen-Plastiden enthalten nur Chlorophyll a sowie akzessorische Pigmente (Phycoerythrin, Phycocyanin), die den Algenkörper rötlich erscheinen lassen. In Abbildung 6.10 sind die drei durch primäre Plastiden gekennzeichnete Organismengruppen an der Basis eines Entwicklungsschemas eingezeichnet.

Im Folgenden sind einige durch sekundäre und tertiäre Plastiden gekennzeichnete Algengruppen beschrieben. Sekundäre Chloroplasten sind durch vier (bzw. drei) Hüllmembranen gekennzeichnet (s. Abb. 6.7, 6.8). Diese durch sekundäre Endosymbiose entstandenen Organellen findet man in den Zellen verschiedener Algengruppen. Tertiäre Chloroplasten (mehr als vier Hüllmembranen) wurden bei Vertretern der Dinoflagellaten entdeckt. Wir wollen bei der nachfolgenden Besprechung dieser Organismen mit dem in den Abbildungen 6.7 und 6.8 dargestellten Beispiel beginnen.

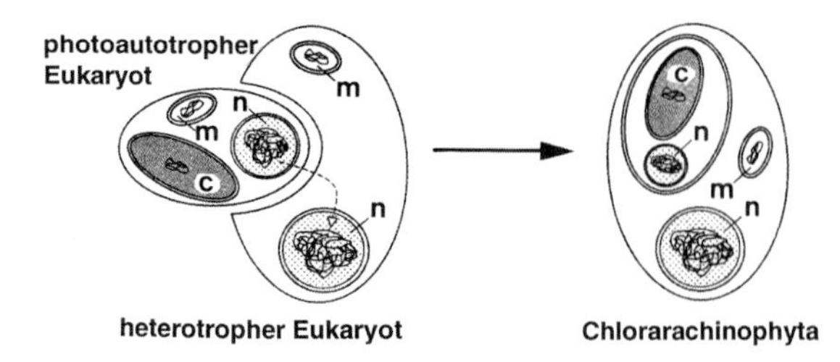

Abb. 6.8 Sekundäre Endosymbiose am Beispiel einzelliger Meeresalgen (Chlorarachinophyta). Wirtszelle: heterotropher Eukaryot; Endosymbiont: photoautotropher Eukaryot. c = Chloroplast mit DNA, m = Mitochondrion mit DNA, n = Zellkern (Nucleus) bzw. Nucleomorph (nach Bildung der Endosymbiose, die zum Verlust eines Mitochondrions geführt hat). Gestrichelte Linie mit Pfeil: horizontaler Gentransfer (nach Kowallik, K.V.: Biologen heute 441(1): 1–5, 1999).

Chlorarachinophyta (Amöbenalgen). Diese aus kleinen, nur etwa 10 µm langen Zellen bestehenden Meeresbewohner (Mastigamöben) sind in Kulturen tropisch/subtropischer Grünalgen entdeckt worden. Man kennt bis heute zwei Gattungen mit jeweils einer Art. In Abb. 6.7 ist eine nackte, amöbenartige Zelle von *Chlorarachnion*, mit Feinstruktur des Cytoplasmaraumes, wiedergegeben (schematische Darstellung des Organismus, s. Abb. 6.9). Die durch fädige Plasmafortsätze gekennzeichneten freilebenden Zellen kommen auch in eingekapselter (kokkaler) Form vor, in der sie möglicherweise überdauern. Es handelt sich bei den Amöbenalgen um seltene Organismen, die auf spezielle Lebensräume begrenzt sind. Die evolutionäre Entstehung von *Chlorarachnion* ist in Abbildung 6.8 schematisch veranschaulicht.

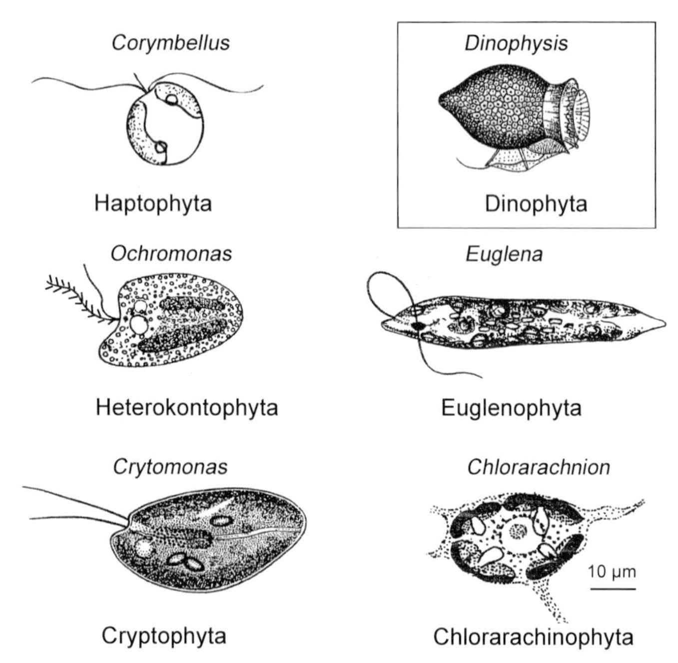

Abb. 6.9 Repräsentative Vertreter ausgewählter eukaryotischer Mikroorganismen (einzellige Algen), die durch sekundäre bzw. tertiäre Endosymbiose entstanden sind. Amöbenalgen (Chlorarachinophyta), Schlund-, Schönaugen-, Flimmer- und Drei-Geißler (Cryptophyta, Euglenophyta, Heterokontophyta, Haptophyta) enthalten sekundäre Plastiden (zweifache Endosymbiose). Die Panzergeißler (Dinophyta, im Kasten) enthalten tertiäre Chloroplasten (dreifache Endosymbiose) (nach verschiedenen Autoren).

Euglenophyta (Schönaugengeißler). Die aus Pfützen und Tümpeln jedem Naturforscher vertrauten Schönaugen-Flagellaten (Geißel-Organismen) kommen nicht nur im Süßwasser, sondern auch im Meer vor (Abb. 6.9). Etwa die Hälfte der beschriebenen Arten enthalten Grünalgen-Chloroplasten, die von drei Hüllmembranen umschlossen sind. Wie die Amöbenalgen sind auch die Schönaugengeißler die Produkte einer sekundären Endosymbiose. Die chloroplastenlosen Vertreter der Euglenophyta ernähren sich u. a. heterotroph von Bakterien. Sie sind mit den parasitischen Trypanosomen verwandt und werden mit diesen zu den Euglenozoa gezählt. Die klassische Unterscheidung „pflanzlich bzw. tierische Organismen" ist in dieser Gruppe aufgehoben, d. h. die Euglenophyta/Euglenozoa sind eine heterogene „Bauplan-Mischgruppe" mit zahlreichen Übergangsformen. Im Entwicklungsschema (Abb. 6.10) sind nur die chloroplastenhaltigen (grünen) Vertreter berücksichtigt.

Cryptophyta (Schlundgeißler). Diese auch als Cryptomonaden bezeichneten einzelligen Flagellaten leben im Süß- und Meerwasser. Die Zellen enthalten in der Regel nur eine Rotalgen-Plastide, die immer von vier Membranen umschlossen ist. Wie bei den Amöbenalgen (Abb. 6.7, 6.8) ist auch in den Zellen der Schlundgeißler der Rest eines Zellkerns (d. h. ein Nucleomorph) nachgewiesen – neben den Hüllmembranen ein weiteres Dokument für den evolutionären Ursprung dieser einzelligen

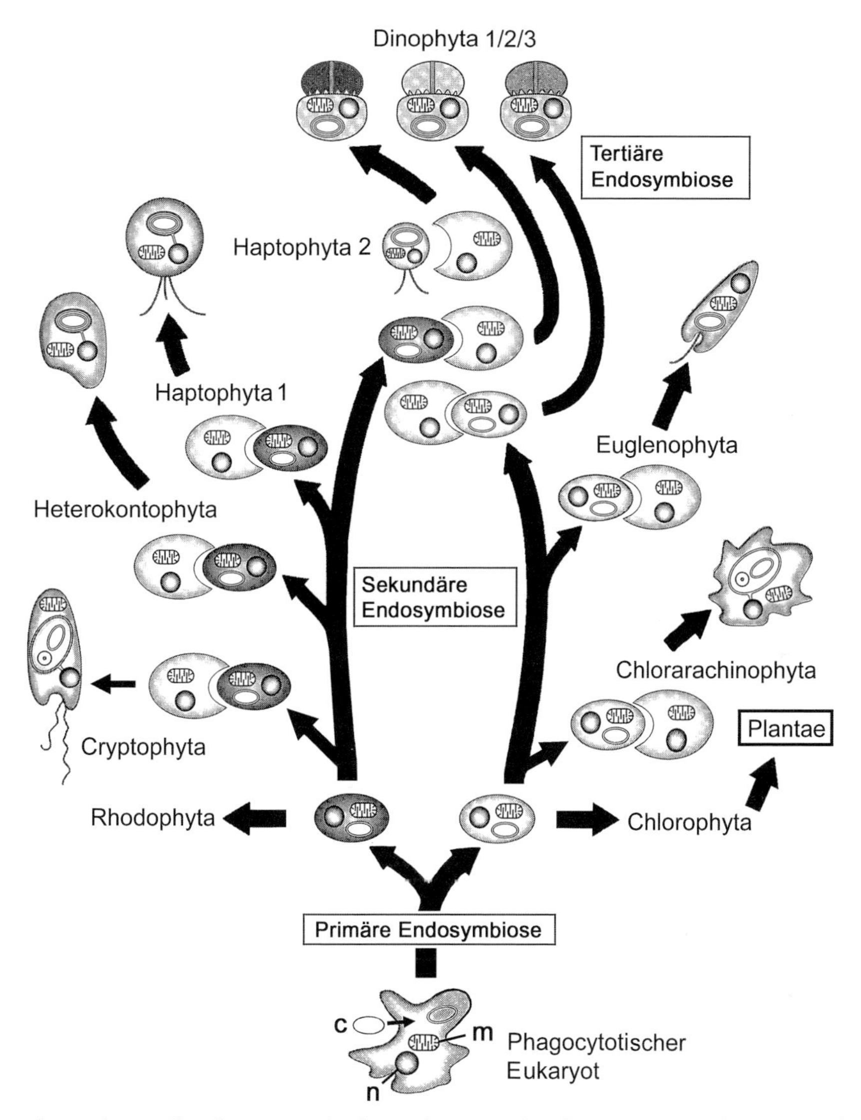

Abb. 6.10 Schematische Darstellung der primären, sekundären und tertiären Endosymbiose. Diese Prozesse haben im Verlauf der Jahrmillionen langen Phylogenese der Protoctista zur Entstehung neuer Einzeller-Baupläne geführt (Makroevolution). Ausgehend von einer zur Phagocytose fähigen Urzelle, die bereits über einen Nucleus (n) und Mitochondrien (m) verfügt hat, entstanden durch primäre Endosymbiose chloroplastenhaltige Zellen (Aufnahme und Domestikation frei lebender Cyanobakterien, c). Die grün und rötlich pigmentierten Organismen (Evolutionslinien) sind separat dargestellt (Chlorophyta = Grün-, Rhodophyta = Rotalgen, Plantae = Landpflanzen). Vertreter der durch sekundäre und tertiäre Endosymbiose hervorgegangenen Einzeller (im Uhrzeigersinn: von den Cryptophyta zu den Chlorarachinophyta) sind in Abb. 6.9 dargestellt. Dinophyta 1/2/3 = Panzergeißler (Dinoflagellaten), die tertiäre Grün- bzw. Rotalgenplastiden enthalten (Vertreter der Gattungen *Lepidodinium*, *Kryptoperidinium*, *Karenia*) (nach Kutschera, U. & Niklas, K.J.: Theory Biosci. 124, 1–24, 2005).

Algen über sekundäre Endosymbiose. Der Feinbau einer *Cryptomonas*-Zelle ist in Abbildung 6.9 zu erkennen.

Heterokontophyta (Flimmergeißler). Diese auch als „Stramenopiles" bezeichneten Ein- und Vielzeller sind eine extrem diverse Gruppe photosynthetisch aktiver (bzw. heterotropher) Mikroorganismen, deren einzelne Vertreter früher einmal den Protozoa (Urtierchen), Algen und Pilzen zugeordnet wurden. Die begeißelten Zellen sind heterokont, d. h. sie tragen eine lange Flimmergeißel und eine kürzere, nach hinten gerichtete Normal-Flagelle. In Abbildung 6.9 ist ein Vertreter aus dem Tümpel-Süßwasserplankton dargestellt (*Ochromonas*).

Die meisten der zellmorphologisch recht uniform gebauten Flimmergeißler-Morphospezies enthalten Rotalgen-Plastiden, die von vier Membranen umschlossen sind. Die Heterokontophyta schließen die Diatomeen (Kieselalgen) und andere ökologisch bedeutsame Süß- und Meerwasserbewohner ein, auf die hier nicht eingegangen werden kann.

Haptophyta (Dreigeißler). Die Haptophyten sind planktonische Meeresbewohner von großer ökologischer Bedeutung. Diese Mikroorganismen spielen als marine Primärproduzenten im Stoffkreislauf der Biosphäre eine bedeutende Rolle. Bei sämtlichen bisher untersuchten Meeres-Flagellaten dieser Gruppe konnten Rotalgen-Plastiden nachgewiesen werden, die von vier Membranen umschlossen sind. Die begeißelten Einzelzellen der Haptophyta enthalten zwei Flagellen und ein kurzes fadenförmiges Anhängsel (das Haptonema, ein Fangorgan), so dass hier der deutsche Name „Dreigeißler" verwendet wird. In Abbildung 6.9 ist eine Einzelzelle von *Corymbellus* dargestellt, eine Morphospezies, die in der Nordsee vorkommt und ringförmige Kolonien bildet.

Die fünf bisher beschriebenen Algengruppen (Chlorarachinophyta bis Haptophyta) enthalten sekundäre Chloroplasten mit vier (bzw. drei) Hüllmembranen. Im folgenden Absatz ist eine Algenklasse dargestellt, deren bisher untersuchte Vertreter phylogenetisch als Resultat einer tertiären Endosymbiose zu interpretieren sind.

Dinophyta (Panzergeißler). Die auch als Dinoflagellaten (Dinophyceen) bezeichneten Einzeller stellen im Phytoplankton unserer Ozeane eine wichtige Gruppe photosynthetisch aktiver Primärproduzenten dar. Etwa 90% der meist einzelligen Dinoflagellaten leben im Salzwasser; nur wenige findet man in Süßgewässern. Etwa die Hälfte der beschriebenen Morphospezies sind heterotroph. In Abbildung 6.9 ist ein Vertreter der Gattung *Dinophysis* dargestellt; diese toxischen Einzeller sind Bestandteil des Meeresplanktons. Die Zellen enthalten aus Cryptomonaden (mit sekundäre Plastiden) hervorgegangene tertiäre Chloroplasten. Wie aus dem Phylogeneseschema (Abb. 6.10) hervorgeht, sind zahlreiche Vertreter der Dinophyta Abkömmlinge von Formen, die durch tertiäre Endosymbioseprozesse entstanden sind. Als aufgenommene und inkorporierte (d.h. versklavte) Symbionten konnten u.a. Vertreter der Chlorophyta, Heterokontophyta und Haptophyta nachgewiesen werden (z.B. Dinoflagellaten der Gattungen *Lepidodinium*, mit Grünalgen-Plastiden; *Kryptoperidinium* und *Karenia* mit Rotalgen-Plastiden, in Abbildung 6.10 als Dinophyta 1/2/3 bezeichnet). Diese tertiären Plastiden der Dinophyta sind durch bis zu fünf Hüllmembranen gekennzeichnet (Keeling, 2004).

Zusammenfassend zeigt das in Abbildung 6.10 wiedergegebene Evolutionsschema, dass durch die primäre Endosymbiose über die Grünalgen die morphologisch diversen, unsere terrestrischen Ökosysteme prägenden Landpflanzen abgeleitet werden können (s. Kap. 7). Die hier exemplarisch dargestellten sekundären und tertiären Endosymbiosen führten zu komplexen eukaryotischen Einzellern (meist begeißelte Algen); dies sind Prozesse, die nach U. Kutschera und K. J. Niklas (2005) als *Makroevolution* bezeichnet werden. Da jedoch in der Regel keine morphologisch differenzierten Gewebe-Organismen, die zu Landpflanzen geführt haben, entstanden sind, waren diese Entwicklungslinien wohl eher „Sackgassen in der Phylogenese" der Algen. Die primäre Endosymbiose stellt hingegen einen makroevolutionären Großübergang im Mikromaßstab dar; sie soll daher im letzten Abschnitt dieses Kapitels aus dieser Perspektive diskutiert werden.

6.7 Relikte aus der Vor-Endosymbiosezeit

Bei der Darstellung der Fünf-Reiche-Klassifizierung der Organismen wurde das Taxon Protoctista beschrieben. Diese Gruppe von Lebewesen umfasst heterotrophe und photosynthetisch aktive eukaryotische Mikroorganismen sowie deren mehrzellige Verwandte (Tab. 6.2). Wir kennen zahlreiche Einzeller (Protozoen), die aus Eucyten bestehen, die keine echten Mitochondrien enthalten. Dies zeigt, dass nicht etwa das Vorhandensein spezieller Organellen (Chloroplasten, Mitochondrien), sondern der Nucleus, das Endomembransystem und das Cytoskelett die Eucyte definieren.

Beispiel Giardia. Unter den mitochondrienfreien Protozoa wurde insbesondere der zu den Diplomonaden zählende Organismus *Giardia lamblia* gut untersucht. Wir wollen uns im Folgenden auf dieses Beispiel beschränken. Der eukaryotische Protist *Giardia* wird von manchen Systematikern aufgrund seiner urtümlichen Zellstruktur und Lebensweise der Gruppe der Archaezoa (Syn.: Archaeprotista) zugeordnet.

Giardia ist ein obligat anaerob (d.h. unter O_2-Abwesenheit) lebender Darmparasit; er kann bei infizierten Säugern (Tiere, Mensch) schwere Erkrankungen verursachen. In Abbildung 6.11A sind einige an der Darmwand des Wirtsorganismus festsitzende *Giardia*-Exemplare dargestellt. Der

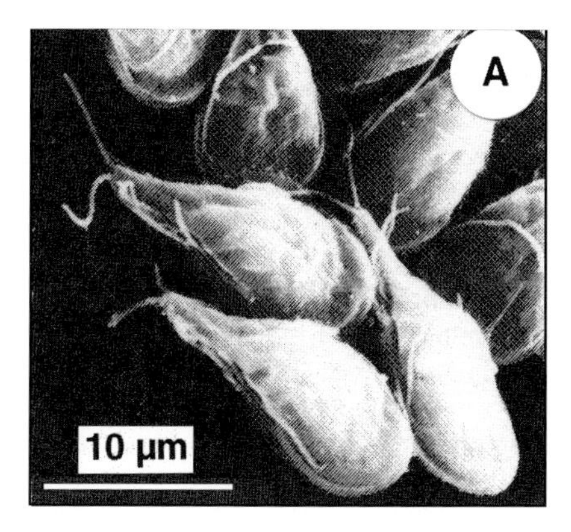

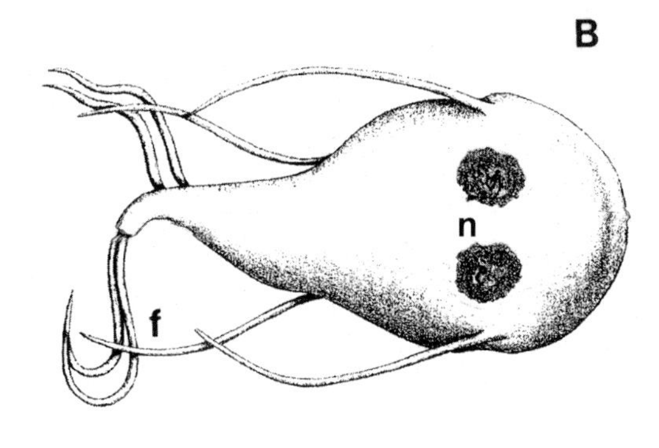

Abb. 6.11 Der eukaryotische anaerobe Protist *Giardia* im Raster-Elektronenmikroskop (A). Vergrößerung: 1800x (nach CAVALIER-SMITH, T.: Nature, 326: 332–333, 1987). Eine repräsentative *Giardia*-Zelle im Schema (B). Die mitochondrienfreie Eucyte trägt vier Geißelpaare (Flagellen, f) und ist durch zwei identische haploide Zellkerne (Nuclei, n) gekennzeichnet (nach KABNICK, K.S.& PEATTIE, D.A.: Amer. Sci.79: 34– 43, 1991).

Mikroorganismus besteht aus einer Riesenzelle (Eucyte), die bis zu 15 µm lang und 8 µm breit ist. Das Volumen von *Giardia* ist somit mindestens 1000-mal größer als das einer typischen Bakterienzelle (s. Abb. 6.2). Der Einzeller hat einen Saugnapf zur Anheftung an der Darmwand sowie 4 Paare beweglicher Flagellen (Geißeln). Besonders hervorzuheben ist die Tatsache, dass die Giardia-Zelle zwei membranumgrenzte Kerne (Nuclei) enthält (Abb. 6.11 B). Diese für Eucyten typischen kugelförmigen Nuclei sind jeweils von einer doppelten Membranhülle umschlossen. Im Cytoplasma der Zelle finden wir zahlreiche Ribosomen, die an jene Protein-RNA-Partikel, wie sie in Protocyten (Bakterien) anzutreffen sind, erinnern.

Ursprung der Diploidie. Beide *Giardia*-Kerne enthalten jeweils einen einfachen (haploiden) Chromosomensatz (n = 4). Diese zwei identischen Kerne repräsentieren mit großer Wahrscheinlichkeit eine urtümliche Situation: Aus zwei haploiden Kernen (1 n) ist im Zuge der Evolution vermutlich der diploide, mit doppeltem Chromosomensatz (2 n) versehene Nucleus der Tierzelle hervorgegangen. Wie in Kapitel 3 dargelegt wurde, gehören alle mehrzelligen Lebensformen (Eukarya: Pilze, Tiere, Pflanzen) in die Gruppe der diploiden Organismen, während typische Protocyten (Bakterien) haploid sind. Der diploide Zustand bringt zweifelsfrei Vorteile für die Zelle. Wird auf einem Chromosom ein bestimmtes Gen durch Mutation ausgeschaltet, so ist das homologe Allel noch weiter funktionstüchtig. Andererseits können vorteilhafte Mutationen ihre neue Funktion erfüllen (Synthese eines alternativen Proteins), während das nicht mutierte Gen „im Hintergrund“ weiterhin aktiv bleibt.

Die zweikernige *Giardia*-Zelle repräsentiert somit vermutlich eine evolutionäre Vor- oder Zwischenstufe zur einkernigen Eucyte. Durch Verschmelzung der beiden identischen haploiden Nuclei (n + n) ist möglicherweise der diploide Zellkern der typischen Eukaryoten (2 n) entstanden (KABNICK und PEATTIE, 1991).

Lebende Urform. Vergleichende Analysen der ribosomalen RNA aus *Giardia* und den Zellen anderer Organismen haben gezeigt, dass dieser anaerobe Parasit (Abb. 6.11) an der Wurzel des Stammbaums der Eukaryoten steht. Die Linie, welche zu den Archaezoa (*Giardia*) führt, zweigte vor etwa 2000 Millionen Jahren vom Hauptast ab. Der Organismus *Giardia* ist nach C. DE DUVE (1995) ein „uraltes Relikt aus der Vor-Endosymbiosezeit“, als die Urozeane noch weitgehend Sauerstoff-frei waren. Der anaerobe Parasit (bzw. dessen Vorläuferformen) hat in speziellen Lebensräumen die Jahrmillionen überlebt und erlaubt uns heute, als Lebendes Fossil, einen Einblick in die Vor-Endosymbioseära. *Giardia* kann als urtümliche, mitochondrienfreie Proto-Eucyte betrachtet werden, obwohl es Hinweise gibt, dass dieser Parasit aus einer ehemals mitochondrienhaltigen Eucyte hervorgegangen sein könnte. Im Cytoplasma von *Giardia*-Zellen wurden sogenannte Mitosomen entdeckt (extrem reduzierte Mitochondrien-Reste oder Organellen-Vorstufen).

Nach MORRISON et al. (2007) ist *Giardia* u. a. aufgrund der urtümlichen Protein-Ausstattung (rudimentäres Cytoskelett, bakterienähnliche Stoffwechselwege, primitives Membran-Transportsystem) als rezente Urform auf dem evolutiven Weg zur „echten Eucyte“ zu bewerten (lebendes einzelliges Fossil).

6.8 Modellsysteme zum Studium der Endosymbiose

Die Endosymbionten-Theorie der Zell-Evolution wird durch eine Reihe von Beobachtungen und Experimenten unterstützt, die an rezenten Organismen modellhaft zeigen, wie Mikroorganismen zu intrazellulären Funktionseinheiten „domestiziert“ bzw. „versklavt“ werden können. Diese Befunde liefern Informationen über Vorgänge, die vor Jahrmillionen zu den Mitochondrien und Plastiden geführt haben. Im Folgenden ist eine Auswahl dieser Modellsysteme beschrieben, wobei ein besonders eindrucksvolles Beispiel (Photosynthese betreibende Meeresschnecken) etwas ausführlicher erörtert wird.

Symbiosomen in Leguminosen. An den Wurzeln von Schmetterlingsblütlern (Leguminosen, z. B. Gartenerbse, Sojabohne, Lupine) entwickeln sich durch Boden-Mikroben verursachte warzenartige Gewebewucherungen, die als „Wurzelknöllchen“ bekannt sind und der Stickstoff (N)-Versorgung der Pflanze dienen (Abb. 6.12 A). Am besten untersucht ist die symbiontische N_2-fixierende Symbiose zwischen gram-negativen Bodenbakterien der Gattung *Rhizobium* und den Wurzeln der Sojabohne (*Glycine max*). Die Rhizobien wandern über Einstülpungen der Wurzelhaare in das Gewebe ein, wo sie sogenannte *Symbiosomen* bilden (domestizierte, intrazelluläre Rhizobien, die als Bakteroide bezeichnet werden, umschlossen von einer speziellen Membran). Die Symbiosomen erfüllen die Funktion N_2-fixierender Organellen der Wurzelzellen, d. h. der Übergang freilebendes Bakterium → versklavte intrazelluläre Mikrobe mit definierten Stoffwechselfunktionen kann an diesem Beispiel direkt verfolgt werden.

Blattlaus-Endosymbionten. Die zu den Insekten zählenden Blattläuse (Homoptera, Aphidina) saugen mit einem Stechrüssel am zuckerhaltigen Inhalt der Siebröhren der Leitbündel (Phloemsaft-Konsumenten). Diese Kerbtiere können an befallenen Pflanzen große Schäden anrichten (Abb. 6.12 B). Da der Siebröhrensaft reich an Kohlenhydraten, jedoch arm an stickstoffhaltigen Molekülen ist, können die Aphidina nur mit Hilfe endosymbiontischer (intrazellulärer), Aminosäuren produzierender Bakterien der Gattung *Buchnera* überleben. Diese Blattlaus-*Buchnera*-Symbiose ist obligatorisch: bakterienfreie Blattsaug-Insekten wachsen infolge des Aminosäuremangels langsam und produzieren keine Nachkommen; die Bakterien können außerhalb ihres Wirtes auf Dauer nicht existieren. Die bakteriellen, membranumgrenzten Endosymbionten (*Buchnera*-Kollektive) werden als *Symbiosomen* bezeichnet und über die Eier der Blattläuse an die nächste Generation weitervererbt. Die intrazellulären Symbiosomen der Aphidina repräsentieren eine evolutionäre *Zwischenform* (d. h. endosymbiontische Bakterien auf

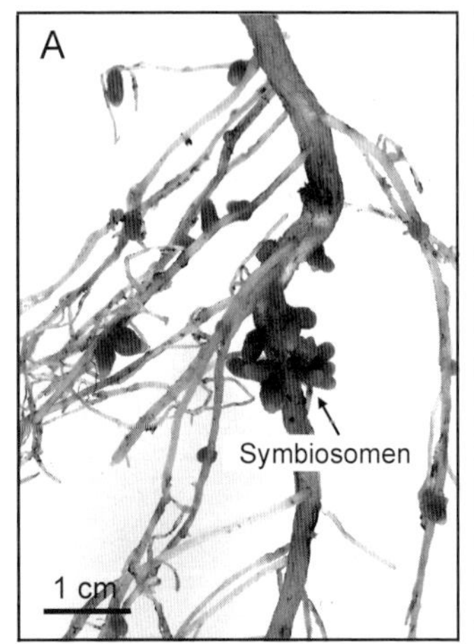

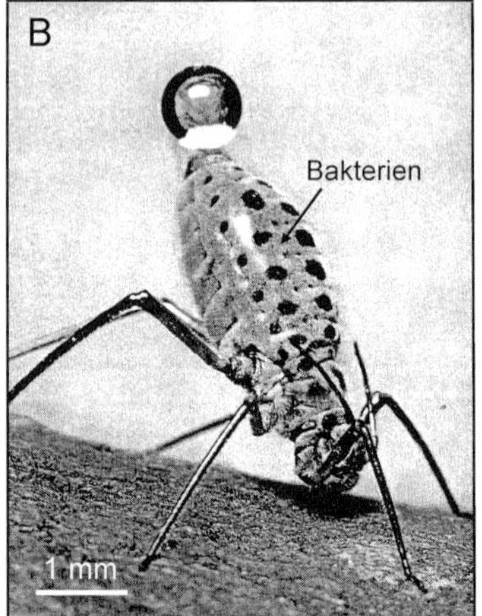

Abb. 6.12 Drei Modellsysteme zur experimentellen Analyse und Rekonstruktion der Entstehung cytoplasmatischer Zell-Organellen. Erbse (*Pisum sativum*) mit Wurzelknöllchen, die Symbiosomen enthalten (eingekapselte Bakterien mit Organellen-Funktion) (A) (Originalaufnahme). Apfel-Blattlaus (*Eriosoma lanigerum*) beim Saugen. Diese Schadinsekten enthalten intrazellulär Aminosäure-produzierende Bakterien, auf die sie angewiesen sind. Die Mikroben werden über die Eier vererbt (B) (Originalaufnahme). Tiefsee-Muschel (*Calyptogena magnifica*), die von endosymbiontischen, Sulfid-oxidierenden Proteobakterien ernährt wird. Die Endosymbionten leben in den Zellen der Kiemen; sie werden gemeinsam mit den Mitochondrien über das Ei-Cytoplasma der Weichtiere an die Nachkommen vererbt (C) (nach Childress, J.J. et al.: Sci. Amer. 256(5), 106–112, 1987).

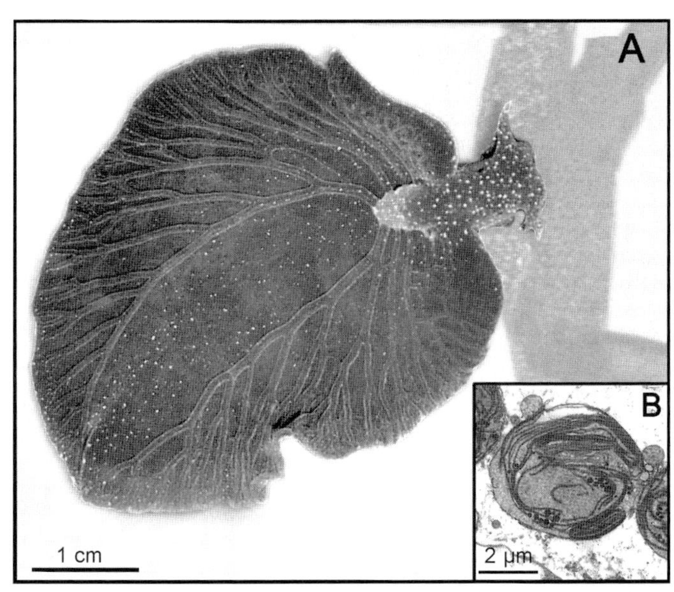

Abb. 6.13 Dorsalansicht der grünen Meeresschnecke *Elysia chlorotica*, an der Grünalge *Vaucheria litorea* fressend (A). Elektronenmikroskopische Aufnahme eines endosymbiontischen Chloroplasten innerhalb der Wirtszelle im Verdauungstrakt der Schnecke (B) (nach Rumpho, M. E. et al.: Plant Physiol. 123, 29–38, 2000).

dem Weg zu Zell-Organellen). Da diese semiautonomen Mikroben (wie Mitochondrien) über die weibliche Linie vererbt werden, ist dieses System für die Endosymbioseforschung von großer Bedeutung.

Tiefsee-Muscheln mit Proteobakterien. In den 1970er-Jahren wurden Tiefsee-Heißwasserquellen entdeckt, die bis 2600 m unterhalb der Meeresoberfläche liegen und dort lokalisiert sind, wo die Kontinentalplatten auseinanderweichen. Trotz vollständiger Dunkelheit leben in diesen unterozeanischen Steinwüsten zahlreiche speziell adaptierte Organismen (Röhrenwürmer, Krebse, Muscheln), die bei ca. 15 °C aus dem Meeresboden entweichende Gase (z. B. Schwefelwasserstoff, H_2S) als Primärnahrung nutzen.

Sulfid-oxidierende Tiefsee-Bakterien verwenden H_2S (unter Ausnutzung der Wärme) zur Biosynthese organischer Moleküle und stellen in diesem Ökosystem die Primärproduzenten dar (analog den grünen Pflanzen bzw. Algen in den von Licht durchfluteten Lebensräumen). Die weiße Tiefseemuschel *Calyptogena magnifica* (Bivalvia, Vesicomyidae) enthält in ihrem Kiemengewebe endosymbiontische H_2S-oxidierende Proteobakterien, die letztendlich das Weichtier mit den produzierten (freigesetzten) Kohlenhydraten vollständig ernähren (Abb. 6.12 C). Diese Bakterien werden, wie die Mitochondrien, über die Eizellen der Muscheln an die nächste Generation vererbt und sind als obligatorische Endosymbionten unfähig, außerhalb ihrer Wirtszellen zu überleben: es handelt sich um den Mitochondrien ähnliche, organellenartige Proteobakterien. Da diese Symbiose relativ jung ist (nicht älter als 50 Millionen Jahre), wird die Weichtier-Proteobakterien-Assoziation der dunklen Tiefsee als Modellsystem betrachtet, um Frühstadien in der Evolution von Cytoplasma-Organellen zu studieren.

Chloroplastenhaltige Meeresschnecken. Im Jahr 1876 wurde entdeckt, dass der grüne Farbstoff aus gewissen pigmentierten Meeres-Nacktschnecken (Gastropoda, Ascoglossa) mit dem Chlorophyll der Blätter identisch ist. Dieser Befund führte zunächst zu der irrtümlichen Annahme, die Meeres-Nacktschnecken würden ganze einzellige Algen aufnehmen und diese eukaryotischen Mikroorganismen als Endosymbionten einlagern. Erst detaillierte elektronenmikroskopische Untersuchungen des grünen Schneckengewebes haben gezeigt, dass die an siphonalen Grünalgen (z. B. *Vaucheria litorea*) fressenden Weichtiere hierbei selektiv die stoffwechselaktiven Chloroplasten (d. h. Zell-Organellen) extrahieren und in den Körper aufnehmen. Dort werden die Photosynthese-Organellen über Phagocytose in gewisse Zellen aufgenommen und in bestimmten Geweben, die den Verdauungstrakt umschließen, deponiert (Abb. 6.13 A, B). Die Chloroplasten werden dann über den ganzen Körper der Nacktschnecke verteilt und in der sub-epidermalen Zellschicht angereichert. Auf diese Weise erlangen die Nacktschnecken eine grüne Körperfarbe und die Fähigkeit, wie Blätter, eine lichtabhängige CO_2-Fixierung (Photosynthese) zu betreiben. Meeres-Nacktschnecken, wie z. B. die Art *Elysia chlorotica*, sonnen sich nach Ausbreitung ihres Saumes im warmen Meerwasser und ernähren sich (wie Pflanzen) ohne Aufnahme organischer Substanzen photoautotroph (eine Chloroplasten-Aufnahme reicht für eine 9-monatige Photosynthesephase aus). Laboruntersuchungen an diesen „Solar-powered sea slugs" haben gezeigt, dass diese Schnecken-Chloroplasten-Interaktion als „tertiäre Endosymbiose in Aktion" zu interpretieren ist. Allerdings sind noch zahlreiche Detailfragen bezüglich der Aufrechterhaltung dieser temporären Chloroplasten/Tierzell-Symbiose im Schneckenkörper ungelöst und Gegenstand der Forschung.

Zusammenfassend zeigen die hier diskutierten Beispiele (Abb. 6.12, 6.13), dass Endosymbioseprozesse an ausgewählten Modellsystemen experimentell erforscht werden können (KUTSCHERA und NIKLAS, 2005). Diese Befunde liefern Einblicke in jene Ereignisse, die vor über 1000 Millionen Jahren in den Urozeanen abgelaufen sind und im letzten Abschnitt dieses Kapitels zusammenfassend diskutiert werden.

6.9 Zeitskala der Zell-Evolution: Endosymbiose als Motor der Makroevolution

Wie in den Kapiteln 4 und 5 dargelegt wurde, setzte die biologische Evolution, die mit den ersten aquatischen Protozellen begann, vor etwa 4000 Millionen Jahren ein (Abb. 6.15). Die ältesten indirekten Lebensspuren sind 3800, die frühesten cyanobakterienähnlichen Protocyten (Mikrobenmatten, Stromatolithen) 3500 Millionen Jahre alt. Fossilien von Eucyten sind aus Gesteinsmaterial, das auf ein Alter von etwa 1900 Millionen Jahre datiert wurde, bekannt (z.B. die Alge *Grypania*). Da die ersten fossilen Landlebewesen (Pflanzen) aus 400 Millionen Jahre alten Gesteinen stammen (Silur), folgt, dass über einen Zeitraum von 3600 Millionen Jahre hinweg alles irdische Leben *auf das Meer* beschränkt war. Diese Zeitangaben zeigen, dass etwa 90% der biologischen Evolution in den Ozeanen verlaufen ist. Es gab nur aquatische Organismen (Einzeller und kleine mehrzellige Lebewesen). Die biologische Evolution war somit über Hunderte von Millionen Jahren hinweg ein auf dem Niveau von sich stetig fortpflanzenden Zellen basierender Prozess.

Aufgrund der relativ spärlichen Fossilfunde aus dem Präkambrium ist man bei der Rekonstruktion der Zeitskala der Zell-Evolution auf indirekte Methoden angewiesen. Ein mit Erfolg angewandtes Verfahren ist die bereits angesprochene Analyse von DNA-, RNA- und Protein-Sequenzen (s. Kap. 7). Auf der Basis zahlreicher Protein-Sequenzanalysen (Vergleich der Aminosäureabfolgen in definierten, isolierten Proteinen aus verschiedenen Organismen) konnte der in Abbildung 6.14 dargestellte Stammbaum der Zell-Evolution abgeleitet werden. Diese Daten erlauben in Kombination mit einem Übersichtsschema (Zeitskala in Abb. 6.15) folgende allgemeine Schlussfolgerungen:

1. Die Urzellen, aus welchen alle späteren Lebewesen hervorgegangen sind, besiedelten vor etwa 4000 Millionen Jahren die Ozeane der jungen Erde. Diese hypothetischen gemeinsamen Urahnen aller nachfolgenden Organismen sind aus den bereits diskutierten Protozellen hervorgegangen (s. Kap. 5). Der Stammbaum hat eine komplexe, verästelte Wurzel, die als heterogene *Urzellgemeinschaft* definiert werden kann.
2. Die Aufspaltung des Stammes in die beiden Seitenlinien Bacteria und Archaea erfolgte vor etwa 3600 Millionen Jahren.
3. Die Linie der Cyanobakterien trennte sich vor etwa 2000 Millionen Jahren von jener der Bakterien ab, d.h., die heutigen „Blaualgen" sind relativ weit entfernte Verwandte aller rezenten Bakteriengruppen.
4. Das Schlüsselereignis in der Zell-Evolution, die primäre Endosymbiose 1, ereignete sich vor etwa 2200 bis 1500 Millionen Jahren (Paläoproterozoikum, Abb. 6.15), etwa zeitgleich mit dem Anstieg im Sauerstoffgehalt der Atmosphäre. Vertreter der Gruppe der Archaebakterien waren möglicherweise die Wirtszellen, während

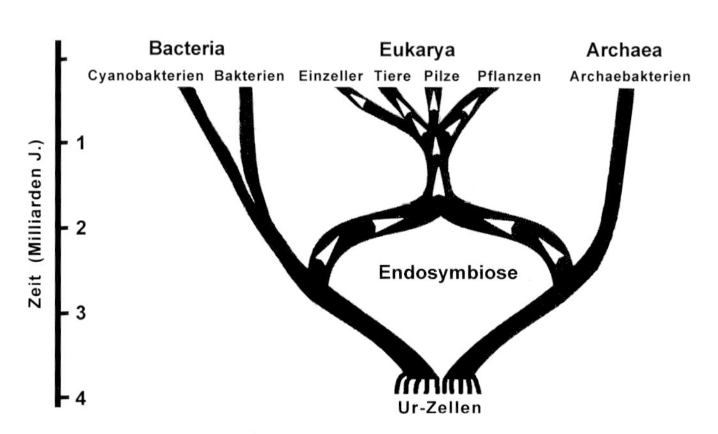

Abb. 6.14 Zeitlicher Verlauf der primären Endosymbiose und der Zell-Evolution. Der rekonstruierte Stammbaum basiert auf Protein-Sequenzanalysen zahlreicher Vertreter der drei Domänen Bacteria, Eukarya und Archaea (rezente Lebewesen der Erde). Die hypothetischen Urzellen (Wurzel des Baumes) sind aus Vorläufer(Proto)-Zellen entstanden (nach DOOLITTLE, W.F.: Proc. Natl. Acad. Sci. USA 94: 12751–12753, 1997).

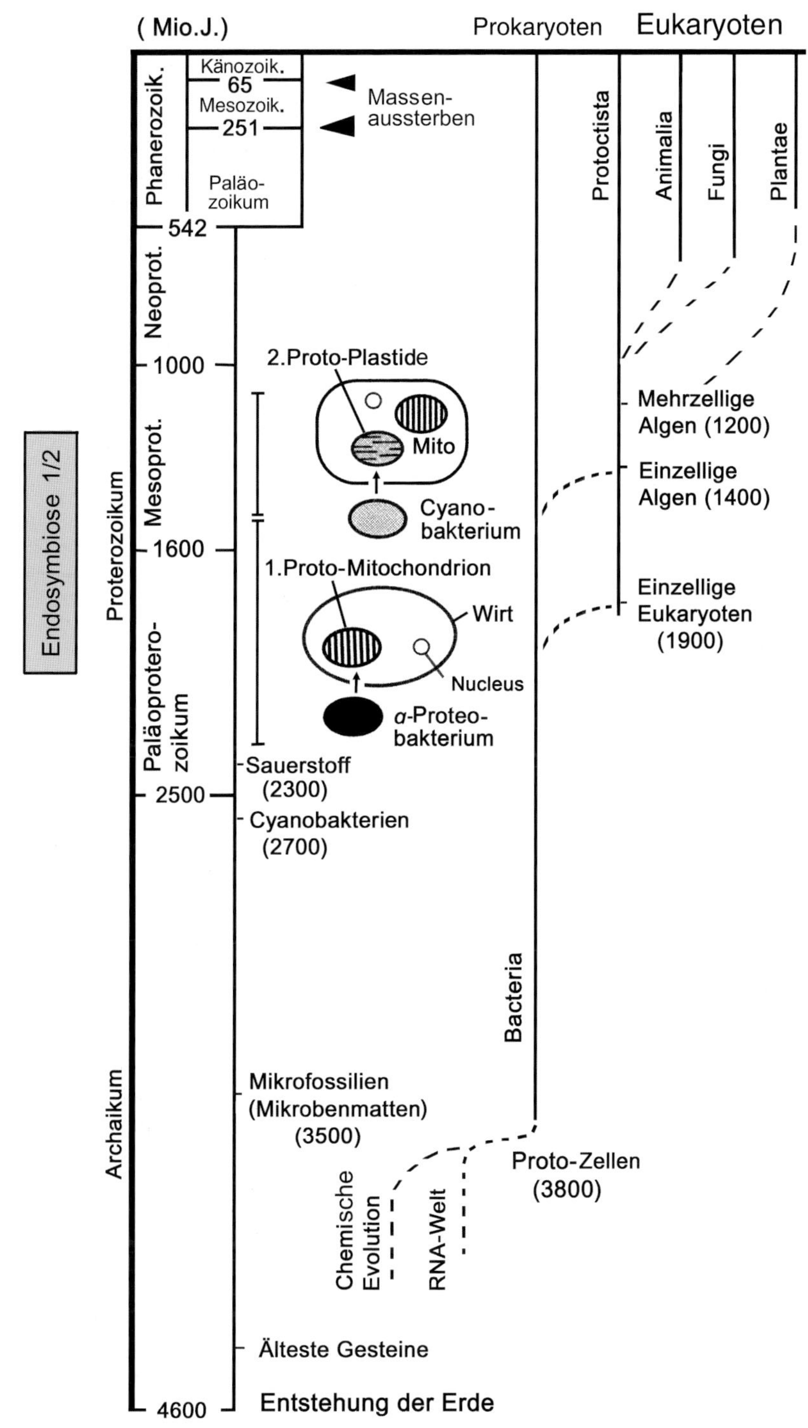

Abb. 6.15 Geologische Zeitskala mit Schlüsselereignissen in der pro- und eukaryotischen Zell-Evolution. Die zwei Prozesse, welche zu den Mitochondrien und den Plastiden geführt haben, sind als primäre Endosymbiosen 1 und 2 gekennzeichnet (Übergang Alpha-Proteobakterium ⟶ Proto-Mitochondrion; Ur-Cyanobakterium ⟶ Proto-Plastide). Über einzellige Eukaryoten (bzw. Algen) haben sich die Protoctista, Animalia, Fungi und Plantae entwickelt (Eukaryoten). Die Prokaryoten (Bakterien) existieren seit etwa 3500 Millionen Jahren und sind aus Proto-Zellen hervorgegangen (nach Kutschera, U. & Niklas, K.J.: Theory Biosci. 124, 1–24, 2005).

urtümliche Alpha-Proteobakterien als Endosymbionten aufgenommen wurden. Die auf diese Art und Weise entstandenen mitochondrienhaltigen Eucyten waren heterotrophe Einzeller, aus denen viele Millionen Jahre später die Pilze und Tiere hervorgegangen sind.

5. Durch Phagocytose freilebender Cyanobakterien entstanden im Mesoproterozoikum (d. h. vor etwa 1500 bis 1200 Mio. J.) die ersten chloroplastenhaltigen (einzelligen) zur Photosynthese fähigen Eukaryoten (primäre Endosymbiose 2). Diese photoautotrophe Linie führte zu den pigmentierten Einzellern (Algen) und den Pflanzen (Plantae). Zwei lebende „Beleg-Organismen" (Zwischenformen) dieses historischen Schlüsselprozesses der Zell-Evolution zeigt Abb. 6.16 A, B.

Der in Abbildung 6.14 dargestellte Aminosäure-Sequenzstammbaum der Zell-Evolution stimmt somit in grober Näherung mit dem präkambrischen Mikrofossilienmuster überein (Abb. 6.15). Es wird deutlich, dass die primäre serielle Endocytobiose (Abb. 6.16), d. h. das Fusionieren zweier genetisch verschiedener Ur-Mikroben unter Bildung komplexer, zur Mehrzelligkeit befähigter Eucyten als der entscheidende Motor der Makroevolution zu betrachten ist. Ohne Bildung dieser intrazellulären Symbiosen gäbe es heute auf der Erde nur einzellige Mikroorganismen (Bakterien), jedoch keine Algen, Pilze, Pflanzen, Tiere und Menschen (d. h. Vertreter der Organismenreiche Protoctista, Fungi, Plantae und Animalia).

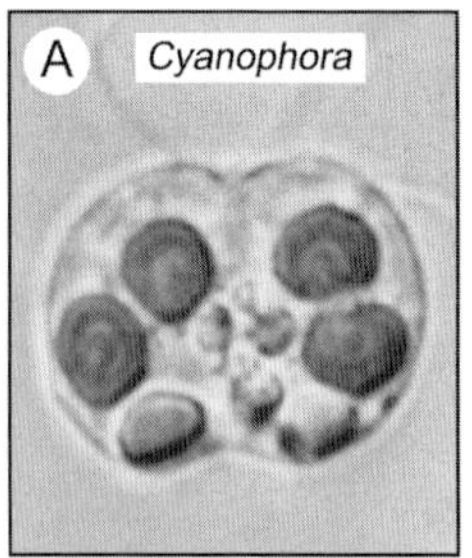

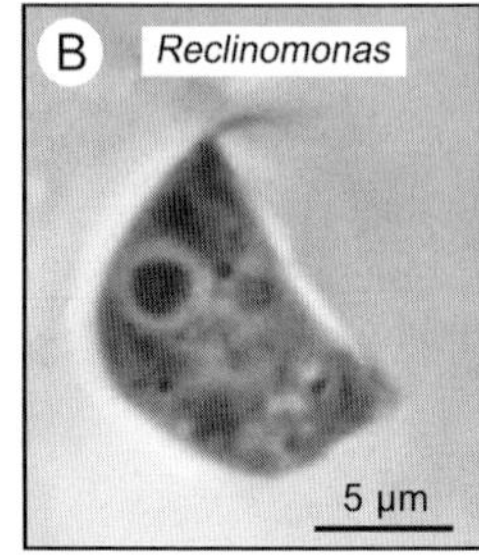

Abb. 6.16 Primäre Endosymbiose in Aktion: Photos von zwei einzelligen *connecting links* aus dem Reich der Protoctista. Die begeißelte Süßwasseralge *Cyanophora paradoxa*, in einem Teilungsstadium aufgenommen, enthält Cyanellen (A). Diese an endosymbiontische Cyanobakterien erinnernden Vorläufer-Plastiden sind, wie ihre frei lebenden Verwandten, von einer für Bakterien typischen Peptidoglycan-Wand umschlossen. Der sessile Zooflagellat *Reclinomonas americana* (B) enthält ein Mitochondrion, welches bezüglich seiner Genom-Organisation und der Gen-Zahl bzw. -Expression an frei lebende Alpha-Proteobakterien erinnert. Das bakterienartige Proto-Mitochondrion wird bei der Fortpflanzung des Einzellers auf die Nachkommen übertragen (nach verschiedenen Autoren).

Literatur:

Archibald (2006), Barnes (1998), de Duve (1994, 1995), Geus und Höxtermann (2007), Höxtermann (1998), Kabnick und Peattie (1991), Keeling (2004), Kleinig und Sitte (1992), Knoll (2003), Kutschera (2002), Kutschera und Niklas (2004, 2005), Margulis (1993), Margulis und Schwartz (1998), Martin et al. (2001), Mereschkowsky (1905), Morrison et al. (2007), Niklas (1997), Palmer (1997), Steiner und Löffelhardt (2002), Van den Hoek et al. (1995)

7 Molekulare Phylogenetik und Evolution: der Stammbaum der Organismen

Die Beobachtung, dass die Kinder ihren Eltern ähnlich sind, ist seit Jahrhunderten in den Biographien vieler Menschen dokumentiert. Diese auffallende Ähnlichkeit erstreckt sich nicht nur auf äußere Merkmale, wie z. B. Körpergröße, Konstitution, Haarfarbe oder die Form der Nase. Wir wissen heute, dass auch Charaktereigenschaften, wie z. B. die Neigung zu Depressionen oder Zornausbrüchen, zumindest teilweise vererbt werden. Diese Alltagserfahrung ist mit dem Sprichwort „Der Apfel fällt nicht weit vom Stamm" zur Volksweisheit geworden.

Auch die Geschwister sind in der Regel durch eine Reihe gemeinsamer Merkmale gekennzeichnet; oft sehen sie aus wie eine „Mischung" aus Mutter und Vater. Die Ähnlichkeit der Geschwister innerhalb einer Familie liegt in der gemeinsamen Abstammung der Individuen begründet: Alle Kinder sind Nachkommen desselben Elternpaares, d. h., sie haben dieselben Vorfahren. Auf dieser Grundlage können Familienstammbäume erstellt werden.

In analoger Weise wie innerhalb der Art *Homo sapiens* erbliche (genetische) Verwandtschaften analysiert werden können, ist der Evolutionsbiologe bemüht, die natürlichen Verwandtschaftsbeziehungen der rezenten (und fossil erhaltenen) Lebewesen zu ergründen. Die biologische Systematik wurde durch die Arbeiten des Naturforschers Carl von Linné (1707–1778) entscheidend geprägt und vorangebracht. Neben der Einführung der noch heute gebräuchlichen binären Nomenklatur (Gattungs- und Artname) bemühte sich Linné um die Erstellung eines natürlichen Systems, das die Verwandtschaftsbeziehungen der Tiere und Pflanzen widerspiegeln sollte. Dieses Ziel konnte jedoch erst gegen Ende des 20. Jahrhunderts durch Einsatz molekularbiologischer Methoden erreicht werden. Bis zum Beginn der Ära der molekularen Systematik und Stammbaumanalytik war man zur Abschätzung der Verwandtschaftsverhältnisse auf morphologisch-anatomische Merkmale beschränkt. Durch Beschreibung des äußeren und inneren Körperbaus wurden „Ähnlichkeitsgrade" abgeleitet, auf deren Grundlage dann Verwandtschaftsverhältnisse und Stammbäume erstellt wurden. Diese klassischen Methoden haben jedoch Grenzen. In Abbildung 7.1 sind zwei einfach gebaute Lebewesen (Schwamm, Lebermoos) gegenübergestellt, deren Verwandtschaft mit den mehrzelligen Tieren bzw. den Landpflanzen nicht offensichtlich ist.

In diesem Kapitel sind Methoden und Prinzipien der Phylogenetik (Untersuchungen zur Stammesentwicklung der Organismen) zusammengefasst und Beispiele aus dem Gebiet der molekularen Evolutionsforschung beschrieben, wobei auf die bereits dargestellten Resultate der Zell- und Pa-

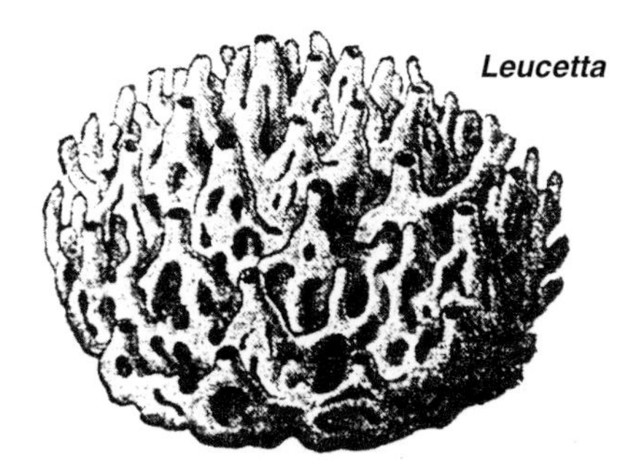

Abb. 7.1 Zwei urtümliche Lebewesen, deren direkte Verwandtschaft mit den Tieren und Landpflanzen unter Einsatz molekularbiologischer Methoden (Sequenzanalysen) bestätigt werden konnte. Meereskalkschwamm (*Leucetta*) und Brunnenlebermoos (*Marchantia*).

läobiologie verwiesen wird. Im letzten Absatz wird das *Tree of Life-Project* beschrieben und eine Synthese der Einzelresultate vorgenommen.

7.1 Klassische Systematik und Verwandtschaftsanalyse

Da der denkende Mensch immer bestrebt war, Ordnung in das ihn umgebende „Chaos" zu bringen, wurden bereits in der vorwissenschaftlichen Zeit Methoden zur Klassifizierung toter und belebter Gegenstände erdacht, die als „mit Namen versehene Schubladen-Systeme" bezeichnet werden können. Die Vielfalt der Lebensformen konnte nach und nach geordnet und überschaubar gemacht werden, wobei oft recht grobe Kategorien ausreichend waren (z. B. Feld- und Stalltiere).

Das hierarchische System. Mit der Veröffentlichung der 10. Auflage des Hauptwerkes von CARL VON LINNÉ (Linnaeus, L.), *Systema Naturae. Regnum animale* im Jahr 1758 beginnt nach dem *International Code of Zoological Nomenclature* die Namensgebung in der Tierkunde: Artnamen, die vor 1758 publiziert wurden, sind ungültig (entsprechendes gilt für die Entwicklung der Pflanzensystematik, die mit LINNÉS Band *Regnum vegetabile* begründet wurde). Gegen heftige Widerstände seiner Bibel gläubigen Zeitgenossen stellte Linné den Menschen in das Tierreich: *Homo sapiens* L. 1758. Gemäß dem von Linné etablierten hierarchischen System werden alle Organismen nach der klassischen Taxonomie in die sechs Hauptkategorien (Taxa) *Stamm, Klasse, Ordnung, Familie, Gattung* und *Art* eingeordnet. Für den Menschen gilt unter Berücksichtigung der Kategorie „Kingdom" die folgende Klassifizierung:

Reich: Animalia (Gewebetiere); Stamm: Chordata (Rückensaitentiere); Klasse: Mammalia (Säugetiere); Ordnung: Primates (Herrentiere); Familie: Hominidae (Menschenartige); Gattung: *Homo* (Mensch); Artspezifischer Zusatz (Artname): *sapiens* (der kluge Mensch). Es ist offensichtlich, dass die Art (Spezies) das einzige real existierende Taxon ist, während alle andere Kategorien (von der Gattung bis zum Stamm) vom Menschen konstruierte Abstrakta darstellen.

Da Linné ein Anhänger des Dogmas von der Konstanz der Arten war (für ihn diente die Systematik der Ergründung der göttlichen Ordnung in der Natur), kam erst mit der Abstammungslehre von DARWIN (1859) Dynamik in die klassische Taxonomie. Durch vergleichende Studien an rezenten Organismen konnten Verwandtschaftsverhältnisse abgeleitet und aus diesen Daten Stammbäume erstellt werden. Diese an Gewächse erinnernden Modelle zur Phylogenese der Organismen werden auch als *Dendrogramme*, *Genealogien* oder *phylogenetische Verwandtschaftsdiagramme* bezeichnet. In Darwins Hauptwerk (1859) ist ein schematischer Stammbaum abgebildet, der wenig überzeugte. Die anschaulichen Zeichnungen des deutschen Zoologen ERNST HAECKEL (1866), verästelte Bäume des Lebens darstellend, führten zur Etablierung der *Phylogenetik*, der Wissenschaft von der Rekonstruktion der Stammesentwicklung einzelner Organismengruppen (ein Zweig der Evolutionsforschung, s. Kap. 1 und 2).

Cladistik und Phylogramme. Reine Ähnlichkeitsdiagramme, die auch als *Phenagramme* bezeichnet werden, können von beliebigen toten Objekten definierter Struktur erstellt werden. So wird z. B. ein ordnungsliebender Handwerker Schrauben und Nägel nach abgestufter Ähnlichkeit sortieren. Wie Abbildung 7.2 A zeigt, kann aus relativen Ähnlichkeitswerten ein Stammbaum erstellt werden, wobei die Schraubenmuttern und die „Schraubenväter" (der Begriff existierte im 19. Jahrhundert) getrennte Verzweigungslinien bilden. Je nach Gewichtung der Merkmale führt die „Schraubologie" zu unterschiedlichen Phenagrammen. Eine Lösung des Schrauben-Chaos-Problems ist in Abbildung 7.2 B dargestellt.

Die Evolutionsforscher sind seit DARWIN (1859) bestrebt, die stammesgeschichtlichen Verwandtschaftsverhältnisse der Organismen zu rekonstruieren, wobei reine Phenagramme (Abb. 7.2 B) wegen der Gleichbehandlung aller Merkmale von begrenzter Aussagekraft sind. Als eine akzeptierte Methode hat sich die *Cladistik* (Phylogenetische Systematik) durchgesetzt, bei der zwischen ursprünglichen (plesiomorphen) und daraus hervorgegangenen abgeleiteten (apomorphen) Merkmalen unterschieden wird. Ziel der cladistischen Methode ist die Erstellung von Stammbäumen (Cladogrammen), die letztlich geschlossene Abstammungsgemeinschaften (Clades oder monophyletische Gruppen, d. h. aus einer Stammart hervorgegangene Kollektive von Organismen) widerspiegeln. Man geht in der Cladistik davon aus, dass sich während der Phylogenese die Taxa (Eltern-Arten) in zwei Tochter-Spezies aufspalten, wobei die Vorläuferform mit der Verzweigung per definitionem erlischt. Cladogramme sind letztlich aus hypothetischen Abstammungslinien zusammengesetzt; die Schemata zeigen das Verzweigungsmuster der Artaufspaltungen und geben an, welche Taxa am nächsten miteinander verwandt sind. In der Regel sind mehrere alternative Cladogramme auf der Basis der gemeinsam abgeleiteten Merkmalsausprägungen (Synapomorphien, *shared derived characteristics*) rekonstruierbar, d. h. in jedem Cladogramm kommt eine gewisse subjektive Gewichtung der einbezogenen Merkmale zum Ausdruck.

Als Beispiel soll die phylogenetische Systematik der Wirbeltiere (Vertebrata), die am höchsten entwickelte Gruppe der Chordata, diskutiert werden (Abb. 7.3 A, B). In Kapitel 2 wurden die fünf Wirbeltier-Klassen vorgestellt und die Schlüsselmerkmale der Mammalia (Säugetiere oder Säuger) aufgelistet (s. Abb. 2.34, S. 57). In der konventionellen Klassifizierung nehmen die Fische, Amphibien (Lurche), Reptilien (Kriechtiere), Vögel und Säugetiere denselben Rang ein, d. h. die Pisces (Fische, heute in Agnatha, Kieferlose, und Gnathostomata, Kiefermünder, unterteilt) stehen gleichberechtigt neben den vier Klassen der Tetrapoda (Vierfüßer oder Landwirbeltiere). Gemäß der cladistischen Analyse sind die Tetrapoden eine Clade innerhalb der Pisces, aus diesen abgeleitet durch den Erwerb neuer Merkmale (z. B. Beine). Amphibien repräsentieren eine Clade der Tetrapoda; die Reptilien sind wiederum eine abgeleitete Untergruppe der Vierfüßer; Vögel und Säuger müssen als modifizierte Reptilien interpretiert werden. Das Cladogramm (Abb. 7.3 B) verdeutlicht darüber hinaus, dass die Warmblütigkeit (Homoiothermie) bei Vögeln (die mit den Reptilien näher verwandt sind als mit den Mammalia) und den Säugetieren unabhängig voneinander entstanden ist.

Cladogramme wie das in Abbildung 7.3 B dargestellte Schema zeigen nur den Grad der Verwandtschaft zwischen einzelnen Taxa an, wobei keine Gruppe als Vorläuferform einer anderen eingezeichnet wird: Eine Zeitachse existiert daher nicht. Schemata, die auch ausgestorbene Ur- und Zwischenformen berücksichtigen und somit die Zeit-Dimension enthalten (Einheit: Mio. J.) werden als *Phylogramme* oder *phylogenetische Stammbäume* bezeichnet. Ersetzen wir in Abbildung 7.3 B die Begriffe „Pisces, Tetrapoda und Reptilia“ durch „ausgestorbene Ur-Fische, -Tetrapoden bzw. -Reptilien“ (d. h. fossile Zwischenformen), so wird das Cladogramm zu einem *Phylogramm* der Vertebraten. Bei der Rekonstruktion der Phylogenese

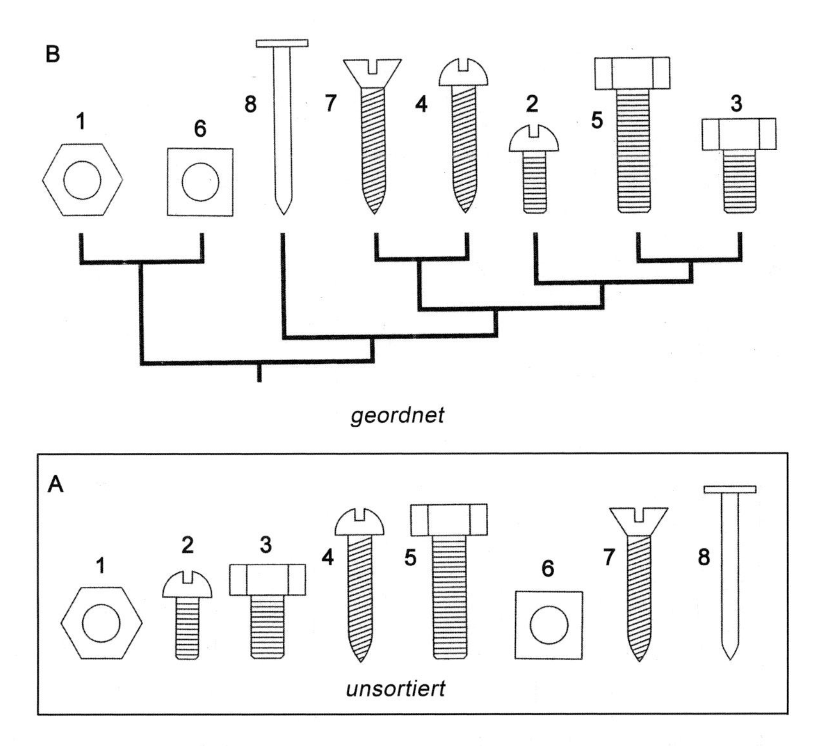

Abb. 7.2 Ordnungssystem im Werkzeugkasten (Schrauben-Taxonomie). Die abgebildeten Kleinteile (A) wurden nach abgestufter Ähnlichkeit gruppiert und sind in einem Phenagramm dargestellt (B). Das Ähnlichkeitsdiagramm stellt einen von mehreren möglichen Stammbäumen dar, dessen Form von der Bewertung der Merkmale abhängt.

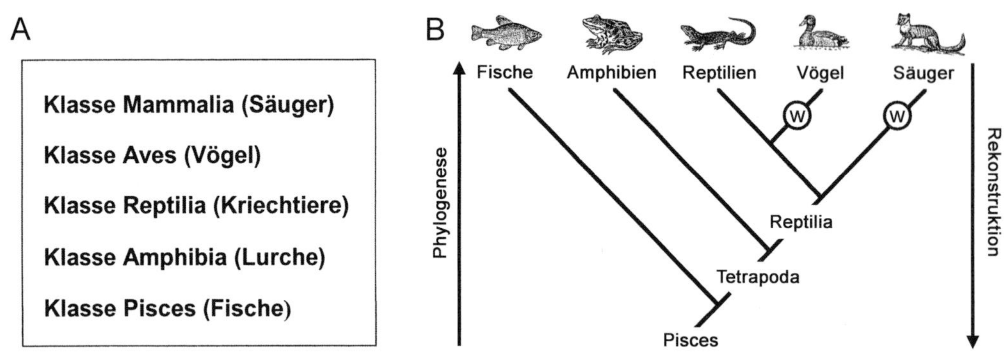

Abb. 7. 3 Klassifizierung der Wirbeltiere (Vertebrata) als gleichrangige Taxa in einem hierarchischen System (A). Im Cladogramm sind die Vertebraten als geschlossene Abstammungsgemeinschaft (Monophylum) dargestellt, wobei sich eine Un-Gleichrangigkeit der fünf Klassen ergibt (B). Ersetzt man die Begriffe „Pisces, Tetrapoda und Reptilia" durch „ausgestorbene Ur-Fische, -Tetrapoden bzw. -Reptilien", so entsteht aus dem Cladogramm ein Phylogramm mit Zeitachse. w = Warmblütigkeit (evolutionäre Neuheit).

verschiedener Organismengruppen werden in der Regel Phylogramme erstellt, die nicht nach den strikten Regeln der Cladistik erarbeitet wurden. Diese phylogenetischen Stammbäume können entweder nach dem in Abbildung 7.2 dargestellten Vertikal/Horizontal-Strichschema oder dem V-förmigen Vertebraten-Diagramm (Abb. 7.3) veranschaulicht werden. Beide Darstellungsformen sind gleichwertig (Knoop und Müller, 2006).

7.2 Molekulare Phylogenetik: allgemeine Grundlagen

In Kapitel 1 wurde dargelegt, dass alle Lebewesen ihre Erbinformation in den Nucleotid(= Basen)-Sequenzen der Desoxyribonucleinsäure(DNA)-Moleküle des Zellkerns (bzw. des Nucleoids) gespeichert haben. Weiterhin enthalten die über Endosymbiose entstandenen semiautonomen Organellen (Mitochondrien, Chloroplasten) der Tier- und Pflanzenzellen (Eucyten) eigene DNA-Ringe, die jedoch aufgrund ihres geringen Informationsgehalts nur eine untergeordnete Rolle spielen. Die Eucyte enthält somit neben der Kern-DNA auch Mitochondrien (mt)-DNA (Tiere, Pilze, Pflanzen) und Chloroplasten (cl)-DNA (Pflanzen).

Semantische Makromoleküle. Bei der Abschrift und Übersetzung des in Form eines „Wörterbuchs" mit den Buchstaben A, G, C und T arbeitenden Informationsspeichers werden drei verschiedene Ribonucleinsäure (RNA)-Typen benötigt: Boten (m)-RNAs, Transfer (t)-RNAs und ribosomale (r)-RNAs. Die letztgenannten Ribonukleinsäuren sind Bestandteil der Ribosomen (Abb. 7.4); diese cytoplasmatischen (bzw. auf dem endoplasmatischen Retikulum lokalisierten) Partikel bestehen aus zwei Untereinheiten und sind die Orte der Protein-Biosynthese (Übersetzung der mRNA in eine Polypeptidkette). Die Genprodukte (RNAs, Polypeptide und Proteine) tragen die abgeschriebene (transkribierte) bzw. übersetzte (translatierte) genetische Information der DNA. Aus diesen Fakten folgt, dass die Kern-DNA, die mt-DNA, die cl-DNA, die m-, t- und rRNAs sowie die Proteine *semantische Makromoleküle* sind. Der Informationsgehalt dieser unverzweigten langkettigen Moleküle ist durch die Abfolge (Sequenz) der Monomere (Kettenglieder) gegeben. Hierbei ist die Nucleotid(Basen)-Sequenz bzw. die Aminosäureabfolge mit der Buchstabenreihung einer Schriftzeile zu vergleichen, die eine bestimmte Information trägt.

Molekulare Uhren. Allgemein gilt die folgende Regel: Je näher zwei rezente Organismen miteinander verwandt sind, desto weniger weit muss zeitlich in die Vergangenheit zurückextrapoliert werden, um den letzten gemeinsamen Vorfahren ausfindig zu machen, von dem die beiden Lebewesen abstammen. Bei naher Verwandtschaft sind die DNA-, RNA- und Aminosäuresequenzen sehr, bei entfernter Verwandtschaft weniger ähnlich, da durch Mutationen (und Rekombinationen) im Laufe der Generationenfolgen *Varianten* eingetreten sind. Durch Sequenzvergleich und Auswertung der Daten mit speziellen Computerprogrammen kann der Verwandtschaftsgrad der Organismen abgeschätzt und ein „Gen- bzw. Protein-Stammbaum" ermittelt werden.

Unter Einsatz bestimmter Rechenprogramme kann darüber hinaus in die Vergangenheit extrapoliert und die Zeit abgeschätzt werden, als der verstorbene gemeinsame Vorfahre noch gelebt hat. Diese Methode wird als „molekulare Uhr" bezeichnet. Die Uhr wird zu Beginn der Analyse mit einem sicheren Fossil-Alterswert kalibriert (Divergenzzeit zweier großer Organismengruppen;

Einheit: Millionen Jahre). Die Gen-Sequenzdaten liefern dann eine Abschätzung des Zeitpunktes, seit dem eine Vermischung der Erbanlagen der untersuchten, nicht geochronologisch datierten Spezies aufgehört hat. Die „molekulare Uhr" liefert somit die Zeitspanne, die seit der Aufspaltung einer Art in zwei abgeleitete, reproduktiv isolierte Spezies bis heute vergangen ist.

Die mit Hilfe verschiedener „molekularer Uhren" ermittelten Zeitpunkte der Artaufspaltungen (in Millionen Jahren ± Fehlerabschätzung) stimmen in der Regel *näherungsweise* mit den geochronologisch datierten Fossilienreihen überein (s. Abschnitt 7.10). Ein Beispiel für die „Protein-Uhr" wurde bereits in Kapitel 6 besprochen. Der in Abbildung 6.14 (S. 162) dargestellte Stammbaum der Zell-Evolution wurde auf der Basis von Aminosäuresequenz-Vergleichen erarbeitet. Die Resultate (prokaryotische Urzellen lebten vor etwa 3800, erste Eucyten vor etwa 2000 Millionen Jahren) entsprechen in grober Näherung den Fossildaten.

7.3 Der universelle Stammbaum der Organismen

Neben der Aminosäuresequenz-Bestimmung, die als älteste Methode in den 1960er-Jahren etabliert wurde, wird insbesondere die Nucleotidabfolge innerhalb der DNA, die für die Ribonucleinsäure der kleinen Untereinheit der Ribosomen (16S-rRNA der Prokaryoten bzw. 18S-rRNA der Eukaryoten) verantwortlich ist, analysiert. Dieses Gen (Nucleotidsequenz) erfüllt die Forderungen, die an eine „molekulare Uhr" zu stellen sind, recht gut, da es seit Urzeiten in allen Lebewesen als Bestandteil der Ribosomen von Generation zu Generation weitergegeben wird. Die Sequenz dieses etwa 1500 Basen umfassenden Gens wurde bisher für über 10000 verschiedene Organismen bestimmt und führte zur Formulierung des bereits dargestellten Drei-Domänen-Modells der Klassifizierung aller rezenten Lebewesen (s. S. 148).

In Abbildung 7.4 ist ein universeller Stammbaum der wichtigsten Vertreter der Domänen Bacteria, Archaea und Eukarya dargestellt. Dieser basiert auf DNA-Sequenzanalysen der codierten rRNA-Moleküle der kleinen Untereinheit der Ribosomen der Zellen. Es wird deutlich, dass nur im Bereich der Eukarya echte Viel- und Mehrzeller zu finden sind (Tiere, Pilze, Pflanzen). Vertreter der Bacteria und Archaea sind in der Regel einzellige Organismen bzw. sie bestehen aus Zellreihen. Weiterhin ist in Abbildung 7.4 belegt, dass die rezenten Purpur- und Cyanobakterien genetisch sehr nahe mit den Mitochondrien und Chloroplasten der Eucyten verwandt sind (s. Endosymbionten-Theorie, Kap. 6).

An dieser Stelle sollte nochmals darauf hingewiesen werden, dass das Drei-Domänen-Modell

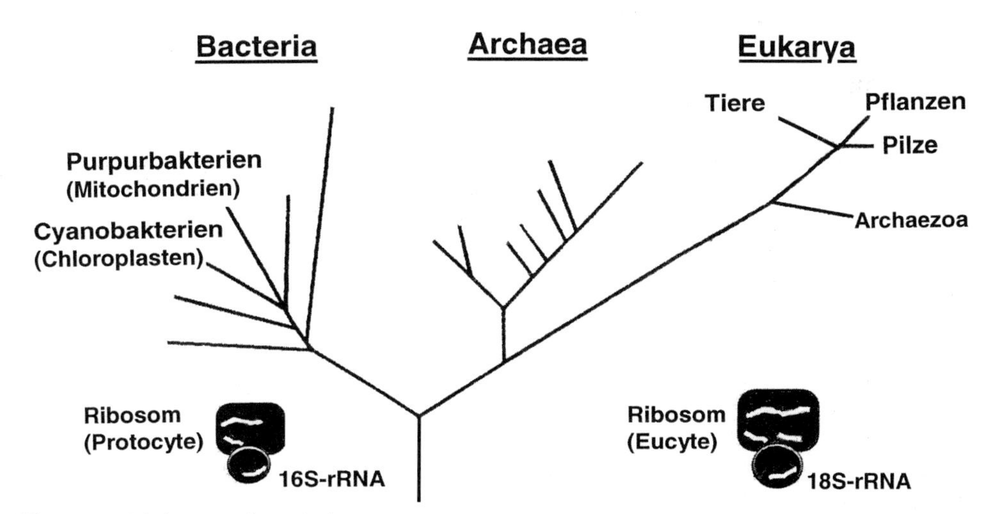

Abb. 7.4 Vereinfachter Stammbaum der drei Organismen-Domänen Bacteria (Eubakterien), Archaea (Archaebakterien) und Eukarya (Eukaryoten). Die Ribosomen von Proto- und Eucyte, mit großer und kleiner Untereinheit, sind schematisch wiedergegeben. Diese Darstellung basiert auf einer umfassenden Sequenzanalyse ribosomaler RNAs (16S- und 18S-rRNA, dargestellt als weiße Linien innerhalb der Ribosomen). An der Basis des Baumes stehen hypothetische einzellige Urorganismen. Mitochondrien und Chloroplasten (Plastiden) sind genetisch eng mit den Purpur- und Cyanobakterien verwandt. Die Vielzeller (Tiere, Pflanzen und Pilze) sind relativ weit entfernte Verwandte der Bakterien (nach MAIER, U.-G. et al.: Naturwissenschaften 83: 103–112, 1996).

der Organismenwelt die bereits dargestellte Fünf-Reiche-Klassifizierung beinhaltet: die Monera (sämtliche Mikroorganismen), Protista (Einzeller), Fungi (Pilze), Plantae (mehrzellige Pflanzen) und Animalia (vielzellige Gewebetiere) sind im molekularen RNA-Stammbaum (Abb. 7.4) als Untergruppen vertreten. Als frühe Abzweigung auf dem Weg zu den Eukarya sind die Archaezoa, mitochondrienfreie Proto-Eucyten, eingezeichnet (*Giardia*).

7.4 Mitochondrien-DNA und Stammbaum-Rekonstruktionen

Neben dem Aminosäure- und dem rRNA-Sequenzvergleich konnte die Analyse der Mitochondrien (mt)-DNA als weiteres wichtiges „Werkzeug" der molekularen Evolutionsforschung etabliert werden. Jede Eucyte enthält im Cytoplasma zahlreiche Mitochondrien, die als aerobe „Kraftwerke" das für den Zellstoffwechsel notwendige ATP produzieren. Die mt-DNA ist als ein mehrfach pro Organelle vorhandener ringförmiger Doppelstrang ausgebildet; sie ist chemisch relativ stabil, hat eine höhere Mutationsrate als jene des Kern-Genoms und kann mit Standardmethoden aus dem Gewebe extrahiert werden (Tab. 7.1).

Da die Mitochondrien bei Säugetieren über die Eizelle der Mutter vererbt werden, konnte man beispielsweise die „mütterliche Linie" der Evolution des Menschen rekonstruieren. In diesem Abschnitt ist das Prinzip dieser Methodik am Beispiel der Ringelwurm-Phylogenetik erläutert (Unter-Stamm Annelida, mit den Unter-Klassen Wenigborster, Oligochaeta und Egel, Hirudinea, die gemeinsam die Klasse der Gürtelwürmer, Clitellata, bilden).

Beschreibung der Methoden. Abbildung 7.5 zeigt ein Flussdiagramm mit den sechs wichtigsten Schritten. Zunächst werden geeignete Taxa ausgewählt, wenn möglich Arten, die exakt bestimmbar sind. In unserem Beispiel wurden jeweils fünf Exemplare von zwei Süßwasseregeln und einem Regenwurm im Freiland gesammelt und bestimmt:

1. Zweiäugiger Plattegel (*Helobdella stagnalis* L. 1758)
2. Großer Schneckenegel (*Glossiphonia complanata* L. 1758)
3. Kastanien-Regenwurm (*Lumbricus castaneus* Savigny 1826)

Die Tiere (Abb. 7.5 A) werden in Ethanol (95 Vol.%) eingelegt; von den abgetöteten Würmern müssen dann Stücke abgeschnitten werden, die möglichst viel Mitochondrien-reiches Muskelgewebe, jedoch keinen Darminhalt enthalten (z. B. Fragmente des Hintersaugnapfes oder der Körperflanken, Abb. 7.5 B). Da die mitochondriale (mt)-DNA mehrfach pro Organelle und somit etwa tausendfach pro Zelle vorliegt, kann die Gesamt (Kern plus Mitochondrien)-DNA extrahiert werden (Abb. 7.5 C). Eine aufwändige Isolation der Mitochondrien aus den Gewebeproben ist nicht erforderlich. Das gesamte mt-Genom umfasst bei Tieren etwa 14 000 bis 20 000 Basenpaare (bp). Informationen zur mt-DNA beim Menschen (repräsentativ für andere Säugetiere) und dem Regenwurm (ein typischer Annelide) sind in Tabelle 7.1 zusammengestellt. Es wird deutlich, dass sich die mitochondrialen Genome bezüglich ihrer Größe sehr ähnlich sind und exakt dieselben mt-Gene enthalten – ein weiterer Beweis für die Endosymbionten-Theorie der Zell-Evolution (s. Kap. 6). Die für die kleine und große Untereinheit der mitochondrialen Ribosomen codierenden Gene (s- und

Tab. 7.1 Vergleich des mitochondrialen Genoms (mt-DNA-Ring) von Mensch und Regenwurm. Die Protein- und RNA-Gene sind in Klammern in ihrer international verbindlichen Kurzform aufgelistet. bp = Basenpaare, s. u. = sub unit (Untereinheit) (nach Boore, J.L. & Brown, W.M.: Genetics 141, 305–319, 1995).

	Mensch (*Homo sapiens*)	Regenwurm (*Lumbricus terrestris*)
Größe des Genoms (bp)	16569	14998
Zahl der Gene	37	37
Protein-Gene (COX I, II, III; Cyt b; ATPase 6 und 8; NADH-Dehydrogenase-s. u. 1–6 und s. u. 4 L)	13	13
RNA-Gene (s-rRNA und l-rRNA für kleine und große s. u. der Ribosomen; 22 t-RNAs)	24	24

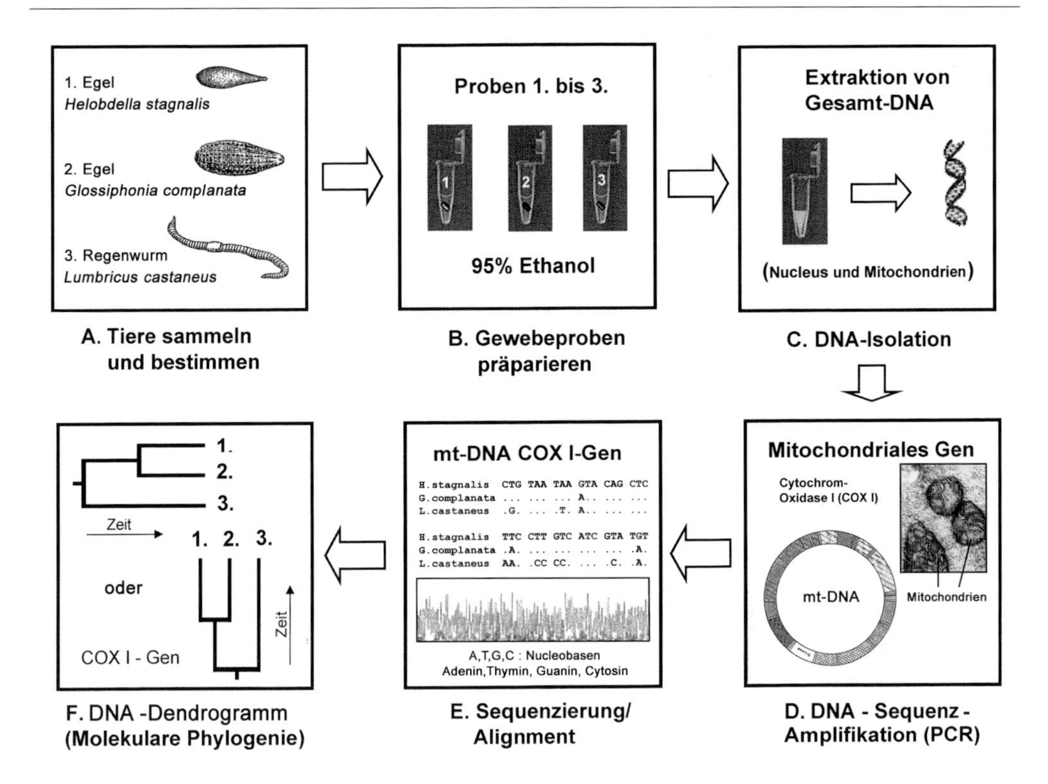

Abb. 7.5 Verfahren zur Erstellung eines DNA-Sequenzstammbaumes (molekulare Phylogenie), ausgehend von drei Ringelwurm-Arten (Proben 1 bis 3, d.h. zwei Egel, ein Regenwurm) (A). Nach Präparation von Gewebeproben (B) wird die DNA extrahiert (C). Ein Fragment (710 bp) aus dem mitochondrialen Gen Cytochrom-c-Oxidase Subunit I (COX I) wird unter Einsatz der Polymerase-Kettenreaktion (PCR) in vitro vervielfältigt (DNA-Sequenz-Amplifikation) (D) und anschließend sequenziert. Nach Übereinanderlegen homologer Sequenzabschnitte (Sequence-Alignment, Proben 1 bis 3) (E) können unter Einsatz bestimmter Computerverfahren DNA-Dendrogramme erstellt werden, welche die Verwandtschaftsverhältnisse der drei Taxa auf Grundlage molekularer Daten wiedergeben (F). Die Zeitachse verläuft in der graphischen Darstellung entweder von links nach rechts oder von unten nach oben (nach Pfeiffer, I., Brenig, B. & Kutschera, U.: Mol. Phylogenet. Evol. 33, 214–219, 2004).

l-rRNA-Sequenzen) sind den entsprechenden bakteriellen Genabschnitten homolog: Mitochondrien stehen daher im Universellen Stammbaum an derselben Stelle wie die Purpurbakterien (Abb. 7.4).

Die Sequenzierung des gesamten mt-Genoms wäre sehr aufwändig. Man wählt daher ein definiertes Gen aus und sequenziert einen Teil davon (einige hundert bp). In Abbildung 7.5 D sind Mitochondrien sowie (schematisch) die ringförmige mt-DNA dargestellt. Das hier ausgewählte Gen, die Cytochrom-c-Oxidase Subunit-I (COX I) codiert für einen Teil des Proteinkomplexes der mitochondrialen Atmungskette, der für die Endoxidation verantwortlich ist (Reaktion von Sauerstoff mit Wasserstoff unter Bildung von H_2O). Um einen COX I-Genabschnitt sequenzieren zu können, muss dieses spezielle DNA-Fragment vervielfältigt (amplifiziert) werden. Hierzu wird die *Polymerase-Kettenreaktion* (PCR) eingesetzt, ein effizienter „molekularer DNA-Kopierapparat". Der Kopiervorgang einer Ziel-DNA-Sequenz wird mit einer PCR-Maschine (Thermocycler) in drei temperaturabhängigen Schritten durchgeführt. Zunächst wird die doppelsträngige mt-DNA bei 95 °C denaturiert (aufgeschmolzen). Die Einzelstränge liegen nun separat vor. Um ein Genfragment (DNA-Abschnitt) kopieren zu können, werden sogenannte *Primer* (Oligodesoxyribonucleotide von ca. 25 bp Länge) eingesetzt, die den zu kopierenden DNA-Abschnitt definieren, indem sie bei niedriger Temperatur (55 °C) an Orten komplementärer Sequenzen mit der Einzelstrang-DNA hybridisieren und als Starter für die Polymerisation dienen. Zur Amplifikation von COX I-Genfragmenten (Länge mit Primer: 710 bp) können sogenannte *Universal Primers* verwendet werden, die vielseitig einsetzbar sind. Als Beispiel sei einer dieser Oligodesoxyribonucleotide genannt:

LCO 1490: 5'-GGTCAACAAATCATAAAGATA-TTGG-3'

Der Start der Polymerisation (*Annealing*) erfolgt bei einer Temperatur, die etwas unterhalb des Schmelzpunktes der DNA liegt (72 °C). Nach der Annealing-Phase werden die den DNA-Einzelsträngen angelagerten (hybridisierten) Primer an ihrem 3'-Ende durch eine zugefügte DNA-Polymerase verlängert (*Primer Extension*). Als Enyzm wird meist die ursprünglich aus dem hitzeliebenden (thermophilen) Archebakterium *Thermus aquaticus* isolierte Taq-Polymerase verwendet. Das doppelsträngige Produkt (d.h. die vermehrte DNA-Zielsequenz, in unserem Beispiel das 710 bp-Fragment des COX I-Gens) kann durch Wiederholung der Temperaturzyklen im Thermocycler (95 °C/55 °C/ 72 °C → 95 °C/55 °C/ 72 °C usw.) millionenfach vervielfältigt werden, so dass genügend amplifizierte DNA zur Sequenzierung produziert werden kann.

Die DNA-Sequenzierung definierter PCR-Produkte erfolgt in automatischen Apparaturen unter Einsatz computerunterstützter Auswertungssysteme, die dann die entsprechenden A, T, G, C-Nucleobasen-Abfolgen direkt ausdrucken (Abb. 7.5 E). Im letzten Schritt werden dann die mt-DNA-Sequenzdaten als artspezifisches Merkmal interpretiert und einem systematischen Vergleich unterzogen (Homologie-Betrachtung, analog dem in der klassischen Systematik gebräuchlichen Verfahren). Hierzu werden die sich entsprechenden (homologen) Sequenzbereiche der Proben 1 bis 3 (zwei Egelarten und ein Regenwurm) passend übereinander gelegt (Sequenz-Alignment). In Abbildung 7.5 E sind die homologen DNA-Sequenzen der beiden Egel und des Regenwurms übereinander gezeichnet. Es folgt, dass die Proben 1 und 2 im Vergleich nur wenige, Probe 3 verglichen mit 1/2 deutlich mehr Unterschiede zeigen. Die Gemeinsamkeiten und Unterschiede in den Nucleobasenabfolgen (ATGC usw.) können dann mit Computer-Verfahren ausgewertet werden (z.B. Cladistische bzw. Maximum Likelihood-Methode; Parsimonie-Analyse usw.). Als Resultat werden DNA-Sequenz-Stammbäume (Dendrogramme oder molekulare Phylogenien) erstellt, die als Verzweigungsdiagramm graphisch dargestellt werden. In unserem Beispiel wird deutlich, dass in einem repräsentativen Dendrogramm die Proben 1 und 2 (Egelarten) näher miteinander verwandt

Tab. 7.2 Klassifizierung, Fundorte und COI-GenBank-Akzessionsnummern (für neue Daten) der Anneliden (Egel, Hirudinea, Wenigborster, Oligochaeta), die zur Erstellung des mt-DNA-Sequenzstammbaums verwendet wurden (s. Abb. 7.7). Rhychobdellida = Ordnung Rüsselegel; Glossiphoniidae = Familie Plattegel; Lumbricoidea = Ordnung Regenwurmartige, Lumbricidae = Familie Regenwürmer (nach Pfeiffer, I., Brenig, B. & Kutschera, U.: Mol. Phylogenet. Evol. 33, 214–219, 2004).

Klassifizierung	Art (Erstbeschreiber)	Fundort	CO-I
Hirudinea			
Rhynchobdellida			
Glossiphoniidae			
Haementeriinae	*Helobdella stagnalis* (Linnaeus 1758)	Deutschland, Kassel-Harleshausen	–
	Helobdella triserialis (Blanchard 1849) *Helobdella europaea* (Kutschera 1987)	Nordamerika, Kalifornien, Stanford Deutschland, Freiburg-Vörstetten	– AY 576008
	Alboglossiphonia heteroclita (Linnaeus 1761)	Deutschland, Kassel-Wehlheiden	–
Glossiphoniinae	*Glossiphonia complanata* (Linnaeus 1758)	Deutschland, Kassel-Wehlheiden	–
	Hemiclepsis marginata (O.F. Müller 1774)	Deutschland, Kassel-Wehlheiden	–
Theromyzinae	*Theromyzon tessulatum* (O.F. Müller 1774)	Deutschland, Kassel-Wilhelmshöhe	–
Oligochaeta			
Lumbricoidea			
Lumbricidae	*Lumbricus castaneus* (Savigny 1826)	Deutschland, Kassel-Harleshausen	AY576009

sind als der Regenwurm (3) mit einem der beiden: *L. castaneus* ist ein entfernter Verwandter der beiden Egel, die *Schwester-Taxa* darstellen. Der Regenwurm ist, bezogen auf die zwei Egelarten, als *Außengruppe* zu bewerten (Oligochaet).

Populationen, Arten und Familien. Im Vergleich zur evolutionär hoch konservierten ribosomalen Kern-DNA, die für die Erstellung des „universellen Stammbaums der drei Domänen Bacteria, Archaea und Eukarya" herangezogen wurde (Abb. 7.4), ist die mt-DNA durch eine mindestens zehnfach höhere Mutationsrate gekennzeichnet. Diese Organellen-DNA eignet sich dazu, um eng verwandte Organismen zu charakterisieren. Die zwei nachfolgend dargestellten Beispiele sollen dies verdeutlichen.

Schlundegel *Erpobdella octoculata*

Population 1(oben) Population 2(unten)

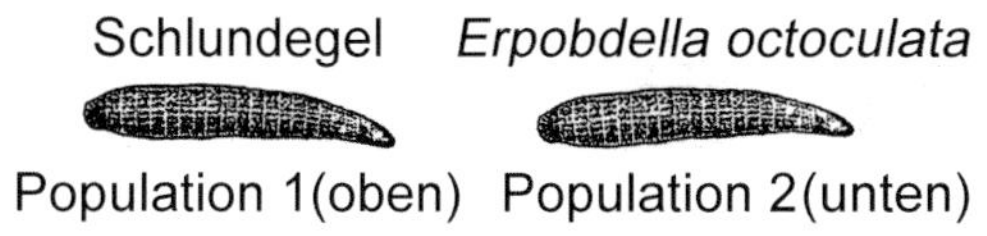

```
GGC ACA TTT TTA GGA AAC GAT CAA ATT TAT AAC ACT ATT
... ... ... ... ..G ... ... ... ... ... ... ... ...

GTA ACC GCT CAC GGG CTA GTA ATA ATT TTC TTT ATA GTA
... ... ... ... ... ... ... ... ... ... ... ... ...

ATA CCT ATT TTA ATT GGA GGA TTT GGA AAT TGG TTG ATT
... ... ... ... ... ... ... ... ... ... ... ... ...

CCA TTA ATA ATT GGT GCA CCA GAT ATA GCC TTT CCT CGA
... ... ... ... ... ... ... ... ... ... ... ... ...

CTC AAT AAT CTA AGA TTT TGA CTA TTA CCC CCA TCA ATA
... ... ... ... ... ... ... ... ... ... ... ... ...

ATT ATA TTA GTC TTC TCT GCA TTT GTA GAA AAT GGT GTG
... ... ... ... ... ... ... ... ... ... ... ... ...

GGT ACT GGA TGA ACA TTA TAC CCT CCC TTA GCA TAT AAT
... ... ... ... ... ... ... ... ... ... ... ... ...

ATT GCC CAC TCT GGC CCA TCA GTA GAT ATG GCT ATT TTC
... ... ... ... ... ... ... ... ... ... ... ... ...

TCA TTA CAT TTA GCA GGA GCT TCA TCT ATT TTA GGA TCA
... ... ... ... ... ... ... ... ... ... ... ... ...

TTA AAC TTT ATT TCC ACT GTA GCA AAT ATA CGA TGA AAA
... ... ... ... ... ... ... ... ... ... ... ... ...

GGT ATA TCA TTA GAT CGA ATC CCT TTA TTT ATT TGA TCA
... ... ... ... ... ... ... ... ... ... ... ... ...

GTA ATT ATT ACT ACA GTA CTT CTA CTT CTA TCA TTA CCA
... ... ... ... ... ... ... ... ... ... ... ... ...

GTT TTA GCA GCT GCC AGT TAC TAT ATT ACT GA
... ... ... ... ... ... ... ... ... ... ..
```

Abb. 7.6 Sequenzvergleich homologer DNA-Abschnitte (mitochondriales COX I-Gen, 500 bp) zwischen den Individuen zweier geographisch isolierter Populationen des Egels *E. octoculata*. Jeweils zehn Individuen wurden einem Fließgewässer in Freiburg im Breisgau (Population 1) und Kassel (Population 2) entnommen (Süd- bzw. Mitteldeutschland). Je ein repräsentativer Vertreter der Population wurde analysiert (oben = DNA-Sequenz aus Population 1 mit A = Adenin, T = Thymin, G = Guanin, C = Cytosin; unten = Sequenz aus Population 2, identische Nucleobasen sind als Punkte dargestellt) (nach Pfeiffer, I., Brenig, B. & Kutschera, U.: Theory Biosci. 124, 25–34, 2005).

Unterscheiden sich die Individuen einer Art (Population) bezüglich der Sequenz des COX I-Gens voneinander? Zur Klärung dieser Frage wurden Exemplare des in Mitteleuropa häufigen Achtäugigen Schlundegels (*Erpobdella octoculata* L. 1758) einem Gewässer in Süd- und Mitteldeutschland entnommen (Distanz der Populationen ca. 500 km). Die Individuen dieser geographisch vermutlich seit Jahrtausenden getrennten Egel-Populationen sind morphologisch nicht voneinander zu unterscheiden: Die Variabilitätsbreite in der Färbung der Individuen beider Fortpflanzungsgemeinschaften ist ähnlich hoch. Wie Abbildung 7.6 zeigt, sind die einander entsprechenden (homologen) DNA-Abschnitte (500 bp) des COX I-Genfragments zu 99,8 % identisch: Nur ein A (Population 1) wurde durch ein G ausgetauscht (Population 2). Diese minimalen Unterschiede (< 1 %) auf dem Niveau dieses mitochondrialen Gens stimmt mit dem Befund überein, dass die (farblich variablen) Populationen 1 und 2 nach morphologischen Kriterien nicht voneinander zu trennen sind.

Lassen sich Arten und Gattungen voneinander unterscheiden? Die nachfolgend besprochenen acht Ringelwurm-Arten sind in Tabelle 7.2 mit einer nach morphologischen Kriterien durchgeführten Klassifizierung und Fundorten zusammengestellt. Weiterhin sind

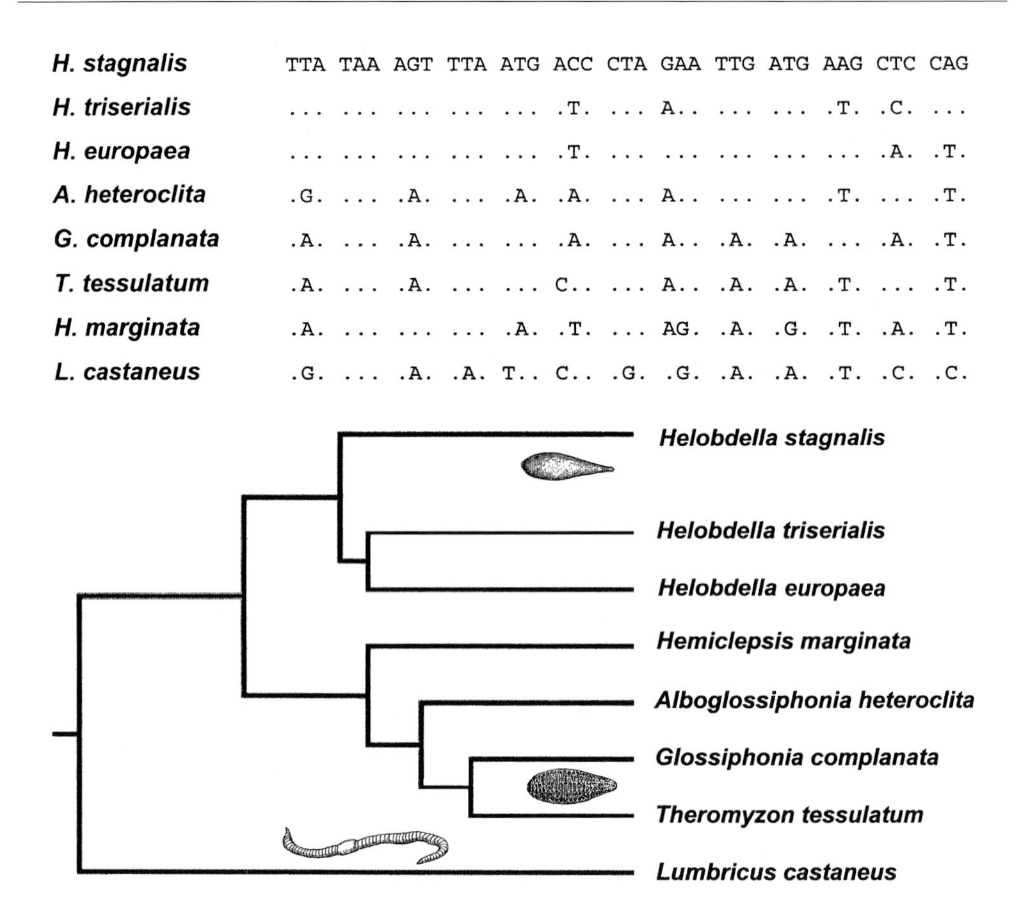

Abb. 7.7 Homologe DNA-Sequenzen (39 bp-Segmente) aus dem mitochondrialen Gen Cytochrom-c-oxidase Subunit I (COX I) von sieben Süßwasseregeln und einem Regenwurm (oben). A, T, G, C = Nucleobasen Adenin, Thymin, Guanin, Cytosin; Punkte = identische Basen im Vergleich zur ausgeschriebenen Sequenz des Zweiäugigen Plattegels *Helobdella stagnalis*. Molekulare Phylogenie der sieben Egelarten mit dem Regenwurm *Lumbricus castaneus* als Außengruppe (unten) (*H. triserialis* = amerikanischer, *H. europaea* = europäischer Plattegel; *H. marginata* = Kaulquappenegel; *A. heteroclita* = Kleiner Schneckenegel, *G. complanata* = Großer Schneckenegel, *T. tessulatum* = Entenegel) (nach Kutschera, U.: Lauterbornia 52, 153 –162, 2004).

zwei GenBank-Akzessions-Nummern für neu beschriebene COX I-Sequenzen (663 bp Länge, ohne Primer-Regionen) eingetragen. Diese öffentlich zugänglichen GenBank-Daten können weltweit von anderen Evolutionsforschern zur Erstellung von DNA-Stammbäumen verwendet werden.

In Abbildung 7.7 ist ein *Sequence Alignment* von sieben morphologisch leicht unterscheidbaren Egelarten (Biospezies) mit dem bereits beschriebenen Regenwurm als Außengruppe dargestellt. Es wird deutlich, dass die Sequenz-Homologien in diesem repräsentativen Genabschnitt bei den drei Plattegel-Arten (Gattung *Helobdella*, Bezugssystem *H. stagnalis*) hoch sind (geringe Unterschiede): diese drei „Sumpfsauger" bilden eine geschlossene Abstammungsgemeinschaft (*Helobdella*-Clade, obwohl *H. stagnalis* in Deutschland und *H. triserialis* in Nordamerika gesammelt wurde). Die vier anderen Hirudineen (in Abb. 7.7 von oben nach unten: Kaulquappenegel, *Hemiclepsis*; Kleiner und Großer Schneckenegel, *Alboglossiphonia*, *Glossiphonia*; Entenegel, *Theromyzon*) unterscheiden sich deutlicher bezüglich ihrer Basenabfolgen von *H. stagnalis* und bilden eine eigene Untergruppe. Der Regenwurm steht als Außengruppe am Rand des Stammbaums.

Aus diesen Daten folgt, dass Arten (Morpho- bzw. Biospezies) mit der mt-DNA-Analytik eindeutig auseinandergehalten werden können, während Individuen derselben Art weitgehend identische Basensequenzen zeigen (Abb. 7.6); sie stehen in DNA-Stammbäumen an derselben Stelle.

In Tabelle 7.2 ist die nach morphologischen Kriterien durchgeführte klassische Systematik der hier diskutierten Anneliden dargestellt (sieben Egelarten, ein Regenwurm). Ein Vergleich mit dem mt-DNA-Phylogramm (Abb. 7.7) zeigt eine weitgehende Übereinstimmung: Alle hier untersuchten Hirudineen gehören zu den Rüsselegeln (Rhynchobdellida) und bilden eine monophyletische Gruppe. Nach der klassischen Systematik ist der Kleine Schneckenegel (*Alboglossiphonia*) näher mit den „Sumpfsaugern" (Unterfamilie Haementeriinae) verwandt als mit den Glossiphoniinae; dies steht im Widerspruch zum mt-DNA-Stammbaum. Wir wissen allerdings, dass *Alboglossiphonia* bezüglich seiner Fortpflanzungsstrategie als Zwischenform Haementeriinae/Glossiphoniinae zu interpretieren ist. Die Tatsache, dass der Entenegel (*Theromyzon*) in unserem Stammbaum als Schwestertaxon von *Glossiphonia* auftritt, stimmt mit dem Befund überein, dass beide Arten sich morphologisch sehr ähneln. In unserem Phylogramm sind die Egel (Unter-Klasse Hirudinea) und Wenigborster (Unter-Klasse Oligochaeta) als entfernte Verwandte mit gemeinsamen Vorfahren eingestuft. Dieser Befund stimmt mit den klassischen morphologischen Daten überein: Hirudinea und Oligochaeta bilden das Monophylum der Clitellata (Gürtelwürmer). Wir werden in Kapitel 8 auf die Regenwurm-Egel-Problematik zurückkommen.

7.5 Evolution der Landpflanzen: Ontogenesen und rekonstruierte Phylogenese

Bei der Beschreibung der historischen Grundlagen der Evolutionsbiologie (Kap. 2) wurde bereits hervorgehoben, dass die Deszendenztheorie nach ihrer Formulierung durch DARWIN (1859, 1872) von vielen Zoologen des 19. Jahrhunderts zunächst abgelehnt wurde, während die Botaniker den Evolutionsgedanken ohne Widerstand in ihre „grüne Organismenwelt" aufnahmen. Die Ursache für die Akzeptanz der Selektionstheorie durch die Botaniker lag im Wesentlichen in den Forschungsleistungen des Buchhändlers und späteren Hochschullehrers WILHELM HOFMEISTER (1824–1877) begründet. Dieser bedeutende Biologe veröffentlichte acht Jahre vor Erscheinen von Darwins Hauptwerk eine epochemachende Schrift, in der – basierend auf äußerst diffizilen, vergleichend-mikroskopischen Untersuchungen an Moosen, Farnen und Samenpflanzen – erstmals die jeweiligen *Generationswechsel* dieser Organismen beschrieben wurden. Hiermit war die Individualent-

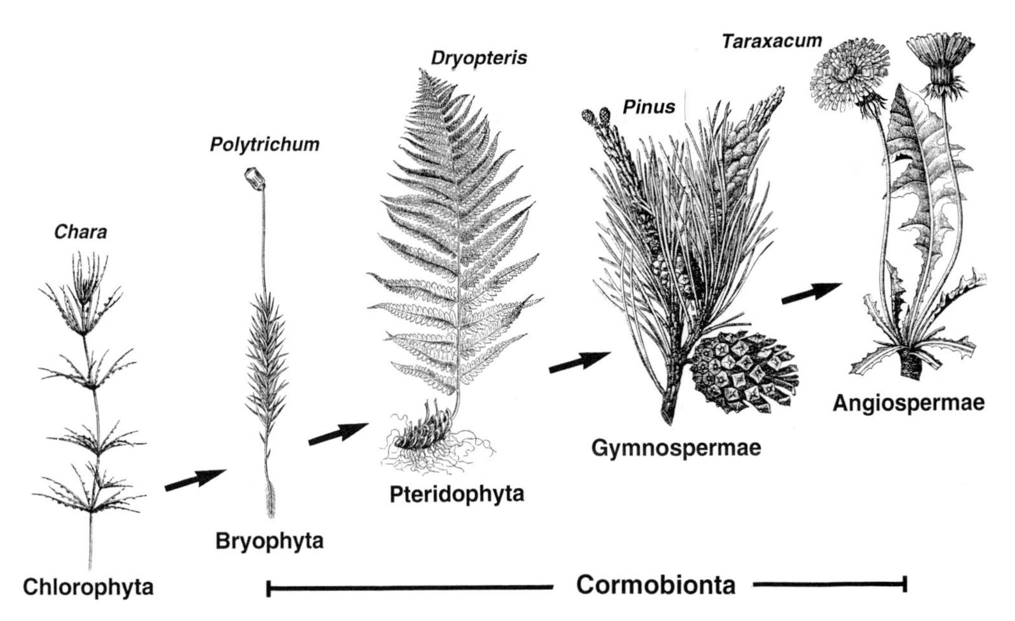

Abb. 7.8 Verwandtschaftsbeziehungen und daraus abgeleitete Phylogenese der Landpflanzen (Cormobionta) auf der Grundlage vergleichend-anatomischer Untersuchungen rezenter Arten. Ursprungsgruppe: aquatische Grünalgen (Chlorophyta: Armleuchteralge *Chara*, Gametophyt); Moose (Bryophyta: Laubmoos *Polytrichum*. Der mit Blättchen versehene untere Teil ist der Gametophyt, Stiel und Sporenkapsel repräsentieren den Sporophyten); Farnpflanzen (Pteridophyta: Wurmfarn *Dryopteris*, Sporophyt); Nacktsamer (Gymnospermae: Kiefer *Pinus*, Sporophyt); Bedecktsamer (Angiospermae: Löwenzahn *Taraxacum*, Sporophyt).

wicklung (Ontogenese) der verschiedenen Landpflanzen aufgeklärt: Moose (Bryophyta), Farne (Pteridophyta), Nacktsamer (Gymnospermae) und Bedecktsamer (Angiospermae) konnten bezüglich ihrer Fortpflanzungszyklen homologisiert werden (Abb. 7.8). Die einzelnen Klassen der Landpflanzen (Cormobionta, Syn.: Embryophyten) waren damit als verwandte Organismen erkannt, die eine natürliche Entwicklungslinie bilden: Am Anfang stehen die auf feuchte Standorte begrenzten Moose, am Ende die durch Insektenbestäubung gekennzeichneten, an wasserarme Standorte angepassten bedecktsamigen Blütenpflanzen (Angiospermae).

Vergleich der Ontogenesen. In Kapitel 4 wurde der aus Fossilfunden rekonstruierte Generationswechsel der ausgestorbenen Urlandpflanze *Rhynia* beschrieben (s. Abb. 4.15, S. 99). Dieses Entwicklungsschema sollte bei der nachfolgenden Erörterung als Grundlage benutzt werden.

Bei den rezenten *Bryophyta* ist das Moospflänzchen der Gametophyt (die Generation, die Gameten produziert). Dieser besitzt einen einfachen Chromosomensatz und ist daher haploid (n); die Gametophyten bilden weibliche Archegonien (mit Eizelle) und männliche Antheridien (mit Spermatozoiden). Die Befruchtung der Eizelle erfolgt in wässrigem Medium durch freibewegliche Spermatozoide. Aus der Zygote wächst ein diploider, aus Stiel und Kapsel bestehender Sporophyt heran, der nach Reduktionsteilung (Meiose) haploide Sporen hervorbringt, die nach Keimung die nächste Gametophytengeneration bilden. Zu den Bryophyta gehören die Lebermoose (Hepatica) (Abb. 7.1), die Laubmoose (Musci) (Abb. 7.8) und die Hornmoose (Anthocerophyta).

Bei den *Farnpflanzen* (Pteridophyta) ist der haploide Gametophyt drastisch reduziert und wird Prothallium genannt. Die nur wenige Zentimeter großen, lebermoosartigen Pflänzchen bilden Antheridien und Archegonien, wobei – wie bei den Moosen – eine Befruchtung nur durch Regen- oder Tauwasser erfolgen kann. Aus der Zygote wächst der diploide Sporophyt hervor, der die eigentliche Farnpflanze darstellt (Abb. 7.8). Diese ist in Wurzel, Stamm und Blätter untergliedert und bildet wiederum haploide Sporen, aus denen die nächste Gametophyten-Generation hervorgeht. Zu den Pteridophyta gehören neben den ausgestorbenen Urfarngewächsen (Psilophytatae, z. B. *Rhynia*) die Bärlappgewächse (Lycopodiopsida), die Schachtelhalme (Equisetopsida) und die eigentlichen Farne (Pteridopsida).

Die *Samenpflanzen* (Spermatophyta) dominieren mit über 250 000 Arten die Festlandvegetation der Erde, wobei die Gruppe der Nacktsamer (Gymnospermae) – im Wesentlichen Nadelhölzer – nur noch etwa 700 rezente Spezies umfasst. Die Bedecktsamer (Angiospermae) sind somit bezüglich Artenzahl und Biomasse heute die „grünen Beherrscher des Festlandes". Der haploide Gametophyt ist bis auf die mikroskopisch kleinen Fortpflanzungsgewebe und -zellen reduziert, die Bestandteil der Blüten sind (Staubblatt: männliche Pollenkörner mit Spermatozoid bzw. Spermazelle; Fruchtblatt: Embryosack mit Eizelle). Die Bestäubung erfolgt – unabhängig vom Wasser – über Pollenkörner, die auf eine entsprechende Stelle der Samenanlage übertragen werden. Bei den *Gymnospermae* wird die Bestäubung durch Massenproduktion von Pollenkörnern und Verdriften dieser mikroskopisch kleinen männlichen Gametophyten durch den Wind bewerkstelligt. Die meisten *Angiospermae* entwickelten im Verlauf der Phylogenese eine Pollenübertragung durch Tiere (insbesondere Insekten). Bunte Blüten, Lock- und Reizmittel wie Nektar und Duftstoffe sind die Merkmale der höherentwickelten Angiospermae (*Coevolution* von Insekten und Blütenpflanzen). Nach Bestäubung und Befruchtung geht aus der diploiden Zygote ein Embryo hervor, der als Bestandteil des Samens (Ausbreitungs- und Vermehrungseinheit) nach Keimung den Sporophyten bildet (diploide Samenpflanze). Zu den Gymnospermae zählen die *Ginkgo*-Gewächse (Ginkgoatae mit einer rezenten Art), die Nadelhölzer (Pinatae) und die Cycasgewächse (Cycadatae). Die Angiospermae werden in die Klassen der Zweikeimblättler (Dicotyledonae) und Einkeimblättler (Monocotyledonae) unterteilt.

Rekonstruktion der Abstammung. Die in Abbildung 7.8 dargestellte hypothetische Entwicklungslinie der Landpflanzen (Cormobionta) basiert auf vergleichenden Untersuchungen der Ontogenesen rezenter Arten; als Ursprungsgruppe gelten die Armleuchteralgen (Charales), d. h. komplex gebaute Grünalgen (Chlorophyta), die Zwischenformen (Alge/Pflanze) darstellen. Die Ableitung der Landpflanzen aus der Gruppe mehrzelliger Algen (*Chara*) ergibt eine rezente „grüne Linie", die im Prinzip mit dem Fossilienmuster übereinstimmt (s. Kap. 4). Aus dem Archaikum sind prokaryotische Algen (Mikrofossilien) bekannt; die ersten mehrzelligen (eukaryotischen) Algen treten im Proterozoikum auf; die Besiedelung des Landes erfolgte im Paläozoikum (Silur/Devon) durch kleine, an heutige Moose erinnernde Pflanzen mit Generationswechsel; im Karbon wurden die Bryophyten durch Pteridophyten verdrängt (Farnwälder); im Mesozoikum bildeten erst die Gymnospermen (Nadelwälder) und später die Angiospermen (Laubwälder) die dominierende Vegetation. Im Känozoikum gingen die Laubwälder stellenweise zurück; es entwickelten sich große Savannen, die von einkeimblättrigen (monocotylen) Angiospermen, den Gräsern (Gramineen), besiedelt waren (SCHERP et al., 2001).

Sequenz-Stammbaum. Die durch vergleichend-morphologische Untersuchungen und das Fossilienmuster rekonstruierte Evolution der Landpflanzen konnte unter Einsatz von RNA- bzw. DNA-Sequenzanalysen bestätigt und verfeinert werden. In Abbildung 7.9 ist ein rRNA-Stammbaum der Grünalgen und Landpflanzen dargestellt, der im Prinzip die Phylogenese der in Abbildung 7.8 veranschaulichten „grünen Linie" wiedergibt. Aus verschiedenen Gruppen einzelliger (eukaryotischer) Grünalgen, die Vertretern der Gattung *Mesostigma* ähnlich waren, entwickelten sich die mehrzelligen, relativ komplex gebauten aquatischen Armleuchteralgen (*Chara*). Die scheibenförmige, mit zwei Geißeln ausgestattete Süßwasser-Grünalge *Mesostigma* ist in Abbildung 7.9 schematisch dargestellt. Der freibewegliche photoautotrophe Einzeller ist der nächste rezente Verwandte der mehrzelligen Algen und Landpflanzen. *Mesostigma* ist somit vor den Charales einzureihen. Jene sind die nächsten Verwandten und somit die hypothetischen Vorläufer der Moose. Das in Abbildung 7.1 dargestellte Lebermoos *Marchantia* konnte als eine der urtümlichsten rezenten Landpflanzen identifiziert werden; der Organismus steht an der Basis der Cormobionta (s. Abb. 7.9). Die durch Blättchen gekennzeichneten Laubmoose (z.B. *Polytrichum, Funaria*) repräsentieren höherentwickelte Organismen, die mit den Farnpflanzen verwandt sind. Die Samenpflanzen (Spermatophyta) bilden mit den basalen Gymnospermen und den abgeleiteten zwei- bzw. einkeimblättrigen Angiospermen (Di- bzw. Monocotyledonae) eine Entwicklungsreihe, die in der Maispflanze (*Zea mays*) einen ihrer derzeitigen phylogenetischen Höhepunkte erreicht hat. Wie bereits in Kapitel 3 dargelegt wurde (Abb. 3.16, S. 82), kann diese monocotyle Samenpflanze aufgrund ihres speziellen, hoch effizienten Photosyntheseapparates als eine der „Kronen innerhalb der grünen Linie" bezeichnet werden. Wir werden in Kapitel 9 auf die Evolution der Maispflanze zurückkommen.

7.6 Phylogenese der Animalia: Schwämme als Gewebetiere

Der Übergang vom Ein- zum Vielzeller war ein Schlüsselereignis in der Evolution, das sich innerhalb der drei Reiche Fungi (Pilze), Plantae (Pflanzen) und Animalia (Tiere) vollzogen und zur phylogenetischen Entwicklung aller makroskopisch sichtbaren Lebewesen geführt hat. Die Ableitung

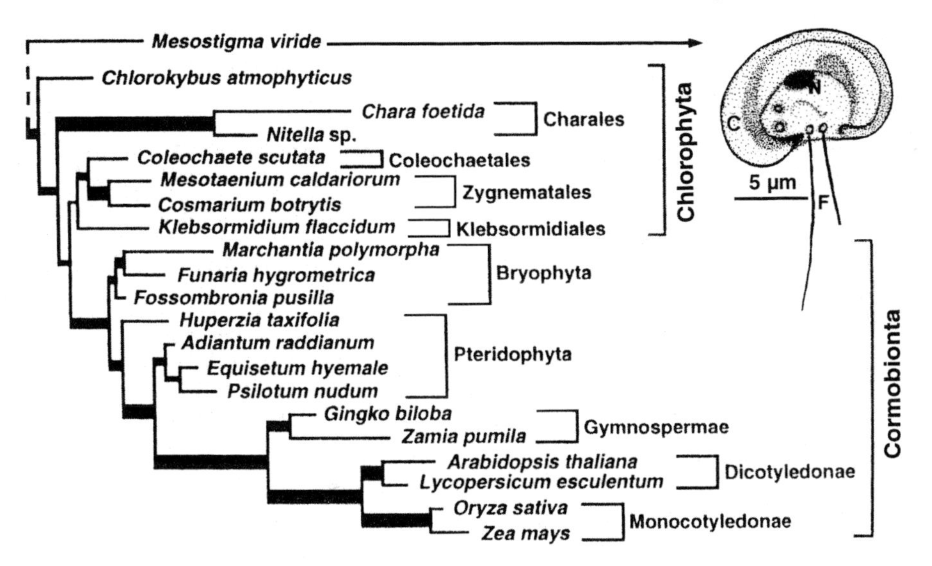

Abb. 7.9 Verwandtschaftsbeziehungen und daraus abgeleitete Phylogenese der Grünalgen (Chlorophyta) und Landpflanzen (Cormobionta). Der Stammbaum wurde auf der Grundlage von Sequenzanalysen ribosomaler RNAs (18S-rDNA) erstellt. Die phylogenetische Beziehung zwischen bestimmten Grünalgen (Chlorophyta: Einzeller *Mesostigma*, mehrzellige Armleuchteralge *Chara*), den Moosen (Bryophyta), Farnpflanzen (Pteridophyta), Nacktsamern (Gymnospermae) und Bedecktsamern (Angiospermae mit Zwei- und Einkeimblättlern, d.h. Di- und Monocotyledonae) wird deutlich (nach BHATTACHARYA, D. & MEDLIN, L.: Plant Physiol. 116: 9–15, 1998).

der vielzelligen Landpflanzen von einzelligen Grünalgen (Chlorophyta) gilt als gesichert und wurde im letzten Abschnitt dargestellt. Die Phylogenese der mehrzelligen Pilze soll hier nicht näher diskutiert werden, da zu dieser Problematik nur vereinzelte Resultate vorliegen. Wir wollen im Folgenden die Evolution der Animalia (Gewebetiere oder Metazoa) kennen lernen.

Schwämme als Parazoa. Bereits im 19. Jahrhundert wurden die aquatischen, festgewachsenen Schwämme (Porifera) als urtümliche heterotrophe (nicht zur Photosynthese fähige) Organismen dem Tierreich zugeordnet. Bis auf wenige Ausnahmen (Süßwasserschwämme) sind die Porifera Meerestiere, darunter zahlreiche Tiefseebewohner. Der kugelförmige Badeschwamm (*Spongia officinalis*) ist der bekannteste Vertreter dieser Tiergruppe. In Abbildung 7.1 ist als repräsentatives Beispiel ein mariner Kalkschwamm der Gattung *Leucetta* dargestellt. Die Porifera sind als sessile Organismen aktive Strudler, deren Körper durch eingelagerte Kalk- oder Kieselnadeln bzw. Horn (Spongin)-Fasern ein Skelett aufweist. Im Inneren ihres becherförmigen Körpers befindet sich ein komplexes System von Kammern und Kanälen, das durch Poren mit der Außenwelt in Verbindung steht. Die Wände der Kammern sind mit Kragengeißelzellen versehen, die durch stetige Flagellenschläge Wasser ein- und ausströmen lassen. Das den Schwammkörper durchströmende Wasser enthält Nährstoffe (z. B. Einzeller oder Pflanzenreste), die von den Zellen aufgenommen werden. Stoffwechselendprodukte werden über den Wasserstrom abgegeben. Im Gegensatz zu allen anderen Metazoa fehlen den Schwämmen Sinnes- und Nervenzellen. Welche Verwandtschaftsbeziehung besteht zwischen den Schwämmen und den höherentwickelten, mit Sinnes- und Nervensystem versehenen Metazoa? Sind diese festgewachsenen Strudler nahe Verwandte bzw. Urahnen der mehrzelligen Tiere, oder bilden sie eine eigene Organismengruppe?

Auf der Basis umfassender morphologisch-anatomischer Untersuchungen wurde z. B. von den Zoologen W. Kükenthal und M. Renner (1978) die Lehrmeinung vertreten, die Porifera bildeten eine eigenständige Abteilung innerhalb der Animalia: Sie wurden als „Parazoa" den Metazoa gegenübergestellt. Gemäß dieser Hypothese ist das Tierreich als eine polyphyletische Gruppe heterotropher eukaryotischer (diploider) Organismen zu interpretieren; der Stammbaum der Animalia sollte somit mehrere „Wurzeln" aufweisen. Andere Zoologen vermuteten, die Metazoa seien – wie die grünen Pflanzen – eine monophyletische Organismengruppe, die vor Jahrmillionen aus heterotrophen aquatischen Einzellern hervorgegangen ist.

In Kapitel 4 wurde dargelegt, dass durch entsprechende Fossilfunde ein Auftreten primitiver mehrzelliger Tiere *vor* Einsetzen der „kambrischen Explosion" (Beginn vor etwa 542 Millionen Jahren) dokumentiert werden konnte. Im Jahr 1998 wurden in der Doushantuo-Ablagerung (Südchina) gut erhaltene Fossilien beschrieben, die verschiedene Bruchstücke von Schwämmen darstellen. Diese fossilen Porifera waren in Gesteinen eingeschlossen, die etwa 580 Millionen Jahre alt sind. Die Schwämme zählen somit zu den ältesten präkambrischen Metazoa und könnten daher die noch heute lebenden (rezenten) Urahnen aller Tiere sein.

Proteinsequenz-Stammbaum. Eine Aufklärung der Phylogenese der Metazoa hat die molekulare Evolutionsforschung erbracht. Nach W. E. G. Müller (1998) verfügen die Porifera „in Übereinstimmung mit den höheren Gewebetieren über grundlegende strukturelle und regulatorische Moleküle". Diese Resultate lieferten den Beweis für den monophyletischen Ursprung der Metazoa. Im Folgenden sind diese bedeutenden molekularbiologischen Studien in Kurzform dargestellt.

Der Meeresschwamm *Geodia cydonium* diente als repräsentativer Vertreter der Porifera. Zunächst konnte nachgewiesen werden, dass die Porifera über Gene (bzw. Proteine) verfügen, die für folgende Prozesse verantwortlich sind: (a) Gewebebildung, (b) Signaltransduktion innerhalb der Zellen, (c) Transkriptions-Modus der mRNA und (d) Immunreaktionen. Ganz ähnliche Nucleotid- bzw. Aminosäuresequenzen konnten im Genom (bzw. Proteom) der höherentwickelten Tiere identifiziert werden. Die Schwämme zeigen somit auf molekularem Niveau typische Metazoa-Merkmale und konnten eindeutig der Klasse der wirbellosen Tiere (Invertebrata) zugeordnet werden. Durch umfassende Aminosäuresequenz-Vergleiche konnte ein molekularer Stammbaum der Metazoa konstruiert werden, der mit einer Zeitskala versehen ist („Protein-Uhr").

Monophylie der Metazoa. Wie Abbildung 7.10 zeigt, sind die auf dem Niveau von Aminosäuresequenzen analysierten Organismen alle miteinander verwandt: Metazoa bilden einen *monophyletischen* Stammbaum. Als gemeinsame Vorfahren aller Animalia werden hochentwickelte Einzeller (Protozoa) angesehen, wobei diese Ursprungsformen den heutigen Choanoflagellaten ähnlich gewesen sein könnten. Durch Zusammenlagerung von Einzelzellen entstanden die ersten urtümlichen Gewebetiere. Die heute lebenden Schwämme sind die nächsten Verwandten der Ur-

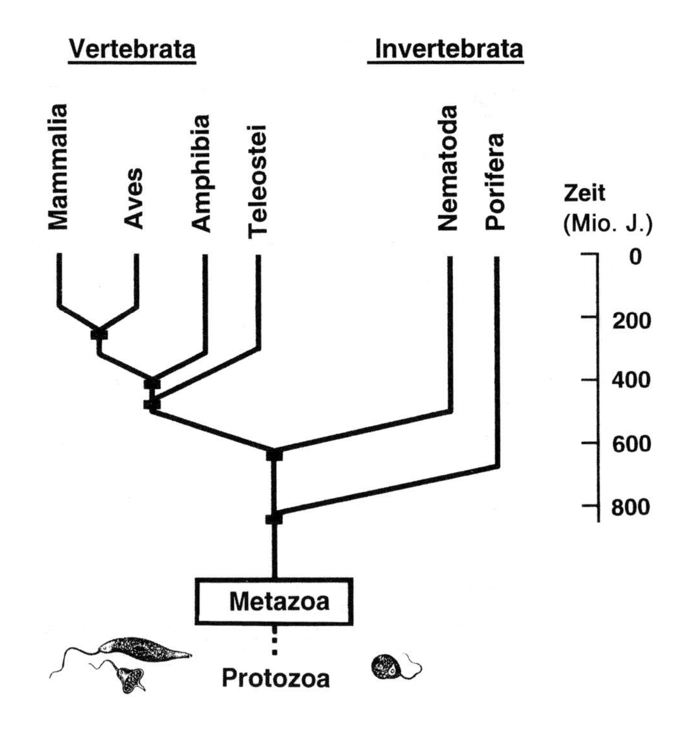

Abb. 7.10 Phylogenese der Gewebetiere (Metazoa). Der monophyletische Stammbaum mit Wirbellosen (Invertebrata: Schwämme, Porifera; Fadenwürmer, Nematoda) und Wirbeltieren (Vertebrata: Knochenfische, Teleostei; Lurche, Amphibia; Vögel, Aves; Säugetiere, Mammalia) wurde durch Aminosäuresequenz-Vergleich konservierter (homologer) Proteine erstellt. Als gemeinsame Vorfahren aller Metazoa werden relativ hochentwickelte heterotrophe Einzeller (Choanoflagellaten) vermutet (nach MÜLLER, W.E.G.: Naturwissenschaften 85: 11–25, 1998).

metazoa; eine Abzweigung von der Linie, die zu den höherentwickelten Tieren geführt hat, vollzog sich vor etwa 800 Millionen Jahren. Dieser mit Hilfe der „Protein-Uhr“ abgeschätzte chronologische Wert für die Entstehung der Porifera stimmt in grober Näherung mit den oben beschriebenen Fossilfunden überein: Die ältesten voll entwickelten Schwämme sind nahezu 600 Millionen Jahre alt. Die heute in den Meeren (und im Süßwasser) lebenden Porifera sind somit Relikte aus dem Präkambrium. Diese urtümlichen Lebewesen stehen an der Basis der Metazoa und sind daher in die Gruppe der *lebenden Fossilien* einzureihen (s. Kap. 4). Schwämme haben sich als sessile Strudler über Hunderte von Jahrmillionen in speziellen Lebensräumen erhalten. Neben der vegetativen Vermehrung (Knospen- und Gemmulae-Bildung) ist – über freibewegliche Gameten – eine primitive Form der sexuellen Fortpflanzung etabliert, wobei spezielle Reproduktionsorgane fehlen. Eine Aufspaltung in sterbliche Körperzellen (Soma) und potentiell unsterbliche Keimzellen (Gameten), die eine über Generationen verlaufende *Keimbahn* bilden, ist bei den Porifera noch nicht etabliert. Das Studium der Schwämme erlaubt somit einen Blick in die phylogenetische Vergangenheit der mehrzelligen Tiere. Bei der Benutzung eines Badeschwamms sollten wir uns daran erinnern, dass wir den toten Körper (Skelett) eines entfernten Verwandten in der Hand halten, der an der Basis der Evolutionslinie steht, die schließlich zu den Säugetieren geführt hat.

Abschließend sollte darauf hingewiesen werden, dass die unter Einsatz der „Protein-Uhr“ erarbeiteten chronologischen Stammbaumdaten auch an weiteren Positionen mit dem Fossilienmuster übereinstimmen. Wie in Kapitel 4 dargelegt wurde, entstanden die ersten Amphibien vor etwa 400 und die ersten Kleinsäuger und Urvögel vor etwa 150–200 Millionen Jahren. Diese Daten sind mit dem in Abbildung 7.10 dargestellten Aminosäuresequenz-Stammbaum der Metazoa (Animalia) kompatibel.

7.7 Adaptive Radiation der hartschaligen Gewebetiere im Kambrium

Fossilfunde belegen, dass die ersten mehrzelligen (eukaryotischen) Rotalgen vor etwa 1200 Millionen Jahren die Urmeere besiedelt haben (s. Kap. 4). Fossile Grünalgen, die den heutigen Vertretern der Gattung *Cladophora* ähnlich sind, wurden in 750 Millionen Jahre alten Gesteinschichten entdeckt. Diese Fakten zeigen, dass die Urozeane im Proterozoikum über Jahrmillionen hinweg mit mehrzelligen Algen besiedelt waren. Wie in Kapitel 4 dargelegt wurde, sind die ältesten Abdrucke mehrzelliger Tiere die als „Ediacara-Wesen“ bezeichneten Vendobionta. Diese „weichen“ Organismen hatten keine Skelette oder Panzer; die entsprechenden fossilientragenden Gesteinsschichten wurden auf ein Alter von etwa 580 Millionen Jahre datiert.

Kambrische Explosion. Bereits im 19. Jahrhundert war bekannt, dass Gesteine, die der Periode des Kambriums zugeordnet werden, zahlreiche fossile Tiere mit harten Schalen aufweisen (z. B. Trilobiten). Diese geologische Phase wird als kambrische (adaptive) „Radiation" oder „Explosion" bezeichnet: Jahrmillionen nach dem Auftreten mehrzelliger Algen entstanden innerhalb eines relativ „kurzen" geologischen Zeitraumes (d. h. vor etwa 530–515 Millionen Jahren) zahlreiche hartschalige Metazoa (Animalia). Welche Prozesse führten zu diesem „Schub" in der Evolution? Wie Abbildung 7.11 zeigt, entwickelten sich während dieser Periode nahezu alle Urtypen der heute bekannten Tierstämme. Gab es Vorläuferspezies, die nicht in Form von Fossilien erhalten sind?

Zur Frage nach der Ursache der „kambrischen Explosion", die auch als „adaptive Radiation der Metazoa im frühen Kambrium" bezeichnet wird, gibt es seit Anfang der 1990er-Jahre mehrere Theorien. Neben der auf S. 94 beschriebenen „Hypobrachytely-Hypothese" von W.J. SCHOPF (1999) wird folgendes Modell diskutiert. Aufgrund geochemischer Prozesse in der Lithosphäre kam es vermutlich während dieser rund 15 Millionen Jahre zu einem Anstieg im Sauerstoffgehalt der Meere von weniger als 5 % bis auf etwa ⅙ des heutigen Wertes (ca. 3 Vol. % O_2 in der Luft, s. S. 23). Dadurch war eine effiziente Zellatmung der sich entwickelnden Urmetazoa ermöglicht. Gemäß dieser Hypothese konnte das extrazelluläre Strukturprotein Collagen – universeller Bestandteil stabiler Organteile wie Knochen und Panzer – nun in großer Menge O_2-abhängig synthetisiert werden und die noch heute als Fossilien erhaltenen Hartteile der kambrischen Metazoa hervorbringen (CANFIELD et al., 2007).

Sequenz-Stammbäume. Die molekulare Evolutionsforschung führte zu dem Resultat, dass die ersten Vorläufer der hartschaligen Metazoa – von den Schwämmen bis zu den Wirbeltieren – bereits vor etwa 1300 bis 1000 Millionen Jahren entstanden sind. In Abbildung 7.11 ist ein Stammbaum der Metazoa dargestellt, der die mit Hilfe „molekularer Protein- und Nucleinsäure-Uhren" erarbeiteten Divergenzzeiten verschiedener Klassen der Metazoa

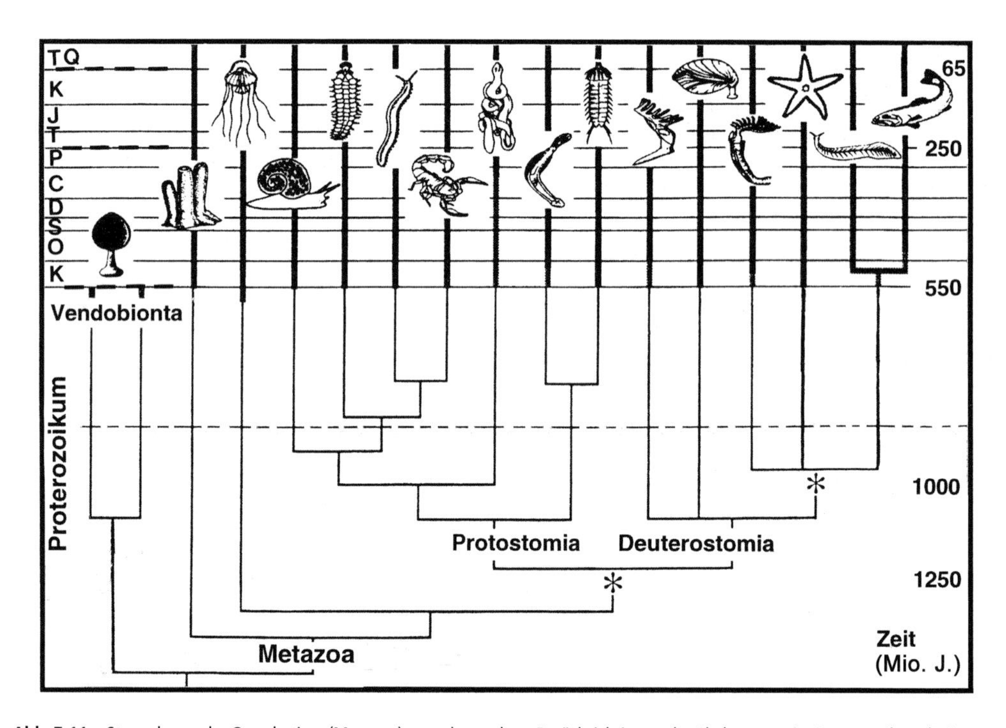

Abb. 7.11 Stammbaum der Gewebetiere (Metazoa) unter besonderer Berücksichtigung der Phylogenese im Proterozoikum (Präkambrium). Die Vendobionta (Ediacara-Lebewesen) sind ausgestorben. Alle anderen eingezeichneten Stämme der Metazoa, von den Schwämmen (Porifera) über die Gliedertiere (Articulata) bis zu den Wirbeltieren (Vertebrata), sind durch rezente Arten vertreten. Gestrichelte Linie: Übergang mittleres/spätes Proterozoikum. *: durch molekulare Sequenzdaten ermittelte Divergenz-Zeiten. K = Kambrium (vor 542 Millionen Jahren), O = Ordovizium, S = Silur, D = Devon, C = Karbon, P = Perm; T = Trias, J = Jura, K = Kreide; T = Tertiär, Q = Quartär (nach COOPER, A. & FORTEY, R.: Trends Ecol. Evol. 13: 151–156, 1998).

wiedergibt. Zunächst wird postuliert, dass die ausgestorbenen Vendobionta (Ediacara-Wesen) als entfernte Verwandte der rezenten Metazoa zu bewerten sind. Als primitive Urvielzeller zweigen die Schwämme (Porifera) früh von der Metazoa-Stammlinie ab (s. Abb. 7.10). Aminosäure- und DNA-Sequenzanalysen ergaben, dass die Aufspaltung der zweiseitig symmetrischen Metazoa (Bilateria) in die Reihen der Protostomia und Deuterostomia vor etwa 1300–1000 Millionen Jahren erfolgte (Protostomia und Deuterostomia werden aufgrund von Unterschieden in der Entstehung des Mundes während der Ontogenese voneinander abgetrennt. Zu den Protostomia zählen fast alle Wirbellosen, wie z. B. Weichtiere, Ringelwürmer und Insekten; die Deuterostomia umfassen neben einigen kleinen Tierstämmen die Stachelhäuter und Wirbeltiere). Wie Abbildung 7.11 weiterhin zeigt, verzweigen sich die molekularen Teilstammbäume der beiden großen Metazoa-Gruppen im Proterozoikum (= Präkambrium) mehrfach, so dass wir eine „kryptische Evolution" postulieren müssen, die keine fossilen Spuren hinterlassen hat (PETERSON et al., 2004).

Gastraea-Theorie. Wie sahen die Urahnen der Metazoa aus? Es wurde bereits in Kapitel 4 dargelegt, dass Funde aus dem Jahr 1998 zahlreiche kleine fossile Mehrzeller in präkambrischen Gesteinsschichten zu Tage gefördert haben. Diese fossil erhalten Urmetazoa ähneln den Embryonen rezenter Wirbeltiere (s. Abb. 4.9, S. 94). Der Evolutionsbiologe ERNST HAECKEL postulierte im Rahmen seiner „Gastraea-Theorie" (1899), dass die ersten aquatischen Urmetazoa mikroskopisch kleine Organismen waren, die ähnlich wie die Embryonen heute lebender Tiere ausgesehen haben. Die in Abbildung 7.11 zusammengetragenen molekularen Divergenzzeiten unterstützen diese klassische Hypothese. Die Meere des Proterozoikum waren zum einen von zahlreichen Algen und zum anderen von unzähligen kleinen „weichen" Urmetazoa besiedelt. Diese brachten vor etwa 530–515 Millionen Jahren während der „kambrischen Explosion" zahlreiche Gruppen hartschaliger Gewebetiere hervor. Die Radiation der Metazoa im frühen Kambrium war somit vermutlich das Resultat einer jahrmillionenlangen „verborgenen" Phylogenese mikroskopisch kleiner Urmetazoa.

7.8 Adaptive Radiation der Säugetiere im Tertiär

Im Verlauf der Erdgeschichte ereigneten sich mindestens zwei große Naturkatastrophen, die ein Massenaussterben ganzer Gruppen von Tier- und Pflanzenarten zur Folge hatten: Ende des Erdaltertums (Paläozoikum: Perm/Trias, vor 251 Millionen Jahren) und des Erdmittelalters (Mesozoikum: Kreide/Tertiär, vor 65 Millionen Jahren). In Kapitel 4 wurden die rekonstruierten Ursachen dieser Massenextinktionen diskutiert. In diesem Abschnitt wollen wir die „rasche" Evolution der Säugetiere (Mammalia) während der Periode des Tertiärs kennen lernen (s. rechte obere Ecke in Abb. 7.11).

Explosionsartige Säuger-Evolution. Nach Aussterben der Saurier vor etwa 65 Millionen Jahren entwickelten sich innerhalb von etwa 20 Millionen Jahren die Vorfahren fast aller noch heute lebenden Säugetierordnungen und besiedelten nach und nach die freigewordenen Lebensräume (adaptive Radiation). Neben den urtümlichen Kloaken- und Beuteltieren (Monotremata, Marsupialia) finden wir höhere Säuger (Placentalia), wie z. B. Insektenfresser (Insectivora), Nagetiere (Rodentia), Urherrentiere (Primates), Gürteltiere (Edentata), Rüsseltiere (Proboscidea), Raubtiere (Carnivora), Unpaarhufer (Perissodactyla), Wale (Cetacea) und Paarhufer (Artiodactyla). In Abbildung 7.12 ist die Phylogenese der Säugetiere dargestellt, wobei die Verzweigungszeiten des Stammbaumes mit Hilfe von „Protein- und DNA-Uhren" erarbeitet wurden. Die Aufspaltung des Mammalia-Stammes in niedere und höhere Säuger (Kloaken- und Beuteltiere/Placentalia) vollzog sich vor etwa 150–140 Millionen Jahren (Übergang Jura/Kreide). Dieser Divergenzzeitraum wird durch die in Kapitel 4 dargestellten Fossilfunde bestätigt; in China entdeckten Paläontologen 1998 das versteinerte Ursäugetier *Jeholodens*. Dieser katzengroße Bodenbewohner gilt als naher Verwandter der ersten Säugetiere (s. Abb. 4.32, S. 117). In denselben Gesteinsschichten wurden gefiederte Dinosaurier – Verwandte des Urvogels *Archaeopteryx* – gefunden. In Abbildung 7.12 ist daher neben den Säugetieren das Fossil *Archaeopteryx* dargestellt.

Es wird deutlich, dass sich der „molekulare Stammbaum" der Mammalia bis in die Mitte des Mesozoikums erstreckt (Jura/Kreide). Jahrmillionen vor der „explosionsartigen" Zunahme der Säugetiere im Tertiär entwickelten sich offensichtlich kleine, wenig spezialisierte Protomammalia, die nur wenige vollständige Fossilien hinterlassen haben (neben dem Ursäuger *Jeholodens* und dem etwas jüngeren *Eomaja* sind zahlreiche Skelettreste mesozoischer Kleinsäuger gefunden worden).

Dinosaurier und Ur-Säuger. Die adaptive Radiation der Mammalia vor etwa 65–35 Millionen Jahren hatte eine lange Vorläuferperiode im Mesozoikum.

Noch während die Saurier des Erdmittelalters das Land, die Luft und das Wasser beherrschten, entwickelten sich die ersten urtümliche Säuger und besiedelten die für warmblütige Kleintiere geeigneten ökologischen Nischen. Diese „Urväter" der heutigen Säugetiere überlebten die große Naturkatastrophe, die vor 65 Millionen Jahren zum Aussterben der Dinosaurier geführt hatte. Die frühe Evolution der Mammalia ereignete sich nach den in Abbildung 7.12 zusammengestellten Daten somit „im Schatten der Dinosaurier". Nach dem Verschwinden der Riesenreptilien besiedelten die Kleinsäuger die freigewordenen Lebensräume und brachten innerhalb von „nur" etwa 20 Millionen Jahren im Zuge einer umfassenden adaptiven Radiation die meisten der noch heute lebenden Mammalia-Ordnungen hervor.

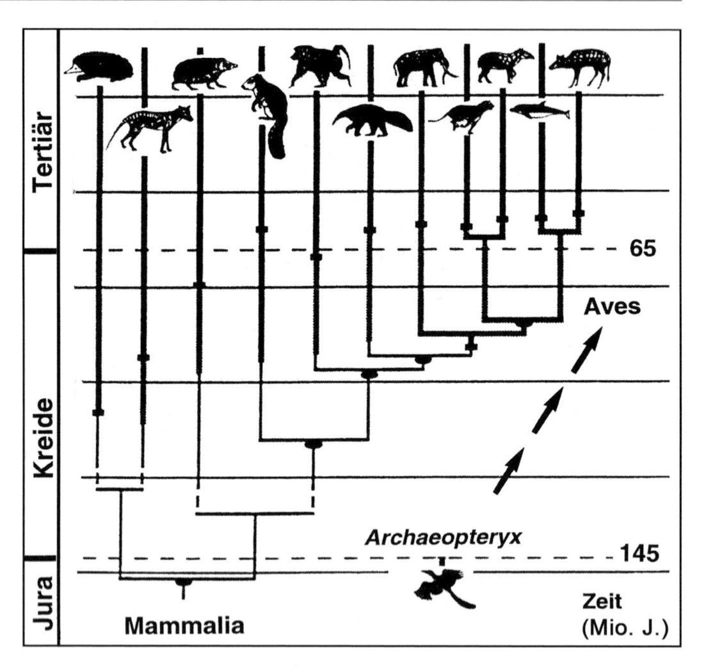

Abb. 7.12 Stammbaum der Säugetiere (Mammalia) unter besonderer Berücksichtigung der Phylogenese im Mesozoikum (Jura, Kreide). Rezente Vertreter von elf Säugerordnungen sind eingezeichnet (Monotremata bis Artiodactyla). Dunkle Ovale: durch molekulare Sequenzdaten ermittelte Divergenz-Zeiten. Gestrichelte Linien: Übergänge Jura/Kreide und Kreide/Tertiär. *Archaeopteryx* gilt als ein Vorläufer der heutigen Vögel (Aves) (nach Cooper, A. & Fortey, R.: Trends Ecol. Evol. 13: 151–156, 1998).

Wale und Paarhufer. In der molekularen Phylogenie (Abb. 7.12) sind repräsentative Vertreter von elf Säugerordnungen dargestellt. Von links nach rechts erkennen wir die folgenden Mammalia: Kloaken- und Beuteltiere (Monotremata, Marsupialia), Insektenfresser (Insectivora), Nagetiere (Rodentia), Herrentiere (Primates), Zahnarme (Edentata), Rüsseltiere (Proboscidea), Raubtiere (Carnivora), Unpaarhufer (Perissodactyla), Walartige (Cetacea) und Paarhufer (Artiodactyla). Es wird deutlich, dass die marinen Wale die nächsten lebenden Verwandten der terrestrisch/amphibischen Paarhufer sind (z. B. Flusspferde). Dieser durch zahlreiche unabhängige molekulare Datensätze gesicherte Befund steht im Einklang mit Fossilreihen, die eine Abstammung der Wale von Flusspferdähnlichen Ur-Paarhufern belegen (s. Abb. 4.37, S. 121).

7.9 Ursprung des modernen Menschen: Überprüfung der Darwinschen Hypothese

Die Frage nach der Entstehung des heutigen Menschen hat die Evolutionsforscher seit langem beschäftigt. Bekanntlich besteht „die Menschheit" aus einer einzigen Biospezies (*Homo sapiens*), die alle Kontinente und nahezu jeden Lebensraum der Erde besiedelt. In seinem Werk über die Abstammung des Menschen formulierte Darwin (1871) die Vermutung, Afrika sei die „Geburtsstätte" des modernen *Homo sapiens*: „Es ist wahrscheinlich, dass Afrika einst von jetzt ausgestorbenen Affen bewohnt war, die mit dem Gorilla und Schimpansen nahe verwandt waren; und da diese beiden Arten die nächsten Verwandten des Menschen sind, so ist es wahrscheinlicher, dass unsere Vorfahren auf dem afrikanischen Kontinent lebten als anderswo".

DNA-Sequenzstammbaum und Fossilien. Diese klassische *Darwinsche Hypothese* vom afrikanischen Ursprung des Menschen wird durch Fossilfunde unterstützt. Vor etwa 1 Million Jahren entstand in Afrika die Vorläuferspezies *Homo erectus*, aus der vor etwa 150 000 Jahren die Art *H. sapiens* hervorgegangen ist (s. Abb. 4.39, S. 123). Wegen der nur fragmentarischen *Homo*-Versteinerungen konnte die hier diskutierte Hypothese auf Grundlage von Fossilfunden nicht mit letzter Schlüssigkeit bestätigt werden. Die Forscher auf dem Gebiet der mo-

Tab. 7.3 Genetische Unterschiede zwischen Mensch, Schimpanse und anderen Säugetieren, ermittelt als DNA-Divergenz in Prozent. Es wurden 49 bis 97 verschiedene Gene untersucht, die für jeweils ein Protein codieren (nach WILDMAN, D. E. et al.: Proc. Natl. Acad. Sci. USA 100, 7181–7188, 2003).

Taxon-Paar	Zahl der Gene	Basenpaare	% Unterschied
Mensch/Schimpanse	97	92451	0,87
Mensch/Gorilla	67	57861	1,04
Mensch/Orang Utan	68	57935	2,18
Mensch/Maus	49	38778	20,58
Schimpanse/Gorilla	67	57716	0,99
Schimpanse/Orang Utan	68	57878	2,14
Schimpanse/Maus	49	38758	20,57

lekularen Evolution erarbeiteten jedoch Daten, die entscheidende Fortschritte erbracht haben. Zunächst konnte die Frage nach dem nächsten Verwandten des Menschen geklärt und der Stammbaum der Primaten entschlüsselt werden. In Abbildung 7.13 ist ein auf DNA-Sequenzanalysen basierendes Stammbaumschema dargestellt. Als entfernte *Homo*-Verwandte konnten der Gibbon (*Hylobates* sp.), der Orang-Utan (*Pongo pygmaeus*) und der Gorilla (*Gorilla gorilla*) erkannt werden; diese Spezies zweigten vor etwa 18, 14 bzw. 8 Millionen Jahren von unserer Linie ab. Die nächsten lebenden Verwandten des Menschen sind der Schimpanse (*Pan troglodytes*) und der Bonobo (*Pan paniscus*). Gemäß der DNA-Phylogenetik lebten unsere gemeinsamen Vorfahren vor 6 bis 7 Millionen Jahren (PENNISI, 2007). Diese Divergenzzeit stimmt mit dem Fund der afrikanischen „Affe-Mensch-Zwischenform“ *Sahelanthropus* überein: die versteinerten Skelette dieser Urform wurden auf ein Alter von ca. 7 Millionen Jahren datiert (s. Abb. 4.40, S. 125).

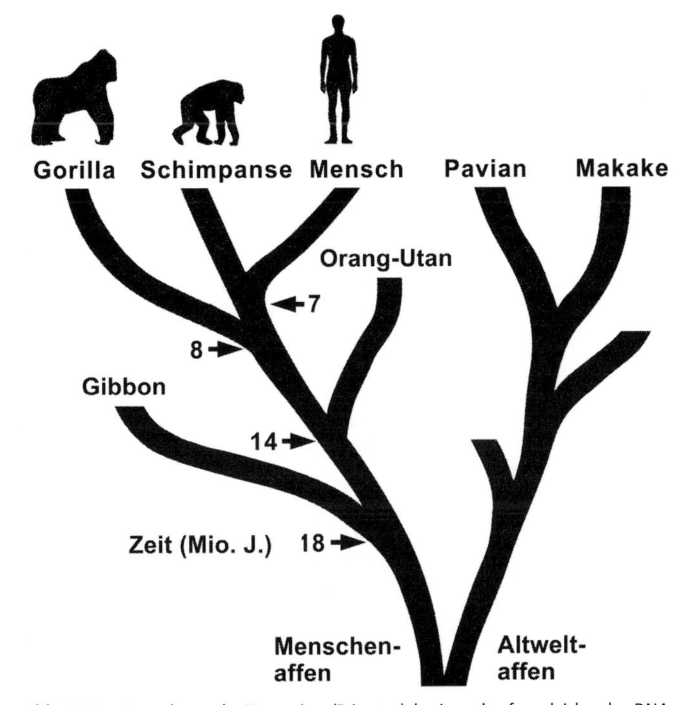

Abb. 7.13 Stammbaum der Herrentiere (Primates), basierend auf vergleichenden DNA-Sequenzanalysen. Die gemeinsamen Vorfahren der nahe verwandten Spezies Schimpanse (*Pan troglodytes*) und Mensch (*Homo sapiens*) lebten vor etwa 7 Millionen Jahren (nach PENNISI, E.: Science 316: 218–221, 2007).

Vergleichende Genomanalysen ergaben, dass *Homo sapiens* und *Pan troglodytes* zu nahezu 99% genetisch identisch sind. Es ist recht mühsam, innerhalb der für Proteine kodierenden DNA-Bereiche (Gene) Nucleotid-Unterschiede zwischen den Spezies Mensch und Schimpanse zu finden, die bei nur ca. 1% liegen (Tab. 7.3). Der genetische Abstand zwischen Mensch und Labormaus liegt bei 20% und ist somit beträchtlich höher als jene Differenzen, die innerhalb der Familie der Hominidae gefunden wurden (große Menschenaffen und *Homo sapiens*). Da die heutigen Schimpansen afrikanische Urwaldbewohner sind, sprechen der Primatenstammbaum und der geringe DNA-Sequenzabstand für die eingangs formulierte Darwinsche Hypothese. Man diskutiert seit einigen Jahren darüber, ob es überhaupt gerechtfertigt ist, die Gattungen *Homo* und *Pan* als getrennte Taxa aufrecht zu erhalten. Schimpansen sind eigentlich als eine zweite Menschenart zu klassifizieren, eine Erkenntnis von weitreichender Bedeutung (s. Kap. 12).

Mitochondrien-Eva. Unabhängige experimentelle Beweise für das „Out-of-Africa-model of human origins" lieferte die molekulare Populationsgenetik. In Kapitel 6 wurde im Zusammenhang mit der Endosymbionten-Theorie dargelegt, dass jede Körperzelle des Menschen zahlreiche Mitochondrien enthält. Diese „Kraftwerke der Eucyte" sind für die Zellatmung (ATP-Produktion) verantwortlich und enthalten einen in mehrfacher Ausfertigung vorliegenden doppelsträngigen DNA-Ring. Das sehr kleine Mitochondrien-Genom (mt-DNA-Ring des Menschen) enthält nur 37 Gene, die entweder direkt oder indirekt an der aeroben ATP-Produktion beteiligt sind (s. Tab. 7.1; das Kern-Genom von *Homo sapiens* beinhaltet etwa 30 000 Gene). Alle Mitochondrien (und somit die mt-DNA) wurden von der Mutter geerbt, da die weibliche Eizelle – anders als die männlichen Spermien – im Cytoplasma zahlreiche derartige Organellen trägt, die weitergegeben werden (Abb. 7.14). Die über mütterliche cytoplasmatische Vererbung in der befruchteten Eizelle (Zygote) enthaltenen Mitochondrien vermehren sich durch Teilung und sind letztlich in allen Körperzellen in großer Zahl als Endosymbionten vorhanden. Durch Vergleich der mt-DNA-Sequenzen von Menschen aus aller Welt konnte eine weibliche Linie (Mutter → Tochter/ Mutter → Tochter usw.) rekonstruiert werden, die nach Afrika führt. Molekularanthropologen zogen die Schlussfolgerung, dass die „Mitochondrien-Eva" vor 100 000–200 000 Jahren in Afrika gelebt hat, wo demnach der Ursprung aller heutigen Menschen liegt.

Bis vor etwa 30 000 Jahren lebten in Europa die Neandertaler (*H. neanderthalensis*). Diese Spezies wurde von den eingewanderten *H. sapiens*-Horden verdrängt bzw. ausgerottet. Aus gut erhaltenen Neandertaler-Fossilien wurde mt-DNA isoliert, sequenziert und mit derjenigen moderner Menschen verglichen. Es zeigten sich so große Unterschiede, dass eine Kreuzung (Vermischung) zwischen *H. sapiens* und *H. neanderthalensis* sehr unwahrscheinlich ist, d. h., die beiden Populationen waren reproduktiv isoliert (separate Biospezies).

Rekonstruktion der männlichen Abstammungslinie. Wie Abbildung 7.14 weiterhin zeigt, sind die menschlichen Geschlechtszellen (Gameten) haploid (n), d. h. mit einem einfachen Chromosomensatz versehen. Eizellen enthalten neben den Chromosomen 1–22 (Autosomen) ein Geschlechtschromosom (X), während die Spermien ein X- oder ein Y-Chromosom tragen. Nach der Befruchtung entsteht eine diploide Zygote (2 n), die neben den 2 × 22 = 44 Chromosomen zwei X (XX) oder die Kombination XY enthält. Aus den „44 + XX-Zygoten" entstehen Töchter, während die „44 + XY-Varianten" zu Söhnen heranwachsen. Männliche Nachkommen (Jungen) erhalten ihr Y-Chromosom somit immer vom Vater. Im Prinzip kann über Analyse der Y-Chromosom-DNA eine männliche Linie rekonstruiert werden (Vater → Sohn/Vater → Sohn usw.). Als genetische Y-DNA-Marker wurden Chromosomen-Regionen ausgewählt, die nicht für Proteine kodieren („DNA-Schrott") und von

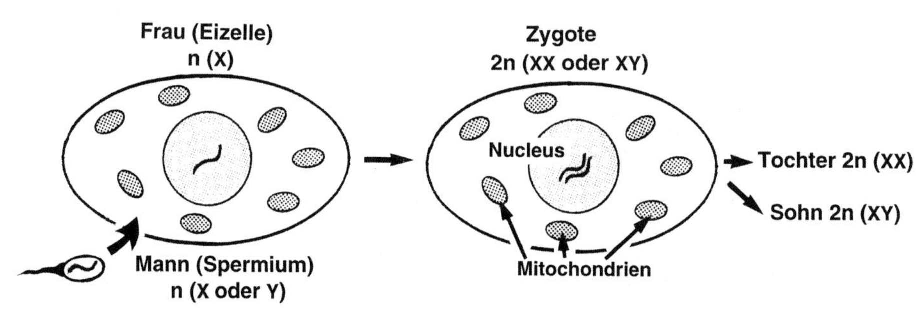

Abb. 7.14 Prinzip der cytoplasmatischen Vererbung der Mitochondrien beim Menschen und anderen Säugetieren. Mitochondrien, die mt-DNA-Ringe enthalten, sind in großer Zahl im Cytoplasma der Eizelle enthalten. Sie werden daher von der Mutter geerbt, während das Spermium nur Kern-DNA beisteuert. Zwei haploide Gameten (n = 23, einfacher Chromosomensatz) ergeben nach Syngamie (Pfeil) eine diploide Zygote (2 n = 46, doppelter Chromosomensatz). X, Y = weibliche bzw. männliche Geschlechtschromosomen (nach Wilson, A.C. & Cann, R.L.: Sci. Amer. 266 (4): 22–27, 1992).

Individuum zu Individuum variieren (DNA-Polymorphismus). Durch Analyse dieser Y-Chromosomen-DNA-Polymorphismen verschiedener *H. sapiens*-Populationen aus aller Welt konnte ein „Y-Adam" rekonstruiert werden, der – wie die „Mitochondrien-Eva" – vor etwa 150 000 Jahren in Afrika gelebt hat (MACAULAY et al., 2005).

Die Menschheit als Monophylum. Zusammengefasst unterstützen die hier referierten Daten die Vermutung von DARWIN (1871), dass alle heute lebenden Menschen die Nachkommen einer relativ kleinen (möglicherweise nur 10 000 Individuen umfassenden) afrikanischen Ur-*Homo sapiens*-Population sind, die vor etwa 150 000 Jahren entstanden ist (Evolutionszeit: etwa 7000 Generationen). Im Zuge mehrerer Wanderungsbewegungen wurden vor 80 000 bis 10 000 Jahren von Afrika aus die anderen Kontinente der Erde mit Menschen bevölkert, die heute als erfolgreichste Massenspezies aller Zeiten alle irgendwie bewohnbaren Lebensräume besetzt halten. Das hier diskutierte „Out-of-Africa"-Modell der Human-Phylogenese wird nach M. J. BENTON (2005) inzwischen durch so viele unabhängige Studien unterstützt, dass wir die (verifizierte) Darwinsche Hypothese als gesicherte Erkenntnis der Evolutionsbiologie betrachten können.

7.10 Molekulare Uhren, Fossilien und der Stammbaum der Organismen

ERNST HAECKEL (1843–1919) war der erste Evolutionsbiologe, der auf Grundlage der damaligen Erkenntnisse aus der Paläontologie, vergleichenden Anatomie und Ontogeneseforschung umfassende Stammbäume (Phylogenien) rekonstruiert und diese in Form anschaulicher Grafiken publiziert hat. In seinem Werk *Anthropogenie oder Entwicklungsgeschichte des Menschen* beschrieb HAECKEL (1877) seine Aktivitäten bezüglich der Etablierung der Phylogenetik wie folgt: „Im zweiten Bande meiner 1866 erschienenen *Generellen Morphologie* (habe ich) den ersten Versuch gemacht, die Entwicklungs-Theorie auf die gesamte Systematik der Organismen mit Inbegriff des Menschen anzuwenden. Ich habe dort die hypothetischen Stammbäume der einzelnen Klassen des Thierreiches, des Protistenreiches und des Pflanzenreiches so zu entwerfen versucht, wie es nach der Darwinschen Theorie nicht allein im Prinzip notwendig, sondern auch wirklich bis zu einem gewissen Grade der Wahrscheinlichkeit jetzt schon möglich ist" (Haeckels bekanntestes Stammbaum-Schema ist in Abb. 2.11 dargestellt, s. S. 36; ein Phylogramm der Tierwelt aus den 1930er-Jahren zeigt Abb. 7.15).

Das Projekt Lebensbaum. Im Jahr 2003 wurde in der US-Fachzeitschrift *Science* das internationale *Tree of Life-Project* vorgestellt. In der Einführung wurde die Bedeutung des deutschen Zoologen E. Haeckel als Begründer der Phylogenetik hervorgehoben. Die Begriffe *Ontogenese* (Individualentwicklung) und *Phylogenese* (Stammesentwicklung) wurden, wie auch das Wort *Ökologie* (Wissenschaft von den Wechselbeziehungen zwischen den Organismen und ihrer Umwelt) von HAECKEL (1866) geprägt und definiert. Das Ziel des Projekts „Baum der Organismen" ist es, ein einziges, gigantisches Phylogramm der Organismen zu erstellen, in dem alle Lebewesen der Erde, ausgestorben und rezent, eingetragen sind. Dieses Vorhaben wird von manchen Biologen als „Darwins Vision" bezeichnet. Im „Artenbuch" äußerte sich der Begründer der Abstammungslehre wie folgt: „Die Verwandtschaftsbeziehungen aller Lebewesen derselben Klasse wurden manchmal als großer Baum dargestellt ... der große Baum der Organismen (*Tree of Life*) ... bedeckt die Erdoberfläche mit seinen immer wieder sich aufspaltenden und verzweigenden Verästelungen" (DARWIN, 1859).

Das *Tree of Life Project* besteht in einer Kooperation zahlreicher Biologen, die ein gemeinsames Werk erarbeiten wollen, das die Biodiversität aller Lebensformen erfassen und deren evolutionäre Geschichte (Phylogenie) abbilden soll. Im Jahr 2005 war das im Internet veröffentlichte internationale *Tree of Life Web Project* aus über 4000 verlinkten Word Wide Web-Seiten zusammengesetzt, die von Wissenschaftlern aus aller Welt erstellt worden sind. Eine Vollständigkeit ist noch lange nicht erreicht. Ausgehend vom universellen Stammbaum der Organismen (Abb. 7.4), der die drei Domänen Bacteria, Archaea und Eukarya als große geschlossene Abstammungsgemeinschaft (Monophylum) darstellt, sollen die „Auswüchse und Verästelungen" dieses Basis-Dendrogrammes erarbeitet werden. Von den etwa 1,7 Millionen beschriebenen Arten sind weniger als 80 000 Taxa in Phylogramme aufgenommen, d. h. die Verwandtschaftsanalytik steht derzeit noch am Anfang. Bedenkt man weiterhin, dass einige Millionen Spezies noch unentdeckt sind, so wird deutlich, dass die Verwirklichung von „Darwins Vision" noch Jahrzehnte dauern wird und möglicherweise niemals vollendet werden kann.

Zur Rekonstruktion des *Tree of Life* (Abb. 7.15) werden im Wesentlichen zwei große Datensätze miteinander verknüpft: Geochronologisch datierte Fossilien und mit „molekularen Uhren" indirekt ermittelte Divergenz-Zeiten (d. h. Abschätzungen der Zeitpunkte, zu denen eine Aufspaltung zweier phylogenetischer Entwicklungslinien stattgefunden hat). Stimmen diese Alterswerte miteinander überein? Paleontologen werden nur selten den ersten Vertreter einer Abstammungsreihe finden, d. h. die als Fossil vorliegenden Urformen sind wahrscheinlich jünger als die realen Urahnen der betreffenden Organismengruppe. Molekulare Divergenz-Zeiten, die von Neontologen auf Grundlage der DNA-Analytik rezenter Arten ermittelt wurden, sind wegen der problematischen Kalibrierung der „Nucleinsäure- und Protein-Uhren" mit einem gewissen Fehler behaftet. In diesem Kapitel sind eine Reihe von Beispielen dargestellt, die zeigen, dass molekulare Alterswerte und Fossildaten in grober Näherung miteinander übereinstimmen (z. B. Divergenz-Zeit der beiden Entwicklungslinien, die zu Mensch und Schimpanse geführt haben, beträgt 6 bis 7 Mio. Jahre; die fossil erhaltene Affe-Mensch-Zwischenform *Sahelanthropus* ist etwa 7 Mio. Jahre alt).

Auf Grundlage einer umfassenden vergleichenden Studie zogen M.J. BENTON und F.J.

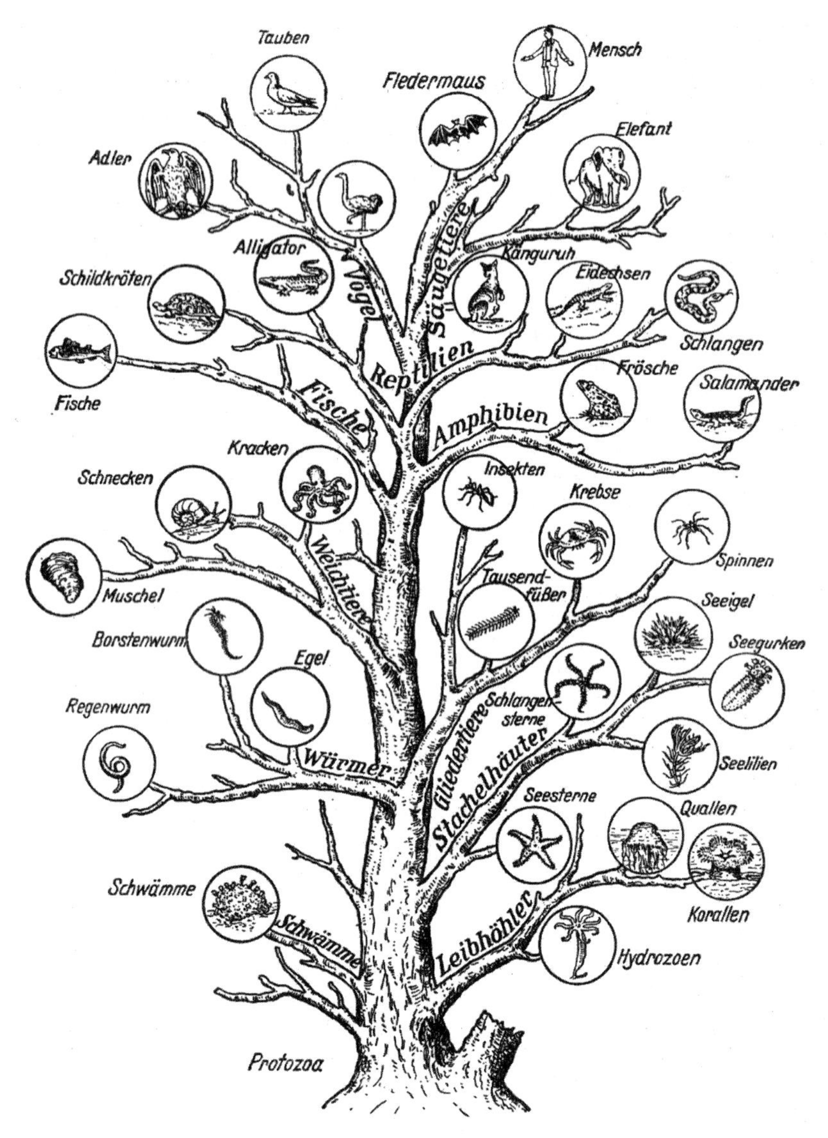

Abb. 7.15 Ein Stammbaum der Tiere (Reich Animalia) aus dem Jahr 1932. Der abgesägte rechte Stamm deutet an, dass es weitere Organismenreiche gibt, die in diesem Schema nicht berücksichtigt wurden (nach DACQUÉ, E.: Blätter Dt. Philos. 6, 75–93, 1932/33).

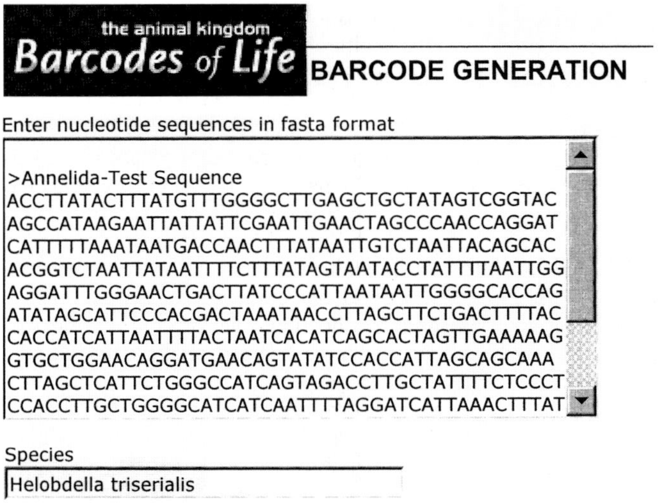

Abb. 7.16 Auszug aus einer Internetseite 21.06.05, auf der alle Systematiker der Welt (Schwerpunkt Zoologie) aufgerufen werden, ihre COX I-Sequenzdaten (648 bp-Fragmente) einzugeben. Als Beispiel ist der nordamerikanische Plattegel *Helobdella triserialis* angeführt (s. Tab. 7.2) (nach Barcodes of Life, http://www.barcodinglife.org, 2005).

AYALA (2003) die Schlussfolgerung, dass „die meisten paleontologischen und molekularen Alterswerte miteinander übereinstimmen". In ähnlicher Weise äußerten sich die Wirbeltier-Phylogeneseforscher A. MEYER und R. ZARDOYA (2003): „In den meisten Fällen bestätigen molekulare Daten die morphologischen Belege, aber manchmal gibt es Unterschiede" (s. auch PETERSON et al., 2004). Die Datierungsmethoden des *Tree of Life* sind somit recht solide, obwohl die Resultate, die mit den verschiedenen Verfahren erarbeitet wurden, nicht immer *exakt* zusammenpassen.

Der DNA-Strichcode der Arten. Mit der Vorstellung des *Tree of Life Projects* wurde 2003 eine molekulare Methodik zur Charakterisierung von Tierarten eingeführt, die inzwischen unter dem Schlagwort *Barcode of Life Initiative* im Internet etabliert ist. Das bereits diskutierte mitochondriale Gen Cytochrom-c-Oxidase Subunit I (COX I) (Abb. 7.5 D) hat sich als artspezifischer molekularer Marker bewährt, mit Hilfe dessen man Tierspezies eindeutig identifizieren kann (analog der Strichcode-Markierung von Waren in einem Großmarkt). Wie Abbildung 7.16 zeigt, werden im Rahmen des Projekts *Barcode of Life* die Tier-Systematiker gebeten, ihre COX I-Daten bereit zu stellen, um einen „DNA-Strichcode der Lebewesen" zu etablieren (gewünscht werden 648 bp-Fragmente des COX I-Gens). Im Jahr 2005 waren bereits mehr als 13 000 „Tier-Strichcodes" im Internet verzeichnet, darunter 260 Vogelarten von Nordamerika. Mit dem Projekt *Barcoding Life* soll ein globales Bio-Identifikations-System erstellt werden, das auf einem artspezifischen Genfragment basiert. Letztendlich wird angestrebt, eine Apparatur zu entwickeln, die nach Eingabe einer Probe (z. B. isoliertes Bein eines Insekts) rasch die COX I-DNA-Teilsequenz erstellt und auf dieser Basis dem Biologen den Artnamen anzeigt. Die Biodiversitäts- und Evolutionsforschung würde durch eine derartige mt-DNA-Methodik enorm vorangetrieben werden und die Verwirklichung von Darwins (und Haeckels) Stammbaum-Visionen einer Verwirklichung näher bringen (MORITZ und CICERO, 2004; DONOGHUE und BENTON, 2007).

Literatur:

BENTON (2005), BENTON und AYALA (2003), COWEN (2000), DARWIN (1859, 1871), DENNIS (2005), DONOGHUE und BENTON (2007), HAECKEL (1866, 1877), KNOOP und MÜLLER (2006), KUTSCHERA (2004 a), MEYER und ZARDOYA (2003), MORITZ und CICERO (2004), MÜLLER (1998), NIKLAS (1997), PAGE und HOLMES (1998), PETERSON et al. (2004), PFEIFFER et al. (2004, 2005), SCHERP et al. (2001), SCHOPF (1999), SUDHAUS und REHFELD (1992), WIESEMÜLLER et al. (2003), WILDMAN et al. (2003)

8 Evolutionäre Verhaltensforschung: Rekonstruktion der Phylogenese durch Beobachtung und Vergleich

Nach starken Regenfällen kann man auf der feuchten Erdoberfläche orangefarbene Würmer beobachten, die suchend umherkriechen. Diese als Regenwürmer (Lumbriciden) bezeichneten wirbellosen Tiere leben unter normalen Witterungsbedingungen in Erdröhren, die sie selbst gegraben haben. Lumbriciden gehören in die Gruppe der Wenigborster (Oligochaeta). Ihr Körper ist mit einem stabilen Hautmuskelschlauch ausgestattet, der kleine hakenförmige Borsten trägt. Die Würmer sind dadurch in der Lage, kräftige Stemm- und Bohrbewegungen durchzuführen, wodurch permanente Erdgänge entstehen. Bei hartem Oberboden dringen die Regenwürmer durch Verschlucken der Erde in tiefere Schichten vor. Die aufgenommene Erdmasse wird wieder ausgeschieden und ist manchmal als ringförmiges Häufchen auf festen Wegen zu sehen. Regenwürmer sind Vegetarier, die sich von Blättern und Pflanzenresten ernähren. Warum finden wir sie nach Regenperioden an der Erdoberfläche? Bei langanhaltendem Niederschlag werden die Wurmgänge mit Wasser durchtränkt; der Sauerstoffgehalt sinkt daher ab. Die Wenigborster kriechen dann zur Erdoberfläche, um nicht zu ersticken. Diese Flucht endet jedoch in den meisten Fällen tödlich: Nach Durchbruch der Sonne sterben die Würmer, bevor sie wieder im Erdreich Zuflucht finden können.

Das Leben der Regenwürmer hat die Biologen des 19. Jahrhunderts wiederholt beschäftigt. Charles Darwin war von der Biologie der Lumbriciden derart fasziniert, dass er seine Beobachtungen zu einem Buch zusammenfasste, das kurz vor seinem Tod veröffentlicht wurde. In dieser Abhandlung über die *Bildung der Ackererde durch die Tätigkeit der Regenwürmer* (1881) finden wir folgende Bemerkung: „Es ist wohl wunderbar, wenn wir uns überlegen, dass die ganze Masse des oberflächlichen Humus durch die Körper der Regenwürmer hindurchgegangen ist und alle paar Jahre wiederum durch sie hindurchgehen wird“. Diese Aussage konnte durch zahlreiche weiterführende Untersuchungen bestätigt werden.

Die nächsten Verwandten der Oligochaeta sind die Egel (Hirudinea, ein Taxon, das von J.-B. de Lamarck 1818 etabliert wurde). In Abbildung 8.1 ist ein Regenwurm dem medizinischen Blutegel gegenübergestellt. Obwohl dieser über zwei Saugnäpfe und scharfe Kiefer verfügt, sind die beiden Würmer nahe miteinander verwandt. Fossilien dieser skelettlosen Ringelwürmer sind nur in gerin-

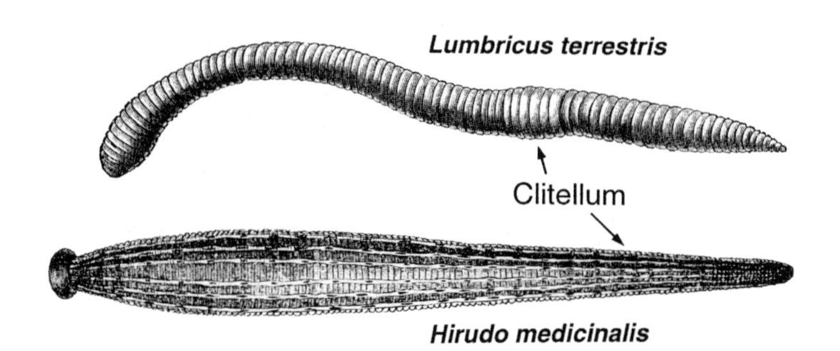

Abb. 8.1 Zwei repräsentative Vertreter der Gürtelwürmer (Clitellata): Regenwurm (*Lumbricus terrestris*) und Blutegel (*Hirudo medicinalis*). Beide Tiere sind durch einen Drüsengürtel (Clitellum) gekennzeichnet, der bei *Hirudo* nur während der Fortpflanzungszeit sichtbar ist (Kokonbildung). Der Egel wurde in ausgestrecktem Zustand dargestellt, um den Hintersaugnapf sichtbar zu machen.

ger Zahl erhalten und von keiner großen Aussagekraft. Durch vergleichende Verhaltensbeobachtungen an rezenten Arten konnten dennoch Einblicke in die Evolution dieser Wirbellosen gewonnen werden. Im vorliegenden Kapitel sind einige Fakten und Schlussfolgerungen aus diesem Bereich der Evolutionsforschung zusammengestellt. Als zweites Beispiel aus dem Gebiet der *Evolutionären Verhaltensforschung* wird die Phylogenese des Flugvermögens bei Oberflächenfischen vorgestellt, eine Problematik, mit der sich bereits DARWIN (1872) beschäftigt hat. Am Ende des Kapitels ist die Bedeutung der vergleichenden Methode dargelegt, wobei auf egoistische und altruistische Verhaltensweisen eingegangen wird.

8.1 Gürtelwürmer: eine monophyletische Gruppe

Der Regenwurm und sein Verwandter, der medizinische Blutegel, zählen zu den wenigen Wirbellosen, die jedem biologischen Laien bekannt sind. Wir wollen uns daher im Folgenden genauer mit diesen Invertebraten befassen. Beide Würmer gehören zum Stamm der Gliedertiere (Articulata), der die Ringelwürmer (Annelida) und die Gliederfüßer (Arthropoda) umfasst. Zur letzteren Gruppe, die hier nicht näher diskutiert werden soll, zählen die ausgestorbenen Trilobiten (Trilobitomorpha), die Spinnentiere (Chelicerata), die Krebse (Crustacea), die Hundertfüßer (Chilopoda) und die Kerbtiere (Insecta).

Die Anneliden. Wie aus Abbildung 8.1 hervorgeht, sind die Wurmkörper geringelt, was ihre systematische Zuordnung (Annelida) auf den ersten Blick erklärt. Der Körper aller Ringelwürmer ist aus gleichartigen, hintereinander angeordneten Teilstücken (Segmenten oder Metameren) aufgebaut, die jeweils denselben Satz an Organen aufweisen (z. B. Bausteine des Nerven-, des Fortpflanzungs- und des Ausscheidungssystems). Am Vorderende des Ringelwurmkörpers sitzt der Kopflappen (Prostomium); dieser enthält das Gehirn (Cerebralganglion), die Mundöffnung und die Sinnesorgane (z. B. Augen). Die Annelida umfassen neben zwei kleinen, wenig bekannten Tierklassen (Myzostomatida, Echiurida) die Vielborster (Polychaeta) und die Gürtelwürmer (Clitellata). Nach P. AX (1999) bilden die Clitellata (d. h. Wenigborster, Oligochaeta, Egel, Hirudinea und die hier nicht näher diskutierten Krebsegel, Branchiobdellida) ein Monophylum (Gruppe von Organismen, deren Mitglieder von einer Ursprungsform abstammen). Die im Wesentlichen aus Meeresbewohnern bestehenden Polychaeta sind als Schwestergruppe der Clitellata zu betrachten.

Die Clitellaten. Nach diesen Ausführungen zur Systematik der in Abbildung 8.1 dargestellten Gürtelwürmer können wir nun den Regenwurm und den Blutegel wie folgt klassifizieren:

Art (Spezies):	*Lumbricus terrestris* L. 1758; *Hirudo medicinalis* L. 1758 (beide Arten wurden erstmals im Jahr 1758 von LINNÉ beschrieben)
Unterklasse:	Oligochaeta (Wenigborster); Hirudinea (Egel)
Klasse:	Clitellata (Gürtelwürmer)
Unterstamm:	Annelida (Ringelwürmer)
Stamm:	Articulata (Gliedertiere)
Reihe:	Protostomia (Urmünder)
Reich:	Animalia (Gewebetiere, Syn.: Metazoa)

Die Verwandtschaft der Oligochaeta mit den Hirudinea ist durch die folgenden gemeinsamen Merkmale dokumentiert:

1. Vertreter beider Unterklassen sind durch einen mehrere Segmente umfassenden Drüsengürtel (Clitellum) gekennzeichnet, der insbesondere bei Lumbriciden als Schwellung im Bereich des Vorderkörpers sichtbar ist (Abb. 8.1). Die Clitellardrüsen produzieren im geschlechtsreifen Wurm Sekrete, die der Bildung eines Eikokons dienen. 2. Alle Gürtelwürmer sind Zwitter (protandrische Hermaphroditen): Die Tiere sind durch männliche und weibliche Geschlechtsorgane gekennzeichnet. Zunächst fungiert der Wurm als Männchen und produziert Spermien; danach erfüllt er die Funktion eines Weibchens und stellt befruchtungsfähige Eizellen bereit. 3. Bei allen Clitellata, die an Land oder im Wasser leben, erfolgt die Reproduktion über eine Kopulation (Befruchtung der Eier am oder im Körper). 4. Die frühe Embryonalentwicklung der befruchteten Oligochäten- bzw. Hirudieen-Eier erfolgt auf nahezu identische Art und Weise; die Zygote weist ähnliche Furchungsmuster auf. 5. Vergleichend-anatomische Studien zum Bau der Wurmkörper (Lage der Geschlechtsorgane; Ultrastruktur der Spermien) beweisen die nahe Verwandtschaft dieser Wirbellosen. 6. Oligochaeta und Hirudinea sind durch lebende Zwischenformen miteinander verbunden (s. nächster Abschnitt).

Trotz dieser Gemeinsamkeiten gibt es eine Reihe wichtiger Unterschiede zwischen den beiden in Abbildung 8.1 dargestellten Gürtelwürmern (SAWYER, 1986):

1. Der Oligochätenkörper ist durch eine variable Segmentzahl gekennzeichnet (*Lumbricus ter-*

restris besteht aus 110–180 Segmenten) und nach Durchtrennung zur Regeneration eines fehlenden Teils fähig. Alle „echten" Hirudinea weisen eine konstante Zahl von 34 Segmenten (d. h. Prostomium + 33 Segmente) auf, wobei jedes Segment durch Furchen in mehrere Ringe untergliedert ist. Regeneration einer verlorengegangenen Körperhälfte wurde nicht beobachtet, d. h., halbierte Egel sterben ab. 2. Oligochäten sind im Wasser bzw. im Erdboden umherkriechende Vegetarier, die ihre Nahrung (faulendes Material wie z. B. Pflanzenreste, Blätter) über einen Schlund (Pharynx) einsaugen. Hirudineen sind fleischfressende (carnivore) Räuber bzw. Parasiten, die als gute Schwimmer aktiv ihre Beute bzw. Wirtsorganismen aufsuchen. 3. Der aus 34 Segmenten aufgebaute Egelkörper weist am Kopf und am Hinterende je einen Saugnapf auf (Segmente 1–6 bzw. 28–34). Vorder- und Hintersaugnapf ermöglichen dem Regenwurm-Verwandten eine spannerraupen- bzw. egelartige Fortbewegung. Die Unterklasse Hirudinea (LAMARCK, 1818) wird in drei Ordnungen unterteilt, deren Vertreter sich bezüglich ihrer Mundbewaffnung und Ernährungsweise voneinander unterscheiden. Es gibt Schlund-, Kiefer- und Rüsselegel (Pharyngobdelliformes, Gnathobdelliformes und Rhynchobdelliformes). Bei Vertretern der letzten beiden Egelgruppen ist der undifferenzierte Schlund mit harten Kiefern versehen bzw. zu einem ausstülpbaren Rüssel umgebaut.

Bauplan-Unterschiede. Eine detaillierte Betrachtung der beiden Gürtelwurm-Unterklassen, die hier durch Regenwurm und Blutegel repräsentiert sind, weist auf einen als Makroevolution bezeichneten Schritt in der Phylogenese hin: Saugnäpfe und Kiefer (bzw. Rüssel) sind Strukturen, die zu einem neuen Bauplan geführt haben, der den Hirudineen eine räuberische bzw. parasitische Lebensweise ermöglicht hat. Im nächsten Abschnitt werden wir rezente Übergangsformen kennen lernen, die bis heute als „Relikte der Urzeit" in speziellen Lebensräumen überdauert haben.

8.2 Lebende Zwischenformen bei Wirbellosen

Wie bereits dargelegt wurde, sind Oligochäten und Hirudineen einerseits nahe miteinander verwandt (z. B. Clitellum), andererseits durch unterschiedliche Baupläne gekennzeichnet (z. B. der aus 7 Segmenten hervorgegangene Hintersaugnapf der Egel). Wir kennen jedoch zwei Spezies, die als lebende Zwischen- oder Übergangsformen (= Mischtypen) bezeichnet werden können: Diese Clitellata vereinigen in sich Merkmale von Bauplan 1 (Wenigborster) mit Bauplan 2 (Egel). In Abbildung 8.2 A, B sind diese beiden für die Rekonstruktion der Evolution wichtigen Zwischenformen einander gegenübergestellt.

Raub-Oligochaet *Agriodrilus*. Im Jahr 1905 wurde im Baikal-See der aquatische „Oligochät" *Agriodrilus vermivorus* entdeckt. Die bis zu 8 cm langen Gürtelwürmer leben dort in 5–50 m Tiefe; sie konnten in keinem anderen Gewässer der Erde gefunden werden (endemische Spezies). Aquatische Oligochäten (z. B. die Schlammröhrenwürmer der Gattung *Tubifex*) ernähren sich von organischem Material; im Gegensatz dazu ist *Agriodrilus* ein Räuber, der andere wasserbewohnende Wenigborster verschlingt. Anatomische Studien zeigten, dass der „Raub-Oligochät" über ein relativ großes Maul mit

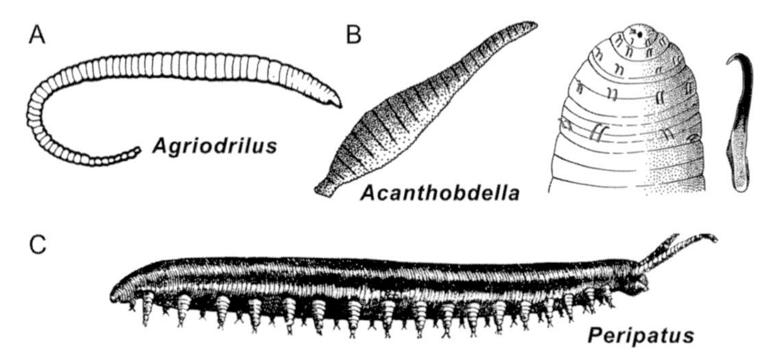

Abb. 8.2 Lebende Übergangsformen bei Wirbellosen. Mischtypen aus dem Oligochäten (Wenigborster)- und Hirudineen (Egel)-Bauplan (A). Der „Rauboligochät" *Agriodrilus vermivorus* besitzt einen muskulösen, egelartigen Schlund. Der „Borstenegel" *Acanthobdella peledina* (B) hat nur einen Saugnapf (hinten) und im Kopfbereich 40 hakenförmige Borsten (das Bild zeigt neben einem ausgewachsenen Egel die Kopfregion mit punktförmiger Mundöffnung und einer isolierten Borste). Die Würmer werden etwa 8 bzw. 4 cm lang. Der mit zwei Fühlern ausgestattete Stummelfüßer *Peripatus capensis* (C) erreicht eine Körperlänge von bis zu 15 cm. Der nachtaktive Bodenbewohner repräsentiert als Zwischenform (Annelida/Arthropoda) einen Mosaikbauplan (nach KUTSCHERA, U. und EPHSTEIN, V.M.: Ann. Hist. Phil. Biol. 11, 85–98, 2006).

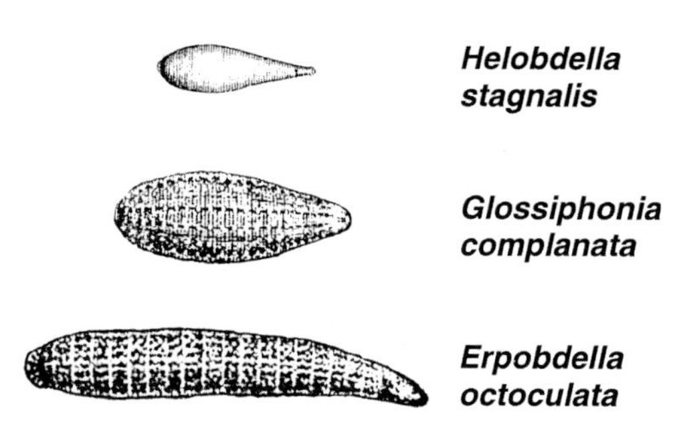

Abb. 8.3 Drei häufige europäische Egelarten, die in Aquarien gehalten werden können (Rückenansicht, Hintersaugnapf links). Achtäugiger Schlundegel (*Erpobdella*), Großer Schneckenegel (*Glossiphonia*) und Zweiäugiger Plattegel (*Helobdella*). Die Würmer sind etwa 4, 2 bzw. 1 cm lang und können unter Steinen fließender Süßgewässer angetroffen und aufgesammelt werden.

einem muskulösen Schlund zum Einsaugen der lebenden Beute verfügt. *Agriodrilus* ähnelt bezüglich der Anatomie des Vorderkörpers einem Schlundegel (z. B. Vertretern der Gattung *Erpobdella*, s. Abb. 8.3), während der Hinterleib regenwurmartig ist (ein Saugnapf fehlt). Der Baikal-See liegt im südlichen Sibirien; er ist der größte und tiefste See der Erde (621 km lang, 14 bis 80 km breit, bis zu 1620 m tief). Das von hohen, waldreichen Gebirgen umschlossene Binnengewässer ist seit Jahrmillionen von anderen Süßwasservorkommen (Flüsse, Seen) isoliert. Alte Faunenelemente, die anderswo von abgeleiteten (überlegenen) Arten verdrängt wurden, konnten hier ohne Konkurrenz überleben. *Agriodrilus* ist somit als Überrest einer lange ausgestorbenen Tierwelt zu betrachten.

Borstenegel *Acanthobdella*. In kalten, fließenden Süßgewässern im Norden von Alaska, Skandinavien und Russland lebt ein Gürtelwurm, der einen Hintersaugnapf, jedoch keine vordere Haftscheibe besitzt. Der Wurm hat – wie ein Oligochät – an den vorderen 5 Segmenten jeweils 8 hakenförmige Borsten; weiter hinten fehlen diese Körperanhänge. Mit Hilfe dieser „Haken" heften sich die Jungtiere am Körper von Fischen fest. Da das Tier eine konstante Segmentzahl (31) aufweist, als permanenter Ektoparasit auf Kaltwasserfischen lebt und sich mit Hilfe eines primitiven Rüssels von Blut und Hautstücken seines Wirtes ernährt, wurde der Wurm als „Borstenegel" beschrieben (*Acanthobdella peledina*). Diese als *lebende Fossilien* bezeichneten Würmer sind die vermutlich letzten Vertreter einer Tiergruppe, die heute nur noch durch diese eine Art repräsentiert wird. In den kalten Wohngewässern kommen kaum andere, höher entwickelte Hirudineen vor. Der archaische, erstmals 1850 beschriebene „Borstenegel" besetzt somit – fast ohne Konkurrenz – eine ökologische Nische, in der er bis heute überleben konnte.

Welche Bedeutung haben die in Abbildung 8.2 A, B dargestellten Zwischenformen für die Rekonstruktion der Phylogenese der Clitellata? Die Würmer sind nicht als direkte Vorläufer der „echten" Eu-Hirudinea zu interpretieren, weil kein rezenter Organismus die Übergangsform zu einer anderen lebenden Art sein kann. Sie repräsentieren die Überreste einer ursprünglichen, heute ausgestorbenen Oligochäten-Gruppe; diese stand an der Basis einer Jahrmillionen langen Makroevolution (Typogenese), deren Endglieder durch Regenwurm und Blutegel repräsentiert sind. *Agriodrilus* und *Acanthobdella* sind als „Bauplan-Mischtypen" zwei rezente Dokumente der Anneliden-Evolution (Kutschera und Ephstein, 2006).

Stummelfüßer *Peripatus*. Es wurde bereits dargelegt, dass die Gruppe der Gliedertiere (Articulata) die Unterstämme Ringelwürmer (Annelida) und Gliederfüßer (Arthropoda) umfasst. Als lebende Zwischenformen sind die auf feuchte Habitate der Südkontinente begrenzten, bodenbewohnenden Stummelfüßer (Onychophora) bekannt. Von manchen Systematikern werden die Onychophoren als Prot-Arthropoda (d. h. Vorläufer der echten Gliederfüßer) klassifiziert und den Eu-Arthropoda (Trilobiten, Spinnentiere, Krebse, Hundertfüßer und Insekten) gegenübergestellt. Die Eu-Arthropoda sind durch gegliederte Extremitäten (Füße) gekennzeichnet, während die Prot-Arthropoda (Onychophora) auf einästigen Stummelbeinchen umherlaufen. In Abbildung 8.2 C ist ein Stummelfüßer der Gattung *Peripatus* dargestellt. Diese auf zahlreichen ungegliederten Beinchen umherwandernden, mit zwei antennenartigen Fühlern versehenen Würmer vereinigen Merkmale von Bauplan 1 (Annelida, z. B. Regenwurm) mit solchen von Bauplan 2 (Arthropoda, z. B. Hundertfüßer). Die Onychophora nehmen somit – wie die in Abbildung 8.2 A, B dargestellten Gürtelwürmer – eine Zwischenstellung ein. Sie sind als Mischtypen die Relikte einer sehr alten Fauna, die möglicherweise bis in das Kambrium zurückreicht.

Nach S.J. Gould (1989) konnte ein fossiler Wurm aus dem kanadischen Burgess-Schiefer (einer weltweit einmaligen Lagestätte von Versteinerungen aus dem späten Kambrium) als Vertreter der Onychophora identifiziert werden. Der mit kurzen Beinchen versehene fossile Meeresringelwurm *Aysheaia* gehört zu einer Gruppe aquatischer Urstummelfüßer, die vor 530 Millionen Jahren die Ozeane besiedelt hat (s. Abb. 4.11, S. 96). Er ist möglicherweise als ein uralter Vorfahre der an feuchte Habitate adaptierten terrestrischen

Onychophora (*Peripatus*) zu interpretieren (Abb. 8.2 C).

8.3 Fortpflanzungsstrategien wurmförmiger Hermaphroditen

Die Mehrzahl aller Tiere sind eingeschlechtlich, d. h. es gibt männliche und weibliche Individuen in einer Population (*Gonochoristen*). Im Gegensatz dazu sind alle Gürtelwürmer (Clitellata) protandrische Zwitter (*Hermaphroditen*). Die zweigeschlechtlichen Tiere produzieren zunächst Spermien (männliche Phase) und dann Eizellen (weibliche Phase). Eine Selbstbefruchtung oder Jungfernzeugung (*Parthenogenese*, d. h. die Entwicklung von Nachkommen aus unbefruchteten Eiern) wurden bisher nur vereinzelt nachgewiesen. Die von einem als Männchen fungierenden Tier befruchteten Eier werden während der weiblichen Phase in Kokons abgelegt, wobei die gallertartige Substanz ein Abscheidungsprodukt der Drüsenzellen des Clitellums ist.

Verhaltensbeobachtungen im Wasserglas. Die Fortpflanzungsbiologie von Süßwasseregeln kann leicht an eingefangenen Tieren, die in Gläsern oder kleinen Aquarien gehalten werden, beobachtet und durch Fotos oder Zeichnungen dokumentiert werden. Aus solchen vergleichenden Analysen lassen sich Rückschlüsse bezüglich der Verwandtschaftsverhältnisse und der Phylogenese dieser Würmer ziehen (*evolutionäre Verhaltensforschung*). Die folgenden Ausführungen basieren im Wesentlichen auf Untersuchungen des Autors (Kutschera und Wirtz, 1986, 2001). Die mitgeteilten Beobachtungen können von jedem biologisch Interessierten mit einfachen Mitteln wiederholt werden und sollen den Leser motivieren, sich nicht nur theoretisch, sondern auch praktisch mit einer aktuellen evolutionsbiologischen Fragestellung zu beschäftigen (Fortpflanzungsstrategien stammesgeschichtlich verwandter aquatischer Invertebraten, die denselben Lebensraum besiedeln und ähnliche Ressourcen nutzen).

Drei repräsentative Arten. In Abbildung 8.3 sind drei häufig anzutreffende europäische Egelarten dargestellt, auf die wir uns von nun an beschränken wollen; der Einfachheit halber sollen die von K. Herter (1968) geprägten deutschen Namen verwendet werden (s. Kap. 7). Der etwa 4–5 cm lange Achtäugige Schlundegel (*Erpobdella octoculata* L. 1758) zählt zu den häufigsten Süßwasseregeln. Die Tiere sind in fließenden und stehenden Gewässern meist in hohen Individuenzahlen unter Steinen festsitzend anzutreffen, wo sie sich von Kleintieren ernähren (z. B. Mückenlarven, Oligochäten wie *Tubifex*-Würmer). Die Beutetiere werden mit Hilfe des muskulösen Schlundes unzerkleinert eingesaugt und verschluckt. *Erpobdella octoculata* gehört somit in die Ordnung der Schlundegel (Pharyngobdelliformes); diese Gürtelwürmer sind bezüglich ihrer Anatomie und Lebensweise dem „Raub-Oligochäten" *Agriodrilus* sehr ähnlich, weswegen sie als urtümliche, wenig spezialisierte Hirudineen-Gruppe gelten. Die Vertreter der Familie Erpobdellidae wurden daher von K.H. Mann (1962) als „Wurmegel" bezeichnet.

Im selben Gewässer (häufig unter denselben Steinen) können der Große Schneckenegel (*Glossiphonia complanata* L. 1758) und der Zweiäugige Plattegel (*Helobdella stagnalis* L. 1758) angetroffen werden. Diese nur 1–2 cm langen Tiere sind Parasiten; sie gehören zur Ordnung der Rüsselegel (Rhynchobdelliformes, Synonym: Rhynchobdellida). Mit Hilfe eines ausstülpbaren Rüssels werden Wirtsorganismen wie Wasserschnecken, Mückenlarven, Oligochäten, Wasserasseln und Kleinkrebse angestochen, ausgesaugt und hierbei meist getötet. Mit dem in Abbildung 8.1 dargestellten kiefertragenden Blutegel (Gnathobdelliformes), der Wirbeltiere wie Frösche, Molche, Wasservögel und Säugetiere (Pferde, Rinder, Menschen) befällt und von deren Blut lebt, haben wir nun Vertreter aller drei Hirudineen-Unterordnungen kennen gelernt (Schlund-, Rüssel- und Kieferegel).

Kopulation und Kokonablage. Wir wollen im Folgenden den Reproduktionszyklus eines typischen Schlundegels kennen lernen. Die Übertragung der Spermien wird bei den in Abbildung 8.3 dargestellten zweigeschlechtlichen (zwittrigen) Hirudineen durch Aufsetzen sogenannter Pseudospermatophoren erreicht. Dies sind in den männlichen Geschlechtswegen gebildete, aus einer Basalplatte und zwei an beiden Enden offenen Röhren bestehende „vergängliche Begattungsorgane", mit deren Hilfe die Übertragung der Spermien durch die Haut des Partnerwurms erfolgt. Zur Beobachtung dieser Vorgänge werden geschlechtsreife Schlundegel bei guter Fütterung eine Woche lang isoliert gehalten und dann paarweise zusammengesetzt (Abb. 8.4). Die Würmer umschlingen sich gegenseitig mit ihren Vorderkörpern. Währenddessen erfolgt eine gegenseitige Übertragung der Pseudospermatophoren, die dem Partnertier in die Haut gestoßen werden. Hierdurch gelangen die Spermien in die Leibeshöhle, wo sie in die Ovarien finden und die Eier befruchten. Die nur 1–2 mm langen Pseudospermatophoren fallen einen Tag später vom Körper ab; es bleibt eine Narbe zurück, die erst nach Wochen vollständig verheilt

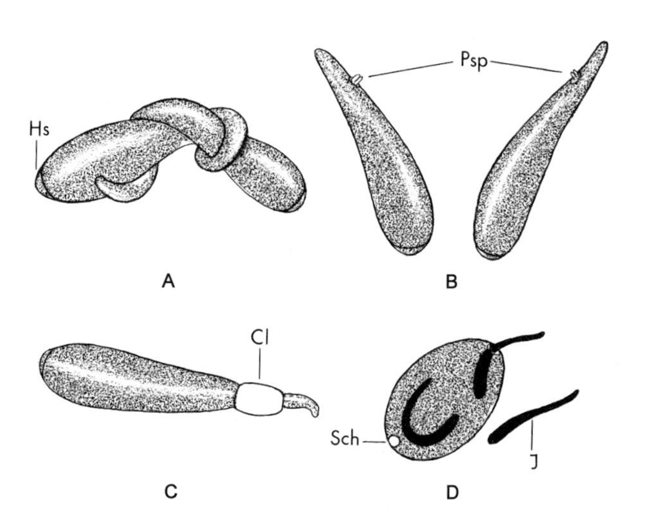

Abb. 8.4 Schematische Darstellung des Fortpflanzungszyklus von Schlundegeln der Gattung *Erpobdella*. Kopulation und Übertragung der Pseudospermatophoren (A, B); Kokonbildung (C); Schlüpfen der Jungtiere (D). Der Kokon ist etwa 5 mm lang. Cl = Clitellum, Hs = Hintersaugnapf, J = Jungtier, Psp = Pseudospermatophore, Sch = Schlupfloch (nach KUTSCHERA, U.: Arch. Hydrobiol. 108: 97–105, 1986).

ist (hypodermische Insemination, eine Spezialform der Kopulation bei Hermaphoditen).

Einige Tage später produzieren die Egel mit Hilfe spezieller Drüsen im Bereich des Clitellums den ersten Kokon. Der mit dem Hintersaugnapf befestigte Wurm dreht bei der Kokonbildung seinen Vorderkörper mehrmals um die eigene Achse, während die Clitellardrüsen die transparente, gallertartige Kokonmasse absondern. Die Eier werden hierbei aus dem Körper in den entstehenden Kokon hinein transferiert. Der Egel zieht dann seinen Vorderkörper aus der weichen Kokonmasse heraus, befestigt das Eigelege am Untergrund (z. B. der Aquarienscheibe), befächelt den frischen Kokon einige Zeit lang und schwimmt davon. Die zunächst durchsichtigen, weichen Kokons erhärten innerhalb der folgenden halben Stunde oberflächlich und nehmen hierbei eine bräunliche Farbe an: Es liegen dann flache Eikapseln mit weichem Inhalt und harter Hülle vor. Etwa 3 Wochen nach der Kokonablage schlüpfen die 2–3 mm langen Jungtiere; sie ernähren sich wie ihre Eltern räuberisch, indem sie Kleintiere aller Art unzerkleinert einsaugen (Abb. 8.4).

Kannibalismus und Schneckenfraß. Die Kokons von *E. octoculata* enthalten eine aus Proteinen bestehende Nährflüssigkeit, in die zahlreiche kleine, dotterlose Eier eingelagert sind. Während der Entwicklung fressen die Larven diese gallertartige Nährflüssigkeit auf und wachsen hierbei deutlich heran. Trifft ein hungriger Egel zufällig auf einen kokonbildenden Artgenossen, so saugt er mit Hilfe seines muskulösen Schlunds die abgesonderte Gallertmasse des Konkurrenten ein (Abb. 8.5 A). Der kokonbildende Egel versucht, durch heftige Körperbewegungen seinen Angreifer abzuschütteln. In den meisten Fällen bleibt dies ohne Erfolg: Der entstehende Kokon wird mitsamt den eingelagerten Eiern vom Artgenossen teilweise oder vollständig eingesaugt. Neben diesen Angriffen auf entstehende Eigelege

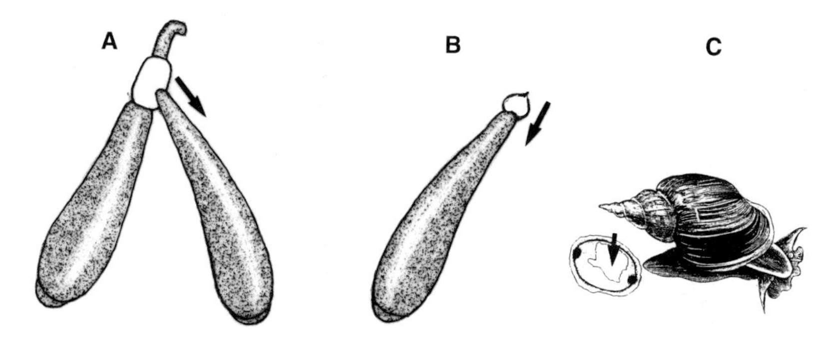

Abb. 8.5 Innerartlicher Kokonfraß beim Schlundegel *Erpobdella octoculata*. Angriff eines Artgenossen auf einen kokonbildenden Egel (A). Aufsaugen eines frisch abgelegten (noch weichen) Kokons durch einen Artgenossen (Kokon-Kannibalismus) (B). Pfeile: Einsaugrichtung des angreifenden Wurms (nach KUTSCHERA, U.: Zool. Jb. Syst. 110: 17–29, 1983). Kokonzerstörung durch Schneckenfraß (C): ausgehärteter *Erpobdella*-Kokon, der durch eine Wasserschnecke (*Lymnaea*) geöffnet wurde (Pfeil) (nach BENNICKE, S.: Folia Limnol. Scand. 2: 5–109, 1943).

konnte auch das Aufsaugen frisch abgelegter, noch weicher Kokons beobachtet werden (Abb. 8.5 B). Das Elterntier greift jedoch seinen eigenen Kokon niemals an. Dieser innerartliche Kokonfraß oder *Kokon-Kannibalismus* führt zur Gelegezerstörung und somit zur Ausschaltung der Nachkommenschaft des Artgenossen. Bei hoher Populationsdichte der Würmer wird das weitere Anwachsen der Individuenzahlen deutlich reduziert. Wir beobachten hier eine intraspezifische Dichteregulation innerhalb der Fortpflanzungsgemeinschaft.

In den Wohngewässern der Egel sind in der Regel Wasserschnecken anzutreffen. Diese Allesfresser sind mit einem kräftigen Raspelapparat (Radula) ausgestattet. Ausgewachsene Tiere (z. B. Schlammschnecken der Gattung *Lymnaea*) können mit ihrer Radula sowohl frische als auch ausgehärtete Kokons anfressen und somit zerstören (Abb. 8.5 C). Beobachtungen an europäischen und nordamerikanischen Schlundegel-Populationen (*E. octoculata, E. punctata*) ergaben, dass in Freilandgewässern mehr als 30 % der Eikokons durch Schneckenfraß zerstört werden.

Zusammenfassend zeigen diese Ergebnisse, dass bei Schlundegeln, die sich durch Ablage ungeschützter, nährstoffreicher Kokons fortpflanzen, die Ei- und Larvenentwicklung einem hohen Raub-Feind-Druck ausgesetzt ist. Durch Schnecken- und intraspezifischen Kokonfraß geht ein Großteil der Nachkommenschaft zugrunde.

8.4 Vergleichende Beschreibung des Brutpflegeverhaltens bei Egeln

Die Phylogenese der Organismen kann als unvorstellbar lange Kette von Reproduktionszyklen (Ontogenesen) betrachtet werden, wobei die jeweilige Elterngeneration bestrebt ist, möglichst viele fertile Nachkommen in die nächste Generation zu bringen. Als Resultat der natürlichen Selektion überleben nur wenige Individuen der jeweiligen (heterogenen) Nachkommenschaft, so dass es im Laufe vieler Generationen zu einem Artenwandel kommen kann. In zahlreichen Tiergruppen haben sich unabhängig voneinander spezielle Verhaltensweisen entwickelt, deren offensichtlicher Sinn darin besteht, die Überlebenschancen jener Individuen, die die nächste Generation bilden, zu sichern bzw. zu erhöhen. Unter *Brutpflege* verstehen wir all jene Verhaltensabläufe von Elterntieren, die in direktem Kontakt mit den Jungen durchgeführt werden und dem Schutz sowie der Ernährung der Nachkommen dienen. Indirekte Maßnahmen, wie z. B. die Ablage der Eier an sicheren Orten, die ohne Kontakt zu den Jungen „vorsorglich" getroffen werden, bezeichnet man als *Brutfürsorge*.

Vögel, Säugetiere und manche Insekten haben komplexe Brutpflegemuster entwickelt, die in aller Regel zur Abminderung eines hohen Raub-Feind-Druckes entstanden sind. Im Vergleich zu diesen Tiergruppen sind die Clitellata wenig spezialisierte „niedere" Organismen. Dennoch haben eine Reihe von Hirudineen, die alle zur Gruppe der Rüsselegel (Rhynchobdelliformes) und dort in die Familie der Plattegel (Glossiphoniidae) gehören, bemerkenswert komplexe Brutpflegeverhaltensweisen entwickelt, die an zwei Beispielen dargestellt werden sollen.

Brutpflege mit Jungenverteidigung. Der Große Schneckenegel (*Glossiphonia complanata*) (Abb. 8.3) ist eine in Europa, Japan und Nordamerika weitverbreitete Art. Die Egel sind insbesondere in fließenden Gewässern, die reich an Wasserschnecken sind, unter Steinen festsitzend anzutreffen und können leicht in Aquarien gehalten werden. Obwohl *G. complanata* gelegentlich auch Oligochäten anfällt, sind Wasserschnecken die wichtigsten Wirtsorganismen. In Gefangenschaft gehaltene Egel können durch regelmäßige Zugabe von Weichtieren (z. B. Posthornschnecke, *Planorbarius*; Schlammschnecke, *Lymnaea*) problemlos ernährt werden. Die Wirtsorganismen werden angesaugt oder vollständig ausgesaugt, d. h., *G. complanata* ernährt sich primär von Schneckenblut.

Zur Beobachtung des Reproduktionsverhaltens sammelt man Anfang März einige geschlechtsreife Tiere und setzen sie in ein Aquarium. Die ansonsten recht trägen Egel sind während dieser Zeit sehr agil; man kann die Begattung durch Aufsetzen von Pseudospermatophoren, die im Prinzip wie in Abbildung 8.4 dargestellt verläuft, leicht beobachten. Etwa eine Woche nach der Kopulation produzieren die Schneckenegel Kokons. Der Wurm kriecht zunächst suchend umher und setzt sich dann an einer glatten Unterlage fest (Stein, Aquarienscheibe). Die Kokons von *G. complanata* bestehen aus 2–30 großen, dotterreichen Eiern, die von einer transparenten Hülle umschlossen sind. Während der Kokonbildung drückt der legebereite Wurm eine bestimmte Anzahl Eier in den Bereich des Clitellums, so dass der Vorderkörper stark anschwillt. Die Kokonhülle wird daraufhin von Clitellardrüsen, die im Bereich der weiblichen Gonopore liegen, gebildet. Es werden in der Regel 3–4 Kokons abgelegt und durch leichten Druck des Körpers gegen die Unterlage am Substrat befestigt (Abb. 8.6 A). Nach Beendigung der Ablage bleibt das Muttertier über den Eikokons sitzen

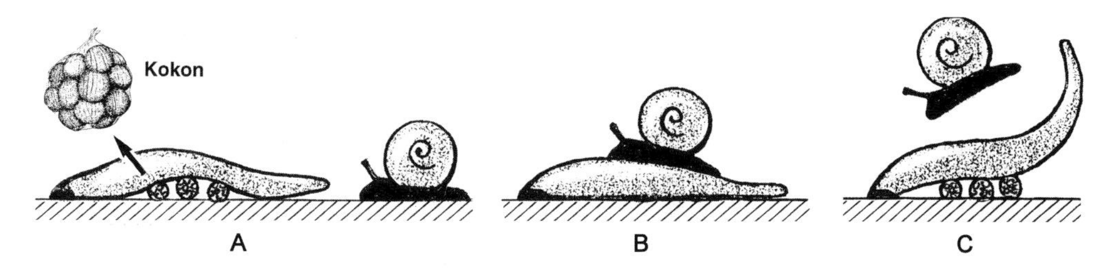

Abb. 8.6 Brutpflege beim Großen Schneckenegel (*Glossiphonia complanata*). Verteidigung der Kokons gegen Wasserschnecken. Ein Egel befächelt drei Ei-Gelege (Pfeil: Struktur eines Kokons; Durchmesser etwa 2 mm; die großen dotterreichen Eier sind sichtbar) (A). Das Muttertier legt sich bei Kontakt mit der Schnecke flach auf die Kokons (B) oder stößt diese durch rasche Körperbewegungen davon (C) (nach Kutschera, U.: Zool. Jb. Syst. 111: 427–438, 1984).

und fächelt frisches Wasser herbei. Versetzt man den Egel, so sucht er die Kokons, setzt sich über diese und befächelt das Gelege. Entfernt man das Muttertier, so werden die ungeschützten Kokons bald von Wasserschnecken aufgefressen. Der Mutteregel schützt seine zarten Eigelege aktiv vor Schneckenfraß: Trifft eine Wasserschnecke auf ein Muttertier, so umschließt dieses seine Brut mit Hilfe der Körperflanken vollständig, so dass die Schnecke über den Körper hinwegkriecht. Drängt sich die Wasserschnecke zwischen Mutteregel und Kokonbereich, so schleudert der Wurm den Angreifer davon (Abb. 8.6 B, C). Nur selten kommt es vor, dass eine Wasserschnecke den Egel zur Seite drängt und die Kokons auffrisst. Diese Befunde zeigen, dass *G. complanata* seine zarten Eikokons mit Erfolg gegen Wasserschnecken und andere potentielle Fressfeinde verteidigt.

Einige Tage nach der Kokonablage schlüpfen etwa 1 mm lange Larven, die sich am Bauch des Mutteregels festsetzen. Das Tier kriecht mit der am Bauch sitzenden Brut umher; etwa eine Woche später haben sich die Larven zu Jungtieren entwickelt. Diese halten sich mit ihrem Hintersaugnapf am Bauch des Mutteregels fest, der umherkriecht, ohne jedoch Nahrung aufzunehmen. Etwa 2–3 Wochen später verlassen die 30–40 Jungen das Muttertier. Die 2 mm langen Jungegel benötigen als erste Nahrung das Blut einer „Wurmegel-Art" (z. B. *Erpobdella octoculata*). Hierbei wird ein ausgewachsener Schlundegel von einer Gruppe Jungtiere vollständig ausgesaugt. Das Muttertier nimmt erst nach Abschluss der Brutpflege, die in der Regel 5–6 Wochen dauert, wieder Nahrung auf. Es ernährt sich, wie die heranwachsenden Jungtiere, bevorzugt von Schneckenblut.

Brutpflege mit Jungenfütterung. Der nur etwa 1 cm lange Zweiäugige Plattegel (*Helobdella stagnalis*) (Abb. 8.3) ist der am weitesten verbreitete Süßwasseregel unserer Erde. Die einfarbig grau-orangen Würmer wurden auf allen Kontinenten (mit Ausnahme von Australien) gefunden und sind insbesondere in nährstoffreichen (eutrophen) Gewässern unter Steinen regelmäßig anzutreffen. Dieser kleine, agile Egel ist durch eine spezielle Struktur auf dem Rücken des Vorderkörpers gekennzeichnet (eine dunkle, harte Scheibe, die als „Rückenplatte" bezeichnet wird); er kann daher mit keiner anderen Spezies verwechselt werden. Die in Aquarien kultivierbaren Würmer ernähren sich vom Blut verschiedener Organismen (Oligochäten wie z. B. *Tubifex*, Zuckmückenlarven, Flohkrebse, Wasserasseln). Die Beute- bzw. Wirtstiere werden in der Regel vollständig ausgesaugt.

Da die Fortpflanzungsperiode durch Überschreitung einer bestimmten Wassertemperatur eingeleitet wird, beginnen ausgewachsene Egel, die im Frühjahr (März) gesammelt und bei Zimmertemperatur gehalten werden, bald mit der Kopulation (durch Übertragung von Pseudospermatophoren, s. Abb. 8.4). Einige Tage später produzieren die Egel 3–5 Kokons. Diese bestehen, wie bei *G. complanata*, aus dotterreichen Eiern, die von einer transparenten Hülle umschlossen sind (s. Abb. 8.6 A). Die Clitellardrüsen sind im Bereich der weiblichen Gonopore angeordnet. Abgelegte Kokons werden jedoch nicht am Untergrund, sondern am Bauch des Mutteregels befestigt und umhergetragen. Hierdurch wird ein vollständiger Kokonschutz erreicht. Wie Abbildung 8.7 zeigt, bildet ein *Helobdella*-Muttertier bei Kontakt mit einer Wasserschnecke eine „temporäre Bruthöhle": Die Kokons werden durch Aufwölben des Körpers vollständig umschlossen und somit vor Fressfeinden geschützt. Auch die Larven werden nach Verlassen der Kokonhülle am Bauch festsitzend umhergetragen. Nach Abschluss der Entwicklung sitzen die nur etwa 1 mm langen Jungtiere noch 3–4 Wochen lang mit ihrem Hintersaugnapf befestigt am Bauch des Mutteregels. Dieser kriecht mit 10–20 Jungen „beladen" lebhaft umher und ernährt sich durch Einfangen von Flohkrebsen, Wasserasseln,

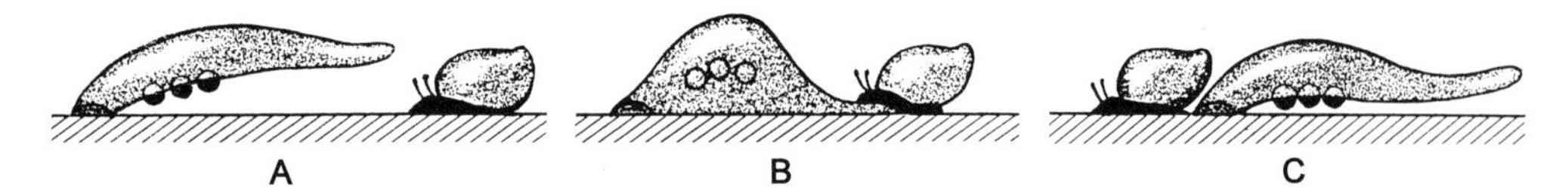

Abb. 8.7 Brutpflege bei Plattegeln der Gattung *Helobdella*. Der Mutteregel trägt drei Kokons, die am Bauch befestigt sind (A). Bei Kontakt mit einer Wasserschnecke umhüllt der Wurm seine Eigelege vollständig (B), so dass der Angreifer über den Körper hinwegkriecht (C) (nach Kutschera, U.: Zool. Anz. 228: 74–81, 1992).

Zuckmückenlarven und kleinen Oligochäten (Abb. 8.8 A–D). Das Muttertier hält hierbei die Beute durch Einrollen des Vorderkörpers fest, so dass die Jungtiere Zugang zur Nahrung haben. Sie saugen nach Einstechen ihrer Rüssel am Beutetier und wachsen so mit jedem elterlichen Fang mehr und mehr heran. Es wurde auch wiederholt beobachtet, wie ein Mutteregel ein Beutetier (z. B. einen *Tubifex*-Wurm) fing, den am Bauch sitzenden Jungen reichte und, während diese die Beute aussaugten, frisches Wasser herbeifächelte. Eine derartige Jungenfütterung ohne Nahrungsaufnahme des Muttertieres ist in Abbildung 8.8 E dokumentiert. Durch diese Zufuhr an Nährstoffen (Blut- bzw. Körperflüssigkeit verschiedener wirbelloser Kleintiere) wachsen die Jungen unter dem Schutz des Elterntiers heran, bis sie etwa ⅓ von deren Körperlänge erreicht haben. Sie verlassen das Muttertier also in einem fortgeschrittenen Entwicklungsstadium und gehen zunächst gemeinsam und später als Einzeltiere auf Beutefang.

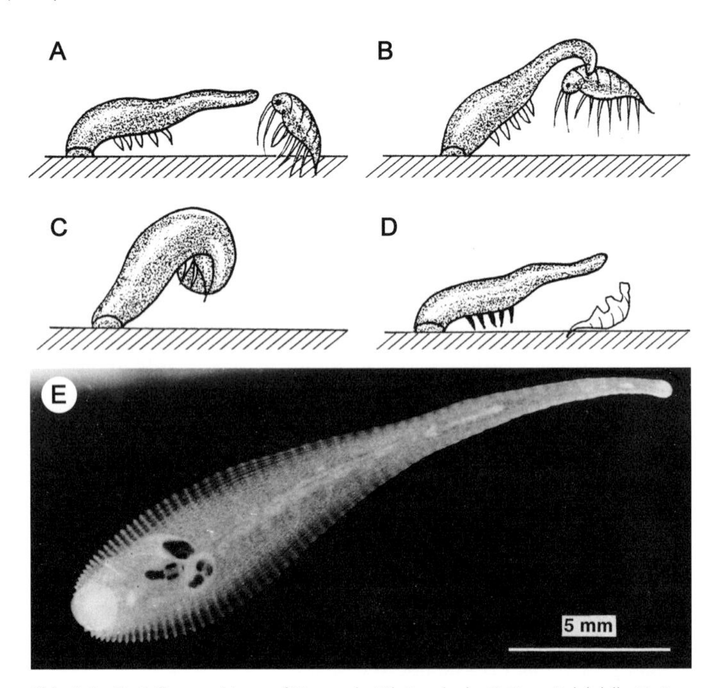

Abb. 8.8 Brutpflege und Jungenfütterung bei Plattegeln der Gattung *Helobdella*. Mutteregel mit Jungtieren am Bauch. Nach Kontakt mit einem Beuteorganismus (Flohkrebs, *Gammarus*) wird das Beutetier gefangen und durch Einkrümmen des Vorderkörpers festgehalten. Mutteregel und Jungtiere saugen den Krebs vollständig aus, so dass nur noch die leere Hülle übrigbleibt (A–D) (nach Kutschera, U.: Zool. Anz. 222: 122–128, 1989). Foto eines ausgewachsenen Zweiäugigen Plattegels (*Helobdella stagnalis*), der drei gefütterte Jungtiere am Bauch trägt (E). Der Magen des Muttertiers ist leer, während die Darmblindsäcke der Jungen durch eingesaugtes Blut eines *Tubifex*-Wurms dunkel gefärbt sind (nach Kutschera, U. & Wirtz, P.: Anim. Behav. 34: 941–942, 1986).

8.5 Rekonstruktion der Phylogenese der Brutpflegemuster

Die beschriebenen Reproduktionszyklen der in Abbildung 8.3 dargestellten drei Süßwasseregel lassen sich in einer aufsteigenden Serie anordnen und vergleichen. Quantitative Daten zur Fortpflanzungsbiologie der hier vorgestellten Arten sind in Tabelle 8.1 zusammengestellt. Nach R.T. Sawyer (1986) können aus diesen deskriptiven Fakten eine Reihe von Schlussfolgerungen bezüglich der Systematik und Phylogenese der Hirudineen gezogen werden (Abb. 8.9).

Kokon-Massenproduktion. Eine relativ urtümliche Gruppe bilden die als „Wurmegel" bezeichneten Erpobdellidae. Diese anatomisch mit dem „Raub-Oligochäten" *Agriodrilus* verwandten Schlundegel produzieren mit Hilfe ihrer Clitellardrüsen während der Sommermonate zahlreiche flache Eikokons, die nach Ablage befächelt werden (Abb. 8.9 A). Das Muttertier verlässt den frischen Kokon, der oberflächlich erhärtet und damit als feste Eikapsel den Larven und Jungtieren einen gewissen Schutz bietet. Kokon-Kannibalismus durch

Tab. 8.1 Vergleich der Fortpflanzungsstrategien der Egel *Erpobdella octoculata, Glossiphonia complanata* and *Helobdella stagnalis* (s. Abb. 8.9 A–C). Die Ergebnisse wurden an Egelpopulationen erarbeitet, die bei optimaler Fütterung in Aquarien gehalten wurden (nach Kutschera, U. & Wirtz, P.: Theory Biosci. 120, 115–137, 2001).

	E. octoculata	*G. complanata*	*H. stagnalis*
Kokons pro Fortpflanzungsperiode	~120	~3–4	~5–6
Eiproduktion	~1000	~60	~50
Eigröße	klein (~50 µm)	groß (~600 µm)	groß (~500 µm)
Dotter	fehlt (Albumen)	vorhanden	vorhanden
Dauer der Brutpflege	~10 min. (Ventilation)	~30 Tage	~45–50 Tage
Ei-Sterblichkeit	hoch	gering	nahe Null
Larven-Fürsorge	keine	vorhanden	vorhanden
Larven-Sterblichkeit	hoch	gering	nahe Null
Jungen-Fürsorge	keine	Schutz	Schutz und Fütterung
Jungen-Sterblichkeit während der ersten 3 Wochen	hoch	gering	nahe Null
Wachstum der Jungtiere	langsam, abh. von eigenem Beuteerwerb	langsam, Versorgung z.T. durch Mutteregel	rasch, Fütterung durch Mutteregel

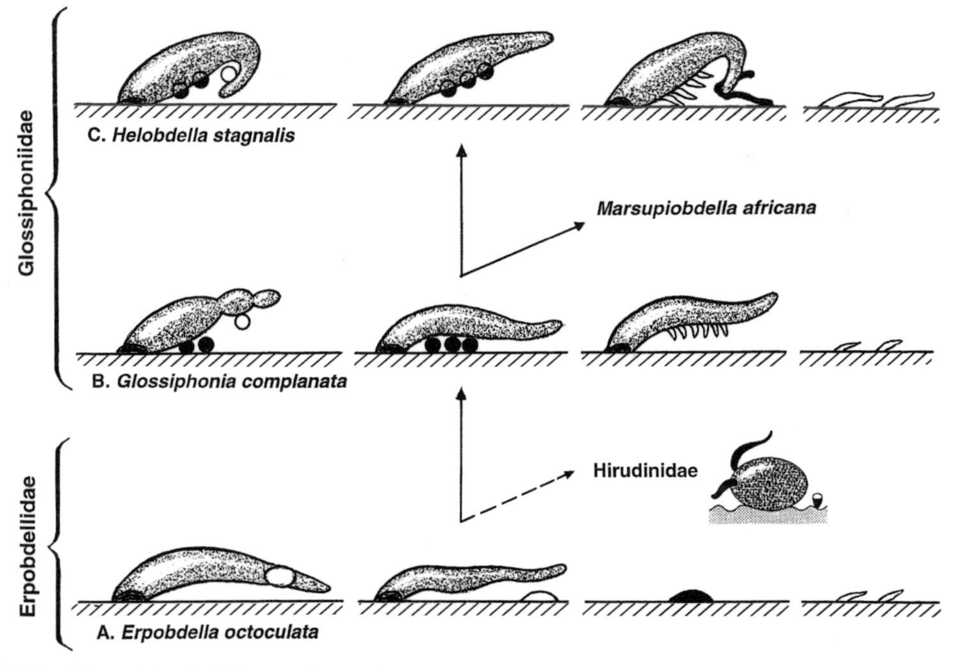

Abb. 8.9 Rekonstruktion der Phylogenese des Brutpflegeverhaltens bei Süßwasser-Hirudineen. Vertreter der „Wurmegel" (Erpobdellidae), z.B. *Erpobdella octoculata*, legen flache Eikapseln ab, die vom Muttertier verlassen werden (A). Plattegel (Glossiphoniidae), z.B. *Glossiphonia complanata*, betreiben Brutpflege, indem sie ihre Eikokons schützen und Larven bzw. Jungtiere umhertragen (B). Bei *Helobdella* werden die Kokons am Bauch getragen und die Jungtiere gefüttert (C). Vertreter der Blutegelfamilie (Hirudinidae) betreiben Brutfürsorge. Der Beutelegel (*Marsupiobdella*) trägt die Jungen in einer Körpertasche (nach Kutschera, U. & Wirtz, P.: Theory Biosci.120: 115–137, 2001).

Artgenossen und Schneckenfraß dezimieren die Zahl der überlebenden Kokons drastisch. Dieser Verlust an Nachkommenschaft wird durch Massenproduktion an Eigelegen kompensiert: Einzelne in Aquarien gehaltene *E. octoculata* legen über Wochen hinweg alle 1–2 Tage je einen Kokon ab, aus dem drei Wochen später durchschnittlich 5 Jungtiere schlüpften. Es ergibt sich hieraus eine Reproduktionsrate von 75–100 Nachkommen pro Monat. Ein Achtäugiger Schlundegel produziert somit unter idealen Bedingungen pro Sommer viele hundert Jungtiere (Tab. 8.1). Die hier für *E. octoculata* beschriebene Fortpflanzungsstrategie ist auch bei der in Nordamerika weitverbreiteten Spezies *E. punctata* beobachtet worden. Vermutlich verläuft die Reproduktionsphase bei allen „Wurmegeln" auf ähnliche Weise.

Brutfürsorge. Vertreter der Familie Hirudinidae (z. B. der medizinische Blutegel *Hirudo medicinalis*, s. Abb. 8.1 und Abb. 3.12 A, S. 75 oder der Vielfraßegel, *Haemopis sanguisuga*) verlassen zur Kokonablage das Wasser. Sie produzieren an Land (in der Uferregion) austrocknungsresistente Eigelege, die in feuchte Erde abgelegt werden. Die Jungen kriechen nach dem Schlüpfen rasch ins Wasser, wo sie auf Beutesuche gehen. Dieses Verhalten kann als *Brutfürsorge* interpretiert werden, da die teilweise in Erdhöhlen vergrabenen Kokons vor aquatischen Räubern geschützt sind.

Brutpflegemuster steigender Komplexität. Alle bisher untersuchten Vertreter der Plattegel (Glossiphoniidae) betreiben Brutpflege. Bis auf eine Ausnahme (der an Wasservögeln parasitierende Entenegel *Theromyzon*) sind bei diesen Rüsselegeln die Clitellardrüsen nicht mehr äußerlich in der „Gürtelregion" angeordnet, sondern in das Körperinnere (den Bereich der weiblichen Gonopore) verlagert. Es werden runde Kokons mit dotterreichen Eiern produziert, die von einer zarten Hülle umschlossen sind. Der Große Schneckenegel (*Glossiphonia complanata*) legt nur einmal im Jahr Kokons ab, die am Substrat befestigt werden (Abb. 8.9 B). Das Muttertier schützt die Gelege vor Schneckenfraß und trägt die Larven (bzw. Jungtiere) umher, ohne selbst Nahrung aufzunehmen. Die Jungen verlassen nach und nach das Muttertier und ernähren sich selbständig. Eine ähnlich hochentwickelte Brutpflege wurde auch für andere *Glossiphonia*-Arten sowie Rüsselegel der Gattungen *Theromyzon*, *Hemiclepsis* und *Placobdella* beschrieben.

Ein noch effizienteres Brutpflegemuster ist bei Egeln der Gattung *Helobdella* ausgebildet (Abb. 8.9 C): Die Kokons werden an den Bauch des Mutteregels geheftet, umhergetragen und vor Feinden geschützt. Larven und Jungtiere entwickeln sich am Körper des Elterntieres, das während der Brutpflege auf Beutejagd geht. Die Jungen saugen gemeinsam mit dem Mutteregel an der Beute oder werden durch Überreichen von Kleintieren gefüttert. Sie wachsen durch diese Nahrungszufuhr deutlich heran, verlassen das Muttertier in einem fortgeschrittenen Entwicklungsstadium und haben daher eine höhere Überlebenschance. Das hier für *H. stagnalis* beschriebene Brutpflegemuster wurde auch bei zahlreichen anderen *Helobdella*-Arten dokumentiert. Diese komplexe Brutpflege ist möglicherweise ein Grund für die Tatsache, dass die Plattegel der Gattung *Helobdella* weltweit verbreitet und in vielen Süßgewässern zahlenmäßig recht häufig sind. Der Kleine Schneckenegel *Alboglossiphonia heteroclita* zeigt ein Brutpflegemuster, welches zwischen dem von *Glossiphonia* und *Helobdella* einzuordnen ist. Die Kokons werden am Bauch umhergetragen und geschützt; eine Jungenfütterung wurde bisher nicht beobachtet.

Die Reproduktionsrate ist bei *Glossiphonia* und *Helobdella* mit etwa 50–60 Nachkommen pro Jahr im Vergleich zu *Erpobdella* gering (Tab. 8.1). Dieser quantitative Unterschied wird jedoch durch die hochentwickelte Brutpflege kompensiert. Unter dem Selektionsdruck „Schneckenfraß" entwickelte sich der Körper des Muttertieres bei den Glossiphoniidae zu einem wirkungsvollen Schutzpanzer, der bei *Helobdella* noch Ernährungsfunktion übernommen hat. Eine Besonderheit ist der in Afrika verbreitete, an Wasserfröschen parasitierende Beutelegel (*Marsupiobdella*). Die Muttertiere tragen die Jungtiere in einer permanenten Brutkammer umher und entlassen ihre Nachkommen erst nach Aufsuchen eines Wirtsorganismus (z. B. Frosch). Da die Jungtiere bei *Marsupiobdella* nicht gefüttert werden, ist diese hoch entwickelte Spezies in unserem Evolutionsschema (Abb. 8.9 B) als Nebenast eingezeichnet.

Interpretation der Daten. Die hier vorgestellte Hypothese zur Phylogenese des Brutpflegeverhaltens bei Süßwasseregeln (Glossiphoniidae) unter der Wirkung des Selektionsdruckes „Schneckenfraß" sollte als Modellvorstellung eines über Jahrmillionen hinweg abgelaufenen Evolutionsprozesses verstanden werden. Es wurde bereits hervorgehoben, dass keine lebende Spezies (z. B. *E. octoculata*) Vorläufer einer zweiten rezenten Art (z. B. *G. complanata*) sein kann. Die „Wurmegel" (Erpobdellidae) repräsentieren jedoch im Vergleich zu den Plattegeln (Glossiphoniidae) eine relativ ursprüngliche Gruppe, die vermutlich den ausgestorbenen Urahnen aller heutigen Hirudineen ähnlich ist. *Glossiphonia*- und *Helobdella*-Arten müssen hingegen als evolutiv „fortgeschrittenere" Egel interpretiert werden, da sie durch anatomische Neuerungen (Verlagerung der Clitellardrüsen) und komplexe Verhaltensweisen (Brutpflege) gekennzeichnet sind. Da der Körper-Bauplan der Gürtelwürmer modifiziert wurde, ist diese Abstammungsreihe als makroevolutionärer Trend zu interpretieren (Kutschera und Wirtz, 2001).

Wie Abbildung 8.10 veranschaulicht, stammen die in diesem Kapitel diskutierten rezenten Clitellata (Wenigborster, Oligochaeta und Egel, Hirudinea) von gemeinsamen (regenwurmartigen) Vorfahren ab. Die beiden Tiergruppen bilden, wie eingangs bereits gesagt wurde, ein Monophylum (geschlossene Abstammungsgemeinschaft). An der Basis des Baumes zweigen die Oligochaeta ab, die hier durch den Regenwurm (*Lumbricus*) vertreten sind (s. Abb. 8.1). Als Relikte aus der Urzeit müssen wir die beiden „lebenden Zwischenformen" *Agriodrilus* und *Acanthobdella* in der Nähe der gemeinsamen Vorläuferform abzweigen lassen.

Verhaltensstudien und molekulare Daten. Die drei Hirudineen-Ordnungen (Kieferegel, Gnathobdelliformes mit der Familie Hirudinidae; Schlundegel, Pharyngobdelliformes mit der Familie Erpobdellidae; Rüsselegel, Rhynchobdelliformes mit der Familie Glossiphoniidae) bilden die „Krone" des Gürtelwürmer-Stammbaumes (Abb. 8.10). Wie in Abbildung 8.9 dargelegt ist, produzieren die Erpobdellidae zahlreiche ungeschützte Eikapseln und verlassen diese; die Hirudinidae kriechen an Land und legen dort robuste, austrocknungsresistente Kokons ab (Brutfürsorge). Bei den Glossiphoniidae werden dotterreiche Eier in zarte Hüllen sezerniert und durch den Körper des Muttertieres geschützt (Brutpflege). Diese Verhaltensweise hat zu einer Reduktion der Eiproduktion geführt und ist als phylogenetisch hochentwickelte Fortpflanzungsstrategie zu interpretieren (Tab. 8.1).

In unserem Stammbaumschema sind als Schwestergruppe der Glossiphoniidae die als Wirbeltierparasiten bekannten Fischegel (Piscicolidae) eingezeichnet. Die in Süß- und Meerwasser verbreiteten Fischegel besitzen, wie die Glossiphoniidae, einen ausstülpbaren Saug-Rüssel (s. Abb. 2.33 B, S. 56). Die Fortpflanzung erfolgt, wie bei den Erpobdellidae, über Massenproduktion von Eikokons, die an feste Substrate (Steine, Wasserpflanzen) abgelegt werden. Eine Brutpflege wurde niemals beobachtet. Es soll darauf hingewiesen werden, dass die aus vergleichenden Ver-

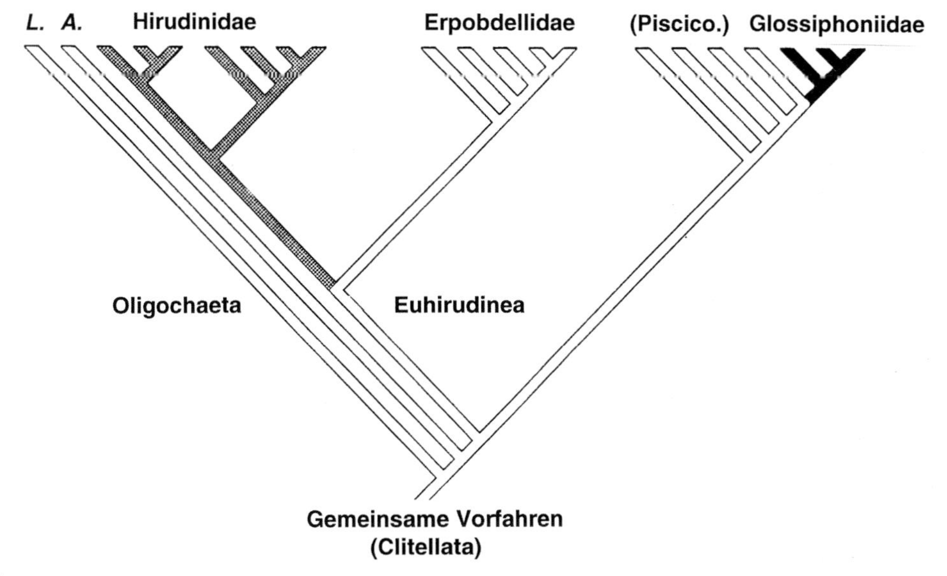

Abb. 8.10 Schematischer Stammbaum der Gürtelwürmer (Clitellata). Als gemeinsame Vorfahren werden aquatische Ur-Ringelwürmer angenommen. Die Wenigborster (Oligochaeta) zweigen an der Basis ab (*L.* = *Lumbricus*). Als wichtigste Egelgruppen (Hirudinea) sind die Familien Hirudinidae, Erpobdellidae und Glossiphoniidae eingezeichnet. Die Fischegel (Piscicolidae) sind wie die Glossiphoniidae mit einem Rüssel versehen. Lebende Zwischenformen (*A.* = *Agriodrilus* bzw. *Acanthobdella*) stehen zwischen den Oligochaeta und Hirudinea. Weiß: Kokons werden am Substrat befestigt; grau: Kokons werden an Land abgelegt (Brutfürsorge); schwarz: Kokons (d.h. dotterreiche Eier, umschlossen von Hüllmembran) werden vom Muttertier geschützt (Brutpflege) (nach Siddall, M.E. & Burreson, E.M.: Hydrobiologia 334: 277–285, 1996).

haltensstudien abgeleiteten Verwandtschaftsverhältnisse representativer Taxa (Abb. 8.9, 8.10) mit den mt-DNA-Sequenzstammbäumen der Hirudineen weitgehend übereinstimmen (s. Abb. 7.7, S. 174). Vergleichend-beobachtende Analysen und molekulare Daten ergänzen sich in diesem Fall und ergeben ein solides Bild von der Phylogenese ausgewählter Vertreter der Gruppe der Clitellata.

8.6 Brutpflege-Dauer und Eigröße bei Egeln und Fischen

Unsere vergleichende Studie (Abb. 8.9, 8.10) zeigt zusammenfassend, dass die phylogenetische Entwicklung großer dotterreicher Eier innerhalb einer bestimmten Egelfamilie (Glossiphoniidae) mit einer hochentwickelten Brutpflege einhergeht. Ein analoger phylogenetischer Trend ist bei den wesentlich besser erforschten Wirbeltieren (Vertebrata) nachgewiesen. Die komplexen Brutpflegemuster der Vögel und Säugetiere sind gut dokumentiert. Innerhalb verschiedener Ordnungen der an das Wasser gebundenen „niederen Vertebraten" (Fische und Amphibien) konnte die Phylogenese nährstoffreicher Eier (mit großem Dottervorrat) mit dem Grad der Brutpflege der betreffenden Spezies in Zusammenhang gebracht werden. So berichtet T.H. Clutton-Brock (1990), dass in der Familie der nordamerikanischen Sonnenbarsche (Centrarchidae) eine positive Korrelation zwischen der Dauer der Brutpflege und dem Ei-Durchmesser besteht. Der Sonnenbarsch *Archoplites interruptus* kümmert sich z.B. nur etwa zehn Stunden lang um seine 0,6 mm großen Eier, während die verwandte Art *Micropterus salmoides* 3 bis 4 Tage lang eine intensive Brutpflege betreibt (durchschnittliche Ei-Größe ca. 1,5 mm). Im Verlauf der Evolution entwickelten sich somit unter dem Selektionsdruck *Raub-* bzw. *Fressfeinde* bei verschiedenen Gruppen der Wirbellosen und der Wirbeltiere ganz ähnliche Fortpflanzungsstrategien. Wir bezeichnen diese Erscheinung als *Parallelentwicklung* oder *Konvergenz* in der Stammesgeschichte der Organismen (s. Kap. 2).

Weiterhin geht aus den hier zusammengetragenen Fakten hervor, dass selbstloses (altruistisches) Eltern-Verhalten, d.h. der Schutz und das Füttern der Jungtiere, bereits auf dem Niveau der Ringelwürmer ausgebildet ist. Darwin (1859, 1872) hat darauf hingewiesen, dass die Brutpflege – eine Form des Altruismus – zur Überlebensstrategie vieler Tierarten gehört und nicht grundsätzlich im Widerspruch zur Selektionstheorie steht. In seinem Buch über die Regenwürmer konnte Darwin (1881) allerdings keine selbstlosen Verhaltensweisen anführen, da diese Befunde damals noch unbekannt waren.

Unser Exkurs in die spezielle Zoologie der Ringelwürmer hat gezeigt, dass mit den klassischen Methoden der Beobachtung und Beschreibung rezenter Organismen Einblicke in Evolutionsvorgänge gewonnen werden können. Auch ohne Fossilreihen, mikroskopische bzw. biochemische Studien und aufwändige Genomanalysen kann die Stammesgeschichte ausgewählter Organismengruppen rekonstruiert und anhand von Modellen plausibel gemacht werden. Ein Beispiel aus dem Gebiet der Wirbeltier-Phylogenetik ist in den folgenden Abschnitten dargelegt.

8.7 Fliegende Fische: eine polyphyletische Gruppe

Der populäre Ausdruck „wie ein Fisch im Wasser" vermittelt die allgemein verbreitete Ansicht, die Pisces seien ausschließlich aquatische Vertebraten und nicht in der Lage, außerhalb des flüssigen Mediums H_2O zu überleben. Es gibt jedoch zahlreiche amphibische Fischarten, die zeitweise das Wasser verlassen und auf dem Land umherlaufen

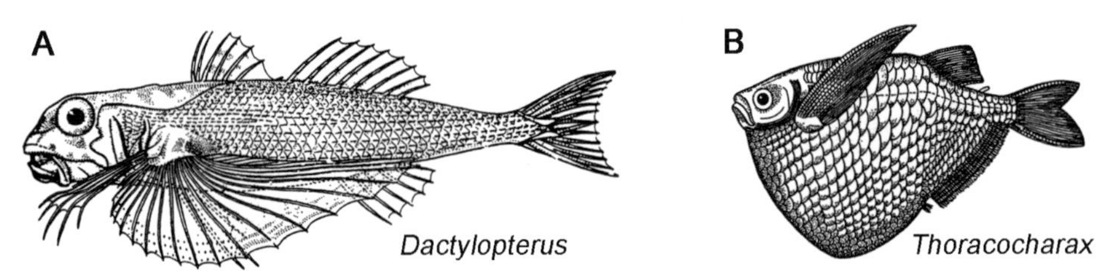

Abb. 8.11 Ein europäischer Meeresfisch, der den Namen Flughahn (*Dactylopterus*) trägt und gemäß zahlreicher Berichte gelegentlich kurze Luft-Flüge ausführt, wobei die großen Brustflossen als Tragflächen dienen (A). Südamerikanischer Beilbauchfisch (*Thoracocharax*), der bei Raubattacken mit rasch schlagenden Brustflossen aus dem Wasser hervortritt und bis zu 3 m weit durch die Luft fliegen kann (B) (nach Schmidt, H.: Der Flug der Tiere. W. Kramer, Frankfurt, 1960).

(z. B. die Schlammspringer der Gattung *Periophthalmus*, Grundeln der tropischen Mangrovensümpfe mit armartig verlängerten Brustflossen, s. Abb.11.7, S. 256).

Flughähne, Beilbauch- und Flugfische. In europäischen Mittelmeer-Küstengewässern ist der Flughahn (*Dactylopterus volitans*) recht häufig anzutreffen. Diese bis 40 cm langen marinen Knochenfische können ihre drastisch vergrößerten Brustflossen unter Wasser ausbreiten und beim Schwimmen als Tragflächen benutzen. In Abbildung 8.11 A ist ein Flughahn mit ausgeklappten Brustflossen dargestellt. Es wurde wiederholt behauptet, dieser Meeresfisch sei in der Lage, kurze Gleitsprünge über dem Wasser durchzuführen. Wie der Verhaltensforscher Konrad Lorenz (1903–1989) ausgeführt hat, kann dieser langsam schwimmende Grundfisch möglicherweise jedoch nicht wirklich fliegen, „eine Erkenntnis, die meiner Liebe zur alten Brehmausgabe keinen Abbruch tut, in der dieser Fisch kühn durch die Lüfte segelnd und dort von Möwen verfolgt, dargestellt wird“ (Lorenz, 1965).

Andere Fisch-Forscher (Ichthyologen) berichteten jedoch im Detail von kurzen Fallschirm-Flügen des *Dactylopterus*; diese Dokumente stehen im Widerspruch zur oben zitierten Aussage von Konrad Lorenz.

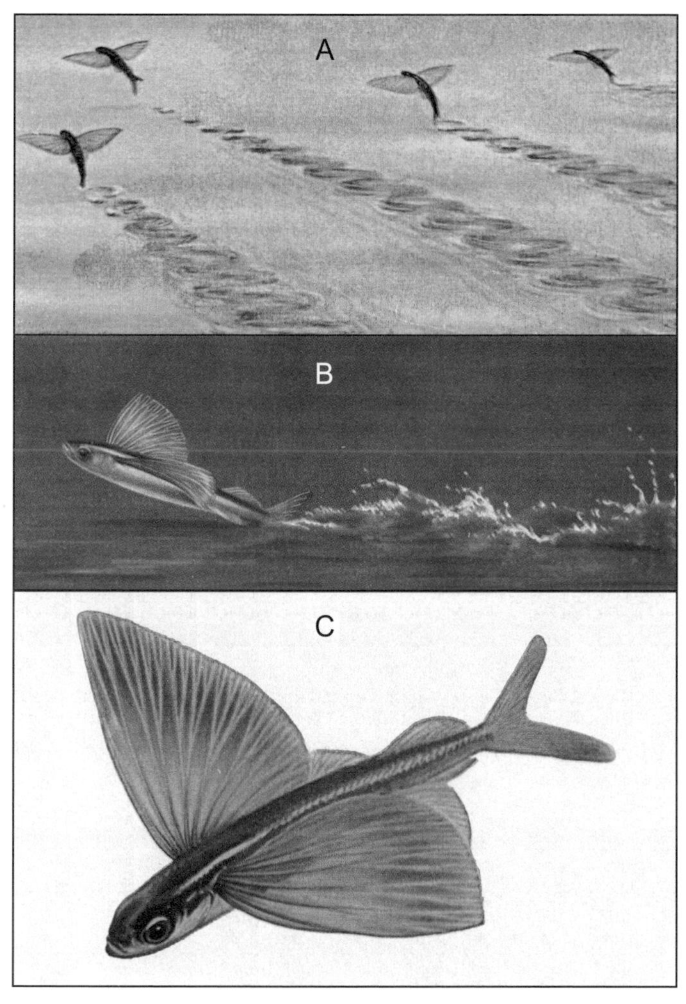

Abb. 8.12 Flugfische (Exocoetidae) in Aktion. Schwanzfährten abhebender Fische (A). Kalifornischer Vierflügel-Flugfisch (*Cypselurus californicus*) beim Start. Die schlagende, unten verlängerte Schwanzflosse dient als Außenbordmotor (B). Fisch im Freiflug mit entfalteten Brust- und Bauchflossen (Vorder- und Hinterflügel) (C) (nach Lorenz, K.: Therapie des Monats 13, 138–148, 1963).

Die zu den Salmlern zählenden Beilbauchfische der Süßwasser-Ökosysteme Südamerikas besitzen die Fähigkeit, echte Ruderflüge durchzuführen. Umfassende Beobachtungen sowie Untersuchungen zur Anatomie dieser Tiere haben gezeigt, dass Vertreter der Beilbauch-Gattungen *Thoracocharax* (Abb. 8.11. B), *Carnegiella* und *Gasteropelecus* echte fliegende Fische sind. Die nur 6 bis 7 cm langen Fischchen haben einen abgeflachten, dreieckigen Körper mit einem spitzen Bauchkeil und verlängerten, sichelförmigen Brustflossen. Bei Gefahr springen die Beilbauchfische aus dem Wasser und können durch die Luft flattern. Hierbei werden die Brustflossen rasch wie schlagende Schwingen auf und ab bewegt, so dass ein lautes Summen zu hören ist. Ein stark vergrößertes Brustbein dient als Ansatzfläche für zwei kräftige Brustmuskeln, die beidseitig zu den Brustflossen führen und den Kurzzeit-Ruderflug dieser Süßwasserfische ermöglichen.

Zu einem weiten Gleitflug fähig sind die in tropischen Meeren weit verbreiteten Flugfische (Exocoetidae), die über vergrößerte, ausfaltbare Brustflossen verfügen. Mit diesen Tragflächen sind manche Exocoetiden in der Lage, bis 200 m weite Überwasser-Flüge durchzuführen (Abb. 8.12). Die weit verbreitete Art *Exocoetus volitans* wurde in Kapitel 2 vorgestellt (s. Abb. 2.31, S. 54).

Fliegende Fische als Polyphylum. Alle drei hier aufgeführten zum Überwasserflug fähigen Pisces (Abb. 8.11, 8.12) gehören in die Klasse der Knochenfische (Osteichthyes). Diese Wirbeltiergruppe ist fossil seit dem Erdaltertum (Devon) bekannt und hat im Tertiär eine Vervielfachung in den Artenzahlen durchlaufen (s. Abb. 4.44, S. 131). Obwohl die Flughähne (z. B. *Dactylopterus*), Beilbäuche (z. B. *Thoracocharax*) und Flugfische (z. B. *Cypselurus*) als Knochenfische klassifiziert sind, ist keine nähere Verwandtschaft dieser Taxa nachgewiesen. Diese aquatischen Vertebraten gehören ganz unterschiedlichen systematischen Gruppen innerhalb der Osteichthyes an (Familien Dactylopteridae, Characinidae, Exocoetidae): Ihre Evolutionslinien haben sich vor Jahrmillionen voneinander getrennt. Die zum „Fliegen befähigten Fische" sind somit eine polyphyletische Wirbeltiergruppe, deren rezente Vertreter aus stammesgeschichtlich entfernten Urformen hervorgegangen sind. Im Folgenden ist das Verhalten der echten Flugfische und deren Verwandten dargestellt.

8.8 Vergleichende Verhaltensstudien zum Flug der Fische

Die echten Flugfische (Exocoetidae), Bewohner tropischer Meeresregionen, sind durch verlängerte Brustflossen (Pectoralen), einen abgeflachten Körper, eine unten verlängerte (asymmetrische) Schwanzflosse und spezielle Augen, mit denen sie unter und oberhalb der Wasseroberfläche sehen können, gekennzeichnet. Als schwarmbildende Oberflächenfische der offenen Meere, die an Heringe erinnern, ernähren sich die Flugfische von Schwebe-Mikroorganismen (Plankton), wie z. B. kleinen Krebschen. Sechs Gattungen sind beschrieben (*Fodiator*, *Parexocoetus*, *Exocoetus*; *Cypselurus*, *Prognichthys*, *Hirundichthys*), wobei etwa 60 Arten dokumentiert sind. Die ersten drei Gattungen werden zu den Zweiflügel-Flugfischen zusammengefasst; die vergrößerten Brustflossen fungieren als Tragflächen (bzw. Vorderflügel). Vertreter der Gattungen *Cypselurus*, *Prognichthys* und *Hirundichthys* sind Vier-Flügler, d. h. die vergrößerten Brustflossen (Pectoralen als Vorderflügel) werden durch entsprechend verlängerte, ausklappbare Bauchflossen (Ventrale) unterstützt, die beim Gleiten die Funktion von Hinterflügeln einnehmen (s. Abb. 8.15).

Die Segelflug-Theorie. Der Flug verschiedener Vertreter der Exocoetiden wurde seit der Erstbeschreibung (1878) immer wieder dokumentiert. Bis in die 1920er-Jahre vertraten manche Naturforscher noch die Ansicht, die durch die Luft gleitenden Flugfische würden ihre Vorderflügel rasch auf und ab bewegen; derartige Flatterbewegungen konnten jedoch mit reproduzierbaren Methoden nicht dokumentiert werden, so dass sich mit den Studien von O. Abel (1926) die „Flugzeug- oder Segelflug-Theorie" durchgesetzt hatte. Diese besagt, dass die Exocoetiden beim Aufstieg aus dem Wasser ihre Brustflossen (Vorderflügel) ausfalten und in fester Position belassen. Während der Frühphase des Flugzeugbaus (ca. 1890 bis 1910) haben Ingenieure und Techniker immer wieder die stromlinienförmigen Körper verschiedener Flugfische als Modelle für die Konstruktion von „Flugmaschinen" herangezogen. Die *Bionik*, d. h. die Entwicklung technischer Apparaturen und Systeme nach dem Vorbild der Natur, erfuhr hier ihre erste Blütezeit.

In seinem „Artenbuch" behandelte Darwin (1872) auch die Exocoetiden. Unter Bezugnahme auf die (widerlegte) „Flatter-Theorie" äußerte er sich wie folgt: "... es ist offensichtlich, dass die Flugfische, die beim Gleiten durch die Luft ihre ausgebreiteten, flatternden Brustflossen benutzten, als perfekte Flug-Tiere ausgebildet sind". Warum verlassen die Flugfische vorübergehend das Wasser? Es wurde immer wieder dokumentiert, dass Exocoetiden aus dem Meer aufsteigen, um Fressfeinden, wie z. B. Meeres-Säugern (Delfine, Tümmler), Mollusken (zehnarmige Tintenfische) und Raubfischen (z. B. Thunfische) zu entkommen. In Abbildung 8.13 ist eine derartige Unterwasser-Jagdszene veranschaulicht. Heringe, die den Flugfischen im Körperbau ähneln, werden von Raubfischen verfolgt. Der von C. Darwin und A. R. Wallace beschriebene „Daseinswettbewerb" wird in diesem Bild veranschaulicht (s. Kap. 2). Die natürliche Selektion greift offensichtlich am Individuum (d. h. dem Phänotyp) an: Es werden jene Heringe bevorzugt gefressen und somit aus der Population entfernt, die über ein weniger gut entwickeltes Fluchtvermögen verfügen.

Vergleichende Verhaltensstudien. Der bereits zitierte Zoologe Konrad Lorenz gilt als Begründer der vergleichenden Verhaltensforschung (Ethologie). In einer wenig bekannten Schrift fasste Lorenz (1965) seine Beobachtungen zum Fluchtverhalten verschiedener Fischarten zusammen und analysierte den Flug der Exocoetiden am Beispiel des kalifornischen Vierflügel-Fisches *Cypselurus* (Abb. 8.14 B). Bei Gefahr (bevorstehende Raub-

Abb. 8.13 Daseinswettbewerb im offenen Meer. Ein Schwarm Heringe (*Clupea harengus*) wird von drei Raubfischen gejagt (Kabeljau bzw. Dorsch, *Gadus morrhua*; Schellfisch, *Melanogrammus aeglefinus*). Auf den Tangen sind Eier der Heringe zu erkennen. Die natürliche Selektion greift am Individuum an, d.h. es werden bevorzugt jene Heringe gefressen und somit aus der Population eliminiert, die über ein weniger gut entwickeltes Fluchtverhalten verfügen.

Attacken) schwimmt der Fisch sehr rasch unter der Wasseroberfläche. Daraufhin tritt der *Cypselurus* aus dem Wasser aus, wobei die Brustflossen (Vorderflügel) ausgebreitet werden und die Bauchflossen (Hinterflügel) noch angelegt sind. Gleichzeitig schlägt der Schwanz rasch nach beiden Seiten, so dass der Fisch kurzzeitig an der Wasseroberfläche läuft (Abb. 8.12 A, B; 8.14 B). Der Schwanz fungiert somit während der Beschleunigungsphase als „Antriebsmotor“ oder „Propeller“, so dass der fliehende Fisch seine Geschwindigkeit verdoppeln kann. Bei einer Startgeschwindigkeit von 60–70 km/h hebt der Flugfisch vom Wasser ab und breitet auch die Bauchflossen aus. Der „Propeller“ wird im Gleitflug ausgeschaltet, so dass sich der *Cypselurus* wie ein Segelflugzeug verhält, dessen Flugbahn sich ganz allmählich abwärts senkt (Abb. 8.14 B). Bei Wiedereintritt ins Meerwasser kann der Fisch entweder abtauchen oder zu einem neuen „Propeller“-getriebenen Segelflug ansetzen. Wie die in Tabelle 8.2 zusammengestellten Daten zeigen, können Vierflügel-Flugfische bei günstigen Winden pro Start bis zu 200 m weit gleiten und somit ihren Räubern entkommen.

Tab. 8.2 Quantitative Daten zu Körpergröße und Verhalten ausgewählter Vertreter der Flugfische (Exocoetidae) (Fl = Flügel, ν = Frequenz, V = Geschwindigkeit) (nach verschiedenen Autoren).

Gattung	Körperlänge (cm)	Flugstrecke	Startphase
Parexocoetus (2 Fl)	12–13	bis 25 m	für 2- u. 4-Flügel-Fische: ν = 50–70 Schwanzschläge/s V = 60–70 km/h
Exocoetus (2 Fl)	18–19		
Cypselurus (4 Fl)	19–38	pro Start bis 200 m und mehr	
Hirundichthys (4 Fl)	22–25		

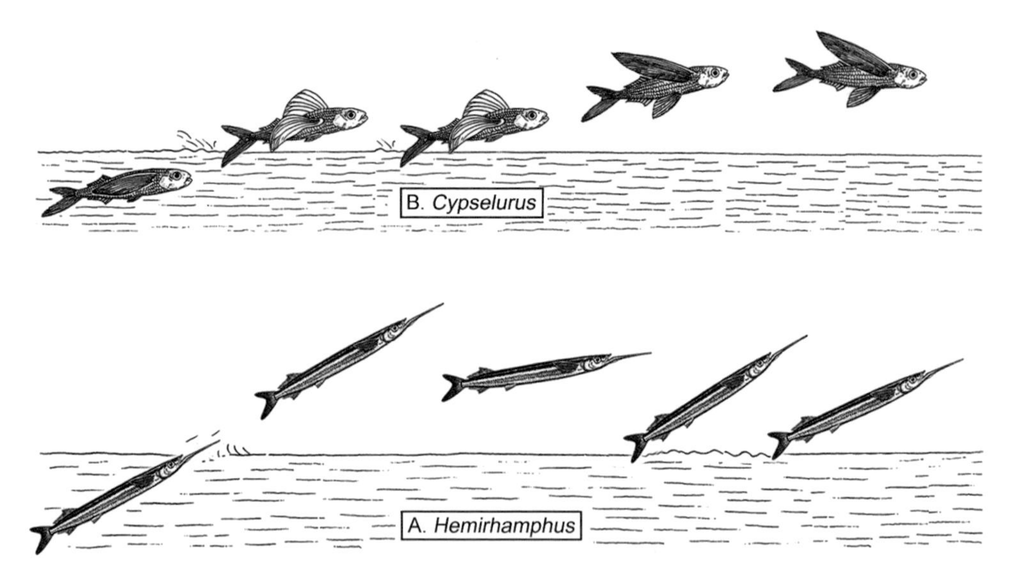

Abb. 8.14 Vergleich des Fluchtverhaltens beim Halbschnabelhecht *Hemirhamphus* (A) und dem Vierflügel-Flugfisch *Cypselurus* (B). Der Halbschnäbler springt aus dem Wasser und setzt mit einem Oberflächen-Laufen zu einem neuen Sprung an. Der Flug des *Cypselurus* kann in drei Phasen untergliedert werden: 1. rasches Oberflächenschwimmen mit angelegten Brustflossen, 2. Oberflächenlaufen mit propellierender Schwanzflosse und entfalteten Brustflossen (Vorderflügeln) und 3. Gleitflug mit ausgebreiteten Brust- und Bauchflossen, wobei der Propeller still steht (nach Kutschera, U.: Ann. Hist. Phil. Biol. 10, 59–77, 2005).

Mit Austritt aus dem Wasser blickt der potentielle Unterwasser-Räuber einer spiegelnden Wasserunterfläche entgegen, wobei das Beutetier aus dem Blickfeld verschwunden ist.

Nach Lorenz (1965) kann die Evolution des Flugvermögens der Exocoetiden durch vergleichende Verhaltensstudien rezenter Arten rekonstruiert werden: „Was aber für den vergleichenden Biologen das Schönste ist, es finden sich alle nur denkbaren Übergänge, die von solchen Arten, denen nur das Schwanzflossen-Laufen auf der Oberfläche möglich ist, zu solchen hinüberleitet, die längere Zeit völlig frei in der Luft zu schweben vermögen". Ausgehend von Oberflächen-Karpfenfischen, wie z. B. dem Sichling (*Pelecus cultrans*), die über eine spezielle Fluchtbewegung (dem Kurzzeit-Oberflächenlaufen) verfügen, über Zwischenformen wie die Halbschnabelhechte (*Hemirhamphus, Oxyporhamphus*), die weite Sprünge vollziehen (Abb. 8.14 A) bis hin zu den echten Flugfischen (Abb. 8.12) lässt sich somit eine kontinuierliche Entwicklungsreihe aufstellen. Da Lorenz (1965) nicht zwischen den Zwei- und Vierflügel-Formen unterschieden hat, die ganz unterschiedliche Flugleistungen zeigen (Tab. 8.2, Abb. 8.15), soll im nächsten Abschnitt eine auf weiterführenden Studien basierende Hypothese des Autors vorgestellt werden (Kutschera, 2005 a).

8.9 Rekonstruktion der Phylogenese des Flugvermögens bei Oberflächenfischen

In Kapitel 3 wurde dargelegt, dass die phylogenetische Entwicklung neuer Körper-Baupläne in der Regel durch dieselben Mechanismen und Prozesse angetrieben wird wie jene, die für die Entstehung neuer Arten verantwortlich sind: Unzählige aufeinander folgende kleine Mikro-Evolutionsschritte haben im Verlauf der Jahrmillionen zu großen Abwandlungen in der Körpergestalt der Organismen geführt (Makroevolution, Konzept der additiven Typogenese). Die hier diskutierten, durch *Raubfeind-Druck* verursachte stammesgeschichtliche Entwicklung des Flugvermögens aquatischer Vertebraten ist ein Prozess, der als *Makroevolution* bezeichnet werden muss. Der rasch schlagende Schwanz der echten Flugfische und die vergrößerten Brust- (und Bauch)-Flossen haben einen *Funktionswechsel* (bzw. eine Intensivierung ihrer ursprünglichen Funktion) erfahren. Der Schwanz fungiert beim startenden Flugfisch als „Außenbordmotor" bzw. „Propeller"; die Flossen sind Flügel, so dass der Fisch wie ein Segelflugzeug (bzw. analog einer Schwalbe im Freiflug) durch die Luft gleiten kann.

Lebende Zwischenformen. In Abbildung 8.16 ist eine Hypothese zur phylogenetischen Entwick-

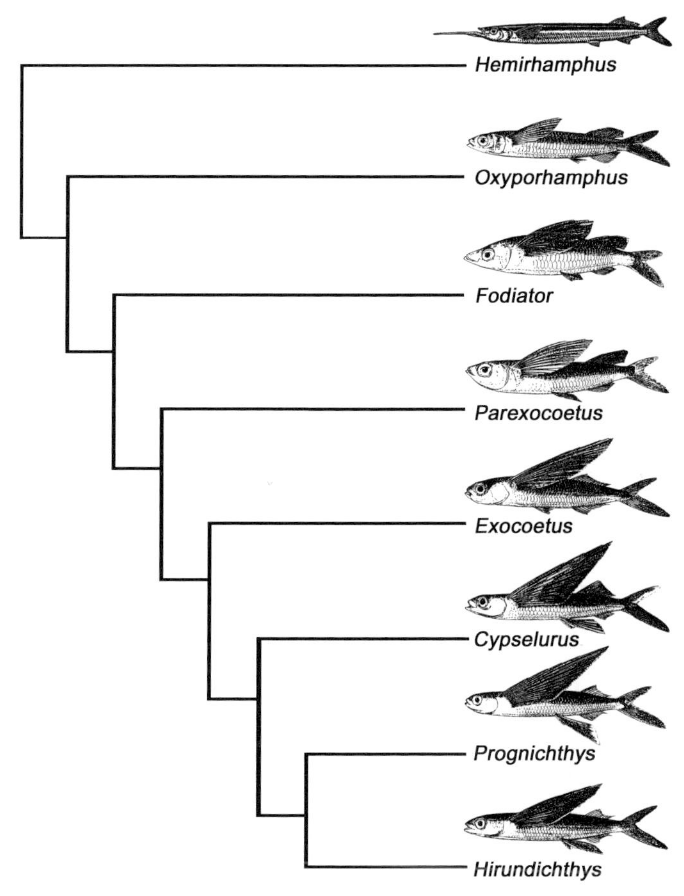

Abb. 8.15 Cladogramm repräsentativer Vertreter der Hemirhamphidae (Halbschnäbler, hier vertreten durch eine Gattung, *Hemirhamphus*) und Exocoetidae (Flugfische; sieben Gattungen wurden berücksichtigt). Nach dieser Analyse gehört der Kurzflügel-Flugfisch *Oxyporhamphus* zur Familie Exocoetidae. Zwei- und Vierflügel-Flugfische bilden jeweils eine Clade, die aus drei Gattungen besteht (nach DASILAO, J.C. & SASAKI, K.: Ichthyol. Res. 45, 347–353, 1998).

lung des Flugvermögens bis hin zu den effizienten „Vier-Flügel-Flugmaschinen" dargestellt. Wie LORENZ (1965) hervorgehoben hat, kann bei Süßwasserfischen, die durch einen verlängerten Unterlappen der Schwanzflosse gekennzeichnet sind, eine Räuber-induzierte Fluchtreaktion, das Oberflächenlaufen, beobachtet werden (z.B. Sichling, *Pelecus*) (Abb. 8.16 A). Halbschnabelhechte, wie z.B. Vertreter der Gattung *Hemirhamphus*, zeigen eine noch deutlicher ausgeprägte Schwanzflossen-Asymmetrie. Diese Halbschnäbler führen mit dem Oberflächenlaufen in Verbindung stehende weite Luftsprünge aus, um Raubfischen zu entkommen (Abb. 8.16 B). Der mit den Halbschnäblern (Hemirhamphidae) nahe Verwandte urtümliche Kurzflügel-Flugfisch *Oxyporhamphus* (Abb. 8.16 C) repräsentiert nach LORENZ (1965) eine rezente *Zwischenform*: dieser evolutiv hoch entwickelte Halbschnäbler wiederholt (rekapituliert) während der Ontogenese den für seine Urahnen typischen langen Unterkiefer (biogenetische Regel, s. Kap. 2 und 10). Als Adulttier ähnelt *Oxyporhamphus* den Zweiflügel-Flugfischen, die keinen verlängerten Unterkieferknochen aufweisen; er hat allerdings kürzere Vorderflügel als alle rezenten Vertreter der Exocoetidae. Die Gattung *Oxyporhamphus* (mit mehreren Arten) wurde von namhaften Ichthyologen zu den Halbschnäblern (Hemirhamphidae) gerechnet und daher als „Halbschnabelhecht" bezeichnet (LORENZ, 1965). Auf Grundlage umfassender anatomischer Untersuchungen kamen die Forscher J.C. DASILAO und K. SASAKI (1998) drei Jahrzehnte später zur Schlussfolgerung, dass *Oyxporhamphus* ein Vertreter der Exocoetidae ist (daher der Name „Kurzflügel-Flugfisch") (s. Abb. 8.15). Diese Befunde zeigen, dass *Oxyporhamphus*-Arten als rezente Zwischenformen oder „Bauplan-Mischtypen" zu interpretieren sind (LOVEJOY et al., 2004; KUTSCHERA, 2005 a).

Herings-Schwalben. Wie das Cladogramm (Abb. 8.15) zeigt, bilden die Zwei- und Vierflügel-Flugfische jeweils eine Abstammungsgemeinschaft. Da die vogelähnlichen Vierflügler wesentlich effizientere Flieger sind als ihre urtümlicheren, fischähnlicheren Verwandten muss geschlossen werden, dass die an Schwalben erinnernden Vertreter, wie z.B. *Cypselurus* oder *Hirundichthys*, aus zweiflügeligen Urformen hervorgegangen sind (Abb. 8.16 D, E). An der Spitze des makroevolutionären Trends hin zum „Segelflug-Fisch" stehen die den Vögeln ähnlichen, bunt gefärbten „Herings-Schwalben" (z.B. *Hirundichthys*). Diese Fische ähneln, im Freiflug beobachtet, eher einem Vertreter der Aves als dem eines Mitglieds der Klasse Pisces.

Abschließend sei hervorgehoben, dass das Cladogramm (Abb. 8.15) und die hier vorgestellte Hy-

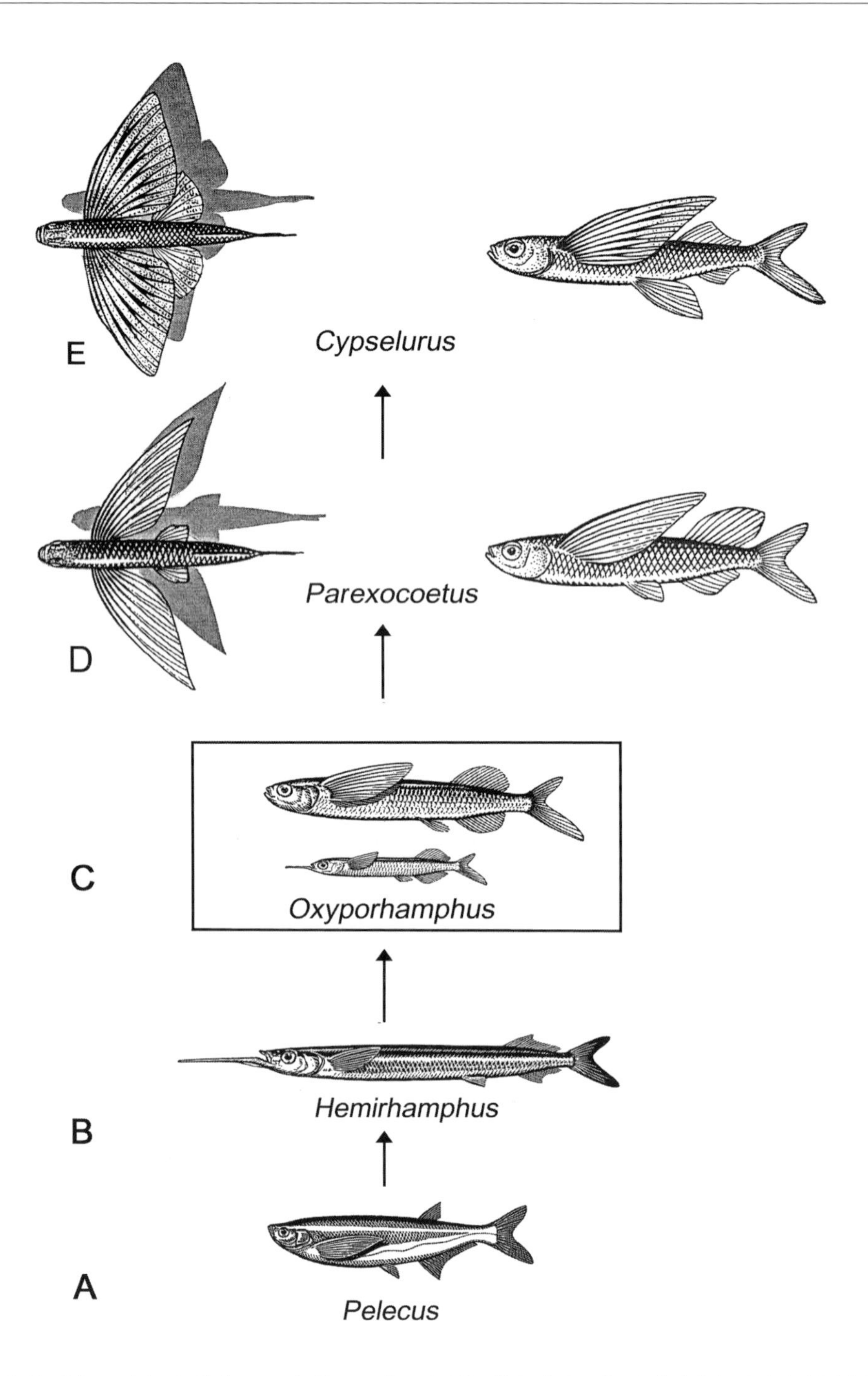

Abb. 8.16 Rekonstruktion der Phylogenese des Flugvermögens bei Oberflächenfischen. Karpfenfisch (*Pelecus*), der bei Gefahr über ein Oberflächenlaufen gelegentlich aus dem Wasser springt (A). Halbschnäbler (*Hemirhamphus*), der weite Luftsprünge vollbringt (B). Der Kurzflügel-Flugfisch *Oxyporhamphus*, dargestellt als Jung- und Adult-Tier, repräsentiert eine Zwischenform, die das Halbschnäbler-Stadium während der Ontogenese rekapituliert (C). Zweiflügel- (*Parexocoetus*) (D) und Vierflügel-Flugfische (*Cypselurus*) (E) unterscheiden sich in der Morphologie und in der Flugleistung (bei Vierflüglern wird die Tragfläche durch verlängerte Bauchflossen erheblich vergrößert) (nach Kutschera, U.: Ann. Hist. Phil. Biol. 10, 59–77, 2005).

pothese zur Stammesentwicklung des Flugvermögens bei Oberflächenfischen durch DNA-Sequenzanalysen und molekulare Stammbäume unterstützt wird (LOVEJOY et al., 2004). Vergleichende Verhaltensstudien und Genom-Sequenzdaten ergänzen sich auch in diesem Fallbeispiel aus dem Gebiet der Phylogenetik.

8.10 Die vergleichende Methode in der evolutionären Verhaltensforschung: Egoismus und Altruismus

Die beiden in diesem Kapitel ausführlich vorgestellten Beispiele aus der phylogenetisch ausgerichteten Ethologie der Wirbellosen (Annelida) und Wirbeltiere (Pisces) zeigen exemplarisch, dass durch vergleichende Studien an rezenten Tierarten makroevolutionäre Entwicklungslinien rekonstruiert werden können, die mit molekulargenetischen Datensätzen (DNA-Phylogrammen) im Einklang stehen (Abb. 8.9, 8.16). Diese nach dem Prinzip der *unabhängigen Evidenz* (Kap. 1) abgesicherten Hypothesensysteme erlangen hierdurch den Status wissenschaftlicher *Theorien*, wobei die Rekonstruktionen als *Modelle* zu betrachten sind. Da ausschließlich rezente Arten, die in keinem Vorfahren-Nachkommen-Verhältnis zueinander stehen, in die Analysen einbezogen wurden, haben die hier abgeleiteten Theorien zur Stammesentwicklung ausgewählter Taxa, wie oben erwähnt, lediglich Modellcharakter.

Welche Rolle spielt die vergleichende Methode in der evolutionären Verhaltensforschung? DARWIN (1872) äußerte sich zu dieser Problematik wie folgt: „Bei der Suche nach den graduellen Stufen, die ein Organ einer Spezies während der Perfektionierung durchlaufen hat, sollte man seine Vorläuferformen betrachten. Dies ist jedoch nur selten möglich, so dass wir gezwungen sind, Arten und Gattungen einer Gruppe zu analysieren, d. h. die Abkömmlinge von derselben Urform“. Die Darwinsche Abstammungslehre (Deszendenztheorie) basiert zum Großteil auf vergleichenden Studien an rezenten Organismen, die hin und wieder durch paläontologische Befunde (Fossilien) unterstützt werden (s. Kap. 2).

Verhaltensökologie und Soziobiologie. In der modernen Evolutionsforschung kommt der vergleichenden Methode, ergänzt durch molekulargenetische Befunde (DNA-Sequenzstammbäume) eine entscheidende Bedeutung zu. Nach P.H. HARVEY und M.D. PAGEL (1991) gehört es „zur zweiten Natur des Biologen, vergleichend zu denken“, da durch vergleichende Analysen an rezenten Arten „allgemeine Schlussfolgerungen zur Stammesentwicklung der Organismen gezogen werden können“. In Kapitel 1 wurden die beiden Prinzipien zur Erforschung biologischer Phänomene vorgestellt und hervorgehoben, dass neben dem Experiment der beschreibend/vergleichenden Methode eine zentrale Rolle zugeschrieben wird. Das in diesem Kapitel exemplarisch vorgestellte Gebiet der *Evolutionären Verhaltensforschung* deckt sich teilweise mit einer Disziplin, die als *Verhaltensökologie* (*Behavioural Ecology*) bezeichnet wird. J.B. KREBS und N.B. DAVIES (1993) fassen die Kernproblematik wie folgt zusammen: „Auf welche Art und Weise tragen bestimmte Verhaltensmuster zum Überlebens- und Fortpflanzungserfolg eines frei lebenden Tieres bei?“ Dieses Forschungsgebiet ist wiederum nahe mit der *Soziobiologie* verwandt, die von O.E. WILSON (1975) als „das Systematische Studium der biologischen Grundlagen allen Sozialverhaltens und der Organisation von Gemeinschaften aller Organismen, einschließlich des Menschen“, definiert wurde. Sowohl in der Verhaltensökologie als auch in der Soziobiologie geht es letztlich um die Frage nach den stammesgeschichtlichen Wurzeln des Verhaltens rezenter Organismen (bzw. Gruppen derselben). Einige zentrale Probleme dieser Forschungsgebiete sind im Folgenden in Kurzform zusammengetragen.

Egoismus und innerartliche Konflikte. Ausgehend von der Schlussfolgerung von LORENZ (1965), dass Verhaltensweisen durch Variation und natürliche Selektion evolviert und wie die morphologisch-physiologischen Eigenschaften der Tiere an die Umwelt angepasst sind, ergab sich zunächst die Frage nach der „Zielscheibe“ der Selektion. Bis zu Beginn der 1970er-Jahre vertraten viele Evolutionsforscher noch die Ansicht, dass sich Tiere primär zum Wohle der Art verhalten würden. Diese These wurde z. B. von G. OSCHE (1972) wie folgt formuliert: „Durch die natürliche Selektion werden bevorzugt jene erblichen Varianten weitergegeben, die für den Organismus einen arterhaltenden Wert haben“. Diese Verhaltensweisen, welche angeblich einen „die Gruppe unterstützenden Wert“ besitzen, wurden im Verlauf der 1980er-Jahre im Lichte weiterführender Erkenntnisse neu interpretiert. Heute gilt als gesichert, dass die natürliche Selektion nicht die Gruppe erfasst, sondern am Individuum angreift (s. Abb. 8.13): Freilebende Tiere sind bestrebt, Kopien der eigenen Gene in maximaler Zahl an die nachfolgende Generation weiterzugeben (Konzept des „egoistischen Gens“). Phänomene, wie z. B. der *Kannibalismus* (d. h. das Töten und Fressen von Artgenossen, z. B. dokumentiert bei Schlundegeln, s. Abb. 8.5 A, B) oder der *Infantizid* (Kindstötung, u. a. nachgewiesen bei Löwen), werden aus dieser Perspektive verständlich. Umfassende Verhaltensstudien an Populationen von Serengeti-Löwen (*Panthera leo*) haben z. B. gezeigt, dass Löwenmännchen bei der Übernahme einer Gruppe regelmäßig die noch nicht entwöhnten Jungen der Muttertiere töten (Kindes-Mord im Tierreich). Auf diese Weise wird bei den betreffenden Löwen-Weibchen eine vorzeitige Paarungsbereitschaft ausgelöst, so dass sich das neue Rudelmännchen dann erfolgreich fortpflanzen kann. Auch die z. B. bei Galapagos-Seebären (*Arctocephalus galapagoensis*) gut dokumentierten Mutter-Kind-Konflikte, die zu einer erheblichen *Geschwister-Konkurrenz* führen können, wird aus dem Blickwinkel des „egoistischen Gens" verständlich.

Verwandtenselektion. Da die Maximierung des eigenen (individuellen) Fortpflanzungserfolgs die Triebfeder der meisten Verhaltensweisen darstellt, ergibt sich die Frage nach der Ursache von selbstlosem Verhalten. Warum betreiben viele Tiere eine intensive Brutpflege (Eltern-Altruismus mit Jungenfütterung, s. Abb. 8.8, 8.9) oder leisten gewissen Artgenossen uneigennützige Hilfe (biologischer Altruismus)? In Staaten der Honigbiene (*Apis mellifera*) verzichten z. B. Arbeiterinnen auf die eigene Fortpflanzung und stellen ihr Verhalten uneigennützig in den Dienst des Kollektivs. Manche kolonienbildende Kleinsäuger, wie z. B. sozial lebende Erdhörnchen (*Spermophilus beldingi*) warnen Artgenossen durch Pfeifen vor Raubfeinden, obwohl sie durch dieses selbstlose Verhalten manchmal von Räubern erbeutet werden; Löwinnen säugen nicht nur eigene, sondern auch Jungtiere von Rudelgenossinnen.

J.B.S. Haldane (1892–1964) hat in den 1950er-Jahren eine vorläufige Erklärung für altruistisches Verhalten geliefert, indem er sich sinngemäß wie folgt äußerte: „Ich bin mit meinen Söhnen und Töchtern zur Hälfte verwandt, mit meinen Neffen zu einem Viertel und mit meinen Cousinen zu einem Achtel. Damit es sich für mich lohnt, das Leben zu riskieren, muss ich vier Neffen das Leben retten". Organismen helfen sich demnach umso eher, je näher sie miteinander verwandt sind. Diese bereits in Kapitel 3 kurz vorgestellte Theorie der *Verwandtenselektion* (*kin selection theory*) wurde von W.D. Hamilton (1972) wie folgt formuliert. Altruistisches Verhalten, das sich nicht auf die eigenen Nachkommen bezieht, ist im Tierreich insbesondere bei nahen Verwandten ausgebildet: es kommt hierdurch zu einer Maximierung der Gesamt-Fitness des Helfers, da aufgrund der gemeinsamen Abstammung von denselben Urahnen ein gewisser Teil der Gene mit denen des „uneigennützigen" verwandten Förderers identisch sind. Die Helfer tragen somit indirekt zur Verbreitung von Kopien gemeinsamer Gene bei und erhöhen ihren *Gesamt-Lebenszeit-Fortpflanzungserfolg* (*inclusive fitness*). Neben der Individual-Selektion ist somit eine Verwandten (Sippen)-Selektion wirksam, die sich auf genetisch nahestehende Artgenossen beschränkt.

Bei den Bienen helfen die Arbeiterinnen ihrer Mutter (der Königin), Schwestern (d. h. die nächsten Verwandten) aufzuziehen. Erdhörnchen warnen nur, wenn Verwandte in der Nähe sind und Löwinnen säugen neben ihren eigenen Kindern nur jene ihrer Schwestern. Die Theorie der Verwandtenselektion erklärt somit (neben dem eindeutigen Fall der Brutpflege) zahlreiche, weniger offensichtliche altruistische Verhaltensweisen bei Tieren. Dennoch muss betont werden, dass viele Fragen zur Evolution des Altruismus im Tierreich (und bei Menschen) noch ungeklärt sind.

Die von Darwin erstmals beschriebene *Sexuelle Selektion* (geschlechtliche Zuchtwahl), d. h. das Phänomen der „Damenwahl im Tierreich", wurde in Kapitel 2 dargelegt. Die Ergründung dieser Verhaltensweisen ist ebenfalls Forschungsgegenstand der Verhaltensökologie, ein Zweig der Evolutionsbiologie, der seine Erkenntnisse praktisch ausschließlich aus beobachtend-vergleichenden Studien ableitet. Nach J.R. Krebs und N.B. Davies (1993) geht es in der evolutionär ausgerichteten Verhaltensökologie primär um die vergleichende Analyse des „Überlebens- bzw. Fortpflanzungsvorteils tierischer Verhaltensweisen", d. h. um die Ausnutzung der Umweltressourcen, der Verminderung von Konkurrenz (bzw. Feind-Attacken), mit dem Ziel, den Lebenszeit-Fortpflanzungserfolg des Individuums (bzw. der Sippe) zu maximieren. Die hier vorgestellte Phylogenese der Brutpflege bei Egeln (Abb. 8.9) und die Stammesentwicklung des Flugvermögens bei Oberflächenfischen (Abb. 8.16) wurden als wenig bekannte Fallbeispiele ausgewählt, um diese evolutionären Prinzipien zu verdeutlichen.

Literatur:

Abel (1926), Ax (1999), Clutton-Brock (1990), Darwin (1872, 1881), Dasilao und Sasaki (1998), Hamilton (1972), Harvey und Pagel (1991), Herter (1968), Krebs und Davies (1993), Kutschera (2004 a, 2005 a), Kutschera und Wirtz (1986, 2001), Lamarck (1818), Lorenz (1965), Lovejoy et al. (2004), Mann (1962), Sawyer (1986), Schmidt (1960), Wilson (1975)

9 Experimentelle Evolutionsforschung: von der Tierzucht zur Computersimulation

Die in zahlreichen kleinen Einzelschritten verlaufende Entstehung neuer Arten aus Vorläuferformen wird als *Speziation* bezeichnet und ist der zentrale Prozess der biologischen Evolution. Charles Darwin hatte 1859 erkannt, dass der Artenwandel in der Regel so langsam verläuft, dass er innerhalb eines kurzen Menschenlebens nicht beobachtet und experimentell analysiert werden kann. So sind z. B. die im letzten Kapitel vorgestellten beiden Anneliden-Spezies (Regenwurm, Blutegel) seit ihrer Beschreibung durch LINNÉ im Jahr 1758 bis heute phänotypisch weitgehend unverändert geblieben. Geophysik und Paläobiologie lieferten nach Etablierung der Methoden zur absoluten Altersdatierung von Gesteinen und Fossilien den Beweis, dass die Speziation (insbesondere die Makroevolution) in der Regel Jahrtausende bzw. Jahrmillionen gedauert hat. Eine „experimentelle Evolutionsforschung" scheint unter Berücksichtigung dieser Fakten kaum möglich zu sein. In der klassischen Evolutionsbiologie waren daher die *historischen Dokumente* zur Rekonstruktion der Stammesgeschichte so wichtig wie z. B. in der Tier- und Pflanzenphysiologie die *Experimente* (Prinzip der paläontologischen bzw. neontologischen Forschung).

Die infolge einer Domestikation von Wildarten ermöglichte Zucht von Haustieren und Nutzpflanzen kann im Prinzip als „Evolutionsexperiment" interpretiert werden. Durch künstliche Zuchtwahl erzeugte der Mensch eine Vielzahl unterschiedlicher Rassen und Varietäten ehemals frei lebender Organismen (s. Kap. 2). Das älteste Haustier des Menschen ist der Hund. Bereits DARWIN (1859) dachte intensiv über die Herkunft der damaligen Hunderassen nach (Abb. 9.1) und äußerte folgende Vermutung: „Bei Betrachtung der domestizierten Hunde der ganzen Welt komme ich zur Schlussfolgerung, dass mehrere wilde Arten der Canidae gezähmt wurden und dass deren Blut, in einigen Fällen vermischt, in den Adern unserer Haustiere fließt".

In diesem Kapitel sind einige Beispiele zusammengestellt, die zeigen, dass unter Einsatz experimenteller Methoden (z. B. Kreuzungsversuche, Genom-Analysen, Gaswechselmessungen an Pflanzen, serielle Bakterienkulturen) Evolutionsvorgänge an rezenten Organismen analysiert und teilweise sogar mitverfolgt werden können. Weiterhin werden Modellsysteme zum Studium der Speziation und ein Versuch aus dem Gebiet der molekularen Reagenzglas-Evolutionsforschung vorgestellt. Es soll verdeutlicht werden, dass die moderne Evolutionsbiologie nicht nur eine beschreibende, sondern in Teilbereichen auch eine

Abb. 9.1 Haushunde (*Canis familiaris*). Es gibt zahlreiche Rassen, die hier in einer Auswahl zusammengestellt sind: Jagdhund, Pudel, Bulldogge, Windhund und Spitz.

experimentelle Naturwissenschaft ist. Beispiele aus der virtuellen Computer-Evolutionsforschung (In silico-Experimente mit digitalen Organismen) schließen das Kapitel ab.

9.1 Abstammung der Haushunde

Die Haustiere des Menschen stammen ohne Ausnahme von freilebenden Wildformen ab. Von einigen „in den Hausstand überführten" (domestizierten) Tieren, z. B. Pferden und Rindern, wurden die Wildarten (Tarpane, Auerochsen) inzwischen ausgerottet. Bei Schaf, Katze und Hund leben noch einige Populationen der wilden Ursprungsformen (Mufflon, Falbkatze, Wolf).

Domestizierte Hunde. Archäologische Funde belegen, dass der Hund (*Canis familiaris*) das erste Haustier des Menschen war. Aufgrund seines Sozialverhaltens kommt als Wildform unserer Hunde im Prinzip nur der Wolf (*Canis lupus*) in Frage; die verwandten *Canis*-Spezies Schakal (*C. aureus*) und Kojote (*C. latrans*) werden als weniger wahrscheinliche Urahnen unserer Haushunde angesehen. Andererseits ist bekannt, dass alle Wildarten der Gattung *Canis* kreuzbar sind und in der Natur lebensfähige Mischtypen hervorbringen. Die ältesten Überreste domestizierter Hunde sind etwa 14 000 Jahre alt. Diese jungsteinzeitlichen Hunde waren vermutlich die Produkte einer Domestikation freilebender Wölfe. Die Frage, ob alle unsere heutigen Hunderassen von einer oder mehreren domestizierten Wolfspopulationen abstammen und ob es während der Evolution der Haushunde Kreuzungen mit Wölfen gegeben hat, kann die Paläontologie nicht beantworten.

Hunderassen und der Wolf. Experimentelle Züchtungsforschung und Genetik haben zu dieser Problematik grundlegende Erkenntnisse erbracht. Unter den etwa 350 weltweit anerkannten Hunderassen ist der Deutsche Schäferhund bezüglich der äußeren Merkmale dem Wolf am ähnlichsten. In Gefangenschaft gehaltene Schäferhunde und Wölfe konnten wiederholt zur Paarung gebracht werden. Die Nachkommen dieser künstlichen Kreuzungen *C. familiaris* × *C. lupus* zeigten eher die Merkmale des Wolfes als die eines Haushundes: Sie waren scheu und wenig menschenfreundlich. Anfang der 1970er-Jahre gelang es, Pudel und Wölfe zu kreuzen. Die als „Puwos" bezeichneten Artbastarde sahen aus wie eine Pudel-/Wolf-Mischung; die Hunde waren bezüglich ihrer Eigenschaften allerdings eher Wild- als Haustiere. Weiterhin wird berichtet, dass die Eskimos ihre Schlittenhunde (Huskies) immer wieder mit wilden Wölfen kreuzen, um diese zähe Hunderasse widerstandsfähig und kräftig zu halten. Diese drei Beispiele zeigen, dass Wölfe und Hunde sehr nahe miteinander verwandt sind.

Mitochondriale DNA. Trotz dieser Befunde konnte die Evolution der Haushunde erst nach Durchführung einer umfassenden experimentellen Genomanalyse geklärt werden. Ein internationales Forscherteam aus den USA und Schweden wählte 162 freilebende Wölfe aus, die weltweit über 27 Länder (d. h. Biotope) verteilt waren (u. a. Bulgarien, Frankreich, Russland, Indien, Mexiko). Weiterhin wurden 140 Hunde, die 67 Rassen bzw. Kreuzungen repräsentierten, herangezogen (u. a. Boxer, Schäferhund, Husky, Spitz und einige Mischlinge). Kojoten wurden zum Vergleich in die Genomanalyse einbezogen. Allen *Canis*-Spezies (bzw. -Rassen) wurden Gewebeproben entnommen. Nach Isolation der Gesamt-DNA (s. Kap. 7) wurden Teile der mitochondrialen DNA (Kontrollregion des mt-Genoms) sequenziert. Ein systematischer Sequenzvergleich sowie die Rekonstruktion eines Zeit-Stammbaums (unter Einsatz einer „molekularen Uhr") erbrachte die in Abbildung 9.2 veranschaulichten Resultate:

1. Die *Canis*-Spezies Kojote und Schakal können als Urahnen unserer Hunde ausgeschlossen werden; alle heutigen Hunderassen stammen von *Canis lupus*-Populationen ab. 2. Domestikationsprozesse erfolgten wiederholt in verschiedenen Regionen der Erde unabhängig voneinander. 3. Eine erste genetische Separation Wolf/Hund ereignete sich vor mehr als 100 000 Jahren (im Pleistozän). Diese frühen „Urhunde" waren gezähmte Wölfe, die während der letzten Eiszeit die damals noch nicht sesshaften, umherziehenden Menschengruppen (Jäger und Sammler) begleiteten. Vermutlich waren diese Wolfshunde den freilebenden *Canis lupus*-Exemplaren sehr ähnlich. 4. Als vor etwa 14 000 Jahren die ersten Menschen ihr Nomadendasein aufgaben und nach Etablierung von Ackerbau und Viehzucht erste Dorfgemeinschaften gründeten, setzte die eigentliche Domestikation der Wolfshunde ein. Alle Hochkulturen züchteten im Verlauf der letzten 10 000 Jahre verschiedene Hunderassen. 5. Während dieser ersten Ära der Hundezucht kam es zu wiederholten Kreuzungen zwischen den Haushunden und den freilebenden Wölfen. 6. Die Mehrheit der heute bekannten Hunderassen wurde nach 1800 gezüchtet. Diese künstliche Zuchtwahl erbrachte die Rassen und Varietäten der Spezies *Canis familiaris* (Parker et al., 2004, Ellegren, 2005).

Die erste Hundeausstellung wurde 1859 in Sheffield (England) veranstaltet. Seither finden jähr-

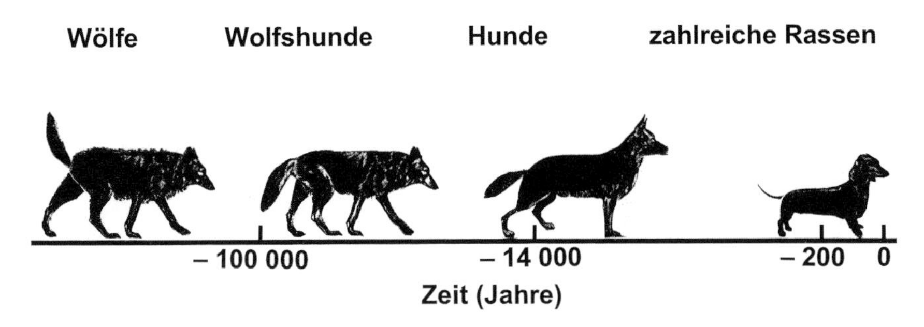

Abb. 9.2 Evolution der Haushunde. Vor etwa 100 000 Jahren wurden freilebende Wölfe (*Canis lupus*) zum zahmen Begleiter der damaligen Menschen. Die ersten echten Hunde (*Canis familiaris*) sind vor etwa 14 000 Jahren aus diesen Wolfshunden hervorgegangen. Die Mehrheit der heutigen Rassen wurde vor weniger als 200 Jahren gezüchtet. 0 = Jahr 2000 n. Chr. (nach Vila, C. et al.: Science 276, 1687–1689, 1997).

lich weltweit zahlreiche Rassehundemessen statt, bei denen die „treuesten vierbeinigen Freunde des Menschen" zur Schau gestellt werden.

9.2 Teosinte und Kulturmais

Wie im letzten Abschnitt bereits dargelegt wurde, beendeten unsere Vorfahren vor etwa 15 000 bis 10 000 Jahren ihr freies Jäger- und Sammlerleben. Einzelne *Homo sapiens*-Populationen bildeten Dorfgemeinschaften und bauten ausgewählte Pflanzen an. Diese vor etwa 10 000 Jahren abgelaufene *Agrikultur-Revolution* war vermutlich einer der wichtigsten Schritte in der kulturellen Evolution des Menschen. Der Ackerbau lieferte die Grundlage für die Ernährung großer Menschenpopulationen; aus Dörfern wurden Städte; eine Industrialisierung mit all ihren Konsequenzen war die Folge. Unsere Getreidearten sind die Produkte eines jahrtausendelangen Domestikationsprozesses. Durch gezielte Auslese und Zucht verschiedener Wildgräser brachten unsere Vorfahren eine Reihe kultivierter Nutzgräser hervor. Die Evolution einer repräsentativen Getreidepflanze wollen wir etwas detaillierter kennen lernen.

Wildgras Teosinte. Der Mais (*Zea mays*) ist die weltweit zweitwichtigste Getreideart. Als photosynthetisch hochaktive „C4-Pflanze" repräsentiert der Mais eines der derzeitigen Endglieder in der Evolution höherer Pflanzen (s. Abb. 3.12, S. 82). Archäologische Funde unterstützen die Hypothese, dass der Kulturmais (*Zea mays* ssp. *mays*) vor etwa 7500 Jahren in Mittelamerika entstanden ist. Als Urform konnte das rezente Wildgras Teosinte (*Zea mays* spp. *parviglumis* oder *mexicana*) identifiziert werden. Teosinte wurde vor Jahrtausenden von verschiedenen Indianerstämmen angebaut und ist noch heute in Mexiko als Bestandteil der natürlichen Flora anzutreffen. Die 1983 formulierte „Teosinte-Hypothese" der Maisevolution wird durch die Beobachtungen unterstützt, dass beide *Zea*-Arten dieselbe Chromosomenzahl aufweisen und leicht durch künstliche Bestäubung kreuzbar sind. Andererseits sind Teosinte und Kulturmais bezüglich ihrer Morphologie so verschieden, dass man sie im 19. Jahrhundert zwei separaten Gattungen zuordnete. Wie Abbildung 9.3 A zeigt, ist die Teosinte aus einem Hauptspross und mehreren Seitentrieben aufgebaut, die terminale männliche Blütenstände tragen. Die weiblichen Blütenstände, aus denen die Kolben hervorgehen, sind entlang der Seitensprosse angeordnet. Maispflanzen besitzen keine Seitensprosse; der terminale Blütenstand ist männlich (Staubblattblüten), die achselständigen sind weiblich (Fruchtblattblüten) (Abb. 9.3 C). Während der Evolution kam es somit zu einer Verkürzung der Seitensprosse, einer Umwandlung der terminalen Sprosse in weibliche Blütenstände und zu einer deutlichen Vergrößerung der daraus resultierenden Kolben (Zunahme des Körnerertrags). In Abbildung 9.3 B ist eine Hybridpflanze (Kreuzungsprodukt aus Teosinte × Mais) dargestellt; dieser „Proto-Mais" erinnert an eine ausgestorbene Zwischenform.

Gentechnik im Steinzeitalter. Einen überzeugenden Beweis für die in Abbildung 9.3 dargestellte Teosinte-Hypothese erbrachte die experimentelle Molekulargenetik. Kreuzungsversuche haben gezeigt, dass nur 5 Regionen des Genoms für die Änderungen im Bauplan der Spezies Teosinte zu Mais verantwortlich sind. Eine dieser Regionen kodiert für ein Gen, das als *teosinte branched 1* (*tb1*) bezeichnet wird. Das *tb1*-Gen ist im Wesentlichen für die morphologischen Unterschiede verantwortlich. Durch Selektion geeigneter Teosintekörner und gezielten Anbau dieser Varianten wurde wäh-

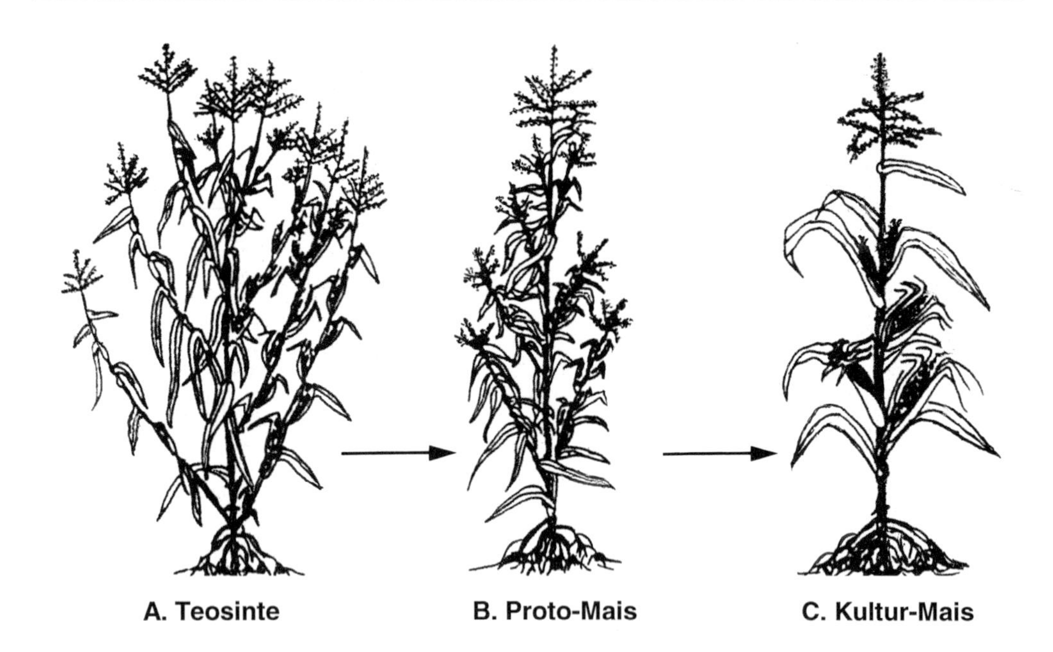

Abb. 9.3 Evolution der Maispflanze. Das mexikanische Wildgras Teosinte (*Zea mays* spp. *mexicana*) (A) ist verzweigt und hat terminale männliche Blütenstände sowie kleine achselständige Kolben. Kulturmais (*Zea mays* spp. *mays*) ist durch eine Hauptachse, eine endständige männliche und zahlreiche achselständige weibliche Infloreszenzen gekennzeichnet (C). Der hypothetische Proto-Mais (B) ist eine Kreuzung aus (A) und (C) (nach Carroll, S.B.: Cell 101, 577–580, 2000).

rend der Agrikultur-Revolution (vor etwa 7500 Jahren) über Jahrhunderte hinweg die regulatorische Region des *tb1*-Gens derart modifiziert (d.h. in seiner Expression reduziert), dass über das Zwischenstadium „Proto-Mais" die moderne Maispflanze gezüchtet werden konnte. Dieses Beispiel für eine „Gentechnik im Steinzeitalter" belegt, dass durch wiederholte Variation und Selektion relativ rasch ein neuer Pflanzenbauplan entstehen kann. Die Makroevolution von der Teosinte zum Kulturmais war somit das Resultat weniger Mikroevolutions-Schritte (Doebley, 2004). Ein zentrales Postulat der Synthetischen Theorie der Evolution konnte so durch experimentelle Genomanalysen bestätigt werden.

9.3 Photosynthese-Mechanismen bei höheren Pflanzen

Über 90 % der bedecktsamigen Blütenpflanzen (Angiospermen) gehören aus Sicht des Physiologen in die Gruppe der „C3-Photosynthesetypen". Die grünen Blätter assimilieren im Licht Kohlendioxid (CO_2); diese einzige Kohlenstoffquelle der Pflanze ist in der Luft mit nur 0,035 Volumen-Prozent (%) im Vergleich zu Stickstoff (78 Vol.-%), Sauerstoff (21 Vol.-%) und Edelgasen (etwa 1 Vol.-%) ein hochverdünntes „Spurengas". Als Produkte der Photosynthese der Laubblätter (CO_2-Assimilation) entstehen energiereiche Kohlenstoffverbindungen (Stärke, Saccharose) sowie molekularer Sauerstoff (O_2) (s. Kap. 1). Das erste messbare Produkt der CO_2-Assimilation ist eine aus 3 C-Atomen aufgebaute Verbindung (daher der Name „C3-Pflanze"). Dieser „Photosynthese-Grundtyp" ist bei fast allen unseren Nutzpflanzen etabliert (z.B. Getreide wie Weizen, Gerste, Roggen; Kartoffeln, Tomaten, Möhren).

Photorespiration. Seit Anfang der 1970er-Jahre ist bekannt, dass die C3-Pflanzen im Licht etwa 30 % des assimilierten CO_2 sofort wieder verlieren, da ein der Photosynthese gegenläufiger, als *Photorespiration* bezeichneter Prozess in den Blattzellen aktiviert wird. Durch experimentelle Unterdrückung der Photorespiration (Kultivierung der Pflanze in Luft mit reduziertem O_2-Gehalt) steigt die Photosyntheserate um bis zu 30 % an, d.h., die C3-Pflanze produziert unter diesen Bedingungen (z.B. 5 % O_2) deutlich mehr Kohlenhydrate als in „normaler" Luft. Das Schlüsselenzym der CO_2-Fixierung (Rubisco) entstand vor 2–3 Milliarden Jahren, d.h. in einer Zeit, als die Erdatmosphäre noch O_2-frei und CO_2-reich war (s. Kap. 4). Es gilt als gesichert, dass die Photorespiration (sauerstoffabhängiger CO_2-Verlust im belichteten Blatt) als ein *Fehler* bzw. *Mangel* in der Evolution der C3-Pflanzen zu interpretieren ist (SAGE, 2004).

Der wärmeliebende, an sonnige Standorte angepasste Mais (*Zea mays*) (Abb. 9.3) gehört, wie Teosinte, Zuckerrohr und Mohrenhirse, in die kleine Gruppe der C4-Pflanzen (etwa 5% der Blütenpflanzen; das erste Produkt der CO_2-Assimilation ist eine aus 4 C-Atomen aufgebaute Verbindung). Typische C4-Pflanzen zeigen im Vergleich zu den C3-„Grundtypen" gewisse anatomische Unterschiede (die Leitbündel sind von speziellen chloroplastenreichen Zellen umschlossen); durch Unterdrückung der Photorespiration mittels einer biochemischen „CO_2-Pumpe" sind die Photosyntheseraten um etwa ein Drittel höher als bei den „primitiveren" C3-Gewächsen.

Konkurrenz unter Nutzpflanzen. Durch eindrucksvolle Demonstrationsversuche, die von U. KUTSCHERA (1998) als „CO_2-Konkurrenzexperimente" beschrieben wurden, kann die Überlegenheit der Maispflanze gegenüber den einfacher gebauten, photosynthetisch weniger aktiven C3-Pflanzen (z. B. Weizen, Gerste, Roggen) leicht nachgewiesen werden: Wir pflanzen einen Mais- und einen Weizenkeimling in ein großes Glasgefäß, dichten den transparenten Behälter gasdicht ab und bestrahlen die zuvor gut gegossenen Gewächse mit konstantem Dauer-Weißlicht. Im geschlossenen Gefäß sinkt die CO_2-Konzentration von ursprünglich 0,035 Vol.-% (= 350 µl CO_2/l Luft) aufgrund der Assimilation der Blätter stetig ab. Bereits nach 1–2 Wochen ist die C3-Pflanze tot (braune Blätter), während der „Killermais" grün bleibt, wächst und noch einige Tage weiterlebt (Abb. 9.4). Die C4-Pflanze zieht infolge der „CO_2-Pumpe" das CO_2 der eingeschlossenen Luft an sich, einschließlich des von der sterbenden C3-Pflanze über Respirationsprozesse abgegebenen Kohlendioxids. Fazit: Die C4-Pflanze Mais ist der C3-Pflanze Weizen im „Konkurrenzkampf ums Dasein", d. h. in ihrer Fähigkeit zur CO_2-Assimilation, überlegen.

Bestimmungen der CO_2-Austauschraten (Gaswechselmessungen) an Mais- und Weizenblättern ergaben drastische Speziesunterschiede. Es wurde der jeweilige CO_2-Kompensationspunkt (CP) ermittelt; der CP-Wert entspricht der von außen angebotenen CO_2-Konzentration, bei der die Zellen im Licht gerade noch CO_2 assimilieren können. Wie die Daten in Tabelle 9.1 zeigen, liegt der CO_2-Kompensationspunkt bei der photosynthetisch überlegenen Maispflanze bei 3 µl/l Luft, während er beim Weizen etwa 52 µl/l beträgt. Wie bereits dargelegt wurde, sinkt die CO_2-Konzentration im geschlossenen Gefäß von 350 µl/l am Anfang stetig ab; nach Unterschreiten des CP-Wertes von 52 kann der Weizen kein CO_2 mehr assimilieren, während der Mais noch bis zu einem CP-Wert von 3 µl/l Photosynthese betreibt (nach Unterschreitung dieses C4-CP-Wertes stirbt auch der Mais ab). Diese Zahlenwerte erklären die in Abbildung 9.4 dargestellten Beobachtungen.

Fossilfunde belegen, dass die ersten C4-Pflanzen vor 5–7 Millionen Jahren entstanden sind (Tertiär: Mio-/Pliozän), während die C3-„Grundtypen" bereits etwa 130 Millionen Jahre früher nachweisbar sind (s. Kap. 4). Aus diesen Dokumenten folgt, dass die C4-Pflanzen eine relativ späte Evolutionslinie repräsentieren. Die durch den „Fehler" der

Tab. 9.1 Auflistung der CO_2-Kompensationspunkte (CO_2-CP) verschiedener C3- und C4-Pflanzen in der Einheit Mikroliter CO_2 pro L Luft. Innerhalb der Gattung *Flaveria* (s. Abb. 9.5) gibt es C3-C4-Übergangsformen (nach Ku, M. S. et al.: Plant Physiol. 96, 518–528, 1991).

Art	Photosynthese -Typ	CO_2-CP (µL/L)
Triticum aestivum (Weizen)	C3	52
Zea mays (Mais)	C4	3
Flaveria cronquistii	C3	60
Flaveria trinervia	C4	3
Flaveria ramosissima	C3-C4	9
Flaveria anomala	C3-C4	16
Flaveria linearis	C3-C4	27
Flaveria pubescens	C3-C4	21

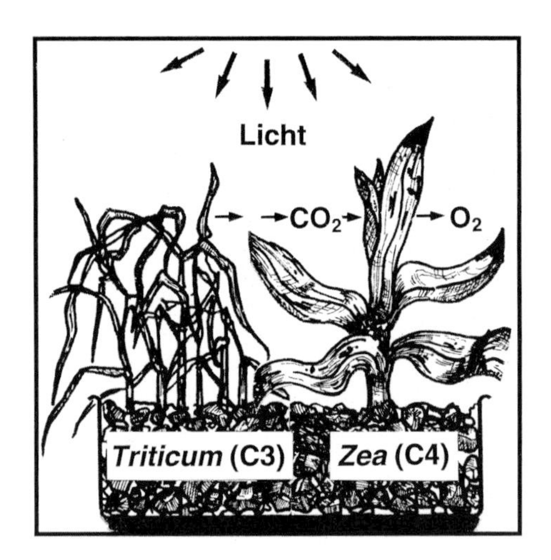

Abb. 9.4 Konkurrenzexperiment zwischen der C3-Pflanze Weizen (*Triticum aestivum*) und der C4-Pflanze Mais (*Zea mays*). Die Keimpflanzen wurden in sterilem Substrat (Wasser, Nährsalze) bei Weißlicht kultiviert. Nach 2 Wochen ist die Weizenpflanze abgestorben, während der Mais aufgrund der Wirkung der biochemischen Kohlendioxid-Pumpe noch CO_2 assimiliert (Originalversuch).

Photorespiration gekennzeichneten C3-Pflanzen waren somit die phylogenetischen Vorläufer der photosynthetisch effizienteren C4-Pflanzen.

Evolutive Zwischenformen. Untersuchungen zur Blattanatomie und Gaswechselmessungen bei verschiedenen Spezies haben gezeigt, dass es innerhalb der Angiospermen einige Familien (bzw. Gattungen) gibt, die sowohl C3- als auch C4-Photosynthesetypen enthalten. Als gut untersuchtes Beispiel betrachten wir die zu den Korbblütlern (Familie Compositae) gehörende Gattung *Flaveria* (Abb. 9.5). Diese in Süd- und Mittelamerika verbreitete, auf offenes Gelände begrenzte Pflanzengruppe enthält C3-Arten (*F. cronquistii*) und komplexer gebaute („höherentwickelte") C4-Arten (*F. trinervia*). Wie Tabelle 9.1 zeigt, weisen diese *Flaveria*-Spezies CP-Werte auf, die etwa dem des Weizens bzw. der Maispflanze entsprechen (Sage, 2004).

Interessanterweise gibt es einige *Flaveria*-Arten, die als C3-C4-Mischtypen klassifiziert werden. Ihre CP-Werte liegen im mittleren Bereich (d. h. zwischen den C3- und C4-CO_2-Gaskonzentrationen). Untersuchungen zur Anatomie der Blätter sowie biochemisch/molekularbiologische Analysen haben gezeigt, dass diese C3-C4-Intermediate *evolutive Zwischenstufen* repräsentieren. Innerhalb der Gattung *Flaveria* schreitet die Phylogenese somit voran, d. h., unter dem Selektionsdruck „CO_2-Mangel und Starklicht" evolvieren gewisse C3-Pflanzen zu den komplexer gebauten, photosynthetisch effizienteren und besser angepassten C4-Gewächsen. Weitere Beispiele für C3-C4-Übergangsformen finden sich innerhalb der Familien der Aizoaceae (*Mollugo*), Amaranthaceae (*Alternathera*), Crucifera (*Moricandia*), Poaceae (*Panicum*) und Chenopodiaceae (*Salsola*) (Kutschera und Niklas, 2006).

9.4 Industrie-Melanismus bei Nachtfaltern

Als Charles Darwin an seinem Hauptwerk über den Ursprung der Arten schrieb, war in England ein vom Menschen verursachtes „Freilandexperiment" im Gange, das dem Begründer der Deszendenztheorie zeitlebens unbekannt geblieben ist. Bis zum Beginn der Industriellen Revolution (1850) waren die sauberen Stämme der Bäume mit Flechten bewachsen und daher mehr oder weniger hell gefärbt. Einige Jahre später kam es in England infolge der stetig zunehmenden Industrialisierung zu einer Schwärzung der Baumstämme. Durch Ruß- und Staubpartikel wurden nicht nur die Blätter verunreinigt, sondern auch die Flech-

Abb. 9.5 Blühende Pflanze aus der Gattung *Flaveria* (Compositae). Das unscheinbare Gewächs wurde im Licht/Dunkel-Wechsel angezogen. Neben Arten, die C3- und C4-Photosynthese betreiben, kennt man eine Reihe von Spezies, die als C3-C4-Zwischenformen identifiziert sind. Abgebildet ist die C4-Art *F. trinervia* (Originalaufnahme).

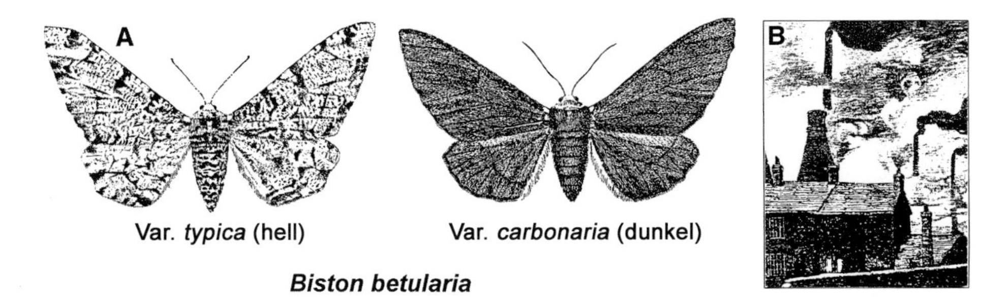

Abb. 9.6 Der Birkenspanner (*Biston betularia*) ist eine Nachtfalterart, von der in der Natur zwei Farbvarianten (Mutanten) bekannt sind: var. *typica* (weiß mit einigen dunklen Flecken) und var. *carbonaria* (schwarzbraun) (A). Die helle Form ist auf weißer Birkenrinde nahezu unsichtbar, während die dunkle Mutante auf rußgeschwärzten Stämmen kaum zu entdecken ist. Luftverschmutzung in England, 19. Jahrhundert (B) (nach Kutschera, U.: Theory Biosci. 122, 343–359, 2003).

ten starben ab. Aufgrund starker Regenfälle nahmen die flechtenlosen Baumstämme bald eine dunkelbraune bis schwarze Farbe an (Abb. 9.6 B).

Adaptation von Schmetterlingen. Bei zahlreichen Nachtfalterarten, die bis etwa 1850 eine helle Färbung hatten, waren innerhalb weniger Jahrzehnte fast nur noch dunkle Exemplare zu beobachten; die helle Ursprungsform wurde durch eine schwarze Variante ersetzt. Dieses als „Industrie-Melanismus" bezeichnete Phänomen, d. h. die rasche genetisch verankerte Anpassung einer Tierart an veränderte Umweltbedingungen unter Wechsel der Körperpigmentierung, wurde Mitte der 1950er-Jahre in England systematisch untersucht. Als repräsentative Spezies hatte man den Birkenspanner (*Biston betularia*) ausgewählt, der in der Natur in zwei Varianten vorkommt (*typica* und *carbonaria*). Die Nachtfalter sitzen am Tag bewegungslos auf Baumstämmen (meist mehr als 2 m über dem Erdboden) und fliegen nur während der Dunkelperiode umher (Abb. 9.6 A). In einem stark verschmutzten Wald bei Birmingham konnten 1953 unter 631 gefangenen Birkenspannern weniger als 10 % weiße Falter gefunden werden; über 90 % der Tiere waren dunkel gefärbt (Abb. 9.7). In nichtverschmutzten Wäldern mit grau-weißen Stämmen waren die Verhältnisse umgekehrt. Fütterungsversuche mit entsprechend verunrei-

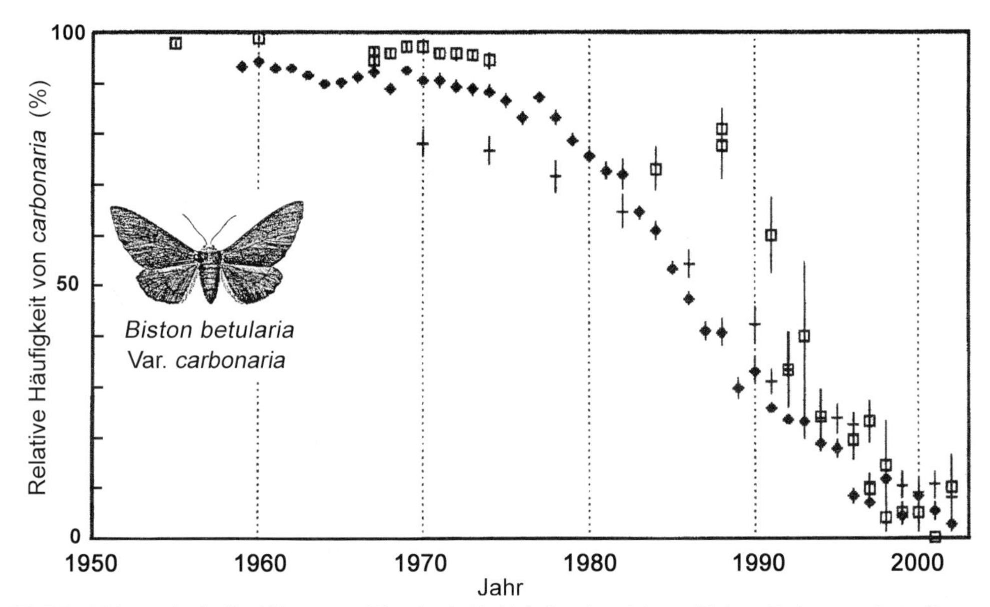

Abb. 9.7 Rückgang der dunklen Birkenspanner (*Biston betularia*) – Varietät *carbonaria* in verschiedenen Regionen von England im Zeitraum 1950 bis zum Jahr 2000. Die verschiedenen Symbole stehen für unterschiedliche Waldregionen (nach Cook, L.M.: Quart. Rev. Biol. 78, 399–412, 2003).

nigten (bzw. sauberen) Blättern zeigten, dass die Färbung nicht durch Aufnahme von Pigmenten hervorgebracht wurde. Es handelt sich bei der dunklen Variante um Individuen, die infolge der spontanen Mutation eines Gens mehr Farbpigmente (Melanine) produzieren. Diese Mutante setzt sich je nach Umweltbedingungen in der Population durch (viele dunkle Falter), oder sie wird fast vollständig eliminiert (wenige dunkle Birkenspanner).

Natürliche Feinde der Nachtfalter sind die u. a. die Vögel. Es wurde beobachtet, dass Singvögel selektiv jene am Tag unbeweglich an Stämmen sitzenden Falter fressen, die sie optisch wahrnehmen (sehen) können: Weiße Birkenspanner auf hellem Hintergrund (bzw. schwarze auf dunkler Rinde) können aufgrund ihrer Tarnfärbung von potentiellen Feinden kaum erkannt werden. Die Falter sitzen in der Regel an Stämmen und Ästen der Baumkronen (KUTSCHERA, 2003).

Evolutionsversuche. Auf Grundlage dieser Befunde wurden Mitte der 1950er-Jahre die folgenden Freiland-Evolutionsexperimente durchgeführt. In einem unverschmutzten Wald (helle Baumstämme) wurden 984 markierte Birkenspanner ausgesetzt, wobei eine Hälfte der Motten der dunklen und die andere der weißen Variante angehörten. Nach einiger Zeit wurden Stichproben der Population eingefangen und ausgezählt. Resultat: Es konnten etwa zweimal mehr helle als dunkle Falter gefunden werden. Das komplementäre Experiment (Freisetzung markierter Falter in einen stark verschmutzten Wald mit dunklen Baumstämmen) führte zum umgekehrten Resultat: Die dunklen Birkenspanner waren nach einiger Zeit in der Überzahl, während die weißen infolge Vogelfraß eine Minderheit darstellten.

Diese Evolutionsexperimente zeigen, dass verschiedene Varianten (d. h. Mutanten derselben Falterart) unterschiedliche Überlebensraten haben und somit von Fressfeinden (z. B. Vögeln) selektiv aus der Population eliminiert werden. Nach M. MAJERUS (1998, 2007) konnte der auf erblichen Mutationen und umweltbedingter Selektion basierende Mechanismus der Mikroevolution damit experimentell bestätigt werden, obwohl noch viele Detailfragen ungeklärt sind (z. B. wie viele Falter ruhen auf exponierten Ästen?).

Rückgang der Umweltverschmutzung. Es wurde bereits dargelegt, dass in den 1950er-Jahren in den verschmutzten Wäldern um die englischen Industriezentren über 90% der Birkenspanner der schwarzbraunen Farbvariante angehörten. In den 1990er-Jahren waren die britischen Wälder infolge einer konsequenten Umweltpolitik wieder weitgehend sauber (helle Baumstämme). Untersuchungen der entsprechenden Birkenspanner-Populationen ergaben, dass z. B. 1998 über 90% der Falter wieder der hellen Variante angehörten. Die dunkle Mutante hatte auf den weißen Birkenstämmen nur eine geringe Überlebenschance und wurde daher weitgehend eliminiert (Abb. 9.7). Das mit der Industrialisierung Mitte der 1850er-Jahre begonnene unbeabsichtigte „Evolutionsexperiment" wird wegen der inzwischen wieder sauberen Luft hoffentlich für immer abgeschlossen sein (KUTSCHERA, 2003; COOK, 2003; MAJERUS, 1998, 2007).

9.5 Versuche mit Guppy-Populationen

In Deutschland zählt der Guppy (*Poecilia reticulata*) zu den beliebtesten Süßwasser-Aquarienfischen. Die kleinen, zu den lebendgebärenden Zahnkarpfen gehörenden Tiere zeigen einen ausgeprägten Sexualdimorphismus: Die Männchen sind klein und bezüglich Farbe und Flossenform variabel; weibliche Guppys sind größer und meist silbergrau gefärbt. Durch gezielte Kreuzungen konnten zahlreiche Guppy-Varietäten gezüchtet werden.

Freiland-Evolutionsexperimente. Weniger bekannt ist die Tatsache, dass Guppys seit 1981 bevorzugte Objekte der experimentellen Evolutionsforschung sind. Amerikanische Biologen untersuchten in Südamerika freilebende Guppy-Populationen, die auf zwei verschiedene, durch einen Wasserfall getrennte Teiche verteilt waren. Im unteren Gewässer waren die Guppys einem starken Raub-Feind-Druck ausgesetzt: Die kleinen Fische werden ständig von verschiedenen Buntbarschen (Cichliden) gejagt, wobei die Räuber bevorzugt große, ausgewachsene Guppys fressen. In Abbildung 9.8 A wird diese Population als „Guppys Varietät 1" bezeichnet. Raubfische werden durch Wasserfälle daran gehindert, den weiter oben liegenden Teich zu besiedeln. Die dort lebenden „Guppys Varietät 2" werden nur gelegentlich von einem Allesfresser (Killifisch) gejagt; der *Raub-Feind-Druck* ist viel geringer als im unteren Gewässer, wo die hungrigen Buntbarsche leben. Zunächst wurden die beiden Guppy-Populationen (Varietäten 1 und 2) separat in Aquarien gehalten und analysiert. Es zeigte sich, dass die Guppys Varietät 1 (hoher Raub-Feind-Druck) nach kürzerer Entwicklungszeit und bei geringerer Körpergröße ausgewachsen waren als Vertreter der Kontrollgruppe (Varietät 2). Außerdem produzierten sie eine größere Anzahl kleinerer Jungtiere und pflanzten sich häufiger fort. Diese Unterschiede im Verhalten und Reproduktionszyklus wurden von Generation zu Generation weitervererbt, d. h., es handelt sich um genetisch verankerte Eigenschaften.

Auf dieser Grundlage wurde das in Abbildung 9.8 B dargestellte Evolutionsexperiment durchgeführt. Entlang eines sauberen Baches wurde ein Wasserfall entdeckt; unterhalb des Wasserfalls lebte eine Guppy-Population Varietät 1 (Teich 1). Oberhalb des Wasserfalls befand sich ein Teich 2, in dem die allesfressenden (relativ friedlichen) Killifische, jedoch keine Guppys vorkamen. Guppys Varietät 1, die – bedingt durch zahlreiche Buntbarsche – einem hohen Raub-Feind-Druck ausgesetzt waren, wurden nun in Teich 2 (nur ein Fressfeind) gesetzt und 11 Jahre später analysiert. Nach Ablauf dieses Zeitraums lag die 18. Guppy-Generation vor. Die beiden Fischvarietäten wurden in Aquarien gehalten und jeweils ihre zweite Generation untersucht. Die transferierten Guppys hatten im Vergleich zur Kontrollgruppe (Varietät 1, unterer Teich) eine um 15 % größere Körpermasse; sie waren in einem höheren Alter ausgewachsen und produzierten pro Wurf weniger, jedoch größere Nachkommen. Der Lebenszyklus dieser umgesetzten Guppys evolvierte somit innerhalb von nur 11 Jahren, so dass die Fische nach dieser Zeit den natürlicherweise in Teich 2 lebenden Artgenossen sehr ähnlich waren.

Varietätenbildung. Dieses Freiland-Evolutionsexperiment (Abb. 9.8) zeigt somit, dass die natürliche Selektion (Fressfeinde) jene Phänotypen übrig lässt, die besser an die jeweilige Umweltsituation angepasst sind. Dennoch sollte hervorgehoben werden, dass nach 11 Jahren keine neue Art, sondern nur eine andere Varietät entstanden ist. Dieser Mikroevolutionsschritt vollzog sich jedoch innerhalb einer überraschend kurzen Zeitspanne. Unter starkem Selektionsdruck (Räuber) können Evolutionsprozesse (Anpassung der Organismen an veränderte Umweltbedingungen unter Ausbildung andersartiger Populationen) somit relativ rasch verlaufen und experimentell analysiert werden (O'Steen et al., 2002).

9.6 Rasche Artbildung bei ostafrikanischen Buntbarschen

In Kapitel 8 wurde der längliche Baikal-See in Sibirien als größtes, tiefstes (1741 m) und mit ca. 25 Millionen Jahren ältestes Binnengewässer der Erde beschrieben. Da dieser gigantische See seit Jahrmillionen von anderen Süßgewässern isoliert ist, haben sich dort endemische Relikt-Gruppen erhalten, die anderswo wegen der Konkurrenz durch überlegene Arten seit langem ausgestorben sind (z. B. der Raub-Oligochät *Agriodrilus*).

Vor etwa 12 Mio. J. bildete sich im ostafrikanischen Grabenbruch als Folge des Auseinanderdriftens der Zentral- und ostafrikanischen Kontinentalplatten das zweitälteste und mit 1450 m zweittiefste Binnengewässer der Erde, der halbmondförmige Tanganjika-See. Der ebenfalls länglich geformte, einem wassergefüllten Graben ähnliche Malawi-See ist mit einem geschätzten Alter von 2 bis 5 Mio. J. deutlich jünger. Diese beiden tiefen Graben-Gewässer sind weniger als halb so groß wie der Viktoria-See, ein rundes, mit maxi-

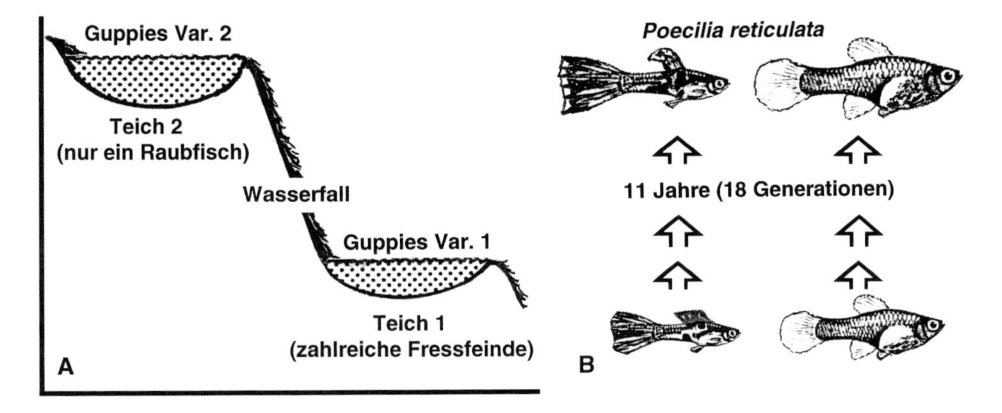

Abb. 9.8 Evolutionsexperimente mit Guppys (*Poecilia reticulata*). Natürliche Guppy-Populationen leben in zwei Teichen (1 und 2), die durch einen Wasserfall getrennt sind. Guppy-Variante 1 ist einem hohen, Variante 2 einem geringen Selektionsdruck ausgesetzt (Raubfische) (A). Die Populationen unterscheiden sich bezüglich Körpermasse und Fortpflanzungszyklus voneinander. Nachdem die kleineren Guppys Variante 1 in Teich 2 (der keine weiteren *Poecilia reticulata* enthält) transferiert wurden, war bereits 11 Jahre später eine signifikante erbliche Größenzunahme der Fische zu verzeichnen (Mikroevolution) (B) (nach Reznick, D.N. et al.: Science 275, 1934–1937, 1997).

mal 80 m Tiefe relativ flaches Binnengewässer. Dieser See ist während der letzten Eiszeit (vor etwa 15 000 Jahren) wahrscheinlich weitgehend ausgetrocknet. Mit einem Alter von höchstens 750 000 Jahren ist der Viktoria-See, verglichen mit den beiden Grabenbruch-Gewässern, relativ jung. In Abbildung 9.9 A sind die drei großen Seen Ostafrikas zu erkennen; Tabelle 9.2 liefert Daten zu Alter und Größe dieser Binnengewässer.

Die großen Seen im ostafrikanischen Grabenbruch zählen zu den artenreichsten Süßgewässern unserer Erde. Insbesondere die dort endemisch vorkommenden Cichliden (Knochenfische aus der Familie Cichlidae) zeichnen sich durch

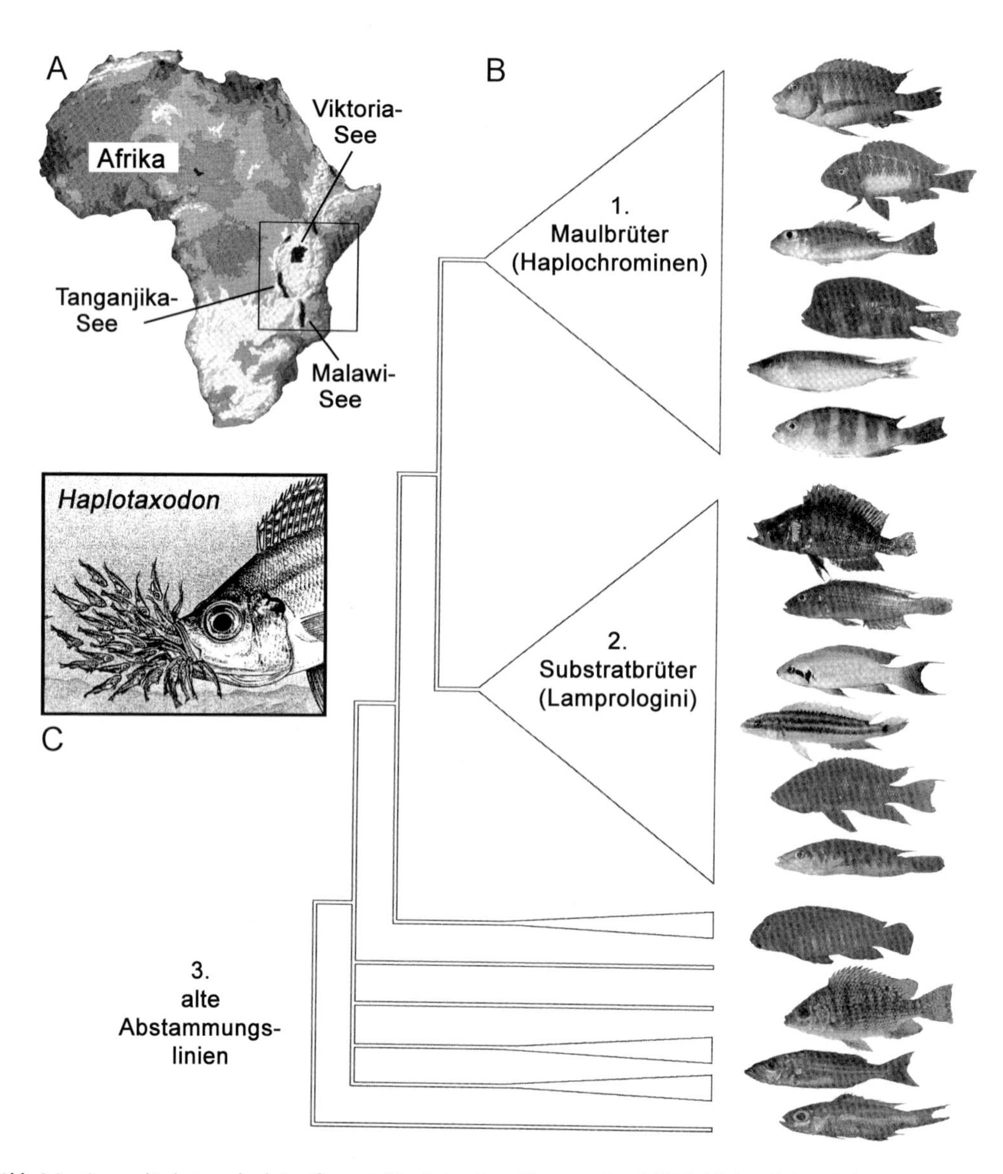

Abb. 9.9 Geographische Lage der drei größten ostafrikanischen Seen (Binnengewässer) (A). Molekulare Phylogenie (mt-DNA-Stammbaum) repräsentativer Vertreter der Buntbarsche (Cichliden) im ostafrikanischen Tanganjika-See (B). Drei Cichliden-Gruppen können unterschieden werden: die Maulbrüter (Haplochrominen-artige) (1.), die Substratbrüter (Lamprologini) (2.) und stammesgeschichtlich alte Linien, die es nur in diesem Gewässer gibt (3.). Brutpflege des Maulbrüters *Haplotaxodon tricoti* (C) (nach SALZBURGER, W. et al.: EMC Evol. Biol. 5, 17–31, 2005 und STIASSNY, M. & MEYER, A.: Spektrum d. Wiss. Juni, 36–43, 1999).

Tab. 9.2 **Charakterisierung der drei größten Seen des ostafrikanischen Grabenbruchs (s. Abb. 9.9 A) mit Angaben zu Alter, Größe und geschätzter Zahl an Buntbarsch (Cichliden)-Arten. M = Maulbrüter, S = Substratbrüter (nach SALZBURGER, W. & MEYER, A.: Naturwissenschaften 91, 272–290, 2004).**

Gewässer	Alter (Mio. J.)	Tiefe (m)	Fläche (km² × 1000)	Cichliden-Arten (Schätzwerte)
Tanganjika-See	9–12	1470	33	~250 (M u. S)
Malawi-See	2–5	700	29	~1000 (M)
Viktoria-See	0,25–0,75	80	69	~600 (M)

eine außergewöhnliche Artenvielfalt aus. Mit etwa 250 bis 1000 beschriebenen Buntbarsch-Spezies pro Gewässer sind die drei Groß-Seen Ostafrikas zu Modell-Ökosystemen der Phylogeneseforschung geworden. Wie konnte diese enorme Arten- und Lebensform-Vielfalt (Biodiversität) innerhalb von maximal 12 Mio. Jahren entstehen? Welche Mechanismen liegen der explosionsartigen Artbildung in diesen Süßgewässern zugrunde?

Cichliden als Modellorganismen. Die Buntbarsche sind eine diverse Familie tropischer Süßwasserfische, die in Indien, Sri Lanka, Madagaskar, Amerika und Afrika verbreitet sind. Von den weltweit etwa 3000 beschriebenen Spezies wurden etwa ⅔ in Ostafrika entdeckt, wobei interessanterweise die artenreichsten Binnengewässer (die Seen Tanganjika, Malawi, Viktoria) nahe beieinander liegen (Abb. 9.9 A). Drei Merkmale zeichnen diese außergewöhnliche Fischfamilie aus, die in einer Auswahl in Abbildung 9.9 B vorgestellt ist.

Im Gegensatz zu allen anderen Süßwasserfischen besitzen die Cichliden im Schlundbereich der Schnauze einen zweiten Kieferapparat, der (unabhängig vom eigentlichen Kiefer) ein spezielles *Fress-Werkzeug* für die Nahrungsaufnahme darstellt. Diese variable, plastische Kieferkonstruktion der Buntbarsche erlaubt es den mit kräftigen Zähnen ausgestatteten Schneckenfressern, Kalk-Gehäuse zu zerbeißen (z. B. *Neolamprologus tretocephalus*), während Algenfresser mit ihren kleinen Zähnchen feine Raspelbewegungen ausführen können (z. B. *Eretmodus cyanostictus*). Der deutsche Name zeigt an, dass die Cichliden buntgefärbte Barsche sind, die über ein außergewöhnliches Spektrum an *Farbmustern* verfügen. Diese fast ausschließlich bei den fortpflanzungsbereiten Männchen ausgebildeten „Prachtkleider" fungieren als Signal für die Weibchen. Bei zahlreichen Cichliden-Artengruppen bevorzugen die Weibchen bestimmte Farbvarianten und pflanzen sich nur mit den farblich attraktivsten Männchen fort. Diese *sexuelle Selektion* im Reich der Buntbarsche trägt mit großer Wahrscheinlichkeit zur Aufspaltung von Populationen (und somit zur Speziation) bei. Als dritte Eigenschaft der Cichliden sind die für „niedere Wirbeltiere" außergewöhnlich komplexen *Brutpflegemuster* zu nennen. Zahlreiche Buntbarsch-Arten sind Maulbrüter, darunter die Mehrzahl der ostafrikanischen Arten (z. B. *Haplotaxodon tricoti*, Abb. 9.9 C). Ein Elternteil (meist die Mutter) trägt die sich entwickelnden Eier zum Schutz vor Fressfeinden in der Mundhöhle. Dort wachsen auch die Jungtiere heran; diese werden während der Entwöhnungsphase, die von Ausflügen der heranwachsenden Fischchen begleitet ist, bei Gefahr rasch in das mütterliche Maul aufgenommen und dort auch ernährt. Der Buntbarsch-Körper fungiert somit als Schutzpanzer mit zeitweiliger Ernährungsfunktion, wobei bei Arten, die intensiv Brutpflege betreiben, die Eizahl auf weniger als 20 pro Brut reduziert ist (Abb. 9.9 C). Dies ist eine bemerkenswerte Parallelentwicklung (*Konvergenz*) zu den Brutpflege betreibenden Schneckenegeln (Glossiphoniidae). Bei diesen Ringelwürmern ist der Brutpflegeaufwand ebenfalls mit einer Verringerung der Eizahl pro Muttertier korreliert (s. Kap. 8). Im Gegensatz zu den Maul-brütenden Cichliden gibt es in dieser Fischfamilie auch sogenannte Substratbrüter, die ihre Eier auf dem festen Untergrund oder in leere Schneckenhäuser ablegen und diese dann bewachen und umsorgen.

Die drei Schlüsseleigenschaften der Buntbarsche – Plastizität des Kieferapparats, ausgeprägte Farbmusterung und hochentwickelte Brutpflege – haben dazu beigetragen, dass die Cichliden als „Meister der Anpassung" so viele unterschiedliche ökologische Nischen in den drei Binnengewässern erobern und besetzen konnten.

Seit der Veröffentlichung einer Artenliste zur Fischfauna der ostafrikanischen Seen im Jahr 1898 hat das „Cichliden-Problem" die Evolutionsforscher beschäftigt. Neben klassischen beschreibend/vergleichenden Untersuchungen sowie Labor-Kreuzungsexperimenten (welche Arten paaren sich unter künstlichen Bedingungen?) wurde insbesondere die Methodik der molekularen Phylogenetik eingesetzt. Mitochondriale Gensequenzen haben sich als ideales Werkzeug zur Erstellung molekularer Cichliden-Stammbäume erwiesen (mt-DNA-Analytik, s. Kap. 7). Einige aktuelle Ergebnisse sind im Folgenden dargestellt (Salzburger und Meyer, 2004).

Besiedelungsdynamik des Tanganjika-Sees. Die Abstammungslinien aller wichtigen Buntbarsch-Gruppen des ältesten und artenärmsten Binnensees Ostafrikas wurden auf Grundlage von mt-DNA-Sequenzdaten rekonstruiert. Die hier in Form eines vereinfachten Schemas dargestellten Resultate (Abb. 9.9 B) zeigen, dass der Tanganjika-See nach seiner Entstehung vor 9 bis 12 Mio. J. von mehreren Abstammungslinien (Claden) besiedelt wurde. Im Gewässer kam es daraufhin zu einer Diversifizierung (adaptiven Radiation) von zwei der eingewanderten Populationen. Eine Linie von Maulbrütern, die u. a. die artenreiche Gruppe der Haplochrominen umfasst (Taxon mit ca. 2000 beschriebenen Arten) haben sich bezüglich der Ressourcen-Nutzung auf ganz verschiedene ökologische Nischen spezialisiert (ca. 80 Arten, Prinzip der Konkurrenz-Vermeidung). Eine zweite Gruppe von Substrat-brütenden Cichliden, die als Lamprologini bezeichnet werden, brachte etwa 100 verschiedene Arten hervor. Im Tanganjika-See gibt es außerdem einige phylogenetisch urtümliche Artenschwärme, die in anderen Gewässern fehlen. Des weiteren konnte gezeigt werden, dass die Haplochrominen im (alten) Tanganjika-See aus Urformen entstanden sind, dann aber zum Teil dieses Binnengewässer über Flüsse verlassen haben und benachbarte (jüngere) Seen besiedelten.

Rasche Artbildung im Viktoria-See. In der Gruppe der maulbrütenden Tanganjika-Artenschwärme (Haplochrominen-Verwandtschaftskreis) (Abb. 9.9 B) sind die Vorfahren jener Buntbarsch-Spezies nachgewiesen, die später den relativ flachen und jungen Viktoria-See besiedelt haben. Da dieses gewaltige Binnengewässer vor etwa 15 000 Jahren wahrscheinlich vollständig ausgetrocknet war, nahm man zunächst an, die Cichliden seien innerhalb dieses extrem kurzen Zeitraumes aus unspezialisierten Urformen evolviert. Molekulargenetische Studien der Evolutionsforscher W. Salzburger und A. Meyer (2004) haben jedoch eindeutig gezeigt, dass die 500 bis 600 Arten des Viktoria-Sees innerhalb von etwa 100 000 Jahren entstanden sind (mt-DNA-Sequenzanalytik unter Einsatz einer „molekularen Uhr"). Dies ist der derzeitige untere Rekordwert für Artbildungs-Prozesse im Tierreich. Die durchschnittliche Spezies-Dauer von Süßwasserfischen beträgt etwa 3 Mio. J. (s. Tab. 4.3, S. 130). Alle bisher untersuchten Haplochrominen-Arten des Viktoria-Sees lassen sich aus einer im benachbarten (älteren) Kivu-See lebenden Cichliden-Linie ableiten. Diese Buntbarsch-Gruppe hat somit im Verlauf von nur etwa 0,1 Mio. Jahren eine „explosionsartige" Diversifizierung durchlaufen und im Zuge einer adaptiven Radiation mehrere hundert Arten hervorgebracht, die heute ganz unterschiedliche ökologische Nischen besiedeln.

Über die Mechanismen dieser raschen Speziation im Binnensee Viktoria (und Tanganjika) gibt es derzeit eine Reihe von Befunden, Hypothesen und Modellen. Neben der *allopatrischen Artbildung* durch geographische Separation großer Populationen und lokale Adaptation der resultierenden kleineren Fortpflanzungsgemeinschaften an spezifische Umweltbedingen (ökologische Einnischung) wird für manche Taxa eine *sympatrische Speziation* diskutiert. Über die durch Laboruntersuchungen dokumentierte disruptive *sexuelle Selektion* (Ausbildung von „Prachtkleidern" der Männchen, gefolgt von einer Auswahl des Paarungspartners durch die Weibchen) könnten nach Modellberechnungen im selben Habitat mit der Zeit reproduktiv isolierte Sub-Populationen entstehen. Die exakten Mechanismen der raschen Cichliden-Speziation, wie auch die molekularen Grundlagen der Ausbildung von Reproduktions-Barrieren (d. h. der Nachweis von sogenannten „Speziations-Genen") sind noch Gegenstand der Forschung.

Umweltverschmutzung und Massenaussterben. Seit längerem ist die Buntbarsch-Fauna von „Darwins Traumsee" (Lake Viktoria) durch den Einfluss des Menschen gefährdet. Um den Ertrag in der Fischerei zu erhöhen, hat man in den 1950er-Jahren den bis 2 m langen Nilbarsch (*Lates nilotica*) in den See eingebracht, der sich dort explosionsartig vermehrt hat. Neben der Bejagung der durchschnittlich viel kleineren Cichliden (Körperlänge ca. 10–15 cm) wurden wegen der wachsenden Nilbarsch-Industrie die umliegenden Wälder abgeholzt, der See verschmutzt bzw. mit Düngemitteln übersättigt und darüber hinaus eine invasive Schwimmpflanze (Wasser-Hyazinthe, *Eichhornia crassipes*) eingeschleppt, die den See unter einer grünen Blätterschicht begräbt. Der Mensch zerstört somit eines der wichtigsten aquatischen „Freilandlabore" der Evolutionsforschung mit der Konsequenz, dass schätzungsweise ein Drittel der Cichliden-Arten des Viktoria-Sees im Jahr 2005 bereits ausgestorben waren. Wir beobachten hier ein von verantwortungslosen Menschen verursachtes *Massenaussterben*, das gestoppt werden muss. Die etwa 1000 Buntbarsch-Arten des Malawi-Sees (Tab. 9.2) sind derzeit noch unzureichend erforscht, so dass auf diese Artenschwärme hier nicht näher eingegangen werden soll (SALZBURGER und MEYER, 2004, SALZBURGER et al., 2005).

9.7 Unvorhersehbare Evolution bei Darwin-Finken

Als Charles Darwin 1836 von seiner fünfjährigen Weltreise an Bord des Kriegsschiffes „Beagle" nach England zurückkam, brachte er eine umfassende Sammlung geologischer, zoologischer und botanischer Funde mit. Dieses Material hat er teilweise selbst untersucht; manche seiner gesammelten Präparate leitete Darwin an verschiedene Spezialisten weiter und bat um eine wissenschaftliche Auswertung. In der zoologischen Sammlung fanden sich die Bälge von Finken-ähnlichen Kleinvögeln, die Darwin von dem Galapagos-Archipel, einer Inselgruppe, die etwa 1000 km weit von der Westküste Ecuadors im Meer liegt, mitgebracht hatte (s. Abb. 2.25, S. 49). Die Vogelbälge wurden von dem Ornithologen JOHN GOULD (1804–1881) untersucht und als neun neue Arten der Gattungen *Geospiza*, *Cactospiza*, *Camarhynchus* und *Certhidea* beschrieben. Auf späteren Erkundungsreisen wurden weitere vier Arten und eine Gattung (*Platyspiza*) entdeckt. Der ebenfalls zu dieser Gruppe zählende Kokosfink (*Pinaroloxias inornata*) lebt auf der 720 km von Galapagos entfernten Kokos-Insel. Diese vierzehn Vogelarten wurden von D. LACK (1947) als *Darwin-Finken* bezeichnet, ein Name, der sich bis heute erhalten hat. Wie in Kapitel 2 dargelegt wurde, inspirierten diese durch artspezifische Schnabelformen und individuelle Ernährungsweisen gekennzeichneten Finkenvögel den Naturforscher Darwin zur Formulierung seiner Abstammungslehre (Deszendenztheorie).

Vom Verhalten zur molekularen Systematik. Auf Grundlage umfassender morphologischer, ökologischer und verhaltensbiologischer Studien wurden die vierzehn Darwin-Finken in drei Abstammungslinien (Claden) unterteilt: Die *Grundfinken* (Arten, die am Boden leben und bevorzugt Samen fressen), die *Baumfinken* (Arten, die sich vorwiegend im Geäst aufhalten und bevorzugt Insekten fressen; in diese Gruppe gehört der durch Werkzeuggebrauch charakterisierte Spechtfink) und die *Laubsängerfinken* (eine auf Galapagos lebende Art, der Triller- oder Laubsängerfink, und eine auf der Kokos-Insel lebende Spezies). In Abbildung 2.5 (S. 29) sind fünf repräsentative Arten dieser drei Abstammungslinien dargestellt; Tabelle 9.3 liefert eine Übersicht zur Systematik der Darwin-Finken.

Tab. 9.3 **Die drei Abstammungslinien der 14 Darwin-Finken der Galapagos-Region mit Angaben zur Ernährung. Der Kokosfink (*) lebt auf der 720 km vom Galapagos-Archipel entfernten Kokos-Insel (nach verschiedenen Autoren).**

Einteilung und Arten	Ernährungsweise
A. Grundfinken	
Großer Grundfink (*Geospiza magnirostris*)	Samen; gelegentlich Insekten
Mittlerer Grundfink (*Geospiza fortis*)	Früchte, Gewebe und Nektar
Kleiner Grundfink (*Geospiza fuliginosa*)	von Kakteen (*Opuntia* sp.);
Großer Kaktusfink (*Geospiza conirostris*)	die Art *Geospiza difficilis*
Kleiner Kaktusfink (*Geospiza scandens*)	ernährt sich u. a. parasitisch vom
Spitzschnabel-Grundfink (*Geospiza difficilis*)	Blut von Seevögeln (Vampirfink)
B. Baumfinken	
Spechtfink (*Cactospiza pallida*)	Mit Ausnahme der Art
Mangrovenfink (*Cactospiza heliobates*)	*P. crassirostris* (Früchte- und
Großer Baumfink (*Camarhynchus psittacula*)	Samenfresser) werden bevorzugt
Mittlerer Baumfink (*Camarhynchus pauper*)	Insekten gefressen. Der Spechtfink
Kleiner Baumfink (*Camarhynchus parvulus*)	*C. pallida* benutzt Kaktus-
Vegetarischer Baumfink (*Platyspiza crassirostris*)	stacheln als Werkzeug
C. Laubsängerfinken	
Trillerfink (*Certhidea olivacea*)	Insekten und deren Larven
Kokosfink (*Pinaroloxias inornata*)*	werden bevorzugt gefressen

Warum sind diese vierzehn Finken-Arten für die Erforschung von Artbildungsprozessen so bedeutsam? Bereits DARWIN (1859, 1872) dokumentierte die Tatsache, dass auf entlegenen Inseln oft ganz andere Organismengruppen leben wie auf dem benachbarten Festland. Die Tierwelt der Galapagos-Inseln ist, verglichen mit derjenigen auf dem südamerikanischen Kontinent, artenarm und lückenhaft. So gibt es z.B. auf dem Festland zahlreiche Amphibien; auf den Galapagos-Inseln existiert keine einzige Frosch- oder Molchart. Landsäugetiere sind nur durch je eine Fledermaus- und Rattengattung sowie eine erst in den 1950er-Jahren entdeckte Nagetierart vertreten. Sämtliche rezente Spezies dieser ca. 4 bis 5 Mio. J. alten vulkanischen Inseln sind vor langer Zeit aus Urformen, die vom Festland hinübergedriftet sind, entstanden: Wir finden auf dieser Inselgruppe zahlreiche endemische Sonder-Arten, die eine eigene Evolutionslinie darstellen und anderswo fehlen (z.B. die Tange fressenden Meerechsen, *Amblyrhynchus cristatus*). Daher zog Darwin die korrekte Schlussfolgerung, dass alle Galapagos-Finkenarten aus einem importierten (verdrifteten) Schwarm hervorgegangen sind, der nach heutigem Kenntnisstand vor 2 bis 3 Mio. Jahren eingetroffen ist und aus einigen hundert Vögeln bestanden haben muss.

Unter Einsatz molekularbiologischer Methoden (mt-DNA-Sequenzanalytik, Stammbaum-Rekonstruktionen, s. Kap. 7) konnte ein internationales Team von Wissenschaftlern im Jahr 1999 erstmals belegen, dass die klassische „Drei-Gruppen-Systematik“ der Darwin-Finken (Tab. 9.3) korrekt ist. Wie das Phylogramm (Abb. 9.10) zeigt, bilden zwölf der dreizehn untersuchten Galapagos-Inselfinken, ergänzt durch den Kokosfink, eine monophyletische Gruppe. In Übereinstimmung mit älteren Untersuchungen und Befunden konnte der Trillerfink (*Certhidea olivacea*) als nächster lebender Verwandter der importierten Vorläuferform identifiziert werden. Alle rezenten Darwin-Finken stammen somit nach BURNS et al. (2002) von einer einzigen Ur-Population ab, die sich im Verlauf von weniger als 3 Mio. Jahren zu den sich in Schnabelform, Habitat-Präferenz und Ernährungsweise unterscheidenden vierzehn Arten entwickelt haben (adaptive Radiation).

Freiland-Untersuchungen zur Evolution der Schnabelgröße. Im Jahr 1973 begann das Forscher-Ehepaar P. und R. GRANT auf der Vulkaninsel Daphne Major (Galapagos-Archipel) eine Freilandstudie zur Mikroevolution der Darwin-Finken, die dreißig Jahre später (2001) zu den nachfolgend dargestellten Ergebnissen geführt hat (GRANT und GRANT, 2002).

Auf der Insel sind die beiden Arten Mittlerer Grundfink (*Geospiza fortis*) und Kleiner Kaktusfink (*G. scandens*) am häufigsten (s. Tab. 9.3). Grundfinken haben einen kräftigen, stumpfen Schnabel, mit dem sie robuste Samen öffnen (d.h. zerbei-

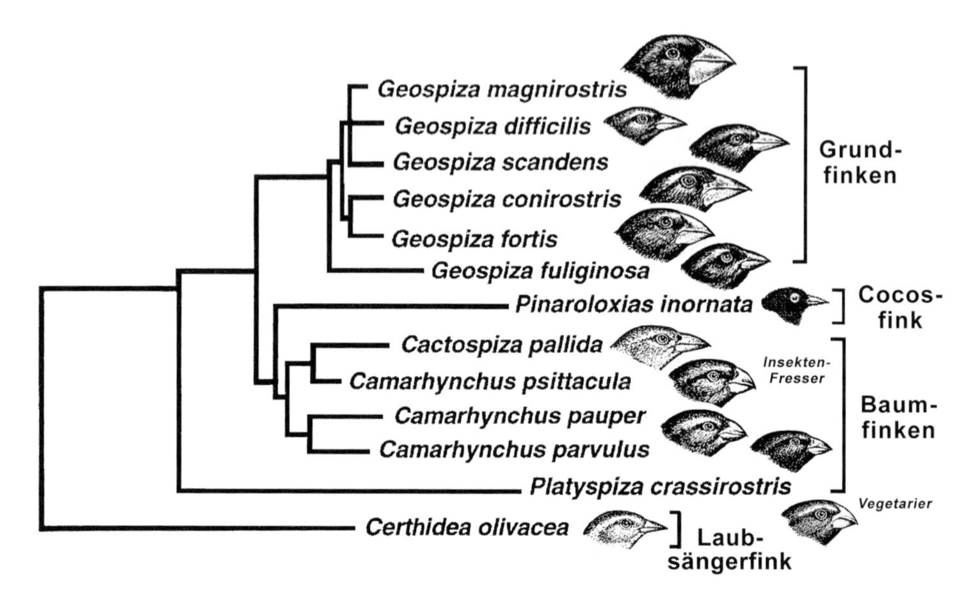

Abb. 9.10 Stammbaum der Darwin-Finken des Galapagos-Archipels und der Kokos-Insel auf Grundlage von Analysen von mt-DNA-Sequenzen. Die Baumfinken der Gattungen *Cactospiza* und *Camarhynchus* (Insektenfresser) bilden eine Clade, die von der vegetarischen Art *P. crassirostris* (Früchte- und Samenfresser) abgetrennt ist (nach SATO, A. et al.: Proc. Natl. Acad. Sci. USA 96, 5101–5106, 1999).

ßen) können, während die spitzschnäbeligen Kaktusfinken Früchte und Pollenmasse von Opuntien konsumieren (Schnabelformen der genannten Spezies, s. Abb. 9.10). Wie von DARWIN (1859, 1872) vermutet, sind Nahrungsmangel-Perioden als natürliche Selektionsfaktoren auf den Inseln von entscheidender Bedeutung. Als 1977 eine Trockenperiode dazu geführt hatte, dass jene Pflanzen, die kleine Samen produzieren, fast vollständig eliminiert waren, starben die meisten Grundfinken. Einige Individuen mit besonders großen Schnäbeln überlebten jedoch, da sie in der Lage waren, bestimmte hartschalige Samen zu öffnen und sich von den pflanzlichen Speicherstoffen zu ernähren. Innerhalb nur weniger Generationen kam es in einer Population der Art *G. fortis* zu einem Anstieg in der durchschnittlichen Schnabelgröße von + 4%. Als 1983, bedingt durch heftige Regenfälle und Klimaänderung ein Anstieg in der Bestandsdichte der 1977 drastisch dezimierten kleinsamigen Pflanzen einsetzte, hatten Grundfinken mit kleinen Schnäbeln wieder einen Selektionsvorteil: Die kleinschäbeligen Finkenvögel konnten diese Samen effizient aufpicken und fressen. Die Grundfinken mit kleinen Schnäbeln produzierten in den nachfolgenden Jahren daher mehr Nachkommen pro Generation als ihre großschnäbeligen Konkurrenten. Dies hatte zur Folge, dass die durchschnittliche Schnabelgröße in der *G. fortis*-Population innerhalb weniger Jahre um 2,5% abnahm. Ähnliche mikroevolutionäre Trends konnten in Populationen der Kaktusfinken (*G. scandens*) nachgewiesen werden. Es sollte abschließend erwähnt werden, dass die Schnabelgröße ein erbliches Merkmal ist, d. h. über die Keimbahn an die Nachkommen weitergegeben wird.

Art-Bastardbildung bei Weibchenmangel. Als nach den sintflutartigen Regenfällen im Jahr 1983 die meisten der kleineren weiblichen Kaktusfinken wegen Nahrungsmangel gestorben waren (sie wurden von den größeren, dem Hungertod nahen Männchen von den übriggebliebenen Früchten weggedrängt) kam es zu einem akuten Weibchen-Mangel in der Population. Durchschnittlich fünf Männchen konkurrierten um einen weiblichen Kaktusfinken. Einige der abgewiesenen „liebeshungrigen" Kaktusfinken-Männchen paarten sich mit den im Überschuss vorhandenen weiblichen Grundfinken. Die entstandenen Art-Bastarde (*Geospiza scandens*, männlich × *Geospiza fortis*, weiblich) waren gesund und fertil. Die weiblichen Hybrid-Vögel kopulierten allerdings nur mit Kaktusfinken, da die Männchen dieser Art die Gesänge ihrer Väter übernahmen. Die Töchter akzeptierten dann den gewohnten Gesang ihres Vaters und paarten sich mit den Söhnen (weiblicher Hybrid *G. scandens/G.fortis* × männlicher *G. scandens*). Es kam somit zu einer „Auffrischung" des Genpools der *G.scandens*-Population, ein Prozess, der als *Introgression* bezeichnet wird. Als Resultat dieser durch Weibchen-Mangel hervorgerufenen Art-Bastardierung entwickelten die Kaktusfinken im Verlauf weniger Jahre signifikant stumpfere Schnäbel. Die in den Genpool der Kaktusfinken aufgenommenen Gene der Art *G. fortis* waren für diese erblich fixierte Schnabelform verantwortlich.

Zusammenfassend zogen die Galapagos-Finkenforscher P. und R. GRANT (2002) die folgenden allgemeinen Schlussfolgerungen: 1. Evolutionsvorgänge sind langfristig nicht vorhersehbar, da die durch Umweltkatastrophen (insbesondere Trockenperioden) verursachten Populations-Einbrüche letztendlich durch fluktuierende (chaotische) Klimawechsel herbeigeführt wurden. 2. Die natürliche Selektion (d. h. das Überleben der am besten adaptierten Vögel nach drastischen Umweltänderungen) kann gerichtet erfolgen und z. B. zu einem Anstieg in der Schnabelgröße innerhalb der Population führen. Daneben sind auch ungerichtete (chaotische) evolutionäre Entwicklungstrends zu beobachten. 3. Unter Extrembedingungen (Weibchen-Mangel) kann es im Tierreich zur Bildung von Art-Hybriden kommen, d. h. die natürlichen Spezies-Schranken (Reproduktionsbarrieren) können in Freiland-Populationen zusammenbrechen. Im Pflanzenreich spielen Art-Bastardierungen, verbunden mit einer Vervielfachung der Chromosomenzahlen, bei der Speziation eine große Rolle. Dieses Thema wird im nächsten Abschnitt dargestellt.

9.8 Speziation durch Polyploidie bei Blütenpflanzen

Fossilfunde belegen, dass die Blütenpflanzen (Angiospermae) während der frühen Kreidezeit (vor 130–90 Millionen Jahren) an Artenvielfalt zugenommen und die Nacktsamer (Gymnospermae) aus vielen Lebensräumen verdrängt haben. Die Phylogenese der Angiospermae – heute als dominierende Landpflanzen weltweit verbreitet – ging mit einer gleichzeitigen *Coevolution* der Insekten einher. Durch gezielten Pollentransfer (Schmetterlinge, Hautflügler) war eine effiziente Bestäubung ermöglicht, ohne dass enorme Mengen an Pollenkörnern produziert werden mussten (s. Windbestäubung bei Nadelbäumen).

Polyploidie und Artbildung. Seit Anfang der 1950er-

Jahre wissen wir, dass eine spezielle Art der Genom-Mutation, die wir als *Polyploidie* bezeichnen, bei der sympatrischen Artbildung im Verlauf der Phylogenese der Blütenpflanzen von großer Bedeutung war. In Kapitel 3 wurde dargelegt, dass die Körperzellen der Tiere (Metazoa) und Pflanzen (Spermatophyta) in der Regel diploid sind. Nach Verschmelzung der haploiden Gameten (einfacher Chromosomensatz, n) zur diploiden Zygote (2 n) wächst ein Organismus heran, dessen somatische Zellen durch zwei elterliche Chromosomen gekennzeichnet sind. Durch Polyploidie, d. h. eine Vervielfältigung der Chromosomenzahl, können bei Blütenpflanzen reproduktiv isolierte neue Biospezies entstehen, die den Ausgangsarten überlegen sind. Da schätzungsweise etwa 30–40% aller Angiospermen polyploid sind, war die Erhöhung der Chromosomenzahl ein wichtiger „Antrieb“ im Verlauf der Phylogenese der Samenpflanzen.

Das *Tragopogon*-Projekt. Im Folgenden wollen wir ein besonders gut untersuchtes Beispiel für die Entstehung einer neuen Pflanzenart durch Polyploidisierung kennen lernen. Der zur Familie der Korbblütler (Compositae) gehörende Wiesenbocksbart (*Tragopogon pratensis*) ist in Mitteleuropa weit verbreitet. Die Art bevorzugt nährstoffreiche Lehmböden und wächst auf Wiesen und an Wegrändern. Verwandte Arten sind der kalkliebende, trockene Hänge besiedelnde Große Bocksbart (*Tragopogon dubius*) sowie die früher häufig angebaute Haferwurz (*Tragopogon porrifolius*). Alle drei europäischen *Tragopogon*-Arten sind diploid (2 n). Einzelne Exemplare wurden zu Beginn des 20. Jahrhunderts nach Nordamerika verschleppt und breiteten sich in der Region von Washington/Idaho (USA) rasch aus. Im Verlauf von nur etwa 50–60 Jahren entstanden durch Art-Hybridbildung und Verdoppelung der Chromosomenzahl (2 n → 4 n) zwei neue *Tragopogon*-Arten, die sich seither stetig im Gebiet der Ursprungsarten ausbreiten. Die über eine Bastardbildung erfolgende Chromosomenverdoppelung wird als *Allopolyploidisierung* bezeichnet. In Abbildung 9.11 ist diese Speziation schematisch dargestellt. Aus Wiesen- und Großem Bocksbart (*T. pratensis* 2 n × *T. dubius* 2 n) entstand die allopolyploide Art *T. miscellus* (4 n); die Spezies Großer Bocksbart und Haferwurz (*T. dubius* 2 n × *T. porrifolius* 2 n) brachten die tetraploide Art *T. mirus* hervor.

Im Jahr 1950 wurden die beiden allotetraploiden *Tragopogon*-Formen als *nova species* beschrieben, da sie sich morphologisch von ihren diploiden Ursprungsarten unterscheiden, über Samenbildung fortpflanzen und reproduktiv isoliert sind. Unter Einsatz verschiedener experimenteller Methoden (Kreuzungsversuche; Bestimmung der Chromosomenzahlen; Analyse bestimmter Proteinmuster; Sekundärstoff-Zusammensetzung der Vacuoleninhalte; Sequenzvergleich der ribosoma-

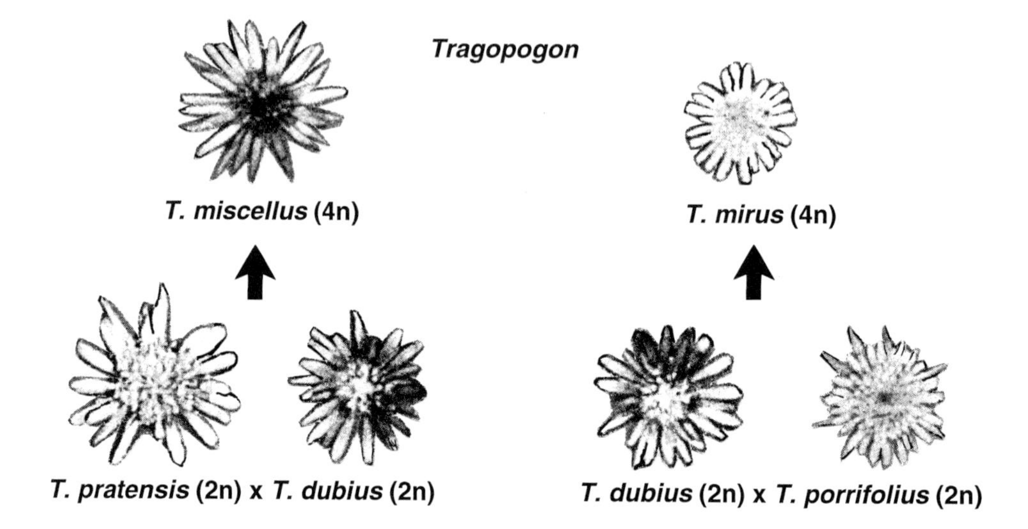

Abb. 9.11 Sympatrische Artbildung durch Polyploidisierung bei Blütenpflanzen (Gattung *Tragopogon*; Familie Korbblütlergewächse, Compositae). Aus Wiesenbocksbart (*T. pratensis*) und Großem Bocksbart (*T. dubius*) bzw. Großem Bocksbart und Haferwurz (*T. porrifolius*) sind im Verlauf weniger Jahre die neuen Bocksbartarten *T. miscellus* und *T. mirus* hervorgegangen. n = Chromosomenzahl im haploiden (einfachen) Satz; 2 n = diploide, 4 n = tetraploide Art, n = 12 (nach Soltis, P.S. et al: Amer. J. Bot. 82, 1329–1341, 1995).

len Ribonucleinsäure-Gene) konnte inzwischen eindeutig gezeigt werden, dass die tetraploiden Spezies *T. mirus* und *T. miscellus* mehrfach unabhängig voneinander entstanden sind. Diese Artbildung vollzog sich innerhalb von nur wenigen Jahrzehnten. Zwischen 1950 und 1990 stiegen die Individuenzahlen von *T. mirus* bzw. *T. miscellus* auf einer definierten Rasenfläche von etwa 60 auf 4000–6000 Pflanzen an. Beide *nova species* breiten sich somit stetig aus.

Sympatrische Speziation. Neben dem in Abbildung 9.11 dargestellten Fall der Artbildung durch Polyploidisierung im selben Lebensraum sind weitere Gattungen von Blütenpflanzen bekannt, deren Vertreter auf die hier beschriebene Art und Weise im Verlauf der vergangenen ein- bis zweihundert Jahre neue Spezies hervorgebracht haben. Als Beispiele seien genannt: Hanfnessel (*Galeopsis*), Greiskraut (*Senecio*), Taubnessel (*Lamium*), Schlickgras (*Spartina*) und Felsenblümchen (*Draba*) (Soltis und Soltis, 2000, Pires et al. 2004).

An dieser Stelle soll hervorgehoben werden, dass eine unserer wichtigsten Getreidearten, der Kulturweizen (*Triticum aestivum*), eine hexaploide Pflanze ist (6 n). Er besitzt das Sechsfache eines einfachen (haploiden) Chromosomensatzes. Vermutlich entstand vor einigen Jahrtausenden infolge einer spontanen Kreuzung aus dem wilden Einkorn (*T. boeoticum*, 2 n) und einem zweiten diploiden Wildgras (2 n) der tetraploide Emmer (*T. dicoccoides*, 4 n) (Polyploidisierung). Nach erneuter Kreuzung mit dem diploiden Wildweizen *Aegilops squarrosa* (2 n) entstand der wilde Spelzdinkel, aus dem durch Züchtung und künstliche Selektion durch den Menschen unser hexaploider, domestizierter Weizen (6 n) hervorgegangen ist.

9.9 Experimente mit Bakterienkulturen

Im Zusammenhang mit der Darstellung der Zell-Evolution wurden die beiden Zell-Grundtypen Protocyte und Eucyte gegenübergestellt (s. Kap. 6). Typische Bakterien (Protocyten) sind wesentlich kleiner als Tier- und Pflanzenzellen (Eucyten). In entsprechenden Kulturen gehalten, vermehren sich die Prokaryoten um ein Vielfaches rascher als die komplexer gebauten Eucyten. Daraus folgt, dass die Generationszeiten dieser Organismen sehr kurz sind. Da Bakterien leicht in Nährlösungen kultiviert, durch Schockfrieren (–179 °C) unbegrenzt konserviert und zu beliebigen Zeiten nach Auftauen wiederbelebt (revitalisiert) werden können, sind sie ideale Modellorganismen zum Studium der Phylogenese.

Bakterien-Evolution in vitro. Wir wollen im Folgenden ein Beispiel aus der experimentellen Protocyten-Evolutionsforschung kennen lernen. Als Modellorganismus diente das Bakterium *Escherichia coli*. Eine einzige Bakterienzelle wurde in Vollmedium, das als Nährstoff den Einfachzucker Glucose enthielt, zu einer Population von etwa 5×10^8 genetisch gleichen Individuen (Klon) herangezogen (Abb. 9.12). Dann wurden die *E. coli*-Populationen über 1500 Tage (10 000 Generationen) hinweg in Minimalmedium mit wenig Glucose kultiviert und täglich umgesetzt. Der verwendete Bakterienstamm zeigte keine Rekombination (asexueller Klon ohne Genaustausch zwischen den Individuen) und wuchs unter dem Selektionsdruck „Glucosearmut" heran. Die einzige Quelle der Variation waren somit Mutationen (~10^6 spontane Änderungen im Erbgut pro Population). Die evolvierenden Bakterienkulturen wurden wie folgt analysiert: Proben jeder Generation (0–10 000) wurden

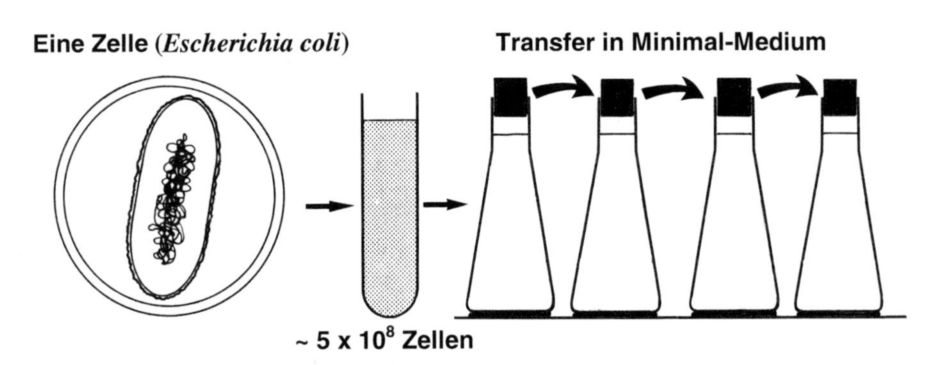

Abb. 9.12 Evolutionsexperiment mit Bakterien (*Escherichia coli*). Eine Urzelle ergibt Generation Null (5×10^8 Individuen). Bei täglichem Transfer in Nährstoff(Glucose)-armes Minimalmedium (Verdünnung 1:100) wachsen infolge der Vermehrung (Teilung) der Bakterienzellen etwa 6,6 Generationen pro Tag heran (37 °C) (Originalgraphik).

entnommen und deren durchschnittliche Zellgröße gemessen. Im zweiten Schritt wurden die Proben durch Schockfrieren (–179 °C) konserviert und dann bei –80 °C gelagert. Nach Auftauen der Proben waren die Bakterienzellen wieder aktiv. Deren Tüchtigkeit (fitness, d. h. relativer Fortpflanzungserfolg) wurde im Vergleich zur Ursprungspopulation in einem Kompetitionsexperiment ermittelt. Mit Hilfe dieses Versuchsansatzes können die Vorfahren der sich stetig fortpflanzenden Bakterien konserviert und nach Auftauen „zum Leben wiedererweckt" werden; die nachfolgenden Generationen können mit ihren ausgestorbenen, „revitalisierten" Urvätern in Konkurrenz gesetzt werden. Wir haben hiermit eine „Zeitmaschine der experimentellen Evolution" vor uns, wie es manche Evolutionskritiker gefordert haben (ELENA et al., 1996; HERRING et al., 2006).

Zellgröße und Fitness-Skala. Im Folgenden wollen wir ein repräsentatives Resultat der „Bakterienevolution" im Reagenzglas detailliert diskutieren. Wie Abbildung 9.13 zeigt, blieb die durchschnittliche Bakterienzellgröße zunächst etwa konstant (Generationen 0–200); dann stieg sie spontan von etwa 0,35 Einheiten (E) auf 0,45 E an (Sprung 1). Nach einer kürzeren stabilen Phase trat in Generation 500 ein weiterer Sprung (2) ein: Die durchschnittliche Zellgröße betrug danach etwa 0,48 E. In einem 3. Sprung erreichte sie einen konstanten Endwert von etwa 0,57 E. Ein Vergleich der durchschnittlichen *fitness* der unterschiedlich großen Bakterienzellen ergab Werte von 1,02 (0,35 E), 1,20 (0,48 E) und 1,30 (0,57 E). Das Evolutionsexperiment im Reaktionskolben zeigt, dass sich in einer genetisch weitgehend homogenen Population, die sich rein vegetativ vermehrt, einzelne vorteilhafte Mutationen (Sprünge 1–3) unter natürlichen Selektionsbedingungen (Glucosemangel) durchsetzen; aufgrund ihres Selektionsvorteils überleben sie, d. h., diese Bakterien produzieren zahlreiche Nachkommen. Die kleineren „Urahnen" sterben hingegen aus. Der von der Synthetischen Theorie der Evolution postulierte elementare Mechanismus (Mutation/Selektion → differentieller Fortpflanzungserfolg, d. h. Überleben der am besten angepassten Varianten) konnte damit an rezenten Lebewesen im Rahmen von Modellversuchen bestätigt werden. Wie das Bakterienexperiment gezeigt hat, kann die „Tüchtigkeit" des Überlebenden (d. h. der größeren Mutante) in einem Kompetitionsexperiment im Vergleich zur „revitalisierten" Ursprungsform (Generation 0) bestimmt und quantifiziert werden (Zahlenwerte 1,02 1,20; 1,30, s.o.) Der wiederholt geäußerte Einwand, dass das Selektionsprinzip ein Zirkelschluss (Tautologie) sei, ist somit widerlegt. Die Tauglichkeit (fitness) der Überlebenden kann gemessen und in Relation zu den „wiederbelebten" Vorfahren gesetzt werden. Wir erhalten somit eine fitness-Skala (ELENA und LENSKI, 2003; WAHL und GERRISH, 2001; OSTROWSKI et al., 2005).

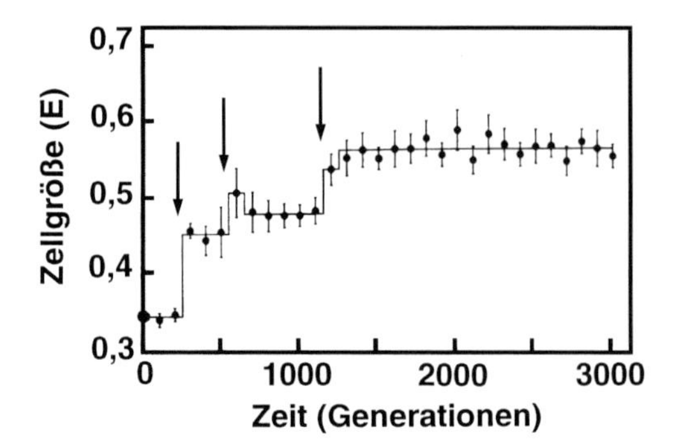

Abb. 9.13 Anstieg der durchschnittlichen Zellgröße in einer Bakterienpopulation (*E. coli*) über 3000 Generationen experimenteller Evolution im Glaskolben (1 E = 10^{-15} L). Pfeile: Sprünge in der Zellgröße, die auf Mutationen und nachfolgende natürliche Selektion (Überleben der größeren, besser adaptierten Zellen) zurückzuführen sind (nach ELENA, S.F. et al.: Science 272, 1802–1804, 1996).

9.10 Evolution von Ribonucleinsäure-Molekülen im Reagenzglas

In diesem Abschnitt soll gezeigt werden, dass der auf Mutation und Selektion basierende Evolutionsmodus der Organismen auch auf dem Niveau isolierter Nucleinsäuren verifiziert werden konnte.

Serieller Probentransfer. Die Ära der „molekularen Evolutionsforschung im Reaktionskolben" begann Anfang der 1970er-Jahre. Man hatte entdeckt, dass isolierte Ribonucleinsäure (RNA)-Moleküle mit einer Replikase des Qβ-Bakteriophagen (RNA-Virus, das Bakterien infiziert) im Reagenzglas (in vitro) unter verschiedenen Bedingungen vermehrt werden können. Die Qβ-Replikase dieses nach seinem Entdecker benannten „Spiegelman-Versuchs" ist eine RNA-Polymerase (Enzym, das die Verdoppelung der RNA katalysiert). Auf dieser Grundlage entwickelte der Chemiker M. EIGEN (1987) eine „In-vitro-Evolutionsmaschine" zum Studium sich selbst replizierender RNA-Moleküle. Von besonderer Bedeutung war hierbei das Prinzip der seriellen Übertragung einzelner Proben von Reagenzglas zu Reagenzglas (s. Abb. 9.14 A). Man bereitet zunächst eine Lösung vor, die alle Komponenten zur In-vitro-Replikation von RNA-Molekülen enthält und füllt dieses Replikationsmedium in eine Serie von Reagenzgläsern ein (Rg. 1, Rg. 2

usw.). Zum Start des In-vitro-Evolutionsexperiments gibt man eine RNA-Probe in Rg. 1, woraufhin sofort eine Nucleinsäure-Replikation (Vermehrung der RNA-Moleküle) einsetzt. Nach einer festgelegten Reaktionszeit wird dann eine kleine Probe von Rg. 1 in Rg. 2 gegeben. In diesem noch unverbrauchten Reaktionsmedium setzt wieder eine RNA-Replikation ein. Dieser Vorgang wird bis zu 70mal wiederholt. Es konnte gezeigt werden, dass durch Mutationen (Replikationsfehler der RNA-Polymerase) neue RNA-Varianten entstehen, die besser als der „Wildtyp in Rg. 1" an die Reagenzglas-Umwelt angepasst sind. Diese vermehren sich rascher als die Urform und verdrängen die weniger effizienten Konkurrenten der wachsenden (heterogenen) RNA-Population.

Ribozyme und RNA-Welt. Wir wollen im Folgenden ein konkretes In-vitro-RNA-Evolutionsexperiment diskutieren. Zunächst soll das Prinzip besprochen werden. Bis Ende er 1970er-Jahre waren drei verschiedene RNA-Typen bekannt, die jeweils spezifische Funktionen bei der Übersetzung der Desoxyribonucleinsäure (DNA)-kodierten genetischen Information erfüllen: Boten(messenger)-RNA (mRNA), Überträger(transfer)-RNA (tRNA) und Ribosomen-gebundene (ribosomale) RNA (rRNA). Ein Schema der Genexpression über Transkription und Translation ist in Kapitel 1 dargestellt (s. S. 16). Im Jahr 1982 wurde erstmals berichtet, dass bestimmte, aus lebenden Zellen isolierbare RNA-Moleküle eine spezifische katalytische Funktion erfüllen können. Diese katalytisch wirksamen RNAs werden als *Ribozyme* bezeichnet. Da die einsträngigen RNA (Ribozym)-Moleküle, ähnlich wie Proteine, globuläre dreidimensionale Strukturen ausbilden können (Abb. 9.14 B), sind diese Ribonucleinsäuren in Verbindung mit Kationen (z.B. Mg^{2+}) in der Lage, spezifische bioche-

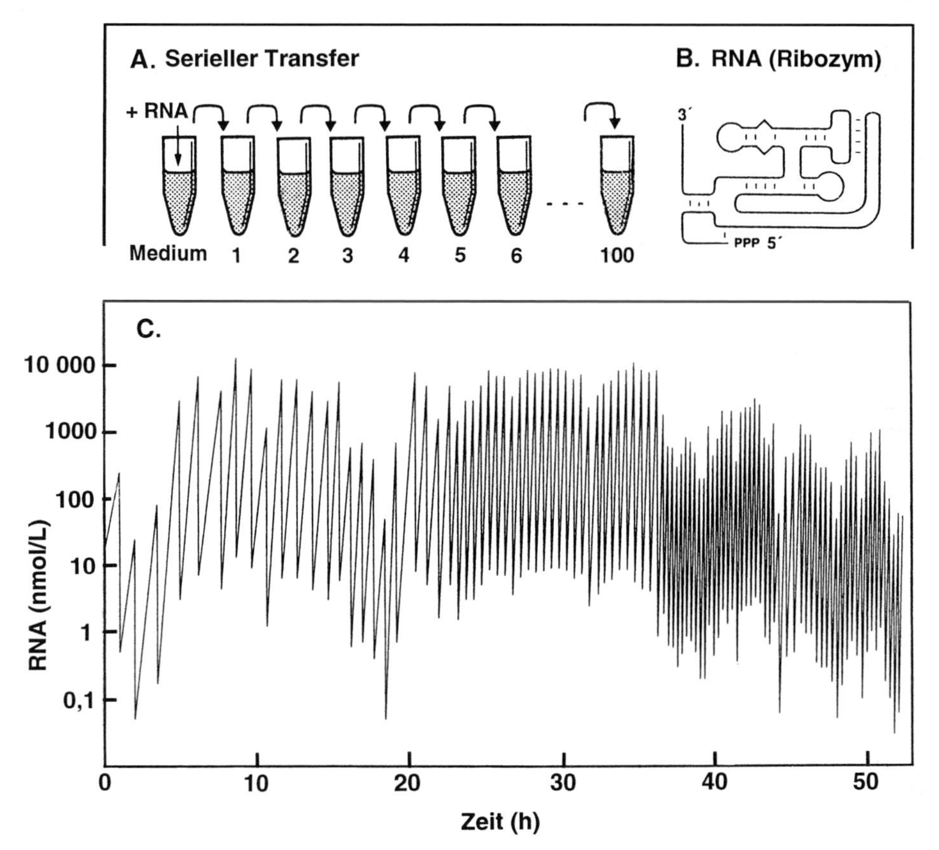

Abb. 9.14 Kontinuierliches In-vitro-Evolutionsexperiment. Die Technik des seriellen Transfers (1–100) erlaubt die Selbstvermehrung eines katalytischen RNA-Moleküls (Ribozym) in einem geeigneten Replikationsmedium (A). Struktur des verwendeten Ribozyms in seiner Urform (B). Das Evolutionsexperiment bestand aus 100 Transferschritten und dauerte 52 Stunden (C). Anstieg der Kurve: Zunahme der RNA-Konzentration (Vermehrung). Abfall der Kurve: Verdünnung (1/1000) durch Transfer einer Probe in neues Replikationsmedium (nach Wright, M.C. & Joyce, G.F.: Science 276, 614–617, 1997).

mische Reaktionen zu katalysieren. Ribozyme tragen somit einerseits genetische Information (Basensequenz); sie erfüllen andererseits die Funktion eines Enzyms. Die Existenz der Ribozyme unterstützt die Hypothese von der „RNA-Welt der Biogenese". Dieses Thema wurde im Zusammenhang mit der chemischen Evolution diskutiert (s. Kap. 5).

Unter bestimmten Reaktionsbedingungen können Ribozyme im Reagenzglas sich selbst vermehren: Nach Zugabe entsprechender Substrate und Cofaktoren produziert ein RNA (Ribozym)-Molekül viele hundert „Nachkommen". Die Selbstvermehrung in vitro kommt erst zum Stillstand, wenn die Substrate verbraucht sind. Nach Transfer einer kleinen Probe der wachsenden RNA-Population in frisches (unverbrauchtes) Medium steigt die Reproduktionsrate wieder an.

Kontinuierliche Evolution in vitro. In Abbildung 9.14 A–C ist ein kontinuierliches, 52 Stunden dauerndes Reagenzglas-Evolutionsexperiment dargestellt, das über 100 Transferschritte (d. h. „Generationen") hinweg durchgeführt wurde. Eine Probe mit einer Konzentration von etwa 10 nM RNA(Ribozym)-Molekülen wurde in eine geeignete Lösung gegeben. Dieses Replikationsmedium enthielt alle Substanzen und Cofaktoren, die zur Selbstvermehrung der eingesetzten Ribozyme notwendig waren (ein RNA-Ligationssubstrat, Primer, phosphorylierte Nucleotide, darunter radioaktiv markiertes Adenosintriphosphat, reverse Transkriptase, RNA-Polymerase, Puffer, verschiedene Salze). Jede zugegebene Population von Ribozym-Molekülen produzierte nun unter Verbrauch einzelner Komponenten des Replikationsmediums etwa 1000 Kopien von sich selbst. Nach einer Stunde war ein Großteil der „Nährstoffe" verbraucht; eine kleine Probe der „hungernden" Ribozyme wurde in frisches Replikationsmedium transferiert. Bei Erreichen einer etwa 1000fachen Konzentrationszunahme der RNA-Moleküle erfolgte ein erneuter Transfer. Dieser serielle Transfer wurde 100-mal wiederholt (Abb. 9.14 A). Die Struktur des eingesetzten Ribozyms ist in Abbildung 9.14 B dargestellt. Der zeitliche Verlauf des Evolutionsexperiments (Abb. 9.14 C) zeigt 100 Transferschritte, die als „Zacken" sichtbar sind (Anstieg der Kurve: Zunahme der Ribozyme durch Selbstvermehrung; Abfall der Kurve: Transfer, d. h. Verdünnung der RNA-Population um etwa 1/1000). Es wird deutlich, dass die Ribozym-Vermehrungsraten im Verlauf der Zeit zunahmen. Nach etwa 36 Stunden (Transferschritte 1–51) war eine Ribozym-Population entstanden, deren Individuen sich wesentlich rascher vermehrten als die Ursprungsform: Die Verdoppelungszeiten der RNAs betrugen zu Beginn des Experiments etwa 12 und am Ende weniger als 2 Minuten. Die Ribozym-Population nach Ende des Evolutionsexperiments (Transfer Nr. 100) wurde im Detail untersucht. Evolvierte RNA-Moleküle hatten eine wesentlich höhere katalytische Aktivität als die in Abbildung 9.14 B dargestellte Ausgangsform und vermehrten sich daher rascher in der an Substraten begrenzten „Reagenzglasumwelt". Eine Sequenzierung der evolvierten Ribozyme durch Bestimmung der Nucleotidabfolge innerhalb des RNA-Moleküls ergab, dass im Vergleich zum Prototyp pro RNA-Kette im Durchschnitt 15 Mutationen eingetreten waren. Diese mutierten Ribozyme (Mutanten) hatten im „Konkurrenzkampf" mit ihrem Vorläufer-„Wildtyp" einen Selektionsvorteil. Sie produzierten mehr „Nachkommen" und verdrängten die RNA-Urform (Abb. 9.14 B) im Verlauf der Transferschritte („Generationenabfolge"), wobei die Molekülgröße einzelner Varianten deutlich zunahm (Joyce, 2004, 2007).

Selektionsprinzip als Naturgesetz. Zusammenfassend zeigt das hier diskutierte In-vitro-Evolutionsexperiment, dass das Selektionsprinzip (*survival of the fittest*) ein auch auf molekularem Niveau nachweisbares *Naturgesetz* ist. Bei begrenzten Ressourcen setzen sich die Varianten (Mutanten) mit der höchsten Fortpflanzungsrate durch und verdrängen die weniger produktiven Prototypen. Die im „Daseins-Wettbewerb" Unterlegenen sterben nach und nach mangels Nachkommenschaft aus, bis sie als separate Spezies aus der Population eliminiert worden sind.

9.11 Computersimulationen, digitale Organismen und Makroevolution

Neuentwicklungen in der Computertechnologie und mathematischer Prinzipien haben dazu beigetragen, dass man seit Anfang der 1990er-Jahre die phänotypische Evolution unter Einsatz *digitaler Organismen* simulieren kann. Im Prinzip geht man bei dieser Computer (In-silico)-Evolutionsforschung wie folgt vor. Man simuliert zunächst alle phänotypischen Varianten eines Organismus (bzw. eines Organs), d. h. man konstruiert einen *Morphospace* (Morphen-Raum). Im nächsten Schritt wird das Verhalten aller Varianten bezüglich der Erfüllung einer (oder mehrerer) physiologischer Funktion(en), die den relativen Lebenszeit-Fortpflanzungserfolg (fitness) des Systems determinieren, analysiert (z. B. Fähigkeit der Pflanze zur Lichtabsorption bzw. eines Tiers, Lichtreize wahrzunehmen). Forscher generieren hierbei eine virtuelle *fitness-landscape* (fitness-Landschaft); dieser metaphorische Begriff wurde von dem Populationsgenetiker SEWALL WRIGHT (1889–1988) geprägt, um die Adaptation der Organismen im Verlauf der Phylogenese zu umschreiben (WRIGHT, 1982).

Nach C.O. WILKE und C. ADAMI (2002) sind digitale Organismen „sich selbst replizierende Computerprogramme, die über Mutationsereignisse neue Varianten hervorbringen und evolvieren“. Man kann diese „virtuellen Wesen“ als domestizierte Computerviren ansehen, die in einer kontrollierten Umwelt leben und sich an veränderte Bedingungen anpassen. Da bei der stetigen Selbst-Replikation Kopierfehler eintreten, entstehen ungerichtet immer neue Varianten, die über Kompetitions-Prozesse im Computer eine Evolution durchlaufen können. Im Folgenden sind zwei Beispiele aus dem Gebiet des *Digital Life Research* (Erforschung digitaler Lebewesen) vorgestellt (Abb. 9.15 u. 9.16; Abb. 9.17).

Evolution der Landpflanzen. In seinem „Artenbuch“ äußerte sich DARWIN (1872) wiederholt zur Problematik der Abstammung der modernen Pflanzen; der Naturforscher betonte, dass durch „Bewahrung der jeweils besten Individuen eine graduelle Verbesserung“ der grünen Organismen zustande gekommen sein muss.

Unter Einsatz von Computermodellen konnte die Makroevolution der Gefäßpflanzen (Tracheophyten), ausgehend von virtuellen Vorläuferformen, simuliert werden. Diese „In-silico-Plantae“ werden in Anlehnung an fossile Ur-Landpflanzen generiert; daraufhin überprüft man alle phänotypischen Varianten bezüglich der folgenden vier Eigenschaften: 1. Wasser-Konservierung (die Fähigkeit, H_2O im Körper zu speichern und die Abgabe von Wasserdampf auf ein Minimum zu reduzieren), 2. mechanische Stabilität (das Aufrechterhalten der Biegefestigkeit bei mechanischer Belastung des Pflanzenkörpers), 3. Fortpflanzungsfähigkeit über Sporen (das Vermögen, über Ausbildung von Sporangien eine möglichst große Zahl an Sporen per Wind-Verbreitung in die Umwelt zu entlassen) und 4. Lichtabsorption (Fähigkeit, den Umweltfaktor Sonnenlicht mit optimaler Effizienz zu nutzen). Im Computer werden diese „digitalen Pflanzen“ dann schrittweise auf immer besser adaptierte Varianten hin abgesucht.

In Abbildung 9.15 A ist die Ur-Landpflanze *Cooksonia* aus dem frühen Devon schematisch dargestellt. Die Morphologie dieser einfach gebauten, Y-förmiger Sporophyten (s. Abb. 4.13, S. 97) wurde als „digitaler Organismus“ im Computer generiert. Daraufhin wird die Evolution dieser virtuellen Ur-Gewächse schrittweise simuliert, wobei eine Optimierung der vier oben beschriebenen Funktionen vorgegeben ist. Es entstehen im Computer virtuelle „Landpflanzen“, die alle zum Überleben des Sporophyten notwendigen physiologischen Prozesse ausführen können: Wasser zu speichern, mechanischen Belastungen stand zu halten, Sporen auszubreiten und Sonnenlicht zu absorbieren (Abb. 9.15 B). Da alle Eigenschaften für Überleben und Fortpflanzung von gleich großer Bedeutung sind, konnte im Computer eine Optimierung der vier Funktionen sowie eine Beschleunigung der Evolutionsrate dieser digitalen Organismen beobachtet werden. Ein Vergleich der fossilen Landpflanzen aus dem frühen Devon (vor ca. 400 Mio. J.) und dem späten Karbon (vor ca. 300 Mio. J.) (Abb. 9.15 A) mit den virtuellen, evolvierten „Computer-Pflanzen“ zeigt eine auffällige Übereinstimmung in der Körper-Grundgestalt (Abb. 9.15 B). In Kapitel 4 sind die hier schematisch wiedergegebenen Gewächse in rekonstruierten Lebensbildern aus dem Devon und Karbon abgebildet (Ur-Landpflanze *Rhynia*, Baumfarn *Archaeopteris*, Schuppenbaum *Lepidodendron*, s. S. 101). Aus den Computersimulationen der frühen Evolution der Landpflanzen können nach U. KUTSCHERA und K.J. NIKLAS (2004) die folgenden allgemeinen Schlussfolgerungen gezogen werden: 1. Der *Phänotyp* als ganzes und nicht einzelne Komponenten desselben ist die Zielscheibe der natürlichen Selektion. 2. Um zu wachsen, zu überleben und sich fort zu pflanzen muss jeder Organismus eine Vielzahl an Funktionen erfüllen. Keine dieser Einzel-Leistungen ist wichtiger als die andere, weil der Phänotyp eine „Überlebens- und Reproduktions-Einheit“ bildet. Es kommt daher im Verlauf der Evolution zu einer *Optimierung* der Einzelfunktionen, nicht jedoch zu einer Maximierung derselben. 3. Die Evolution kann keine „perfekten Organismen“ hervorbringen, da eine Optimierung der Einzel-Funktionen zu Lebewesen führt, welche immer *Kompromiss-Lösungen* der Natur darstellen. Dieses Prinzip soll an einem Beispiel verdeutlicht werden. Bei einer maximal stabilen (d.h. perfekt biegefesten) Pflanze würde das Material zum Aufbau des robusten Stängels auf Kosten der Lichtabsorptionsfähigkeit eingesetzt werden. Dieses Gewächs könnte dann wegen des zu kleinen Blätterdaches nur unzureichend Photosynthese betreiben. Daraus folgt, dass ausreichend stabile Organachsen und Blätter entsprechender Größe ausgebildet werden, um die Chancen zum Überleben des Individuums zu optimieren. Die Evolution des Laubblattes gemäß der *Telomtheorie* von W. ZIMMERMANN (1930, 1952) zeigt Abb. 4.16 (mit Computer-Bildserie).

Evolution der Augen. In Kapitel 6 seines „Artenbuchs“ formulierte DARWIN (1872) den folgenden viel zitierten Satz: „wenn man zeigen könnte, dass irgendein komplexes Organ existiert, das nicht durch zahlreiche, aufeinander folgende, geringfügige Modifikationen gebildet worden ist, würde meine ganze Theorie zusammenbrechen“. Dieser Kommentar bezieht sich insbesondere auf die Evolution des Auges: „... dass das Auge ... durch natürliche Ausleseprozesse entstanden sein könnte, erscheint mir in hohem Grade absurd“ (DARWIN, 1872). Noch heute wird dieser selbstkritische Satz des Urvaters der Deszendenztheorie von Evolutionskritikern (bzw. Kreationisten) gern zitiert und als „Argument gegen die Evolution“ eingesetzt (s. Kap. 11).

Betrachtet man die verschiedenen Augentypen im Tierreich, z. B. die urtümlichen Photorezep-

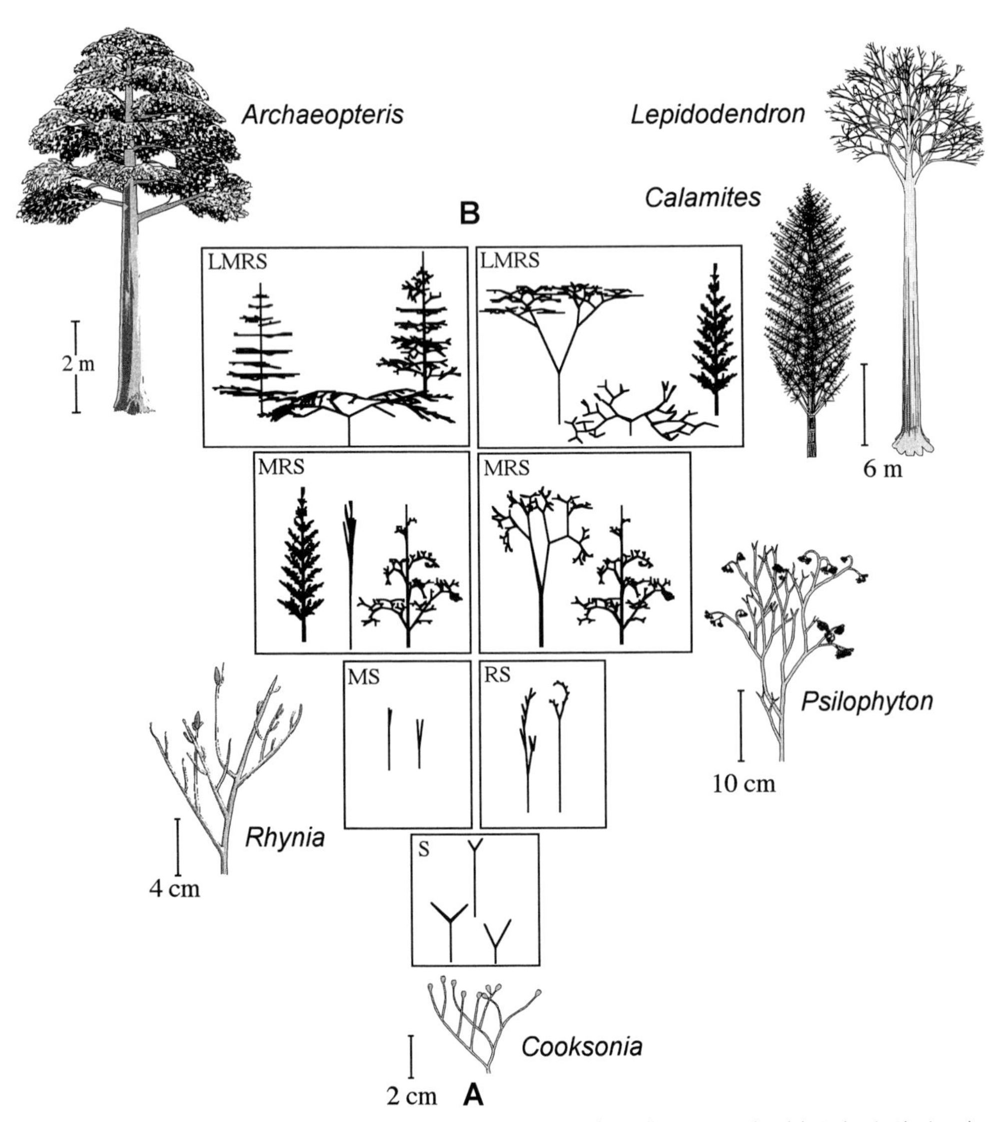

Abb. 9.15 Rekonstruktion der Evolution der Landpflanzen (Tracheophyten) auf Grundlage von Fossilien (A). *Cooksonia*, *Rhynia* und *Psilophyton* aus dem frühen Devon (Alter etwa 400 Mio. J.), *Archaeopteris* aus dem späten Devon (Alter etwa 350 Mio. J.), *Lepidodendron* und *Calamites* aus dem späten Karbon (Alter etwa 300 Mio. J.). Computersimulation der Makroevolution früher Landpflanzen (B). Die virtuellen (digitalen) Organismen wurden auf folgende Parameter hin maximiert: Wasser-Konservierung (S), mechanische Stabilität (M), Reproduktionsfähigkeit (R) und Lichtabsorption (L). Die Gestalt der fossilen Pflanzen und der digitalen Computer-Organismen ist auffallend ähnlich (nach KUTSCHERA, U. & NIKLAS, K.J.: Naturwissenschaften 91, 255–276, 2004).

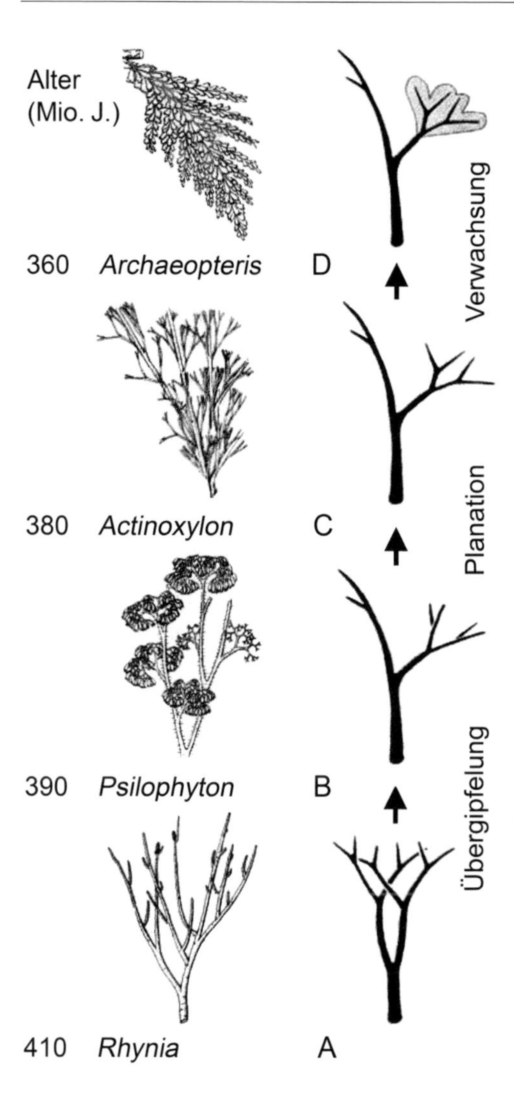

Abb. 9.16 Telomtheorie der Laubblatt-Phylogenese nach W. ZIMMERMANN mit einer Gegenüberstellung repräsentativer Fossilien (s. Abb. 9.15). Diese dokumentieren, dass es etwa 50 Millionen Jahre gedauert hat, bis aus blattlosen Gabeltrieben (Telome; Urfarn *Rhynia*) über Zwischenformen (*Psilophyton, Actinoxylon*) beblätterte Gewächse entstanden sind (Baumfarn *Archaeopteris*). Die drei postulierten Prozesse sind als Computergrafiken dargestellt. Übergipfelung (A, B), wodurch aus gleichwertigen Telomen ein Haupttrieb mit seitlichen Nebenachsen wurde; Planation (B, C), d.h. Ausrichtung der Seitentriebe in einer Ebene und Verwachsung (C, D) zu einem mit Adern versehenen, flachen Laubblatt (Megaphyll, d.h. Photosyntheseorgan der Pflanze) (nach BEERLING, D. J.: Ann. Bot. 96, 345–352, 2005).

toren der Protozoen, die komplexen Augen der Insekten oder die Linsenaugen der Mollusken und Wirbeltiere, so wird deutlich, dass hier ein Beispiel für Parallelentwicklungen (*Konvergenz*) zu beobachten ist (s. Kap. 2). Definieren wir „das Auge" nach seinen physiologischen Funktionen (Licht/Schatten-Wahrnehmung, Detektion der Richtung des einfallenden Lichtes, Bild-Entstehung), so muss die Schlussfolgerung gezogen werden, dass dieses Organ in vielen Tierstämmen unabhängig voneinander (konvergent) entstanden ist (z.B. Protista, Porifera, Cnidaria, Plathelminthes, Annelida, Mollusca, Onychophora, Arthropoda, Echinodermata, Vertebrata). Die Frage, ob die verschiedenen Augentypen auf präkambrische Ur-Lichtsinnesorgane zurückführbar sind, wird derzeit diskutiert (PLACHETZKI et al., 2005).

Durch vergleichende anatomische Studien der Augen-Varianten innerhalb rezenter Populationen (Tierarten) und systematische Homologisierung dieser Strukturen konnte die Evolution der Augen bei ausgewählten Organismengruppen Schritt für Schritt rekonstruiert werden (z.B. bei Weichtieren, Stamm Mollusca). Ein gut dokumentiertes Beispiel für eine derartige historische Rekonstruktion bei Mollusken ist in Abbildung 9.17 A dargestellt.

Napfschnecken der Gattung *Patella* leben in der Spritzwasserzone der Meere, wo sie an Steinen festsitzen. Bei Gefahr heften sich die Schnecken so fest an, dass sie nicht vom Untergrund abgelöst werden können (Schutzverhalten). Die Patellen raspeln Algen vom Fels ab und kehren nach diesen Weidegängen meist an denselben Ausgangspunkt zurück. Die einfach gebauten Becher-Augen von *Patella* dienen der Licht/Schatten-Wahrnehmung, eine Funktion, die zum Überleben dieser trägen Meeresschnecken ausreicht. Im Gegensatz dazu sind die Meeres-Bohrschnecken der Gattung *Nucella* agile Räuber, die ihre sessilen Beuteorganismen (z.B. Muscheln) mit einer speziellen Bohrspitze ansägen und dann unter Einsatz der Radula aussaugen. Diese rasch umher kriechenden Räuber haben komplex gebaute Linsenaugen, mit denen sie ihre Beuteorganismen gezielt aufsuchen können. Zwischen dem Becher- und Linsenauge von *Patella* und *Nucella* sind bei einer Reihe von Meeresschnecken-Arten alle denkbaren *Zwischenformen* gefunden worden. Diese rezenten Augentypen können in einer Serie wiedergegeben werden und erlauben somit die Rekonstruktion der Phylogenese der Unterwasser-Sehorgane (Abb. 9.17 A).

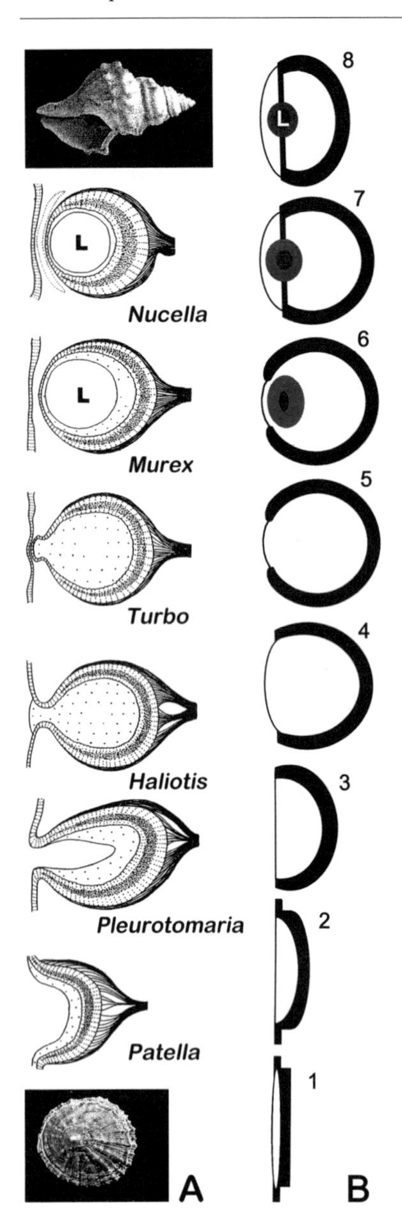

Abb. 9.17 Rekonstruktion der Evolution komplexer Linsenaugen bei Gastropoden (Meeresschnecken) durch Vergleich der Augen-Anatomie rezenter Arten (A): Becherauge (*Patella*), tieferes Becherauge (*Pleurotomaria*), geschlossener Augenbecher (*Haliotis*), geschlossenes Auge (*Turbo*), Linsenaugen (*Murex, Nucella*). Die Schalen von zwei Arten sind abgebildet (*Patella*, ein festsitzender Algenfresser; *Nucella*, ein agiler Räuber). Computergenerierte Modellsequenz der Evolution des Linsenauges (B). Ursprüngliches Stadium (1): flacher Fleck Licht-sensitiver Zellen, die zwischen eine transparente Schutzhaut und eine zweite, dunkel pigmentierte Schicht eingelagert ist. Endstadium (8): Kamera-artiges Linsenauge (L) mit einer Anatomie, wie sie bei aquatischen Tieren (Schnecken, Cephalopoden, Fischen) ausgebildet ist (nach Kutschera, U. & Niklas, K.J.: Naturwissenschaften 91, 255–276, 2004).

Mit Hilfe von Computerprogrammen konnten die Evolutionsschritte von einer primitiven Augen-Scheibe über Pigmentbecher-Ocellen bis hin zum Linsenauge simuliert werden (Abb. 9.17 B). Nach D.-L. Nilsson und S. Pelger (1994) kann „bei einer angenommenen einjährigen Generationszeit (z. B. wirbellose Tiere wie Schnecken) ein Linsenauge in weniger als 364 000 Jahren aus einer lichtsensitiven Mikro-Scheibe evolvieren". Diese Evolutionszeit von etwa 0,3 Mio. Jahren ist, geologisch betrachtet, sehr kurz (zum Vergleich: der Zeitraum vom Kambrium bis heute beträgt etwa 542 Mio. J.). Daraus folgt, dass eine stufenweise (graduelle) Makroevolution, die zu komplexen Organen führt, innerhalb geologisch überschaubarer Zeiträume ablaufen kann.

Zusammenfassend zeigen die hier diskutierten Beispiele (Abb. 9.15, 9.16, 9.17), dass durch *Intensivierung der Funktion* eines Organs im Verlauf zahlreicher Generationenabfolgen eine neuartige, komplexere Struktur entstehen kann. Das zweite Prinzip, nach dem sich evolutionäre Neuheiten entwickeln können, der *Funktionswechsel* eines Organs im Verlaufe der Jahrmillionen, wurde in Kapitel 4 an zahlreichen Beispielen erläutert (z. B. die Abstammung der Vögel von kleinen, baumbewohnenden Raub-Dinosauriern).

Literatur:

Beerling und Fleming (2007), Burns et al. (2002), Cook (2003), Doebley (2004), Eigen (1987), Ellegren (2005), Elena und Lenski (2003), Elena et al. (1996), Grant und Grant (2002), Herring et al. (2006), Joyce (2004, 2007), Kutschera (2003), Kutschera und Niklas (2004, 2006), Lack (1947), Majerus (1998, 2007), Niklas (1997, 2004), Nilsson und Pelger (1994), Osteen et al. (2002), Ostrowski et al. (2005), Parker et al. (2004), Pires et al. (2004), Sage (2004), Salzburger et al. (2005), Salzburger und Meyer (2004), Soltis und Soltis (2000), Wahl und Gerrish (2001), Wilke und Adami (2002), Wright (1982), Zimmermann (1930, 1952)

10 Evolution contra Kreation: Biogenetische Regel, evolutionäre Entwicklungsbiologie und weltanschauliche Diskussionen

Für die Mehrheit der Naturforscher des 19. Jahrhunderts war die mit der Alltagserfahrung übereinstimmende Unwandelbarkeit (Konstanz) der Arten eine feststehende Tatsache. Aus Hühnereiern schlüpfen Küken, die sich zu ausgewachsenen Individuen entwickeln, welche ihren Eltern im Wesentlichen gleichen; werden im Herbst Sonnenblumenkerne geerntet und im nächsten Frühjahr ausgesät, so entwickeln sich Pflanzen, die mit der Elterngeneration in allen beobachtbaren Merkmalen im Prinzip übereinstimmen. Es bestand somit kein Grund zum Zweifel an der Konstanz der zahlreichen Tier- und Pflanzenarten der Erde.

Aus dieser Beobachtung wurde die Schlussfolgerung gezogen, dass die Lebewesen in ihrer heutigen vollendeten Gestalt zu einem früheren Zeitpunkt individuell erschaffen worden sind; sie wurden daher auch als die „Geschöpfe" der Erde bezeichnet. Da der Mensch in der Regel dazu neigt, das erworbene, als gesichert geltende Wissen zu verteidigen, war die Reaktion auf die von C. DARWIN und A.R. WALLACE im Jahr 1858 formulierte Abstammungslehre oder Deszendenztheorie zunächst weitgehend ablehnend. Die beiden Naturforscher behaupteten, dass die Arten nicht konstant sind und nicht von einem Schöpfer erschaffen wurden, sondern dass sie sich im Verlaufe sehr langer Zeiträume aus primitiven Urformen entwickelt haben. Wie Abbildung 10.1 zeigt, wurden insbesondere CHARLES DARWIN (1809–1882) und ERNST HAECKEL (1834–1919) (Abb. 10.2) als Begründer der „Affentheorie der Menschheitsentwicklung" von ihren Gegnern im 19. Jahrhundert auf abfällige Weise in Karikaturen porträtiert.

Abb. 10.1 Karikatur aus dem Jahr 1874 mit dem Untertitel „Der Naturforscher Charles Darwin unterhält sich mit einem seiner Affenverwandten".

In diesem Kapitel wollen wir zunächst die Kontroverse um die Deszendenzlehre in den Jahren nach 1859 kennen lernen. Im zweiten Abschnitt sind einige amerikanische und deutsche Organisationen beschrieben, deren Ziel es ist, die Evolutionstheorie durch christlich-religiöse Dogmen zu ersetzen. Dann soll der seit über einhundert Jahren anhaltende Streit um das Rekapitulationsgesetz von E. Haeckel diskutiert werden, um den Wahrheitsgehalt dieser sogenannten „biogenetischen Regel" zu ergründen. Abschließend wird die evolutionäre Entwicklungsbiologie vorgestellt, eine Disziplin, die auf den Werken des Zoologen Ernst Haeckel basiert.

10.1 Rezeption der Deszendenztheorie und Politisierung der Biologie

Die Reaktion einiger deutscher Naturwissenschaftler auf das Hauptwerk DARWINS (1859) wurde in einer Biographie von H. SCHMIDT (1926) ausführlich beschrieben. In den folgenden Abschnitten sind einige Zitate aus diesem Buch wiedergegeben.

Ernst Haeckel als Wegbereiter. Als der sechsundzwanzigjährige Zoologe Haeckel im Frühjahr 1860 von einer Forschungsreise nach Berlin zurückgekehrt war, hörte er von seinen Kollegen, dass inzwischen ein merkwürdiges Buch eines „verrückten Engländers" erschienen sei, das alle bisherigen Hypothesen über den Ursprung der Arten auf den Kopf zu stellen versuche. In der *Gesellschaft Naturforschender Freunde in Berlin* wurde über den Darwinismus diskutiert; „Ehrenberg, der berühmte Mikroskopiker, Reichert, der Anatom, Peters, der Zoologe, Beyrich, der Geologe – alle sind sich in der Verurteilung des Darwinismus einig, die Beyrich in die Worte zusammenfasst: In ein paar Jahren werde kein Mensch mehr von dem englischen Humbug sprechen". Im Gegensatz zu seinen Freunden war Haeckel nach der Lektüre von Darwins Werk sofort von der dort ausführlich begründeten Abstammungslehre überzeugt. Der Zoologe wurde einer der bedeutendsten Wegbereiter, Verkünder und Vollender des Evolutionsgedankens im Deutschland des 19. Jahrhunderts, so dass man ihn bald als den „deutschen Darwin" bezeichnete.

Abb. 10.2 Der Jenaer Zoologe Ernst Haeckel als Verkünder der „Affentheorie". Karikatur aus dem Jahr 1908 (links). Die Vortragsankündigung vom 16. April 1905 (rechts) zeigt, dass Haeckel auch provozierende Schlagzeilen veröffentlichte, um die Darwinsche Theorie in Deutschland bekannt zu machen.

Darwinisten als Affentheoretiker. Bereits 1863 zog Haeckel in einer Rede auf der Naturforscherversammlung in Stettin die anthropogenetischen Konsequenzen aus Darwins Theorie: „Was uns Menschen selbst betrifft, so hätten wir also konsequenterweise, als die höchstorganisierten Wirbeltiere, unsere uralten gemeinsamen Vorfahren in affenartigen Säugetieren zu suchen". Die Reaktion der Mehrheit der Anwesenden bestand in einer völligen Ablehnung dieses neuartigen Gedankens. Es wurde bedauert, dass man überhaupt solche „unwissenschaftlichen Gegenstände" auf einem Naturforscherkongress zur Sprache bringe. Die Darwinsche Theorie sei eine unbewiesene Hypothese, ein geistreicher Traum, ein leerer Schwindel oder ein bodenloses Phantasiegebäude, das mit dem spirituellen Tischerücken auf eine Stufe zu stellen sei. Der Kampf zwischen den Darwinisten, die unter anderem als „Affentheoretiker" bezeichnet wurden, und den Gegnern der Evolutionstheorie war entbrannt.

Der einflussreichste und kompromissloseste Vorkämpfer der Abstammungslehre war Ernst Haeckel. In einer Reihe populärer Bücher, von denen nur das Spätwerk *Die Welträtsel* (1909) noch heute im Druck verfügbar ist, verbreitete der streitbare Biologe das Deszendenzprinzip (Abb. 10.2). Die Kontroverse nahm bald an Schärfe zu, und 1879 wurden in Preußen die Werke von Darwin und Haeckel und drei Jahre später der ganze Biologieunterricht an höheren Lehranstalten verboten. Diese Maßnahme hatte u. a. zur Folge, dass 1879 ein Oberlehrer, der den Darwinismus im Unterricht behandelte, von der Regierung aus seinem Amt entlassen wurde. Die „Affentheorie von der Abstammung des Menschen" wurde von der Mehrheit der Bevölkerung als Beleidigung christlich-religiöser Empfindungen angesehen (Abb. 10.3). Führende Evolutionsgegner sahen in der Verbreitung des Darwinismus eine Gefahr für den preußischen Staat. Erst 1908 wurde der Biologieunterricht wieder eingeführt. Allerdings wurde die unerwünschte Abstammungslehre nur in groben Umrissen behandelt, um „Schaden an den Heranwachsenden" zu verhindern.

Politisierung der Deszendenztheorie. Die Leistungen des Zoologen Ernst Haeckel, der u. a. als Begründer der Phylogenetik in die Biologiegeschichte eingegangen ist, wurden in Kapitel 7 gewürdigt. In diesem Abschnitt soll die von Haeckel maßgeblich vorangetriebene weltanschaulich-politische Diskussion im Umfeld der (fehlinterpretierten) Darwinschen Abstammungslehre umrissen werden. Die folgenden politischen Ideologien standen in den Jahren nach 1910 im Vordergrund: *Eugenik* (Erbgesundheitslehre), *Euthanasie* (vorsätzliche Tötung bestimmter Menschen), *Rassenkunde* (die Behauptung, es gäbe biologisch überlegene bzw. unterlegene ethnische Gruppen) und *Sozialdarwinismus* (die direkte Übertragung biolo-

Abb. 10.3 Embryonalstadien und Adult-Gestalt des Kopfes bei zwei Säugetieren. M I/II/III = Mensch; S I/II/III = Schaf. Einander entsprechende (homologe) Strukturen, wie z.B. die Augen (a) sind durch Kleinbuchstaben gekennzeichnet (nach HAECKEL, E.: Anthropogenie oder Entwicklungsgeschichte des Menschen. Leipzig 1877)

gischer Theorien auf die menschliche Gesellschaft, wobei der Begriff *fitness* fälschlicherweise als „Stärke" übersetzt wird).

Im Jahr 1906 gründete Haeckel den Deutschen Monistenbund, eine Vereinigung, die das Ziel verfolgte, den *Monismus* zu verbreiten (Haeckels Ideologie bzw. Ersatzreligion, die alle Vorgänge auf ein metaphysisches ordnendes Prinzip zurückführt). In seinen öffentlichen Vorträgen (Abb. 10.3) und Schriften äußerte sich der alternde Biologe insbesondere im Zusammenhang mit dem Ersten Weltkrieg (1914–1918) in einer Weise, die wir aus heutiger Sicht als rassistisch/chauvinistisch bezeichnen. So sei es nach Haeckel offensichtlich, dass der psychologisch-kulturelle Abstand „zwischen den höchstentwickelten europäischen Völkern und den niedrigst stehenden Wilden größer ist, als derjenige zwischen diesen letzteren und den Menschenaffen". Es sei darauf hingewiesen, dass man auch in Darwins Buch *Descent of Man* (1872) ähnliche Äußerungen findet. Diese insbesondere durch den alternden Haeckel propagierte Ideologisierung (bzw. Politisierung) der Deszendenztheorie hatte Konsequenzen: Gewisse Thesen des Jenaer Zoologen wurden Anfang der 1930iger-Jahre von den deutschen Nationalsozialisten und in ähnlicher Weise nach 1945 von den Sozialisten (bzw. Kommunisten) übernommen. Die immer wieder geäußerte Behauptung, Haeckel (und Darwin) seien „geistige Wegbereiter des Nationalsozialismus" gewesen, ist jedoch quellenhistorisch nicht haltbar (KUTSCHERA, 2004 b). Weniger bekannt ist die Tatsache, dass Haeckel unter dem kommunistischen Regime der „Deutschen Demokratischen Republik" (1953–1989) als Personifikation einer materialistisch-naturwissenschaftlich begründeten Weltanschauung propagiert wurde. In Verkennung von Haeckels keineswegs anti-religiösen Ansichten wollte man in der DDR an der Universität Jena den weltweit ersten Lehrstuhl für Atheismus einrichten (HOSSFELD, 2005).

Nach diesen historischen Betrachtungen wollen wir nun die Verhältnisse nach 1960 (d.h. ein Jahrhundert nach Erscheinen von Darwins Hauptwerk) erörtern und insbesondere den Intelligent-Design-Kreationismus analysieren.

10.2 Kreationisten und Intelligent-Design-Theoretiker

Die Gegner der Evolutionstheorie lassen sich in zwei Gruppen einteilen. Auf der einen Seite stehen die als *Kreationisten* bezeichneten Personenkreise. Wir wollen hier unter dem Begriff Kreationismus eine Weltanschauung verstehen, die als wörtlich verstandener *biblischer Schöpfungsglaube* bezeichnet werden kann. Durch direkte Auslegung der in der Bibel dargestellten Schöpfungsgeschichte soll die Entstehung der Erde und der Lebewesen erklärt werden können.

Verhältnisse in den USA. Im Jahr 1963 wurde in Midland, Michigan, von dem Ingenieur H.M. MORRIS eine Gesellschaft zur Erforschung der Schöpfung (*Creation Research Society*) gegründet. Die Mitglieder dieser amerikanischen Kreationistenvereinigung bekennen sich nach MORRIS (1974) zu folgenden Glaubenssätzen: 1. Die historischen Aussagen der Bibel (Wort Gottes) sind wahr. 2. Sämtliche Grundtypen des Lebens (Baupläne der verschiedenen Tier- und Pflanzengruppen) wurden durch spezifische göttliche Schöpfungsakte hervorgebracht. 3. Die in der *Genesis* beschriebene weltweite Sintflut, einschließlich der Erzählung von der Arche Noah, war ein reales historisches Ereignis.

Die amerikanischen Kreationisten hatten Anfang der 1980er-Jahre in zwei US-Bundesstaaten vorübergehend erreicht, dass der von ihnen sogenannte „wissenschaftliche Kreationismus" in Schulen als gleichberechtigte Alternative zur Evolutionstheorie vorgetragen werden durfte. Der Oberste Gerichtshof entschied dann allerdings 1987, dass der Kreationismus als Religion und nicht als Wissenschaft zu bewerten ist. Seither ist die „Creation Science" wieder aus dem Biologieunterricht gestrichen.

Im Jahr 1995 erließ der US-Bundesstaat Alabama ein Gesetz, demgemäß alle Biologie-Schulbücher mit folgendem Aufkleber versehen werden mussten: „Evolution ist eine kontroverse Theorie. Niemand war anwesend, als Leben erschien. Daher sollten alle Behauptungen über die Ursprünge des Lebens als Theorien betrachtet werden und nicht als Tatsachen". Im Sommer 1999 erreichte eine christlich-konservative Gruppe, dass im US-Bundesstaat Kansas die Evolutionstheorie sowie geologische und kosmologische Erkenntnisse als Pflichtlehrstoff an öffentlichen Schulen gestrichen wurden. Insbesondere der Begriff *Makroevolution* wurde als unhaltbar kritisiert und aus den Lehrplänen entfernt. Trotz weltweiter Proteste hatten die Kreationisten zunächst einen Erfolg zu verzeichnen; diese Entscheidung wurde allerdings zwei Jahre später wieder aufgehoben. Im März 2005 veröffentlichte die *US-National Science Teachers Association* (Vereinigung amerikanischer Naturwissenschafts-Lehrer) eine Umfrage unter tausend Lehrkräften. Etwa 30% der Befragten antworteten, sie fühlten sich genötigt, das Thema Evolution entweder wegzulassen oder nur am Rande zu behandeln. Als Begründung gaben sie an, Eltern und Schüler würden sich zu diesem Lehrstoff abfällig äußern.

Die Intelligent-Design-Bewegung. Wesentlich differenzierter als die Kreationisten argumentieren die verschiedenen *Evolutionskritiker.* Aus politisch-taktischen Gründen wird seit 1990 ein direkter Bezug zur Bibel vermieden und die neue Version des Kreationismus als „Intelligent-Design (ID-)Theorie" bezeichnet. Im Gegensatz zu den Anhängern des „Scientific Creationism", der per Gerichtsbeschluss aus Schulen verbannt wurde, akzeptieren die ID-Theoretiker das dokumentierte Erdalter und die Mikroevolution (Artbildungsprozesse). Die Entstehung der großen Organismen-Baupläne wird allerdings einem „göttlichen (intelligenten) Designer" zugeschrieben. In den USA ist seit Anfang der 1990er-Jahre eine Organisation (*Foundation for Thought and Ethics*) aktiv, die ein antievolutionistisches Schulbuch vertreibt, das in Analogie zum klassischen Kreationismus die Vielfalt des Lebens einer „intelligenten Macht" zuschreibt. Obwohl keine religiöse Quelle genannt wird, dient dieses evolutionskritische Buch dazu, Zweifel an der Synthetischen Theorie der Evolution hervorzurufen und letztlich die naturalistischen Wissenschaften (Biologie, Chemie, Physik) durch eine „theistische Sicht der Welt" zu ersetzen. Die ID-Bewegung wurde im Jahr 1993 mit dem Buch *Darwin on Trial* des Juristen P.E. JOHNSON in Fahrt gebracht (dieses Buch ist seit dem Jahr 2003 unter dem Titel *Darwin im Kreuzverhör* in Deutschland über die *Christliche Literatur-Verbreitung*, Bielefeld, erhältlich). Ähnlich argumentiert auch der amerikanische Biochemiker M.J. BEHE (1996, 2007), der u.a. über das *US-Discovery Institute* (Seattle) seine Thesen propagiert. Aufgrund der angeblichen „nicht reduzierbaren Komplexität biochemischer Prozesse" postuliert er die Existenz eines „bewussten Designs durch einen intelligenten Designer". Auf molekularem Niveau der Zelle sollen nach Ansicht dieses Wissenschafts-Kritikers „sowohl die Evolution als auch die Schöpfung" gemeinsam aktiv gewesen sein. Meinungsumfragen in verschiedenen amerikanischen Bundesstaaten haben 2004 zur Erkenntnis geführt, dass etwa 45% der US-Bevölkerung die Evolutionstheorie ablehnen und alternative Erklärungen für die Lebensentstehung und -vielfalt bevorzugen. Aus dieser kurzen Darstellung geht hervor, dass der Antievolutionismus in den USA noch lange nicht überwunden ist (NUMBERS, 2006).

Kreationismus in Europa. Welche Verhältnisse liegen in Deutschland vor? Am 1. Oktober 1882 berichtete die *Fuldaer Zeitung* über einen öffentlichen Vortrag des Zoologen Haeckel wie folgt: „In Eisenach tagte vor kurzem die 55. Naturforscher-Versammlung, bei welcher Gelegenheit der Atheist und Affenapostel [ERNST HAECKEL] einen Vortrag über die Naturanschauungen von Darwin, Goethe und Lamarck hielt. Der von der sogenannten modernen Naturwissenschaft gepredigte Unglaube, der unseren Schöpfer leugnet, alles aus dem Urschleim entstehen lässt und den Stammbaum des Menschen auf ein affenartiges Säugetier zurückführt, hat nicht bloß zersetzend gewirkt bezüglich des religiösen Lebens, sondern ganz besonders hinsichtlich der Politik".

Eine ganz ähnliche Argumentation finden wir ein Jahrhundert später in den Schriften deutscher Antievolutionisten. So schrieb etwa der Ingenieur und Kreationist W. GITT (1993) zur selben Problematik folgendes: „Die Evolutionshypothese hat insbesondere unter der Jugend verheerende Wirkungen gezeigt. Eine sehr zweifelhafte Theorie ist in schamloser Kompetenzüberschreitung als Waffe der Gottesleugnung benutzt oder als Werkzeug des Unglaubens eingesetzt worden". In derselben Abhandlung lesen wir: „Der Evolutionismus ist vielen ‚Ismen' wie Kommunismus, Anarchismus, Faschismus, Nationalsozialismus und dem Theologischen Modernismus zum Wegbereiter geworden" (diese Aussage ist nicht korrekt, s. KUTSCHERA, 2004 b). In einer Broschüre des in Deutschland und der Schweiz aktiven *Missionswerks W. Heukelbach* aus den 1980er-Jahren findet sich folgende Aussage: „Evolution – nein danke! Nicht ein Zufall hat Dich werden lassen. Urknall, Mutation, Evolution usw. sind nur Versuche, die Schöpfung ohne den Schöpfer erklären zu wollen". Im Jahr 2006 wurden von dieser Organisation über die Evangelischen Kirchen ansprechende Farbbroschüren verbreitet, in denen folgende Ansichten vertreten werden:

„Es ist nicht sehr intelligent zu behaupten, dass die Darwinsche Lehre von der ‚Entwicklung alles Lebens' doch gründlich bewiesen habe, dass der Mensch Endprodukt einer langen Entwicklungsreihe sei und vom Affen abstamme. Weiter entbehrt auch die Deszendenztheorie, die behauptet, dass das Leben aus einer primitiven Urzelle entstand, jeglicher wissenschaftlicher Grundlage. Der Hauptpfeiler von Darwins Theorie – eine allmähliche Entwicklung durch natürliche Auslese – hält den neuesten wissenschaftlichen Erkenntnissen nicht mehr stand. Es ist an der Zeit, dass endlich an den Schulen und Hochschulen mit diesem Unsinn aufgeräumt wird". Ähnliche Ausführungen findet man in den Schriften der Endzeit-Sekte *Zeugen Jehovas* und in Büchern/Pamphleten *Evangelikaler* (d. h. fundamentalistischer) *Christen*, die ein wörtliches Bibelverständnis propagieren.

Diese Zitate zeigen, dass auch in der Bundesrepublik Deutschland kreationistisches Gedankengut verbreitet wird. Meinungsumfragen zum Thema Evolution gibt es in unserem Land nur wenige. Das Institut für Demoskopie Allensbach hat 1996 herausgefunden, dass eine Mehrheit der Bundesbürger (62%) die Abstammungslehre akzeptiert (im Jahr 1988 waren es 48%, 1970 nur 38%). Allerdings lehnten noch 1996 etwa 20% der Befragten die Evolutionstheorie völlig ab. Diese Zahl ($\frac{1}{5}$ Evolutionsgegner) wurde im Jahr 2006 in einer unabhängigen Umfrage bestätigt. Aus diesen Daten geht hervor, dass auch in der deutschen Bevölkerung der Antievolutionismus tief verwurzelt ist (KUTSCHERA, 2007 a, 2008).

Organisationsformen der deutschen Evolutionsgegner. Die Kreationisten (bzw. ID-Theoretiker) und „Evolutionskritiker" sind unter anderem in einer evangelikalen Vereinigung zusammengeschlossen (*Studiengemeinschaft Wort und Wissen e. V.*), die seit 1994 eine eigene Zeitschrift mit antievolutionistischen Beiträgen herausgibt (*Studium Integrale Journal*). In einem von R. JUNKER und S. SCHERER (1992) für unsere Schulen konzipierten Buch über die Entstehung der Lebewesen wird neben der naturwissenschaftlichen Evolutionstheorie als Gegenposition ein aus der Bibel abgeleitetes „Schöpfungsmodell" präsentiert. In einer Neuauflage dieser Abhandlung, die als „kritisches Lehrbuch" bezeichnet wird, sprechen die Autoren von „Schöpfungslehren", die Bezug auf die biblische Offenbarung nehmen. An vielen Stellen wird der biblische Schöpfer als „Designer" bezeichnet, d. h. die Autoren vertreten die Euro-Version des US-ID-Kreationismus (JUNKER und SCHERER, 2001, 2006). Dieses preiswerte „Schulbuch" ist inzwischen in mehrere europäische Sprachen übersetzt worden. Im Juli 2005 ist ein weiteres „Lehrbuch zur Biblischen Schöpfungslehre" erschienen. In diesem Bilderbuch werden die Thesen von R. JUNKER und S. SCHERER für Schüler didaktisch geschickt dargeboten, wobei die „Bibel als inspiriertes Wort Gottes mit dem absoluten Anspruch auf Wahrheit und Vollkommenheit" propagiert und eine „theistische" (von den Amtskirchen akzeptierte) Evolution abgelehnt wird (VOM STEIN, 2005).

Im Herbst 1996 wurde in Deutschland ein sogenanntes *Professoren-Forum* gegründet, welches unter anderem das Ziel verfolgt, den „Untergang der christlichen Werte in unserem Land aufzuhalten". Seit 2003 propagiert diese seriös erscheinende Organisation im Internet den ID-Kreationismus durch Bereitstellung von Übersetzungen einschlägiger Schriften. In einem von E. Beckers et al. (1999) herausgegebenen Buch werden kreationistische Ansichten verbreitet. Die Evolution wird als „Mythos" bezeichnet; wissenschaftlich relevante Modelle und Hypothesen zur Phylogenese der Organismen sollen angeblich fehlen. Weiterhin wird über einen „sinnvoll planenden Schöpfer" diskutiert, der die Evolutionsprozesse auf übernatürliche Art und Weise gelenkt haben soll.

Position der Amtskirchen. Abschließend wollen wir die derzeitige Lehrmeinung der Katholischen Kirche rekapitulieren. Im Jahr 1950 wurde von Papst Pius XII. in einer Enzyklika über die Entstehung des Menschen (*Humani Generis*) betont, dass der Darwinismus eine Gefahr für den katholischen Glauben darstelle; die Evolutionslehre sei nur als Hypothese akzeptabel. Im Oktober 1996 verkündete Papst Johannes Paul II. (1920–2005), dass die Katholische Kirche aufgrund der zahlreichen vorliegenden Fakten die Evolutionstheorie nun im Prinzip akzeptiere. Allerdings wird der *Naturalismus* (und somit die Grundlage aller Naturwissenschaften) von der katholischen Kirche abgelehnt und stattdessen eine theistische (vom Gott in der Bibel gelenkte) Evolution angenommen. Weiterhin wird der Spezies *Homo sapiens* eine den Tieren nicht innewohnende „Seele" zugeschrieben, die göttlichen Ursprungs sein soll (s. Kap. 12). Der 2005 eingeführte Amtsnachfolger von Johannes Paul II., Papst Benedikt XVI., hat als Kardinal Joseph Ratzinger im Jahr 1999 einen Vortrag publiziert, in dem er die Thesen der ID-Kreationisten R. Junker und S. Scherer (1992) propagierte. Einer seiner Kardinäle publizierte im Juli 2005 in Zusammenarbeit mit führenden US-ID-Kreationisten in der *New York Times* evolutionsfeindliche Thesen, die von der relativ liberalen Position des Johannes Paul II. deutlich abweichen (s. Vorwort). Dennoch sollte betont werden, dass die katholische (und evangelische) Kirche eine theistische Evolution anerkennen und somit keine kreationistische Grundposition vertreten. Die oben aufgelisteten Anti-Evolutionisten (Zeugen Jehovas, Evangelikale Christen u. a.) stehen in ihrer fundamentalistischen Weltsicht somit außerhalb der Glaubensrichtungen unserer etablierten beiden großen Kirchen (Kutschera, 2007 a).

10.3 Ernst Haeckel und das biogenetische Grundgesetz

In Kapitel 1 hatten wir die Fragen nach der Individualentwicklung (Ontogenese) und der Stammesgeschichte (Phylogenese) als zentrale Probleme der Biologie beschrieben (s. Abb. 1.4, S. 14). Die Ontogenese ist Forschungsgegenstand der Entwicklungsbiologie (Embryologie), während der Evolutionsbiologe die Phylogenese der Organismen zu ergründen versucht. Welche Beziehung besteht zwischen Ontogenese und Phylogenese?

Embryonen-Ähnlichkeit. Der berühmteste Embryologe des 19. Jahrhunderts, Karl Ernst von Baer (1792–1876), beobachtete, dass die Embryonen verschiedener Wirbeltiere (z. B. Echsen, Vögel, Säuger) in frühen Entwicklungsstadien so ähnlich sind, dass man sie kaum voneinander unterscheiden kann. Weiterhin beschrieb er erstmals den Befund, dass die Embryonen von Landwirbeltieren während ihrer Entwicklung Kiemenbögen und Kiemenfurchen ausbilden. In seinem Hauptwerk zur Entstehung der Arten (1859) listete Charles Darwin diese Tatsache als ein Hauptargument zugunsten der Deszendenztheorie auf.

Einige Jahre später formulierte Ernst Haeckel das *biogenetische Grundgesetz:* „Die Ontogenese ist die kurze und schnelle Rekapitulation der Phylogenese" (Haeckel, 1866). Dieses Gesetz impliziert das Postulat, dass jedes Lebewesen während seiner Embryonalentwicklung gewissermaßen „seinen Stammbaum emporklettert", d. h. Ahnenstadien durchläuft, überwindet und endlich (d. h. vor der Geburt) seinen derzeitigen Grundbauplan erreicht. In seinen populärwissenschaftlichen Büchern und bei öffentlichen Vorträgen veranschaulichte Haeckel das Rekapitulationsgesetz mit seinen selbst gezeichneten Wirbeltier-Embryonentafeln, die in Kapitel 2 (Abb. 2.21, S. 46) in schematisierter Form dargestellt sind. Jeweils drei nacheinander ablaufende Entwicklungsstadien wurden untereinander gezeichnet: 1. ein frühes Stadium ohne Extremitätenanlagen mit Kiemenfurchen, 2. ein Zwischenstadium mit Extremitätenanlagen und Kiemenfurchen und 3. ein spätes Embryonalstadium nach Rückbildung der Kiemenfurchen und deutlich ausgebildeten Kopf/Körper-Relationen. Um den Embryo nicht zu verdecken, wurden extraembryonale Organe (Placenten, Dottersäcke) weggelassen. Es wird deutlich, dass die Frühstadien verschiedener Wirbeltiere (Fische, Amphibien, Reptilien, Vögel, Mensch) außerordentlich ähnlich sind. In Abbildung 10.3 ist eine weniger bekannte Zeichnung von Haeckel (1877), die die Ähnlichkeit der Embryonen von Mensch

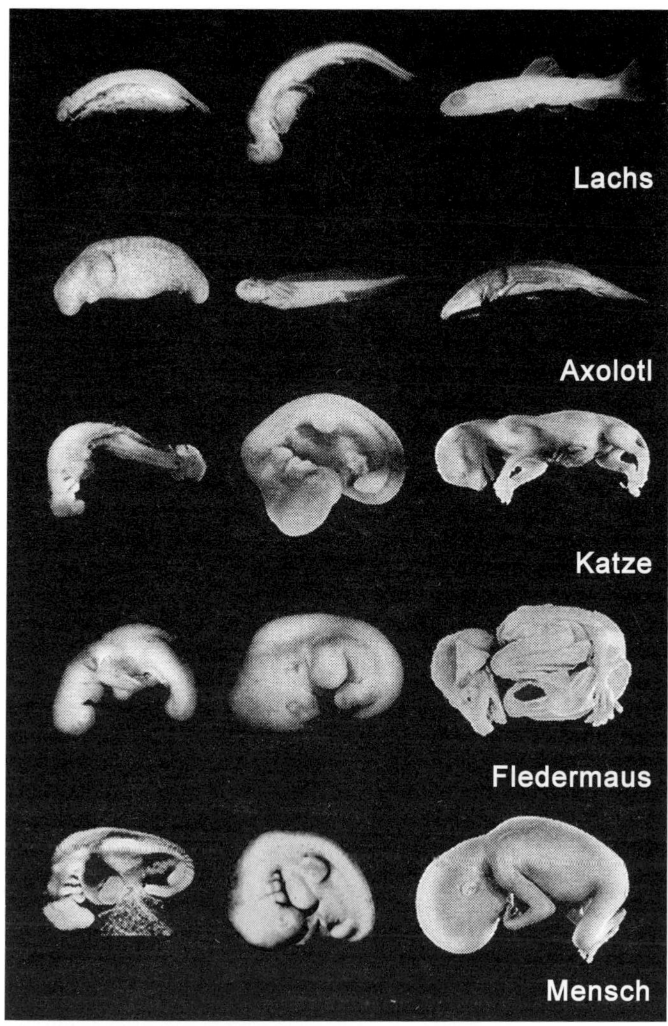

Abb. 10.4 Photos verschiedener Wirbeltier-Embryonen, die drei willkürliche Entwicklungsstadien repräsentieren: vom Schwanzknospen- zum Adult-Stadium. Lachs (*Salmo salar*), Axolotl (*Ambystoma mexicanum*), Katze (*Felis catus*), Fledermaus (*Rhynchonycteris naso*) und Mensch (*Homo sapiens*) (nach Richardson, M.K.: Science 280, 983–985, 1998).

und Schaf verdeutlicht, dargestellt. Die abgebildeten Entwicklungsstadien (Kopfregion) sind kaum voneinander zu unterscheiden.

Fälschungsvorwürfe und didaktische Reduktion. Noch zu Lebzeiten Haeckels wurde von verschiedenen Seiten der Vorwurf erhoben, die Wirbeltier-Embryonentafeln seien Fälschungen bzw. Phantasieprodukte des „Affenforschers". Haeckel räumte daraufhin ein, er habe die Größenverhältnisse der Embryonen angeglichen, extraembryonale Strukturen ganz weggelassen und einige der gezeichneten Entwicklungsstadien idealisiert. Der Vorwurf einer vorsätzlichen Fälschung war damit entkräftet, da Haeckel mit seinen Zeichnungen nur das Ziel verfolgte, biologischen Laien die erstaunliche Ähnlichkeit von Wirbeltierembryonen während früher Entwicklungsstadien zu demonstrieren und daraus die gemeinsame Stammesgeschichte der Vertebraten zu dokumentieren. Überdies war sich Haeckel darüber im klaren, dass nicht alle Ontogenesestadien als Rekapitulationen phylogenetischer Ahnenreihen zu bewerten sind. Er unterschied daher zwischen *Palingenesen* (rekapitulierten Wiederholungsentwicklungen) und *Caenogenesen* (evolutionären Neuentwicklungen) während der Embryogenese der Wirbeltiere. Der Fälschungsvorwurf ließ sich trotz dieser differenzierten Betrachtung jedoch nicht ausräumen.

Die Kreationisten des 19. und frühen 20. Jahrhunderts sahen in der „Enttarnung" des Zoologen eine Widerlegung der ihnen verhassten Deszendenztheorie. Am 10. Juli 1906 konnte man z. B. in der *Offenburger Zeitung* das Triumphgeschrei der christlichen Evolutionsgegner vernehmen: „Unter den Aposteln des Unglaubens gibt es kaum jemand, der so oft der Unwissenheit und Fälschung überführt worden ist, als der Affen-Professor Haeckel". Wie der Entwicklungsbiologe K. Sander (2004) hervorgehoben hat, sollte man zur abschließenden Bewertung dieses Sachverhalts Haeckels eigentliche Absicht berücksichtigen. In der Erklärung der kontroversen Embryonentafeln äußerte er sich wie folgt: „(Der Autor wollte) die mehr oder minder vollständige Übereinstimmung versinnbildlichen, welche hinsichtlich der Verhältnisse zwischen dem Embryo des Menschen und dem Embryo der anderen Wirbelthiere in frühen Perioden der individuellen Entwicklung besteht" (Haeckel, 1877). Heute würde man dieses Verfahren „didaktische Reduktion" nennen, eine Methode, die allgemein anerkannt ist und von keinem kompetenten Pädagogen als „Fälschung“ oder „Täuschungsmanöver“ bezeichnet wird.

Wirbeltier-Embryonen und das phylotypische Frühstadium. Die insbesondere von verschiedenen Kreationisten immer wieder aufs neue entfachte Kontroverse um Haeckels Wirbeltier-Embryonentafeln erreichte Ende der 1990er-Jahre einen vorerst letzten Höhepunkt, der hier kurz referiert werden soll. Eine internationale Forschergruppe hatte die von Haeckel in Form von Schemazeichnungen verbreiteten Embryonen-Entwicklungsreihen durch Analyse entsprechender Originalpräparate reproduziert (Abb. 10.4). Die im Jahr 1997 in der Fachzeitschrift *Anatomy and Embryology* publizierten Bilder zeigten, dass trotz vieler Gemeinsamkeiten im Bauplan der Wirbeltierembryonen einige von Haeckel „idealisiert“ dargestellte Strukturen Unterschiede aufweisen. So konnten unter anderem deutliche Abweichungen in Form und Größe der Embryonen sowie in der Anzahl der Körpersegmente festgestellt werden. Nach Veröffentlichung dieser Befunde meldeten sich in den USA und in Deutschland die Kreationisten zu Wort und wiederholten die obengenannten Fälschungsvorwürfe gegen den „deutschen Darwin“. Unter dem Titel „Haeckel, Embryos und Evolution“ publizierte das Forscherteam dann 1998 im Journal *Science* eine Klarstellung, die auch eine neue Embryonen-Tafel beinhaltete (Abb. 10.4). Bei der Betrachtung dieser Original-Präparate wird z. B. deutlich, dass die frühen Entwicklungsstadien von Katze, Fledermaus und Mensch (Abb. 10.4) außerordentlich ähnlich sind, obwohl diese Säuger ganz unterschiedlichen Ordnungen angehören (Carnivora, Chiroptera, Primates), die sich vor Jahrmillionen voneinander getrennt haben. So rekapitulieren die Fledermäuse ein Flughaut-loses Frühstadium, wodurch die Abstammung von Boden bewohnenden Vorfahren nahegelegt wird (s. Abb. 2.23, S. 47).

Aus diesen Daten können nach K. SANDER (2004) die folgenden Schlussfolgerungen gezogen werden: Haeckel hätte die Unterschiede herausstellen und sorgfältiger zeichnen sollen; grundsätzlich hatte Haeckel jedoch Recht, da alle Wirbeltiere einen ähnlichen vorgeburtlichen Grund-Körperplan entwickeln. Dieses gemeinsame Entwicklungsprogramm reflektiert die Abstammung von denselben Urahnen.

Biogenetische Regel. Welche Bedeutung hat das biogenetische Grundgesetz heute? Einige der von Haeckel gezogenen Schlussfolgerungen sind in der Tat nicht mehr haltbar. Wir bezeichnen Haeckels Rekapitulationsprinzip daher besser als *biogenetische Regel*, da es auch Ausnahmen (d. h. Abweichungen vom Embryonen-Grundbauplan) gibt. Die zentralen Aussagen dieser Regel gelten jedoch auch noch heute und wurden durch zahlreiche Befunde der vergleichenden Anatomie und Molekularbiologie wiederholt bestätigt. Einige phylogenetische Entwicklungsstufen werden während der vorgeburtlichen Individualentwicklung des Wirbeltieres rekapituliert; zentrale Entwicklungsprozesse, wie z. B. die Ausbildung der Körpersegmentierung, wurden von einem gemeinsamen Wirbeltiervorfahren im Zuge der Phylogenese geerbt. Nach Ansicht der Entwicklungsbiologen W.A. MÜLLER und M. HASSEL (2003) kann die heute gültige (korrigierte) Fassung von Haeckels Rekapitulationsgesetz wie folgt formuliert werden: Während der vorgeburtlichen Individualentwicklung eines Wirbeltieres werden nicht phylogenetisch ältere *Erwachsenenstadien* durchlaufen, wohl aber frühere *Embryogenesen*. Die Wirbeltiere rekapitulieren eine vorgeburtliche Entwicklung, die jener sehr ähnlich ist, „welche auch ihre Vorfahren durchliefen und die verwandte Arten durchlaufen. Dabei spiegelt die Reihenfolge, in der neue Strukturen in der Ontogenese erscheinen, zwar nicht stets, aber doch sehr oft, die Reihenfolge wider, in der diese Strukturen in der Evolution auftauchen“. Alle Wirbeltiere durchlaufen somit ein *stammes(phylo)typisches embryonales Frühstadium*, in dem die Körpergrundgestalt unter anderem durch eine Rückensaite (Chorda dorsalis) und Kiemen-

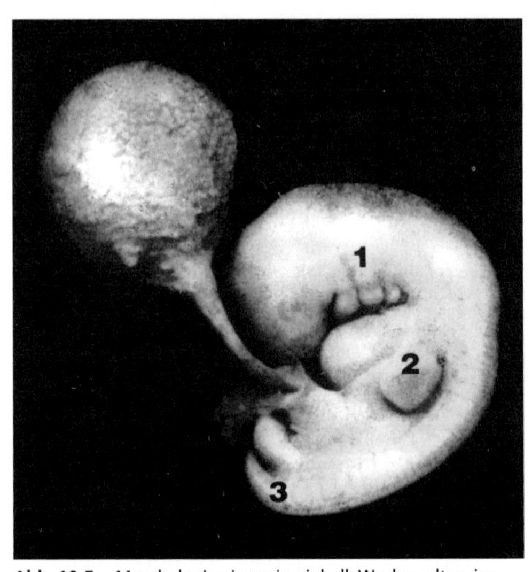

Abb. 10.5 Morphologie eines viereinhalb Wochen alten, isolierten menschlichen Embryos (*Homo sapiens*) mit Dottersack (links oben). Strukturen wie Kiemenfurchen (1), flossenartige Extremitätenanlagen (2) und ein Schwanz (3) sind als embryonale Rekapitulationen von Ahnenstadien deutlich zu erkennen (nach einem Photo von O. HERTWIG aus den 1920er-Jahren).

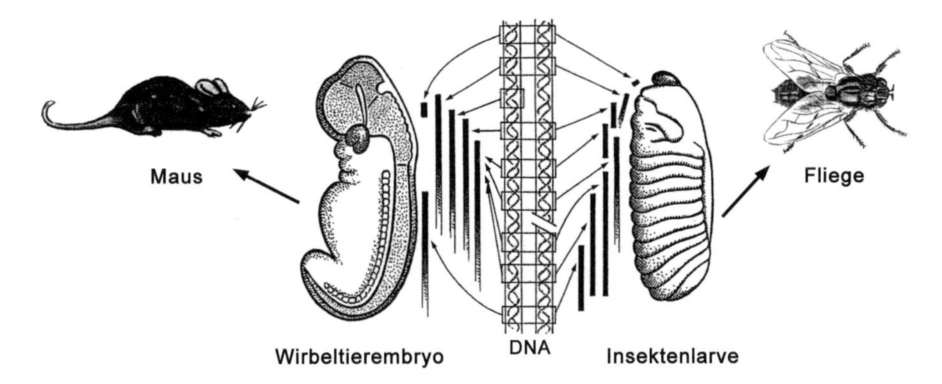

Abb. 10.6 Expressionsmuster von Homöobox-Genen bei einem Wirbeltier (Maus) und einem Gliederfüßer (Fliege). Die Embryonen sind in ihren phylotypischen Stadien wiedergegeben. Einander entsprechende (homologe) Hox-Gene bei Maus und Fliege (Kästen auf DNA) werden während der Entwicklung (Ontogenese) in ähnlicher Abfolge überlappend exprimiert (dunkle vertikale Balken) (nach Gerhart, J. & Kirschner, M.: Cells, Embryos and Evolution. Blackwell Science, Massachusetts, 1997).

furchen gekennzeichnet ist. Nicht nur bei den Vertebrata, sondern auch bei den Arthropoda (Gliederfüßer, z. B. Krebse, Spinnentiere, Insekten) durchläuft der Embryo ein morphologisch uniformes phylotypisches Frühstadium (s. Abb. 10.6.). Beispiele für die Gültigkeit der biogenetischen Regel zur Aufklärung evolutionärer Zusammenhänge sind in den Kapiteln 2 und 8 diskutiert (Abstammung der Rankenfuß-Krebse und Plattfische; Kurzflügel-Flugfisch *Oxyporhamphus*, s. S. 47, 48; 206).

Kiemenfurchen des Menschen. Zur Verdeutlichung der biogenetischen Regel wollen wir den 4½ Wochen alten Embryo eines Menschen betrachten (Abb. 10.5). Ein Vergleich mit Haeckels Schemazeichnung (Abb. 2.21, S. 46; Stadium 2 mit Extremitätenanlagen) zeigt einige weniger bedeutsame „Idealisierungen“. Deutlich sind jedoch drei an Ahnenstadien erinnernde „menschenuntypische“ Strukturen zu erkennen: Kiemenfurchen, flossenförmige Extremitätenanlagen und ein aufwärts gebogener Schwanz erinnern eher an einen Fisch als an einen noch ungeborenen *Homo sapiens.* Bei aquatischen Vertebraten, wie Fischen und Amphibienlarven, öffnen sich die Kiemenfurchen während der Embryonalentwicklung und ergeben die Kiemenspalten. Bei Landwirbeltieren, einschließlich des Menschen werden ebenfalls Kiemenfurchen angelegt, die jedoch im Normalfall keine Öffnungen nach außen entwickeln (Halsfistel, s. S. 46). Die erste Kiemenspalte bleibt zeitlebens erhalten und wird später durch das Trommelfell verschlossen. Die hier zusammengetragenen Merkmale des menschlichen Embryos dokumentieren somit die Verwandtschaft und gemeinsame Abstammung aller rezenten Wirbeltiere; die Vertebrata bilden eine große monophyletische Tiergruppe, in der die Spezies *H. sapiens* keine biologische Sonderposition einnimmt.

10.4 Evolutionäre Entwicklungsbiologie und Hox-Gene

Bei der Auflistung der Hauptaussagen der *Synthetischen Theorie der biologischen Evolution* (s. Kap. 3) wurden die Erkenntnisse aus der Embryologie (heutige Bezeichnung: Entwicklungsbiologie) nicht berücksichtigt, obwohl Darwin (1859, 1871, 1872) und Haeckel (1866, 1877, 1909) diesem Gebiet eine große Bedeutung beigemessen haben. Dies hat die folgenden historischen Gründe. Während der Synthese-Ära (ca. 1930–1950), deren Resultat die Ausarbeitung und Formulierung der modernen (synthetischen) Theorie war, verweigerten die damals führenden Embryologen eine Zusammenarbeit mit den Genetikern, Systematikern (Zoologen, Botaniker) und Paläontologen (T. Dobzhansky, E. Mayr, J. Huxley, G.G. Simpson, B. Rensch, L. Stebbins). Erst während der Post-Synthese-Phase (d. h. seit 1980) kam es zur „Wiedervereinigung“ der Entwicklungs- und Evolutionsbiologie mit dem Ergebnis, dass eine neue Disziplin, die *Evolutionäre Entwicklungsbiologie*, entstanden ist (Internationale Bezeichnung: Evolutionary Developmental Biology, *Evo-Devo*). Ziel dieses Interdisziplinären Forschungsprogramms ist es, die Evolution von Entwicklungsprozessen zu entschlüsseln und letztendlich zu ergründen, wie die unterschiedlichen Körper-Baupläne rezenter und ausgestorbener Organismen entstanden sind. Nach S.B. Carroll (2005) geht es den

Evo-Devo-Forschern primär darum, molekulare Prozesse (z. B. Genexpressions-Muster), die in zwei entfernt verwandten Organismen nachgewiesen sind, auf einen gemeinsamen Vorfahren zurückzuführen. Die Evo-Devo-Forschung erbrachte u. a. die Erkenntnis, dass die Evolution der Organismen durch Entwicklungs-Begrenzungen (*developmental constraints*) charakterisiert ist. Während der Embryogenese unterliegt das Individuum erblich fixierten Einschränkungen und kann daher im Verlauf der Phylogenese nicht jeden beliebigen Phänotyp entwickeln. So ist z. B. bei den Wirbeltieren der Tetrapoden-Bauplan genetisch festgelegt und wird vorgeburtlich realisiert (Embryonen mit vier Extremitäten und jeweils fünf Fingern). Vierfüßer konnten während ihrer Jahrmillionen langen Evolution aufgrund dieser *developmental constraints* z. B. keine zusätzlichen Flügel entwickeln. Tierische (und menschliche) „Engel" existieren daher in der Natur nicht, obwohl dieser „Sechs-Extremitäten-Vertebraten-Bauplan" aus biomechanischer Sicht vermutlich funktionstüchtig wäre.

Homöotische Gene und Körper-Grundgestalt. Nach W. Arthur (2002) war ein Ereignis der 1980er-Jahre für die Synthese der Entwicklungs- und Evolutionsbiologie von entscheidender Bedeutung: die Entdeckung einer Gruppe regulatorischer DNA-Sequenzen, die als Homöotische (Hox)-Gen-Familie beschrieben ist. Diese Hox-(Homöo-Box)-Gene codieren für DNA-bindende Proteine (Transkriptionsfaktoren), welche die positionelle Identität der Zellen entlang der Körperachse festlegen (Regionalisierung der Grundgestalt des Tierkörpers über die Aktivitäts-Steuerung nachgeschalteter Gene, die wiederum die spezifische Ausbildung eines Segments determinieren, bzw. die Spezifizierung der Identität der Reihenfolge der Körpersegmente, Gehring, 2001). Wie Abbildung 10.6 zeigt, werden z. B. bei der Maus (*Mus musculus*) und der Taufliege (*Drosophila melanogaster*) homologe Hox-Gene exprimiert, die aus einem gemeinsamen evolutiven Vorfahren ableitbar sind (hypothetische Ur-Hox-Cluster). Diese Hox-Gen-Familien wurden heute bei Wirbeltieren (Stamm Vertebrata; Fische, Amphibien, Reptilen, Vögel, Säuger) und Gliederfüßern nachgewiesen (Stamm Arthropoda; Tausendfüßer, Krebse, Spinnentiere, Insekten). Diese Befunde (Abb. 10.6) belegen die gemeinsame Abstammung der Gliederfüßer und Wirbeltiere von vor-kambrischen Urahnen.

Während der Evolution der Wirbeltiere (Vertebrata) kam es zu einer Verdoppelung jener Genkomplexe, die für die Individualentwicklung (Ontogenese) verantwortlich sind. Daher sind Wirbeltier (z.B. Maus)-Embryonen durch 4 Hox-Gen-Cluster gekennzeichnet, während bei Invertebraten (z.B. Fliege) nur ein derartiger Hox-Gen-Komplex vorhanden ist (Swalla, 2006).

Weiterhin soll an dieser Stelle auf die Mensch-Maus-Beziehung hingewiesen werden. In Kapitel 7 wurde dargelegt, dass diese Säugetiere in den für Proteine codierenden DNA-Bereichen zu 80 % genetisch identisch sind (s. S. 183). Obwohl der letzte gemeinsame Vorfahre von Mensch und Maus vor etwa 75 Mio. Jahren gelebt hat, ist die Architektur der 4 Hox-Gen-Cluster dieser beiden Säugerspezies identisch (Meyer, 1998).

Ernst Haeckel und Hox-Gene. Was haben diese Resultate der Evo-Devo-Forschung mit dem Thema „Haeckel und der Kreationismus" zu tun? Bei seiner Bewertung der letzten großen Attacke kreationistischer Autoren gegen die Evolutionsbiologie („Haeckels Embryonen-Fälschungen", s. auch das Buch von Junker und Scherer, 2001) zieht der Entwicklungsbiologe K. Sander (2004) die folgenden Schlussfolgerungen: „Dass vor 130 Jahren gebranntmarkte ‚Fälschungen' auch heute noch Kontroversen .... auslösen können, verweist auf deren weltanschaulichen Hintergrund. Haeckels nachdrücklich verfochtene Ableitung des Menschen aus dem Tierreich widerspricht fundamental-christlich geprägten Traditionen, die tief im Selbstverständnis von eher geistig denn naturwissenschaftlich interessierten Zeitgenossen verankert sind. Daher lässt sich voraussagen, dass Haeckels ‚Embryonenfälschung' auch fernhin als Munition in weltanschaulichen Kontroversen dienen wird". Die Homologie der Hox-Gen-Cluster bei Menschen, Mäusen und Fliegen belegt, dass der von Ernst Haeckel initiierte Forschungsansatz Früchte getragen hat: Die (molekulare) Analyse der Ontogenese ist ein Schlüssel zum Verständnis der Phylogenese geworden (Schierwater und DeSalle, 2002; Carroll, 2005, Gilbert, 2003; Swalla, 2006).

Literatur:

Arthur (2002), Behe (1996, 2007), Carroll (2005), Darwin (1859, 1871, 1872), Gehring (2001), Gerhart und Kirschner (1997), Gilbert (2003), Haeckel (1866, 1877, 1909), Hossfeld (2005), Kutschera (2004 b, 2007 a, 2008), Meyer (1998), Müller und Hassel (2003), Numbers (2006), Sander (2004), Schierwater und DeSalle (2002), Swalla (2006)

11 Haupteinwände gegen die Evolutionstheorie und Gegenargumente

Im letzten Kapitel haben wir die bis heute anhaltende kontroverse Diskussion um die Evolutionstheorie kennen gelernt. Es gibt keine zweite von nahezu allen sachkompetenten Fachwissenschaftlern akzeptierte naturwissenschaftliche Theorie, die von Nichtspezialisten derart abgelehnt und verbal bekämpft wird. Einer der Begründer der *Synthetischen Theorie*, der Systematiker/Genetiker THEODOSIUS DOBZHANSKY (1900–1975), prägte den Satz: „Nichts in der Biologie ergibt einen Sinn außer im Lichte der Evolution". Diese prägnante Formulierung ist gewissermaßen zum „Credo" der gesamten modernen Biowissenschaften geworden. Allerdings hat die universelle Anerkennung der Evolutionstheorie nichts mit einem dogmatischen Festhalten an eingefahrenen Glaubenssätzen zu tun. Die Synthetische Theorie hat selbst eine evolutive Entwicklung hinter sich. Sie hat sich, ausgehend von der klassischen Deszendenzlehre des 19. Jahrhunderts, über verschiedene Zwischenstufen, Sackgassen und Umwege zu einer der solidesten wissenschaftlichen Theorien entwickelt, die wir heute kennen (KUTSCHERA und NIKLAS, 2004, 2005).

Die Evolutionstheorie basiert auf Prinzipien und Fakten, die bei vielen Nicht-Naturwissenschaftlern intuitiv auf Widerstände stoßen. Wie soll ein geordnetes und hochkomplexes lebendes System, wie z. B. eine Urzelle, aus unbelebten Molekülen hervorgegangen sein, wo wir doch aus dem Alltag wissen, dass „von selbst" nur Unordnung und Chaos entstehen? Können funktionierende Lebewesen, deren Stoffwechselnetze ausreichend gut arbeiten, durch zufällige Mutationen und Rekombinationsprozesse höher (als sie selbst) entwickelte Organismen hervorbringen? Offenbart die belebte Natur nicht, dass ein übernatürliches Prinzip (ein allmächtiger Schöpfer bzw. Intelligenter Designer) die Organismen hervorgebracht hat, so wie es z. B. in der Bibel (Abb. 11.1) dargestellt ist? Diese und andere entsprechend formulierten Fragen erwecken bei vielen biologischen Laien Zweifel am „evolutionistischen Weltbild" der modernen Naturwissenschaften.

Abb. 11.1 Die biblische Sintfluterzählung als Bestandteil der Schöpfungstheorie: Noah und seine Arche. Das Leben auf der Erde wurde durch eine weltweite Flutkatastrophe vernichtet. Tiere und Menschen (nicht jedoch die Landpflanzen) wurden in die Arche aufgenommen und vor dem Tod gerettet (nach einem Holzschnitt aus dem Jahr 1492).

In den folgenden Abschnitten wollen wir auf die zentralen Argumente der deutschen Kreationisten und Evolutionskritiker eingehen und die entsprechenden Gegenargumente präsentieren. Wir werden insbesondere die Ansichten folgender durch antievolutionistische Buchveröffentlichungen hervorgetretener Autoren diskutieren: A.E. WILDER SMITH (1980), J. ILLIES (1983), B.

VOLLMERT (1985), H. REHDER (1988), W.-E. LÖNNIG (1993), W. GITT (1993), S. SCHERER (1996), H.-J. ZILLMER (1998), R. EICHELBECK (1999), H. KAHLE (1999), P.E. JOHNSON (1993, 2003) sowie R. JUNKER und S. SCHERER (1992, 2001, 2006). Weiterhin soll eine von E. BECKERS et al. (1999) herausgegebene christlich-konservative Schrift an entsprechender Stelle berücksichtigt werden. Zur Ergänzung und Vertiefung des hier Gesagten verweise ich auf die Bücher von R. JESSBERGER (1990), D.J. FUTUYMA (1995), J. KOTTHAUS (2003) und U. KUTSCHERA (2004 b, 2007a).

11.1 Schöpfungstheorie und Grundtypen-Modell

Eine zentrale These der modernen Evolutionsgegner (bzw. Kreationisten) lautet: Die heute auf der Erde verbreiteten Organismen gehen auf einige wenige, „vom Schöpfer (bzw. Designer) getrennt erschaffene Grundtypen zurück". R. JUNKER und S. SCHERER (1992) glauben, dass die „nach einem gemeinsamen Plan des Schöpfers" in die Welt gesetzten Lebewesen von Anfang an perfekt organisiert waren, wobei die „Grundtypen" durch Mikroevolutionsschritte variiert wurden und somit die Artenvielfalt hervorgebracht haben (Abb. 11.2). In einer Neuauflage dieser Abhandlung wird der oben skizzierte Gedankengang weiter präzisiert: „Schöpfungsmodelle nehmen durch eine Grenzüberschreitung Bezug auf die biblische Offenbarung über die Entstehung der Lebewesen und postulieren eine unabhängige Entstehung zahlreicher Grundtypen durch Schöpfungsakte Gottes" (JUNKER und SCHERER, 2001, 2006). Ähnliche Formulierungen finden wir in einer im Selbstverlag veröffentlichten Schrift von W.-E. LÖNNIG (1993): „Die primären Arten sind nicht auf blinden Zufall zurückzuführen, sondern das Ergebnis einer intelligenten Schöpfung" (s. auch KAHLE, 1999). Der Begründer des klassischen „Beweises" für die Schöpfungstheorie war der Theologe WILLIAM PALEY (1743–1805). Er argumentierte im Jahr 1803 etwa wie folgt: Wenn wir in der Natur eine Uhr finden, gehen wir davon aus, dass sie von einem intelligenten Wesen (Uhrmacher) geschaffen wurde. Daraus folgt, dass auch die hochkomplexen Lebewesen mit ihren perfekt funktionierenden Organen von einem Schöpfer entworfen worden sind: „Design must have a designer". Bereits Charles Darwin hat sich mit den Gedankengängen von W. Paley auseinandergesetzt und dieses theistische Konzept als gehaltlose „Pseudo-Erklärung" erkannt (KUTSCHERA, 2004 b, 2007 a).

Der amerikanische Ingenieur H.M. MORRIS, der als ein Begründer der modernen US-Kreationistenbewegung gilt, argumentierte im Jahr 1980 ganz ähnlich. Während er in seinem Büro saß, studierte er die ein- und ausfliegenden Insekten. Als

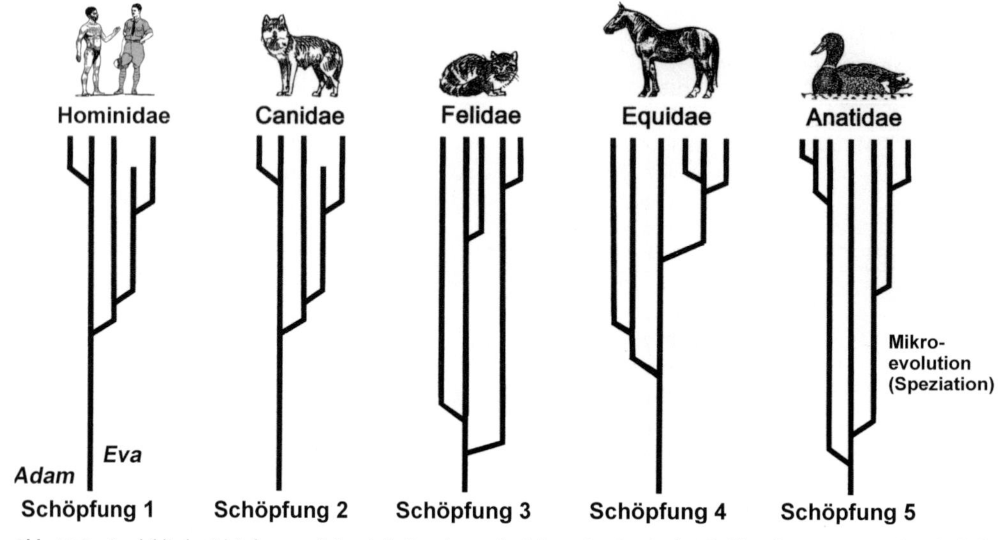

Abb. 11.2 Das biblische Schöpfungsmodell und die Grundtypen des Lebens. Der Gott in der Bibel (Intelligenter Designer) erschuf alle Tiere nach seiner Art (Schöpfungen 1–5). Diese erschaffenen „Grundtypen" waren mit einem eingebauten göttlichen Potenzial für Variabilität ausgestattet (in der Terminologie der Kreationisten: „genetisch polyvalente Stammformen"). Über Mikroevolutionsprozesse sollen innerhalb von ca. 10 000 Jahren die heutigen Arten (bzw. Rassen) entstanden sein. Die Schöpfung 1 wurde nach einem Zitat in P.E. JOHNSON (1993) veranschaulicht.

ausgebildeter Ingenieur kalkulierte er, dass die Wahrscheinlichkeit einer „natürlichen (zufälligen) evolutiven Entstehung" dieser komplexen Flugmaschinen verschwindend gering sein müsse. Daraus folgte für den belesenen Bibelkenner, dass die Lebewesen innerhalb von 6 Tagen, wie in der *Genesis* beschrieben, erschaffen worden sind. Anfang der 1990er-Jahre wurde mit der Veröffentlichung eines Sachbuchs von P.E. JOHNSON (1993; deutsche Version 2003) die internationale ID-Bewegung begründet. Dort wird letztendlich auch das „Grundtypen-Konzept" etabliert: „Die Lehrmeinung der Schöpfungsanhänger (ID-Kreationisten) war immer, dass Gott die Grundtypen (Basic Types) erschaffen hat, die sich anschließend auseinander entwickelt haben. Das berühmteste Beispiel für kreationistische Mikroevolution sind die Abkömmlinge von Adam und Eva, welche – ausgehend von einem erschaffenen Paar – alle heutigen Rassen der Spezies Mensch hervorgebracht haben" (JOHNSON, 1993). Wir werden am Ende dieses Kapitels eine Bewertung des „Grundtypen-Modells" vornehmen (Abb. 11.2).

Eine weitere Variante der Paleyschen Argumentation finden wir bei W. GITT (1993). Dieser spekulierte über die Herkunft des menschlichen Gehirns und folgerte, dass die Fülle der Funktionen des Großhirns deutlich mache, dass dem allen ein „umfassender Generalplan" zugrunde liegen muss. Weiterhin treffen wir auf folgenden Gedankengang. Niemand glaubt, wenn er eine elektronische Schaltung vor sich hat, dass diese per Zufall durch „Selbstorganisation der Materie" entstanden ist. Am Anfang steht immer die Idee eines Konstrukteurs, der im Hinblick auf die erforderlichen Funktionen ein Konzept in Form eines Schaltplans entwirft und dann in die Praxis umsetzen lässt. Je komplizierter und kleiner eine elektronische Apparatur ist, desto größer ist notwendigerweise der Einsatz an Erfindergeist, Intelligenz, Kreativität und entsprechenden Anfertigungstechniken. GITT (1993) kommt nach diesen Vorbemerkungen zu seinem Beweis: „Wir haben das menschliche Gehirn unter verschiedenen Aspekten wie z.B. Leistungsfähigkeit, Komplexität und Miniaturisierung betrachtet und dabei festgestellt, dass uns hier ein Meisterwerk ganz besonderer Art begegnet ... Die hochgradig komplexe Technologie des Gehirns verlangt in zwingender Notwendigkeit den Schluss, dass hier ein genialer und weiser Konstrukteur (Schöpfer) am Werke war".

Gegenargumente. 1. Moderne Uhren und andere Apparate sind die Produkte eines kulturellen Evolutionsprozesses. In jedem Museum zur Technikgeschichte können wir eine evolutive Reihe immer komplexer werdender (jüngerer) Apparate wie Uhren, Radios, Autos und so weiter betrachten, die aufgrund von Variation der Vorgängermodelle und anschließender Selektion der tauglichsten Variante innerhalb relativ langer Zeiträume (Jahrzehnte) entstanden sind (KUTSCHERA, 2004 b).

2. Mit der nahezu vollständigen Entzifferung des Erbguts des Menschen im Jahr 2000 (Abschluss des Humangenom-Projekts) ist die „Bauanleitung" der Spezies *Homo sapiens* dokumentiert. Nur ein Bruchteil der etwa 3 Milliarden Basenpaare der DNA (etwa 3% des Genoms) kodieren für Proteine bzw. RNA-Moleküle. Diese wertvollen Erbanlagen (Gene) liegen, unübersichtlich verteilt, als einsame Abschnitte innerhalb unermesslich langer DNA-Stränge, die aus monotonen Basensequenzen ohne Informationsgehalt bestehen („DNA-Schrott", s. Kap. 1). Über 90% des Genoms (DNA-Sequenzen unbekannter Funktion) werden mit großem Energieaufwand von Generation zu Generation weitergegeben. Diese *ungeordnete Struktur* des Human-Genoms steht im Widerspruch zum Konzept eines „planenden Schöpfers". Die Mehrzahl der menschlichen Gene sind mit jenen weniger hochentwickelter Organismen nahezu identisch; so weist z.B. das Erbgut von Mensch und Schimpanse etwa 99% Übereinstimmung in den für Proteine kodierenden DNA-Bereichen auf (s. Tab. 7.3, S. 183). Der Mensch ist somit bezüglich seines „DNA-Bauplans" keine biologische „Sonderanfertigung"; er ist sehr nahe mit dem Schimpansen und anderen Primaten verwandt (WILDMAN et al., 2003). Perfekt organisierte (d.h. maximal funktionstüchtige) Organismen gibt es in der Natur nicht (KUTSCHERA und NIKLAS, 2004).

3. Das Schöpfungsmodell gründet sich auf eine einzige religiöse Quelle (*Genesis* im Alten Testament der Bibel), während die Evolutionstheorie auf zahlreichen unabhängigen Fakten und Daten basiert. Das Prinzip der unabhängigen Evidenz ist in der naturwissenschaftlichen Forschung von großer Bedeutung und kommt hier zum Tragen. Die Schöpfungstheorie basiert auf subjektivem Glauben und kann mit objektiven (naturalistischen) Methoden nicht überprüft werden. Wie aus der *Genesis* hervorgeht, wurden nur Menschen und einige Tiere, nicht jedoch die Pflanzen vor der lebensvernichtenden weltweiten Flut gerettet (Abb. 11.1). Gemäß der „Schöpfungstheorie" müssten die Landpflanzen somit seit Jahrtausenden ausgestorben sein: Typische Cormobionta sterben nach vollständiger Überflutung wegen des Unterwasser-Sauerstoffmangels bald ab und verfaulen (KUTSCHERA, 2002).

Ergänzend soll hervorgehoben werden, dass der Begriff „Schöpfungstheorie" bzw. die internationale Version „Scientific Creationism" ein *Oxymoron* ist; es handelt sich hier um die Verbindung zweier Worte, die sich dem Sinn nach widersprechen, analog der Kombination „alter Junge". Der Begriff „Schöpfung" entstammt dem Bereich des Glaubens (ELIADE, 2002), während eine wissenschaftliche (d. h. naturalistische) Theorie auf realen (überprüfbaren) Fakten basiert (s. Kap. 1).

11.2 Das Alter der Erde und der Lebewesen

Gemäß dem von den Kreationisten vertretenen „Schöpfungsmodell" kann das Alter der Erde aus Chronologien verschiedener Bibeltexte errechnet werden. Nach dem hebräischen Text betrug die Zeit zwischen der Schöpfung und der Sintflut (Abb. 11.1) etwa 1656 Jahre. Auf dieser Grundlage wurde das „Schöpfungsdatum" auf das Jahr 4004 v. Chr. gelegt. Der Begründer dieses „biblischen Erdalters" war der Erzbischof von Armagh in Irland, JAMES USSHER (1581–1656). In seinem Werk mit dem abgekürzten Titel *Annales veteris testamenti* aus dem Jahr 1650 legte er den Beginn des göttlichen Schöpfungsereignisses auf Sonntag, den 23. Oktober 4004 v. Chr. um 9.00 Uhr fest. Dieser Termin wird von den meisten Kreationisten als „korrekt" akzeptiert. Die beiden Evolutionskritiker und Verkünder des „Schöpfungsmodells", R. JUNKER und S. SCHERER (1992, 2001) vertreten die Ansicht, es gäbe sichere „Hinweise auf ein niedriges Erdalter", wobei eine Größenordnung von etwa 10 000 Jahren gemeint ist. Ein deutscher Kreationist brachte im Jahr 1996 in der Zeitschrift *Studium Integrale Journal* seine Ansicht auf den Punkt: Gemäß der von Ussher errechneten Chronologie erreichte die Erde 1996 das runde Alter von 6000 Jahren (das Jahr Null gibt es nicht). Es wird in diesem Artikel von „Usshers redlichen Bemühungen um die Wahrheitsfindung" gesprochen; weiter lesen wir folgendes: „Ussher ging es um die Übereinstimmung von biblischer Chronologie und astronomischen Beobachtungen". Das von verschiedenen Kreationisten angenommene niedrige Erdalter von 6000 bis 10 000 Jahren steht im Widerspruch zum derzeitigen Wissen über Altersbestimmungsmethoden. Weiterhin ist ein so geringes Erdalter unvereinbar mit den heute akzeptierten Evolutionsmechanismen; der hier diskutierte biblische Zeitraum dient zur ideologischen Unterstützung der „Schöpfungstheorie", die auf einem Mythos basiert (ELIADE, 2002).

Gegenargumente. 1. Seit 1953 wurden in der Geophysik verschiedene radiometrische Verfahren zur Altersbestimmung von Mineralien in der Praxis erprobt (s. Kap. 4). Am bekanntesten ist die Uran-Blei-Methode. Bei der Verfestigung von granithaltigem Magma bilden sich Zirkonkristalle (Zirkoniumsilikat Zr $[SiO_4]$). Da die Atomradien der Elemente Zirkonium (Zr) und Uran (U) nahezu identisch sind, werden die Zirkonkristalle bei der Bildung mit Uran „verunreinigt". Die radiometrische Uran-/Blei-Uhr beginnt nun zu ticken. Das Uranisotop U-238 zerfällt zum Endprodukt Blei(Pb)-206, das Isotop U-235 zu Pb-207; die jeweiligen Halbwertzeiten sind bekannt (etwa 4,5 bzw. 0,7 Milliarden Jahre). Da die beiden zerfallenden Uranisotope im Zirkonkristall eingeschlossen bleiben, kann nach Aufschluss der Probe im Labor das jeweilige Pb-/U-Verhältnis massenspektrometrisch ermittelt und daraus mit hoher Genauigkeit das Alter des Minerals ermittelt werden. Die ältesten Mineralien der Erde (Zirkone aus Westaustralien) sind etwa 4,1 bzw. 3,8 Milliarden Jahre alt. Die Uran-Blei-Methode wurde über Jahrzehnte hinweg verbessert und wird heute in zahlreichen Laboratorien weltweit eingesetzt. Im Rahmen geringer Schwankungen (± 1–2 %) wurden mit denselben Mineralien vom jeweiligen Experimentator unabhängige, objektive Alterswerte ermittelt (KNOLL, 2003; LEVIN, 2003).

2. Unter Verwendung einer zweiten unabhängigen Methode, die als Laser-Argon-Technik bekannt ist, konnte an denselben Proben das mit dem obengenannten Verfahren ermittelte Alter verschiedener Mineralien bestätigt werden. So ergab z. B. die Untersuchung von Granitproben Alterswerte von 2,69 bzw. 2,70 Milliarden Jahren (Uran-/Blei- bzw. Laser-Argon-Technik). In der Monographie von F.M. GRADSTEIN et al. (2004) sind weitere unabhängige Datierungswerte aufgelistet, die im Rahmen eines Fehlers von etwa 1 % miteinander übereinstimmen (s. auch Tab. 4.1, S. 87).

3. Unter Einsatz dieser Methoden konnte auf der Grundlage der Alterswerte terrestrischer (und extraterrestrischer) Mineralien errechnet werden, dass die Erde vor etwa 4,6 Milliarden Jahren entstanden ist (s. S. 87). Dieses Erdalter wurde mit mehreren unabhängigen Analysetechniken von vielen Wissenschaftlern wiederholt ermittelt und bestätigt. Es steht im Einklang mit astronomischen Daten, denen zufolge das Universum etwa 8 bis 16 Milliarden Jahre alt ist (STANLEY, 1994, GRADSTEIN et al., 2004). Die Behauptung der Kreationisten, die Erde (einschließlich der Lebewesen) sei höchstens 10 000 Jahre alt, beruht auf dem

Glauben an eine einzige biblische Quelle und wird durch keinerlei objektive Daten unterstützt.

Axiome und Dogmen. Abschließend soll noch auf einen populären Irrtum in einem von W. Miram und K.-H. Scharf (1997) herausgegebenen Biologie-Schulbuch hingewiesen werden. Die hier diskutierten geologischen Altersbestimmungsmethoden beruhen auf dem Prinzip des *Uniformismus*. Dieses besagt, dass die Naturgesetze zeitunabhängig gelten und sich im Verlaufe der Erdgeschichte nicht verändert haben. Dies ist ein *Axiom*, d. h. ein offensichtlicher Grundsatz, der keiner Beweisführung bedarf. Es gibt keinerlei empirische Hinweise, dass z. B. die Gravitationsgesetze in einem Jahr (oder Jahrhundert) gelten, im nächsten jedoch „ungültig" oder „modifiziert" wären. In dem oben genannten Schulbuch steht der Satz: „Auch die Schöpfungstheorie beruht auf einem Axiom, denn auch sie ist nicht beweisbar". Diese Aussage ist unzutreffend. Axiome sind einsichtige, logische Postulate, die von allen kompetenten Fachleuten akzeptiert werden.

Wir kennen über einhundert verschiedene Schöpfungsmythen, die sich zum Teil inhaltlich widersprechen (Eliade, 2002). Sogenannte „Schöpfungstheorien", die sich auf eine dieser allegorischen Erzählungen vergangener Jahrhunderte berufen, gehören in den Bereich des Glaubens. Sie beruhen nicht auf Axiomen, sondern auf christlich-religiösen Dogmen.

11.3 Statistische Betrachtungen zur Lebensentstehung

Aus den bereits zitierten aktuellen Meinungsumfragen in den USA geht hervor, dass etwa 40 % der Evolutionsskeptiker eine Lebensentstehung über chemische Prozesse als „statistisch betrachtet ausgeschlossen" ansehen. In den Schriften der deutschen Kreationisten wird ähnlich argumentiert. Wir wollen im Folgenden diesen Einwand der modernen Anti-Evolutionisten etwas detaillierter betrachten.

In Kapitel 4 wurde erläutert, dass vor etwa 3,5 Milliarden Jahren die ersten einzelligen Mikroorganismen die Urmeere der Erde besiedelt haben. Die Entstehung dieser Urlebewesen aus unbelebter Materie ist ein Prozess, den wir als *chemische Evolution* oder *Biogenese* bezeichnen: Im ersten Schritt sind in der „Ursuppe" die Bausteine der Zellen (Proteine, Nucleinsäuren, Kohlenhydrate) entstanden. Aus diesen Biomolekülen sind dann die ersten (primitiven) Urzellen hervorgegangen.

Der amerikanische Chemiker S. L. Miller führte in den 1950er-Jahren Experimente zur chemischen Evolution im Reaktionskolben durch, die in Kapitel 5 beschrieben sind. Die Evolutionskritiker und Kreationisten führen nun Berechnungen an, die zeigen sollen, dass die Entstehung komplexer (geordneter) Makromoleküle, wie wir sie als Bausteine der Lebewesen vorfinden, statistisch betrachtet praktisch ausgeschlossen ist. Drei konkrete Argumente sollen hier vorgestellt werden. Der Polymerchemiker B. Vollmert (1985) befasste sich in einem noch heute viel zitierten Buch mit der Frage, wie unter den präbiotischen Bedingungen der frühen Erde das kettenförmige Makromolekül Desoxyribonucleinsäure (DNA, Träger der genetischen Erbinformation der Zelle) entstanden sein könnte (s. Kap. 1). Da die Makromoleküle durch schrittweises Anhängen von einzelnen Bausteinen (Nucleotiden) und Zusammenfügen von Kettenstücken entstehen und durch eine definierte Sequenz mit bestimmtem Informationsgehalt gekennzeichnet sind, muss diese Polykondensation *geordnet* erfolgen. Der Autor berechnete nun, dass die Wahrscheinlichkeit, mit der durch statistische Polykondensation ein langes, geordnetes DNA-Makromolekül entstehen konnte, kleiner als $1{:}10^{1000}$ ist. Eine ganz ähnliche Kalkulation finden wir in einer evolutionskritischen Schrift von S. Scherer (1996). Der Autor fragte sich, wo die Proteine der Zellen herkommen. Er errechnete, dass die Wahrscheinlichkeit, mit der eine spezifische Abfolge von Aminosäuren durch zufällige Aneinanderreihung ein Protein von 100 Aminosäuren Länge ergeben kann, bei etwa $1{:}10^{130}$ liegt. Eine ähnliche Argumentation finden wir bei W. Gitt (1993) und bei R. Junker und S. Scherer (2001). Nach diesen Berechnungen ist somit eine spontane Entstehung der zentralen polymeren Biomoleküle der Lebewesen (Nucleinsäuren, Proteine) infolge chemischer Evolutionsprozesse, statistisch betrachtet, sehr unwahrscheinlich, d. h. so gut wie ausgeschlossen (die oben genannten Wahrscheinlichkeiten sind praktisch gleich Null). Das hier diskutierte Argument wird von manchen Kreationisten in anschaulicher Form etwa wie folgt umschrieben: „Die Wahrscheinlichkeit, dass komplexe Lebensformen über Evolutionsprozesse entstehen konnten, ist vergleichbar mit der Zufallswahrscheinlichkeit, dass durch einen Tornado, der einen Schrottplatz aufwirbelt, aus den herumliegenden Bauteilen ein funktionstüchtiges Flugzeug entsteht: Dieser unwahrscheinliche Zufall wurde noch nie beobachtet".

Gegenargumente. 1. Die Evolutionskritiker gehen irrtümlicherweise davon aus, dass eine für Proteine kodierende (funktionale) DNA-Sequenz (Nucleotidkette) bzw. ein spezifisches, funktionstüchtiges Protein (Aminosäurekette) spontan in *einem Schritt* entstanden ist. Die chemische Evolution in den Urozeanen bis hin zu den ersten Bausteinen des Lebens (Proteine, Nucleinsäuren) war jedoch ein über zahlreiche kleine *Stufen* ablaufender Prozess. Kein Biogeneseforscher hat jemals postuliert, dass im Urozean spontan (d.h. in *einem* Reaktionsschritt) ein langkettiges, definiertes Makromolekül entstehen konnte; es wird eine in zahlreiche kleine Einzelschritte unterteilte Reaktionsabfolge angenommen. Ein modernes Auto (oder Flugzeug) wird nicht in einem Schritt aus den Rohmaterialien (Eisenerz, Kautschuk, Kunststoffplatten) hergestellt. Es sind zahlreiche Einzelschritte notwendig, um aus immer komplexer werdenden fertigen Bauteilen (z.B. Motor, Getriebe usw.) das funktionstüchtige Gesamtsystem „Auto" bzw. „Flugzeug" herzustellen.

2. Der in Kapitel 5 besprochene klassische Versuch von S.L. Miller zeigt, dass aus einfachen anorganischen Bausteinen über reaktionsbereite, kurzlebige Zwischenstufen unter anderem die Produkte Formaldehyd und Blausäure gebildet werden (s. Abb. 5.3, S. 136). Durch Selbstkondensation dieser Moleküle entstehen verschiedene Zucker und die Basen der Nucleinsäuren (z.B. Adenin) (Bada und Lazcano, 2003). Zahlreiche Biomoleküle wie Kohlenhydrate, Lipide, Proteine und Nucleinsäuren werden in weiteren Reaktionsschritten gebildet (s. Abb. 5.4, S. 137). Nach der hier diskutierten Argumentation der Evolutionskritiker ist es sehr unwahrscheinlich, dass durch zufällige Kombination der einfach gebauten anorganischen Moleküle (H_2O, CH_4, CO, NH_3, N_2, H_2) komplexere organische Verbindungen definierter Struktur entstehen können. Wie soll durch zufällige Selbstzusammenlagerung der obengenannten niedermolekularen Teilchen z.B. die kettenförmige Aminosäure Alanin ($C_3H_7O_2N$) oder gar die aus zwei Ringen zusammengesetzte Nucleinsäurebase Adenin ($C_5H_5N_5$) hervorgebracht werden? Eine Wahrscheinlichkeitsberechnung spricht *eindeutig* gegen das Auftreten genau dieser Teilchenkombinationen. Es ist jedoch eine experimentell erwiesene Tatsache, dass unter simulierten präbiotischen Bedingungen fast alle Bausteine der heutigen Biomoleküle gebildet werden, einschließlich der C5-Base Adenin (5 × HCN). Diese Fakten belegen somit, dass willkürliche Wahrscheinlichkeitsbetrachtungen von geringem Nutzen sind.

3. Das folgende Beispiel zeigt, dass Wahrscheinlichkeitsrechnungen zu völlig unsinnigen Schlussfolgerungen führen können. Die Wahrscheinlichkeit, mit der wir von unseren beiden Eltern jeweils ein Chromosom bekommen, ist 1:2. Da wir pro Zelle 2 × 23 Chromosomen haben, ist die Gesamtwahrscheinlichkeit, mit der wir exakt 46 erhalten, gleich $(\frac{1}{2})^{46}$, d.h. $1/7 \cdot 10^{-13}$ (~ Null). Wir haben somit bewiesen, dass wir statistisch betrachtet nicht existieren! Anders formuliert: Obwohl es extrem unwahrscheinlich ist, sechs Richtige im Zahlenlotto zu treffen (6 aus 49), gibt es in jeder Woche aufs Neue einzelne Gewinner. Diese glücklichen Lotto-Millionäre dürften, statistisch betrachtet, nicht „durch den Zufall" entstanden sein. Fazit: Auch sehr unwahrscheinliche Ereignisse treffen im realen Leben immer wieder ein.

11.4 Der Ursprung der Homochiralität

Die Proteine aller Organismen bestehen aus 20 verschiedenen „linkshändigen bzw. -schraubigen" L-Aminosäuren; sie sind somit homochiral (s. Abb. 1.6, S. 16). Bei der chemischen Synthese einer dieser Aminosäuren (z.B. Alanin) aus niedermolekularen Ausgangsstoffen entstehen jedoch immer 1:1-Gemische (Racemate) aus links- und rechtsschraubigen (L- und D) - Formen von Molekülen derselben Bruttoformel (NH_2-CHR-COOH mit R = variable Restgruppe, z.B. $-CH_3$, Alanin). Diese enantiomeren L-/D-Aminosäuren verhalten sich zueinander wie Bild und Spiegelbild: Sie sind – wie unsere Hände – nicht miteinander zur Deckung zu bringen (L-/D-Enantiomeren-Gemisch). Das im letzten Abschnitt diskutierte *Origin-of-Life-Experiment* liefert von allen synthetisierten Aminosäuren jeweils die enantiomeren L-/D-Formen zu gleichen Teilen (s. Abb. 5.3, S. 136). Wie konnten aus diesem L-/D-Aminosäurengemisch die ausschließlich aus L-Bausteinen aufgebauten Proteine entstehen?

Nach Ansicht einiger Kreationisten beweisen die obengenannten Fakten, dass eine chemische Evolution in den Urmeeren niemals zu den „linksschraubigen" Proteinmolekülen geführt haben kann; es müssen somit „übernatürliche schöpferische Kräfte" am Werk gewesen sein. Dieses Argument wird insbesondere in den Schriften amerikanischer Evolutionsgegner ausführlich abgehandelt. Der deutsche Kreationist W. Gitt (1993) beruft sich ebenfalls auf diesen Punkt: Die Homochiralität (Enantiomeren-Reinheit) der Aminosäuren (bzw. der aus diesen aufgebauten Proteine) widerspreche den Hypothesen der „atheistischen Evolutionisten" und beweise, dass ein „allmächtiger Schöpfer" (oder Intelligenter Designer) bei der Erschaffung der ersten Zellen beteiligt gewesen sein muss.

Gegenargumente. 1. Wie in Kapitel 5 dargelegt wurde, wird von manchen Biogenese-Forschern die „RNA-Welt-Hypothese" vertreten. Diese besagt, dass primitive Urstoffwechselwege der ersten Generation ausschließlich von speziellen RNA-Molekülen katalysiert wurden. Der Übergang von der RNA- zur DNA-Protein-Welt erfolgte möglicherweise durch Selektion der ersten Transfer-RNA-Moleküle: Diese hatten aus heute nicht mehr rekonstruierbaren Gründen eine „Vorliebe" für die L-Aminosäuren der Urozeane der jungen Erde. Gemäß dieser Hypothese entstand die Homochiralität erst nach der chemischen Evolution der RNA-Molekül-Welt (Joyce, 2004; 2007).

2. Seit einigen Jahren wissen wir, dass zwischen L- und D-Aminosäuren geringfügige Energiedifferenzen bestehen. Man hat errechnet, dass diese Differenz im Falle der 20 biogenen Aminosäuren ausreicht, um in einem Racemat die L- gegenüber der D-Form in signifikant höherer Molekülzahl entstehen zu lassen. Die angereicherten L-Aminosäuren könnten dann über autokatalytische Prozesse in ihrer Menge deutlich vermehrt worden sein und dann gegenüber der D-Form die archaische Molekülpopulation der Urozeane dominiert haben (Podlech, 1999).

3. Analysen von Meteoritenbestandteilen haben gezeigt, dass auf diesen extraterrestrischen Steinbrocken Aminosäuren, wie z. B. L-Alanin, in angereicherter Menge vorhanden sind. Einige Biogeneseforscher argumentieren nun, dass die junge Erde von zahlreichen, bevorzugt mit L-Aminosäuren beladenen „Geschossen bombardiert" worden sein könnte (s. Kap. 5). Die ersten homochiralen Moleküle entstammen gemäß dieser Hypothese somit aus der interstellaren Materie (d. h. dem Weltraum). Diese Vorstellung wird unter anderem durch die Tatsache unterstützt, dass zirkular polarisiertes Ultraviolettlicht, wie es im Weltall vorkommt, in wässrigen Aminosäuregemischen Enantiomeren-Überschüsse erzeugen kann. Es werden je nach Polarisierung der energiereichen Strahlung z. B. D-Aminosäuren bevorzugt zersetzt, so dass nach einiger Zeit in der Lösung die L-Form dominiert (Podlech, 1999).

Zusammenfassend lässt sich die Schlussfolgerung ziehen, dass der Ursprung der Homochiralität (Enantiomeren-Reinheit innerhalb der Biomoleküle, wie z. B. der Proteine) noch nicht befriedigend geklärt werden konnte. Da jedoch wissenschaftliche Hypothesen, die auf Fakten beruhen, formuliert wurden, ist eine „übernatürliche" Erklärung dieses Sachverhaltes nicht notwendig.

11.5 Evolutionstheorie und Entropiesatz

In der umfassenden Literatur der Kreationisten ist an vielen Stellen zu lesen, dass die Evolutionstheorie einem fundamentalen Grundprinzip der Thermodynamik und somit der Physik widerspricht: Das Universum strebt einem Zustand der maximalen Unordnung entgegen, während die Phylogenese der Organismen eine Zunahme an Ordnung (und Komplexität) mit sich gebracht hat.

Die klassischen kosmologischen Formulierungen der beiden Hauptsätze der Thermodynamik lauten wie folgt: I. Die Energie der Welt ist konstant. II. Die Entropie der Welt strebt einem Maximum zu. Der Begriff *Entropie* (wörtlich übersetzt: „Umwandlungsfähigkeit") kann als Maß für die Unordnung (oder Unbestimmtheit), die in einem System herrscht, angesehen werden. Wir betrachten das in Abbildung 11.3 dargestellte Beispiel. Eine Farblösung wird vorsichtig mit reinem Wasser überschüttet und dann luftdicht abgeschlossen. Zunächst herrscht Ordnung (unten Wasser + Farbmoleküle, oben nur Wasser). Im Laufe der Zeit bewegen sich die Farbteilchen nach oben, während gleichzeitig H_2O-Moleküle nach unten wandern. Aufgrund der Diffusionsvorgänge kommt es zu einer gleichmäßigen Durchmischung: Die Entropie (Unordnung) steigt in diesem abgeschlossenen System spontan an und erreicht ein Maximum (Kutschera, 2002). Dieses Naturgesetz widerspricht nach Ansicht mancher Kreationisten der Evolutionstheorie, die in der belebten Welt einen umgekehrt verlaufenden Prozess zu erklären versucht (phylogenetische Entwicklung und Diversifizierung der Organismen, d. h. Entstehung von Ordnung aus weniger geordneten Systemen). So vertrat z. B. der Kreationist A.E. Wilder Smith (1980) folgende Ansicht: „Der Neodarwinismus kommt frontal in Kollision mit dem zweiten thermodynamischen Hauptsatz".

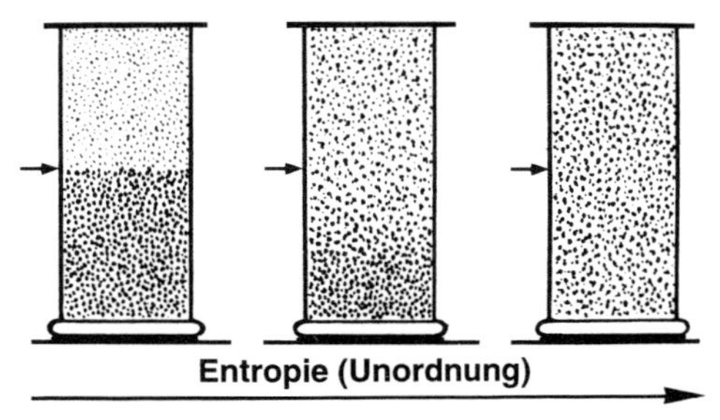

Abb. 11.3 Modellversuch zur Erläuterung der Entropie. Eine Farblösung wird mit Wasser überschichtet und abgedeckt. In diesem abgeschlossenen (isolierten) System kommt es zu keinem Stoff- und Energieaustausch mit der Umgebung. Die Entropie nimmt mit der Zeit zu und erreicht ein Maximum (Ursache: Diffusionsvorgänge).

Gegenargumente. 1. Die Hauptsätze der Thermodynamik gelten nur für abgeschlossene (isolierte) Systeme, bei denen kein Stoff- und Energieaustausch mit der Umgebung stattfindet. So ist „die Welt“ (d. h. das Universum), genau wie unser Modellexperiment (Abb.11.3), ein abgeschlossenes System, in dem in der Tat eine stetige Entropiezunahme zu beobachten ist. Lebewesen sind jedoch *offene Systeme*, d. h., sie stehen in stetigem Energie- und Stoffaustausch mit ihrer Umgebung.

2. Wie in Kapitel 1 gezeigt wurde, nehmen die Lebewesen stetig Substanzen aus der Umwelt auf und geben andere wieder ab (Ernährung und Atmung des Tieres; Wasser- bzw. Ionenaufnahme und Gasaustausch bei der Pflanze, s. Abb. 1.9, S. 19). Tiere ernähren sich von energiereichen Molekülen, die von den Pflanzen unter Absorption von Sonnenenergie produziert wurden (Photosynthese). Dieser Stoff- und Energiewechsel dient dazu, die geordneten Strukturen innerhalb des Lebewesens aufrecht zu erhalten, d. h., die Organismen erniedrigen ihre Entropie auf Kosten der Umwelt. Nach dem Tod nimmt die Entropie des zerfallenen Tier- oder Pflanzenkörpers rasch zu (Verlust an Ordnung).

3. Würde der Entropiesatz für offene, lebende Systeme (Organismen) gelten, so gäbe es überhaupt keine Lebewesen, auch wenn sie auf übernatürliche Art und Weise erschaffen worden wären (Kutschera, 2002, Riedl, 1990).

11.6 Selbstorganisation der Materie

Im Zusammenhang mit dem im letzten Abschnitt diskutierten zweiten Hauptsatz der Thermodynamik findet man in den Schriften mancher Kreationisten die Behauptung, es gäbe keine Selbstorganisation der Materie; nur ein sinnvoll planender Schöpfer, Konstrukteur oder Designer könne komplexe biologische Strukturen hervorbringen. Vier Zitate sollen dies belegen. Bei A.E. Wilder Smith (1980) lesen wir: „Der Neodarwinismus steht bezüglich Selbstorganisation der Materie ohne theoretische und experimentelle Basis da“. Ganz ähnlich argumentierte H. Rehder (1988): „Die Vorstellung einer zufallsbedingten Selbstorganisation der Materie zum Leben widerspricht aller Wirklichkeitserfahrung und klarem, logischem Denken“. Der Evolutionskritiker W.-E. Lönnig (1993) beklagt sich über das „evolutionistische Denkverbot: Frage auch bei den komplexesten und genialsten Konstruktionen in der Natur niemals nach dem Konstrukteur“. In einer von E. Beckers et al. (1999) herausgegebenen Schrift wird das hier diskutierte Argument wie folgt formuliert: „Der Glaube an die ‚Selbstorganisation der Materie‘ erfordert weit mehr wissenschaftliche Voreingenommenheit als der Glaube an einen sinnvoll planenden Schöpfer, der zu der Materie den Geist, die Information, gegeben hat“. Als Beispiel für die „Unmöglichkeit einer Selbstorganisation“ wird unter anderem das Kieselskelett der einzelligen Radiolarien (Strahlentierchen) angeführt. Siliziumdioxid (SiO_2) kristallisiert als Quarz (bzw. Bergkristall) aus. Die lebenden Radiolarien sollen das tote SiO_2 mit „Information“ versehen, um somit die bekannten Gehäusestrukturen hervorzubringen.

Gegenargumente. 1. In wässrigen Lösungen konnten zahlreiche Selbstorganisations-Phänomene in vitro beschrieben werden. Als Beispiele seien die Doppelhelix der DNA, Polypeptidketten, die dreidimensionale (geordnete) Strukturen bilden, und Lipidmoleküle, die Kügelchen bzw. doppelschichtige Bläschen ausbilden, genannt (s. Kap. 5).

2. Seit Mitte der 1950er-Jahre wissen wir, dass auch relativ komplexe, aus Proteinen und einer Nucleinsäure aufgebaute „Proto-Lebensformen“, wie Bakteriophagen (Viren, deren Wirtsorganismen verschiedene Bakterien sind), durch reine Selbstorganisation ihre dreidimensionale Struktur erhalten. Werden Bakteriophagen (z. B. T_2 in wässriger Lösung) in ihre „Bausteine“ Kopfkapsel, Schwanzstift und Schwanzfibern zerlegt und mischt man diese Virusbruchstücke zusammen, so lagern sich die Teile derart aneinander, dass wieder infektionsfähige T_2-Phagen entstehen. Ein weiteres Beispiel zum molekularen Self-assembly (TMV-Virus) ist in Kapitel 5 im Detail beschrieben (s. S. 139).

3. Die bisher diskutierten Beispiele bezogen sich auf relativ komplex gebaute Biomoleküle (Nucleinsäuren, Proteine, Lipide). In Abbildung 11.4 A ist ein klassisches Experiment dargestellt, welches beweist, dass auch einfache *anorganische* Verbindungen, wie das oben erwähnte Siliziumdioxid (SiO_2), durch Selbstorganisation komplexe Strukturen bilden können. Ein Reagenzglas wird mit Sand, Flußspat und Schwefelsäure gefüllt. Das gebildete gasförmige Siliciumtetrafluorid steigt auf und zersetzt sich an einem feuchten Papierstreifen. Es bildet dort wabenförmige SiO_2-Strukturen aus, die als Kieselhäute bezeichnet werden. Wie Abbildung 11.4 B zeigt, werden auch kleine, nur wenige Mikrometer große dreidimensionale SiO_2-Kugeln sowie „Seepocken“ gebildet. Diese durch reine Selbstorganisation des SiO_2 gebildeten Strukturen erinnern an die Gehäuse mancher Lebewesen.

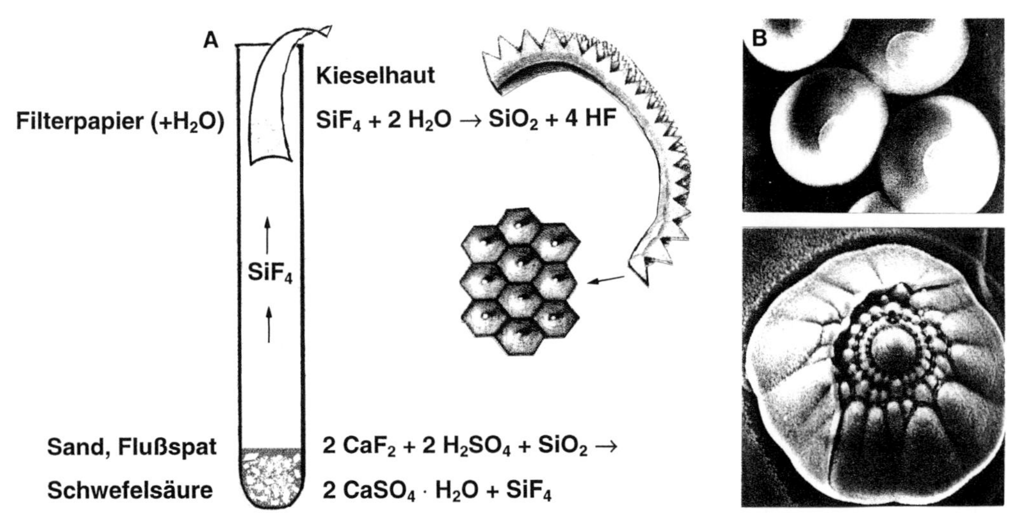

Abb. 11.4 Experiment zur Erzeugung dreidimensionaler Siliziumdioxid-Strukturen (A). Sand (SiO_2), Flussspat (CaF_2) und Schwefelsäure (H_2SO_4) ergeben nach Reaktion gasförmiges Siliziumtetrafluorid (SiF_4), das an feuchtem Filterpapier (H_2O) eine Kieselhaut (SiO_2) bildet. Es entstehen unter anderem hexagonal geformte Membranen. Im Rasterelektronenmikroskop können 4–6 µm breite, durch Selbstorganisation des SiO_2 gebildete „Kugelschnecken" und „Seepocken" erkannt werden (B) (nach VOLKMER, D.: Chemie i.u. Zeit 33, 6–19, 1999).

11.7 Offene Fragen der Evolutionsforschung

Manche Kreationisten behaupten, aus den Schriften einiger Evolutionsforscher gehe hervor, dass auch führende Biologen Zweifel an der Evolutionstheorie hätten. So verweist z.B. W. GITT (1993) auf das berühmte Zitat des Genetikers JACQUES MONOD (1910–1976) aus dem Jahr 1971: „Bei dem Gedanken an den gewaltigen Weg, den die Evolution seit 3 Milliarden Jahren zurückgelegt hat, an die ungeheure Vielfalt der Strukturen, die durch sie geschaffen wurden, und an die wunderbare Leistungsfähigkeit von Lebewesen – angefangen vom Bakterium bis zum Menschen – können einem leicht wieder Zweifel kommen, ob das alles Ergebnis einer riesigen Lotterie sein kann, bei der die blinde Selektion nur wenige Gewinner ausersehen hat" (MONOD, 1971). Amerikanische Kreationisten zitierten wiederholt selektiv den Paläontologen S.J. GOULD (1941–2002), um nachzuweisen, dass dieser zu den Kritikern der Evolutionstheorie gehört. Dieser Evolutionsforscher schrieb mehrfach, es irritiere ihn, keinen „Vektor des Fortschritts" in der Abfolge mancher Fossilreihen zu finden (GOULD, 1989, 2002). Ein drittes Beispiel entnehmen wir der evolutionskritischen Schrift des deutschen Zoologen J. ILLIES (1983), der sich fragte, wie denn die Evolutionsbiologen die Existenz lebender Fossilien erklären. Betrachten wir ein konkretes, von ihm diskutiertes Beispiel. Im Jahr 1938 wurde an der Küste von Südafrika ein 1,5 m langer, blaugefärbter Fisch gefangen, der einer Wirbeltiergruppe angehört, die vor 80 Millionen Jahren ausgestorben ist (Coelacanthidae) (Abb. 11.5 A, B). Es ist seit langem bekannt, dass der letzte fossil erhaltene Coelacanth aus Felsgesteinen der Kreidezeit stammt. Der in Abbildung 11.5 A dargestellte rezente Quastenflosser (*Latimeria chalumnae*) ist ein naher Fischverwandter der terrestrischen Tetrapoda (Vierfüßer) und daher möglicherweise als eine aus dem Mesozoikum übrig gebliebene Urform (Wasser-Landwirbeltiere) von großer Bedeutung. J. Illies fragt nun, warum denn bei diesem lebenden Fossil keine Selektion durch die Umwelt stattgefunden habe, wenn doch der Artenwandel seiner Zeitgenossen, die „im selben Habitat lebten", mit der Adaptation an die sich ändernden Umweltverhältnisse begründet werde. Der „Urfisch" ist für ihn somit offenbar ein Beweis gegen die Evolution.

Gegenargumente. 1. Die hier zusammengetragenen Behauptungen sind Fehlinterpretationen. Kreationisten und Evolutionskritiker verwechseln zwei Dinge miteinander: die Evolution als dokumentierte *Tatsache* und die Frage nach den *Mechanismen* oder *Antriebskräften* des evolutiven Artenwandels. Die von den Anti-Evolutionisten zitierten Naturwissenschaftler (J. Monod, J.S. Gould) zweifelten nicht daran, dass alle derzeit lebenden Organismen die Produkte eines Jahrmillionen langen Evolutionsprozesses sind. Sie heben allerdings hervor, dass Detailfragen zum Mechanismus der Evolution noch Gegenstand der Forschung sind.

2. Wie M. EIGEN (1987) im Detail ausgeführt hat, ist die Annahme, die Selektion wirke als „blinder Zufallsfilter", inzwischen überholt. Die natürliche Auslese ist das Resultat der *Konkurrenz* zwischen den Individuen innerhalb einer Population um begrenzte Ressourcen wie Nahrung, Brutplätze usw. und somit der richtunggebende Faktor im Evolutionsgeschehen. 3. Der Paläontologe J.S. Gould betonte in manchen seiner Schriften, dass die Evolution einiger Tiergruppen nicht graduell, sondern in Sprüngen verlaufen ist: Perioden relativer Artenkonstanz wechseln mit Epochen einer raschen Speziation ab. So kam es z.B. in der Epoche vor 580–550 Millionen Jahren in den Meeren zur Entwicklung einer reichhaltigen Ediacara-Fauna. Die meisten Organismen dieses Zeitalters sind vor Beginn des Kambriums wieder ausgestorben. Einige Paläobiologen heben hervor, dass die Ursachen des Aussterbens mancher Organismengruppen in Fachkreisen umstritten sind und daher noch kontrovers diskutiert werden. Zur Frage, warum beim Quastenflosser *Latimeria* die phänotypische Evolution seit etwa 80 Millionen Jahren fast völlig stillsteht, gibt es mehrere Hypothesen, die hier nicht näher diskutiert werden sollen. Offensichtlich hat dieser in idealer Weise an seine Umwelt angepasste nachtaktive Höhlenbewohner niemals seine ökologische Nische verlassen und konnte daher, als Reliktform, die Jahrmillionen fast unverändert überdauern (für eine weiterführende Diskussion dieser Frage s.S. 127). Dieses lebende Fossil (Abb. 11.5) ist nahe mit jenen Urfischen verwandt, deren Nachkommen im späten Devon (vor etwa 350 Millionen Jahren) innerhalb relativ kurzer Zeit (9–14 Millionen Jahre) als amphibische Vierfüßer (Tetrapoda) das Land eroberten (BENTON, 2005).

11.8 Evolutionsbiologie als Naturwissenschaft

Das Argument, Evolutionsforschung sei keine wirkliche Wissenschaft, weil ihr die experimentelle Grundlage fehle, finden wir regelmäßig in den Schriften amerikanischer Kreationisten. Wir wollen hier einige deutsche Anti-Evolutionisten zu Wort kommen lassen. W. GITT (1993) beschäftigte sich mit der Beziehung zwischen Naturwissenschaft und Glaube. Der Autor vertrat die Ansicht, dass die Naturwissenschaft anstrebt, Fakten aus der Wirklichkeit „von Raum und Zeit durch die verschiedensten Methoden des Messens und Wägens zu ermitteln". Der Polymerchemiker B. VOLLMERT (1985) schrieb: „Die Entstehung der Lebewesen ist ... kein Problem der Naturwissenschaften, die wesensgemäß auf Reproduzierbarkeit ihrer Experimente angewiesen sind". In einem für den Biologieunterricht verfassten Buch untersuchen die Autoren R. JUNKER und S. SCHERER (1992, 2001) das Wesen der Naturwissenschaft Biologie. Sie stellen die Behauptung auf, dass die Naturwissenschaften sich ausschließlich mit experimentell analysierbaren Prozessen befassen, die jederzeit wiederholbar sind. Aus dieser Prämisse folgern sie, dass die Frage nach der Geschichte des Lebens streng genommen kein Problem ist, das mit ausschließlich naturwissenschaftlichen Methoden beantwortet werden kann, denn „die Entstehung sowie die Geschichte des Lebens auf unserem Planeten ist einmalig und nicht reproduzierbar". Die Autoren behaupten, dass die Naturwissenschaft ausschließlich auf gegenwärtig ablaufende Vorgänge begrenzt ist und die historische Dimension nicht erfassen kann. Sie folgern, dass der echte (direkte) Beweis für die Evolution (z.B. phylogenetische Entwicklung von Reptilien zu Vögeln) nur möglich wäre, wenn wir „mit einer Zeitmaschine in die Vergangenheit reisen und ein Entwicklungsgeschehen unmittelbar

Abb. 11.5 Der Quastenflosser *Latimeria chalumnae* ist ein Tiefsee-Raubfisch mit gestielten Flossen. Verwandte Arten sind vor 80 Millionen Jahren ausgestorben (A). Die phänotypische Evolution war bei diesem urtümlichen Fisch vor Jahrmillionen weitgehend zum Stillstand gekommen, da dieser Organismus bereits damals optimal an sein Meereshabitat angepasst und nicht der Konkurrenz überlegener Arten ausgesetzt war. Ein fossiler Quastenflosser ist als Original-Steinplatte beigefügt (B) (nach Zeichnungen von J. MILLOT).

beobachten könnten". Weiterhin schrieb SCHERER (1996): „Historische Vorgänge sind nun einmal nicht empirisch überprüfbar; nur was experimentell überprüft werden kann, ist Gegenstand naturwissenschaftlicher Aussage. Die Evolutionsbiologie hat diese Prinzipien vergessen und ist in philosophisch-spekulative Bereiche vorgedrungen". Dieser Vorwurf einer Ideologisierung der Biologie durch die Evolutionsforschung ist ungerechtfertigt und kann mit den folgenden Ausführungen entkräftet werden.

Gegenargumente. 1. Die zitierten Evolutionskritiker und Kreationisten übersehen, dass das Fach Biologie innerhalb der Naturwissenschaften eine Sonderstellung einnimmt. Bezüglich der Forschungsmethoden und Fragestellungen zerfällt die Biologie in zwei Teilbereiche, die in Kapitel 1 im Detail dargestellt sind: zum einen die klassische Freilandbiologie, d.h. Erkenntnisgewinn durch Beschreibung und Vergleich unter Verwendung rezenter bzw. fossil erhaltener (ausgestorbener) Organismen und zum anderen die moderne Laborbiologie, die auf dem reproduzierbaren Experiment und anschließender Datenanalyse basiert (s. Abb. 1.2, S. 12). Die erstgenannte Methode umfasst auch die Vergangenheit, d.h., durch Beobachtung und Vergleich können Fakten erarbeitet werden, die Erkenntnisse über reale historische Vorgänge liefern. Es ist daher nicht korrekt, die Biologie ausschließlich als Experimentalwissenschaft (zweite Methode) zu definieren (HARVEY und PAGEL, 1991).

2. Ein besonders eindrucksvolles Beispiel für die nichtexperimentelle Erforschung der Vergangenheit liefert die *Dendrochronologie*. Die meisten Holzgewächse in Gebieten mit jahreszeitlichem Klimawechsel bilden Jahresringe aus (infolge von Wachstumsunterbrechung durch winterliche Temperaturminima). Im Frühjahr entsteht mit Beginn der Wachstumsperiode weitlumiges (wassertransportierendes) Frühholz, im Herbst wird englumiges (stabileres) Spätholz gebildet. Diese Jahresringstruktur wird weiterhin durch Umweltfaktoren wie z.B. Trockenheit, Verletzung, Waldbrände usw. modifiziert. Der Dendrochronologe arbeitet im Prinzip wie folgt (Abb. 11.6): Mit Hilfe eines speziellen Hohlbohrers wird dem Holzstamm zunächst ein bleistiftdicker Kern entnommen (der Baum verfügt über entsprechende Reparaturmechanismen; er kann die Verletzung ohne Schaden überstehen). Unter Einsatz verschiedener Methoden, z.B. der Holzdichteanalyse an Mikroschnitten, kann nun über einen Vergleich der Dichtestruktur der einzelnen Jahresringe eine Grafik erarbeitet werden. Derartige Holzdichte-Histogramme liefern Informationen über vergangene Ereignisse im Leben des Baumes (Abb. 11.6). In analoger Weise erbringen entsprechend datierte Fossilien Erkenntnisse zur Rekonstruktion der Stammesgeschichte der Organismen (s. Kap. 4). Die von O. ABEL (1911) gegründete *Paläobiologie* ist heute eine autonome Wissenschaftsdisziplin mit eigenen Fachzeitschriften (z.B. *Historical Biology*, *Paleobiology*, *Journal of Paleontology*).

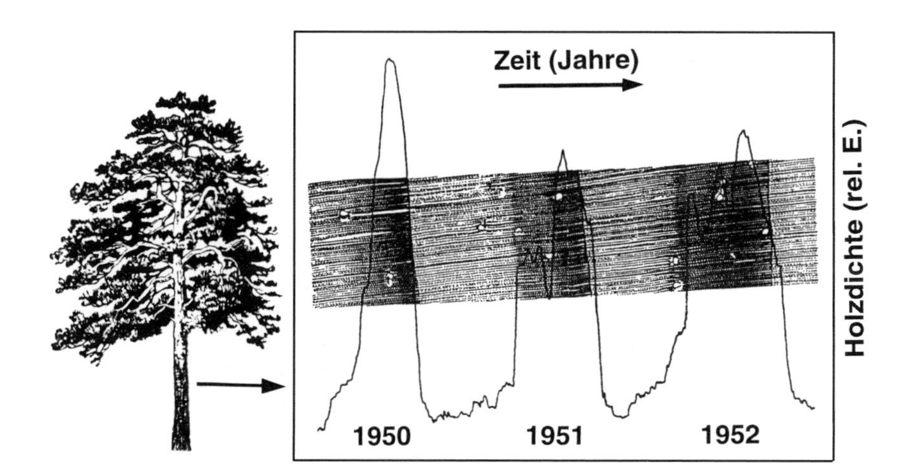

Abb. 11.6 Dendrochronologie: Analyse historischer Vorgänge im Leben einer Kiefer (*Pinus sylvestris*) unter Einsatz eines Holzdichtediagramms. Helle Bereiche: Frühholz, dunkle (dichte) Bereiche: Spätholz. Aus den maximalen Spätholzdichten kann z.B. die durchschnittliche April- bis Septembertemperatur Jahr für Jahr rekonstruiert werden (nach SCHWEINGRUBER, F.H.: Naturwissenschaften 83, 370–377, 1996).

3. Die *Geologie* ist eine Naturwissenschaft, deren Ziel es ist, die Entwicklungsgeschichte sowie den chemischen Aufbau unseres Planeten zu ergründen und in Form von Modellen darzustellen. Dieser Wissenschaftszweig hat neben wichtigen Erkenntnissen zur Erdgeschichte auch Resultate von direktem Nutzen für die Menschheit hervorgebracht (z. B. das Auffinden von Erdöllagerstätten). Nach S.M. STANLEY (1994) hat sich auf der Erdoberfläche die Umwelt im Verlauf der Jahrmillionen fortwährend verändert: „Sedimentgesteine und die darin enthaltenen Fossilien spiegeln die Natur dieser Lebewelt wider und liefern den Geologen Anhaltspunkte, aus denen sie die Geschichte der Umweltveränderungen erschließen können". Die Geologie ist somit, wie die Paläobiologie, eine „Geschichtswissenschaft", die Ereignisse aus der fernen Vergangenheit zu rekonstruieren versucht. Sie ist, analog der Evolutionsbiologie, eine etablierte Naturwissenschaft von großer theoretischer und praktischer Bedeutung (LEVIN, 2003).

11.9 Experimente zur Überprüfung der Evolutionstheorie

Wir kommen in diesem Abschnitt zu einem Hauptargument der modernen Antievolutionisten, das etwa wie folgt lautet: Eine wissenschaftliche Theorie kann nur als Wahrheit akzeptiert werden, wenn sie durch reproduzierbare Experimente bestätigt oder widerlegt (d. h. überprüft) werden kann. Evolutionsprozesse laufen so langsam ab, dass sie sich einer experimentellen Überprüfung entziehen; der Darwinismus (und die daraus entwickelte Synthetische Evolutionstheorie) ist ein in sich widersprüchliches, leeres Hypothesengebäude. Aus der falschen Annahme, die Biologie sei ausschließlich eine experimentelle Naturwissenschaft, ziehen R. JUNKER und S. SCHERER (1992, 2001) eine Reihe von Schlussfolgerungen. So vertreten sie z. B. die Ansicht, dass Evolutions- und Schöpfungstheorien in gewisser Weise vollkommen gleichartig seien, d. h. keine soll wissenschaftlicher als die andere sein. Beide Theorien „gehen über die reine Wissenschaft hinaus, weil ihre Grundlagen außerwissenschaftlicher (metaphysischer, philosophischer, weltanschaulicher, religiöser) Art sind". SCHERER (1996) befasste sich mit Evolutionsprozessen bei Bakterien und kam zu dem Schluss, dass selbst unter „außergewöhnlich optimistischen Annahmen noch nicht einmal eine evolutive Neubildung einer primitiven Version eines relativ einfachen Stoffwechselweges plausibel gemacht werden kann". Der Autor fordert die Evolutionsforscher auf, unter Beachtung experimentell belegter Mechanismen eine Höherentwicklung bei rezenten Mikroorganismen zu demonstrieren.

Der Wissenschaftstheoretiker KARL POPPER (1902–1994) behauptete in einigen seiner Schriften aus den 1970er-Jahren, dass die Synthetische Evolutionstheorie nur sehr schwer experimentell überprüfbar und daher eher als „metaphysisches Forschungsprogramm" anzusehen sei. Popper behauptete auch, dass die Selektion des Tüchtigsten im Grunde eine Tautologie sei (d. h. ein Zirkelschluss wie: „Alle Bäume sind Bäume"). Obwohl er einige Jahre später seine Ansicht revidierte, griffen die Antievolutionisten diesen Vorwurf sofort auf. Der Evolutionskritiker J. ILLIES (1983) argumentierte, der „darwinistische Zirkelschluss" komme wie folgt zustande: Überlebende sind tüchtig; wir wundern uns anschließend, dass die Tüchtigsten überleben. Nach R. JESSBERGER (1990) können wir diesen Einwand wie folgt verdeutlichen. Frage: Wer überlebt? Antwort: Der Tüchtigste. Frage: Wer ist der Tüchtigste? Antwort: Der, der überlebt. Wir drehen uns mit dieser Formulierung somit logisch im Kreise (*survival of the survivor- circle*).

Gegenargumente. 1. Grundlage der von C. Darwin (und A.R. Wallace) formulierten Selektionstheorie war die Beobachtung, dass der Mensch durch *künstliche* Zuchtwahl *neuartige* Organismen hervorbringen kann, die sich von der ursprünglichen Wildform in zahlreichen Merkmalen unterscheiden (z. B. Tauben-, Hunde- oder Pflanzenzucht, s. Kap. 2). In analoger Weise entstehen durch *natürliche* Zuchtwahl in der freien Natur neue Arten, allerdings innerhalb sehr langer Zeiträume. Die ursprünglich formulierte Selektionstheorie basierte somit auf Beobachtungen und Züchtungsexperimenten, wobei die Erfolge der künstlichen (menschlichen) Selektion beachtlich sind; die Züchtungsprodukte unterscheiden sich zum Teil deutlicher vom Wildtyp als manche in der Natur beobachtbaren „guten" (reproduktiv isolierten) Arten. Als Beispiel sei die in Kapitel 9 besprochene Hunde- und Getreidepflanzenzucht genannt. In Abbildung 11.8 (S. 260) ist zur Verdeutlichung des Gesagten die Domestikation von zwei Nutzpflanzen dargestellt. Dieses vom Menschen geplante Makroevolutions-Experiment hat zu neuen Pflanzen-Bauplänen geführt.

2. Evolutionsexperimente mit freilebenden Birkenspanner- und Guppy-Populationen haben gezeigt, dass die Bildung von Varietäten innerhalb einer Spezies rasch verlaufen und unter geeigneten Bedingungen mitverfolgt werden kann. Die

Entstehung neuer Arten wurde bei Blütenpflanzen (z. B. bei der Gattung Bocksbart, *Tragopogon*) im Detail experimentell analysiert (s. S. 224). Das populäre Argument mancher Evolutionsgegner, kein Mensch habe „jemals mitverfolgt, wie eine neue Art entstanden ist", konnte durch diese Befunde widerlegt werden.

3. Laborexperimente mit Bakterien, die unter dem Selektionsfaktor „Glucosearmut" über Tausende von Generationen in Reagenzgläsern kultiviert wurden, haben den auf Mutation und Selektion basierenden Evolutionsmodus bestätigt. Überdies konnte die Tüchtigkeit (fitness, d. h. Lebenszeit-Fortpflanzungserfolg) der einzelnen Bakteriengenerationen bestimmt und in relativen Werten (Zahlen) ausgedrückt werden. Die evolvierten Bakterienstämme hatten eine höhere fitness als ihre Vorläuferformen (Urahnen). Der Vorwurf, das Selektionsprinzip sei eine Tautologie, weil die fitness der Nachkommenschaft nicht messbar sei, ist somit ausgeräumt (s. S. 226). Reagenzglas-Experimente mit sich selbst vermehrenden Ribonucleinsäure (Ribozym)-Molekülen führten zu der Erkenntnis, dass das Selektionsprinzip (Überleben der Variante mit der höchsten Reproduktionsrate) auch auf subzellulärem Niveau (in vitro) nachgewiesen werden kann (s. S. 228). Diese Beispiele zeigen, dass Evolutionsvorgänge einer experimentellen Analyse zugänglich sind und dass das obengenannte zentrale Postulat der Synthetischen Theorie wiederholt verifiziert werden konnte (Herring et al., 2007; Joyce, 2004, 2007).

11.10 Unbewiesene Behauptungen und Fälschungen

In diesem Abschnitt sollen in Kurzform einige weitere Behauptungen aufgelistet werden, die in der Literatur der Evolutionskritiker und Kreationisten zu finden sind. Die entsprechenden Gegenargumente wurden jeweils hinzugefügt, wobei auf die entsprechenden Kapitel und Seiten verwiesen wird, wo weiterführende Informationen zu finden sind.

Endosymbiose und Eucyte. *Behauptung:* Die Endosymbionten-Theorie der Zell-Evolution basiert auf unzureichenden Fakten und ist daher als reine Spekulation zu betrachten. R. Junker und S. Scherer (2001, 2006) schreiben, dass „eine evolutive Entstehung der Eucyte im Sinne der Endosymbiontenhypothese als hochgradig unwahrscheinlich angesehen werden muss".

Gegenargument: Diese Aussage ist nicht korrekt. Wie in Kapitel 6 im Detail dargelegt ist, zählt die durch zahlreiche unabhängige Daten untermauerte Endosymbionten-Theorie zu den gesicherten Erkenntnissen der modernen Biologie. Ohne Endosymbiose gäbe es auf der Erde keine Eucyten und somit auch keine Mehrzeller wie Tiere und Pflanzen (Kutschera und Niklas, 2005).

Fossile Zwischenformen. *Behauptung:* Das Fossilienmuster zeigt keine Übergangsformen zwischen den Bauplänen verschiedener Tierklassen, d. h., es gibt keine historischen Beweise für die Makroevolution. Dieses Argument wird von R. Junker und S. Scherer (2001, 2006) an vielen Stellen hervorgehoben und bildet die Grundlage zur Formulierung einer „Alternative zur Makroevolutionslehre, die von der biblischen Offenbarung her motivierte Schöpfungslehre".

Gegenargumente: Dies ist sachlich falsch. Zahlreiche Fossilfunde belegen evolutive Groß-Übergänge, etwa im Bereich Wespe/Ameise (*Sphecomyrma*), Fische/Amphibien (z. B. *Eustenopteron, Ichthyostega*), Reptilien/Säuger (z. B. *Cynognathus, Thrinaxodon*), Reptilien/Vögel (z. B. *Microraptor, Archaeopteryx*) und Schimpanse/Mensch (*Sahelanthropus*) (s. Kap. 1 und 4). Bei der Besprechung der Evolution der Säugetiere kommen R. Junker und S. Scherer (2001) zu der folgenden abschließenden Bewertung: „Die Detailbetrachtung zeigt, dass in der Fossilüberlieferung plausible Bindeglieder beim Übergang vom Reptil zum Säuger fehlen". Diese Aussage ist unzutreffend. Nach T.S. Kemp (1999, 2005, 2007) ist der Übergang vom urtümlichen Reptil zum primitiven Säugetier „der am besten durch Fossilreihen dokumentierte Schritt" in der Makroevolution der Landwirbeltiere.

Grundsätzlich muss zu diesem Punkt jedoch gesagt werden, dass die Unvollständigkeit vieler Fossilreihen und somit das Fehlen mancher Zwischenformen in der „Natur der Sache" liegt. Nur ein Bruchteil der hartschaligen Tiere (und Pflanzen), die jemals gelebt haben, sind durch einen Zufall zu einem Fossil geworden; diese wenigen Lebensspuren wurden Jahrmillionen später entdeckt, ausgegraben und rekonstruiert. Wir können aufgrund dieser Fakten keine Vollständigkeit in den fossilen Überlieferungen erwarten.

Rezente Bauplan-Mischtypen. *Behauptung:* Es gibt keine lebenden (rezenten) Übergangsformen zwischen einzelnen Organismengruppen, d. h., wir können in der Natur „Grundtypen" oder „Schöpfungseinheiten" erkennen (Junker und Scherer, 2001, 2006).

Gegenargumente: Diese Aussage basiert auf Unkenntnis der Fachliteratur. In Kapitel 6 wurde im Detail die Proto-Eucyte *Giardia* vorgestellt. Dieser einzellige Organismus repräsentiert, wie auch andere Vertreter der Archaezoa, eine Übergangsform zur echten (Mitochondrien enthaltenden) Eucyte (s. S. 159; dort sind weitere rezente Zell-Mischtypen aufgelistet). Beispiele für Zwischenformen auf dem Niveau nackter und begeißelter Einzeller (Protoctista) sind in Kapitel 6 zusammengefasst (z. B. *Chlorarachnion*, *Cryptomonas*, *Euglena*, *Dinophysis*). In Kapitel 8 wurden rezente Übergangsformen (Bauplan-Mischtypen) zwischen Wenigborstern (Oligochaeta) und Egeln (Hirudinea) sowie zwischen Ringelwürmern (Annelida) und Gliederfüßern (Arthropoda) diskutiert (*Agriodrilus*, *Acanthobdella*, *Peripatus*, s. S. 190). Weiterhin sei auf die Panzerschleiche *Ophisaurus* und den Kurzflügel-Flugfisch *Oxyporhamphus* verwiesen, Paradebeispiele für Bauplan-Mischwesen (s. S. 43, 206). In Abbildung 11.7 A, B sind zwei weitere, im bisherigen Text nicht beschriebene Bauplan-Übergangsformen aus der Klasse der Wirbeltiere vorgestellt. Das in Australien beheimatete, einer Eier legenden Wasserratte mit Entenschnabel und Schwimmhäuten ähnelnde Schnabeltier (*Ornithorhynchus anatinus*) gehört – wie die beiden rezenten Schnabeligel-Arten – in die Säuger-Gruppe der Kloakentiere (Monotremata, s. Abb. 2.27, S. 51). Vor etwa 210 Mio. Jahren trennten sich die Entwicklungslinien zwischen den urtümlichen Monotremen und den modernen Säugern (Beutel- und Placentatiere). Untersuchungen zu den Geschlechtschromosomen des Schnabeltiers (Abb. 11.7 A) haben gezeigt, dass dieses außergewöhnliche Wesen nicht zwei (XX bzw. XY), sondern zehn das Geschlecht determinierende Chromosomen besitzt (X_1X_1 bis X_5X_5 bzw. X_1Y_1 bis X_5Y_5). Nach L. Carrel (2004) enthält das Schnabeltier ein für Vögel typisches Gen auf X_5 – ein weiterer (molekularer) Beleg für den Bauplan-Mischtyp dieses seltenen vogelähnlichen Ur-Säugetiers.

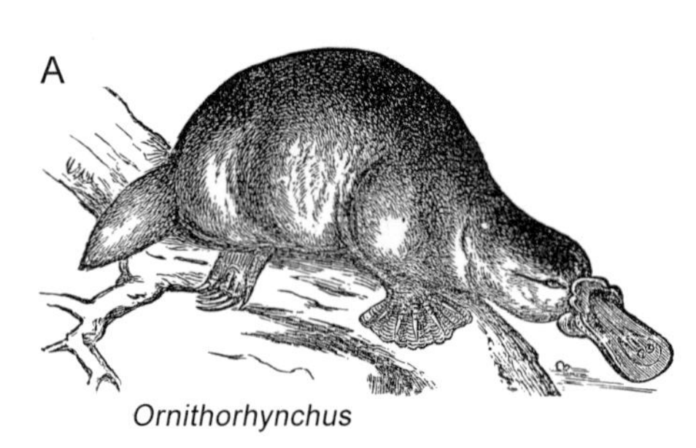

Abb. 11.7 Rezente Wirbeltier-Zwischenformen. Australisches Wasserschnabeltier (*Ornithorhynchus anatinus*), ein Eier legendes, behaartes Ur-Säugetier mit Vogel-Schnabel, Schwimmhäuten und für Vögel typische geschlechtsbestimmende Gene (A). Der Schlammspringer (*Periophthalmus barberus*), ein amphibischer Fisch tropischer Mangrovensümpfe (B). Die mit armartig verlängerten Brustflossen, austrocknungsresistenter Haut und Froschaugen versehenen Fische verlassen regelmäßig das Wasser.

Die Tatsache, dass manche Fische zeitweise das Wasser verlassen, wurde bereits in den Kapiteln 4 und 8 erwähnt. Im Folgenden soll ein amphibischer Fisch, der zu den Grundeln (Gobiidae) zählende Schlammspringer (*Periophthalmus barberus*), vorgestellt werden (Abb. 11.7 B). Die in tropischen Mangrovensümpfen lebenden Fische zeigen für Amphibien typische Merkmale (Adaptationen): armartig verlängerte Brustflossen zum Kriechen an Land, froschartig vorstehende Glotzaugen, um über Wasser scharf zu sehen, eine spezielle Haut, die ein Austrocknen hemmt und die Fähigkeit, über Kiemen sowie die Mundhöhle/Haut zu atmen. Die Schlammspringer-Art *P. sorbens* kann nach M. D. J. Sayer und J. Davenport (1991) im Freiland fast eine Stunde lang ohne Wasser leben und einen Tag ganz untergetaucht bleiben, ohne zu ertrinken. Dies ist eine beachtliche Leistung für einen Fisch mit Amphibien-Merkmalen (Bauplan-Mischwesen, Kutschera, 2006 c).

Ein Beispiel aus dem Pflanzenreich soll unsere Argumentation abrunden. Wie in Kapitel 3 dargelegt wurde, repräsentiert die Maispflanze als Vertreter des hocheffizienten „C4-Photosynthesetyps" einen derzeitigen Endpunkt in der Evolution der Blütenpflanzen (s. Abb. 3.6, S. 82). Die Gruppen der C3- und C4-Pflanzen sind jedoch keine separat geschaffenen „Photosynthese-Grundtypen". Wir kennen eine Reihe verschiedener rezenter Pflanzenarten, die als C3-/C4-Mischtypen erkannt wurden und somit lebende Zwischenformen repräsentieren (z. B. Vertreter der Gattungen *Flaveria* und *Panicum*) (s. Kap. 9, S. 214).

Rudimentäre Organe. *Behauptung:* Nach R. Junker und S. Scherer (2001, 2006) können weitgehend funktionslose Organe „schöpfungstheoretisch", d. h. im Sinne eines „Konstrukteurs" oder „Designers" gedeutet werden. Man versucht, diesen Organ-Rudimenten eine obligatorische Funktion zuzuschreiben.

Gegenargumente: Diese Interpretationen sind unwissenschaftlich. Auf das populäre Beispiel „Blinddarm" (*Appendix*, Wurmfortsatz beim Menschen) soll nur kurz eingegangen werden. Die immer wieder geäußerte Ansicht, der Blinddarm hätte eine *lebensnotwendige* physiologische Funktion, entbehrt einer empirischen Grundlage: Individuen mit herausoperiertem Wurmfortsatz leben genauso lange und gesund wie „Blinddarm-Träger". Außerdem ist seit langer Zeit bekannt, dass einzelne Menschen ohne Wurmfortsatz geboren werden und sich dennoch normal entwickeln. Der *Appendix* wird von Fachleuten als Organ-Rudiment ohne erkennbare obligatorische Funktion interpretiert (FISHER, 2000).

Als Paradebeispiele für Organe ohne Primärfunktion seien die Stummelbeinchen der Panzerschleiche (*Ophisaurus apodus*) und die Klauen der Riesenschlange (*Boa constrictor*) genannt (s. Kap. 2). Abschließend wollen wir die Säugerordnung der Wale betrachten (Cetacea). Nach R.L. CARROLL (1997) und M. J. BENTON (2005) konnte durch Fossilfunde eindeutig belegt werden, dass diese Meerestiere von urtümlichen Landsäugern abstammen. Eine ausgestorbene Zwischenform, der von JUNKER und SCHERER (2006) ignorierte Lauf-Wal *Ambulocetus*, wurde in Kapitel 4 vorgestellt (s. S. 121). Rezente Cetacea, d. h. an das Leben im Wasser angepasste Mammalia (z. B. Grönlandwal, *Balaena mysticeta*), haben Vorder-, jedoch keine Hinterextremitäten. Allerdings sind im Körperinnern der Wale Knochenrudimente zu finden, die als weitgehend funktionslose Rest-Paddelorgane zu interpretieren und nur historisch (phylogenetisch) zu verstehen sind (s. Abb. 2.18, S. 44).

Mutationen als Störfaktoren. *Behauptung:* Spontane Änderungen im Erbgut (Mutationen) sind grundsätzlich schädlich und führen niemals zu einer Neu- oder Weiterentwicklung (Komplexitätszunahme) der betreffenden Organismen. So behauptet z. B. der ID-Kreationist W.-E. LÖNNIG (1993), dass „primäre Arten" niemals durch Mutationsereignisse entstanden wären.

Gegenargumente: Die Mehrzahl der Mutationen sind Selektions-neutral, d. h. sie führen zu keiner Änderung im Phänotyp. In der Tat bringen jedoch viele spontane Änderungen in der Erbinformation keinen Selektionsvorteil für das Individuum (s. z. B. die genetisch bedingten Krankheiten des Menschen). Allerdings kennen wir Fallstudien, die gezeigt haben, dass „adaptive Keimbahn-Mutationen" gegenüber dem Wildtyp einen Überlebensvorteil erbracht haben (z. B. Birkenspanner, s. Kap. 9; weitere Beispiele s. MAJERUS et al., 1996, PAGE und HOLMES, 1998). Mikroben- und Ribozym-Versuche haben gezeigt, dass unter limitierenden Umweltbedingungen Mutanten rascher wachsen als die Urform (s. Bakterien- und In-vitro-Evolutionsexperimente in Kap. 9, S. 226). Ein Beispiel von praktischer Bedeutung ist die *Antibiotika-Resistenz* pathogener Mikroben. Zahlreiche Bakterienstämme, die beim Menschen bestimmte Krankheiten auslösen können, sind nach Mutation (bzw. Gen-Transfer) in der Lage, in Anwesenheit eines Antibiotikums zu wachsen. Unter denselben Umweltbedingungen stirbt der Wildtyp (Vorläuferform) unter der Wirkung des eingesetzten Chemotherapeutikums. Diese u. a. auf Mutation/Selektion basierende rasche Bakterien-Evolution (Entstehung neuer Ökotypen) ist in Krankenhäusern zu einem Problem geworden (WEBB et al., 2005).

In Kapitel 9 hatten wir als einen „Motor" in der Evolution der Blütenpflanzen die Polyploidisierung kennen gelernt. Derartige *Genom-Mutationen* (Vervielfachung des Chromosomensatzes, verbunden mit einer Hybridbildung) haben zur phylogenetischen Entwicklung zahlreicher Angiospermen-Spezies geführt (Sympatrische Artbildung, s. S. 224) (HENNIG, 1998; PIRES et al., 2004).

Altruismus und Evolution. *Behauptung:* Die Evolutionstheorie postuliert das Prinzip des Kampfes und somit des Egoismus der Lebewesen. Naturbeobachtungen zeigen hingegen, dass Altruismus und Kooperation dominieren. Dieses klassische Argument wurde von dem Journalisten R. EICHELBECK (1999) erneut in die populäre Diskussion gebracht. Er argumentierte etwa wie folgt: Gemäß dem Selektionsprinzip sollten im „Kampf ums Dasein" bevorzugt Eigenschaften wie Körpergröße, Stärke oder Aggressivität gefördert werden. Demnach dürften nur große, kampfeslustige und giftige Tiere existieren, nicht jedoch kleine, friedliche und ungiftige Arten. Dies sei offensichtlich nicht der Fall, d. h., die Selektionstheorie erkläre nicht die Vielfalt der Natur.

Gegenargument: Diese Behauptung basiert auf Unkenntnis biologischer Fakten. Das Selektionsprinzip (*survival of the fittest*) ist ein zentraler Bestandteil der Synthetischen Theorie, wobei fitness als Anpassungsgrad bzw. Fortpflanzungserfolg zu interpretieren ist. Beobachtungen an Fischen, Vögeln und Säugetieren haben gezeigt, dass die Mehrzahl dieser Wirbeltierarten hoch komplexe Brutpflegemuster entwickelt haben. Dieses altruistische Eltern-Verhalten ist auch auf der Organisationsstufe niederer Tiere, wie z. B. der Gürtelwürmer (Süßwasseregel), dokumentiert. Dies beweist, dass Kooperation und Teilen von Nahrungsvorräten mit Verwandten Prinzipien sind, die während der Phylogenese offensichtlich einen Selektionsvorteil mit sich gebracht haben (s. Kap. 8). Die fitness dieser Arten (Produktionsrate an Nachkommen, die sich wieder fortpflanzen) wurde durch altruistisches Verhalten offenbar nicht erniedrigt, sondern erhöht – sonst wären diese Spezies schon lange ausgestorben (Clutton-Brock, 1991, Kutschera und Wirtz, 2001).

Dinosaurier und Menschenspuren. *Behauptung:* Seit Jahrzehnten wird in der Literatur amerikanischer Kreationisten auf Befunde verwiesen, die zeigen sollen, dass Dinosaurier und Menschen gleichzeitig gelebt haben (fossile Fußabdrücke in Sedimentgesteinen). Der deutsche Bauingenieur und Freizeitpaläontologe H.-J. Zillmer (1998) berichtete in seinem Bestseller „Darwins Irrtum" über Ausgrabungen am Paluxy River in Texas, die beweisen sollen, dass „versteinerte Spuren von Dinosauriern und Menschen in den gleichen geologischen Schichten vorkommen". Schlussfolgerung: „Die Evolution fand nicht statt".

Gegenargument: Nach R. Jessberger (1990) und D.J. Futuyma (1998) konnten diese neben Dinosaurierspuren liegenden menschenfußähnlichen Einbuchtungen bereits vor Jahren als Fälschungen identifiziert werden. Es handelte sich um natürliche Einsenkungen im versteinerten Untergrund, die nachträglich ausgekratzt worden waren. Es gibt keinerlei Beweise für ein Zusammenleben von Sauriern und Menschen. Hätte die Spezies *Homo sapiens* gemeinsam mit Raubsauriern (z.B. *Allosaurus*) gelebt, so wären unsere Vorfahren rasch ausgerottet worden. Menschen im Urzustand hätten gegenüber den agilen, räuberischen Riesenechsen wohl kaum eine Überlebenschance gehabt.

11.11 Allgemeine Schlussfolgerungen und Bewertung des Kreationismus

Die hier vorgetragene Diskussion der Einwände gegen die Evolutionstheorie zeigt, dass keines der zehn Hauptargumente der Anti-Evolutionisten stichhaltig ist. Die von C. Darwin und A.R. Wallace begründete *Abstammungslehre*, die im 20. Jahrhundert zur *Erweiterten Synthetischen Theorie der biologischen Evolution* (d. h. der *Evolutionsbiologie*) ausgebaut wurde, wird durch eine Fülle unabhängiger Fakten und Daten unterstützt (s. S. 80). Die Synthetische Theorie liefert, ohne Alternative, die einzigen plausiblen Mechanismen zur kausalen (naturalistischen) Erklärung der Stammesentwicklung der Organismen der Erde (T. Junker, 2004). Die Evolutionstheorie hat daher heute denselben Stellenwert wie die Atomtheorie in der Physik oder das Periodensystem der Elemente in der Chemie. Sie bildet die *gesicherte* Grundlage der Biologie (Kutschera, 2004 b; Gregory, 2008).

Zellen- und Evolutionstheorie. Diese Schlussfolgerung soll durch eine Analogiebetrachtung illustriert werden. Im Jahr 1838 veröffentlichten die beiden Naturforscher Matthias Schleiden (1804–1881) und Theodor Schwann (1810–1882) unabhängig voneinander jeweils eine wissenschaftliche Arbeit, in der postuliert wurde, dass die Gewebe der Pflanzen und Tiere aus sehr ähnlich gebauten „Einzelwesen" oder „Elementarbausteinen", den Zellen, zusammengesetzt sind. Diese *Zellentheorie* besagt somit in ihrer allgemeinsten Formulierung, dass alle Lebewesen aus individuellen Zellen bestehen und während ihrer Entwicklung auch aus Zellen hervorgehen (Sitte et al., 1998, Kutschera, 2002). Die Zellentheorie wurde inzwischen durch so viele weiterführende Untersuchungen bestätigt, dass sie heute den Status einer Tatsache hat: Alle Organismen der Erde bestehen aus Zellen (Protocyten oder Eucyten, s. Kap. 6). Allerdings sind viele Fragen bezüglich der Mechanismen intrazellulärer Vorgänge (z. B. Stoffwechselwege, Genexpression) und der zellulären Wachstumsprozesse bis heute ungeklärt und somit noch Gegenstand der Forschung.

In analoger Weise können wir den Begriff Evolutionstheorie interpretieren. Das zentrale Postulat (Stammesgeschichte der Organismen) wurde durch so viele Dokumente (z. B. Fossilreihen, molekulare Phylogenien) untermauert, dass wir die Evolution als historische Tatsache akzeptieren müssen. Ähnlich wie im Falle der Zellentheorie sind jedoch auch auf diesem Teilgebiet der Biologie noch viele Fragen offen (z. B. der exakte Verlauf der Phylogenese während der verschiedenen Epochen der Erdgeschichte; Ursachen aller fünf Massenextinktionen; die Antriebskräfte für den Artenwandel). Es ist fraglich, ob wir jemals in der Lage sein werden, alle Funktionen der lebenden Zelle im Detail zu verstehen; in gleicher Weise wird eine vollständige Aufklärung aller Fragen zur Stammesgeschichte der Organismen möglicherweise niemals gelingen.

Grundtypen und biblisches Dogma. Wir wollen zum Abschluss zu den Argumenten der Evolutionskritiker (bzw. ID-Kreationisten) zurückkehren und insbesondere das „Grundtypen-Modell" (Abb. 11.2) einer kritischen Evaluation unterziehen. Die Autoren R. Junker und S. Scherer (1992, 2001) bemühten sich, in ihrer Abhandlung objektiv zwischen „Evolutions- und Schöpfungsmodell" zu stehen. An einigen Stellen tritt jedoch ohne Zweifel ihre kreationistische Grundposition zutage. Im Zusammenhang mit der Besprechung der Archaebakterien bieten sie, ausgehend vom Schöpfungsgedanken, folgende Erklärung eines biologischen Sachverhalts an: „Der Schöpfer hat ähnliche Bauteile in ganz unterschiedlichen Zusammenhängen verwendet". An anderer Stelle lesen wir von einer „unabhängigen Entstehung zahlreicher Grundtypen durch Schöpfungsakte Gottes". Dies führt uns zur Frage nach den *Beweisen* für eine übernatürliche Entstehung der Organismen auf der Erde. Die in diesem Kapitel zitierten Autoren üben heftige Kritik an der Synthetischen Theorie der Evolution. Dieser intellektuelle Prachtbau der Naturwissenschaften wird von ihnen auf unakzeptable Art und Weise mit Schmutz beworfen, ohne dass eine rationale Erklärung der umfangreichen biologischen Fakten, die zugunsten der Evolution sprechen, geliefert wird. Als einzige Alternative verweisen die Evolutionskritiker und Kreationisten auf ihren subjektiven christlich-religiösen Glauben, der einem Außenstehenden durch keinerlei objektive Fakten bewiesen und plausibel gemacht werden kann. Das von S. SCHERER auf der *3rd International Conference on Creationism (Pittsburgh, 1992)* eingeführte Dogma der „Grundtypen" (Genesis, Kap. 1: „Gott erschuf Tiere und Pflanzen nach ihrer Art") ist mit dem bereits zitierten „Adam und Eva"-Konzept des Urvaters der ID-Bewegung, P.E. JOHNSON (1993), weitgehend identisch.

Hybrid-Modell und Makroevolution. Aus den folgenden *sachlichen Gründen* ist die „theistische Alternative zur atheistischen Makroevolutionslehre" von R. JUNKER und S. SCHERER (2001, 2006) (Abb. 11.2) ohne wissenschaftlichen Gehalt und Erklärungskraft.

1. Übernatürliche (supranaturalistische) Kräfte eines Intelligenten Designers (d.h. Gott der Bibel) werden mit natürlichen Prozessen (Mikroevolution bzw. Speziation) vermengt, so dass ein steriles, Aussage-loses Hybrid-Modell entsteht. Bei der biblischen Schöpfung (Eva entsteht aus somatischen Rippen-Zellen Adams) bleibt u.a. die Frage offen, wie bei dieser Klonierung eine Geschlechtsumwandlung gezogen werden konnte (Chromosomensatz XY vom schwer verletzten Adam zu XX der Eva).
2. Nach Ansicht der Autoren kann der „Schöpfungsakt" nicht modellmäßig (d.h. naturwissenschaftlich) beschrieben werden. Das Modell basiert somit auf einem biblischen Wunder. Theorien bzw. Modelle, die den Grundsatz des *methodischen Naturalismus* verlassen, stehen per definitionem außerhalb der Naturwissenschaften (s. Kap. 1). Warum gibt es in der Realität z.B. keine Engel (Menschen mit Armen, Beinen und Flügeln, d.h. sechs Extremitäten)? Ein biblischer Schöpfer (Intelligenter Designer) hätte auch dieses Wunder vollbringen können. Das „Schöpfungsmodell" liefert keine, die Evolutionsbiologie jedoch eine klare Antwort (Tetrapoden-Bauplan im späten Devon, Funktionswechsel, Evo-Devo, s. S. 242).
3. Das von C. DARWIN (1859) postulierte Konzept der gemeinsamen Abstammung aller Organismen der Erde wird insbesondere durch molekularbiologische Daten unterstützt und gehört zu den gesicherten Erkenntnissen der modernen Biowissenschaften (KUTSCHERA und NIKLAS, 2004). Das „Grundtypen-Schöpfungsmodell", einzelne unabhängige Abstammungslinien darstellend (Abb. 11.2), steht im Widerspruch zu vielen tausend Forschungsarbeiten und entbehrt auch aus diesem Grund jeglicher empirischer Grundlage.
4. Nach R. JUNKER und S. SCHERER (1992) folgt aus der Schöpfungslehre, dass „Zwischenformen zwischen Grundtypen niemals existierten und auch zukünftig nicht gefunden werden". Wir kennen jedoch zahlreiche rezente und fossile Bauplan-Mischtypen. So dürften z.B. das Vogel-Säuger-Schnabeltier (Abb. 11.7 A) oder der Fisch-Amphibien-Schlammspringer (Abb. 11.7 B) nach dem Grundtypen-Dogma nicht existieren.
5. Die Autoren R. JUNKER und S. SCHERER (2001, 2006) erwähnen in ihrem „Lehrbuch" das biblische Erdalter von 10 000 Jahren an keiner Stelle (s. KUTSCHERA, 2004 b für eine Aufklärung zu diesem Punkt). Sie behaupten allerdings, das dokumentierte Alter unseres Planeten von etwa 4,6 Milliarden Jahren sei nur „eine verbreitete Annahme". Selbst wenn wir das biblische Erdalter ignorieren, steht das Hybrid-Modell (Abb. 11.2) auch im Widerspruch zu den Erkenntnissen der Paläobiologie. So gibt es seit etwa 55 Mio. Jahren fossile Pferde (Equidae), während z.B. Katzen-Skelette (Felidae) erst in 34 Mio. Jahre alten Sedimentgesteinen auftauchen und menschenartige Primaten (Hominidae), ausgehend von *Sahelanthropus*, nur etwa 7 Mio. Jahre alt sind (BENTON, 2005). Die postulierte „gleichzeitige Entstehung" (d.h. Erschaffung) steht somit im Widerspruch zu den Erkenntnissen der Fossilienkunde.
6. Das Hybrid-Modell (übernatürliche Schöpfung als Ersatz für Makroevolution, gefolgt von natürlichen Artbildungsprozessen) geht davon aus, dass die Mechanismen der Mikroevolution (Art- und Rassebildung) hinreichend bekannt sind, während die Entstehung neuer Organismen-Baupläne einer Ersatz-Erklärung bedürfe. Diese Annahme ist unzutreffend. Makroevolutionäre Übergänge sind zum Teil durch Fossilreihen besser abgesichert als die Mechanismen

der Speziation bestimmter Taxa (z. B. die Abstammung der Wale von Flusspferd-ähnlichen Huftieren im Eozän, verglichen mit der raschen Artbildung bei rezenten ostafrikanischen Buntbarschen, s. Kap. 4 und 9). Warum argumentieren die Autoren nicht umgekehrt (Makro = natürlich, Mikro = übernatürlich)? R. JUNKER und S. SCHERER (2001, 2006) würden antworten: „Weil aus dem Schöpfungs-Dogma der Bibel unsere Grundtypen-Version folgt".

7. Wie das Hybrid-Modell fordert, sind die Säugetiere (z. B. Menschen, Hunde, Katzen, Pferde, Abb. 11.2) eine „polyphyletische Gruppe" (unabhängige Schöpfungen 1–4). Wir wissen allerdings seit HAECKEL (1877, 1909), dass Mitglieder der Klasse Mammalia, von wenigen Ausnahmen abgesehen, konstant sieben Halswirbel und im Blut kernlose Erythrocyten haben. Fische, Amphibien, Reptilien und Vögel sind durch variable Halswirbel-Zahlen und kernhaltige rote Blutkörperchen gekennzeichnet (s. Abb. 2.34, S. 57). Diese an rezenten Arten erarbeiteten Daten dokumentieren die Monophylie der Mammalia, eine Erkenntnis, die durch Fossilreihen eindeutig belegt ist (BENTON, 2005).
8. Die Autoren R. JUNKER und S. SCHERER (2006) verwenden im Zusammenhang mit der Darstellung ihres Hybrid-Modells den Begriff „genetisch polyvalente Stammformen"; diese sollen als Vorfahren der „Grundtypen" existiert haben bzw. mit ihnen identisch sein. Mit einer derartigen, der Naturwissenschaft Biologie entlehnten Terminologie werden die Leser des „Kritischen Lehrbuchs" vorsätzlich getäuscht. Gemeint ist ein „vom biblischen Schöpfer (Designer) eingebautes Vermögen zur Variation (Speziation)". Hier wird ein außerwissenschaftlicher Glaubenssatz in der Sprache der modernen Biowissenschaften dargeboten – eine äußerst fragwürdige Methode der Wissensvermittlung. Weiterhin behaupten die Autoren in ihrem „Lehrbuch", Evolution sei eine „Ursprungslehre" (analog einem religiösem Dogma), es gäbe „keine Beweise für Makroevolution" und die „Evolutionslehre" sei weltanschaulich geprägt. Die rein empirische, „atheistische" Pflanzenzucht hat jedoch seit langem die Makroevolution direkt „bewiesen" (Abb. 11.8): Durch natürliche phänotypische Variabilität/künstliche Selektion bestimmter Varianten konnten im Verlauf einiger hundert Generationen neue Baupläne herausgezüchtet werden. Beispiele für Makroevolution auf dem Niveau eukaryotischer Einzeller (sekundäre und tertiäre Endosymbiose) sind in Kapitel 6 aufgelistet (KUTSCHERA und NIKLAS, 2005). Weiterhin sei an dieser Stelle darauf verwiesen, dass die rezenten Vögel nach D.B. WEISHAMPEL et al. (2004) und M. J. BENTON (2005) wegen der zahlreichen fossil erhaltenen Zwischenformen Theropoda/Aves (z. B. *Microraptor*) zu den Dinosauriern gezählt werden. Die *Avinisation* (Vogel-Werdung im Verlauf der Jahrmillionen) ist ein durch Fossilreihen dokumentierter makroevolutionärer Groß-Übergang. Als weitere Beispiele sollen nochmals die gut belegte Abstammung der Wale und die Evolution der Säuger angeführt werden (s. Kap. 4) (ZIMMER, 1998).
9. Zahlreiche Bakterien sind mit einer (oder mehreren) Flagelle(n) ausgestattet, die den Mikroben in der planktonischen Form eine freie Ortsbewegung ermöglichen, in der kolonialen Biofilm-Lebensweise der Bakterien aber nicht

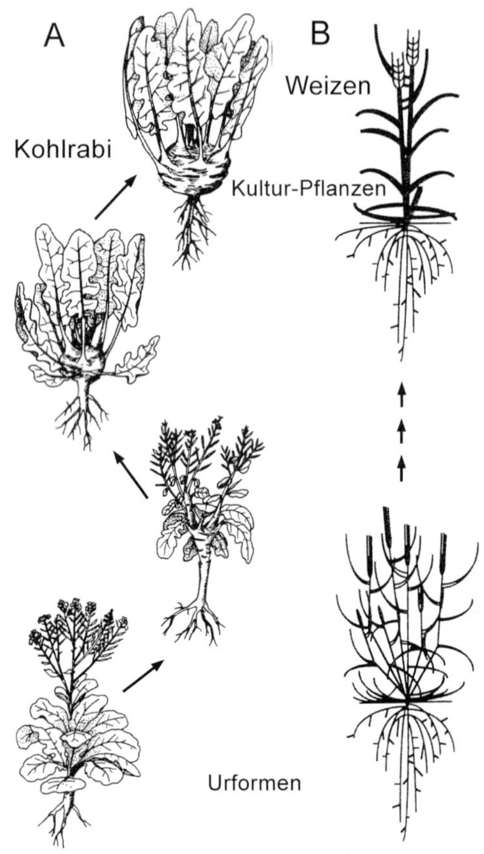

Abb. 11.8 Makroevolution im Pflanzenreich. Die Entstehung neuer Baupläne im Verlauf der Jahrhunderte langen Zucht von Kohlrabi (*Brassica oleracea*) (A) (nach historischen Zeichnungen) und Weizen (*Triticum aestivum*) (B) (nach WACKER, L. et al.: Plant Biol. 4, 258–265, 2002).

ausgebildet werden (KUTSCHERA et al., 2007) (Abb. 11.9 A, B). In der Neuauflage (2006) argumentieren R. JUNKER und S. SCHERER, die Bakterienflagelle sei eine „irreduzibel komplexe Struktur", die nicht in einem evolutionären Vielstufen-Prozess entstanden sein könne, sondern in einem Schritt von einem „Intelligenten Designer" entworfen sein müsse. Dieses Dogma konnte widerlegt werden: Die Bakterienflagelle ist in zahlreichen evolutionären Einzelschritten aus einer rekonstruierbaren Urform hervorgegangen (PALLEN und MATZKE, 2006; LIU und OCHMANN, 2007).

Gesellschaftliche Implikationen. Das „Grundtypen-Hybridmodell" von R. JUNKER und S. SCHERER (2001, 2006) wird inzwischen auch in einem „Lehrbuch zur Schöpfungslehre", konzipiert für heranwachsende Schüler, propagiert (VOM STEIN, 2005). Durch Verbreitung dieses dogmatischen Glaubens/Wissens-Systems soll offensichtlich unsere Jugend vom rational-logischen (naturalistischen) Denken abgehalten und, gemäß den Leitlinien der *US-ID-Bewegung*, mit theistischen Glaubenssätzen indoktriniert werden (JOHNSON, 1993, 2003; BEHE 1996, 2007; NUMBERS, 2006). Diese Verbreitung und Popularisierung pseudowissenschaftlicher Thesen ist als problematisch zu bewerten, da die in unserem Land bereits latent vorhandenen wissenschaftsfeindlichen Tendenzen und der Hang zum Irrationalismus gefördert werden (NEUKAMM, 2004, PENNOCK, 2003, WASCHKE, 2003). Für eine auf Naturwissenschaft und Technik basierende Gesellschaft hätte diese Entwicklung gravierende negative Folgen. Aus diesem Grund wurde hier das Hybridmodell der deutschen Euro-ID-Kreationisten, die ich an anderer Stelle als „Theo-Biologen" bezeichnet habe, vorgestellt und kritisch analysiert (KUTSCHERA, 2004 b, 2005 b, 2006 b, 2007 a, 2008).

Literatur:

ABEL (1911), BEHE (1996, 2007), BENTON (2005), ELIADE (2002), FUTUYMA (1995, 1998), GOULD (1989, 2002), GRADSTEIN et al. (2004), GREGORY (2008), JESSBERGER (1990), JOHNSON (1993, 2003), JUNKER und SCHERER (1992, 2001, 2006), JUNKER (2004), KOTTHAUS (2003), KUTSCHERA (2002, 2004 b, 2005 b, 2006 b, c, 2007 a, b, d, 2008), KUTSCHERA und NIKLAS (2004, 2005), NEUKAMM (2004), NUMBERS (2006), WASCHKE (2003), PALLEN und MATZKE (2006), PENNOCK (2003), ZIMMER (1998)

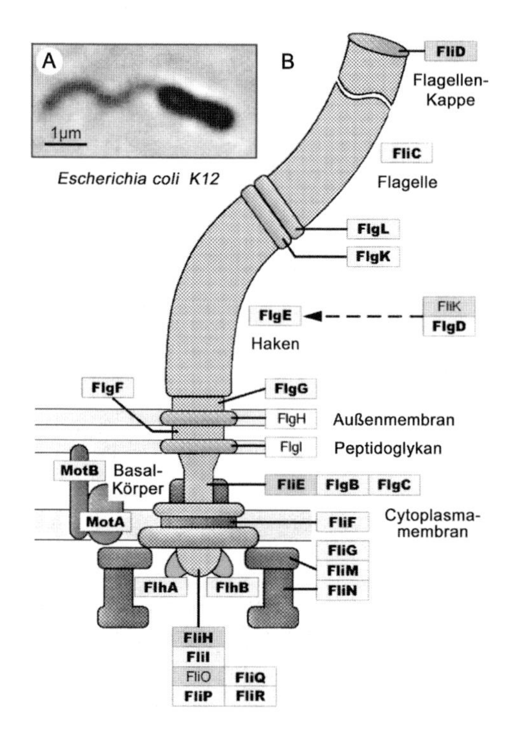

Abb. 11.9 Photo einer lebenden Bakterienzelle in Flüssigkultur (*Escherichia coli* K12, Wildtyp). In dieser schwimmenden (planktonischen) Form bildet die Zelle eine der Fortbewegung dienende Flagelle aus (A) (Aufnahme: S. SCHAUER). Struktur einer typischen Bakterienflagelle mit membranintegriertem Basalkörper (plus Motor), dem Haken und der hier verkürzt dargestellten Flagelle („Geißel") (B). Flagellenproteine (z.B. Flip, MotA, FliD) sind in Kästen dargestellt. Molekularphylogenetische Untersuchungen an 41 begeißelten Bakterien-Spezies haben gezeigt, dass die Bewegungs-Organelle aus einer einfachen Urform über Gen-Duplikationen/-Diversifikationen entstanden ist (nach LIU, R. und OCHMAN, H.: Proc. Natl. Acad. Sci. USA 104: 7116–7121, 2007).

12 Epilog: Evolution, christlicher Glaube und Ethik

Der Gegensatz zwischen dem sicheren *Wissen* und dem unsicheren *Glauben* ist uns aus zahlreichen alltäglichen Situationen vertraut. Wir schauen morgens aus dem Fenster, sehen den bewölkten Himmel und überlegen uns, ob wir einen Regenschirm mitnehmen sollen. Wie oft haben wir schon gedacht: „Ich glaube, heute wird es regnen" und dann einen Schirm mitgenommen, ohne dass ein einziger Tropfen gefallen ist? Hätten wir gewusst, dass es nicht regnen würde, so hätten wir den Schirm zu Hause gelassen. Andererseits haben wir schon oft den Regenschirm zurückgelassen, weil wir glaubten, es würde wahrscheinlich nicht regnen, und sind dennoch nass geworden. Ein sicheres Vorauswissen über das kommende Wetter hätte uns vor einem unangenehmen Regenbad bewahrt. Daraus folgt: Glauben heißt vermuten, für wahrscheinlich halten, kurz, nicht wissen. Im Gegensatz zu dieser subjektiven Vermutung steht das einsichtige, überprüfbare, objektive Wissen. Glaubensinhalte sind nicht zwingend nachprüfbare oder widerlegbare Annahmen; sie sind in der Regel nicht durch die Vernunft vollständig begreifbar und somit mehr intuitiv, auf Empfinden und Fühlen ausgerichtete Spekulationen über das Unbekannte. Das Geglaubte liegt jenseits des Wissens. In der Schule fragt der Lehrer das Wissen ab; die Antwort: „Ich glaube, dass dies so und so ist", wird nicht akzeptiert. Wir müssen somit eine Glaubens- und eine Wissensebene voneinander unterscheiden.

Die Naturwissenschaft Biologie steht seit ihren Anfängen vor mehr als zweihundert Jahren im ständigen Konflikt mit den verschiedensten religiösen Glaubensinhalten (Abb. 12.1). Im vorliegenden Abschlusskapitel wollen wir diese Problematik unter Berücksichtigung der christlichen Religion erläutern und das Thema evolutionäre Ethik behandeln. Am Ende ist ein spekulativer Ausblick in die zukünftige Entwicklung unserer Biosphäre angefügt, wobei das mögliche evolutive Schicksal des Menschen diskutiert wird.

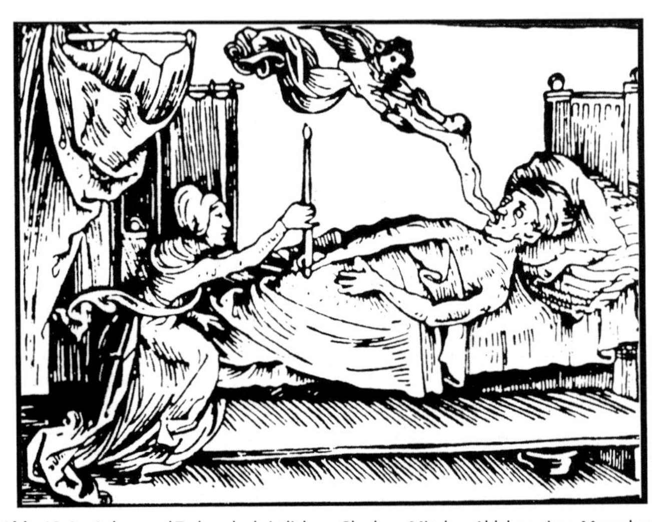

Abb. 12.1 Leben und Tod nach christlichem Glauben. Mit dem Ableben eines Menschen, der einen natürlichen Tod stirbt, entweicht die Seele, um von Gott in die Ewigkeit aufgenommen zu werden (nach einem Holzschnitt aus einer Bibel des 18. Jahrhunderts).

12.1 Christliche Dogmatik

Bei der Besprechung des Kreationismus (Kap. 10 und 11) wurde bereits der Widerspruch zwischen der christlichen Schöpfungslehre und der „atheistischen" Evolutionstheorie, die von vornherein jegliche übernatürlichen (göttlichen) Mächte ausschließt, diskutiert. Wir wollen zunächst einige herausragende Naturwissenschaftler zu Wort kommen lassen.

Die Ansichten bedeutender Forscher. Der Evolutionsbiologe Ernst Haeckel (1834–1919) fasste 1909 seine Meinung zur christlichen Religion wie folgt zusammen: „Dagegen müssen wir aus gewichtigen Ursachen jede sogenannte Offenbarung ablehnen, jede Glaubensdichtung, welche behauptet, auf übernatürlichem Wege Wahrheiten zu erkennen, zu deren Entdeckung unsere Vernunft nicht ausreicht. Da nun das ganze Glaubensgebäude der christlichen Religion auf solchen angeblichen Offenbarungen beruht, da ferner diese mystischen Phantasieprodukte direkt der klaren empirischen Naturerkenntnis widersprechen, so ist es sicher, dass wir die Wahrheit nur mittels der Vernunfttätigkeit der echten Wissenschaft finden können, nicht mittels der Phantasiedichtung des mystischen Glaubens". An anderer Stelle bezeichnete Haeckel den Gott in der Bibel als ein „Gasförmiges Wirbeltier". Mit dieser Aussage provozierte der Jenaer Naturforscher heftige Gegenreaktionen (Hossfeld, 2005).

Eine ganz ähnliche Meinung vertrat der Physiker Paul Dirac (1902–1984). In einer Diskussion zur Beziehung zwischen der christlichen Religion und den Erkenntnissen der Naturwissenschaften, die 1927 stattfand, äußerte er sich nach Mitteilung von Werner Heisenberg (1901–1976) wie folgt: „Wenn man ehrlich ist, muss man zugeben, dass in der Religion lauter falsche Behauptungen ausgesprochen werden, für die es in der Wirklichkeit keinerlei Rechtfertigung gibt. Schon der Begriff ‚Gott' ist doch ein Produkt der menschlichen Phantasie. Man kann verstehen, dass primitive Völker, die der Übermacht der Naturkräfte mehr ausgesetzt waren als wir jetzt, aus Angst diese Kräfte personifiziert haben und so auf den Begriff der Gottheit gekommen sind. Aber in unserer Welt, in der wir die Naturzusammenhänge durchschauen, haben wir solche Vorstellungen doch nicht mehr nötig. Ich kann nicht erkennen, dass die Annahme der Existenz eines allmächtigen Gottes uns irgendwie weiterhilft. Wohl aber kann ich einsehen, dass diese Annahme zu unsinnigen Fragestellungen führt, zum Beispiel zu der Frage, warum Gott Unglück und Ungerechtigkeit in unserer Welt, die Unterdrückung der Armen durch die Reichen und all das andere Schreckliche zugelassen hat, das er doch verhindern könnte" (Heisenberg, 1969).

Zur gesellschaftlich-politischen Bedeutung der christlichen Glaubenslehre vertrat Dirac ebenfalls eine klare Position: „Die Religion ist eine Art Opium, das man dem Volk gewährt, um es in glücklichen Wunschträumen zu wiegen und damit über die Ungerechtigkeit zu trösten, die ihm widerfährt. Daher kommt auch das Bündnis der beiden großen politischen Mächte Staat und Kirche so leicht zustande. Beide brauchen die Illusion, dass ein gütiger Gott, wenn nicht auf Erden, so doch im Himmel die belohnt, die sich nicht gegen die Ungerechtigkeit auflehnten, die ruhig und geduldig ihre Pflicht getan haben. Ehrlich zu sagen, dass dieser Gott nur ein Produkt der menschlichen Phantasie ist, muss natürlich als schlimmste Todsünde gelten".

Der Physiker W. Heisenberg (1969) weist aber auch darauf hin, dass für Max Planck (1858–1947) kein Widerspruch zwischen christlicher Religion und Naturwissenschaft bestand; beide Bereiche seien nach Planck sehr wohl miteinander vereinbar. Es handle sich allerdings um völlig verschiedene Ebenen der Wirklichkeit. Die Naturwissenschaften nähmen Bezug auf objektive Vorgänge in der realen, materiellen Welt, während die christliche Religion die Grundlage unserer Ethik darstelle: „In der Naturwissenschaft geht es um richtig oder falsch; in der Religion um gut oder böse, um wertvoll oder wertlos". Heisenberg (1969) fügt eine für uns wichtige Bemerkung an: „Der Konflikt zwischen beiden Bereichen seit dem 18. Jahrhundert scheint auf dem Missverständnis zu beruhen, das entsteht, wenn man die Bilder und Gleichnisse der Religion als naturwissenschaftliche Behauptungen interpretiert, was natürlich unsinnig ist".

Dieser Ausspruch des berühmten Physikers aus dem Jahr 1927 beinhaltet das entscheidende Argument gegen den Kreationismus: Eine wörtliche, direkte Auslegung der über zweitausend Jahre alten Schöpfungsmythen der Bibel ist aus dem Blickwinkel unseres heutigen Wissens wenig sinnvoll. Wir müssen, wie bereits dargelegt wurde, die christliche Glaubens- von der Wissensebene unterscheiden.

Subjektiver Glaube und objektives Wissen. Die oben referierte Ansicht wird auch von einigen modernen Theologen vertreten. Nach der christlichen Schöpfungslehre hat Gott die Welt, also die „Einheit und Gesamtheit alles Existierenden" aus nichts hervorgebracht. Wie der Theologe W. Härle (1995) hervorhebt, ist diese Vorstellung nicht als konkurrierende Aussage zu den naturwissenschaftlichen Evolutionsmodellen zu betrachten: „Die Theologie trägt ... keine Weltentstehungstheorie in Konkurrenz mit der naturwissenschaftlichen Astronomie und Evolutionslehre vor. Gott ist in bezug auf die Natur als seine Schöpfung nicht vorzustellen als Architekt oder Programmierer oder Baumeister der Welt. Auf die Kategorie der Kausalität hat die Theologie gründlich zu verzichten".

Nach dieser Diskussion einiger deutschsprachiger Literaturstellen wollen wir die derzeit in den USA vertretenen Ansichten kennen lernen. Die *US-National Academy of Sciences* äußerte sich

1981 in einer öffentlichen Erklärung wie folgt: „Religion und Naturwissenschaft sind getrennte, sich gegenseitig ausschließende Bereiche der menschlichen Gedankenwelt". Der britische Zoologe R. DAWKINS brachte diese extreme Ansicht in einem Interview auf den Punkt, indem er äußerte, dass jeder, der an einen „allmächtigen Schöpfer-Gott" glaube, ein „naturwissenschaftlicher Analphabet" sei. Dem ist allerdings entgegenzusetzen, dass einige erfolgreiche Naturwissenschaftler, darunter z. B. T. DOBZHANSKY (1900–1975), gläubige Christen waren. Als derzeit wohl prominentester Vertreter dieser Gruppe gilt der Leiter des im Jahr 2000 weitgehend abgeschlossenen US-Humangenom-Projekts, der Molekularbiologe F.S. COLLINS. Dieser bedeutende Biologe vertritt die Ansicht, die Evolutionstheorie sei durchaus mit der Idee eines allmächtigen Gottes zu vereinbaren. Allerdings trennt der Christ Collins seinen persönlichen Glauben von seiner wissenschaftlichen Arbeit; eine Vermischung von subjektiven Glaubens- und objektiven Wissensinhalten ist in seinen Publikationen nirgendwo zu finden.

Zum Abschluss soll auf eine Analyse der Beziehung zwischen Naturwissenschaften und christlicher Religion des amerikanischen Evolutionsforschers J.S. GOULD (1941–2002) hingewiesen werden. Der Paläontologe weist beiden Bereichen eine gleich große Bedeutung zu, wobei er allerdings vor einer Vermischung warnt. Er fordert eine „auf gegenseitigem Respekt basierende Nicht-Interferenz" von religiösem Glauben und naturwissenschaftlichen Kenntnissen (GOULD, 1999). Ähnliche Schlussfolgerungen finden sich in den Schriften der oben zitierten deutschen Physiker.

12.2 Atheismus unter Biologen

Wie aus der von N. BARLOW (1958) herausgegebenen Autobiographie Charles Darwins hervorgeht, war der Mitbegründer der Abstammungslehre aufgrund seiner Erziehung und seines Theologiestudiums zunächst ein gläubiger Christ. Nachdem sich der examinierte Theologe jedoch vollständig der Naturwissenschaft zugewandt hatte, kamen ihm mehr und mehr Zweifel an den christlichen Dogmen. Im Jahr 1851 starb seine zehnjährige Tochter nach langer, qualvoller Krankheit. Darwin hat den von ihm als sinnlos und ungerecht empfundenen Tod seines geliebten Kindes niemals überwunden und wurde infolge dieses persönlichen Schicksalsschlages in der zweiten Lebenshälfte zu einem überzeugten Atheisten.

Sind die heutigen Naturwissenschaftler in ihrer Mehrzahl Ungläubige? Diese Frage ist wiederholt systematisch untersucht worden, wobei allerdings nur die USA berücksichtigt wurden. Eine Umfrage unter den führenden US-Naturwissenschaftlern aus dem Jahr 1914 ergab, dass etwa 70% der damals aktiven „top scientists" nicht an einen persönlichen Gott glaubten bzw. Zweifel an den christlichen Dogmen hatten. Diese Umfrage wurde in geringfügig modifizierter Form 1933 wiederholt; die Fraktion der Ungläubigen unter den Spitzenforschern betrug damals etwa 85%. Zwei amerikanische Meinungsforscher wiederholten die Umfrage im Jahr 1998 ein drittes Mal, wobei als „greater scientists" per definitionem nur Mitglieder der *US-National Academy of Sciences* berücksichtigt wurden. Die im Juli 1998 in der britischen Fachzeitschrift *Nature* publizierten Ergebnisse erbrachten folgende Resultate: Die große Mehrheit der US-Naturwissenschaftler (93%) bekannte sich dazu, ungläubig zu sein. Nur 7,0 % der Befragten (5,5% der Biologen) antworteten, sie glaubten an einen persönlichen Gott. Weiterführende Analysen, die mit diesen Resultaten übereinstimmen, wurden von L. A. WITHAM (2002) vorgelegt.

Diese neueste Meinungsumfrage zeigt, dass eine überwiegende Mehrheit der amerikanischen Naturwissenschaftler die christlichen Dogmen ignoriert oder ablehnt; ein allmächtiger Schöpfer spielt in ihrem Weltbild offensichtlich keine Rolle. Der Prozentsatz der Ungläubigen war unter Biologen, die durch originelle Forschungsleistungen ausgewiesen sind, besonders hoch: Nahezu 95% glaubten nicht an einen Gott.

Die hier zitierten Umfrageergebnisse beziehen sich ausschließlich auf die USA. Aus vereinzelten Äußerungen von Biologen aus verschiedenen Ländern Europas können wir jedoch schließen, dass diese ganz ähnlich denken wie ihre amerikanischen Kollegen. So fasste z.B. der Biologe H. MOHR (2005) seine diesbezüglichen Ansichten wie folgt zusammen:

„Das wissenschaftliche Weltbild ist ein Weltbild ohne Gott. ... Gott kommt weder in den empirischen Gesetzen noch in den wissenschaftlichen Theorien vor".

Fast alle heutigen Biowissenschaftler sind somit – wie Charles Darwin – als *Atheisten* zu bezeichnen. Übernatürliche Erklärungen, Offenbarungen oder Wunder werden als Themen, die jenseits der Rationalität liegen, abgelehnt und in den Bereich des subjektiven Glaubens verwiesen.

12.3 Evolution, die Seele und der Tod

In Kapitel 10 wurde dargelegt, dass die Katholische Kirche seit 1996 die (theistische) Evolution im Prinzip akzeptiert hat, wobei allerdings im Juli 2005 dieser Standpunkt relativiert wurde (s. Vorwort). Es gibt jedoch noch immer einige christliche Glaubensinhalte, die zu den Erkenntnissen und Postulaten der Evolutionsbiologie im Widerspruch stehen und daher hier diskutiert werden sollen. Im christlichen Glauben spielt die „Seele" des Menschen als „spirituelles Element" eine entscheidende Rolle. Der Begriff „Seele" wird unter Theologen nicht klar definiert, jedoch manchmal als die „unstoffliche Grundgegebenheit vergangenen Daseins" oder auch als das „nach dem Tode existierende nichtfleischliche Selbst des Menschen" bezeichnet. Wie in Kapitel 1 erörtert wurde, gibt es bis heute keine experimentell erarbeiteten Fakten, die auf die Existenz einer nichtmateriellen Seele hinweisen würden: Lebensprozesse gehorchen den „seelenlosen" Gesetzen der Physik und Chemie. Die Naturwissenschaften klammern Dinge, die nicht nachweisbar sind, grundsätzlich aus (*methodischer Naturalismus*). In der Evolutionsbiologie existiert der theologische Begriff „Seele" daher nicht, d. h., er wird von uns in den Bereich der Metaphysik verwiesen. Christen glauben an das in der Bibel beschriebene „ewige Leben". Nach dem Tod zerfalle der Körper des Menschen, und die Seele entweiche (Abb. 12.1), um in die ewige Gemeinschaft mit Gott aufgenommen zu werden. Dieses Dogma wird in manchen Todesanzeigen katholischer Christen etwa wie folgt formuliert: „Im festen Glauben an die Auferstehung gab er sein irdisches Leben in die Hände des Schöpfers zurück".

Die Frage nach dem „ewigen Leben" wird unter katholischen Theologen kontrovers diskutiert. Im Jahr 1998 formulierte Papst Johannes Paul II. (1920–2005) seine Ansichten von den Vorgängen nach dem Tod des Christen folgendermaßen: „Es herrschen ganz besondere Bedingungen nach dem natürlichen Tod. Es handelt sich um eine Übergangsphase, in welcher der Körper sich auflöst und das Weiterleben eines spirituellen Elements beginnt. Dieses Element ist ausgestattet mit einem eigenen Bewusstsein und einem eigenen Willen, und zwar so, dass der Mensch existiert, obwohl er keinen Körper mehr besitzt". Dieses Postulat von einem körperlosen (toten) Lebewesen mit Willen und Bewusstsein steht im Widerspruch zu sämtlichen Erkenntnissen der Biologie. Nach der Fortpflanzung (Reproduktion) stirbt die Elterngeneration, da sie durch die Nachkommen ersetzt ist. Nur durch den Tod der Eltern, die in ihren Nachkommen weiterleben, kann die nächste Generation heranwachsen und den nun freigewordenen Lebensraum besiedeln. Der Tod des Organismus nach Abschluss der Reproduktionsphase und eventueller Jungenfürsorge ist somit der eigentliche „Motor" der Evolution, da nur durch stetige *Generationenabfolgen* im Verlauf sehr langer Zeiträume Neues entstehen kann: Leben ist ein stetiges Werden und Vergehen individueller Organismen, die ihr Erbgut an die Nachkommen weitergeben und damit für den Erhalt der Art sorgen.

12.4 Christliche und evolutionäre Ethik

Wie soll sich der Mensch seinen Artgenossen und der Tier- und Pflanzenwelt gegenüber verhalten? Welche Normen sollten er und seine Mitmenschen einhalten, um ein friedliches Miteinander zu ermöglichen? Wo hat der allen Lebewesen inne wohnende Egoismus (Selbsterhaltungstrieb) seine Grenzen? Mit diesen Fragen befasst sich eine philosophische Disziplin, die als *Ethik* (Moralphilosophie) bezeichnet wird. Der Begriff Ethik (Lehre von den sittlichen Werten) geht auf ARISTOTELES (384–322 v. Chr.), das Wort Moralphilosophie (*philosophia moralis*) auf SENECA (ca. 4 v. Chr. bis 65 n. Chr.) zurück. Die bekannteste ethische Forderung stammt von dem Königsberger Philosophen IMMANUEL KANT (1724–1804). Sie lautet im Original wie folgt: „Handele so, dass die Maxime deines Willens jederzeit zugleich als Prinzip einer allgemeinen Gesetzgebung gelten könne". Dieser 1785 formulierte *kategorische Imperativ* wurde populär auch wie folgt umschrieben: „Behandle deine Mitmenschen so, wie du selbst behandelt werden willst". Bei oberflächlicher Betrachtung der von C. Darwin und A.R. Wallace begründeten Selektionstheorie ergibt sich ein scheinbar gravierender Widerspruch zu den Prinzipien dieser sittlichen (altruistischen) Verhaltensnorm: Im tierischen „Kampf ums Dasein" soll nach Ansicht mancher Evolutionsgegner eine „Raubtier-Ethik" begründet liegen, die Egoismus, Ausbeutung, Unterdrückung, Eroberungskriege usw. rechtfertigt. Bereits DARWIN (1859) hat jedoch darauf hingewiesen, dass es beim Daseins-Wettbewerb (*struggle for existence*), der auch im Pflanzenreich nachgewiesen ist, in erster Linie um das Hinterlassen von Nachkommen geht. Dies zeigt, dass Darwins Hauptwerk häufig zitiert, nicht jedoch im Detail studiert und verstanden wird. Im Folgenden wollen wir uns ausschließlich auf die Beziehung des

Menschen zu der ihn umgebenden Natur (Tier- und Pflanzenwelt) beschränken. Eine Kritik der christlichen Werte (Ethik und Moral in Bezug auf zwischenmenschliche Beziehungen) wird nicht vorgenommen. Allgemeine Informationen zur *evolutionären Ethik* sind in den Schriften von G. VOLLMER (1995) und H. MOHR (2005) zusammengetragen. Hier sind Aspekte, die von den genannten Autoren nur beiläufig erwähnt sind, vertiefend dargestellt.

Tiere und Menschen. In der christlichen Glaubenslehre gibt es weder eine „Tier- noch Pflanzenseele", d. h., nur die Spezies *Homo sapiens* soll „beseelt" sein. Dieser Glaubenssatz wurde von Papst Benedikt XVI. ein Jahr vor seiner Amtseinführung (2004) wie folgt formuliert: „Die menschliche Seele ist direkt von Gott geschaffen". Nach der Bibel sind die Tiere als „Geschöpfe Gottes" dem Menschen somit nicht gleichgestellt, sondern stehen in seinem Dienst. Dieses Dogma galt in früheren Jahren als Rechtfertigung für die erbarmungslose Ausbeutung der Tiere durch den Menschen, der sich als „Krone der Schöpfung" bzw. als „Ebenbild Gottes" eine biologische Sonderstellung zubilligte. Die Evolutionsbiologie hat jedoch zu der Erkenntnis geführt, dass die Spezies *H. sapiens*, die zu etwa 99 % mit der Gattung *Pan* (Schimpanse) genetisch identisch ist (WILDMAN et al., 2003; DENNIS, 2005), keine biologische Besonderheit darstellt. Wie der DNA-Sequenzstammbaum der Primaten zeigt, ist der Mensch mit den afrikanischen Affen (Schimpansen, Gorillas) näher verwandt als jene mit den südwestasiatischen Orang-Utans (s. Abb. 7.13., S. 183). Der genetische Abstand zwischen Mensch und Schimpanse ist somit geringer als der zwischen Schimpanse und Orang-Utan. Wir gehören daher mit Schimpanse und Gorilla in die zoologische Unterfamilie der Homininae, die, gemeinsam mit den Ponginae (einzige Art: Orang-Utan), die Familie der Hominidae bildet. Der Mensch ist, als eine von vielen Millionen Biospezies, nicht mehr als eine spezielle Säugerart, die jedoch infolge ihrer relativ hochentwickelten Intelligenz besonders erfolgreich war (effizienter Kultur- und Wissens-Transfer von Generation zu Generation usw.).

Schimpansen als Menschenarten. Seit Anfang der 1970er-Jahre wissen wir, dass frei lebende Schimpansen (*Pan troglodytes*) sowie die Zwergschimpansen (*Pan paniscus*) über spezifisch „menschliche" Eigenschaften verfügen, wie man sie diesen behaarten Urwaldbewohnern eigentlich nicht zugetraut hätte. Die in sozialen Verbänden lebenden Affen kommunizieren über Lautäußerungen (analog einer Sprache), verwenden Heilpflanzen (Schutz vor Krankheiten), tragen Interessenskonflikte aus (Kriegsführung), töten/fressen in Ausnahmefällen einzelne Artgenossen (Kanniba-

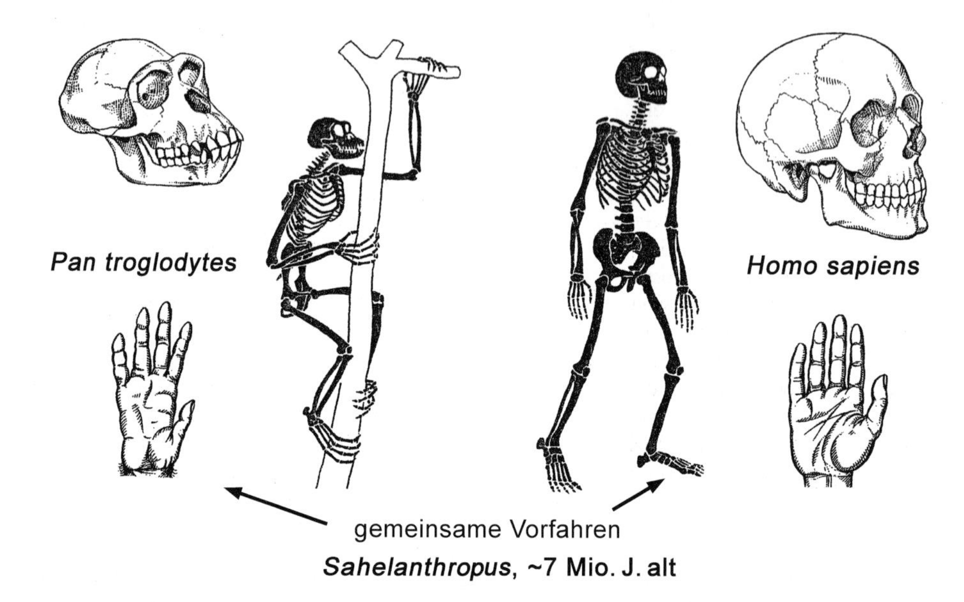

Abb. 12.2 Die Primaten-Arten Schimpanse (*Pan troglodytes*) und Mensch (*Homo sapiens*) sind, bezogen auf für Proteine codierende DNA-Sequenzen, zu etwa 99% genetisch identisch. Gemeinsame Urahnen, repräsentiert durch das Fossil *Sahelanthropus*, lebten vor 6 bis 7 Millionen Jahren in Afrika. Aus diesen und anderen Gründen wurde von D.E. WILDMAN et al. (2003) vorgeschlagen, die Gattung *Pan* aufzulösen und beide Arten als Vertreter der Gattung *Homo* zu klassifizieren.

Abb. 12.3 Karikatur, die im Jahr 1882 mit der Unterschrift „Der Mensch ist nur ein Wurm" in der englischen Zeitschrift *Punch* veröffentlicht wurde. Als Endpunkt der tierischen Entwicklungslinie ist Charles Darwin eingezeichnet. Heute wissen wir, dass alle Lebewesen der Erde miteinander verwandt sind. Der Zeichner hatte somit im Prinzip Recht, obwohl Ringelwürmer (Anneliden) und Wirbeltiere (Vertebraten) seit dem Kambrium getrennte Abstammungslinien durchlaufen haben und somit nicht in einem direkten Vorfahren/Nachkommen-Verhältnis zueinander stehen.

lismus), benutzen präparierte Zweige zum Termitenfang (Werkzeug-Gebrauch) und geben ihre Kenntnisse teilweise an ihre Nachkommen weiter (kultureller Wissens-Transfer). Weiterhin sind Schimpansen sehr lernfähig. In Gefangenschaft gehalten, konnten einzelne Individuen die menschliche Zeichensprache (*American Sign Language*) erlernen und diese an ihre Kinder weitergeben. Als einziger grundlegender Unterschied Schimpanse/Mensch bleibt das „Großmutter-Phänomen": Schimpansenweibchen sterben bald nach der Geburt ihres letzten Kindes und lernen somit nicht ihre Enkel kennen. Der Mensch ist hingegen durch eine extrem lange post-reproduktive Lebensphase gekennzeichnet, die bei Frauen z.B. vom 45. bis zum 90. Lebensjahr reichen kann. Unter natürlichen Verhältnissen helfen Großmütter ihren Töchtern bei der Kinderaufzucht und tragen somit indirekt zu ihrem eigenen Lebenszeit-Fortpflanzungserfolg bei (Altruismus, s. Kap. 8).

Auf Grundlage der oben zusammengetragenen Fakten und der etwa 99%igen genetischen Identität *Homo/Pan* wurde von einem amerikanischen Forscherteam vorgeschlagen, die Gattung *Homo* um zwei Arten zu erweitern: Neben *H. sapiens* sollte man die Menscharten *Homo (Pan) troglodytes* (Schimpanse) und *Homo (Pan) paniscus* (Zwergschimpanse) anerkennen und somit die Gattung *Pan* (Schimpanse) aufheben (Abb. 12.2). Als D.E. Wildman et al. (2003) diesen Vorschlag publizierten, protestierten in den USA christlich-konservative Verbände und wiesen auf die „göttliche Sonderstellung des Menschen" hin. Die Evolutionsbiologen argumentierten daraufhin, dass wir, genetisch betrachtet, nur geringfügig abgewandelte schimpansenähnliche Affen sind, eine Spezies, die vor etwa 6 (bis 8) Mio. J. von jener Linie, die zur Art *Pan troglodytes* geführt hat, abzweigte (als gemeinsamer Vorfahre wird die fossile Zwischenform *Sahelanthropus* angenommen, s. Abb. 4.40, S. 125). Die biologisch begründete Aufnahme der beiden Schimpansenarten in die Gattung *Homo* hätte weitreichende Konsequenzen für die Ethik des Tierschutzes. Den Menschenaffen würde der Rechtsstatus von Personen zukommen, eine Zoo-Haltung wäre verboten und der Schutz ihrer Rest-Lebensräume könnte unter Berufung auf die Menschenrechte besser durchgesetzt werden. Weiterhin ist seit Jahren bekannt, dass z.B. in Westafrika geräuchertes Affenfleisch als Delikatesse gilt (Buschfleisch-Handel). Das Jagen, Einfangen, Abschlachten und Verspeisen unserer nächsten Verwandten (Kannibalismus *Homo/Pan*) könnte dann wirkungsvoller als heute unter Strafe gestellt werden. Die Frage, ob diese Konsequenzen aus der evolutionären Ethik in die Praxis umgesetzt werden, ist derzeit offen.

Gemeinsame Abstammung und Ethik. Das von Charles Darwin erstmals postulierte Prinzip der gemeinsamen Abstammung aller Lebewesen der Erde konnte durch unzählige Befunde der molekularen Biologie bestätigt werden. In Abbildung 12.3 ist eine Zeichnung aus dem 19. Jahrhundert reproduziert, die ein Kontinuum vom Regenwurm über Affe, Ur-Mensch zum Kultur-Bürger verdeutlicht. Es sei daran erinnert, dass Regenwurm und Mensch über praktisch gleiche mitochondriale DNA-Sequenzen verfügen (Zahl und Anordnung der Organellen-Gene, s. Tab. 7.1, S. 170). Bezüglich der intrazellulären Energieproduktion (ATP-Synthese) sind Regenwurm und Mensch somit nahezu identische Lebewesen, eine Tatsache, die nur im Lichte der Endosymbionten-Theorie verstanden werden kann (s. Kap. 6).

Aus dieser genetischen Verwandtschaft des Menschen mit allen anderen Organismen folgt, dass die Spezies *Homo sapiens* nicht das uneingeschränkte Recht hat, die gesamte Biosphäre zu besiedeln, andere Organismen vollständig zu verdrängen und deren Lebensräume zu zerstören. Dies bedeutet jedoch nicht, dass der Mensch nicht berechtigt wäre, Parasiten und Krankheitserreger, die seine Gesundheit beeinträchtigen, zu bekämpfen. Durch eine lokale Dezimierung einer Stechmücken-Population wird die Biospezies *Culex pipiens* nicht weltweit eliminiert, den geplagten Menschen jedoch Erleichterung verschafft.

Der hier vorgetragene, aus der Evolutionsbiologie abgeleitete ethische Grundsatz – alle Spezies sind gleichwertig– steht im Widerspruch zur christlichen Glaubenslehre. Biblische Sätze, wie „Seid fruchtbar und mehret euch" bzw. „Füllet die Erde und machet sie euch untertan", rechtfertigen die seit 1950 zu beobachtende Massenvermehrung der Spezies Mensch. Als Konsequenz dieser von den Päpsten der Katholischen Kirche unterstützten Bevölkerungsexplosion in Ländern der „Dritten Welt" beobachten wir drastische Folgen für das gesamte Leben auf der Erde: Zerstörung natürlicher Lebensräume, Abholzung der Wälder, Umweltverschmutzung, Armut und Kinderarbeit, Hungersnöte und daraus resultierende Kriege sowie das Aussterben zahlreicher Tier- und Pflanzenarten (darunter auch unsere nächsten Verwandten). Dieser menschliche Eingriff in die Evolution ist unmoralisch und muss abgewendet werden, um die Erde als „Planet des Lebens" weiterhin bewohnbar zu erhalten (PALUMBI, 2001).

Menschheit als Monophylum. Abschließend soll hervorgehoben werden, dass die moderne Evolutionsforschung eine enge genetische Verwandtschaft aller Menschen der Erde nachgewiesen hat (s. S. 123). Wir sind alle, unabhängig von unserer heutigen Hautfarbe, vor etwa 150 000 Jahren aus einer dunkel pigmentierten, afrikanischen Ur-*Homo sapiens*-Population hervorgegangen, die sich im Zuge mehrerer Auswanderungsbewegungen über die Erde ausgebreitet und dort lebende (archaische) *Homo*-Arten verdrängt hat („*Out-of-Africa*"-Modell) (BENTON, 2005). Die Behauptung, es gäbe biologisch „niedere" bzw. „höhere" ethnische Menschengruppen (Kernaussage des *Rassismus*) steht im Widerspruch zur dokumentierten monophyletischen Entwicklung der heutigen Menschheit und der daraus abgeleiteten evolutionären Ethik.

12.5 Ein Blick in die Zukunft

In diesem spekulativen Schlusswort wollen wir uns fragen, in welche Richtung die Evolution der Organismen in Zukunft gehen könnte. Zunächst sollen einige Ergebnisse aus der Astrophysik rekapituliert werden.

Zeitspanne bis zum Erd-Tod. In den Kapiteln 4 und 5 wurde dargelegt, dass das Alter der Erde etwa 4,6 Milliarden Jahre beträgt. Aus der Altersdatierung von Meteoriten- und Mondgesteinen sowie astronomischen Daten geht hervor, dass die Sonne etwa gleichzeitig mit den sie umgebenden Planeten entstanden ist, d. h., sie hat ein Alter von etwas unter 5 Milliarden Jahren (GRADSTEIN et al., 2004). Man hat weiterhin errechnet, dass der Brennstoff der Sonne (im Wesentlichen Wasserstoffgas) heute etwa zur Hälfte verbraucht ist. In etwa 7,5 Milliarden Jahren wird das durch Kernfusionen hervorgebrachte atomare Feuer erlöschen. Unsere Sonne ist ein relativ kleiner Stern innerhalb unserer Galaxie. Wie andere Sterne wird auch sie, bevor alle Vorräte „ausgebrannt" sein werden, eine als „Sternentod" beschriebene, von Astronomen vielfach dokumentierte Entwicklung durchlaufen. Das Erlöschen der Sonne wird kein langsames Ausklingen sein, sondern eine Volumen- und Erdtemperaturzunahme mit sich bringen. Wenn der aus Wasserstoff bestehende Kern der Sonne ausgebrannt ist, wird das atomare Feuer die Oberfläche erreichen, wodurch die Sonne sich zu einem gewaltigen roten Megastern aufblähen wird. Die inneren Planeten Merkur und Venus werden von der sterbenden Riesensonne absorbiert werden. Die Erdtemperatur wird in 1 bis 2 Milliarden Jahren derart steigen, dass die Meere verdampfen werden. Die Biosphäre wird verbrennen und die Lithosphäre schmelzen. Die Erde wird nach Rückgang der Hitze und Abkühlung als toter Steinbrocken zurückbleiben. In der zweiten Phase des „Sternentodes" wird die äußere Hülle der Sonne abgestoßen werden; der Kern wird zu einem extrem dichten Sternenrest zusammenschrumpfen, der als „weißer Zwerg" bezeichnet wird. Die kollabierte, ausgebrannte Sonne wird dann abkühlen, unter ihrer eigenen Gravitation zusammenbrechen und als kleiner, dunkler Körper oder als „Sternleiche" enden. Sollten in 1 bis 2 Milliarden Jahren noch intelligente Lebewesen die Erde besiedeln, so bleibt als Rettung ihrer Kultur nur der Aufbruch in den Weltraum (Besiedelung anderer Planeten unserer Galaxie).

Der hier beschriebene Zeitraum von etwa 2000 Millionen Jahren ist, gemessen an der Lebensdauer des Menschen, unvorstellbar groß, d. h., es liegt im Grunde noch eine unendliche Zeitspanne vor uns. Die Spezies *Homo sapiens* ist nur wenige hunderttausend Jahre alt, d. h., sie hatte bisher eine ungewöhnlich hohe Evolutionsrate. Wegen der heute fast völlig ausgeschalteten natürlichen Selektion und anderer Faktoren wird sich das genetische Potential unserer Art in Industrienationen möglicherweise bald erschöpfen, während in Ländern der „Dritten Welt" Selektionsfaktoren, wie z. B. Krankheitserreger, noch wirksam sind (Balter, 2005). Es ist wahrscheinlich, dass der Mensch eine „Spezieslebensdauer" von nur ein bis zwei Millionen Jahren hat, vergleichbar mit der anderer Wirbeltiere (s. Kap. 4).

Vulkaneruptionen. Wir wollen nach Darlegung dieser Fakten einen Zeitraum von „nur" wenigen tausend Jahren betrachten. Unter der optimistischen Annahme, dass die Bevölkerungsexplosion gestoppt, die Abholzung der tropischen Regenwälder und ein Atomkrieg verhindert sowie das derzeitige Artensterben gebremst werden können, bleibt noch immer eine Gefahr ungebannt. Im Zusammenhang mit der Besprechung der geologischen Zeitskala hatten wir die zwei größten Naturkatastrophen, die sich im Verlauf der Geschichte des Lebens ereignet haben, diskutiert (s. Kap. 4). Vor 251 Millionen Jahren (Ende Paläozoikum, Übergang Perm/Trias) starben infolge massiver weltweiter Vulkanausbrüche etwa 85% aller Arten aus. Vor 65 Millionen Jahren (Ende Mesozoikum, Übergang Kreide/Tertiär) tobte die Erde erneut: Vulkanismus und ein Meteoriteneinschlag verwandelten die Erde in eine „Hölle", so dass nahezu 70% aller damaligen Spezies, darunter die Saurier, vernichtet wurden (Kring, 2007; Fraiser und Bottjer, 2007).

In keiner christlichen Quelle (z. B. der Bibel) sind diese geologischen bzw. kosmologischen Ereignisse, die das irdische Leben als Ganzes bedroht hatten, erwähnt. Diese Tatsache kann als ein weiteres Argument gegen die anti-naturwissenschaftlichen Angriffe der Kreationisten angeführt werden.

Abb. 12.4 Durch Vulkanismus ausgelöste Naturkatastrophe: Der Vesuv bei seinem Ausbruch im Oktober 1822 (nach einer Zeichnung aus dem Jahr 1895).

Werden Vulkanausbrüche und kosmische Ereignisse wie Meteoriten- oder Kometeneinschläge auch in Zukunft in das Evolutionsgeschehen eingreifen? Betrachten wir zunächst die Gefährdung durch Vulkanausbrüche. Im Jahr 62 n. Chr. wurde die im Golf von Neapel (Italien) liegende Stadt Pompeji durch ein kräftiges Erdbeben stark beschädigt. Nur wenige Jahre nach dem Wiederaufbau, am 24. August 79 n. Chr., wurde Pompeji durch einen gewaltigen Ausbruch des Vesuv von Gesteinsmassen und Asche zugeschüttet und vollständig vernichtet. Andere Städte wurden von den glühend heißen Lavaergüssen überflutet und mitsamt ihren Bewohnern lebendig begraben. Seither gab es mehrere kleinere und mittelgroße Eruptionen des Vesuv (Abb. 12.4), jedoch keine derart großen Katastrophen mehr. Vulkanausbrüche können heute, dank der Erkenntnisse der Geophysik, mit einiger Wahrscheinlichkeit vorhergesagt werden. Aus den aktuellen Daten der Vulkanologen geht hervor, dass große, die gesamte Biosphäre bedrohende Naturkatastrophen, verursacht durch Kräfte aus dem Inneren der Erde, wohl eher unwahrscheinlich sind.

Kosmische Bomben aus dem Asteroidengürtel. Welche Gefahr droht aus dem Weltall? Im Juli 1994 beobachteten amerikanische Astronomen, wie zahlreiche, bis zu 300 m große Bruchstücke des nach ihren Entdeckern benannten Kometen Shoemaker-Levi 9 mit Geschwindigkeiten von etwa 60 km/s in die Südhalbkugel des Riesenplaneten Jupiter einschlugen. Gewaltige Gaswolken traten hervor, gefolgt von dunklen Trümmerschauern über den Kollisionsorten auf der Jupiteroberfläche. Diese spektakulären Beobachtungen führen zu der Frage nach der Wahrscheinlichkeit, mit der auch die Erde von einer „kosmischen Bombe" getroffen werden könnte.

Wir wissen seit langer Zeit, dass die Erde, wie auch die anderen Planeten unseres Sonnensystems, noch heute stetig von Materie aus dem Weltall „berieselt" wird (s. Abb. 5.2, S. 133). Man schätzt, dass pro Tag viele Tonnen an kosmischen Materieteilchen (Staub, Steinchen) in die Erdatmosphäre eindringen. Zur Veranschaulichung dieses Phänomens seien die Meteore (Sternschnuppen) genannt. Im Gegensatz zu den Meteoriten, die als solide Körper (Materiebrocken) in die Erdkruste einschlagen, sind die Meteore so klein, dass sie beim Eintritt in die Erdatmosphäre verglühen und hierbei die oben erwähnte Leuchterscheinung erzeugen. Ein gut dokumentierter Meteorschwarm wurde im November 1833 beobachtet. In Abbildung 12.5 ist dieser berühmte „Leonidenschauer" dargestellt. Es gingen innerhalb weniger Stunden über hunderttausend Meteore nieder, die in zeitgenössischen Beschreibungen und Bildern festgehalten wurden. Da die Astronomen der damaligen Zeit dieses Meteorphänomen noch nicht naturwissenschaftlich erklären konnten, glaubten viele Christen an ein religiöses Wunder (Eintritt des Jüngsten Gerichts). Heute wissen wir, dass die Erde bei ihrem Sonnenumlauf in periodischen Abständen große Wolken aus meteorischen Staubpartikeln durchquert bzw. streift. Hierdurch wird die erhöhte Meteor(Sternschnuppen)-Aktivität hervorgebracht.

Abb. 12.5 Der als „Leonidenschauer" bekannte Meteorsturm im November 1833. Die mehr als hunderttausend Meteore (Sternschnuppen) erhellten stundenlang den Nachthimmel. Dieses Naturereignis wurde von gläubigen Christen als religiöses Zeichen interpretiert (nach einem Bild aus dem Jahr 1888).

Wie häufig sind Kollisionen der Erde mit Asteroiden (Kleinplaneten), die als solide Körper die Atmosphäre durchdringen und in Form von Meteoriten niedergehen? Gut dokumentiert ist der Einflug des Tunguska-Meteoriten im Jahr 1908 (Sibirien). Dieser schätzungsweise 50 m Durchmesser große kosmische Steinbrocken (Asteroid) zerbrach beim Eintritt in die Erdatmosphäre und zerstörte in der sibirischen Taiga etwa 2000 Quadratkilometer Waldfläche. An dieser Stelle sei erwähnt, dass die im Alten Testament der Bibel und anderen historischen Quellen niedergeschriebene Sintfluterzählung möglicherweise das Resultat eines Meteoriten- oder Kometeneinschlags war, der sich vermutlich um das Jahr 2807 v. Chr. ereignet hat. Schlägt ein großer Himmelskörper in das Meer ein, so entsteht unter Umständen eine viele hundert Meter hohe, gewaltige, rasch wandernde Wellenfront, die als *Tsunami* bezeichnet wird. Nach Erreichen des Festlandes lösen Tsunamis infolge der im bewegten Wasser gespeicherten kinetischen Energie verheerende Katastrophen aus (Zerstörung der gesamten Landschaft und Vegetation, Orkane, Überflutungen) (Vaas, 1995, Alvarez, 1997, Frankel, 1999).

Wird die Erde in absehbarer Zeit von einem Himmelskörper (Asteroiden bzw. Kometen) getroffen werden? Astronomische Beobachtungen und Berechnungen zeigen, dass dies ziemlich unwahrscheinlich ist. Ein kosmischer 10-km-Aste-

Abb. 12.6 Ein Blick in die Vergangenheit. Vor 65 Millionen Jahren verursachten heftige weltweite Vulkanausbrüche sowie ein Meteoriten-Einschlag eine globale Klimakatastrophe, die zum Massenaussterben der Dinosaurier geführt hat.

Abb. 12.7 Bild der verwüsteten Erde nach Ende der Waldbrände und Wiederkehr des Sonnenlichts vor etwa 65 Millionen Jahren (Übergang Kreide/Tertiär-Periode).

Abb. 12.8 Photo des wieder auferstandenen Raubdinosauriers „Sue" (*Tyrannosaurus rex*), eines der wertvollsten Fossilien und Dokumente der Erdgeschichte. Über 65 Mio. Jahre nach dem Tod des Riesenreptils wurde das versteinerte Skelett in einer späten Kreide-Sedimentschicht gefunden, nach der Entdeckerin Sue Hendrickson benannt und für 8,3 Millionen US-Dollar verkauft. Der im Naturkundemuseum von Chicago (USA) aufgestellte Raubsaurier wird täglich von großen Menschengruppen (biologisch betrachtet: rezente *Homo sapiens*-Horden) besichtigt und gilt als Sensation (nach Pojeta, J.: Science 289: 1695, 2000).

roid wie jener, der am Ende des Mesozoikums in die Erdatmosphäre eindrang, als Meteorit einschlug und über die Auslösung einer globalen Klimakatastrophe zum Aussterben der Saurier beigetragen hat (Abb. 12.6), kreuzt, statistisch betrachtet, nur alle 100 Millionen Jahre die Erdbahn und trifft hierbei unseren Planeten (Abb. 12.7, 12.8).

Da wir zukünftige Ereignisse jedoch nicht vorhersagen können, wissen wir nicht, ob irgendwann irgendwo wieder einmal eine „kosmische Bombe" in die Erde einschlagen und den Verlauf der Evolution der Organismen in eine andere Richtung lenken wird. Diese Frage gehört in den Bereich des Glaubens und liegt daher außerhalb der Naturwissenschaften.

Literatur:

Alvarez (1997), Balter (2005), Barlow (1958), Desmond und Moore (1991), Frankel (1999), Fraiser und Bottjer (2007), Härle (1995), Heisenberg (1969), Henke und Rothe (1994), Gould (1999), Junker (2006), Kring (2007), Kutschera (2004 b, 2005 b), Mahner und Bunge (1997), Mohr (2005), Palumbi (2001), Pennisi (2007), Vaas (1995), Vollmer (1995), Wildman et al. (2003), Witham (2002)

Glossar

In diesem kommentierten Register werden Begriffe, die in direktem Zusammenhang mit der Evolutionsbiologie stehen, kurz definiert. Fachtermini, die bestimmte Organismengruppen betreffen (z.B. Arthropoden, Clitellata, Gymnospermen) wurden nicht aufgenommen. Begriffe, die im Glossar erläutert werden, sind *kursiv* gedruckt.

Abstammungslehre: Synonym für die von C. Darwin und A.R. Wallace begründete Deszendenztheorie (Abstammung oder Deszendenz neuer *Arten* durch Variationen/Selektion von Vorläuferformen). In grober Näherung mit dem Begriff *Darwinismus* gleichzusetzen.

Adaptation: Die Anpassung eines *Organismus* (oder *Organs*) an die jeweiligen Umweltverhältnisse im Verlauf der Generationenabfolgen als Resultat vorangegangener Selektionsprozesse. Siehe *Selektionstheorie.*

Adaptive Radiation: Aufspaltung einer Vorläuferart (bzw. einer Gruppe von *Arten*) in zahlreiche abgeleitete Spezies durch *Adaptation* unter Besiedelung nicht von *Organismen* besetzter (freier) Lebensräume. Siehe *Art, Ökologie.*

Aktualitätsprinzip: Siehe *Uniformismus.*

Allele: Alternative Varianten (Konfigurationen) eines *Gens* innerhalb des diploiden *Genoms* eines bestimmten *Organismus.* Durch *Mutation* wird ein Allel in ein anderes umgewandelt.

Altruismus: Selbstloses, nicht ausschließlich dem Wohl des Individuums dienendes Verhalten, wie z.B. Brutpflege (Eltern-A.), Teilung von Nahrungsvorräten mit Verwandten, Aufzucht von Geschwister-Kindern (biologischer A.).

Anagenese: Höherentwicklung (Komplexitätszunahme) einer Struktur im Verlauf der Stammesgeschichte der *Organismen,* in der Regel verbunden mit einer Anpassung (*Adaptation*) an neue Umweltverhältnisse. Siehe *Cladogenese.*

Analogie: Ähnlichkeit von Merkmalen zwischen Lebewesen, die auf gleichen Organ-Funktionen beruhen (Funktionsähnlichkeit), z.B. Grabschaufel von Maulwurf/Maulwurfsgrille (Wirbeltier/Insekt). Siehe *Homologie.*

Anthropologie: Wissenschaft, die sich mit der Phylogenese und geographischen Verbreitung des Menschen befasst (*Homo sapiens* und dessen ausgestorbene Vorfahren).

Art (Spezies): Das einzige real existierende *Taxon* in der biologischen *Systematik.* Die zwei wichtigsten Artbegriffe sind wie folgt definiert: Morphologischer Artbegriff: Arten sind beschrieben als Morphospezies, d.h. Gruppen von Organismen, die sich von anderen (ähnlichen) in ihrer Gestalt deutlich unterscheiden. Biologischer Artbegriff: Arten sind Gruppen von *Organismen,* die von verwandten Spezies reproduktiv isoliert sind. Sie können nur mit Artgenossen fertile Nachkommen erzeugen und besiedeln ein bestimmtes „artgerechtes“ Areal (Biospezies oder Fortpflanzungsgemeinschaften). Siehe *Population.*

Artbildung (Speziation): Entstehung neuer Arten aus Vorläuferformen durch Umwandlung (Transformation) oder nach Etablierung von Fortpflanzungsbarrieren. Es werden drei Mechanismen diskutiert: geographische Isolation (Verdriften von Gründerpopulationen), allopatrische Artbildung (innerhalb einer Population entstehen geographische Kreuzungsbarrieren, so dass zwei Tochterspezies resultieren) und sympatrische Artbildung (Speziation durch „zerfallen“ einer Art; die Tochterspezies besiedeln denselben Lebensraum wie die Vorläuferform; bei Blütenpflanzen Bastardbildung/Polyploidisierung).

Asteroid: Extraterrestrischer, steinerner Materiebrocken (Kleinplanet, Durchmesser bis 1000 km), der bei der Entstehung unseres Sonnensystems vor ca. 4600 Millionen Jahren übriggeblieben ist und seither im Asteroidengürtel (dem Raum zwischen Mars und Jupiter) kreist. Siehe *Geologische Zeitskala, Meteorit.*

Atheismus: Grundeinstellung all jener „gottlosen" Menschen, die den Glauben an ein übernatürliches, allmächtiges, die Naturgesetze beherrschendes, nicht materielles „Geistwesen" ablehnen.

ATP: Adenosintriphosphat, der zentrale Energieüberträger im Cytoplasma aller lebenden *Zellen.* Die Universalität dieses Moleküls (sowie der DNA) ist ein Beweis für die stammesgeschichtliche Verwandtschaft aller Organismen der Erde. Siehe *Monophyletische Gruppe.*

Bauplan: Alle wesentlichen anatomisch-morphologischen Merkmale, die einen bekannten *Organismen*-Typus charakterisieren, z.B. der Bauplan der Fische, der Vögel, der Insekten oder der Blütenpflanzen. Der Begriff bezieht sich auch auf einzelne *Organe.*

Biodiversität: Vielfalt der Organismenformen (*Arten*) in einer bestimmten geographischen Region der Erde. Siehe *Ökologie.*

Biogenese: Synonym für den Begriff Chemische Evolution (Entstehung erster aquatischer Ur-Zellen aus unbelebter Materie im Zeitraum vor ca. 4200–3800 Millionen Jahren).

Biogenetisches Grundgesetz: Ein 1866 von E. HAECKEL formuliertes Prinzip, welches besagt, dass die *Ontogenese* (Individualentwicklung, hier nur in vorgeburtlichen Stadien) als eine kurze und rasche Wiederholung der *Phylogenese* (Stammesentwicklung) interpretiert werden kann. Als Gesetz heute nicht mehr akzeptabel, wohl aber als biogenetische Regel, die Ausnahmen (Abweichungen) zulässt.

Biogeographie: Wissenschaft von der geographischen Verbreitung und Ausbreitung der Organismen auf der Erde (Pflanzen- und Tier-B.). Die B. wurde im wesentlichen von A.R. WALLACE (1823–1913) begründet, dessen Basiswerk *The Geographical Distribution of Animals* (1876) noch heute zitiert wird.

Biologie: Klassischer Begriff aus dem 19. Jahrhundert, erstmals um 1800 erwähnt (J.B. DE LAMARCK, C. TREVIRANUS). Allgemein: Die Naturwissenschaft von der Erforschung der rezenten und fossil erhaltenen Organismen der Erde. Eine moderne Definition lieferte 1994 H. PENZLIN: „Biologie ist die Wissenschaft vom Sein, Werden und Gewordensein des Lebendigen und seiner Teile sowie von der Verbreitung und den Wechselbeziehungen des Lebendigen untereinander und mit der anorganischen Welt". Das „Lebendige" sind die Lebewesen (*Organismen*), die aus *Zellen* aufgebaut sind. Seit Ende der 1990er-Jahre wird der Begriff Biologie mehr und mehr durch das Wort „Biowissenschaften" verdrängt (Life Sciences, d.h. Biologie einschließlich der Biomedizin). Siehe *Leben.*

Biosphäre: Die mit Lebewesen (*Organismen*) besiedelten Regionen der Erde (Wasser, Festland, Luftraum). Gesamtheit aller rezenten *Organismen,* im Gegensatz zur leblosen Atmosphäre (Gashülle) und Lithosphäre (Gesteinsschicht).

Chloroplasten: *Organellen* im Cytoplasma der *Zellen* (*Eucyten*) der Algen und Pflanzen. Orte der Photosynthese der photoautotrophen Zelle, mit eigener *DNA* und doppelter Hüllmembran. Siehe *Endosymbiontentheorie.*

Chromosom: Eine der fadenförmigen, anfärbbaren Strukturen im Kern der *Zelle;* besteht aus DNA und Proteinen, die mit der Erbsubstanz assoziiert sind. Siehe *DNA, Gene, Genom.*

Chromosomentheorie der Vererbung: Die materielle Basis der von Gregor Mendel 1866 auf Grundlage von Kreuzungsversuchen postulierten Erbfaktoren (Gene) blieb lange rätselhaft. 1904 wurde die Vermutung geäußert, dass die Mendelschen Erbmerkmale auf bestimmten Orten der *Chromosomen* liegen. Das Verhalten der Chromosomen während der Meiose und Befruchtung bestimmt gemäß dieser Theorie die Vererbungsmuster. Die Chromosomentheorie konnte durch zahlreiche Befunde bestätigt werden.

Clade: Geschlossene Abstammungsgemeinschaft von Organismen, in anderem Zusammenhang auch aus Monophylum bezeichnet. Siehe *Monophyletische Gruppe.*

Cladistik: Phylogenetische Systematik; Verfahren zur Rekonstruktion der stammesgeschichtlichen Beziehungen zwischen *Arten* und höheren Taxa auf Grundlage der Verzweigung von Stammlinien (dichotome Verzweigungsmuster). Hierbei kommt es zur Aufspaltung einer Elternart in zwei Tochterspezies. Grundlage ist der Nachweis von Synapomorphien (gemeinsame abgeleitete Merkmale).

Cladogenese: Aufspaltung einer evolutiven Reihe ohne gleichzeitige Komplexitätszunahme (Höherentwicklung). Siehe *Anagenese.*

Cladogramm: Stammbaumschema (Verzweigungsdiagramm), das ausschließlich die Verwandtschaftsverhältnisse verschiedener Taxa darstellt und keine Zeitachse enthält (dichotome Verzweigungsmuster von Stammlinien). Siehe *Phylogramm.*

Coevolution: Gemeinsame Evolution von zwei (oder mehreren) interagierenden Vertretern verschiedener *Arten*, die als Resultat einer vom jeweiligen Partner ausgehenden Selektion erfolgt ist. Es entwickeln sich „korrespondierende" Eigenschaften zwischen den coevolvierenden *Organismen* (z.B. Blütenpflanzen/Insekten). Siehe *Natürliche Selektion.*

Darwinismus: Dieser historische Begriff wurde in der ersten Hälfte des 19. Jh. in England für die Anschauungen von Erasmus Darwin (1731–1804, Großvater von Charles Darwin, 1809–1882) geprägt. Nach Erscheinen von Charles Darwins *Origin of Species* (1859) hat sich dieser Begriff sehr rasch als Synonym für den Inhalt des Artenbuchs etabliert (die Darwinsche Theorie); im Jahr 1860 wurde der Begriff von E. Haeckel in Deutschland eingeführt und 1889 durch das Buch *Darwinism* von A.R. Wallace weltweit populär gemacht.

Deszendenztheorie: Siehe *Abstammungslehre.*

Digitale Organismen: Im Computer generierte virtuelle Systeme, die sich verändern (mutieren) und wie Lebewesen vermehren/anpassen. Modellsysteme der In-silico-Evolutionsforschung.

Diplont/Haplont: *Organismen* (bzw. *Zellen*), die durch einen doppelten/einfachen Chromosomensatz gekennzeichnet sind (Synonym: diploide/haploide *Organismen* bzw. Zellen).

Diversifizierung: Ein von C. Darwin (1859) eingeführter Begriff; umschreibt das Verschiedenwerden aufgespaltener Abstammungslinien im Verlauf der Generationenabfolgen.

DNA: Desoxyribonucleinsäure. Ein kettenförmiges Makromolekül, das in allen Organismen, einschließlich der DNA-*Viren* (Ausnahme: *RNA-Viren*) die genetische Information (*Gene*) trägt. Sie besteht aus zwei langen Zucker-Phosphat-Ketten, die durch korrespondierende Basenpaare (A/T; C/G) über Wasserstoffbrücken verbunden sind und eine Doppelhelix bilden. Lokalisation bei *Eucyten*: im Zellkern (genomische DNA), in den *Mitochondrien* und *Chloroplasten;* bei *Protocyten*: im Cytoplasma. Siehe *ATP*, *Chromosom*, *Gen*, *Genetik*, *Genom*, *RNA.*

Dogma: Feststehender, nicht überprüfbarer Glaubenssatz. In den Naturwissenschaften gibt es keine Dogmen, wohl aber in den verschiedenen Religionen. Die übliche Bezeichnung „zentrales Dogma der Molekularbiologie: DNA → RNA → Protein" sollte vermieden werden (besser: Grundregel der Molekularbiologie).

Domestikation: Haustierwerdung infolge künstlicher Selektion, Zähmung und Züchtung durch den Menschen. Gilt analog auch für Pflanzen (Wild- bzw. Nutz-*Organismen*).

Endosymbionten-Theorie: Aus der *Symbiogenesis-Hypothese* hervorgegangenes *Modell* von der stammesgeschichtlichen Entwicklung der *Eucyte.* Sie besagt, dass *Mitochondrien* und *Chloroplasten* als „domestizierte", ehemals frei lebende Bakterien im Cytoplasma der rezenten *Zellen* existieren (halbselbständige oder semiautonome *Organellen*, primäre Endosymbiose). Durch zahlreiche Fakten belegt und daher als *Naturgesetz* zu betrachten.

Entropie: Maß für die Unordnung oder Unbestimmtheit in einem System. Kann auch als „Menge an Zufall" definiert werden. Siehe *Thermodynamik, Hauptsätze.*

Erdzeitalter: Siehe *Geologische Zeitskala.*

Erweiterte Synthetische Theorie: Siehe *Synthetische Evolutionstheorie.*

Ethologie: Vergleichende Verhaltensforschung, einer maßgeblich von Konrad Lorenz etablierten Teildisziplin der Biologie. Veraltete Bezeichnung: Tier-Psychologie.

Eucyte: Siehe *Eukaryoten.*

Eukaryoten: *Organismen*, deren *Zellen* einen „echten" (membranumgrenzten) Kern und *Organellen* wie *Mitochondrien* und *Chloroplasten* besitzen (z.B. Algen, Pilze, Tiere und Pflanzen). Zelltyp: *Eucyte*. Siehe *Prokaryoten*.

Evolution: In allgemeiner Bedeutung stufenweise Höher- oder Weiterentwicklung eines Systems. In der Biologie: das graduelle Andersartigwerden der *Organismen* im Verlauf der Generationenabfolgen unter genetisch verankerter Anpassung (*Adaptation*) an die jeweils herrschenden Umweltbedingungen (meist verbunden mit einer *Diversifizierung*). Dieser Prozess kann (muss aber nicht) mit einer Komplexitätszunahme (Höherentwicklung) (*Anagenese*) verbunden sein. Evolution ist eine durch das Fossilienmuster dokumentierte historische Tatsache und dauert an. Sie kann daher auch durch *Experimente* analysiert werden.

Evolutionäre Synthese: Historischer Prozess, der zur Vereinheitlichung der in zahlreiche Teilgebiete zersplitterten Biologie geführt hat (Zeitraum ca. 1930–1950). Resultate: Begründung der *Evolutionsbiologie* und der *Synthetischen Evolutionstheorie*. Als Synonym ist manchmal der Begriff „Moderne Synthese" zu lesen.

Evolutionsbiologie: Eine alle Teilgebiete der modernen Biologie durchdringende Grund-oder Generaldisziplin, aus der klassischen *Abstammungslehre* von C. Darwin und A.R. Wallace hervorgegangen und um 1950 in den USA etabliert (E. MAYR); analysiert den Prozess der Entstehung und stammesgeschichtlichen Entwicklung (*Phylogenese*) der *Organismen* (chemische und biologische Evolution).

Evolutionstheorie: System von Aussagen, das den historischen Prozess der *Evolution* beschreibt und erklärt. Wir unterscheiden zwischen klassischen und modernen Evolutionstheorien (klassisch: *Abstammungslehre*, *Darwinismus*, *Lamarckismus*, *Neodarwinismus*; modern: *Synthetische Evolutionstheorie*).

Evolutionszeit: Zahl der Generationen, die abgelaufen sind, bis ein neues Merkmal innerhalb einer *Population* etabliert worden ist. Die abstrakte „Evolutionsuhr" des Phylogeneseforschers misst die verstrichenen Zeiträume nicht in physikalischen Einheiten (Jahren), sondern in der biologischen Einheit „Generationen".

Experiment: Der Versuch, eine präzise gestellte Frage an die belebte oder unbelebte Natur unter Einsatz technischer Hilfsmittel und Geräte zu beantworten. Die Resultate (experimentelle Daten) müssen reproduzierbar und unter definierten Bedingungen erarbeitet worden sein (konstante Versuchsbedingungen).

Extinktion: Das Aussterben, d.h. Verschwinden bestimmter *Organismen* (einzelner *Arten* oder Speziesgruppen) aus den Fossilreihen bzw. der rezenten *Biosphäre* (Ursache: fehlende Nachkommen). Siehe *Selektionsfaktoren*.

Extraterrestrische Ursachen: *Asteoride* oder Kometen, die als *Meteoriten* (Materiebrocken) in die Erde eingeschlagen sind und über Naturkatastrophen den Verlauf der Evolution bestimmt haben (z.B. das Dinosaurier-/Ammoniten-Aussterben am Ende des Mesozoikums).

Fitness: Lebenszeit-Fortpflanzungserfolg, auch als Eignung, Tauglichkeit oder Anpassungsgrad bezeichnet. Die relative Fähigkeit eines *Organismus*, zu überleben und seine Erbanlagen in den Genbestand (*Genpool*) der nächsten Generation zu bringen. Relativer Fortpflanzungserfolg im Vergleich zu den gleichzeitig lebenden (konkurrierenden) Artgenossen.

Fossilien: Versteinerungen, d.h. Reste von *Organismen*, die vor langer Zeit gestorben sind und Bestandteil der damaligen *Biosphäre* waren. Übergang der Hartteile der Leiche (z.B. Panzer, Knochen oder verholzte Stämme) in die jeweilige Gesteinsschicht (Lithosphäre). Als weitere Fossilform gelten die Bernstein-Einschlüsse (z. B. Insekten). Fossile *Organismen* liegen nur noch als versteinerte (bzw. eingeschlossene) Dokumente vor, während rezente Organismen heute leben und Nachkommen erzeugen.

Fossilisation: Vorgänge, die nach dem Tod und der Verwesung eines Organismus dazu geführt haben, dass gewisse Reste (Hartteile) der Leiche Teil des einbettenden Sedimentgesteins geworden sind. Siehe *Fossilien*.

Funktionswechsel: Prinzip, nach dem während der Phylogenese evolutionäre Neuheiten entstehen können. Freie Vorderextremitäten (Greifwerkzeuge) wurden z.B. beim Übergang Raubsaurier/ Vogel (Mesozoikum) im Verlauf der Jahrmillionen zu Flügeln umgebildet (Organe zum Gleiten).

Gameten: Keimzellen (Eier oder Spermien), die

bei der zweigeschlechtlichen Fortpflanzung von weiblichen bzw. männlichen Individuen derselben Art gebildet werden. Verschmelzungsprodukt: *Zygote*. Siehe *Sexuelle Reproduktion.*

Gen: In der klassischen Vererbungslehre eine Einheit (Erbfaktor), die von Generation zu Generation durch die *Gameten* vererbt wird und ein spezifisches Merkmal des Individuums determiniert. In der Molekulargenetik eine spezifische Basensequenz auf der *DNA*, die die Information für den Aufbau eines Proteins (bzw. eines *RNA*-Moleküls) enthält.

Generationszeit: In der Abfolge: Eltern → Nachkommen/Eltern → Nachkommen usw. der zeitliche Abstand zwischen zwei Generationen (alte/junge G.). Beim Menschen etwa 25 Jahre. Mikroorganismen (z.B. Bakterien), die sich durch Zweiteilung fortpflanzen, haben unter optimalen Bedingungen eine Generationszeit (d.h. Lebensdauer) von nur 0,5 bis 2 Stunden. Sie sind daher für Evolutionsexperimente besonders geeignet. Siehe *Evolutionszeit, Soma.*

Genetik: Vererbungslehre oder Erbkunde; Teilgebiet der *Biologie*, welches die materiellen Grundlagen und Gesetzmäßigkeiten der Vererbung und *Variabilität* zu ergründen versucht. Während der klassischen Periode der Vererbungsforschung (Kreuzungsexperimente, Cytologie) wurde erkannt, dass die Erbsubstanz in den *Genen* der *Chromosomen* lokalisiert ist. Nach Entdeckung der *DNA* (Träger der Erbinformation) entstand die Molekulargenetik, die wichtige Bausteine zur *Synthetischen Evolutionstheorie* geliefert hat (u.a. die Regel: DNA → RNA → Protein; Ursache der *Mutationen; Mitochondrien-* und *Chloroplasten-DNA; Genom*-Analysen; DNA-Sequenzstammbäume). Die Populationsgenetik untersucht Vererbungsvorgänge innerhalb von Fortpflanzungsgemeinschaften.

Genom: Gesamtheit der im Chromosomensatz des Kerns (bzw. im extrachromosomalen Genom) gespeicherten Erbanlagen (*Gene*) sowie andere, mutmaßlich funktionslose *DNA*-Sequenzen.

Genotyp/Phänotyp: Gesamtheit der im *Genom* des *Organismus* gespeicherten erblichen Eigenschaften (*Gene*, d.h. für Proteine und *RNA*-Moleküle kodierende *DNA*-Sequenzen)/äußeres Erscheinungsbild eines Lebewesens (z.B. Proteinausstattung), durch Umwelteinflüsse modifiziert. Siehe *Variabilität.*

Genpool: Gesamtbestand aller Gen-Varianten (*Allele*) einer Population; abstrakte Größe der Populationsgenetik.

Geologie: Teilgebiet der Naturwissenschaften, das sich mit der Erforschung des Aufbaus und der Geschichte der Erde befasst (z.B. Analyse der Sedimentgesteine, Struktur der Erdkruste, Gebirgsbildung, Vulkanismus). Die *Paläontologie* ist aus der Geologie hervorgegangen.

Geologische Zeitskala: Weltuhr der Erdgeschichte, unterteilt in fünf Ären (1. Archaikum, 2. Proterozoikum, 3. Paläozoikum, 4. Mesozoikum, 5. Känozoikum). Ären 1 und 2 bilden das Präkambrium; Ären 3, 4 und 5 werden als Phanerozoikum zusammengefasst. Einheit: Jahrmillionen (Mio. J.). Nullpunkt der Zeitskala: vor ca. 4600 Millionen Jahren (Zeitpunkt der Entstehung unserer Erde).

Gradualismus: Postulat eines Evolutionsverlaufs durch allmähliche (graduelle) genetische Veränderungen von *Populationen* ohne plötzliche Entstehung neuer *Bauplan*-Typen (Saltationen). Siehe *Punktualismus.*

Haplont: Siehe *Diplont.*

Homochiralität: Synonym für Enantiomeren-Reinheit. Räumliche „Gleichhändigkeit“ der Bausteine gewisser Biomoleküle (z.B. Aminosäuren, Zucker; L- oder D-Konfiguration).

Homologie: Ähnlichkeit von Merkmalen zwischen Organismen, die auf gemeinsame Vorfahren zurückführbar ist (Abstammungsähnlichkeit), z.B. Vorderextremitäten von Mensch, Wal und Maulwurf; homologe (sich entsprechende) DNA-Sequenzen verschiedener Organismen. Siehe *Analogie.*

Hypothese: In wörtlicher Übersetzung „Unterstellung“. Vorläufige Interpretation empirischer Fakten (Beobachtungen, experimentelle Daten). Eine gesicherte, d.h. durch zahlreiche Tatsachen untermauerte Hypothese (bzw. ein Hypothesensystem) wird als *Theorie* bezeichnet.

Impact-Hypothese: Im Zusammenhang mit der Chemischen *Evolution* die Vorstellung, dass die Urbausteine der ersten Lebewesen (Aminosäuren, Zucker, Alkohole) aus dem Weltall stammen. Dieser Begriff wird manchmal auch zur Beschreibung der Meteoriteneinschlag-Hypothese des

Dinosaurier-/Ammoniten-Sterbens verwandt (Alvarez extinction event).

Importtheorie: Synonym für Panspermie-*Hypothese,* d.h. die Annahme einer extraterrestrischen Entstehung von Urlebewesen, die vor Jahrmillionen auf die Erde gelangt und letztlich die heutige Biodiversität hervorgebracht haben sollen (spekulativ).

Intelligent Design: Ursprünglich von dem Theologen W. PALEY formulierter „Beweis" für das Walten des biblischen Gottes in der Natur; Leitsatz: *Design must have a designer.* Seit 1990 ist die „Intelligent Design (ID)-Theorie" in Form des *ID-Kreationismus* aktuell. Unter Vermeidung christlich-religiöser Begriffe wird versucht, eine theistische Sicht der Stammesentwicklung zu etablieren. *Mikroevolution* (Speziation) wird anerkannt, *Makroevolution* abgelehnt. Die Baupläne der Organismen sollen von einem „Designer" (Gott in der Bibel) erschaffen worden sein. Siehe *Schöpfungstheorie.*

Kambrische Explosionen: Das in geologischen Zeitmaßstäben „plötzliche" Auftreten zahlreicher hartschaliger Tiere (Bauplan-Grundtypen) vor etwa 530 Millionen Jahren (Zeitspanne ca. 10–15 Mio. J., Beginn des Phanerozoikums). Siehe *Punktualismus.*

Katastrophentheorie: Klassische Hypothese von G. Cuvier, nach der Naturkatastrophen in der Erdgeschichte wiederholt zur vollständigen *Extinktion* der Tier- und Pflanzenwelt geführt haben sollen, gefolgt von übernatürlichen „Neuschöpfungen". Siehe *Kreationismus, Schöpfungstheorie.*

Keimbahn: Siehe *Soma.*

Konvergenz: Parallelentwicklung in der Phylogenese der Organismen, die zu Formähnlichkeiten ursprünglich verschiedener Lebewesen geführt hat (z.B. Körperform der Wale/Thunfische).

Kreationismus: Biblischer Schöpfungsglaube. Versuch, durch wörtliche Interpretation von Teilen der *Genesis* der Bibel naturwissenschaftliche Phänomene (z.B. die Entstehung der Lebewesen) zu erklären. Siehe *Intelligent Design, Schöpfungstheorie.*

Lamarckismus: Historisch betrachtet der erste, von J.B. de Lamarck postulierte kausale Mechanismus des evolutiven Artenwandels. Als treibende Kraft der *Arten*-Transformation wurde eine Vererbung erworbener Körpereigenschaften angenommen. Diese, noch von C. Darwin akzeptierte Hypothese einer „umweltmodifizierenden Vererbung" gilt heute als widerlegt. Siehe *Evolutionstheorie.*

Leben: In der Umgangssprache vieldeutig verwendeter Begriff (z.B. Lebensdauer, -gewohnheiten, -künstler). In der Biologie Synonym für das Lebendigsein gewisser realer Naturobjekte, die als Lebewesen (*Organismen*) bezeichnet werden. Leben außerhalb und unterhalb der *Zelle* gibt es nicht, d.h., Biomoleküle wie Proteine oder Nucleinsäuren sind leblose Zellbestandteile. Das Leben auf der Erde begann mit der Entstehung der ersten primitiven Vorläufer (Proto)-*Zellen,* die mit einem Stoffwechsel (Metabolismus) und der Fähigkeit zur Vermehrung (Selbstreproduktion) versehen waren. Da *Zellen* (bzw. *Organismen*) immer aus anderen *Zellen* hervorgehen, folgt, dass es vor sehr langer Zeit zu der Entstehung der ersten *Protozelle* gekommen sein muss (Chemische Evolution). Siehe *Biogenese.*

Lebende Fossilien: Synonym für Dauergattungen: rezente *Organismen,* die Jahrmillionen alten Fossilformen sehr ähnlich und daher durch eine extrem langsame phänotypische Evolutionsrate gekennzeichnet sind (z.B. Cyanobakterien, Schwämme, Perlboot *Nautilus,* Brachiopode *Lingula,* Borstenegel *Acanthobdella,* Quastenflosser *Latimeria,* Krokodile, Brückenechse *Sphenodon,* Nadelbaum *Ginkgo*).

Makroevolution: Siehe *Mikroevolution.*

Massenextinktion: Das in geologischer Zeitrechnung (Millionen Jahre) „rasche" Aussterben zahlreicher, oft taxonomisch nur entfernt verwandter Organismengruppen. Im Verlauf der Erdgeschichte haben sich fünf große Massenextinktionen ereignet („the Big Five"). Das „sechste Massenaussterben" wird derzeit vom Menschen verursacht (Vernichtung von Urlandschaften, Abholzung der Regenwälder usw.).

Meiose: Reduktionsteilung des Chromosomensatzes diploider *Zellen* (2 n), die zur Bildung haploider *Gameten* (1 n) führt und mit einer genetischen *Rekombination* verbunden ist (n = Zahl der *Chromosomen*). Siehe *Mitose, Zygote.*

Meteorit: Fester extraterrestrischer Materiebrocken, der die Erdatmosphäre durchrast, hierbei nicht vollständig verglüht, einschlägt und einen Krater erzeugt (kosmische Bombe). Im Gegensatz dazu verglühen kleine Steinbrocken vollständig und erzeugen Leuchterscheinungen (Meteore oder Sternschnuppen). Als „Mutter" eines Meteoriten kommen *Asteroide* (oder Kometen) bzw. Bruchstücke derselben in Frage. Pro Tag stürzen mehrere Tonnen Meteoritenmaterial auf die Erde. Seit 1800 wurden nahezu 1000 Einschläge beobachtet (letztes bedeutendes Ereignis: 18.1.2000, Tagish-Lake-Meteorit, Kanada). Meteoriten können Naturkatastrophen verursachen. Siehe *Extraterrestrische Ursachen, Massenextinktion.*

Mikro-/Makroevolution: Entstehung neuer *Arten* (bzw. Varietäten) aus Vorläuferformen (z.B. Fischart 1 → Fischart 2)/evolutive Entwicklung neuer Baupläne, d.h. *Phylogenese* oberhalb des Artniveaus (z.B. Fisch → Amphibium → Reptil). Die Makroevolution (transspezifische Evolution) ist in der Regel aus zahlreichen kleinen Mikroevolutionsschritten zusammengesetzt (additive Typogenese).

Mitochondrien: *Organellen* im Cytoplasma der *Eucyte*, die der Energiegewinnung dienen (Zellatmung, *ATP*-Produktion); mit eigener mt-*DNA* und doppelter Hüllmembran. Die mt-DNA wird in der molekularen *Phylogenetik* zur *Stammbaum*-Rekonstruktion sequenziert. Siehe *Endosymbiontentheorie.*

Mitose: Aufteilung der Chromosomenspalthälften, im Normalfall gefolgt von einer Kernteilung (Karyokinese), und Zellteilung (Cytokinese), wobei die gebildeten Tochter-Zellkerne den identischen und vollständigen Chromosomensatz erhalten. Hierdurch wird erreicht, dass die in der *DNA* gespeicherte Erbinformation von einer Zellgeneration (2 n) in die nächste (2 n) übertragen wird. Siehe *Meiose.*

Modell: Graphische Darstellung einer wissenschaftlichen *Hypothese* oder *Theorie*, wobei nur das Wesentliche abgebildet ist und nebensächliche Dinge weggelassen wurden. Ein Modell dient der schematischen Veranschaulichung eines abstrakten Sachverhalts und basiert auf real existierenden Dingen. Siehe *Naturalismus.*

Monophyletische Gruppe: Umgrenztes Kollektiv verwandter *Organismen*, deren Vertreter von einer hypothetischen Ursprungsart (Vorläuferform) abstammen. Wir sprechen daher auch von einer Abstammungsgemeinschaft (z.B. Wirbeltiere, Vertebrata; Gürtelwürmer, Clitellata). Im Prinzip bilden alle Lebewesen der Erde ein großes, weites Monophylum. Dieser universelle *Stammbaum* wurzelt in einer Gruppe urtümlicher *Protozellen*; er verzweigt sich mit fortschreitender Diversifizierung der *Organismen* mehr und mehr (nähere bzw. entferntere Verwandtschaft systematischer Gruppen). Siehe *ATP, DNA, Phylogenetik.*

Morphologie: Wörtlich übersetzt Gestaltlehre, d.h. die Naturwissenschaft von der Form und äußeren Struktur der *Organismen.*

Mutante: Ein *Organismus*, der durch eine Erbänderung (*Mutation*) gekennzeichnet ist und sich daher vom nichtmutierten Wildtyp unterscheidet

Mutation: Allgemein eine Abänderung (Variation) im *Genotyp* eines *Organismus.* Mutationen finden entweder innerhalb der *DNA* von Körperzellen statt oder betreffen das Erbgut der *Gameten.* Ist das *Soma* betroffen, kann z.B. ein Krebsgeschwür entstehen. Nur Mutationen innerhalb der *Gameten* können (bei zweigeschlechtlichen *Organismen*) Änderungen der Nachkommenschaft verursachen. Durch erbliche Mutationen wird die biologische *Variabilität* innerhalb von *Populationen* erhöht.

Naturalismus: Grundlage aller naturwissenschaftlichen Forschung, Generalkonsens in der internationalen *Scientific Community.* Methodische Beschränkung auf real existierende Dinge, die durch Beobachtung und Experiment analysierbar sind. Wissenschaftliche *Hypothesen, Theorien* und *Modelle* werden nach dem Prinzip des methodischen N. erstellt, d.h. übernatürliche (supranaturalistische) Größen wie Götter, Geister und Designer werden nicht berücksichtigt.

Naturgesetze: Wissenschaftliche Theorien, die durch zahlreiche unabhängige Fakten untermauert worden sind, können den Status von Naturgesetzen erlangen (z.B. Zellentheorie: Lebewesen sind aus Zellen aufgebaut; *Evolutionstheorie*: alle rezenten Organismen der Erde sind die derzeitigen Endprodukte einer Jahrmillionen langen Stammesentwicklung).

Natürliche Selektion: Auslese der am besten angepassten Organismen in der freien Natur, d.h. das nicht vom Zufall determinierte Überleben (einschließlich Fortpflanzungserfolg) gewisser Individuen innerhalb einer *Population.* Diese sind im Besitz von Merkmalen, die ihre Fähigkeit, eine große Zahl fertiler Nachkommen zu erzeugen, erhöht haben. Natürliche „Qualitätskontrolle“, welche die geeignetsten Varianten übriglässt. Sonderform: *Sexuelle Selektion* (geschlechtliche Zuchtwahl). Auswahl des attraktivsten Männchens durch ein fortpflanzungsbereites Weibchen bei manchen Fischen und Vögeln (z.B. männliche Prachtkleider beim Guppy oder Pfau). Gegensatz: künstliche Selektion durch den Menschen bei der Tier- und Pflanzenzucht. Siehe *Domestikation, fitness, Selektionstheorie.*

Neodarwinismus: Eine von A. WEISMANN gegen Ende des 19. Jahrhunderts formulierte Variante der *Abstammungslehre*: Variabilität durch *sexuelle Reproduktion,* gefolgt von einer *natürlichen Selektion* (die Lamarcksche Hypothese von der Vererbung erworbener Eigenschaften konnte von diesem bedeutenden Forscher experimentell widerlegt werden); A.R. Wallace gilt als Mitbegründer des Neodarwinismus. Siehe *Weismanns Hypothesen.*

Neutrale Theorie der Evolution: Annahme des Auftretens und der Akkumulation zahlreicher *Mutationen*, welche die *fitness* des Individuums und seiner Nachkommen innerhalb der *Population* nicht beeinflussen sollen. *Evolution* durch zufallsbedingte genetische Drift (kontrovers diskutierte Theorie der molekularen Evolution und Populationsgenetik, die daher im Text nicht näher diskutiert wurde).

Ökologie: Ein Begriff, der 1866 von E. Haeckel im Sinne von „Lehre vom Haushalt der Natur“ geprägt wurde. Wissenschaft von den Wechselbeziehungen der *Organismen* untereinander und mit der unbelebten Umwelt. Jede Art besiedelt eine für sie charakteristische ökologische Nische, d.h., sie nutzt bestimmte Ressourcen ihrer Umwelt, um der Konkurrenz mit verwandten Spezies auszuweichen (artspezifisches Beziehungssystem Organismus/Umwelt).

Ontogenese: Individualentwicklung eines Lebewesens von der Zeugung (Bildung einer *Zygote*) bis zum Tod. Die vorgeburtliche Entwicklung wird als Embryogenese bezeichnet. Siehe *Phylogenese.*

Organ: Körperteil eines vielzelligen Lebewesens mit spezifischer Funktion, meist aus verschiedenen Geweben zusammengesetzt und zu Organsystemen vereinigt (z.B. bei Wirbeltieren: das Gehirn; bei Pflanzen: das Laubblatt).

Organelle: Eine Differenzierung (Kompartiment) innerhalb der *Eucyte,* die mit dem *Organ* des Tier- oder Pflanzenkörpers vergleichbar ist (z.B. Zellkern/Gehirn oder Chloroplast/Laubblatt).

Organismus: Synonym für Lebewesen, d.h. alle Ein- oder Mehrzeller der Erde (Mikroorganismen, Pilze, Tiere, Pflanzen; ohne *Viren*). Höhere Organismen können als geordnete Systeme von *Organen* (bzw. Organsystemen) definiert werden. Wir unterscheiden zwischen rezenten (d.h. derzeit lebenden) und fossil erhaltenen (d.h. ausgestorbenen) Organismen. Siehe *Leben.*

Paläobiologie: Von O. ABEL im Jahr 1911 begründetes Teilgebiet der *Paläontologie* im Überschneidungsbereich zwischen der *Geologie* und der *Biologie*, das sich mit den *Organismen* der Vorzeit befasst und deren Lebensweise zu ergründen sucht. Unterteilung: Paläobotanik bzw. -zoologie (Invertebraten/Vertebraten); Mikropaläobiologie. In der internationalen Literatur häufig als Synonym für *Paläontologie* verwendet.

Paläontologie: Begriff aus dem Jahr 1825, wörtlich übersetzt „die Lehre vom alten Sein“; früher auch als Petrefakten (Versteinerungs-)-Kunde bezeichnet. Unterteilung in allgemeine P. (Mechanismen der *Fossilisation*) und systematische P. (Beschreibung und Klassifizierung von *Fossilien*). Diese spezielle P. wird auch als *Paläobiologie* bezeichnet. Die P. ist aus der *Geologie* hervorgegangen und verbindet diese mit der *Biologie*, wobei auch physikalisch-chemische Methoden zum Einsatz kommen (z.B. radiometrische Altersdatierungen).

Pangäa/Panthalassa: Urtümlicher, vor Jahrmillionen zerbrochener Superkontinent, der alle heutigen Landmassen umfasste, sowie der entsprechende zusammenhängende Urozean (existierte von der Perm- bis zur Jurazeit).

Phänotyp: Siehe *Genotyp.*

Phänotypische Plastizität: Umwelt-Modulation des *Phänotyps.* Das Erscheinungsbild eines Organismus (Phänotyp) wird zum einen von der erblich fixierten Konstitution (*Genotyp*) und andererseits durch Umweltverhältnisse determiniert. Diese Plastizität (Formbarkeit) des Phänotyps ist die Ursache der umweltbedingten *Variabilität.* Die P.P. ist bei den festgewachsenen Pflanzen hoch (z.B. Licht-/Dunkel-Wachstum), bei frei beweglichen Tieren gering (z.B. Hautfarbe in Abhängigkeit von der Sonneneinstrahlung).

Phylogenese: Stammesentwicklung, d.h. Entstehung und nachfolgende *Diversifizierung* der höheren systematischen Einheiten (z.B. Ringelwürmer, Wirbeltiere, Blütenpflanzen). Transformation und Aufspaltung von Arten in der Aufeinanderfolge der Generationen. Die P. ist aus zahlreichen Individualentwicklungen (*Ontogenesen*) zusammengesetzt.

Phylogenetik: Wissenschaftsdisziplin, die das Ziel verfolgt, die stammesgeschichtlichen (phylogenetischen) Beziehungen zwischen verschiedenen Taxa zu rekonstruieren. Heute werden meist DNA-Sequenzanalysen eingesetzt (molekulare Phylogenetik).

Phylogramm: Stammbaum-Schema (phylogenetischer Baum oder Dendrogramm), das die Verwandtschaftsbeziehungen von Organismen darstellt und eine Zeitachse enthält. Darstellung von Vorfahren/Nachkommen-Beziehungen. Siehe *Cladogramm.*

Polyploidie: Zunahme (meist Verdoppelung) der Chromosomenzahl über die in den anderen Körperzellen vorhandene hinaus. Ursache: Verdoppelung der Chromosomen im Zellkern ohne nachfolgende Zellteilung. Siehe *Mitose.*

Population: Synonym für Fortpflanzungsgemeinschaft, d.h. Gruppe von *Organismen,* die denselben Lebensraum (Biotop) besiedeln und fertile Nachkommen erzeugen. Abstrakte überorganismische Struktur, in der nur das Kollektiv, nicht jedoch das Individuum betrachtet wird.

Prokaryoten: Mikroorganismen, deren *Zellen* keinen membranumgrenzten Kern aufweisen, d.h., die *DNA* liegt als Nucleoid im Cytoplasma (z.B. Bakterien, Cyanobakterien). Zelltyp: *Protocyte.* Siehe *Eukaryoten.*

Protocyte: Siehe *Prokaryoten.*

Protozelle: Hypothetische Vorläuferform der ersten „echten" Einzelzellen, die vor ca. 3800 Millionen Jahren in den Urozeanen der jungen Erde entstanden sind.

Punktualismus: Theorie zur Beschreibung des zeitlichen Verlaufs der *Evolution* der *Organismen,* die relativ kurze Artbildungsperioden und anschließend Phasen geringer Spezies-Diversifizierung postuliert. Siehe *Gradualismus, Kambrische Explosion.*

Rasse: Geographische Varietät innerhalb einer weit verbreiteten Art (Biospezies), an lokale klimatische Bedingungen angepasst, im Gegensatz zur Spezies mit anderen Rassen kreuzbar (Erzeugung fertiler Nachkommen). Abgrenzung zum Begriff Unterart unscharf. Von C. Darwin u.a. Biologen häufig verwendet, heute meist als Subspezies bezeichnet. Ausnahme: Tierzucht (z.B. Hunderassen).

Rekombination: Neuverteilung der *Gene* eines *Organismus* während der Erzeugung der *Gameten* (Eier, Spermien) durch Überkreuzung und Stückaustausch sich entsprechender (homologer) Abschnitte der mütterlichen und väterlichen *Chromosomen.* Dies erfolgt während der Reduktionsteilung (*Meiose*), so dass ganz unterschiedliche Gameten entstehen, die bei der Befruchtung zufallsbedingt kombiniert werden (*sexuelle Reproduktion*). Genetische Rekombination ist die Hauptursache für die Tatsache, dass *Populationen* zweigeschlechtiger Lebewesen durch eine hohe *Variabilität* gekennzeichnet sind.

Ribosomen: In allen lebenden *Zellen* vorhandene, evolutiv hoch konservierte cytoplasmatische *Organellen;* sie sind aus Proteinen und *RNA*-Molekülen zusammengesetzt. Orte der Proteinbiosynthese.

Ribozyme: Spezielle *RNA*-Moleküle, die einerseits genetische Information tragen (Basensequenz), andererseits aber auch als Enzym fungieren können (katalytische Aktivität).

RNA: Ribonucleinsäure. Kettenförmiges Makromolekül, das im Gegensatz zur *DNA* keine typische Doppelhelix bildet und nicht der Speicherung, sondern der Realisierung (Überschreibung und Übersetzung) der genetischen Information dient (Ausnahme: RNA-*Viren*). Die Bausteine der RNA unterscheiden sich von denjenigen der *DNA* durch einen anderen Zucker (Ribose statt Desoxyribose) und eine andere Base (U statt T). Man unterscheidet zwischen drei RNA-Typen mit unterschiedlichen Funktionen (Messenger-RNA, trägt Abschrift eines Gens; Transfer-RNA, überträgt Aminosäure; ribosomale RNA, Struktur- und Funktionsbaustein der *Ribosomen*). Weiterhin kennt man kleine, die Genexpression regulierende RNA-Moleküle. Sonderform: *Ribozyme.*

Schöpfungstheorie: Von einigen Kreationisten vertretene Ansicht, ein „allmächtiger Schöpfer" (oder Intelligenter Designer) habe unter Einsatz übernatürlicher Kräfte gewisse „Grundtypen des Lebens" hervorgebracht, die über Mikroevolutionsschritte zur heutigen Artenvielfalt evolviert seien. Unwissenschaftliche Vermischung von Glaube und Wissen; der erstere beruht auf einem christlichen Mythos, der manchmal auch als „Schöpfungsmodell" bezeichnet wird. Der Begriff *Modell* ist allerdings in den Naturwissenschaften klar definiert. Siehe *Intelligentes Design, Kreationismus.*

Selektionsfaktoren: Spezifische Umweltbedingungen, denen die *Organismen* innerhalb einer *Population* ausgesetzt sind. Diese, aber auch ihre Änderung, bestimmen die Richtung des evolutiven Artenwandels (z.B. Nahrungsangebot, Krankheitserreger, Brutplätze, Konkurrenz durch Artgenossen, Naturkatastrophen, die zu einer selektiven oder umfassenden *Extinktion* führen können).

Selektionstheorie: Der von C. Darwin und A.R. Wallace postulierte, naturwissenschaftlich begründete Mechanismus des evolutiven Artenwandels. Als Triebkraft wurde die auf biologischer *Variabilität* basierende natürliche Auslese (Selektion) der am besten angepassten Individuen erkannt (selektiver Fortpflanzungserfolg innerhalb freilebender Populationen). Siehe *fitness, Lamarckismus, Natürliche Selektion.*

Sexuelle Reproduktion: Zweigeschlechtliche Fortpflanzung unter Ausbildung männlicher und weiblicher Gameten (meist Eier bzw. Spermien). Hauptursache der biologischen Variabilität der betreffenden bisexuellen Populationen. Siehe *Neodarwinismus, Rekombination, Weismanns Hypothesen, Zygote.*

Sexuelle Selektion: Geschlechtliche Zuchtwahl bei Tieren. In der Regel wählen die Weibchen geeignete Paarungspartner aus, die über Ausbildung sogenannter „Prachtkleider" miteinander konkurrieren („Qualitätsmerkmal"). Damenwahl im Tierreich, z.B. bei Fischen oder Vögeln gut dokumentiert (Gute-Gene-Theorie).

Soma: Gesamtheit der sterblichen Körperzellen eines höheren *Organismus,* im Gegensatz zu den fortpflanzungsfähigen *Gameten* (Keimzellen), die bei Tieren eine abstrakte Keimbahn bilden können. Generationenabfolge: Eltern (→ *Gameten*) → Nachkommen; diese werden zu Eltern (→ *Gameten*) → Nachkommen usw. Siehe *Generationszeit.*

Spezies: Siehe *Art.*

Spezies-Dauer: Nach anatomischen Kriterien können in Fossilreihen die Zeiträume abgeschätzt werden, innerhalb derer eine Morphospezies weitgehend unverändert bleibt. Bei Säugetieren liegt die S.-D. im Bereich von etwa 1 bis 2 Millionen Jahren, d.h. der Artenwandel vollzieht sich in der Regel sehr langsam.

Stammbaum: Bildhafte Darstellung des historischen Verlaufs der Stammesgeschichte (bzw. der Verwandtschaftsverhältnisse) der *Organismen.* Abstraktes *Modell* der Evolution ausgewählter Taxa oder aller Lebewesen der Erde. Der erste schematische S. wurde von C. Darwin (1859) publiziert; dieser wurde bald von dem wesentlich anschaulicheren S. von E. Haeckel (1866) abgelöst. Heute werden insbesondere molekulargenetische Daten zur Rekonstruktion der *Phylogenese* herangezogen (Protein-, *DNA*- und *RNA*-Sequenzstammbäume). Siehe *Monophyletische Gruppe, Phylogenetik.*

Symbiogenesis-Hypothese: Konzept, das zwei Zell-*Organellen* der *Eucyte* (*Mitochondrien, Chloroplasten*) als fremde, vor Jahrmillionen eingewanderte, ehemals freilebende Mikroorganismen interpretiert. Diese Hypothese wurde zur *Endosymbionten-Theorie* ausgebaut.

Symbiose: Lebensgemeinschaft zweier artfremder *Organismen,* wobei beide Partner einen Vorteil haben. Gegensatz: Parasitismus, d.h., ein Organismus lebt auf Kosten eines anderen.

Synthetische Evolutionstheorie: Kurzform für Synthetische Theorie der biologischen Evolution. Diese moderne Variante der klassischen *Abstammungslehre* ist als Erweiterung des von A. Weismann begründeten *Neodarwinismus* zu interpretieren. Durch Zusammenfügung (Synthese) der Erkenntnisse aus Cytologie, Genetik, Paläontologie, Systematik und anderer Gebiete wurde zwischen 1930 und 1950 ein Theoriensystem zur Beschreibung und kausalen Erklärung der *Phylogenese* der *Organismen* geschaffen. Diese moderne Evolutionstheorie wurde nach 1950 durch Aufnahme der Erkenntnisse der molekularen *Genetik* (z.B. *DNA*-Stammbäume), der Zellbiologie (z.B. Feinstruktur der *Organellen*), der *Paläobiologie* (z.B. weitere Fossilfunde) und der *Geologie* (z.B. Nachweis historischer Naturkatastrophen) ergänzt, so dass Ende der 1990er-Jahre die *Erweiterte Synthetische Theorie der biologischen Evolution* etabliert werden konnte. Diese berücksichtigt u.a. die Endosymbiose als „Motor" in der Evolution. Weiterhin werden geologische und extraterrestrische Ereignisse (z.B. Vulkanismus, Meteoriteneinschläge) als richtungsgebende Selektionsfaktoren einbezogen.

Systematik: Klassisches Teilgebiet der beschreibenden Biologie, das die Vielfalt der *Organismen* (*Biodiversität*) untersucht, wobei eine natürliche Klassifizierung angestrebt wird (Verwandtschaftszusammenhänge).

Taxon: Synonym für Sippe, Mehrzahl Taxa. Gruppe bestimmter *Organismen*, die durch eine Reihe gemeinsamer Merkmale gekennzeichnet und ausreichend verschieden von anderen Taxa ist, um einen eigenen Namen zu rechtfertigen. Alle systematischen Kategorien (Klasse, Ordnung, Familie, Art) werden als Taxa bezeichnet. Die *Art* (Spezies) ist real existent, andere Taxa sind Abstrakta.

Taxonomie: Synonym für biologische *Systematik*, d.h. Theorie und Praxis der Beschreibung und Klassifizierung der *Organismen*.

Telomtheorie der Laubblatt-Evolution: Gemäß der von W. Zimmermann 1930 formulierten Telomtheorie sollen die Laubblätter der Landpflanzen aus blattlosen Gabeltrieben (Telomen) entstanden sein. Die evolutive Transformation runder Stängel zu flachen Blättern wird über drei Elementarprozesse erklärt, die zur graduellen Modifikation der urtümlichen Organe geführt haben. Die Telomtheorie wird u. a. durch Fossilfunde unterstützt (Reihe *Rhynia, Psilophyton, Actinoxylon, Archaeopteris* vor 410 bis 370 Mio. J.). Experimente mit rezenten Pflanzen haben zur Formulierung plausibler genetischer Mechanismen zur Erklärung dieser stufenweisen Organ-Transformation geführt.

Theorie: In wörtlicher Übersetzung „Anschauung“. Eine durch zahlreiche Fakten untermauerte (gesicherte) *Hypothese* (bzw. System von Hypothesen), die in vielen Fällen den Rang eines *Naturgesetzes* erlangt hat.

Thermodynamik, Hauptsätze: In ihrer klassischen Formulierung durch R. Clausius (1865) können die Hauptsätze wie folgt beschrieben werden: 1. Die Energie des Universums ist konstant. 2. Die *Entropie* des Universums strebt einem Maximum zu. Das Universum (die Welt) ist ein abgeschlossenes (isoliertes) System ohne Stoff- und Energieaustausch mit der Umgebung. Beide Hauptsätze werden von lebenden *Organismen* (offenen Systemen) erfüllt bzw. umgangen (Minimierung der *Entropie*-Zunahme auf Kosten der Umwelt).

Uniformismus: Grundlage der *Geologie*, auch als Aktualitätsprinzip bezeichnet. Der U. besagt, dass die Naturgesetze seit Entstehung der Erde gleichbleibend ihre Gültigkeit bewahrt haben: „Die Gegenwart ist der Schlüssel zur Vergangenheit“. Gilt analog für die *Evolutionsbiologie*. Der U. konnte u.a. durch Analysen von *Meteoriten*-Bruchstücken und *DNA*-Fragmenten aus Bernsteininsekten eindeutig bestätigt werden. Materie, die vor Jahrmillionen entstanden und im Urzustand erhalten ist, wurde nach den heute aktuellen physikalisch-chemischen Prinzipien gebildet.

Variabilität: Phänotypische Unterschiede der Individuen innerhalb einer Population, die umwelt- und/oder genetisch bedingt sind. Die genetische, d.h. auf die Nachkommen vererbbare Ungleichheit von *Organismus* zu Organismus (biologische Variation) ist ein Naturgesetz und wird im Wesentlichen durch die Prozesse *Rekombination* und erbliche *Mutation* verursacht. Für den Verlauf der Evolution ist nur die genetische V. von Bedeutung. Siehe *Genotyp/Phänotyp, Phänotypische Plastizität, Selektionstheorie.*

Verhaltensökologie: Internationale Bezeichnung *Behavioural Ecology*, im Deutschen in grober Näherung als Evolutionäre Verhaltensforschung zu übersetzen. Vergleichende Analyse von Verhaltensweisen rezenter Tiere und Ergründung der stammesgeschichtlichen Wurzeln derselben. Siehe *Ethologie*.

Verwandtenselektion: Kernaussage der *Kin selection*- oder *Inclusive fitness*-Theorie, die postuliert, dass Organismen sich gegenseitig umso mehr unterstützen, je näher sie miteinander verwandt sind, da sie über gemeinsame Vorfahren gleichartige Gene tragen. Die V. erklärt altruistisches Verhalten (z.B. die Brutpflege bei Egeln, Vögeln und Säugern), insbesondere das Vorkommen steriler Arbeiterinnen in Insektenstaaten (Ameisen, Bienen) (biologischer *Altruismus*).

Viren: Wörtlich übersetzt „Gifte“, d.h. Krankheitserreger. Nicht zu eigenständigem Leben außerhalb der Zelle fähige „Aggregate“, die meist nur aus einer Nucleinsäure (*DNA* oder *RNA*) bestehen, welche von einer Proteinhülle umgeben ist (Viruspartikel oder Virion). Da die Vermehrung innerhalb einer Wirtszelle erfolgt, sind Viren keine autonomen Organismen, sondern sie „leben sich in einer fremden Zelle aus“ (extrem reduzierte Parasiten). Viren sind *Zwischenformen* (unbelebte Welt der Moleküle/stoffwechselaktive Zelle).

Weismanns Hypothesen: Der Zoologe/Cytologe A. WEISMANN (1834–1914) hat die von C. Darwin (und A.R. Wallace) begründete Deszendenztheorie entscheidend erweitert (*Neodarwinismus*) und drei zentrale Postulate formuliert: 1. Es gibt keine Vererbung erworbener Körpereigenschaften. 2. Die Fortpflanzung der Tiere ist an Keimzellen gebunden, die dem sterblichen Körper (Soma) gegenüber stehen. 3. Die sexuelle Fortpflanzung liefert variable Nachkommen, die der natürlichen Selektion unterworfen sind (primärer Variationengenerator in der Evolution). Alle drei Hypothesen konnten experimentell bestätigt werden.

Zelle: Kleinste lebensfähige Einheit (Elementarorganismus), Baustein aller Lebewesen der Erde. Im Gegensatz zu den *Viren* sind Zellen zur eigenständigen Replikation (Vermehrung) fähig.

Zell-Evolution: Stammesgeschichte aquatischer Urorganismen auf dem Niveau von Einzelzellen oder undifferenzierter Zellreihen. Die Ära der Z. umfasste einen Großteil der Zeitspanne der biologischen Evolution (Entstehung der *Eucyte* vor ca. 2000 Millionen Jahren; Ursprung der ersten tierischen Vielzeller vor ~600 Millionen Jahren). Evolutionsvorgänge auf dem Niveau von Einzelzellen (z.B. Bakterien) können im *Experiment* analysiert werden. Die Z. dauert seit Erscheinen der Protocyte bis heute an.

Zwischenformen: Organismen oder Strukturen derselben, die keinem eindeutigen *Bauplan* zugeordnet werden können, sondern zwischen zwei Entwicklungsstufen (bzw. Organisationstypen) stehen. Etwa gleichbedeutend mit *connecting link*, Übergangs- oder Bauplan-Mischtyp. Fossile Z. sind insbesondere aus der Wirbeltier-*Paläobiologie* bekannt (z.B. Reptil-Säuger, Dino-Vögel). Rezente Z., wie z.B. Viren, Borstenegel, Schlammspringer, Staubblätter der Seerosen usw. sind wichtige Dokumente für die Rekonstruktion von Abstammungslinien. Siehe *Phylogenetik*.

Zygote: Befruchtete Eizelle, d.h. das entwicklungsfähige Produkt, welches aus der Vereinigung zweier geschlechtsverschiedener *Gameten* und ihrer Kerne entstanden ist und durch mitotische Zellteilungen zu einem Embryo heranwächst. Siehe *Mitose*, *Sexuelle Reproduktion*.

Kommentar von Ernst Mayr (1904–2005)

Am 24. Juni 2001 wurde an der Humboldt-Universität Berlin eine Feier zum 75. Doktorjubiläum des Evolutionsbiologen Prof. em. Dr. Dr. h.c. mult. Ernst Mayr (Harvard University, Cambridge, Massachusetts) abgehalten. In diesem Rahmen wurde dem 97jährigen Jubilar vom Parey-Verlag (Berlin) ein Exemplar der Erstauflage des vorliegenden Buches überreicht. Der Autor erhielt im Juli 2001 das hier wiedergegebene von Hand verfasste Antwortschreiben.

MUSEUM OF COMPARATIVE ZOOLOGY
The Agassiz Museum

HARVARD UNIVERSITY
26 OXFORD STREET
CAMBRIDGE, MASSACHUSETTS 02138

14. July 2001
07 Badger Terrace
Bedford, MA 01730, USA

Sehr geehrter Herr Professor Kutschera,

herzlichen Dank für Ihr ausgezeichnetes Evolutions-Buch. Dass es immer noch Leute gibt, die trotz aller Beweise für die Evolution noch Kreationisten sind, ist kaum zu glauben. Da ist es nötig, Evolution zu lehren, man möchte beinahe sagen von der ersten Klasse an.

Ihr Buch zeigt, wie Sie die Literatur beherrschen. Studenten mit recht verschiedenen Interessen sollten alle darin etwas finden, was sie speziell interessiert.

Soweit ich nach dem ersten Durchlesen Ihres Buches feststellen kann, stimme ich mit fast allen Ihren Schlussfolgerungen überein.

Nochmals besten Dank
für Ihr gut gelungenes Buch
und viele Grüße

Ihr
Ernst Mayr

Die Geologische Zeitskala 2004

Im Jahr 2004 ist bei Cambridge University Press eine 590 Seiten lange Mehrautoren-Monographie mit dem Titel *A Geologic Time Scale 2004* erschienen, die von F. M. GRADSTREIN, J. G. OGG und A. G. SMITH herausgegeben und von vierzig Fachwissenschaftlern verfasst wurde. Diese GTS 2004 ersetzt die beiden Vorgängerwerke (GTS 1989 und GTS 1982); sie basiert im Wesentlichen auf zahlreichen Alters-Datierungen, die unter Einsatz verschiedener Methoden weltweit durchgeführt wurden. Eine Zusammenfassung, in der die gerundeten Werte wiedergegeben sind, ist in Kapitel 4 reproduziert (S. 86). Die neue GTS 2004 ist als Synthese der Resultate der folgenden Fachdisziplinen zustande gekommen.

1. *Bio-Stratigraphie*. (Definition: *Stratigraphie* = Schichtenkunde, d. h. systematische Analyse von Sedimentgesteinen). Durch vergleichende Analysen von Fossilien können relative (chronologische) Altersbestimmungen von Sedimentschichten vorgenommen werden. Hierbei spielten so genannte Leitfossilien eine besondere Rolle (z. B. Trilobiten als charakteristische Versteinerung aus dem Kambrium). Die moderne Biostratigraphie ist eine auf Computerverfahren basierende Wissenschaft, die insbesondere statistische Datenanalysen einbezieht und das Ziel verfolgt, evolutionäre Abstammungsreihen zu rekonstruieren.

2. *Radiometrische Datierungsmethoden*. Unter Einsatz physikalisch-chemischer Verfahren aus dem Wissenschaftszweig der Geochronologie (z.B. Uran-Blei-, Kalium-Argon- und Rubidium-Strontium-Methode, S. 87) sind absolute Altersbestimmungen (in Millionen Jahren, Mio. J. vor heute) möglich. Diese geochronologischen Methoden werden seit 1950 stetig verbessert und können auch für sehr alte Proben aus dem Archaikum eingesetzt werden (z. B. Bestimmung des Erdalters von ca. 4600 Mio. J. unter Verwendung von Meteoritengestein).

3. *Erdzyklus-Stratigraphie*. Die Erdumlaufbahn und die Erdachse durchlaufen, relativ zur Sonne, mehrere tausend Jahre andauernde Zyklen (periodische Erd-Oszillationen). Diese führten in der Vergangenheit zu periodischen Klima- und Umweltänderungen; derartige astronomische Oszillationen sind unter Einsatz bestimmter Methoden in Sedimentgesteinen nachweisbar. Die Zyklus-Stratigraphie liefert eine unabhängige Zeitskala, die zur derzeitigen Erd-Orbital-Situation in Beziehung gesetzt wird. Die Werte sind insbesondere für die vergangenen 23 Mio. J. (und punktuell bis vor 251 Mio. J.) von hoher Präzision und wurden zur *Astronomically Tuned Neogene Time Scale* (ATNTS 2004) zusammengefasst.

4. *Magneto-Stratigraphie*. Die seit langem bekannten periodischen Umkehrungen (Revertierungen, Umpolungen) im geomagnetischen Feld der Erde können in Sedimentschichten, Vulkangesteinen und der ozeanischen Kruste mit spezifischen Methoden nachgewiesen werden. Diese magnetischen Imprints (u. a. „fixiert" in Eisenoxidhaltigen Mineralien) werden detektiert und quantitativ erfasst. Während des Känozoikums sind etwa 2 bis 3 Umpolungen des Erdmagnetfelds pro Mio. J. dokumentiert (Dauer: weniger als 5000 Jahre). Für Sedimentgesteine, die im Verlauf der letzten 160 Mio. J. abgelagert wurden, konnte eine Polaritäts-Sequenz-Zeitskala erarbeitet werden, die zur Datierung mancher Gesteinsformationen von Bedeutung ist.

Durch Kombination biostratigraphischer, radiometrischer, zyklischer und Magnetfeld-Daten (sowie anderer Methoden) wurde von F. M. GRADSTEIN et. al. die GTS 2004 erarbeitet, die auf den folgenden Vereinbarungen basiert:

a) Alterswerte werden als „Jahre vor heute" angegeben, wobei das Jahr 1950 per definitionem als Nullpunkt festgelegt ist („heute", Beginn der weltweit durchgeführten Isotopen-Datierungen in verschiedenen Laboratorien).
b) Im internationalen (englischen) Sprachraum wird das Jahr als „annum" (a) abgekürzt, daher

steht „Ma" für Millionen Jahre (im Deutschen: Mio. J.). Für das Alter und die Dauer einer geologischen Ära werden im Englischen zwei verschiedene, im Deutschen hingegen ein und dieselbe Abkürzung verwendet. Beispiel: Das Känozoikum (Zeitalter der Säugetiere) begann vor etwa 65 Mio. J. (Alter) und dauerte rund 65 Mio. J. (bis „heute", d. h. 1950; Zeitintervall der betreffenden Ära).

c) die Alterswerte (in Mio. J.) werden in zusammenfassenden Skalen der GTS 2004 mit einem Fehler- oder Unsicherheitswert angegeben (±). Als Fehlerangaben (±) werden 2-sigma (95-%-Konfidenz)-Intervalle aufgelistet. Beispiel: Das Känozoikum begann vor 65,5 ± 0,3 Mio. J.; die Unsicherheit liegt somit bei plus/minus 0,3 Mio. J. Dieser exakte Wert wird in der Fachliteratur meistens auf ca. 65 Mio. J. abgerundet.

Im Folgenden sind die wichtigsten absoluten Alterswerte (Beginn vor, in Mio. J.) aufgelistet sowie die gerundeten Werte mit dem Vermerk „circa (ca.)" beigefügt. Wir unterscheiden fünf geologische Ären und wollen hier einige im Haupttext nicht angesprochenen Unter-Ären nennen.

1. **Archaikum** (Urzeit, vor ca. 4600 bis 2500 Mio. J.)
Das Alter der Erde ist seit Darwins Artenbuch (*Origin of Species*, 1859, 1872) Gegenstand kontroverser Diskussionen. Nach derzeitigem Kenntnisstand beträgt der exakte Wert 4527 ± 0,01 (ca. 4600) Mio. J. (KLEINE et al., 2005). Die Untergrenze des Archaikums ist geochronologisch nicht genau definiert. Es gilt heute als gesichert, dass Mikroorganismen (Stromatolithen, freie Bakterienmatten) bereits vor ca. 3500 Mio. J. in den archaischen Ozeanen gelebt haben (AWRAMIK, 2006; THAMDRUP, 2007).

2. **Proterozoikum** oder Eozoikum (Frühzeit, vor ca. 2500 bis 542 Mio. J.)
Der Beginn dieser Ära wurde auf 2500 Mio. J. vor heute festgelegt. Man unterscheidet drei Unter-Ären: Paläo-, Meso- und Neo-Proterozoikum; Beginn vor 2500, 1600 und 1000 Mio. J.

Die Unter-Ära „Neoproterozoikum" wird im Zusammenhang mit der Erforschung der Ediacara-Fauna und der kambrischen Explosion genannt (NARBONNE, 2005; MARSHALL, 2006). Archaikum und Proterozoikum werden unter dem Begriff *Präkambrium* zusammengefasst. Präkambrische (d. h. neoproterozoische) Fossilien (mikroskopisch kleine Mehrzeller) sind in der Fachliteratur im Detail beschrieben (YIN et al., 2007).

3. **Paläozoikum** (Erdaltertum, vor ca. 542 bis 251 Mio. J.)
Das Paläozoikum umfasst die 6 Perioden Kambrium, Ordovizium, Silur, Devon, Karbon und Perm.
Die exakten Datierungen lauten wie folgt:

Kambrium:	Beginn vor 542,0 ± 1,0 (ca. 542) Mio. J.
Ordovizium:	Beginn vor 488,3 ± 1,7 (ca. 488) Mio. J.
Silur:	Beginn vor 443,7 ± 1,5 (ca. 444) Mio. J.
Devon:	Beginn vor 416,0 ± 2,8 (ca. 416) Mio. J.
Karbon:	Beginn vor 359,2 ± 2,5 (ca. 359) Mio. J.
Perm:	Beginn vor 299,0 ± 0,8 (ca. 299) Mio. J.

Das Ende des Perm (und somit des Paläozoikums) ist auf 251,0 ± 0,4 Mio. J. datiert.

Der Perm/Trias (d.h. Paläo-/Mesozoikum)-Übergang wurde wiederholt bestimmt (s. Tab. 4.1, S. 87). Der Mittelwert dieser 4 unabhängigen Altersdatierungen beträgt exakt 251 Mio. J.

4. **Mesozoikum** (Erdmittelalter, vor ca. 251 bis 65 Mio. J.)
Das Mesozoikum umfasst die 3 Perioden Trias, Jura und Kreide.
Die exakten Datierungen lauten wie folgt:

Trias:	Beginn vor 251,0 ± 0,4 (ca. 251) Mio. J.
Jura:	Beginn vor 199,6 ± 0,6 (ca. 200) Mio. J.
Kreide:	Beginn vor 145,5 ± 4,0 (ca. 145) Mio. J.

Das Ende der Kreidezeit (und somit des Mesozoikums) wurde auf 65,5 ± 0,3 (ca. 65) Mio. J. datiert (Kreide/Tertiär-Übergang).

5. **Känozoikum** (Erdneuzeit, vor ca. 65 Mio. J. bis heute, d.h. 1950)
Das Känozoikum umfasst die Perioden Tertiär und Quartär mit den 7 Epochen Paläozän, Eozän, Oligozän, Miozän, Pliozän (= Tertiär); Pleistozän und Holozän (= Quartär).
Die exakten Datierungen lauten wie folgt:

Paläozän:	Beginn vor 65,5 ± 0,3 (ca. 65) Mio. J.
Eozän:	Beginn vor 55,8 ± 0,2 (ca. 56) Mio. J.
Oligozän:	Beginn vor 33,9 ± 0,1 (ca. 34) Mio. J.
Miozän:	Beginn vor 23,03 (ca. 23) Mio. J.
Pliozän:	Beginn vor 5,332 (ca. 5,3) Mio. J.
Pleistozän:	Beginn vor 1,806 (ca. 1,8) Mio. J.
Holozän:	Beginn vor 0,0115 (ca. 0,01) Mio. J.

Der Beginn des Holozän („Jetzt-Zeit") wurde somit auf 11 500 Jahre vor heute festgelegt; die Epoche endete per definitionem 1950. Der gerundete Wert „die vergangenen 10 000 Jahre seit Ende der letzten Eiszeit" wird in der Evolutionsbiologie, Anthropologie und Archäologie in der Regel angegeben; nur selten beziehen sich die Autoren auf den exakten Wert. Wie auf Seite 125 dargelegt wurde, bezeichnen manche Wissenschaftler die Zeit seit dem Jahr 1900 bis heute (2007) als das „Anthropozän" (d. h. Ära des vom Menschen geprägten Abschnittes der Erdgeschichte). Paläo-, Meso- und Känozoikum werden unter dem Begriff *Phanerozoikum* zusammengefasst.

Diese kompakte Darstellung der GTS 2004 zeigt, dass die in der Evolutionsbiologie verwendeten absoluten Altersangaben „in Äonen" (d. h. Mio. J.) mit zahlreichen unabhängigen Methoden erarbeitet wurden, die sich gegenseitig ergänzen und bestätigen (Prinzip der unabhängigen Evidenz). In Zukunft werden diese Alterswerte mit stetiger Verbesserung der geochronologischen (und anderer) Datierungsmethoden noch genauer werden und sich möglicherweise geringfügig verschieben (für Mitte 2008 ist eine korrigierte GTS-Version angekündigt). Trotz dieser stetigen Verfeinerungen unserer „Weltuhr der Erdgeschichte" (geologische Zeitskala) zählen die hier zusammengetragenen Altersdatierungen zu den gesicherten Erkenntnissen der modernen Naturwissenschaften. Die immer wieder geäußerten Zweifel an der Geochronologie als Wissenschaft von der absoluten Altersdatierung der Gesteine (*the clocks in the rocks*) sind unbegründet (GRADSTEIN et al., 2004; DONOGHUE und BENTON, 2007).

Literatur

ABEL, O. (1911) Grundzüge der Palaeobiologie der Wirbeltiere. E. Schweizerbartsche Verlagsbuchhandlung, Stuttgart.

ABEL, O. (1926) Beobachtungen an Flugfischen im mexikanischen Golf. Natur Mus. Frankfurt 56, 129–136.

ALBERTS, B., BRAY, D., JOHNSON, A., LEWIS, J., RAFF, M., ROBERTS, K., WALTER, P. (1998), Essential Cell Biology. An Introduction to the Molecular Biology of the Cell. Garland Publishing Inc. New York, London.

ALVAREZ, W. (1997) T. rex and the Crater of Doom. Princeton University Press, Princeton, New Jersey.

ARCHIBALD, J. A. (2006) Algal genomics: Exploring the imprint of endosymbiosis. Curr. Biol. 16, R1033–R1035.

ARTHUR, W. (2002) The emerging conceptual framework of evolutionary developmental biology. Nature 415, 757 - 764.

AWRAMIK, S. M. (2006) Respect for stromatolites. Nature 441, 700–701.

AX, P. (1999) Das System der Metazoa II. Ein Lehrbuch der phylogenetischen Systematik. G. Fischer Verlag, Stuttgart.

BADA, J. L., LAZCANO, A. (2003) Prebiotic soup – revisiting the Miller experiment. Science 300, 745–746.

BALL, P. (2007) Synthetic biology: Designs for life. Nature 448, 32–33.

BALTER, M. (2005) Are humans still evolving? Science 390, 234–237.

BARLOW, N. (Ed.) (1958) The Autobiography of Charles Darwin. Collins, London.

BARNES, R. S. K. (Ed.) (1998) The Diversity of Living Organisms. Blackwell Science, Oxford.

BEERLING, D. J., FLEMING, A. J. (2007) Zimmermann's telome theory of megaphyll leaf evolution: a molecular and cellular critique. Curr. Opin. Plant Biol. 10, 4–12.

BECKERS, E., HÄGELE, P., HAHN, H.-J., ORTNER, R. (Hrsg.) (1999) Pluralismus und Ethos der Wissenschaft. Verlag des Professorenforums, Gießen.

BEHE, M. J. (1996) Darwin's Black Box: The Biochemical Challenge to Evolution. Free Press/Simon and Schuster, New York.

BEHE, M. (2007) The Edge of Evolution. The Search for the Limits of Darwinism. Free Press, New York.

BEIERKUHNLEIN, C. (2007) Biogeographie. Verlag Eugen Ulmer, Stuttgart.

BELL, G. (1997) Selection: The Mechanism of Evolution. Chapman & Hall, New York.

BENTON, M. J. (2005) Vertebrate Palaeontology. 3th Ed. Blackwell Science, Oxford.

BENTON, M. J., AYALA, F. J. (2003) Dating the Tree of Life. Science 300, 1698–1700.

BENTON, M. J., HARPER, D. A. T. (1997) Basic Palaeontology. Addison Wesley Longman, Essex.

BERGER, F., RAMINEZ-HERNANDEZ, M. H., ZIEGLER, M. (2004) The new life of a centenarian: signaling functions of NAD(P). Trends Biochem. Sci. 29: 111–118.

BERNER, R. A., VANDENBROOKS, J. M., WARD, P.D. (2007) Oxygen and evolution. Science 316, 557–558.

BERNSTEIN, M. (2006) Prebiotic materials from on and off the early Earth. Phil. Trans. R. Soc. B. 361, 1689–1702.

BROCK, T. D., MADIGAN, M. T., MARTINKO, J. M., PARKER, J. (1994) Biology of Microorganisms. 7th. Ed. Prentice Hall, New Jersey.

BRÖMER, R., HOSSFELD, U., RUPKE, N. A. (Hrsg.) (1999) Evolutionsbiologie von Darwin bis heute. Verlag für Wissenschaft und Bildung, Berlin.

BUNGE, M., MAHNER, M. (2004) Über die Natur der Dinge. Materialismus und Wissenschaft. S. Hirzel, Stuttgart.

BURNS, K. J., HACKETT, S. J., KLEIN, N. R. (2002) Phylogenetic relationships and morphological diversity in Darwin's finches and their relatives. Evolution 56, 1240–1252.

BURT, A. (2000) Perspective: Sex, recombination and the efficacy of selection: was Weismann right? Evolution 54, 337–351.

CAMERON, E.Z., DUTOIT. J. T. (2007) Winning by a neck: Tall giraffes avoid competing with shorter browsers. Amer. Nat. 169, 130–134.

CANFIELD, D. E., POULTON, S. W., NARBONNE, G. M. (2007) Late-Neoproterozoic deep-ocean oxygenation and the rise of animal life. Science 315, 92–94.

CARREL, L. (2004) Chromosome chain makes a link. Nature 432, 817–818.

CARROLL, R. L. (1997) Patterns and Processes of Vertebrate Evolution. Cambridge University Press, Cambridge.

CARROLL, S. B. (2005) Endless Forms most Beautiful. The New Science of Evo Devo and the Making of the Animal Kingdom. Norton, New York.

CHYBA, C. F. (2005) Rethinking Earth's early atmosphere. Science 308, 962–963.

CLUTTON-BROCK, T. H. (1991) The Evolution of Parental Care. Princeton University Press, Princeton.

COCKELL, C. S., BLAND, P. A. (2005) The evolutionary and ecological benefits of asteroid and comet impacts. Trends Ecol. Evol. 20, 175–179.

COOK, L. M. (2003) The rise and fall of the carbonaria form of the pepperd moth. Quart. Rev. Biol. 78, 399–417.

COWEN, R. (2000) History of Life. 3th Ed. Blackwell Science, Oxford.

COYNE, L. A., ORR, H. A. (2004) Speciation. Sinauer Associates, Sunderland.

DARWIN, C. (1859) On the Origin of Species by Means of Natural Selection, or the Preservation of Favoured Races in the Struggle for Life. John Murray, London.

DARWIN, C. (1868) The Variation of Animals and Plants under Domestication. Vol. 1/2. John Murray, London.

DARWIN, C. (1871) The Descent of Man, and Selection in Relation to Sex. Vol.1/2. John Murray, London.

DARWIN, C. (1872) On the Origin of Species. 6th Ed. John Murray, London.

DARWIN, C. (1881) The Formation of Vegetable Mould, through the Action of Worms, with Observations on their Habits. John Murray, London.

DASILAO, J. C., SASAKI, K. (1998) Phylogeny of the flyingfish family Exocoetidae (Teleostei, Beloniformes). Ichthyol. Res. 45, 347–353.

DEAMER, D. W. (1997) The first living systems: a bioenergetic perspective. Microbiol. Mol. Biol. Rev. 61, 239–261.

DE DUVE, C. (1994) Ursprung des Lebens. Präbiotische Evolution und die Entstehung der Zelle. Spektrum Akademischer Verlag, Heidelberg, Berlin, Oxford.

DE DUVE, C. (1995) Aus Staub geboren. Leben als kosmische Zwangsläufigkeit. Spektrum Akademischer Verlag, Heidelberg, Berlin, Oxford.

DENNIS, C. (2005) Branching out. Nature 437, 17–19.

DESMOND, A., MOORE, J. (1991) Darwin. M. Joseph Ltd., London.

DIENER, T. O. (2001) The viroid: biological oddity or evolutionary fossil? Adv. Virus Res. 57, 137–184.

DOBZHANSKY, T. (1937) Genetics and the Origin of Species. Columbia University Press, New York.

DOBZHANSKY, T., AYALA, F., STEBBINS, G. L., VALENTINE, J. W. (1977) Evolution. W. H. Freeman & Company, San Francisco.

DOEBLEY, J. (2004) The genetics of maize evolution. Annu. Rev. Genet. 38, 37–59.

DONOGHUE, P. C. J., BENTON, M. J. (2007) Rocks and clocks: calibrating the Tree of Life using fossils and molecules. Trends Ecol. Evol. 22, 424–431.

EDWARDS, M. R. (1998) From a soup or a seed? Pyritic metabolic complexes in the origin of life. Trends Ecol. Evol. 13, 178–181.

EICHELBECK, R. (1999) Das Darwin-Komplott. Aufstieg und Fall eines pseudowissenschaftlichen Weltbildes. Riemann/Bertelsmann, München.

EIGEN, M. (1987) Stufen zum Leben. Piper Verlag, München.

EILER, J. M. (2007) Geochemistry: The oldest fossil or just another rock? Science 317, 1046–1047.

ELENA, S. F., COOPER, V. S., LENSKI, R. E. (1996) Punctuated evolution caused by selection of rare benefical mutations. Science 272, 1802–1804.

ELENA, S. F., LENSKI, R. E. (2003) Evolution experiments with microorganisms: the dynamics and genetic bases of adaptation. Nat. Rev. Genet. 4, 457–469.

ELLEGREN, H. (2005) Genomics: The dog has its day. Nature 438, 745–746.

ELIADE, M. (2002) Die Schöpfungsmythen. Albatros Verlag, Düsseldorf.

ENDLER, J. A. (1986) Natural Selection in the Wild. Princeton University Press, Princeton, New Jersey.

ENGELS, E.-M. (Hrsg.) (1995) Die Rezeption von Evolutionstheorien im 19. Jahrhundert. Suhrkamp Verlag, Frankfurt/M.

FEDER, M. E. (2007) Evolvability of physiological and biochemical traits: evolutionary mechanisms including and beyond single-nucleotide mutation. J. Exp. Biol. 210, 1653–1660.

FISHER, R. E. (2000) The primate Appendix: A reassesment. Anat. Rec. (New Anat.) 261, 228–236.

FINNEGAN, E. J., MATZKE, M. A. (2003) The small RNA world. J. Cell Sci. 116, 4689–4693.

FRAISER, M. L.,BOTTJER, D. J. (2007) Elevated atmospheric CO_2 and the delayed biotic recovery from the end-Permian mass extinction. Palaeogeogr. Palaeoclimatol. Palaeoecol. 252, 164–175.

FUTUYMA, D. J. (1995) Science on Trial. The Case for Evolution. 2nd Ed. Sinauer Associates, Sunderland.

FUTUYMA, D. J. (1998) Evolutionary Biology. 3rd Ed. Sinauer Associates, Sunderland.

FRANKEL, C. (1999) The End of the Dinosaurs. Chicxulub Crater and Mass Extinction. Cambridge University Press, Cambridge.

GEHRING, W. J. (2001) Wie Gene die Entwicklung steuern. Eine Geschichte der Homeobox. Birkhäuser Verlag, Basel, Boston, Berlin.

GERHART, J., KIRSCHNER, M. (1997) Cells, Embryos and Evolution. Blackwell Science, Malden, Massachusetts.

GEUS, A., HÖXTERMANN, E. (Hrsg.) (2007) Evolution durch Kooperation und Integration. Zur Entstehung der Endosymbiosetheorie in der Zellbiologie. Basilisken-Presse, Marburg.

GILBERT, S. F. (2003) Developmental Biology. 7th Ed. Sinauer Associates, Sunderland.

GITT, W. (1993) In sechs Tagen vom Chaos zum Menschen: Logos oder Chaos. 3. Auflage. Hänssler-Verlag, Neuhausen, Stuttgart.

GOULD, S. J. (1977) Ontogeny and Phylogeny. Harvard University Press, Cambridge.

GOULD, S. J. (1989) Wonderful Life: The Burgess Shale and the Nature of History. W.W. Norton, New York.

GOULD, S. J. (1999) Rocks of Ages. Science and Religion in the Fullness of Life. Ballantine, New York.

GOULD, S. J. (2002) The Structure of Evolutionary Theory. Harvard University Press, Cambridge Massachusetts.

GRADSTEIN, F. M., OGG, J.G., SMITH, A. G. (Eds.) (2004) A Geologic Time Scale 2004. Cambridge University Press, Cambridge.

GRANT, P. R., GRANT, B. R. (2002) Unpredictable evolution in a 30-year study of Darwin's finches. Science 296, 707–711.

GREGORY, T. R. (2008) Evolution as fact, theory and path. Evo. Edu. Outreach 1: 46–52.

GRIMALDI, D., ENGEL, M. S. (2005) Evolution of the Insects. Cambridge University Press, Cambridge.

HAECKEL, E. (1866) Generelle Morphologie der Organismen. Allgemeine Grundzüge der organischen Formen-Wissenschaft, mechanisch begründet durch die von Charles Darwin reformierte Descendenztheorie. Bd. 1/2. DeGruyter, Berlin.

HAECKEL, E. (1877) Anthropogenie oder Entwicklungsgeschichte des Menschen. W. Engelmann, Leipzig.

HAECKEL, E. (1909) Die Welträtsel. Gemeinverständliche Studien über monistische Philosophie. A. Kröner Verlag, Leipzig.

HAMILTON, W. D. (1972) Altruism and related phenomena, mainly in social insects. Annu. Rev. Ecol. Syst. 3, 193–232.

HÄRING, M., VESTERGAARD, G., RACHEL, R., CHENG, L., GARRET, R. A., PRANGISHVIL, D. (2005) Independent virus development outside a host. Nature 436, 1101–1102.

HÄRLE, W. (1995) Dogmatik. Walter de Gruyter Verlag, Berlin, New York.

HARVEY, P. H., PAGEL, M. D. (1991) The Comparative Method in Evolutionary Biology. Oxford University Press, Oxford.

HEBERER, G. (1980) Allgemeine Abstammungslehre. Muster-Schmidt Verlag, Göttingen, Zürich.

HEISENBERG, W. (1969) Der Teil und das Ganze. Gespräche im Umkreis der Atomphysik. Piper Verlag, München.

HENKE, W., ROTHE, H. (1994) Paläoanthropologie. Springer-Verlag, Berlin, Heidelberg, New York.

HENNIG, W. (1998) Genetik. 2. Auflage. Springer Verlag, Berlin, Heidelberg, New York.

HERRING, C. D., RAGHUNATHAN, A., HONISCH, C. et al. (2006) Cooparative genome sequencing of *Escherichia coli* allows observation of bacterial evolution on a laboratory timescale. Nat. Genetics 38, 1406–1412.

HERTER, K. (1968) Der medizinische Blutegel und seine Verwandten. A. Ziemsen Verlag, Wittenberg.

HESSE, R. (1936) Abstammungslehre und Darwinismus. 7. Auflage. B. G. Teubner, Leipzig und Berlin.

HÖLLDOBLER, B., WILSON, O. E. (1990) The Ants. Harvard University Press, Cambridge, Massachusetts.

HÖXTERMANN, E. (1998) Konstantin S. Merezkovskij und die Symbiogenesetheorie der Zellevolution. In: GEUS, A. (Ed.) Bakterienlicht & Wurzelpilz. Endosymbiosen in Forschung und Geschichte. Basiliskenpresse, Marburg.

HOSSFELD, U. (2005) Geschichte der biologischen Anthropologie in Deutschland. Von den Anfängen bis in die Nachkriegszeit. Franz Steiner Verlag, Stuttgart.

HOSSFELD, U., OLSSON, L. (2005) The history of the homology concept and the „Phylogenetisches Symposium". Theory Biosci. 124, 243–253.

HUXLEY, J. (1942) Evolution: The Modern Synthesis. Harper & Brothers Publ., New York, London.

ILLIES, J. (1983) Der Jahrhundertirrtum. Würdigung und Kritik des Darwinismus. Umschau Verlag, Frankfurt a.M.

JAHN, I. (Hrsg.) (1998) Geschichte der Biologie. 3. Auflage. Gustav Fischer Verlag, Jena.

JESSBERGER, R. (1990) Kreationismus. Kritik des modernen Antievolutionismus. Verlag Paul Parey, Berlin, Hamburg.

JOHNSON, P. E. (1993) Darwin on Trial. Regnery Gateway, Washington (Deutsche Übersetzung: Darwin im Kreuzverhör. CLV, Bielefeld 2003).

JOYCE, G. F. (2004) Directed evolution of nucleic acid enzymes. Annu. Rev. Biochem. 73, 791–836.

JOYCE, G. F. (2007) A glimpse of biology's first enzyme. Science 315, 1507–1508.

JUNKER, R., SCHERER, S. (1992) Entstehung und Geschichte der Lebewesen. Daten und Deutungen für den Biologieunterricht. 3. Auflage. Weyel Lehrmittelverlag, Gießen.

JUNKER, R., SCHERER, S. (2001) Evolution. Ein kritisches Lehrbuch. 5. Auflage. Weyel Lehrmittelverlag, Gießen (6. Auflage 2006).

JUNKER, T. (2004) Die zweite Darwinsche Revolution. Geschichte des synthetischen Darwinismus in Deutschland 1924 bis 1950. Basilisken-Presse, Marburg.

JUNKER, T. (2006) Evolution des Menschen. C.H. Beck, München.

JUNKER, T., ENGELS, E.-M. (Hrsg.) (1999) Die Entstehung der Synthetischen Theorie. Beiträge zur Geschichte der Evolutionsbiologie in Deutschland 1930–1950. Verlag für Wissenschaft und Bildung, Berlin.

JUNKER, T., HOSSFELD, U. (2001) Die Entdeckung der Evolution. Eine revolutionäre Idee und ihre Geschichte. Wissenschaftliche Buchgesellschaft, Darmstadt.

KABNICK, K. S., PEATTIE, D. A. (1991) Giardia: A missing link between prokaryotes and eukaryotes. Amer. Sci. 79, 34–43.

KAHLE, H. (1999) Evolution. Irrweg moderner Naturwissenschaft? 4. Auflage. Moderner Buch Service, Bielefeld.

KEELING, P. J. (2004) Diversity and evolutionary history of plastids and their hosts. Amer. J. Bot. 91, 1481–1493.

KEMP, T. S. (1999) Fossils and Evolution. Oxford University Press, Oxford.

KEMP, T. S. (2005) The Origin and Evolution of Mammals. Oxford University Press, Oxford.

KEMP, T. S. (2007) The origin of higher taxa: macroevolutionary processes, and the case of mammals. Acta Zool. 88, 3–22.

KERR, R. (2006) A shot of oxygen to unleash the evolution of animals. Science 314, 1599.

KLEINE, T., PALME, H., MEZGER, K. HALLIDAY, A. N. (2005) Hf-W Chronometry of lunar metals and the age and early differentation of the moon. Science 310, 1671–1674.

KLEINIG, H., SITTE, P. (1992) Zellbiologie – Ein Lehrbuch. 3. Auflage, G. Fischer Verlag, Stuttgart, New York.

KLINGSOLVER, J. G., PFENNIG, D. W. (2007) Patterns and power of phenotypic selection in nature. BioScience 57, 561–572.

KNOLL, A. H. (2003) Life on a Young Planet. The First three Billion Years of Evolution on Earth. Princeton University Press, Princeton.

KNOOP, V., MÜLLER, K. (2006) Gene und Stammbäume. Ein Handbuch zur molekularen Phylogenetik. Spektrum Akademischer Verlag, Heidelberg.

KOONIN, E. V., MARTIN, W. (2005) On the origin of genomes and cells within inorganic compartements. Trends Genetics 21, 647–654.

KOTTHAUS, J. (2003) Propheten des Aberglaubens – Der deutsche Kreationismus zwischen Mystizismus und Pseudowissenschaft. Lit-Verlag, Münster.

KREBS, J. R., DAVIES, N. B. (1993) An Introduction to Behavioural Ecology. 3. Ed. Blackwell Science, Oxford.

KRING, D. A. (2007) The Chixulub impact event and its environmental consequences at the K/T boundary. Palaeogeogr. Palaeoclimatol. Palaeoecol. 255, 4–21.

KÜKENTHAL, W., RENNER, M. (1978) Leitfaden für das Zoologische Praktikum. 17. Auflage. G. Fischer Verlag, Stuttgart, New York.

KUTSCHERA, U. (1998) Grundpraktikum zur Pflanzenphysiologie. Quelle & Meyer Verlag, Wiesbaden.

KUTSCHERA, U. (2002) Prinzipien der Pflanzenphysiologie. 2. Auflage. Spektrum Akademischer Verlag, Heidelberg, Berlin.

KUTSCHERA, U. (2003) A comparative analysis of the Darwin-Wallace papers and the development of the concept of natural selection. Theory Biosci. 122, 343–359.

KUTSCHERA, U. (2004 a) The freshwater leech *Helobdella europaea* (Hirudinea: Glossiphoniidae): an invasive species from South America? Lauterbornia 52, 153–162.

KUTSCHERA, U. (2004 b) Streitpunkt Evolution. Darwinismus und Intelligentes Design. Lit-Verlag, Münster (2. Auflage 2007).

KUTSCHERA, U. (2005 a) Predator-driven macroevolution in flyingfishes inferred from behavioural studies: historical controversies and a hypothesis. Ann. Hist. Phil. Biol. 10, 59–77.

KUTSCHERA, U. (2005 b) Intelligent design creationism versus modern biology: No middle way. In PARKER, M. G., SCHMIDT, T. M. (Eds.): Scientific Explanation and Religious Belief. Science and Religion in Philosophical and Public Discourse. Mohr Siebeck, Tübingen, 150–164.

KUTSCHERA, U. (2006 a) The infamous bloodsuckers from Lacus Verbanus. Lauterbornia 56, 1–4.

KUTSCHERA, U. (2006 b) The basic types of life: Critical evaluation of a hybrid model. Rep. Natl. Cent. Sci. Edu. 26, 31–36.

KUTSCHERA, U. (2006 c) Mudskippers undermine ID claims on macroevolution. Nature 439, 534.

KUTSCHERA, U. (Hg.) (2007 a) Kreationismus in Deutschland. Fakten und Analysen. Lit-Verlag, Münster.

KUTSCHERA, U. (2007 b) Palaeobiology: the origin and evolution of a scientific discipline. Trends Ecol. Evol. 22, 172–173.

KUTSCHERA, U. (2007 c) Leeches underline the need for Linnaean taxonomy. Nature 447, 775.

KUTSCHERA, U. (2007 d) Plant-associated methylobacteria as co-evolved phytosymbionts: a hypothesis. Plant Signal Behav. 2, 74–78.

KUTSCHERA, U. (2008) Creationism in Germany and its possible cause. Evo. Edu. Outreach 1, 84–86.

KUTSCHERA, U., EPSHTEIN, V. M. (2006) Nikolaj A. Livanow (1876–1974) and the living relict *Acanthobdella peledina* (Annelida, Clitellata). Ann. Hist. Phil. Biol. 11, 85–98.

KUTSCHERA, U., THOMAS, J. HORNSCHUH, M. (2007) Cluster formation in liverwort-associated methylobacteria and its implications. Naturwissenschaften 94, 687–692.

KUTSCHERA, U., WIRTZ, P. (1986) Reproductive behaviour and parental care of *Helobdella striata* (Hirudinea: Glossiphoniidae): a leech that feeds its young. Ethology 72, 132–142.

KUTSCHERA, U., WIRTZ, P. (2001) The evolution of parental care in freshwater leeches. Theory Biosci. 120, 115–137.

KUTSCHERA, U., NIKLAS, K. J. (2004) The modern theory of biological evolution: an expanded synthesis. Naturwissenschaften 91, 255–276.

KUTSCHERA, U., NIKLAS, K. J. (2005) Endosymbiosis, cell evolution, and speciation. Theory Biosci. 124, 1–24.

KUTSCHERA, U., NIKLAS, K. J. (2006) Photosynthesis research on yellowtops: macroevolution in progress. Theory Biosci. 125, 81–92.

LACK, D. (1947) Darwin's Finches. Cambridge University Press, Cambridge.

LAMARCK, J.-B. de (1809) Philosophie Zoologique. Verdiere, Paris.

LAMARCK, J.-B. de (1818) Histoire naturelle des Animaux sans Vertebres. Verdiere, Paris.

LEHMANN, U., HILLMER, G. (1997) Wirbellose Tiere der Vorzeit. 4. Auflage. F. Enke Verlag, Stuttgart.

LEVIN, H. L. (2003) The Earth Trough Time. 7. Edition. John Wiley & Sons Inc., Hoboken.

LI, W.-H. (1997) Molecular Evolution. Sinauer Associates, Sunderland.

LIU, R., OCHMAN, H. (2007) Stepwise formation of the bacterial flagellar system. Proc. Natl. Acad. Sci. USA 104, 7116–7121 (Correction: PNAS 104, 11507; 2007).

LONG, J. A., YOUNG, G. C., HOLLAND, T., SENDEN, T. J., FITZGERALD, E. M. G. (2007) An exceptional Devonian fish from Australia sheds light on tetrapod origins. Nature 444, 199–202.

LÖNNIG, W.-E. (1993) Artbegriff, Evolution und Schöpfung. 3. Auflage. Naturwissenschaftlicher Verlag, Köln (Selbstverlag).

LORENZ, K. (1965) Darwin hat recht gesehen. Verlag Günther Neske, Pfullingen.

LOVEJOY, N. R., IRANPOUR, M., COLLETTE, B. B. (2004) Phylogeny and ontogeny of Beloniform fishes. Integr. Comp. Biol. 44, 366–377.

LUO, Z.-X., CHEN, P., LI, G., CHEN, M. (2007) A new eutriconodont mammal and evolutionary development in early mammals. Nature 446, 288–293.

MACAULAY, V., HILL, C., ACHILLI, A. et al. (2005) Tracing modern human origins. Science 309, 1995–1996.

MACFADDEN, B. J. (1992) Fossil Horses. Cambridge University Press, Cambridge.

MAHNER, M., BUNGE, M. (1997) Foundations of Biophilosophy. Springer Verlag, Berlin, Heidelberg, New York.

MAJERUS, M., AMOS, W., HURST, G. (1996) Evolution. The Four Billion Year War. Longman, Essex.

MAJERUS, M. E. N. (1998) Melanism. Evolution in Action. Oxford University Press, Oxford.

MAJERUS, M. E. N. (2007) The peppered moth: The proof of Darwinian evolution. http://www.gen.cam.ac.uk/Research/majerus.htm

MANN, K. H. (1962) Leeches (Hirudinea). Their Structure, Physiology, Ecology and Embryology. Pergamon Press, Oxford.

MARGULIS, L. (1993) Symbiosis in Cell Evolution: Microbial Communities in the Archean and Proterozoic Eons. 2nd Ed. Freeman & Company, New York.

MARGULIS, L., SCHWARTZ, K. V. (1998) Five Kingdoms. An Illustrated Guide to the Phyla of Life on Earth. 3rd Ed. W. H. Freeman & Company, New York.

MARSHALL, C. R. (2006) Explaining the Cambrian "explosion" of animals. Annu. Rev. Earth Planet Sci. 34, 355–384.

MARTIN, W., HOFFMEISTER, M., ROTTE, C., HENZE, K. (2001) An overview of endosymbiotic models for the origins of eukaryotes, their ATP-producing organelles (mitochondria and hydrogenosomes), and their heterotrophic lifestyle. Biol. Chem. 382, 1521–1539.

MAYNARD SMITH, J. (1998) Evolutionary Genetics. 2th. Ed. Oxford University Press, Oxford.

MAYR, E. (1942) Systematics and the Origin of Species. Columbia University Press, New York.

MAYR, E. (1982) The Growth of Biological Thought. Diversity, Evolution and Inheritance. Harvard University Press, Cambridge.

MAYR, E. (1988) Toward a New Philosophy of Biology. Observations of an Evolutionist. Harvard University Press, Cambridge.

MAYR, E. (1991) One Long Argument: Charles Darwin and the Genesis of Modern Evolutionary Thought. Harvard University Press, Cambridge.

MAYR, E. (2001) What Evolution is. Basic Books, New York.

MAYR, E. (2004) What makes Biology Unique? Considerations on the Autonomy of a Scientific Discipline. Cambridge University Press, Cambridge.

MAYR, E., PROVINE, W. B. (Eds.) (1980). The Evolutionary Synthesis. Perspectives on the Unification of Biology. Harvard University Press, Cambridge.

MAYR, G., POHL B., PETERS D. S. (2005) A well-preserved *Archaeopteryx* specimen with Theropod features. Science 310, 1483–1486.

MERESCHKOWSKY, C. (1905) Über Natur und Ursprung der Chromatophoren im Pflanzen-Reiche. Biol. Centralblatt 15, 593–604; 689–690.

MEYER, A. (1998) Hox gene expression and evolution. Nature 391, 225–228.

MEYER, A., ZARDOYA, R. (2003) Recent advances in the (molecular) phylogeny of vertebrates. Annu. Rev. Ecol. Syst. 34, 311–338.

MIRAM, W., SCHARF, K.-H. (Hrsg.) (1997) Biologie heute SII. Ein Lehr- und Arbeitsbuch. Schroedel Verlag, Hannover.

MOHR, H. (2005) Strittige Themen im Umfeld der Naturwissenschaften. Springer-Verlag, Berlin, Heidelberg, New York.

MONOD, J. (1971) Zufall und Notwendigkeit. Piper Verlag, München, Zürich.

MORITZ, C., CICERO C. (2004) DNA-Barcoding: Promises and pitfalls. PLoS Biol. 2(10), e354.

MORRIS, H. M. (Ed.) (1974) Scientific Creationism. Creation-Life Publishers, San Diego.

MORRISON, H. G., MCARTHUR, A. G., GILLIN, F. D. et al. (2007) Genomic minimalism in the early diverging intestinal parasite Giardia lamblia. Science 317, 1921–1926.

MÜLLER, A. H. (1994) Lehrbuch der Paläozoologie. Bd. I bis Bd. III. G. Fischer Verlag, Stuttgart, New York.

MÜLLER, W. A., HASSEL, M. (2003) Entwicklungsbiologie und Reproduktionsbiologie von Mensch und Tieren. 3. Auflage. Springer-Verlag, Berlin, Heidelberg, New York.

MÜLLER, W. E. G. (Ed.) (1998) Molecular Evolution: Towards the Origin of Metazoa. Springer Verlag, Berlin, Heidelberg, New York.

NARBONNE, G. M. (2005) The Ediacara biota: Neoproterozoic origin of animals and their ecosystems. Annu. Rev. Earth Planet Sci. 33, 421–442.

NEUKAMM, M. (2004) Weshalb die Intelligent Design-Theorie nicht wissenschaftlich überzeugen kann. MIZ 33, 14–19.

NILSSON, D.-E., PELGER, S. (1994) A pessimistic estimate of the time required for an eye to evolve. Proc. R. Soc. Lond. B 256, 53–58.

NIKLAS, K. J. (1997) The Evolutionary Biology of Plants. University of Chicago Press, Chicago.

NIKLAS, K. J. (2004) Computer models of early land plant evolution. Annu. Rev. Earth Planet Sci. 32, 47–66.

NUMBERS, R. L. (2006) The Creationists. From Scientific Creationism to Intelligent Design. Harvard University Press, Cambridge, Massachusetts.

ORGEL, L. E. (1998) The origin of life – a review of facts and speculations. Trends Biochem. Sci. 23, 491–495.

OSCHE, G. (1972) Evolution. Grundlagen – Erkenntnisse – Entwicklungen der Abstammungslehre. Verlag Herder, Freiburg i. Br.

O'STEEN, S., CULLUM, A. J., BENNETT, A. F. (2002) Rapid evolution of escape ability in Trinidadian Guppies (*Poecilia reticulata*). Evolution 56, 776–784.

OSTROWSKI, E. A., ROZEN, D., LENSKI, R. E. (2005) Pleiotropic effects of beneficial mutations in *Escherichia coli*. Evolution 59, 2343–2352.

PAGE, R. D. M., HOLMES, E. C. (1998) Molecular Evolution. A Phylogenetic Approach. Blackwell Science, Oxford.

PALLEN, M. J., MATZKE, N. J. (2006) From *The Origin of Species* to the origin of bacterial flagella. Nat. Rev. Microbiol. 4, 784–790.

PALMER, J. D. (1997) The mitochondrion that time forgot. Nature 387, 454–455.

PALUMBI, S. R. (2001) Humans as the World's greatest evolutionary force. Science 293, 1786–1790.

PARKER, H. G., KIM, L. V., SUTTER, N. B. et al. (2004) Genetic structure of the purebred domestic dog. Science 304, 1160–1164.

PENNISI, E. (2007) Genomicists tackle the primate tree. Science 316, 218–221.

PENNOCK, R. T. (2003) Creationism and Intelligent Design. Annu. Rev. Genomics Hum. Genet. 4, 143–163.

PETERSON, K. J., LYONS, J. B., NOWAK, K. S., TAKACS, C. M., WARGO, M. J., MCPEEK, M. A. (2004) Estimating metazoan divergence times with a molecular clock. Proc. Natl. Acad. Sci. USA 101, 6536–6541.

PIELOU, E. C. (1979) Biogeograpy. John Wiley & Sons, New York.

PFEIFFER, I., BRENIG, B. KUTSCHERA, U. (2004) The occurrence of an Australian leech species (genus *Helobdella*) in German freshwater habitats as revealed by mitochondrial DNA sequences. Mol. Phylogenet. Evol. 33, 214–219.

PFEIFFER, I., BRENIG, B., KUTSCHERA, U. (2005) Molecular phylogeny of selected predaceous leeches with reference to the evolution of body size and terrestrialism. Theory Biosci. 124, 55–64.

PIGLIUCCI, M. (2001) Phenotypic Plasticity: Beyond Nature and Nurture. Johns Hopkins University Press, Baltimore.

PIRES, J. C. LIM, K. Y., KOVARIK, A. et al. (2004) Molecular cytogenetic analysis of recently evolved *Tragopogon* (Asteraceae) allopolyploids reveal a karyotype that is additive of the diploid progenitors. Amer. J. Bot. 91, 1022–1035.

PLACHETZKI, D. C., SERB, J. M., OAKLEY, T. H. (2005) New insights into the evolutionary history of photoreceptor cells. Trends Ecol. Evol. 20, 465–467.

PODLECH, J. (1999) Neue Einblicke in den Ursprung der Homochiralität biologisch relevanter Moleküle – Grundstoffe des Lebens aus dem All? Angew. Chem. 111, 501–502.

PRIEST, N. K., ROACH, D. A., GALLOWAY, L. F. (2007) Mating-induced recombination in fruit flies. Evolution 61, 160–167.

REHDER, H. (1988) Denkschritte im Vitalismus. Ein weiterführender Beitrag zur Evolutionsfrage. Verlag Friedrich Pfeil, München.

RENSCH, B. (1947) Neue Probleme der Abstammungslehre. Die transspezifische Evolution. Ferdinand Enke, Stuttgart.

RETALLACK, G. J., GREAVER, T., JAHREN, A. H. (2007) Return to Coulsack Bluff and the Permian-Triassic boundary in Antarctica. Global and Planetary Change 55, 90–108.

RICHARDS, E. J. (2006) Inherited epigenetic variation – revisiting soft inheritance. Nat. Rev. Genet. 7, 395–401.

RIDLEY, M. (2004) Evolution. 3th Ed. Blackwell Science, Malden, Massachusetts.

RIEDL, R. (1990) Die Ordnung des Lebendigen. Systembedingungen der Evolution. R. Pieper, München.

ROMANES, G. J. (1895) Darwin and after Darwin. Vol. 2. Open Court, Chicago.

ROMER, A. S. (1976) Vergleichende Anatomie der Wirbeltiere. 4. Auflage. Verlag Paul Parey, Hamburg, Berlin.

SACHS, J. (1882) Vorlesungen über Pflanzenphysiologie. W. Engelmann, Leipzig.

SAGE, R. F. (2004) The evolution of C4 photosynthesis. New Phytol. 161, 341–370.

SALZBURGER, W., MEYER, A. (2004) The species flocks of East African cichlid fishes: recent adances in molecular phylogenetics and population genetics. Naturwissenschaften 91, 277–290.

SALZBURGER, W., MACK, T., VERHEYEN, E., MEYER, A. (2005) Out of Tanganjika: Genesis, explosive speciation, key-innovations and phylogeography of the haplochromine cichlid fishes. BMC Evol. Biol. 5, 17–31.

SANDER, K. (2004) Ernst Haeckels ontogenetische Rekapitulation – Leitbild und Ärgernis bis heute? Verh. Geschichte Theorie Biol. 10, 163–176.

SAWYER, R. T. (1986) Leech Biology and Behaviour. Vols. 1–3. Clarendon Press, Oxford.

SAYER, M. D. J., DAVENPORT, J. (1991) Amphibious fish: why do they leave water? Rev. Fish Biol. Fisheries 1, 159–181.

SCHERER, S. (1996) Entstehung der Photosynthese: Grenzen molekularer Evolution bei Bakterien? Hänssler-Verlag, Neuhausen, Stuttgart.

SCHERP, P., GROTHA, R., KUTSCHERA, U. (2001) Occurrence and phylogenetic significance of cytokinesis-related callose in green algae, bryophytes, ferns and seed plants. Plant Cell Rep. 20, 143–149.

SCHIERWATER, B., DESALLE, R. (2002) Special Issue: Evolution and Development. Mol. Phylogenet. Evol. 24, 343–417.

SCHMIDT, H. (1926) Ernst Haeckel. Leben und Werke. Deutsche Buch-Gemeinschaft, Berlin.

SCHMIDT, H. (Hrsg.) (1960) Der Flug der Tiere. Verlag Waldemar Kramer, Frankfurt am Main.

SCHOPF, J. W. (1999) Cradle of Life: The Discovery of Earth's Earliest Fossils. Princeton University Press, Princeton.

SEGRE, D., BEN-ELI, D., DEAMER, D. W., LANCET, D. (2001) The lipid world. Origins Life Evol. Biosphere 31, 119–145.

SERENO, P. C. (1999) The evolution of dinosaurs. Science 284, 2137–2147.

SIMONS, A. M. (2002) The continuity of microevolution and macroevolution. J. Evol. Biol. 15, 688–701.

SIMPSON, G. G. (1944) Tempo and Mode in Evolution. Columbia University Press, New York.

SITTE, P., ZIEGLER, H., EHRENDORFER, F. & BRESINSKY, A. (1998) Lehrbuch der Botanik für Hochschulen. 34. Auflage, G. Fischer Verlag, Stuttgart, Jena, Lübeck, Ulm.

SOLTIS, P. S., SOLTIS, D. E. (2000) The role of genetic and genomic attributes in the success of polyploids. Proc. Natl. Acad. Sci. USA 97, 7051–7057.

STANLEY, S. M. (1994) Historische Geologie. Eine Einführung in die Geschichte der Erde und des Lebens. Spektrum Akademischer Verlag, Heidelberg, Berlin, Oxford.

STEBBINS, G. L. (1950) Variation and Evolution in Plants. Columbia University Press, New York and London.

STEBBINS, G. L. (1971) Process of Organic Evolution. 2. Ed. Prentice-Hall, New Jersey.

STEINER, J. M., LÖFFELHARDT, W. (2002) Protein import into cyanelles. Trends Plant Sci. 7, 72–772.

STRYER, L. (1995) Biochemistry. 4th Edition. W. H. Freeman & Company, New York.

STORCH, V., WELSCH, U., WINK, M. (2001) Evolutionsbiologie. Mit einem Beitrag von P. Sitte, Freiburg. Springer-Verlag, Berlin, Heidelberg.

STORCH, V., WELSCH, U. (2004) Systematische Zoologie. 6. Auflage. Spektrum Akademischer Verlag, Heidelberg.

SUDHAUS, W., REHFELD, K. (1992) Einführung in die Phylogenetik und Systematik. G. Fischer Verlag, Stuttgart, New York.

SWALLA, B. J. (2006) Building divergent body plans with similar genetic pathways. Heredity 97, 235–243.

THAMDRUP, B. (2007) Geochemistry: New players in an ancient cycle. Science 317, 1508–1509.

THENIUS, E. (1972) Grundzüge der Verbreitungsgeschichte der Säugetiere. Eine historische Tiergeographie. G. Fischer Verlag, Stuttgart.

THEWISSEN, J., WILLIAMS, E. M. (2002) The early radiation of cetacea (mammalia): evolutionary pattern and developmental correlations. Annu. Rev. Ecol. Syst. 33, 73–90.

TIAN, F., TOON, O. B., PAVLOV, A. A., DESTERCK, H. (2005) A hydrogen-rich early earth atmosphere. Science 308, 1014–1017.

TICE, M. M., LOWE, D. R. (2004) Photosynthetic microbioal mats in the 3416-Myr-old ocean. Nature 431, 549–552.

VAAS, R. (1995) Der Tod kam aus dem All. Franckh-Kosmos Verlag, Stuttgart.

VAN DEN HOEK, C., MANN, D. G., JAHNS, H. M. (1995) Algae. An Introduction to Phycology. Cambridge University Press, Cambridge.

VOLAND, E. (2000) Grundriss der Soziobiologie. 2. Auflage. Spektrum Akademischer Verlag, Heidelberg, Berlin.

VOLLMER, G. (1995) Biophilosophie. Philipp Reclam, Stuttgart.

VOLLMERT, B. (1985) Das Molekül und das Leben. Rowohlt Verlag, Reinbeck.

VOM STEIN, A. (2005) Creatio. Schöpfungslehre Sek. I / Sek. II. Daniel-Verlag, Lychen.

WÄCHTERSHÄUSER, G. (2000) Life as we don't know it. Science 289, 1307–1308.

WÄCHTERSHÄUSER, G. (2006) From volcanic origins of chemoautotrophic life to Bacteria, Archaea and Eukarya. Phil. Trans. Royal Soc. Lond. B361, 1787–1808.

WAHL, L. M., GERRISH, P. J. (2001) The probability that beneficial mutations are lost in populations with periodic bottlenecks. Evolution 55, 2606–2610.

WALLACE, A. R. (1876) The Geographical Distribution of Animals. With a Study of the Relations of Living and Extinct Faunas as Elucidating the Past Changes of the Earth's Surface. Harper, New York.

WALLACE, A. R. (1889) Darwinism. An Exposition of the Theory of Natural Selection with Some of its Applications. Macmillan & Co., London, New York.

WASCHKE, T. (2003) Intelligent Design. Eine Alternative zur naturalistischen Wissenschaft? Skeptiker 16,128–136.

WEBB, G. F., D'AGATA, E. M. C., MAGAL, P., RUAN, S. (2005) A model of antibiotic-resistant bacterial epidemics in hospitals. Proc. Natl. Acad. Sci. USA 102, 13343–13348.

WEBSTER, D. B., FAY, R. R., POPPER, A. N. (Eds.) (1992) The Evolutionary Biology of Hearing. Springer-Verlag, New York.

WEGENER, A. (1929) Die Entstehung der Kontinente und Ozeane. 4. Auflage. Vieweg & Sohn, Braunschweig.

WEISHAMPEL, D. B., DODSON, P., OSMOLSKA, H. (Eds.) (2004) The Dinosauria. 2. Ed. University of California Press, Berkeley.

WEISMANN, A. (1892) Das Keimplasma. Eine Theorie der Vererbung. G. Fischer-Verlag, Jena.

WEISMANN, A. (1904) Vorträge über Deszendenztheorie. Bd. I/II. G. Fischer Verlag, Jena.

WELLNHOFER, P. (2002) Die befiederten Dinosaurier Chinas. Naturwiss. Rundschau 55, 465 – 477.

WESTHEIDE, W., RIEGER, R. (Hrsg.) (1996) Spezielle Zoologie. Erster Teil: Einzeller und Wirbellose Tiere. G. Fischer-Verlag, Stuttgart, Jena, New York.

WIBLE, J. R., ROUGIER, G. W., NOVACEK, M. J., ASHER, R. J. (2007) Cretaceous eutherians and Laurasian origin for placental mammals near the K/T-boundary. Nature 447, 1003–1006.

WIESEMÜLLER, B., ROTHE, H., HENKE, W. (2003) Phylogenetische Systematik. Eine Einführung. Springer-Verlag, Berlin, Heidelberg.

WIEDERSHEIM, R. (1908) Der Bau des Menschen als Zeugnis für seine Vergangenheit. Verlag H. Laupp, Tübingen.

WIESER, W. (Hrsg.) (1994) Die Evolution der Evolutionstheorie. Von Darwin zur DNA. Spektrum Akademischer Verlag, Heidelberg, Berlin, Oxford.

WILDER SMITH, A. E. (1980) Die Naturwissenschaften kennen keine Evolution. Schwabe & Co., Basel, Stuttgart.

WILDMAN, D. E., UDDIN, M., LIN, G., GROSSMAN, L. I., GOODMAN, M. (2003) Implications of natural selection in shaping 99.4 % nonsynonymous DNA identity between humans and chimpanzees: Enlarging the genus *Homo*. Proc. Natl. Acad. Sci. USA 100, 7181–7188.

WILKE, C. O., ADAMI, C. (2002) The biology of digital organisms. Trends Ecol. Evol. 17, 528–532.

WILLIS, K. J., MCELWAIN J. C. (2002) The Evolution of Plants. Oxford University Press, Oxford.

WILSON, O. E. (1975) Sociobiology: The New Synthesis. Harvard University Press, Cambridge.

WITHAM, L. A. (2002) Where Darwin Meets the Bible. Creationists and Evolutionists in America. Oxford University Press, Oxford.

WOOD, B. (2002) Hominid revelations from chad. Nature 418, 133–135.

WRIGHT, S. (1982) The shifting balance theory and macroevolution. Ann. Rev. Genet. 16, 1–19.

WUKETITS, F. W. (1989) Grundriß der Evolutionstheorie. 2. Auflage. Wissenschaftliche Buchgesellschaft, Darmstadt.

WUKETITS, F. W. (2005) Evolution. Entwicklung des Lebens auf der Erde. 2. Auflage. C. H. Beck, München.

YIN, L., ZHU, M., KNOLL, A. H., YUAN, X., ZHANG, J., HU, J. (2007) Doushantuo embryos preserved inside diapause egg cysts. Nature 446, 661–663.

ZHANG, J. (2003) Evolution by gene duplication: an update. Trends Ecol. Evol. 18, 292–298.

ZIEGLER, B. (1972) Einführung in die Paläobiologie. Teil 1: Allgemeine Paläontologie. E. Schweizerbart'-sche Verlagsbuchhandlung, Stuttgart.

ZILLMER, H.-J. (1998) Darwins Irrtum. Vorsintflutliche Funde beweisen: Dinosaurier und Menschen lebten gemeinsam. Langen Müller, München.

ZIMMER, C. (1998) At the Water's Edge. Macroevolution and the Transformation of Life. The Free Press, New York.

ZIMMERMANN, W. (1930) Die Phylogenie der Pflanzen. Gustav Fischer Verlag, Jena.

ZIMMERMANN, W. (1952) Main results of the telome theory. Palaeobotanist 1, 456–470.

Register